ひと目でわかる

日経BP社

Windows Server 2019

天野 司［著］

まえがき

2003年以降ほぼ2年に一度のバージョンアップを繰り返してきたWindows Serverの、最も新しいバージョンWindows Server 2019が登場しました。これまで、Windows Serverは4年ごとにソフト名に付けられた年号が変わる大規模なバージョンアップがあり、その中間は年号を変えずに「R2」が付くやや小規模なバージョンアップが行われてきました。しかし今回は、その流れも変更となりました。2016の次は、2016 R2ではなく2019です。

ただ、実際に2016と2019を比べてみるとわかることなのですが、ソフトの外見や操作方法などは極めて似通っています。どちらか一方の画面を見ただけでは、それがWindows Server 2016か2019かは、よほど詳しい人以外はなかなか見分けることができないと思います。

機能面でも、実は両者はそれほど大きな差はありません。特に今回のバージョンアップでは、どちらかといえば大きな機能強化はDatacenterエディションの機能に集中しています。本書が対象としているStandardエディションでは、実際に2019を使ってはじめてわかる変更点が多いと思います。

とは言っても、今回のWindows Server 2019が新しいバージョンのOSであるということは疑いのない事実です。本書の執筆のためにWindows Server 2019を使い慣れてくると、これまで使っていたWindows Server 2016に戻った際に「あれ？」と思ったことがしばしばありました。使い込んでみて初めて違いがわかる、そんなOSなのかもしれません。

Standardエディションでも比較的大きく変化しているのが、OSの初期設定の際に使うことが多い各種の設定画面の呼び出し方法です。たとえばネットワークのIPアドレスを変更する際や、ネットワークの場所を変更する際の操作など、最短の手順で必要な設定画面を呼び出す方法は、2016とはだいぶ違っています。このため本書では、そうした設定画面を呼び出す手順について、さまざまなパスを比較し、できるだけ少ない手順で素早く呼び出せる方法を記載してあります。これらを習熟するだけでも、Windows Server 2019の設定はだいぶ楽になるはずです。

すでにWindows Server 2016の操作に習熟している方も、Windows Serverには2019で初めて触れる方も、OSの設定操作をこれから始めようとする方にとって、すこしでも本書がお役に立つことができれば、著者として幸いに思います。

2019年1月

天野 司

はじめに

「ひと目でわかるシリーズ」は、“知りたい機能がすばやく探せるビジュアルリファレンス”というコンセプトのもとに、Windows Server 2019の優れた機能を体系的にまとめあげ、設定および操作の方法をわかりやすく解説しました。

本書の表記

本書では、次のように表記しています。

- リボン、ウィンドウ、アイコン、メニュー、コマンド、ツールバー、ダイアログボックスの名称やボタン上の表示、各種ボックス内の選択項目の表示を、原則として［ ］で囲んで表記しています。
- 画面上の⌄、⌃、▾、▴のボタンは、すべて▲、▼と表記しています。
- 本書でのボタン名の表記は、画面上にボタン名が表示される場合はそのボタン名を、表示されない場合はポップアップヒントに表示される名前を使用しています。
- 手順説明の中で、「［○○］メニューの［××］をクリックする」とある場合は、［○○］をクリックしてコマンド一覧を表示し、［××］をクリックしてコマンドを実行します。
- 手順説明の中で、「［○○］タブの［△△］の［××］をクリックする」とある場合は、［○○］をクリックしてタブを表示し、［△△］グループの［××］をクリックしてコマンドを実行します。

トピック内の要素とその内容については、次の表を参照してください。

要素	内容
ヒント	他の操作方法や知っておくと便利な情報など、さらに使いこなすための関連情報を紹介します。
注　意	操作上の注意点を説明します。
参　照	関連する機能や情報の参照先を示します。 ※その他、特定の手順に関連し、ヒントの参照を促す「ヒント参照」もあります。

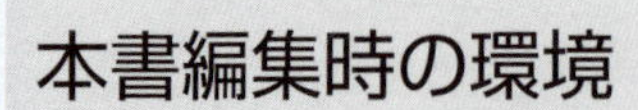

本書編集時の環境

使用したソフトウェアと表記

本書の編集にあたり、次のソフトウェアを使用しました。

Windows Server 2019 Standard .... **Windows Server 2019**
Windows 10 Pro .... **Windows 10**
Microsoft Edge .... **Edge**
Internet Information Services 10.0 .... **IIS 10.0、IIS**

本書に掲載した画面は、デスクトップ領域を1024×768ピクセルに設定しています。ご使用のコンピューターやソフトウェアのパッケージの種類、セットアップの方法、ディスプレイの解像度などの状態によっては、画面の表示が本書と異なる場合があります。あらかじめご了承ください。

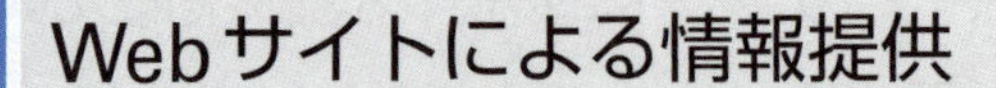

Webサイトによる情報提供

本書に掲載されているWebサイトについて

本書に掲載されているWebサイトに関する情報は、本書の編集時点で確認済みのものです。Webサイトは、内容やアドレスの変更が頻繁に行われるため、本書の発行後、内容の変更、追加、削除やアドレスの移動、閉鎖などが行われる場合があります。あらかじめご了承ください。

訂正情報の掲載について

本書の内容については細心の注意を払っておりますが、発行後に判明した訂正情報については本書のWebページに掲載いたします。URLは下記のとおりです。

https://project.nikkeibp.co.jp/bnt/atcl/19/P53870/

第7章 アクセス許可の管理とファイル共有の運用 197

第8章 ネットワークでのファイルやプリンターの共有 245

第1章

Windows Server 2019の基礎知識

コンピューター上でアプリケーションが効率的に動作するために用意された基本ソフトのことを、「オペレーティングシステム（OS）」と呼びます。Windows 7や8.1、そしてWindows 10などは、いずれもマイクロソフト社が開発したWindowsファミリーと呼ばれるOSです。

本書で紹介するWindows Server 2019もそうしたWindowsファミリーのOSの1つです。上で紹介した各種のWindowsとは違い、「サーバー用」という特殊な用途向けに作られている点が特徴です。

この章では、Windows Server 2019の用途や機能、位置付けを紹介しつつ、これからWindows Server 2019について学んでいくための基礎知識を説明します。

Windows Server 2019の概要

ここではまず、Windows Server 2019の位置付け、特徴、および以前のバージョンとの違いや強化された機能について説明します。また、Windows Server 2019で用意されたエディションの違いについても説明します。

Windows Server 2019とは

Windowsと一口に言っても、Windows 8.1やWindows 10、そしてWindows Server 2019と、実際にはさまざまな種類が存在します。これらWindowsファミリーのOSは、たとえば家庭用とビジネス用、スマートフォンやタブレットなどの携帯機器用とパソコン用といった具合に、用途や機能によっていくつかの製品群に分類することができますが、そうした分け方の1つに、「クライアントOS」と「サーバーOS」という分類があります。

「クライアントOS」とは、通常私たちがパソコンを使って表計算やワープロソフトなどを使ってデータを作る、ブラウザーソフトを使ってWebページを閲覧するなど、事務的作業を行うのに適した機能を提供します。

これに対して「サーバーOS」とは、ユーザーが直接コンピューターを操作するのではなく、ネットワークに接続された他のコンピューターに対し、データや機能を提供するのが主な用途です。たとえば他のパソコンが必要とするファイルを提供することや、印刷要求を受けてデータを印刷するといった機能を提供します。

本書で紹介するWindows Server 2019は、こうした「サーバーOS」に分類されるOSです。これまでWindowsファミリーでは、Windows Server 2016がサーバーOSの最新バージョンとして使われてきましたが、Windows Server 2019は、このWindows Server 2016の後継OSとして位置付けられる製品です。

一般にサーバーOSは、クライアントOSと比較するとより高い信頼性、安定性、機能が求められます。サーバーは複数のクライアントコンピューターから同時に利用されることが多いため、多くの要求をより短時間で効率的に処理する能力が求められますし、多くのユーザーのデータを保管するため、より大容量のディスク領域を管理できる性能が求められます。ネットワークからの攻撃を受ける頻度も多くなるため、クライアントOSと比べてより高いセキュリティ機能も必要です。

さらにサーバーOSでは、できる限りコンピューターを止めずに、長期にわたって動作を続けられる「可用性」も求められます。サーバーOSが停止すると、それを利用するクライアントコンピューターに影響が及びますし、Webページを公開するサーバーなどでは、停止している間、ページの公開が行えなくなるといった問題が発生するためです。ソフトウェアであれば、機能の追加や修正、設定の変更などを行っている間、ハードウェアであればディスクやメモリの増設を行う場合であっても、できる限りコンピューターを再起動することなしに動作することが必要です。

これらさまざまなサーバーOSの特徴により、サーバーOSを管理するにはクライアントOSの管理方法とは異なる手法や異なる知識が必要となります。

本書では、Windows Server 2019の管理を通して、単に機能を使うだけでなく、それらサーバーOSに固有の知識についても解説することを目的としています。

Windows Server 2019の特徴

Windows Server 2019は、Windowsサーバー OSシリーズ中にあって、Windows Server 2012 R2や2016の後継にあたるOSです。Windows Serverでは、2003年に登場したWindows Server 2003以降、2008、2012、2016と、おおよそ4年ごとに大きなバージョンアップが行われており、またそれらの大きなバージョンアップのちょうど中間くらいに「R2」と呼ばれる、機能強化的なやや小さめのバージョンアップが行われてきました。
今回のWindows Server 2019は、ソフトの名称とは異なり2018年11月にリリースされています。前バージョンであるWindows Server 2016の登場からはおよそ2年しか経過していないため、スケジュールから見れば、やや小幅の機能強化となる「R2」に相当します。実際、機能面でもWindows Server 2016の時点ですでに十分な充実度を持っていただけに、Windows Server 2019は、事実上「Windows Server 2016 R2」に近い位置付けと考えるとよいかもしれません。

ハイブリッドクラウドプラットフォーム

インターネットが発達し、また、仮想化技術などを用いて1台のコンピューター上で複数の仮想環境を同時に実行できるようになったことで、近年ではインターネット上でサーバー OSの機能そのものをサービスとして提供する「クラウドサーバー」が広く使われるようになってきています。これを反映してかWindows Serverも、Windows Server 2012くらいからクラウドサーバー用のOSとしての性格をしだいに強めてきています。
ただ、いくらクラウドサーバーが主流になったとしても、大容量のファイルや広いネットワーク帯域を必要とする分野においては、自社建屋内にサーバーを配置する「オンプレミスサーバー」の有用性はまだまだ無視できません。オンプレミスサーバーとプライベートクラウドサーバー、そしてパブリッククラウドサーバーは、その用途や運用方法においてそれぞれ異なるメリットとデメリットを持ちます。このためこれらを上手に併用し、あるいは使い分けるといったサーバー運用が求められるようになってきました。
オンプレミスサーバーとクラウドサーバーを連携させ、それぞれの利点を生かしつつ運用することを「ハイブリッドクラウド」と呼びます。Windows Server 2019では、このハイブリッドクラウドへの対応をより強化しているのが特徴です。
新たに導入されたWindows Server 2019でのサーバー管理ツール「Windows Admin Center」では、従来の管理ツールである「サーバーマネージャー」とほぼ同等の機能をWebブラウザーベースで利用することができ、ネットワーク上からサーバーの管理を簡単に行うことができます。またマイクロソフトが提供するクラウドサービス「Microsoft Azure」についても運用・管理することが可能で、オンプレミスとクラウド、いずれも同様の操作性で管理を行うことが可能です。これにより、オンプレミスとクラウド、相互のバックアップやレプリケーション（複製）なども容易に行うことができ、ハイブリッドクラウドを運営する際の使い勝手が向上しています。

仮想化機能「Hyper-V」

CPUが持つ「仮想化技術」を応用して、1台のコンピューター上にあたかも複数の独立したコンピューターが動作しているかのような状態を作り出すのが、Windows Serverの仮想化機能「Hyper-V」です。
Hyper-Vに代表される仮想化技術では、仮想コンピューターを動作させる大元のOSのことを「ホストOS」、仮想化技術によって作り出された仮想コンピューター上で動作するOSを「ゲストOS」と呼びます。Windows Server 2019のHyper-Vでは、ホストOSはWindows Server 2019になりますが、ゲストOSとしては、Windows Server 2019のほかWindows Server 2008～2016といった過去のバージョンのWindows Server系OSや、Windows 10などのクライアントOS、LinuxなどWindows以外のOSも動作させることができ、それらのゲストOS上では、それぞれのOSに対応したアプリケーションを実行できます。
Hyper-Vのような仮想化技術を使えば、複数OSや複数のサーバー機能を、1台のコンピューター上で同時に利用することができます。これにより、ハードウェア導入コストを削減する、コンピューターの設置場所を減らすことができるなど、さまざまなコスト低減が行えます。また個々の仮想マシンで使用する処理能力や、メモリ容量、ディスク容量などは、ホストOS側で設定を変更することでいつでも手軽に増減することができます。クラウドサーバーのメリットである､いつでも自由に処理性能を増減できるという「スケーラビリティ」機能は､こうした仮想化技術によって実現されている機能です。

このほか、コンピューターのハードウェア入れ替えの際にも、これまで使用していた仮想マシンを新しいハードウェアにコピーするだけで済むなど、ハードウェア構成に依存しない管理が行えるのもメリットです。

Windows Server 2019のHyper-Vでは、Windows Server 2016と比較して、よりセキュリティの高い運用が行える「シールドされた仮想マシン」が、LinuxをOSとした仮想マシンにおいても利用できるようになりました。

またWindows Server 2019では､コンピューターに障害が発生した場合にあらかじめ待機していた別のコンピューターに処理を切り替える「フェールオーバークラスタリング」機能が、新たに導入された「クラスターセット」と呼ばれる機能により強化されていますが、これにより仮想マシンをよりスムーズに待機系に切り替えることが可能となっています。

コンテナー機能

コンテナー機能は､Windows Server 2016で新たに取り入れられた､Hyper-Vとは異なるもう1つの仮想化機能です。Hyper-Vが、1台のホストコンピューターのハードウェア内にあたかも複数の独立したコンピューターがあるかのような環境を作り出す（ハードウェアの仮想化）のに対し、コンテナー機能では、1台のコンピューターの中にあたかも複数のOS環境が存在するかのように動作します(OSレベルの仮想化)。

1つ1つのコンテナーは、たとえ同じコンピューターの上で動作していたとしても個々に独立したOS環境として動作します。また、ネットワークアドレス（IPアドレス）も、コンテナーごとに別々に指定されます。あるコンテナー内で動作するプログラムからは、別のコンテナー内のプログラムは見えませんし、ネットワーク通信する場合を除けば、互いに影響を与えることもできません。このため個々のコンテナーは、あたかも独立した1台のコンピューターのように扱うことができ、この点ではHyper-Vによる仮想マシンとよく似た使い方ができます。

コンテナーによるOSレベルの仮想化は、Hyper-Vのようなハードウェアレベルの仮想化機能と比べてCPU負荷が低く、必要となるメモリも抑えることができます。ライセンス面でも、Hyper-Vによる仮想化機能は、仮想マシンの動作個数に応じて追加でライセンスを購入する必要がありますが、コンテナーの場合、ライセンス上利用する数に制限はありません。

これだけの説明ですと、コンテナー機能は良いことずくめのように思えるかもしれませんが、Windows Server 2019のコンテナー機能は、利用するにあたってはHyper-VのようなGUIを用いた管理は行えず、コマンドラインからの管理しかできません。この点は初心者にとってはハードルが高く､また､Hyper-Vと違って利用可能な機能やOSなどにも制限があります。

Windows Serverにはこうした通常のコンテナー機能（Windows Serverコンテナー）のほかにもう1つ､Hyper-Vコンテナーと呼ばれる機能もあります。Hyper-Vコンテナーは､Hyper-Vの仮想化技術を応用してコンテナーどうしのOSやメモリ領域を完全に分離するコンテナー方式で、コンテナー間の独立性が高まるため、セキュリティ面でのメリットがあります。また通常のWindows Serverコンテナーと共通した管理方法が利用でき、管理が容易となります。

一方でHyper-Vコンテナーの場合は、実質的には通常のHyper-Vを利用して複数のOSを稼働させるのと同様の原理で動作するため､Hyper-VでクライアントOSにWindowsを使用する場合と同様のOSライセンスが必要となります。

Windows Server 2019のコンテナー機能では、これまでは行えなかった同じコンテナーホスト上での、Windowsベースのコンテナーと Linuxベースのコンテナーの同時実行、Windows Subsystem for Linux（WSL)、従来よりもより小型のコンテナーイメージへの対応などの強化が行われています。

強化されたセキュリティ機能

セキュリティ面においてはWindows Server 2016と同様、コンピューターウイルスやスパイウェアなどのソフトウェアに対し、パターンファイルなどを用いてこれらを自動検出し感染防止を行う「Windows Defender」、ネットワークベースの侵入に対しては、名称こそ変わっていますが機能的には同等の「Windows Defenderファイアウォール」を搭載しています。

Windows Server 2019では、これらに加えてさらに「Windows Defender Advanced Threat Protection（ATP）」と呼ばれるセキュリティ保護機能に対応しました。エンドポイント検出と対策（EDR：Endpoint Detection and Response）に対応した、新たな思想のセキュリティ機能です。

従来のセキュリティ機能は、ファイアウォールによるブロックや、パターンファイルによる悪意を持ったファイルの検出を行うことで、悪意を持つソフトウェアがコンピューターへ侵入することを防ぐことを主目的としています。一方Windows Defender ATPのEDRでは、悪意を持つソフトウェアが侵入してしまった後の対策をメインとしています。ここでいう対策とは、①侵入の検出、②侵入状況や被害の調査、③侵入したソフトウェアの封じ込め、④被害の修復という4つの内容を主眼としたもので、万が一の事象が発生した際、その被害を最小限に抑える働きをします。

これらの機能を果たすために必要となるクライアント機能は、Windows 10およびWindows Server 2019にあらかじめ組み込まれており、たとえば最初に感染したコンピューターから、ネットワーク内で他のコンピューターに感染を広げる動作や、ユーザーが意識しない特定サーバーへの接続などを自動的に検出、また必要に応じて感染コンピューターのネットワークからの切り離しなどを行うことができます。

この機能を利用するにはマイクロソフトのEnterprise Mobility＋SecurityのE5契約が必要となるため、すべての人が利用できるわけではありませんが、大規模なITシステムを運用する組織においては待ち望まれていた機能強化です。

ハイパーコンバージドインフラストラクチャ

従来、企業内におけるIT基盤（インフラストラクチャ）の構築を行う場合には、サーバー、ネットワーク、ストレージ（記憶装置）といったさまざまなハードウェアを選定し、その企業独自の構成を設計してゆくという膨大な作業が必要でした。たとえばストレージであれば、大容量の記憶装置を高速にアクセスする必要があり、一般的なサーバーとは異なる専用の装置が必要とされることが多かったためです。ネットワークも同様で、高いサーバー性能を発揮するには最適な機器や接続方法を選ぶ必要があり、専門的な知識が必要です。

そこで、これらハードウェアを1つのパッケージとしてまとめ上げ、OSや仮想化ソフトを付加したうえでそれだけでインフラストラクチャとして利用可能となるようにしたのが「高集積型サーバー（コンバージドインフラストラクチャ）」と呼ばれる製品です。

Windows Server 2019がうたう「ハイパーコンバージドインフラストラクチャ（HCI）」とは、このコンバージドインフラストラクチャの考えをさらに進めたものです。ハードウェアをパッケージングするコンバージドインフラストラクチャに対し、特別なハードウェアを用いず、すべてのコンポーネント、すなわちコンピューターの処理能力、ネットワーク、ストレージ機能をソフトウェア定義によって可能とする、きわめて集積度の高いインフラストラクチャが「ハイパー」コンバージドインフラストラクチャです。HCIは、ソフトウェア設定のみで、構成を変更できることから、インフラストラクチャ全体としてみた場合の運用コストを下げ、パフォーマンス、スケーラビリティ、信頼性を向上させることができます。

HCIを構築するためのキーとなる機能はHyper-Vを始めとした各種仮想化機能です。複数のサーバーをHyper-Vを用いて仮想サーバーとして運用し、それらサーバー間を仮想ネットワークによって接続します。さらにストレージについては、ソフトウェア定義ストレージ（SDS）と呼ばれる機能により構築します。Windows Serverで言えば、「記憶域スペース」あるいは「記憶域スペースダイレクト」などの機能が、ソフトウェア定義ストレージ機能に該当します。

いずれもWindows Server 2019でまったく新規に導入された機能というわけではありません。これら多くの仮想化機能の組み合わせが、HCI構築を意識して強化されている、と考えると良いでしょう。

Windows Server 2019シリーズの種類

Windows Server 2019におけるエディション（SKU）は、Windows Server 2016と同様、一般用途向けとしてDatacenter/Standard/Essentialsの3種が用意されています。

このうちWindows Server 2019 Essentialsは、小規模向けに機能が限定されたWindows Serverという位置付けであり、StandardやDatacenterのように、Windows Server 2019のすべての機能が利用できるというわけではありません。仮想サーバーを構築するHyper-V機能がなく、仮想マシン用のライセンスも付属しません。一方で、クライアントコンピューターを接続するためのクライアントアクセスライセンス（CAL）が不要で、25ユーザー/50デバイスまでのクライアントを接続することが可能です。

StandardとDatacenterについては、いずれも仮想化機能であるHyper-Vが使用できます。ただしWindows Serverを仮想マシンとして使用する際のライセンス数が異なっており、Standardの場合は最大2つまで、Datacenterの場合は仮想マシンの台数に制限はありません。

Windows Server 2019のエディション

エディション	説明
Windows Server 2019 Datacenter	Windows Server 2019の全機能を実行可能で、無制限の仮想環境を使用できる。高度に仮想化されたデータセンターおよびクラウド環境向けのエディション
Windows Server 2019 Standard	大規模クラウドプラットフォーム向けの一部の機能を制限した、物理環境向けまたは最小限の仮想化が行われた環境向けのエディション
Windows Server 2019 Essentials	ユーザー数が25名以内でかつデバイスが50個以内の小規模環境向けのエディション

Standard/Datacenterの両エディションでは、基本的な機能については共通して使用できますが、大規模なクラウド構築用などに利用できる機能については、Datacenterエディションでのみ利用できるようになっています。

DatacenterエディションとStandardエディションの違い

エディション	Datacenter	Standard
用途	高度に仮想化されたプライベートクラウドやハイブリッドクラウド環境	仮想化されていないか、低密度に仮想化された環境
Windows Serverの主要機能	○	○
ハイブリッドクラウド統合	○	○
ハイパーコンバージドインフラストラクチャ機能	○	―
Windows Server 2019仮想マシンおよびHyper-Vコンテナーの数	無制限	2
Windows Serverコンテナーの数	無制限	無制限
ソフトウェア定義のストレージの新機能（記憶域スペースダイレクト、記憶域レプリカなど）	○	△（※1）
ソフトウェア定義のネットワークスタック（ネットワークコントローラ、ソフトウェアロードバランサー、データセンターファイアウォールなど）	○	―
シールドされた仮想マシン	○	―
ホストガーディアンサービス（HGS）	○	○

※1　記憶域レプリカなど、一部の機能はStandardエディションでも利用できるようになりました

Datacenterエディションでのみ使うことのできる新機能は、主として、サーバーを構築したうえで、仮想マシンを自組織以外の他の組織に対して提供する「クラウドサーバー」のホスト用や大規模なインフラストラクチャを構築する際の機能に集中しています。Hyper-Vによる仮想サーバー機能を利用しない場合や、利用したとしても、もっぱら自組織（または自社内）での利用に限られる場合などには、Standardエディションの機能のみでも、それほど困ることはないでしょう。ただし、高機能なハードウェアで2つを超える仮想マシンを稼動させる場合には、Standardエディションのライセンスを複数購入することが必要となります。

Windows Server 2019では、Windows Server 2016と同様、稼動させるCPUコア数に対して必要なライセンス数が決まります。後ほど詳しく説明しますが、Windows Server 2012/2012 R2以前から移行する場合にはライセンスの追加購入が必要となる場合もあるため、注意してください。

なお本書においては、Windows Server 2019 Standardを使用することを前提として説明を行っています。

SACとLTSC

これまでWindows Serverは、2003、2003 R2、2008、2008 R2、2012、2012 R2、2016といった具合に、登場した年と、その改良版である「R2」が交互にリリースされてきました。それぞれのリリース間隔は多少前後はしていますが、およそ2年ごと、というのがこれまでのスケジュールです。しかしこのバージョンアップパターンについて、Windows Server 2016からは変化が生じてきています。具体的には、Windows Server 20xxのように、名称に西暦を冠した大規模なバージョンアップについては従来どおりリリースされますが、そのほかに「半年ごと」に、よりタイムリーな機能を組み込んだバージョンのOSもリリースする、というものです。

クライアントOSであるWindows 10は、OSが登場した2015年7月以降、OSの名称こそ変わらないものの通常のアップデートよりはるかに大きな機能強化を行う「大型バージョンアップ」を何度か行っています。2018年現在においては、毎年3月と9月にこの大型バージョンアップを行う、というペースになっており、マイクロソフトではこれを「半期チャネル」によるリリースと呼んでいます。

Windows 10におけるこのリリース方式は、サーバーOSであるWindows Serverにおいても適用されます。Windows Serverにおいてこのリリース方式は「SAC (Semi-Annual Channel)」と呼ばれ、「Windows Server バージョン 1803」のように、リリースされた年の西暦下2桁と、リリース月とを併せた数字をバージョンとして呼ぶようになっています。2018年11月時点での最新のバージョンは「Windows Server バージョン 1809」です。

従来どおりWindows Server 2016やWindows Server 2019のように西暦の4桁を製品名として販売するWindows Serverも残されています。これらは、半期チャネルリリースをSACと呼ぶのに対して、「LTSC (Long-Term Servicing Channel)」と呼ばれています。Windows Server 2016や、本書で紹介するWindows Server 2019は、LTSCによりリリースされるWindows Serverです。

Windows 10のSACはWindows 10のユーザーであればだれでも利用できますが、Windows Serverの場合は、利用するにあたって「ソフトウェアアシュアランス (SA)」と呼ばれるバージョンアップ保証権を契約することが必要になります。ソフトウェアアシュアランス契約は、ボリュームライセンス契約の一部で期限付きの契約ですが、SAの契約が期限切れになると、Windows Server SACの利用権もなくなります。一度ライセンスを購入するとソフトウェアを永続的に使用することができるLTSCと比べて、大きな違いと言えるでしょう。

マイクロソフトによるソフトウェアサポートが行われる期間も、SACとLTSCでは異なっています。LTSC、すなわちWindows Server 2019では、ソフトウェアのサポートはリリース後10年とされており、2028年までのサポートが行われます。一方SACの場合は、ソフトウェアのリリース後1年半、18か月しかサポートが行われません。この18か月の間に、次にリリースされる新しいバージョンのWindows Server SACに乗り換える必要があります。
ソフトウェアの機能も異なります。大きな違いは、Windows Server SACの場合にはGUI機能である「デスクトップエクスペリエンス」機能が存在していない点です。メインのOSとして使用する場合にはGUIを使用しない「Server Core」として使用するしかなく、さらにサポート期限の短さもあるため、本書で紹介するようなオンプレミスのサーバーOSとしての使い方には向きません。
こうして比較するとSACにはメリットはないようにも感じられますが、一方でSACは、常にリリースされた時点における最新の技術による最新の機能が機能が組み込まれている、という大きな違いがあります。とりわけ、近年のクラウドサーバー周りの技術動向は進歩が速いため、それらに合わせた技術革新を必要とする場合にはメリットがあるリリース方式と言えるでしょう。
本書においては、基本的にGUI（デスクトップエクスペリエンス）を用いたオンプレミスサーバーとしての運用を基本としていますので、半期チャネルであるWindows Server SACについてはあまり触れることはありません。ただソフトウェアアシュアランス契約をしている場合には、LTSCのOSの上でも、Hyper-V仮想マシンやコンテナー機能などを使えば、この半期チャネルのWindows Serverを利用することも可能です。

クラウドサーバーとは

本書では、企業内や組織内、あるいは家庭内のネットワーク内に、サーバー専用のコンピューターを用意してその上でサーバー専用OSであるWindows Server 2019を動作させる方法について解説しています。このように、サーバーのハードウェア自体を自分の組織が自前で用意し、かつ自組織の建物内に設置して運用するといった利用方法のことを「オンプレミスサーバー」と呼びます。「構内サーバー」と呼ばれることもあるこの運用方式は、「サーバー」と言えば誰しもが思い浮かべる従来型のサーバー運用方式です。
サーバーのハードウェアは自前で用意しますが、設置場所だけを外部のデータセンターなどに預けて運用する方式もあります。自家発電装置や高い耐震性を備えたデータセンターは、異常気象や地震などの大規模災害の際に影響を受け難くなるため、自社建屋内にサーバーを配置するよりも安全に運用できる可能性があります。このようにサーバーの置き場所やネットワークだけを借りてサーバーを運用するのが「ハウジング」サービスですが、こうした運用方法も「（ハウジング型）オンプレミスサーバー」と言えます。
一方で近年注目を集めているのが、インターネット（クラウド）上に配置された高性能なサーバー能力の一部を借り受け、この上でサーバー機能を運用する「クラウドサーバー」と呼ばれる運用方法です。マイクロソフトが提供する「Microsoft Azure」やアマゾンが提供する「Amazon AWS」等が代表的なもので、利用者はサーバーのハードウェアを用意する必要は一切なく、利用者は申し込むだけで、金額に応じた計算機能力やネットワーク帯域、そしてサーバーOSを含めた動作環境を借り受けることができます。
こうしたクラウドサーバーのサービスは、申し込めば誰でもすぐに利用することができ、ハードウェアなどの初期投資を必要としません。また必要に応じていつでも計算機能力を増減できるため、利用者数やデータ量などの負荷に応じた「スケーラビリティ」を持っています。誰でも利用できることから、こうしたサーバー運用のことを「パブリッククラウドサーバー」と呼びます。

パブリッククラウドの場合、インターネット上から誰でも接続できる場所にサーバーが配置されるため、データ漏洩などの危険性が常に伴います。企業内専用で利用する場合、これは大きなリスクとなります。そこで、クラウドサーバーと同様、計算機能力を借りはするが、ネットワークは特定の組織だけと専用の接続とする運用方法もあります。コンピューター自体はクラウド上に配置されていますが、接続先が特定の企業や組織だけに限られるため、実質的には自社専用のサーバーと考えることができるこうした運用方法が「プライベートクラウドサーバー」と呼ばれる運用方法です。仮想化技術を用いて、サーバーの実行環境を仮想コンピューターとして貸し出す、あるいは借り受けることを「ホスティング」と呼ぶため、こうした運用のことを「ホスティング型のプライベートクラウド」と呼ぶこともあります。

大企業などでは、サーバーのハードウェアを自社で用意し、これを自社内専用のクラウドサーバーとして使用する場合もあります。形式的にはハウジング型のオンプレミスサーバーとよく似ていますが、こうした運用が「オンプレミス型のプライベートクラウド」と呼ばれる方法です。オンプレミスサーバーとの違いは、従来型のようにサーバーをそのままネットワークサーバーとして利用するのではなく、仮想化技術を用いてサーバー内にいくつものサーバー実行環境を構築し、組織内の複数の部門であたかもクラウドサーバーを利用しているかのように利用する点です。インターネットを利用するのではなく、社内に独自のクラウドネットワークを構築して、その中でクラウドサーバーの提供者と利用者が存在するような運用方法です。

オンプレミス型のプライベートクラウドでは、パブリッククラウドなどと同様、必要に応じて個々のサーバーに割り当てる資源をいつでも容易に増減できます。また個々のサーバーを運用する部門にとっては、ハードウェアの保守などを行う必要がなく、少ない初期投資でサーバーを構築できるといったクラウドサーバーならではのメリットを得ることができるのが特徴です。

2 ネットワーク内でのサーバーの役割

Windows Server 2019は、クライアントOSが動作するパソコンに対してネットワーク経由でさまざまな機能を提供する「サーバー」を実現するためのOSです。ここでは、そもそもそうしたサーバーは、どのような機能や役割を持ち、どのように使われるのかについて解説します。

サーバーの役割は資源共有と管理

コンピューターどうしをネットワークで接続すると、複数のコンピューター間でデータ通信やファイルの転送などのさまざまな作業が可能になります。こうした機能を活用することで、離れた場所で共同作業を行える、情報を1か所に集約できる、作業の負荷を複数のコンピューターで分散できる、といったさまざまなメリットが生まれます。
ネットワークで複数のコンピューターを接続した場合、機能や資源を提供する側と、提供された機能や資源を利用する側のコンピューターを用意すると、ネットワークはより効率的に利用できるようになります。ここで、資源を提供する側のコンピューターのことを「サーバー」、その資源や機能を利用する側を「クライアント」と呼びます。
たとえば、あるコンピューターのハードディスク上のフォルダーを、ネットワークで接続された他の複数のコンピューターで利用できるようにした場合を考えてみましょう。ここでは、フォルダーを格納したハードディスクを持つコンピューターが、ディスク領域やデータという資源を提供する「サーバー」となります。また、そのフォルダーを利用するすべてのコンピューターは「クライアント」となるわけです。
同様に、他のコンピューターに接続されたプリンターを使って自分のコンピューターから文書を印刷する場合、プリンターが接続されているコンピューターがサーバーであり、印刷を要求する側がクライアントとなります。

サーバー専用機の導入でクライアントの負荷を低減する

サーバーとクライアントという区別は、実は単に機能面から見た区別に過ぎません。1つのコンピューターが自分のフォルダーを公開してサーバーになるのと同時に、他のコンピューターで公開されたフォルダーを参照してクライアントになることもあります。このようにサーバーとクライアントの関係は、常に固定的である必要はないのです。
ただし他のコンピューターの機能を利用するだけのクライアントに比べると、サーバーにはより大きな負荷がかかるのが普通です。サーバーは複数のクライアントからの要求を引き受け、処理や管理を行わなければならないからです。このため、サーバーはクライアントと比較すると、より高い性能のコンピューターを使用する必要があります。
そこで出てきたのが、クライアントとサーバーを1つのコンピューターに兼用させるのではなく、ネットワークの中で特に性能の高いコンピューターにサーバーの機能を集中させて利用する「サーバー専用機」という考え方です。サーバー専用機を導入すれば、他のコンピューターはクライアント機能だけで済むため負荷が低くなるほか、サーバーが提供するデータや資源を1つのコンピューターに集中させることができるため、ネットワークの管理の手間も軽減できます。サーバー専用機のコストはかかりますが、クライアント用PCのコストや管理費用を抑えることが可能となるため、全体としてはコストを抑えることが可能となるわけです。
本書で紹介するWindows Server 2019は、こうした「サーバー専用機」を構築するためのOSです。

ディスクやプリンターなどの機器を共有

サーバーが提供する機能の中で最も基本的なものは、すでに挙げたフォルダーやプリンターの共有、それにユーザーの管理です。

フォルダーやプリンターの共有は、サーバーコンピューター上のディスクの中の特定のフォルダーや、サーバーに接続されたプリンターを、ネットワーク上の他のコンピューターから利用できるようにする機能です。

クライアントは、サーバーのディスクの内容を読み書きする必要が生じたとき、ネットワークを経由して、サーバーのコンピューターにその要求を伝えます。クライアントからの要求を受け取ったサーバーは、その要求に応じて実際にディスクを読み書きし、結果をクライアントに戻します。クライアント側では、あたかも自分のディスクを直接読み書きするようにして、サーバー上のディスクを読み書きできます。これにより、サーバーとなるコンピューターに容量の大きなディスクを接続しておけば、個々のクライアントではそれほど大きなディスク容量を用意する必要がなくなるというメリットがあります。

複数のクライアントが、同じサーバー上の同じフォルダーにアクセスすることもできます。たとえばAというクライアントがサーバー上のフォルダーにファイルを置き、それをBというクライアントが読み出す、といった操作も可能です。このようにすると、AとBという2つのクライアントの間で同じファイルを「共有」することができます。企業など、1つのファイルを多くの人が必要とする場合に便利です。プリンターの共有についての考え方もこれと同じです。印刷する必要があるとき、クライアントはサーバーに対して、プリンターを使用したいという要求と印刷したい内容を送り出します。それを受け取ったサーバーは、自分のコンピューターに接続されたプリンターに対して印刷内容を送り出します。このようにすることで、クライアント側では、あたかも自分のコンピューターにプリンターが接続されているのと同じ感覚でサーバーのプリンターに出力できます。高価なプリンターを個々のクライアントに用意する必要はなく、サーバー側にだけ接続されていればよいのです。

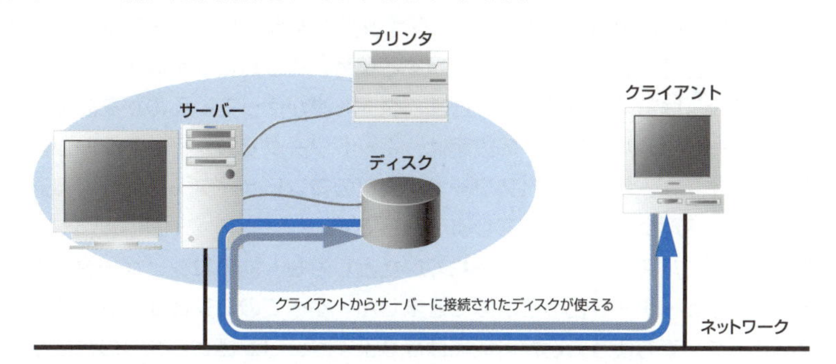

サーバーの資源をクライアントから利用することで、全体のコストを低減する

クライアントにサーバーの処理能力を提供

サーバーが提供する「資源」は、ディスク容量やプリンターといった機器だけにとどまりません。サーバーが持つ計算能力や処理能力そのものをクライアントに提供するといった使い方もあります。

一般に、サーバー専用機はクライアント用のコンピューターに比べて高い処理能力を持つ場合がほとんどです。複雑な処理や高度な計算を実行する場合、クライアントコンピューターのCPUを使用して実行するよりも、サーバー専用機のCPUを使って処理を実行してその実行結果だけをクライアントで受け取るようにすれば、処理を短時間で終了させることも可能となります。

サーバーの処理能力をクライアントで利用するには、通常、そうした操作に対応したソフトウェアが必要となります。

アプリケーションそのものがサーバー/クライアント方式の構成になっていて、サーバーコンピューター上でサーバーソフト、クライアントコンピューター上でクライアント専用ソフトを使うという構成になっているわけです。ただしこの方法は、その機能に対応する限られたアプリケーションでしか利用できません。
Windows Server 2019の場合、より汎用的なアプリケーションで利用できるよう「RemoteApp」と呼ばれる機能が用意されています。これはWindowsサーバーに備わっている「リモートデスクトップサービス」の機能を応用したものです。
通常のリモートデスクトップサービスは、クライアントコンピューターからサーバーにログインして、サーバーのデスクトップ画面をクライアントコンピューター上で操作する機能です。一方、RemoteAppは、サーバーコンピューターのデスクトップ画面ではなく、サーバーコンピューター上で動作する特定のアプリケーション画面のみをクライアントコンピューターに表示する機能です。クライアントコンピューターから見ると、アプリケーションのウィンドウは他のアプリケーションと同様、1つのウィンドウで表示されるのですが、そのアプリケーションは実はサーバー上で実行されている、というのがRemoteAppの原理です。
こうした処理能力の提供やアプリケーション動作の提供も、最近ではサーバーの重要な機能として使われています。

ネットワーク内で統一したユーザーの管理

サーバーのもう1つの基本的な機能として、「ユーザー管理」が挙げられます。ビジネスでは極秘の情報を扱うことも多いものですが、たとえばオフィスに置いてあるコンピューターが誰にでも自由に使える状態にあるとき、その中に仕事に関する極秘情報を入れておくのは大変に危険です。
多くのデータを保持するサーバーでは、クライアントと比較してもより厳しいセキュリティが求められます。このため、コンピューターを使う前にユーザー名とパスワードを入力する「ログオン（サインイン）」操作が必須となっています。クライアントOSの場合、Windows XP以降はログオン操作を行わなくてもコンピューターを利用できる設定もありますが、ネットワーク上でコンピューターを使用する場合、こうした設定は好ましいものではありません。
ログオン操作により、Windowsは常に、今そのコンピューターを誰が使っているのかを認識しながら動作するようになります。ただこうしたユーザーやパスワードの設定は、ネットワークでコンピューターが複数接続されている場合には、扱いが難しくなります。ユーザー名やパスワードを個々のコンピューターで管理する通常の方法では、コンピューターの数だけユーザーの管理情報が存在してしまうからです。
あるコンピューターでユーザーのパスワードが登録されていたとしても、別のコンピューターでそのユーザーが登録されていなければ、そのコンピューターを使うことはできません。すべてのコンピューターで同じユーザー名を登録しておけば、どのコンピューターでも使うことが可能にはなりますが、コンピューターの台数が多い場合の管理は非常に面倒ですし、パスワードを変更したりする作業も大変です。
こうした問題を解決するのが「サーバーによるユーザー管理」です。ユーザー名とパスワードを個々のコンピューターで管理するのではなく、ユーザー設定はサーバー上で行い、クライアントコンピューターはその設定を参照する、という仕組みをとれば、サーバーをアクセスできるコンピューターすべてを、そのユーザー設定で使えるようになるわけです。結果として、ネットワーク内でユーザー名が重複したり、同じユーザーでもコンピューターによってパスワードが違っていたり、登録漏れにより特定のコンピューターが使えなくなる、といったこともなくなります。
サーバー上でネットワーク内のファイル共有を行う場合にも、すべてのコンピューターが同じユーザー情報を共有することで、一層便利に使えるようになります。Windowsでは、ファイルごとに、そのファイルが誰のものかを示す「所有者情報」を持っていますが、このユーザー名をクライアントコンピューター上で正しく表示するには、クライアントとサーバーとが同じユーザー情報を持っている必要があります。サーバーが持つユーザー情報をすべてのコンピューターで共有しておくことで、どのコンピューターから見ても、ファイルの所有者がわかるようになります。このようなファイルの所有者を識別する機能は、サーバーの機能として非常に重要です。

利用するハードウェアを用意する

一般にサーバーOSをインストールするコンピューターは、クライアントコンピューターに比べて高い性能が要求されます。また、サーバー機能を提供するためにはネットワーク機器は必須です。ここでは、サーバーとして利用するコンピューターや必要な機器について説明します。

コンピューターを選ぶには

Windows Server 2019を動作させるには、あらかじめ定められた動作条件を満足するコンピューターを選ぶ必要があります。Windows Server 2019には、搭載するCPUやメモリ容量、ハードディスク容量など、動作に必要となる最低限度の性能が定められており、最低でもこれらの条件を満たしていなければ、Windows Server 2019は使用できません。

ただ注意しないといけないのは、ここで言う条件とはあくまでWindows Server 2019が最低限動作するのに必要となる条件という点です。マイクロソフト社では、これらを「最小システム要件」として定義しており、それらは以下のようになっています。

Windows Server 2019の最小システム要件

項目	要件
プロセッサ（CPU）	1.4GHzの64ビットプロセッサ ・NX、DEPビットをサポート ・CMPXCHG16b、LAHF/SAHF、PrefetchW命令をサポート ・SLAT（Second Level Address Translation）をサポート
メモリ	512MB以上 ECC（エラー訂正機能）またはこれに類似の機能をサポートのこと
ハードディスク	32GB以上 ・パラレルATA（ATA/PATA/IDE/EIDE）はサポートしない
ネットワーク	PCI-Express接続で1Gbps以上 PXE（ブート前実行環境）をサポートのこと
その他必要なもの	DVD-ROMドライブ/SVGA（1024×768）以上のディスプレイ/キーボード/マウス/インターネットアクセス可能な環境

プロセッサ（CPU）として必要となるのは、動作周波数1.4GHz以上の64ビットプロセッサで、かつ、高度な仮想化機能を備えたものが必要です。CPUのブランドは規定されていませんが、対象としてはインテル社のサーバー向けプロセッサであるXeonシリーズやコンシューマー向けプロセッサであるCore i3/i5/i7シリーズが該当します。AMD社で言えばサーバー向けのEPYCシリーズなども利用できます。

仮想化機能では「SLAT（Second Level Address Translation）」機能のサポートが求められています。64ビット対応CPUであっても、やや古い世代（インテル社のCore 2プロセッサなど）では、この機能をサポートしないので注意してください。なおこの条件はWindows Server 2016のHyper-Vで初めて求められたもので、Windows Server 2012 R2までのHyper-Vでは必要とされていませんでした。Windows Server 2012 R2以前のWindows Serverをアップグレードしようとする場合には注意してください。

前述のように、「最小システム要件」はあくまでWindows Server 2019の最低動作条件に過ぎません。実際にサーバーの機能を実用的に利用するには、この要件よりもより高い性能が求められます。最近のCPUでは、1つのプロセッサの中に複数のプロセッサコア機能を収めた「マルチコア」CPUが普通です。Windows Server 2019では、このマルチコアCPUを前提としたライセンス形態となっていますから、ハードウェアを選択する場合にも、このライセンス条件を考慮するのが良いでしょう。
またWindows Server 2019では、Hyper-Vを使用することで、1台のサーバーコンピューター内で複数の仮想マシンを動作させることが可能です。Standardエディションの場合、最小ライセンスで2台までの仮想マシンを使用できますが、この場合、ホストOSが必要とするディスクやメモリ要件のほか、仮想マシンの動作に必要な要件も考慮しなければいけません。
目安としては、ホストOS＋仮想マシン2台分で、合計3台分に相当する程度のCPUコア数＋メモリ＋ハードディスク容量は確保しておきたいところです。たとえば、仮想マシンそれぞれに2コアのCPU、4GBのメモリと100GBのハードディスクを割り当てる場合には、CPUコアは最低でも6コア以上、メモリは12GB以上、ハードディスクは300GBが必要となります。もちろんこれらに対してもある程度の余裕を見る必要はあります。
そこで本書においては、次表のようなハードウェア用件を推奨します。

本書が推奨するWindows Server 2019 Standardエディションのシステム要件

項目	要件
プロセッサ（CPU）	2.0GHz/8コア以上 その他の要件は最小システム要件に準じる
メモリ	16GB以上
ハードディスク	500GB以上
ネットワーク	PCI-Express接続で1Gbpsのもの、2ポート以上
必要デバイス	最小システム要件に準じる

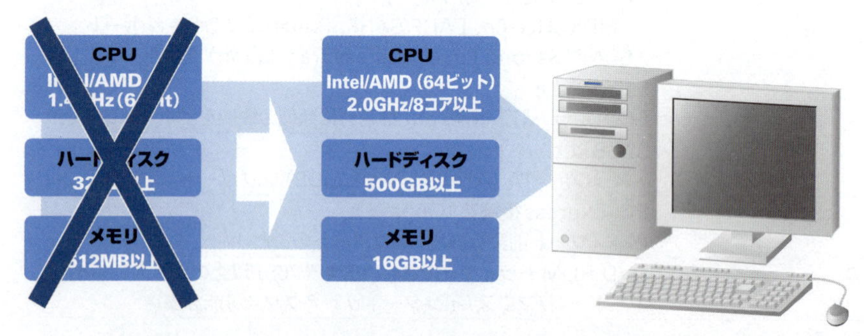

最小システム要件は、あくまでOSが単体で動作する最低限度の仕様。実際には少し余裕が必要

周辺機器を選ぶには

Windows Server 2019を実際に使用するには、CPUやメモリ、ハードディスクなどのほか、ディスプレイやキーボード、マウスなどの入出力機器、インストールメディアを読み込むためのDVD-ROM装置、ネットワークに接続するためのインターフェイスネットワークインターフェイスボードなどが必要となります。

ヒューマンインターフェイスデバイス（HID）

ディスプレイやキーボード、マウスなどのように操作する人が直接見たり操作したりするデバイスのことを、「ヒューマンインターフェイスデバイス」と呼びます。クライアントPCの場合、長時間にわたり人間が操作する機会が多いため、見やすい/操作しやすいデバイスを選ぶことは重要です。しかしサーバーの場合、管理者以外の人はあまり操作せず、また実際に運用に入ってしまえば管理者が行う作業もそれほど長時間にはなりません。むしろ、サーバー機を直接人間が操作する時間は極力減らすほうが、セキュリティ面でも安全です。特にWindows Server 2019の場合、管理機能の強化により、ネットワーク経由での管理も行いやすくなっているほか、Server Coreインストールで使われるWindows PowerShellのように、主にコマンドベースで操作し、高精細なグラフィック表示を必要としない管理方法も取り入れられています。

以上のことから考えると、ネットワークのサーバーとして使うようなハードウェアでは、HIDデバイスには特殊なデバイスはあまり採用する必要はありません。Windows Server 2019の最小システム要件でも、推奨要件でもグラフィックに関してはXGA（1024×768）となっているのはこのためです。

ネットワークインターフェイスカード（NIC）

ネットワークを構築するためには、ネットワークインターフェイスカード（NIC）に代表されるさまざまなネットワーク機器も必要になります。NICとは、コンピューターにネットワーク機能を付加する拡張カードのことです。最近のビジネス向けコンピューターではほとんどの機種で、メインボード上にNICを標準装備する「オンボードNIC」を採用しています。通常の使用であれば、このオンボードNICを使用するだけで十分です。

Hyper-Vを使用して仮想OS上でサーバーを運用する場合や、iSCSIと呼ばれるネットワーク経由でのディスク接続を行う場合、2つ以上のネットワークに接続する場合などには、2ポート以上のネットワークインターフェイスを用いる方がよい場合もあります。

オンボードNICだけではネットワークのポートが不足する場合、増設スロットに別売のNICを搭載する必要が生じます。こうしたボードは非常に多くの種類が発売されていますが、製品を選択する場合には、まず、そのボードが自分の使っているコンピューターに正しく適合するものかどうかを調べてください。大手メーカー製のコンピューターであれば、純正のオプションとしてネットワークインターフェイスボードが用意されていますから、それらを使用するのが安全です。

コンピューターで使われるネットワークには、いくつもの種類があります。一般的なのは1秒間に1ギガビットのデータを転送できる「ギガビットEthernet」の1つで「1000BASE-T」と呼ばれる規格です。現在ではほとんどのコンピューターがこれを使用しています。また、特に高性能を必要とするサーバーでは「10GBASE-T」と呼ばれるより高速なネットワークインターフェイスを搭載しているものもあります。

一方、周辺機器やADSLルーターなど、高速な接続を必要としない機器では「100BASE-TX」と呼ばれる、1秒間に100メガビットのデータを転送する一世代前の規格もまだ広く使われています。

サーバー機の場合、特にネットワークの入出力が多くなる傾向にあるため、ギガビットEthernet以上に対応した機器を選択してください。ネットワーク内に100BASE-TXにしか対応していない機器がある場合でも、相互接続が可能ですので問題はありません。

注意したいのは、NICに対する「ドライバー」です。Windows Server 2019のインストールDVD-ROMには、主要なNICのドライバーが収録されていますが、特に後付けのNICの場合、別途ドライバーを用意する必要がある場合があります。

通常の場合、NIC本体（またはコンピューター本体）に、ドライバーディスクが付属していますが、Windows Server 2019で使用する場合には、Windows Server 2019対応が明記されたドライバーが必要となります。

ハブ

1000BASE-Tや100BASE-TXのネットワークでは、ネットワークインターフェイスボードのほか、個々のコンピューターからの線（ケーブル）を1か所にまとめて接続するための「集線装置」と呼ばれる機器も必要になります。この集線装置は、一般に「ハブ」または「スイッチ」「スイッチングハブ」などと呼ばれています。

ハブには、コンピューターを接続するための口（「ポート」と呼びます）がいくつか用意されています。製品によって、すべてのポートが同じ通信速度に対応するものや、一部のポートだけが高速な通信に対応し、その他のポートは低速な通信にしか対応しないものなど、種類があります。
ネットワークの中に10GBASE-Tや1000BASE-T、100BASE-TXなど、複数の通信速度のネットワークインターフェイスが混在している場合には、それらの中で最も高速なNICに対応したハブを選択します。一般的にはサーバー側のNICが最も高速ですから、特定のポートだけが高速通信に対応するハブを使う場合には、その高速のポートをサーバー用として割り当ててください。すべてのポートが同じ通信速度に対応する場合には、どのポートにどの機器を割り当ててもかまいません。
多くのハブは、接続された機器の通信速度に応じて接続されたポートのランプの色や点滅状態が変化するようになっているため、この表示で通信速度を確認します。
サーバーだけが高速な通信に対応し、他のコンピューターが低速な通信速度にしか対応しない場合であっても、他のコンピューターが複数存在する場合には高速通信の効果は現れます。

Windows Server 2019のライセンスの数え方

Windows Server 2019および2016では、2012 R2以前のWindows Serverと比較して、必要となるライセンス数の数え方に大幅な変更が加わりました。現在Windows Server 2012 R2を使用していて、これを2019にアップグレードする際にも、動作させるコンピューターの仕様により、追加でライセンスが必要となる場合もあります。ライセンスの数え方には十分に注意してください。Windows Server 2019と2016ではライセンス数の数え方は同じであるため、Windows Server 2016からアップグレードする場合には、必要ライセンス数が変更になることはありません。
Windows Server 2012 R2までは、ライセンスはサーバーに搭載されているプロセッサの数により決定されています。具体的に言えば、プロセッサ2つごとに1ライセンスが必要というもので、1台のコンピューター上に1～2個のプロセッサが搭載されている場合には1ライセンス、3～4個の場合は2ライセンスという具合です。
またStandardエディションの場合に限り、Hyper-Vによる仮想マシンの台数にも制限があり、1ライセンスごとに2つまでの仮想マシンが利用できました。これ以上の仮想マシンを使用する場合には、仮想マシン2つごとに1つの追加ライセンスが必要となっていました。Datacenterエディションでは、仮想マシンの数に制限はありません。
Windows Server 2019では、DatacenterおよびStandardエディションにおいて、サーバーに搭載されているプロセッサの個数ではなく、個々のプロセッサに内蔵されるCPUコアの数によって必要となるライセンスの数が決まるようライセンスが変更されました。たとえば8コアのプロセッサが2つ搭載されたコンピューターにWindows Server 2019を搭載する場合に必要となるライセンスの数は8コア×2個で16コア分になります。これに対して10コアのプロセッサが2つ搭載されたコンピューターの場合、必要なライセンス数は20コア分です。Windows Server 2012 R2の場合、この2つのコンピューターはどちらも「2プロセッサ」なので必要なライセンス数は変わりませんが、Windows Server 2019では必要ライセンス数が異なってきます。
さらにWindows Server 2019では、上記のほかにも、コア数の数え方に制限があります。まずプロセッサごとのコアの数ですが、たとえ8コア以下のプロセッサであっても最低8コアとカウントします。やや古めのプロセッサには、マルチコアであっても4コアや6コアしか内蔵していないものがありますが、こうしたプロセッサであっても「8コア」とカウントします。また、コンピューター1台あたりのコアの数は、たとえコアの総計が16個以下の場合であっても、最低16コアとカウントします。8コアプロセッサを1つだけ搭載したサーバーであっても、このコンピューターは「16コア」と数えてください。
Windows Server 2019と2016ではライセンス数の数え方は同じであるため、Windows Server 2016からアップグレードする場合には、必要ライセンス数が変更になることはありません。

Windows Server 2019における、プロセッサ数とコア数のカウント方法

		1プロセッサあたりのコア数									
		2	4	6	8	10	12	14	16	18	20
プロセッサ数	1	16				16				18	20
	2					20	24	28	32	36	40
	3	24				30	36	42	48	54	60
	4	32				40	48	56	64	72	80

※濃い水色分は、Windows Server 2012 R2よりも必要となるライセンスコストが上がります

Windows Server 2019のライセンスは16コア分または2コア分ごとに「コアパック」として販売されます。上表における最小構成は16コアなので、最低でも16コアパック×1個が必要となります。必要なコアライセンスの数が16の倍数の場合は16コアパックをその数だけ、また端数が出る場合には端数のコア数÷2の数だけ2コアパックが必要です。現在Windows Server 2012 R2を使用していて、これをWindows Server 2019にアップグレードする場合、表中で濃い水色の部分は追加のライセンス購入が必要となりますので注意してください。
Windows Server 2019において、Hyper-Vを使った仮想環境を利用する場合は、仮想マシンの数に応じて追加ライセンスが必要となる場合もあります。その場合のライセンスの数え方は、第11章で詳しく説明するため、そちらも参考にしてください。
またWindows Server 2019のStandardまたはDatacenterエディションを利用する場合には、そのサーバーを利用するユーザーの数またはコンピューターの台数に応じて「クライアントアクセスライセンス（CAL）」と呼ばれるライセンスも別途必要となります。CALがない状態でWindows Serverを利用した場合にはライセンス違反となりますので、この点についても注意が必要です。

IPアドレスとは

本書で使用するネットワークでは、TCP/IPという通信プロトコルを利用してコンピューター間の通信を行います。TCP/IPとは、TCP（Transmission Control Protocol）とIP（Internet Protocol）の2つのプロトコルを合わせた総称です。これを利用するネットワークでは、ネットワーク上に接続された機器を識別するために、「IPアドレス」という数値を各機器に設定します。

Windows Server 2019はもちろんTCP/IPを使用できますが、利用可能なプロトコルには2つのバージョンがあり、それぞれIPv4（IPバージョン4）とIPv6（IPバージョン6）と呼ばれています。標準の状態でセットアップされたWindows Server 2019では、どちらのバージョンも利用できる状態になっているため、Windows Server 2019は、IPv4で動作するネットワークとIPv6で動作するネットワーク、いずれに接続されても動作します。

TCP/IPネットワーク上で通信を行うには、接続された機器にIPアドレスを識別子として付けます。IPアドレスは、IPv4の場合は0～255までの数字を4つ、ピリオド（.）で繋げた形式で表示します。またIPv6の場合は「fe80:0:0:0:0:0:0a14:1e28」のように、最大4桁の8個の16進数をコロン（:）で繋げて表記します。ただし0が続く部分は1箇所にかぎり省略できるため、この例では「fe80::a14:1e28」のように表記されます。

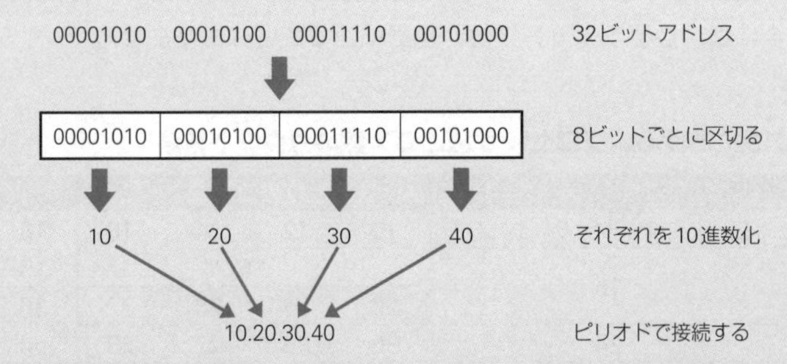

IPv4のアドレスは、32ビットを8ビットごとに区切って10進数で表記する

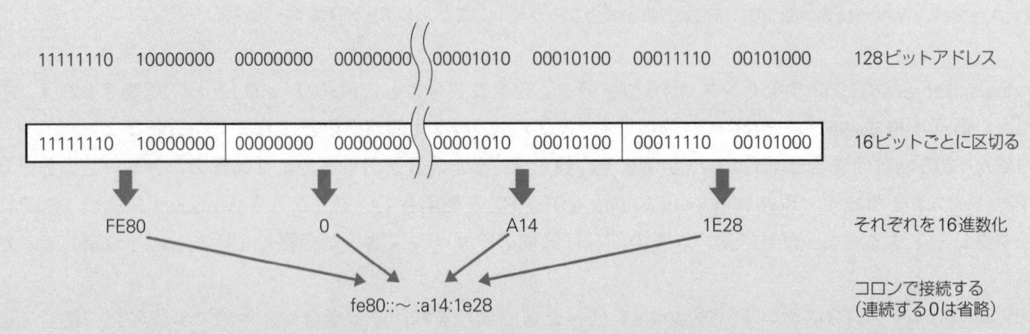

IPv6では、128ビットのアドレスを16ビットごとに16進数8つのブロックで表現する

Windows Server 2019はIPv4とIPv6双方を利用できますから、1つのポートにはIPv4形式のアドレスとIPv6形式のアドレス、それぞれ最低1つが割り振られます（使い方に応じて、1つのポートに複数のIPアドレスを割り当てることもできます）。IPv4アドレスとIPv6アドレスとの間には特に決まった関係はなく、それぞれ独立して割り振ることができます。

IPアドレスはネットワークの中で機器を特定するためのきわめて重要な情報です。互いに直接通信を行うネットワーク内では、IPアドレスは重複してはいけません。このため、既存のネットワークに新しく機器を接続する場合、使用するIPアドレスがそのネットワーク内ですでに使われていないかどうかを確認する必要があります。NICのポートにはこのIPアドレスのほかにもうひとつ「ネットマスク」(またはサブネットマスク)と呼ばれる情報も必要です。

ネットマスクとはIPアドレスの値の中で、そのコンピューターがどのネットワークに接続されているかを示す「ネットワークアドレス」と呼ばれる値を決定するために使われます。「ルーター」や「ゲートウェイ」と呼ばれる、ネットワークを互いに接続するための専用の装置を挟まない、同じネットワーク上の機器どうしは、すべての機器が共通のネットマスクを持っていなければ正しく通信できません。

ネットマスクは、IPv4においては通常のIPアドレスと同じ形式で表記します。IPv6ではアドレスの上位何ビットをネットワークアドレスとするかを示す数字(「プレフィックス長」と呼びます)を使って、「IPv6アドレス/プレフィックス長」のように表記します。たとえば、先ほどのIPv6アドレスは、仮にプレフィックスを64とすると「fe80::a14:1e28/64」のように示されます。

IPアドレス指定の際の注意

前述のとおりWindows Server 2019では、IPv4、IPv6どちらのアドレスも並行して使用できます。ネットワーク内にIPv4とIPv6が利用できる機器が混在している場合、それらの機器とはIPv4かIPv6、いずれか「利用可能なアドレス」を使って接続されます(通常はIPv6が優先されます)。

このような仕組みのため、たとえばアクセスの制限を行うためにファイアウォールなどで特定のIPv4アドレスからの接続を禁止したはずなのに(IPv6が使えるため)通信できてしまう、といったこともあります。またIPv4かIPv6いずれか一方しか使えない機器があると、あるコンピューターからは通信できるが、他のコンピューターからは通信できない、といった問題も生じる可能性が出てきます。

こうした問題を避けるためには「ネットワーク内のすべての機器でIPv4かIPv6、いずれか一方しか使用しない」と決めてしまって、もう一方の使用を禁止する、といった対策が有効です。

プライベートIPアドレスとは

IPアドレスは、ネットワークの中で特定の機器を識別するための大切な情報です。正常に通信を行うためには、接続されているネットワーク内でIPアドレスの重複があってはいけません。このためIPアドレスは通常、ネットワークの管理者によって「割り当て制」となっていることが普通です。全世界のコンピューターが接続されるインターネットも例外ではなく、IPアドレスは割り当て制となっています。

ですが、本書で構成するネットワークのように限られた範囲、たとえば会社の中などでしか使わないネットワークでは、あえてインターネットで使われるIPアドレスを割り当てるのは意味がありません。

そのような場合によく使われるのが、「プライベートIPアドレス」と呼ばれるIPアドレスです。これは、インターネットの中では使われないということを前提としたアドレスで、逆に言えば、インターネットに直接接続しない限られた範囲内でのネットワークであれば自由に使用してもよいアドレスとなります。インターネット上には決して存在しないIPアドレスなので、社内ネットワークなどでこのIPアドレスを使ってもインターネット上のIPアドレスと重複することはなく、他に迷惑をかける可能性がないからです。

プライベートIPアドレスとして使用できるのは、次の表に示す範囲です。社内ネットワークなど閉じた世界で使う場合には、基本的にはこの範囲からIPアドレスを選んでください。

プライベートIPアドレスの範囲

IPアドレス	ネットマスク
10.0.0.0～10.255.255.255	255.0.0.0
172.16.0.0～172.31.255.255	255.255.0.0
192.168.0.0～192.168.255.255	255.255.255.0

なお、表からもわかるように「プライベートIPアドレス」はIPv4だけで使われるアドレスです。IPv6で使用する場合には、「ユニークローカルユニキャストアドレス」と呼ばれるアドレスを使います。名称は異なりますが、IPv4におけるプライベートIPアドレスと同様、インターネット上で使われない（接続しない）機器で使用できるIPアドレスであり、その範囲は次の表に示すとおりです。

ユニークローカルユニキャストアドレスの範囲

開始	FC00:0000:0000:0000:0000:0000:0000:0000
終了	FDFF:FFFF:FFFF:FFFF:FFFF:FFFF:FFFF:FFFF

4　本書で作るネットワークについて

本書では、以降の章でWindows Server 2019の設定方法を説明します。その際の説明に用いるサンプル用のネットワーク構成について、ここで説明します。

本書で使用するネットワーク環境

本書で構築するネットワークには、3台のコンピューターを接続します。そのうち2台がネットワークのサーバーとして使用するコンピューターで、これにはもちろんWindows Server 2019をインストールします。Hyper-Vを含めた全機能を使用するためDatacenterまたはStandardのいずれかのエディションが必要ですが、ネットワークの規模を考えてStandardエディションを使用します。またHyper-Vを使用して仮想サーバーを1台作成します。Standardエディションでは、1ライセンスあたり2つまでの仮想のサーバー使用権があります。
残る1台は、一般ユーザーが使用するコンピューターです。いずれもデスクトップ型のコンピューターで、OSとしてはWindows 10 Proエディションを使用します。
プリンターはネットワーク接続タイプのものが1台用意されています。この種のプリンターは通常、プリントサーバー機能を搭載しているためWindows Serverで管理する必要は必ずしもありませんが、今回はあえて、Windows Server 2019から管理し、他のコンピューターからこのプリンターを利用できるようにします。
また、ネットワーク上にはルーターが接続されています。このルーターは企業の基幹システムにも接続されており、作成するネットワーク内の各コンピューターは、このルーターを経由して企業内の基幹情報システムやインターネットにアクセスします。これらを図にすると、次のようになります。

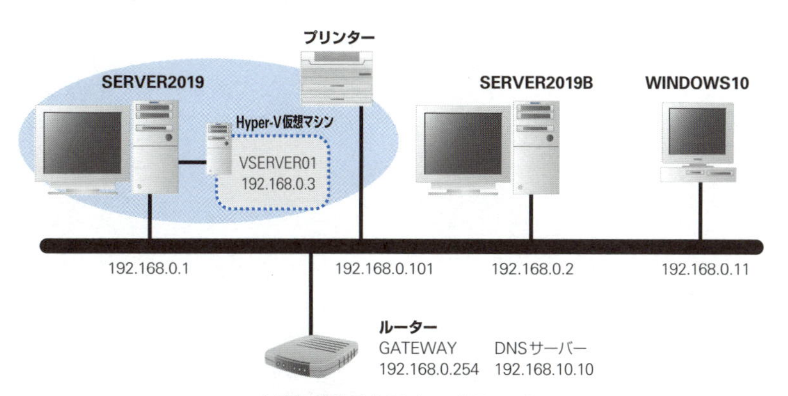

本書で使用するネットワーク

これらネットワーク上の各機器は、TCP/IPで通信します。IPのバージョンはIPv4を使用します。各機器のIPアドレスはそれぞれの機器に手動で設定することとしますが、自動でIPを割り当てる「DHCP」についても、本書で解説します。
なお本書では、設定するIPアドレスとして、コラムで説明した「プライベートIPアドレス」を使用します。

本書で使用するサーバー機能

まず、Windows Server 2019の機能のうち、最も基本的なサーバーの機能である「ファイルサーバー機能」と「プリンターサーバー機能」を利用できるようにします。

ネットワーク全体の管理としてActive Directoryが利用できるのはWindows Server 2019の大きなメリットですが、本書ではActive Directoryについては実際には使用しません（セットアップまでは解説します）。Active Directoryを使用した場合、クライアントPC側の操作にも変更が加わるほか、さまざまな動作が変化するため、本書の目的である「初期の導入作業」の範囲には収まりきらないためです。

Hyper-Vについては、機能をインストールして仮想OSをセットアップするところまでを解説します。仮想OSは、ホストOSと同じくWindows Server 2019を使います。なおゲストOSとして動作するWindows Server 2019自体は通常のWindows Server 2019とまったく同じですから、他の章の設定を参照すればセットアップは簡単に行えます。コンテナー機能については、Windows ServerコンテナーとHyper-Vコンテナーの2つの機能のうち、Windows Serverコンテナーについての使い方を説明します。

インターネットやイントラネットでホスト名とIPアドレスを対応付けるDNS（名前空間管理システム）を使用します。このDNSは、単にインターネット上のドメイン名を登録、参照するばかりでなく、Active Directoryを稼動させるためにも必要です。ただしインストールの初期では、DNSサーバーについては既に動作しているものを使用することとします。実際にWindows Server 2019にDNSサーバーをセットアップし動作させる方法は、応用として紹介します。

Windows Server 2019では、IIS 10により、Webページを公開したりFTP（File Transfer Protocol）サーバーによってインターネット上にファイルを公開したりすることができます。本書の第9章では、このIIS 10を実際に使用して、ネットワーク内の他のマシンからWebページを参照する、FTPでファイルを転送するなどの環境を構築します。

IISを用いてデータを公開する方法は、社内ネットワークに対して情報を公開する手段としても非常に有効です。こうした使い方を「イントラネット」と呼びます。

5 ネットワーク構成のための チェックリスト

Windows Server 2019でのネットワーク設計に限ったことではありませんが、ネットワークを構築しようとする場合には、初めに必要な情報を集めて一覧にしておくと便利です。ここまでに挙げたネットワークを例にして、チェックリストを作成してみましょう。
各リストのかっこ内には、本書で使用するネットワークの情報を例として示しています。企業で使用する目的でネットワークを構築する場合は、管理者に相談のうえ、指示に従ってください。

チェックリスト　※( )内は本書で例として使用する値	チェックリスト作成のためのヒント
1. ネットワークの名称 ＿＿＿＿＿＿＿＿＿＿　（マイネットワーク）	これから構築するネットワークの呼び名を決めます。企業で利用するネットワークであれば「営業部第一課ネットワーク」などのような名前を付けます。この名前は、各機器をセットアップする際に入力するわけではないので、自由に決めてください。
2. ネットワークに接続される機器の台数 ＿＿＿＿＿＿＿＿台　（6台）	ネットワークに接続され、IPアドレスを必要とする機器の台数を指定します。この情報は、IPアドレスやケーブルの本数、ハブのポート数を決定するのに使います。例では6台としていますが、これはコンピューター3台に加えて、仮想サーバー1台、ネットワーク接続のプリンター1台、ルーターを1台置くことを前提としているためです。
3. Hyper-Vによって構築する仮想サーバーの数 ＿＿＿＿＿＿＿＿つ　（1つ）	DatacenterエディションとStandardエディションでは、Hyper-Vにより仮想サーバーを構築できます。仮想サーバーには通常のサーバーと同じくIPアドレスを指定しますから、ここで構築する仮想サーバーの数を決めておきましょう。なおDatacenterエディションでは仮想サーバーの数に制限はありませんが、Standardエディションでは1ライセンスあたり、2つまでしかWindows Serverの仮想OSを使用できません。
4. DHCPを使用するか □する　□しない　（しない）	DHCPとは、ネットワークに接続された機器に、IPアドレスを自動的に割り当てるサーバーの機能です。コンピューターを新しくネットワークに接続したり、起動したときに、DHCP機能を持つサーバー（DHCPサーバー）から、他の機器と重ならないIPアドレスが割り当てられます。DHCPを使用する場合、接続するネットワーク上で、DHCPサーバーが動作していなければなりません。
5. DHCPサーバーを作成するか □する　□しない　（しない） **作成する場合** DHCPサーバーのIPアドレス ＿＿＿＿＿＿＿＿	ネットワーク上にDHCPサーバーを作成し、IPアドレスを割り当てる場合は「する」を選びます。「しない」を選択する場合、IPアドレスを各機器に手動で設定する必要があります。ただし、1つのネットワーク上に複数のDHCPサーバーが同時にあると管理が面倒になることが多いので、既存のDHCPサーバーがある場合は、できるだけそれを使うようにするか、新たにDHCPサーバーを作成せず手動でIPアドレスを設定します。

6. Active Directoryを使用するか

□する　□しない　（しない）

Active Directoryは、Windowsネットワーク上で、ユーザーIDやパスワード、アクセス権などを一括管理するためのネットワーク管理システムです。ある程度の規模のネットワークになれば必須とも言える機能ですが、本書で解説する範囲では、Active Directoryは使用しません。

7. ワークグループ名

＿＿＿＿＿＿＿＿　（WORKGROUP）

Windowsをネットワークに参加させる際には、Active Directoryを使用する場合、参加する「ドメイン名」、使用しない場合には「ワークグループ名」を設定する必要があります。通常はデフォルトのままWORKGROUPで問題ありませんが、ネットワーク管理者からの指示がある場合はそれに従ってください。

8. DNSサーバーを作成するか

□する　□しない　（しない）

インターネット上のホスト名とIPアドレスとを関連付けるサービスがDNSサーバーです。接続されるネットワークにすでにDNSサーバーが存在しており、それが利用できる場合には新たにサーバーを作成する必要はありません。Active Directoryをセットアップするには、直接書き換え可能なDDNSサーバーという仕組みを使うサーバーが必要となりますから、DNSサーバーを作成します。Active Directoryを使用しない場合には、DNSサーバーは必須ではありません。

9. DNSサーバーのアドレス

＿＿＿＿＿＿＿＿　（192.168.10.10）

接続するネットワークにすでにDNSサーバーが存在する場合、またはDNSサーバーを作成する予定の場合には、サーバーとなるPCのIPアドレスを設定します。Active Directoryを使用しない場合で、インターネットに直接アクセスする必要がない場合には、DNSサーバーのアドレスは設定しなくても問題ありません。

10. 完全なインターネットドメイン名

＿＿＿＿＿＿＿＿　（mynetwork.mycompany.co.jp）

Active Directoryを使用する場合、コンピューターには完全なインターネットドメイン名（FQDNと呼ばれます）も設定する必要があります。今回はActive Directoryを使用しないので、ここは空欄でもかまいません。

11. 各機器の情報（仮想OS含む）

	ホスト名	IPアドレス	OS名または機種名
(1)	（SERVER2019	192.168.0.1	Windows Server 2019）
(2)	（SERVER2019B	192.168.0.2	Windows Server 2019）
(3)	（VSERVER01	192.168.0.3	Windows Server 2019（仮想OS1））
(4)	（WINDOWS10	192.168.0.11	Windows 10 Pro）
(5)	（PRINTER	192.168.0.101	Brother DCP-J952N）
(5)	（GATEWAY	192.168.0.254	ブロードバンドルーター）

ネットワークに接続される機器ごとに、コンピューター名やインストールするOSの種類などを順に記入します。コンピューター以外の機器であっても、IPアドレスを使用するものについてはすべて書き出しておくと便利です。なおDHCPを使ってIPアドレスを自動取得する機器については、IPアドレスの項目は空欄のままです。

Hyper-Vで仮想サーバーを構築する場合、仮想サーバーにもホスト名やIPアドレスを割り当てますからここでは仮想OSの分も忘れずに記述しておきます。

12. ネットマスク

＿＿＿＿＿＿＿＿　（255.255.255.0）

TCP/IPが正常に通信を行うためには、IPアドレスのほかに「ネットマスク」と呼ばれる情報が必要になります。ネットマスクの値は、同じネットワークに接続される機器どうしではすべて共通です。

13. デフォルトゲートウェイのIPアドレス

____________________　（192.168.0.254）

ネットワークが、ルーターやゲートウェイを介して企業の基幹ネットワークなど他のネットワークに接続されている場合、そのゲートウェイのIPアドレスを指定します。IPアドレスは、企業のネットワーク管理者の指示に従ってください。作成するネットワークが他のネットワークと接続しない場合は、このアドレスを指定する必要はありません。

Windows Server 2019のセットアップ

第2章

この章では、Windows Server 2019のセットアップ手順について解説します。Windows Serverのセットアップはバージョンを重ねるごとに自動化が進み、最初に最低限必要となるわずかな項目を入力するだけで、後は自動的にセットアップが行われるようになっています。

新規インストールとインプレースアップグレード

Windows Server 2019をセットアップする際には、現在のOSをいったん消去した後まっさらな状態でOSをセットアップする「新規インストール」のほか、2世代以内、すなわちWindows Server 2012 R2かWindows Server 2016からであれば、OSの設定やインストール済みのアプリケーションを残した状態でインストールする「インプレースアップグレード」を行うこともできます。

この「インプレースアップグレード」を行うには、Windows Server 2019のセットアッププログラムを、アップグレード元のOS上で起動したうえで、インストールの途中で表示される選択肢から「個人用ファイルとアプリを引き継ぐ」を選択します（新規インストールの場合は「何も引き継がない」を選択する）。ただしこれが選択できるかどうかには一定の条件が必要となります。

第一の条件は現在使用しているOSのバージョンです。Windows Server 2019に対してインプレースアップグレードを行える現在のOSは次の表に示すとおりで、この表にないWindows Serverについてはすべて新規インストールとなります。

インプレースアップグレード可能な組み合わせ

アップグレード元OS	アップグレード先OS
Windows Server 2016 Standard	Windows Server 2019 Standard
Windows Server 2016 Standard	Windows Server 2019 Datacenter
Windows Server 2016 Datacenter	Windows Server 2019 Datacenter
Windows Server 2012 R2 Standard	Windows Server 2019 Standard
Windows Server 2012 R2 Standard	Windows Server 2019 Datacenter
Windows Server 2012 R2 Datacenter	Windows Server 2019 Datacenter

簡単に言えば、アップグレードできるのはアップグレード元のOSがWindows Server 2012 R2以降であり、エディションを変更しないか、より上位のエディションに変更する場合に限られます。Standardエディションから Datacenterエディションへの変更はできますが、Datacenterエディションから Standardエディションへと変更することはできません。

2つめの条件は、サーバーのセットアップオプションです。Windows Server 2019や2016ではセットアップ時のオプションとして、GUIを使わない「通常インストール」と、GUIを使用する「デスクトップエクスペリエンス」の2つのセットアップ方法があります。またWindows Server 2012 R2にも同様のオプションとして「Server Coreインストール」と「GUI使用サーバー」の2通りのインストールパターンがあります。インプレースアップグレードを行う場合には、GUIのあり/なしを変更してのアップグレードはできません。

アップグレード元のOSのインストール	Windows Server 2019のインストール
Windows Server 2012 R2 Server Coreインストール	通常インストール（GUIなし）
Windows Server 2016 通常インストール（GUIなし）	通常インストール（GUIなし）
Windows Server 2012 R2 GUI使用サーバー	デスクトップエクスペリエンス
Windows Server 2016 デスクトップエクスペリエンス	デスクトップエクスペリエンス

Windows Server 2012 R2の場合、インストール後であってもServer CoreインストールとGUI使用サーバーとを変更できましたが、Windows Server 2019では、セットアップ後にデスクトップエクスペリエンスの有無を変更することはできません。つまりGUIの有無を変更したければ、アップグレード前のWindows Server 2012 R2が動作している間にGUIの有無を切り替えておく必要があります。
Windows Server 2016からのアップグレードの場合は、2016と2019いずれもインストール後にGUI有無の切り替えはできません。このため、アップグレードを機にGUI有無の切り替えを行いたい場合には、インプレースアップグレードではなく、新規インストールを行う必要があります。
インプレースアップグレードがサポートされているエディションの組み合わせであっても、使用しているハードウェアのドライバー、アプリケーション類がWindows Server 2019に対応していない場合には、これらはアップグレード後に使用できなくなります。実際に運用しているサーバーをアップグレードする場合、ドライバーやアプリケーションすべてにわたって2019での動作検証がとれているかどうかを確認しましょう。

インプレースアップグレードのメリット

インプレースアップグレードでは、現在稼動中のサーバーの構成情報、使用する役割などの設定情報などをできる限り変更しないまま、OSのみを新しいバージョンへとアップグレードすることができます。この機能を使えば既存のユーザー、設定、グループ、アクセス許可などは新たに設定しなくてもそのまま残るため、サーバー機能が利用できなくなる時間（ダウンタイム）を最小限に抑えた状態で、サーバーOSのバージョンアップが行えます。
データや設定を新しいサーバーに移行する必要がないため、設定の移行に伴う人為的ミス、特に設定抜けや間違い等の発生を防ぐこともできます。現状のサーバー性能に不満がないのであれば、ハードウェアの追加なしに新しいOS環境に移行できることもメリットと言えるでしょう。
サーバーにアプリケーションをインストールしている場合、それらの設定はアップグレードしても変更されません。このため、アプリケーションの再インストールや設定変更を行う必要がない点もメリットです。ただしこれは、Windows Server 2012 R2/2016にインストールしてあったアプリケーションがWindows Server 2019にも対応しており、問題なく動作することが前提となります。

インプレースアップグレードのデメリット

インプレースアップグレードにはデメリットもあります。
第一に、インプレースアップグレードは現在稼動しているサーバーをそのまま更新することから、現在動作しているOSはなくなってしまいます。このため正常にアップグレードできなかった場合や、アップグレードできてもアプリケーション等に問題が生じた場合に、代わりとして元の環境を使用するといった対応ができません。問題が発覚したのがアップグレード後すぐのことであれば、バックアップを復元すれば被害は少なく済みますが、その間、サーバー機能は一切使用できなくなります。
不幸にしてバックアップをとっていない場合や、バックアップをとってから時間が経った後問題が発覚したような場合には、被害はさらに大きくなります。仮に元の状態に復元できたとしても、バックアップ以降の設定変更やファイル変更などが失われてしまうためです。
第二に、インプレースアップグレードはどのような場合でも必ず成功するとは限りません。もちろんインプレースアップグレードはWindows Server 2019の機能としてサポートされてはいます。Windows Server 2016でインプレースアップグレードを行おうとすると表示されていた「インプレースアップグレードはお勧めしません」という警告も表示されなくなりました。ですが、どのような場合であって必ず正常なアップグレードが行えるという保証は残念ながらありません。
これらの事情を考えると、現在のサーバーはできるかぎりそのまま動作させておき、別途、新しいサーバーハードウェアを準備し、現在のサーバーと並行した状態で新しいサーバーの動作をテストするといった慎重さが必要となります。
もちろん問題が一切発生しなければ、OSの再設定が必要ないインプレースアップグレードは非常に便利です。しかしながら、重要なサーバーであればあるほど、万が一の問題が発生した場合のリスクは考慮しておくべきです。

新規インストールのメリット

新規インストールとは、以前のOS設定を引き継ぐことなく、まっさらの状態からOSをセットアップすることを言います。OSを完全に初期状態でセットアップするわけですから、ユーザーIDや各種設定情報の登録、アプリケーションのインストールなども、初めからやり直す必要があります（アプリケーションによっては、移行ツールなどを用意している場合もあります）。
新規インストールを行う場合、既存のサーバーのOSを消去したうえで、そのハードウェアに対してWindows Server 2019をインストールする方法と、別のコンピューターを新たに用意してそこにWindows Server 2019をインストールする方法とがありますが、ここでは既存のサーバーは消去せずに残しておくことを強く勧めます。現在のサーバーの環境を残しておけば、Windows Server 2019上でドライバーやアプリケーションが正常に動作するかどうか、十分に時間をかけて検証することもできますし、万が一問題が発生した場合でも、原因究明に十分な時間をかけることも可能です。
仮に新しいコンピューターを別途用意できない場合であっても、旧バージョンのOSを格納したハードディスクは保存しておき、新しいOS用には新規にハードディスクを用意する、といった方法をとるのが安全です。
なお、本書で説明するセットアップ手順については、新規インストールの場合のみとします。

本書で解説するセットアップの手順について

Windows Server 2019のセットアップを行うためには、Windows Server 2019セットアッププログラムを起動しなければなりません。インプレースアップグレードの場合、アップグレード元のOSが稼働しているわけですから、そこからDVD-ROMに含まれるセットアッププログラムを起動すればよいのですが、新規インストールの場合には、OSがインストールされていない環境でもセットアッププログラムが起動できることが必要となります。この方法には、以下のようなものがあります。

- DVD-ROMブート機能を用いて、Windows Server 2019のDVD-ROMでセットアッププログラムを起動する
- USBブート機能を用いて、USBフラッシュメモリからWindows Server 2019のセットアッププログラムを起動する
- ネットワークインストールサーバーとPXE対応ネットワークカードを使って、他のPCからWindows Server 2019のインストールイメージを取得する
- 対象となるPCにすでにインストールされている他のOS上から、Windows Server 2019のセットアッププログラムを起動する

Windows Server 2019が収められたDVDメディアはDVD-ROMブートに対応しているため、DVD-ROMブー

トを設定したサーバーであれば、DVDドライブにメディアをセットして電源を入れるだけで、セットアッププログラムを起動できます。使用するサーバーにDVDドライブが取り付けられている場合には、最も手軽な方法です。

USBフラッシュメモリからセットアップする場合も同様です。最近のコンピューターは、ほとんどの機種がUSBフラッシュメモリから直接コンピューターを起動することができます。このため、セットアップ対象のコンピューターでUSBメモリからのブートを指定しておけば、DVDドライブがないコンピューターにもWindows Server 2019をセットアップできます。USBメモリには、DVDドライブを持つ他のコンピューターを使って、Windows Server 2019のセットアップディスクの内容をあらかじめコピーしておきます。

ネットワークを使う方法では「PXEブート」と呼ばれる仕組みを使います。PXE（Preboot eXcution Environment）とは、ネットワークカード自身が同じネットワーク内にある他のコンピューターから起動用プログラムを取得する仕組みのことで、サーバー用コンピューターのネットワーク機能にはほとんどの製品で備わっています。ネットワーク内の他のコンピューターで「PXEサーバー」と呼ばれるサーバープログラムを実行して、そこにWindows Server 2019のセットアップディスクをセットしておけば、そのコンピューターからセットアッププログラムを読み込んでセットアップすることが可能になります。

対象となるコンピューターに、Windows系のOSがすでにインストールされていた場合には、そのOS上でWindows Server 2019のセットアッププログラムを起動して、セットアップを開始することもできます。すでに説明したように、Windows Server 2019へのインプレースアップグレードが可能なのはWindows Server 2016と2012 R2に限られますが、アップグレードでない新規インストールならば、Windows 8.1やWindows 10など、クライアント向けOSからでもWindows Server 2019のセットアッププログラムが起動できます。ただしこの場合は、プログラムを起動できるOSは「64ビット版」のOSに限られます。

本書では「コンピューターをDVD-ROMから起動できる」ことと「アップグレードではなく新規インストールである」ことを前提とし、DVD-ROMから起動してセットアップする方法について解説します。

1 セットアッププログラムを起動するには

Windows Server 2019をセットアップするには、最初にWindows Server 2019のセットアッププログラムを起動する必要があります。新規インストールの場合、まだコンピューターが動作していないため、どのようにWindows Server 2019のDVD-ROMを読み出すのかが問題となります。最も簡単な方法は、ここで説明する「DVD-ROMブート」です。これはDVD-ROMを使ってコンピューターを直接起動する方法です。

DVD-ROMでセットアッププログラムを起動する

❶ コンピューターの電源をオンにする。

❷ できる限り迅速に、DVD-ROMドライブにWindows Server 2019のDVD-ROMを入れる。

❸ DVD-ROMブートが可能なコンピューターであれば、DVD-ROMから起動プログラムが読み込まれる。ここで、ハードディスクに他のOSがセットアップされている場合、
「Press any key to boot from CD or DVD....」
というメッセージが数秒間にわたって表示されるので、これが表示されている間にspaceキーなど、何らかのキーを入力する。

❹ 「Loading files...」というメッセージが表示され、ファイル読み込みに応じてバーグラフが横に伸びる。

❺ ブートマネージャーによるメニューが表示される。セットアッププログラムを起動したいので、「Windows Setup」を選択して、Enterキーを押す。
●Windows Setupは通常最初から選ばれているので、単にEnterキーの入力だけでよい。

❻ しばらく待つと、Windows Server 2019セットアッププログラムの最初の画面が表示される。

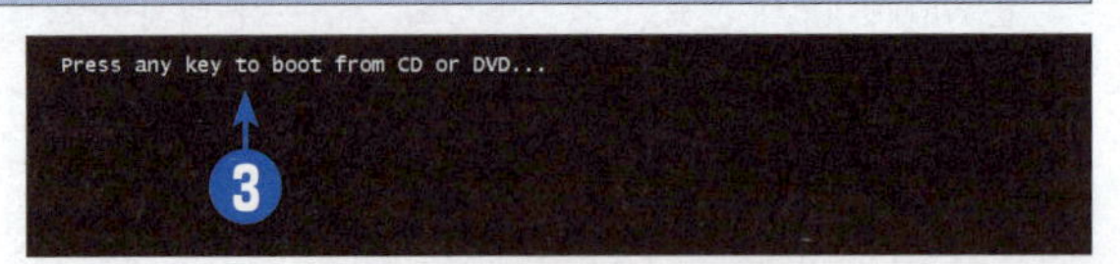

```
Windows Boot Manager

Choose an operating system to start, or press TAB to select a tool:
(Use the arrow keys to highlight your choice, then press ENTER.)

    Windows Setup [EMS Enabled]                                  >

5

To specify an advanced option for this choice, press F8.

Tools:

    Windows Memory Diagnostic

ENTER=Choose                TAB=Menu                ESC=Cancel
```

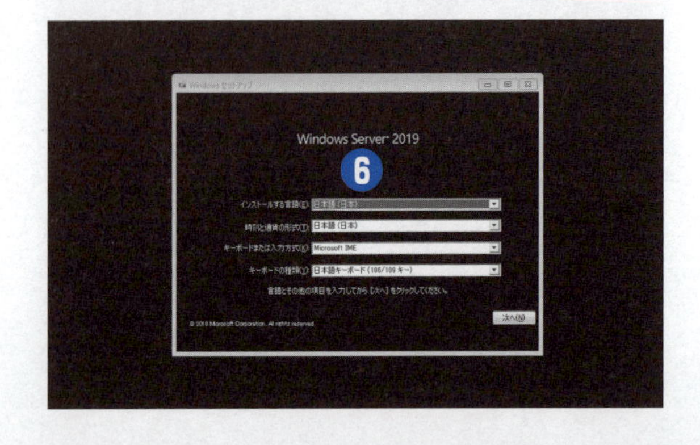

コラム　セットアッププログラムが起動しない場合は

DVD-ROMからのセットアッププログラムの起動がうまくいかない場合、次のように対処してみてください。

●他のOSが起動した

Windows Server 2019のセットアップ画面が表示されず、コンピューターのハードディスクに以前セットアップしたWindows Serverなど他のOSが起動してしまった場合は、そのOSが完全に起動するまでそのまま待ちます。完全に起動したら、Windows Server 2019のDVD-ROMを挿入したまま、そのOSをシャットダウンします。シャットダウンのダイアログボックスが表示されたら、「コンピューターを再起動する」などのオプションを選択して、コンピューターを再起動します。
起動したOSが64ビット版のWindowsである場合には、そのOS内でWindows Server 2019のセットアッププログラムを起動して新規インストールすることもできます。

●セットアッププログラムが起動せず、他のOSも起動しない

DVD-ROMからセットアッププログラムが読み込まれず、かつコンピューターのハードディスクにOSが何もセットアップされていない場合に、こうした状況になります。この場合、画面には「Operating System not found」などのエラーメッセージが表示されます。この状態になった場合には、Ctrl+Alt+Deleteキーを押して、もう一度コンピューターを再起動してみてください。

●再起動してもセットアッププログラムが起動しない

DVD-ROMを入れて再起動しても再びハードディスクから他のOSが起動する場合や、「Operating System not found」などのエラーメッセージが表示される場合には、コンピューターのBIOS設定により、DVD-ROMからの起動よりもハードディスクからの起動のほうが優先されている、DVD-ROMからのコンピューター起動が許可されていない、といった理由によるものと考えられます。この場合、コンピューターのBIOS設定を変更するか、フロッピーディスクなどを利用した、他のセットアップ方法を試します。BIOS設定の変更方法はコンピューターの機種により異なるので、コンピューターの取扱説明書などを参照してください。

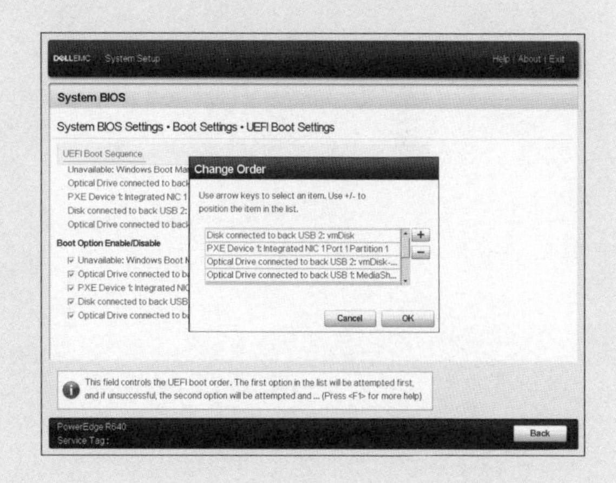

BIOS設定について

Windows Server 2019の対応CPUには、Hyper-Vのような仮想化プログラムが利用する「仮想化機能」が搭載されています。こうした仮想化機能には、インテル社であれば「Intel Virtualization Technology (Intel VT)」、AMD社であれば「AMD Virtualization (AMD-V)」といった名称が付けられています。

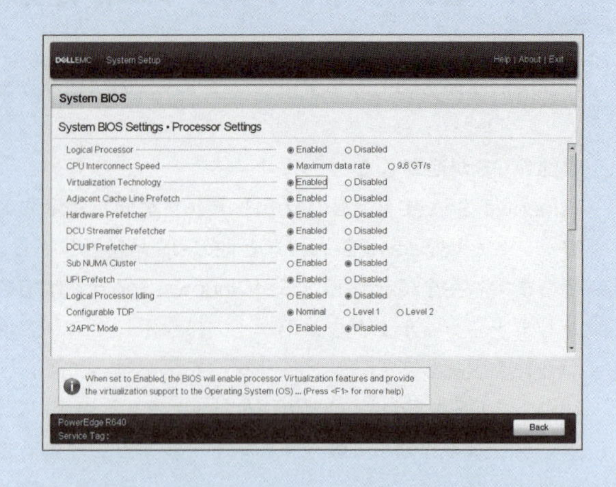

これらの仮想化機能は、使用するかどうかについてコンピューターのBIOSで指定可能になっています。Windows Server 2019でHyper-Vを使用する予定の場合は、必ずBIOS設定でこの仮想化機能を利用するように設定してください。

仮想化機能の設定方法は、コンピューターの種類により異なります。標準の状態では、仮想化機能については「使用しない」となっている機種もあります。多くの場合この設定は、BIOS設定内のCPUの動作設定画面などにあるようですが、詳細については利用するコンピューターの取扱説明書などを参考にしてください。

2 Windows Server 2019のセットアップ先を選択するには

セットアッププログラムが起動したら、Windows Server 2019のセットアップについての基本情報を入力します。言語やキーボードの種類のほか、Windows Server 2019をセットアップする先のハードディスクパーティションなどを指定します。すでに何らかのOSがセットアップされているコンピューターの場合、既存のパーティションはいったん削除して、まっさらな状態からセットアップすることをお勧めします。

Windows Server 2019のセットアップ先を選択する

❶ セットアッププログラムの最初の画面では、インストール時の言語やキーボードの種類を選択する。日本語版のメディアで日本語配列のキーボードを使用している場合には、通常は何も変更する必要はないので、そのまま［次へ］をクリックする。

❷ ［今すぐインストール］を選択する。

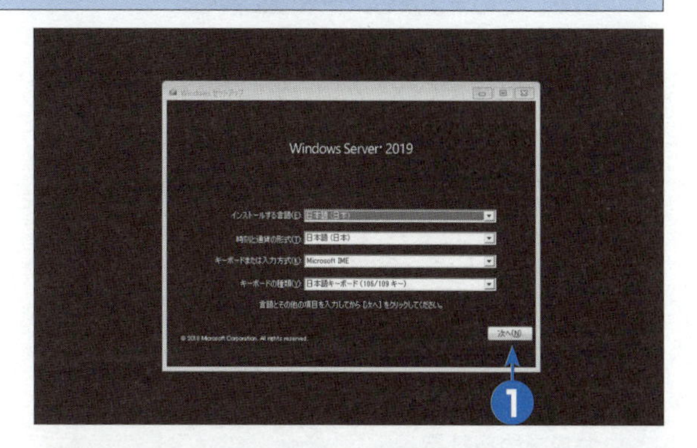

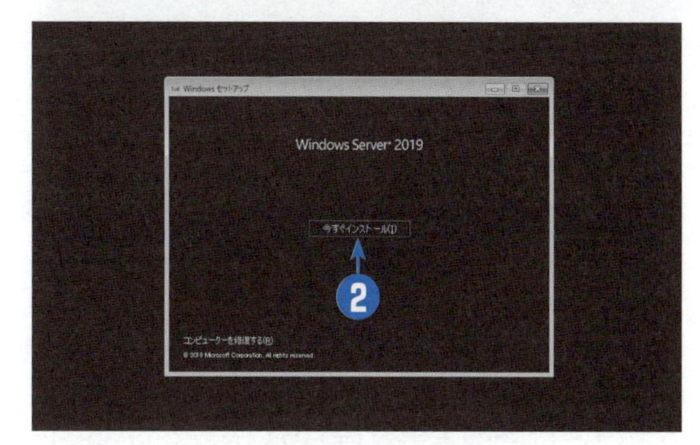

ヒント

キーボードの種類

「106/109キーボード」とは、キートップにかなが印字された、日本語対応のキーボードのことです。106や109といった数字は、キーの個数を示しており、⊞キーなどが追加されているものが109キーボード、追加されていないものが106キーボードです。これらのキーボードが接続されている場合は、106/109キーボードを選択してください。半角/全角キーや変換、無変換キーが存在しない英語配列のキーボードの場合は、101/104キーボードを選択します。

3

しばらく待つと、Windows Server 2019のプロダクトキー入力画面になるので、ここでプロダクトキーを入力して、[次へ] をクリックする。プロダクトキーとは、Windows Server 2019のメディアケースや、オンライン購入した場合には確認メール中に記載されている英数字5桁×5つの合計25桁の文字列のことを言う。

- ボリュームライセンス契約の場合など、ライセンスの購入方法によってはこの画面は表示されないので、そのまま次のステップに進む。
- プロダクトキーは「XXXXX-XXXXX-XXXXX-XXXXX-XXXXX」という形式で表示されているが、ハイフン「-」は自動的に入力されるので、自分で入力する必要はない。英字の場合は小文字で入力しても自動的に大文字に変換される。
- [プロダクトキーがありません] をクリックすれば、プロダクトキー入力を行わずにこの画面をスキップすることができる。この場合は、セットアップの完了後しばらくすると、プロダクトキーの入力が求められる。
- ライセンスキー入力欄横のキーボードアイコンをクリックすると、ソフトウェアキーボードが画面に表示される。

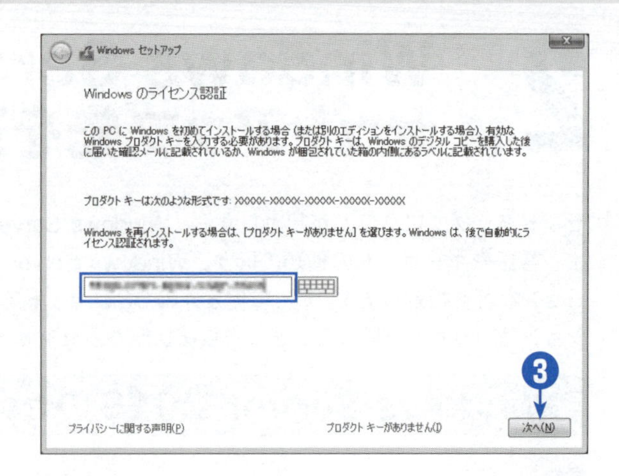

4

Windows Server 2019のセットアップオプションを選択して、[次へ] をクリックする。GUIを使用する場合には、「(デスクトップエクスペリエンス)」の表示がある側を選択する。

- 本書では「Windows Server 2019 Standard(デスクトップエクスペリエンス)」を選択した場合について解説する。
- セットアップ終了後にデスクトップエクスペリエンスの有無は切り替えることはできない。選択を間違えるとインストールし直しになるので注意する。

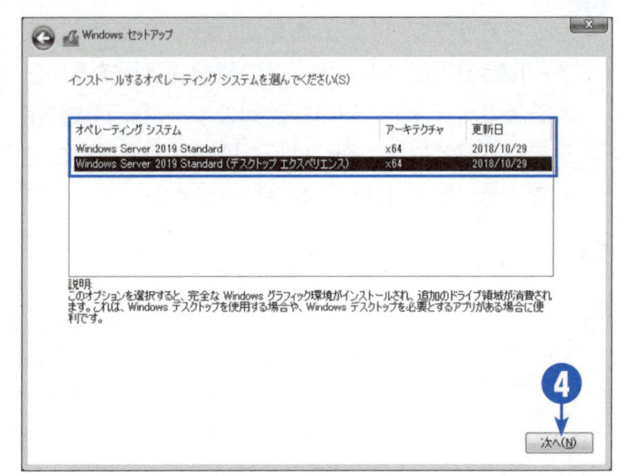

5

手順❸でプロダクトキーを入力しなかった場合やボリュームライセンス契約の場合には、手順❹の画面の表示は、右図のようになり、Standardエディションか Datacenterエディションの選択も行えるようになる。どれを選んでもインストール自体はできるが、ライセンス認証が行えなくなるため、必ず、自分が購入（契約）したエディションを選択すること。

● 手順❸でプロダクトキーを入力済みの場合には、そのプロダクトキーからエディションが自動的に判定されるため、「Standard」か「Datacenter」かのいずれか一方しか表示されない。
● 本書では「Windows Server 2019 Standard（デスクトップエクスペリエンス）」を選択した場合について解説する。

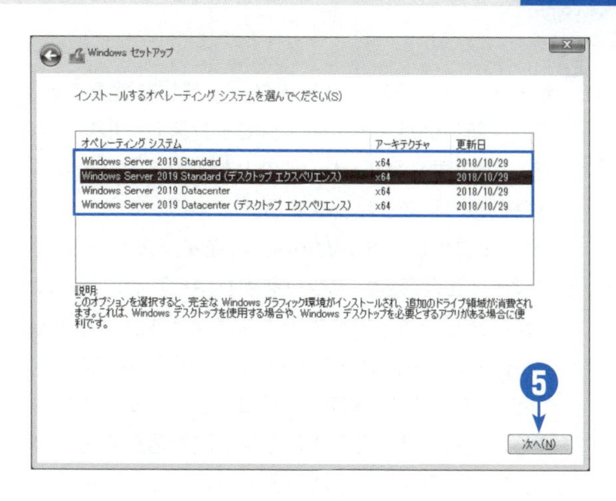

6

Windows Server 2019を使用するにあたって適用される通知とライセンス条項が表示される。スクロールバーを操作することで画面を上下にスクロールできるので、最後まで読んで内容を確認する。ここに記載されている内容に同意する場合は［同意します］チェックボックスをオンにして［次へ］をクリックする。同意しない場合はWindows Server 2019のセットアップは行えない。

● ここで表示される文章は、ライセンスの種類（市販版やボリュームライセンス版の違い）によって異なる。

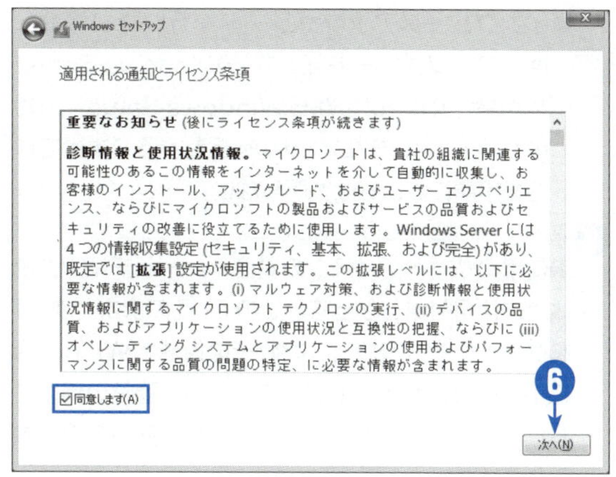

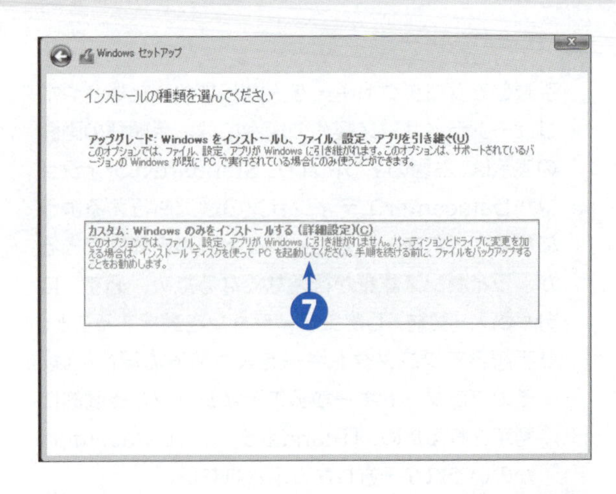

7

新規インストールかアップグレードかを選択する。今回は新しいハードディスクにインストールするので、[カスタム:Windowsのみをインストールする(詳細設定)]をクリックする。

- [アップグレード:Windowsをインストールし、ファイル、設定、アプリを引き継ぐ]は、元の設定を残したままでOSだけをアップグレードする「インプレースアップグレード」用の選択肢となる。ただしDVD-ROMからコンピューターを起動した場合には、ここでこの選択肢を選んでも実際にはアップグレードは行えない。
- インプレースアップグレードを行いたい場合には、アップグレード元となるWindows Server 2016や2012 R2上からWindows Server 2019のセットアッププログラムを起動する(本書ではこの手順については説明しない)。

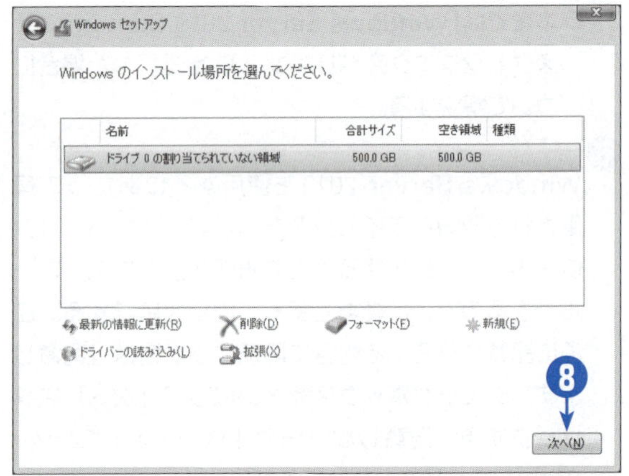

8

未使用のハードディスクの場合、ハードディスク全体が未使用領域となっているので、そのまま[次へ]をクリックする。これにより、その領域にWindows Server 2019がセットアップされる。通常の用途であれば、ディスクをパーティション分割して使用する必要はない。

他のOSで使っていたコンピューターを転用する場合など、すでにパーティションが存在する場合には、[削除]をクリックするとパーティションの削除が行える。すべてのパーティションを削除した後、作業を継続する。

注意

パーティションを削除した場合

パーティションを削除すると、そのパーティション中のデータを読み出すことはできなくなります。必ず、必要なデータのバックアップをとっておいてください。

参照

目的のハードディスクが表示されない場合

→この章のコラム「インストールしたいハードディスクが表示されない場合は」

9

以上の手順が終了すると、指定されたパーティションのフォーマットや必要なファイルのコピーなどの、インストール作業が自動的に開始される

10

必要なプログラムのインストールが行われるとパソコンが再起動する。再起動後、残りのインストールの手順が自動的に実行される。

11

すべてのセットアップが終わると、再びパソコンが再起動し、管理者（Administrator）のパスワードの設定画面が表示される（このまま3節へ進む）。

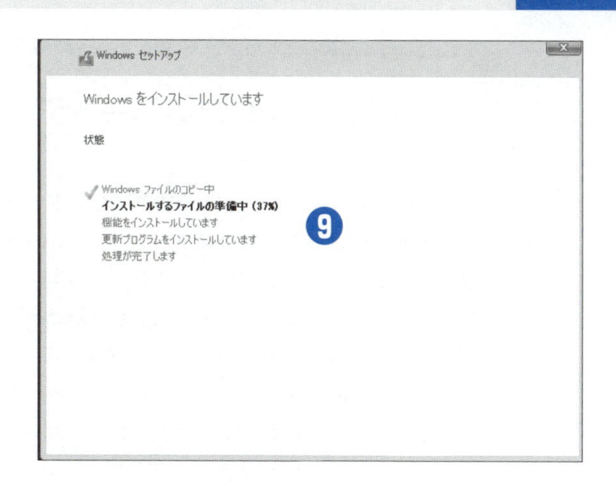

インストールしたいハードディスクが表示されない場合は

Windows Server 2019のセットアップ中、ハードディスクが接続されているにもかかわらず、セットアッププログラムから認識されないことがあります。あるいはNVMeと呼ばれる高速な半導体ディスクを使用している場合などにもセットアッププログラムにより認識されないことがあります。これは、ハードディスクを接続するための「ディスクインターフェイス」や半導体ディスクのドライバーがWindows Server 2019のセットアッププログラムに含まれていないために発生するものです。

この現象は、Windows Server 2019がリリースされた後に登場した新しいハードウェアを使用している場合によく発生します。このような環境でWindows Server 2019をセットアップするには、セットアッププログラムを実行する段階で、それらのハードウェア用のドライバーを読み込ませる必要があります。その手順を次に説明します。

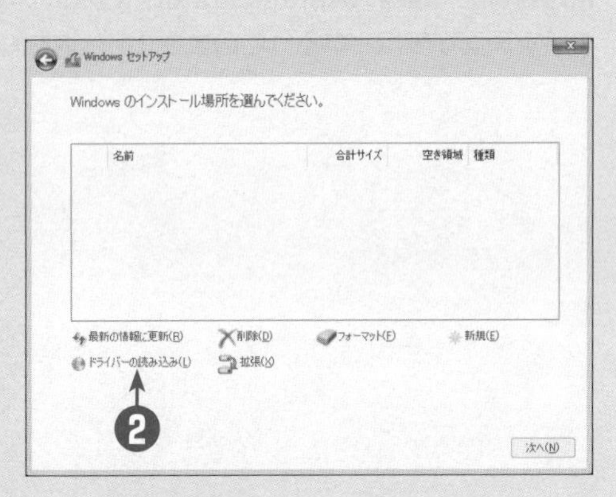

❶最初にドライバーディスクを作成する。ハードディスクインターフェイスカードや、コンピューター本体、チップセット用に提供されるドライバーを準備する。ネットワークからダウンロードした場合には、フロッピーディスク、USBメモリ、CD-R/DVD-Rなどにファイルを格納する。

❷セットアップ手順❽の画面で、[ドライバーの読み込み] をクリックする。

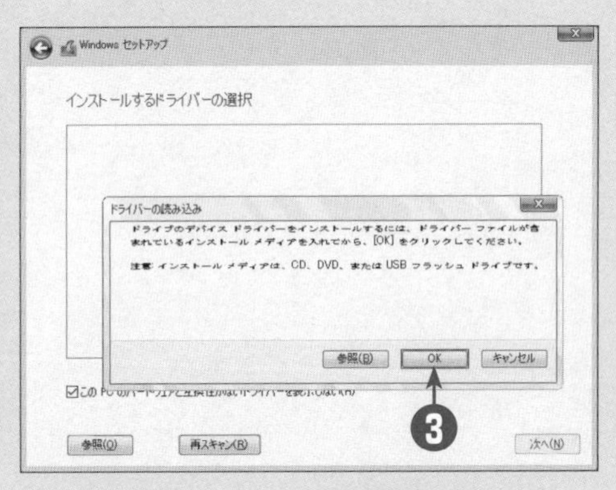

❸[ドライバーの読み込み] ダイアログボックスが表示されたら、ドライバーディスクをセットして[OK] をクリックする。[OK] で見つからない場合には、[参照] をクリックして、ドライバーをセットしたドライブを指定する。なお、あらかじめディスクをセットしてあった場合は、自動検索により、この画面が表示されずに次の画面に進むこともある。

❹コンピューターに装着されたハードウェアで、かつWindows Server 2019に対応するドライバーが発見されると、画面にその一覧が表示される。ここで適切なドライバーを選択して [次へ] をクリックする。

- [このPCのハードウェアと互換性がないドライバーを表示しない] のチェックを外すと、メディアに含まれるすべてのドライバーが一覧表示される。これにより、うまく認識されなかったドライバーも組み込むことができるようになる場合もあるが、多くの場合は正しく動作しない。

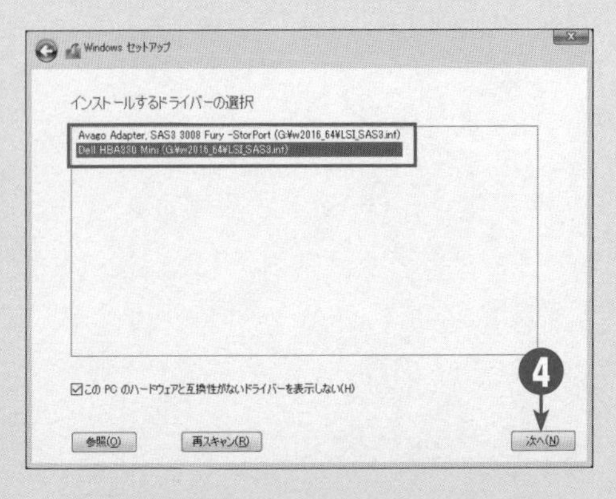

❺ドライバーが正しく認識されると、ハードディスクが認識される。セットアップ手順❽の画面に戻る。これで正しくディスクが認識されていれば、セットアップを継続できる。

管理者パスワードを設定するには

Windows Server 2019では、セキュリティ強化のため、パスワードなしでサインインすることはできません。セットアップの最終段階は、管理者（Administrator）のパスワードの設定です。以下の手順に従い、パスワードを設定してください。

管理者パスワードを設定する

❶ セットアップ終了直後の画面で、Administratorのパスワードを入力する。確認のため、同じパスワードを2つの欄に入力する。パスワードは、大文字/小文字/数字/記号などを組み合わせて、強度の高いパスワードを設定する。

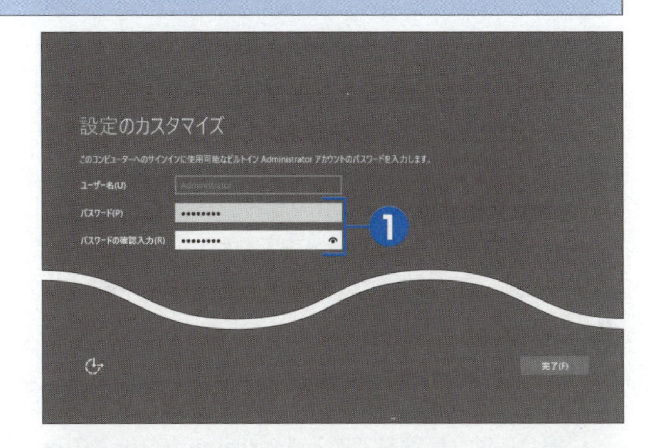

❷ パスワードの入力欄には、入力した文字がわからなくなったときのために、確認機能が用意されている。入力欄の右端にある目のアイコンをマウスでクリックすると、マウスボタンを押している間だけ、入力した内容が表示される。

❸［完了］をクリックすると、入力したパスワードが設定される。

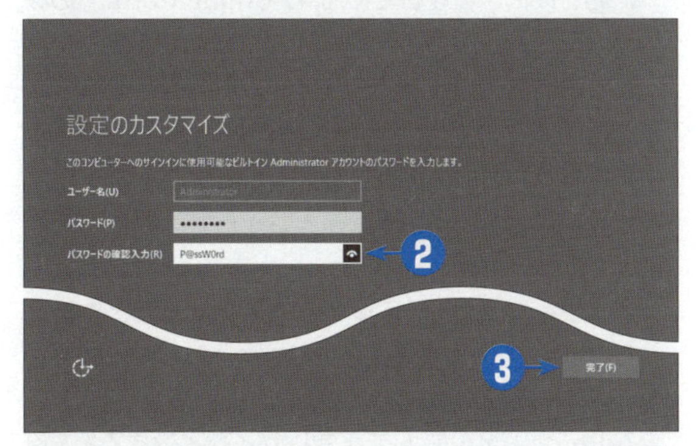

❹ この画面が表示されたら、インストールは完了となる。

4 Windows Server 2019にサインインするには

ここまでの作業を終えると、Windows Server 2019は実際に使える状態になります。これ以降必要となるWindows Server 2019の設定操作を行うには、最初に管理者として「サインイン」しなければなりません。ここでは再起動後に管理者（Administrator）としてサインインする手順を説明します。

Windows Server 2019にサインインする

❶ コンピューターの電源が入っていない状態であれば、コンピューターの電源を入れる。

❷ Windows Server 2019のサインインを促す画面が表示される。この画面が表示されたら、キーボードのCtrl、Alt、Deleteの3つのキーを同時に押す。

❸ サインイン画面が表示される。セットアップを行ったばかりで管理者以外のユーザーが登録されていない場合には、管理者である「Administrator」のみが表示される。[パスワード] 欄に前節で設定したパスワードを入力する。

●この画面でも、入力欄右端の目のアイコンをクリックしている間は、●ではなく実際にパスワードとして入力した文字が表示される。

❹ パスワード入力後、Enterキーを入力するか、または [→] をクリックする。

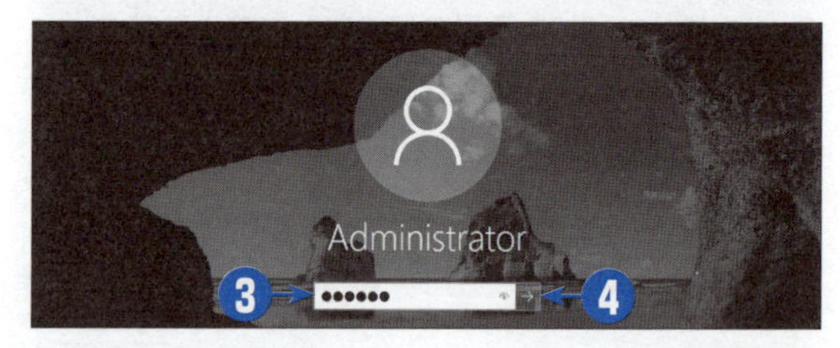

❺ Administratorとして正常にサインインすると、自動的にサーバーマネージャーの画面が表示され、Windows Server 2019が使用可能な状態になる。

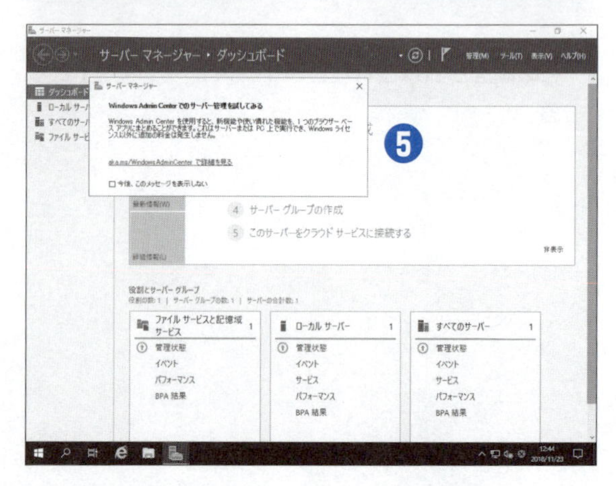

❻ サーバーマネージャーでは、「Windows Admin Centerでのサーバー管理を試してみる」というダイアログが常に表示される。ここでは [×] をクリックしてそのままウィンドウを閉じる。

●Windows Admin Centerのセットアップについては第3章で解説する。それまでの間は、このウィンドウは使わないので、[今後、このメッセージを表示しない] にチェックを入れずに、そのまま閉じる。

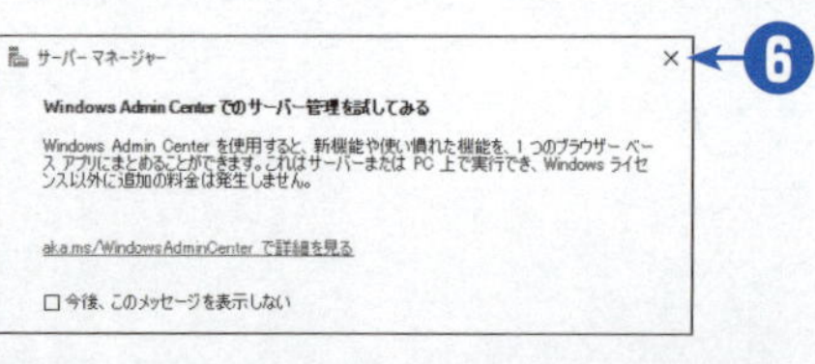

サインインしたら別な画面が表示された場合

Windows Server 2019をセットアップした直後、ネットワーク環境によっては、本書で説明したものと異なる画面が表示されることがあります。代表的なものが、次に示す画面です。

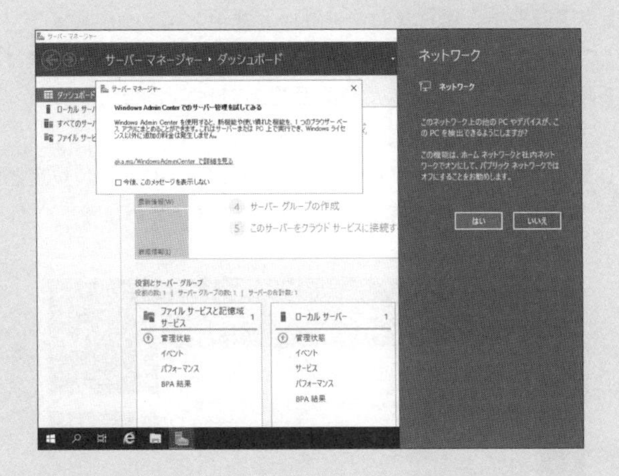

これは、Windows Server 2019のセットアップが終了した後に、接続されているネットワークを自動的に検出して、そのネットワークをどのように扱うのかを問い合わせる画面です。具体的には、接続されているネットワークを信頼して、他のコンピューターに対して自分のコンピューター名などを検索可能にするか、あまり信頼の置けないネットワークであるため、自分のコンピューターをネットワークから隠したいのかを設定する画面です。

Windows Server 2019は、セットアップ後、プラグ＆プレイによりネットワークインターフェイスを検出します。さらに、そのネットワーク内で「DHCP」と呼ばれる、ネットワークのIPアドレスを自動的に設定する機能が動作している場合には、IPアドレスを取得して、ネットワークを自動的にセットアップします。上記の問い合わせ画面は、こうした仕組みによりネットワークが利用可能になった時点で自動的に表示されます。

もし、現在接続しているネットワークが、公衆無線LANやホテルなどの宿泊施設のネットワークサービスなど、あまり信頼のおけないネットワークである場合には、自己のコンピューターに攻撃が加えられる場合があるため、必ず［いいえ］を選択して下さい。

コンピューターが家庭内や企業内のLANに接続されている場合には、［はい］を選択してもセキュリティ上の問題はあまり発生しません。ですが、ネットワーク内のサーバーは、DHCPによってIPアドレスを割り当てるよりも、アドレスを固定して運用する場合の方が安定した運用ができます。さらにこの時点ではコンピューター名もまだ仮決めのものであり、管理者が指定したかった名前はまだ設定されていません。ここでこのコンピューターがネットワーク内に表示されてしまうよりは、きちんと設定を終えてから、管理者の判断によってネットワーク上に公開した方が良いでしょう。

そのため本書では、セットアップ直後に表示されるこのメッセージでは［いいえ］を選択しておくことをお勧めします。この設定は後から修正できますから、この時点で［いいえ］を選んでも問題はありません。

本書における掲載画面について

画面色等の一部設定変更について

Windows Server 2019のGUIでは、クライアントOSであるWindows 10と同様、ウィンドウ枠やウィンドウタイトルバーと、ウィンドウ内の表示の境目がわかり難いデザインになっています。さらに、選択状態にあるアクティブなウィンドウと、選択されていない非アクティブなウィンドウとの見分けも付けにくいデザインであるため、本書で掲載する画面例では、Windowsの画面設定で［ウィンドウのタイトルバーに色をつける］設定を行っています。

また画面上の文字が判読しやすくなるよう、Windows Server 2019の標準の設定とは色調設定も変更してあるほか、デスクトップ画面（壁紙）についても表示しないよう変更しています。

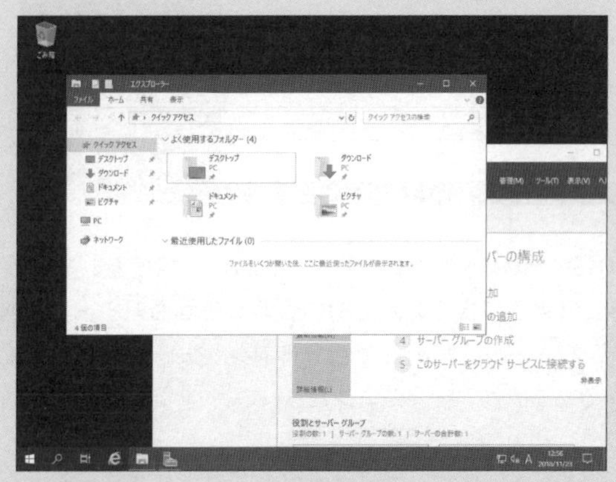

本書における掲載画面の例。ウィンドウタイトルバーを白色以外の色に変更している

各種設定実行例の画面について

本書に掲載したWindows Server 2019の操作は、複数の異なるコンピューターの画面から取得しています。このため、サーバーマネージャーの画面上に表示されるハードウェアの情報や、メモリ容量、ディスク容量などは、本書内でも一部統一されていない箇所があります。また画面に表示される日付や時刻の順序は、実際の操作順序とは一致しない場合があります。OSの設定操作などの一部の操作画面は、説明をわかりやすくするため、実際のハードウェアではなくHyper-Vにより動作する「仮想マシン」上で取得している場合があります。また、画面内に表示されるプロダクトキー、ユーザー名、会社名、メールアドレスその他の情報はすべて架空のものであるほか、一部は画像加工により読み取れないよう処理している場合があります。

5 「ほかのデバイス」を解消するには

ここでは、Windows Server 2019のセットアップ時に認識できなかったハードウェアのドライバー組み込みについて説明します。本書では、サーバーが安定的に運用を開始した後のドライバーの組み込みについては第6章で説明します。一方で、セットアップの際にドライバーを組み込めなかったハードウェアが存在すると、その後のサーバーの運用開始作業自体に支障をきたす可能性もあります。たとえばネットワークカードなどは、正常に動作しなければその後のネットワーク利用さえできません。

特に注意したいのが「CPUチップセット用のドライバー」です。コンピューターのプロセッサーの直下に位置するCPUチップセットは、正しいドライバーが組み込まれないことで、接続されているはずの各種ハードウェアが認識されなかったり、正常に動作しなくなったりします。非常に重要なドライバーであるにも関わらず、多くの場合、Windowsのセットアップ後に手動でのドライバーインストールが必要になります。

Windowsでは、認識されていながらドライバーが組み込まれていないデバイスは、デバイスマネージャーにおいて「ほかのデバイス」として分類されます。こうした「ほかのデバイス」が大量に存在する場合、多くの場合はチップセットドライバーが正しくインストールされていないことが原因です。

チップセットドライバーは通常、コンピューターに付属するドライバーディスクやメーカーのホームページなどから入手可能です。そのため、このような場合はまず、コンピューターに付属のディスクを確認してください。

なお本節での説明は、その作業の性質上、特定のコンピューター機種に限定されたものになってしまいます。メーカーや機種が異なる場合は手順や画面が異なります。とはいえ、作業の必要性についてはどの機種でも変わりませんので、操作画面などについても参考としてください。

「ほかのデバイス」を解消する

❶ スタートメニューを右クリックして、[デバイスマネージャー] を選択する。

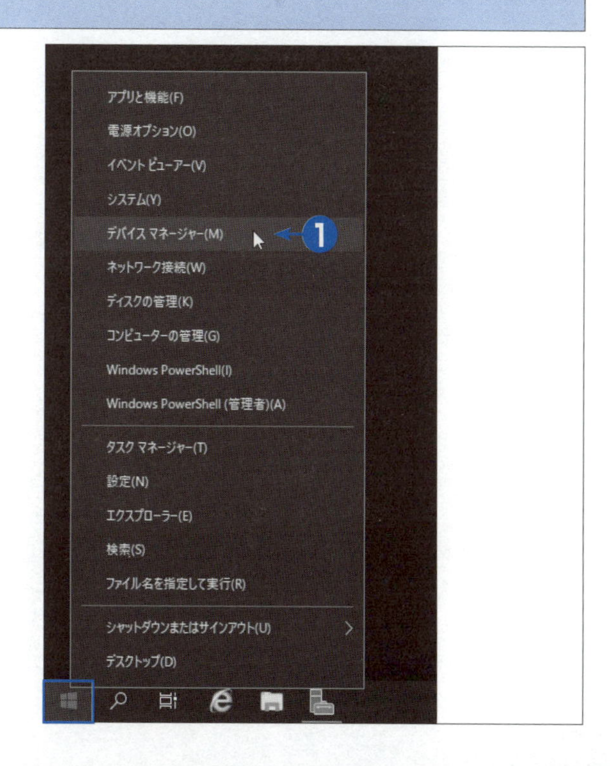

❷

ドライバーが組み込まれていないデバイスが存在する場合は、左側ツリーで「ほかのデバイス」の下に一覧が表示される。

●画面例では、デル社製のサーバー専用機「PowerEdge R640」を使用している。Windows Server 2019のセットアップ直後は、200以上の「ほかのデバイス」が存在した。

❸

コンピューターに付属のドライバーディスクやメーカーのホームページから、チップセット用のドライバープログラムを入手し、起動する。

●メーカーのホームページで、より新しいドライバーが公開されている場合にはそれを使用する。

●本書の例では、メーカーのホームページから「Intel Lewisburg C62x Series Chipset Drivers」がダウンロードできたため、それを使用した。

●サーバー専用機の場合は「インテル社製のチップセット」を搭載している場合が多い。ただ、個別の機種の詳細については使用するコンピューターの説明書や仕様などを確認する。

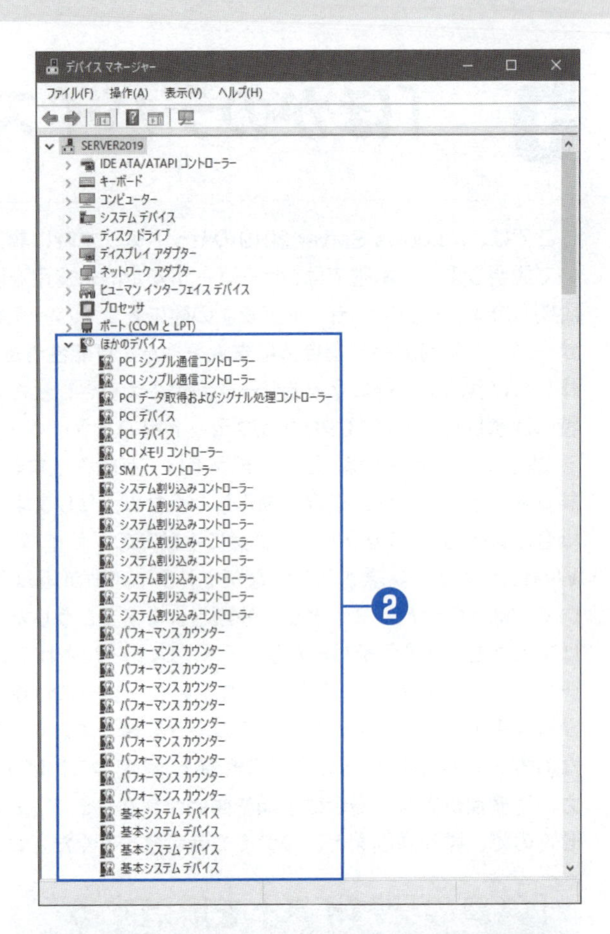

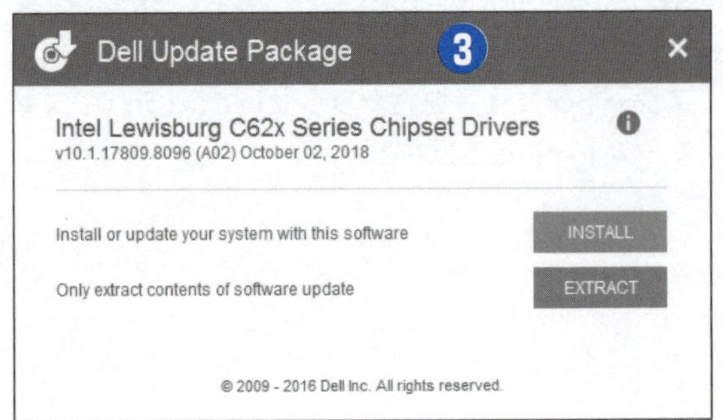

❹

これより先は、ドライバープログラムの指示に従って操作を進める。

●インテル社のチップセットドライバー組み込みプログラムでは、日本語で操作できる。

❺

ドライバーのインストールが完了したら、インストーラーの指示に従ってコンピューターを再起動する。

●インストール途中の画面については、掲載を省略した。

●チップセットドライバーの組み込み後は、再起動が必要となる。

❻

再起動後、手順❶と同様の操作により、デバイスマネージャーを表示する。「ほかのデバイス」が表示されていなければ、操作は完了となる。

●コンピューターの種類や接続されたハードウェアによっては、少数の「ほかのデバイス」が残ることもある。

●付属ディスクやメーカーのホームページにそれらの機器のドライバーが含まれている場合は、引き続きここでインストールして、できるだけ「ほかのデバイス」が少なくなるようにする。

●最低でも、ネットワークカードのドライバーは正常に認識されている状態にする必要がある。

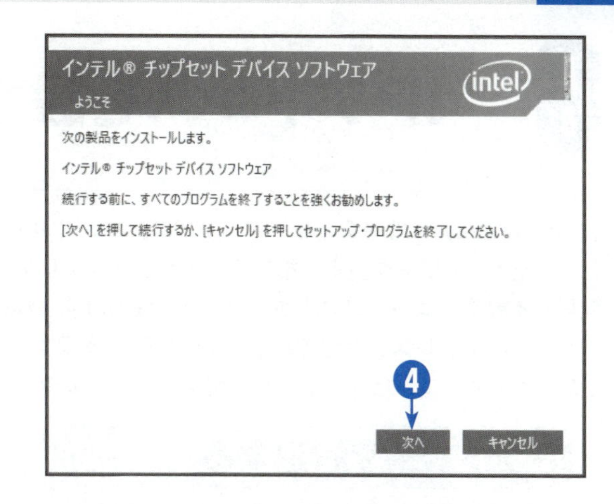

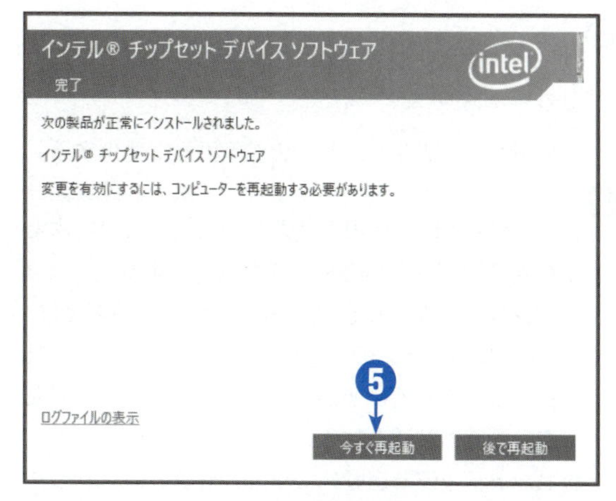

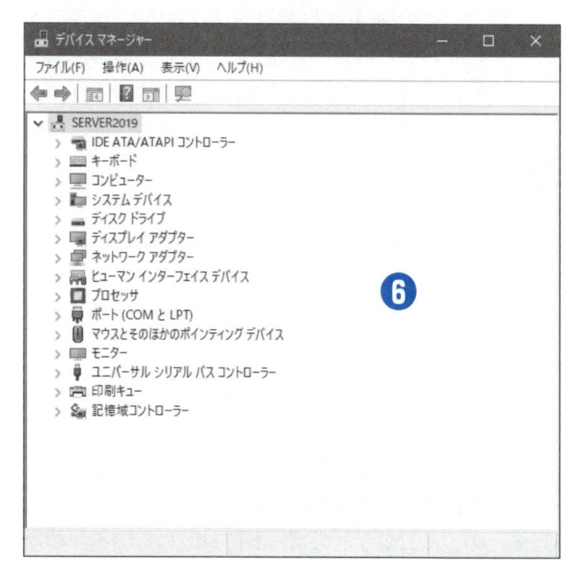

IPアドレスを設定するには

Windows Server 2019のセットアップでは、IPv4やIPv6のどちらを使うか、あるいはどのIPアドレスを使うかといったネットワーク設定を指定するステップがありません。これらの情報についてはネットワーク内から自動取得する設定になっていますが、サーバー機の場合、他のクライアントコンピューターから接続されることが多いため、IPアドレスを手動で指定して固定的に運用することが一般的です。
ここではまず、コンピューターが使用するIPアドレスを設定します。

IPアドレスを設定する

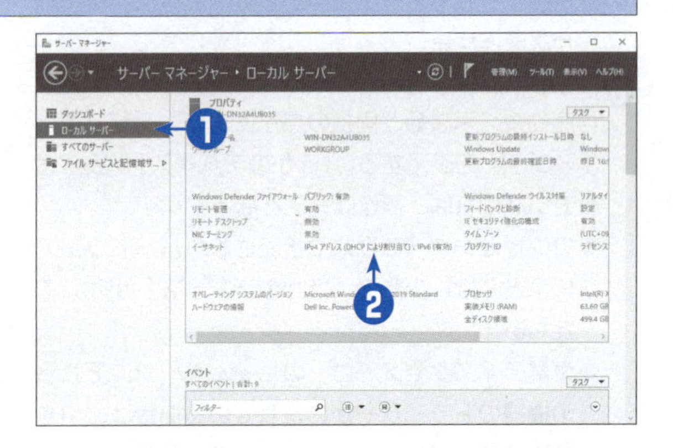

❶
サーバーマネージャーで［ローカルサーバー］をクリックする。

➡画面がローカルサーバーの設定画面に変化する。

❷
［イーサネット］の［IPv4アドレス（DHCPによる割り当て）、IPv6（有効）］をクリックする。

●コンピューターに複数のNICが存在する場合は、［イーサネット］の代わりに［NIC1］［NIC2］などと表示されている場合もある。どれを選んでも次の画面は共通となる。

●セットアップで自動的にNICが認識されなかった場合、この項目は「無効」となる。NICが存在するにもかかわらず「無効」となっている場合には「第6章　ハードウェアの管理」を参考にして、NICのドライバーをインストールすること。

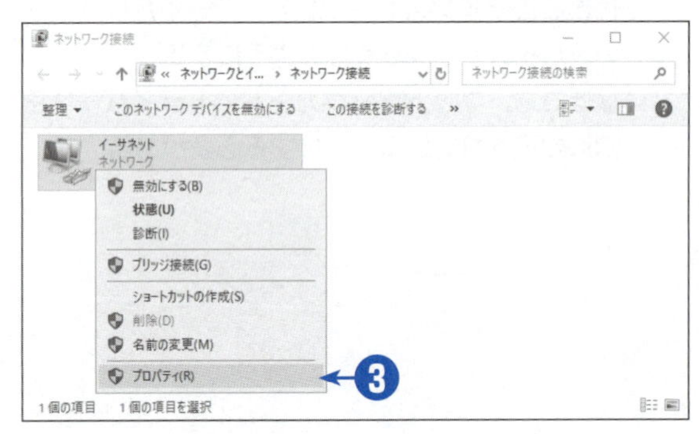

❸
コンピューターに接続されたNICのポート一覧が表示される。複数のポートが利用可能な場合、アイコンはNICのポート数分だけ表示される。アドレスを割り当てたいアイコンを右クリックして、［プロパティ］を選択する。

●複数のポートがある場合、Windowsがポートを認識した順番で番号が振られる。この番号は、必ずしもネットワークポートの横などに印刷されている数字と一致するとは限らない。

●どのアイコンがどのポートに対応しているかわからない場合には、設定したいポート以外のネットワークケーブルをいったん外すと、アイコンが変化するので目的とするポートが見分けやすくなる。

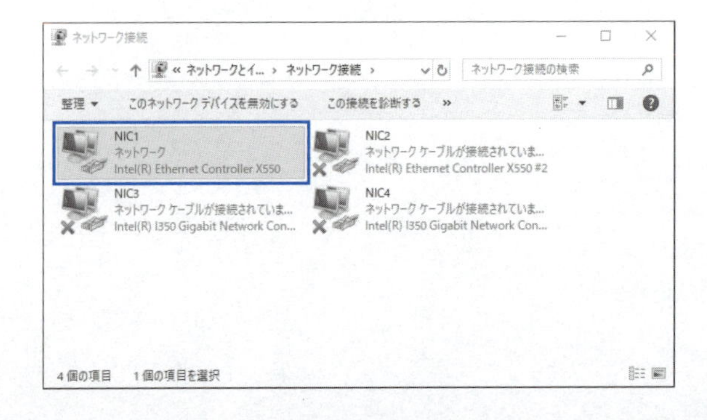

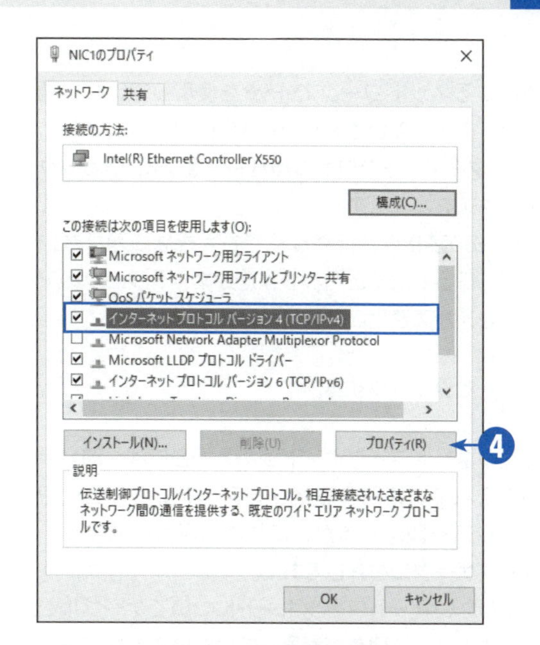

❹ IPv4アドレスを設定するため、［インターネットプロトコルバージョン4（TCP/IPv4）］を選択して、［プロパティ］をクリックする。

❺ ［インターネットプロトコルバージョン4(TCP/IPv4)のプロパティ］ダイアログボックスが表示される。［次のIPアドレスを使う］をクリックする。

❻ このコンピューターのIPアドレスとして192.168.0.1を入力する。

●IPv4アドレスの入力時は、ピリオドを入力する必要はないが、1つのオクテットの値が3桁未満の場合、ピリオドを入力すれば自動的に次のオクテットの入力欄にカーソルが移動するので便利である。

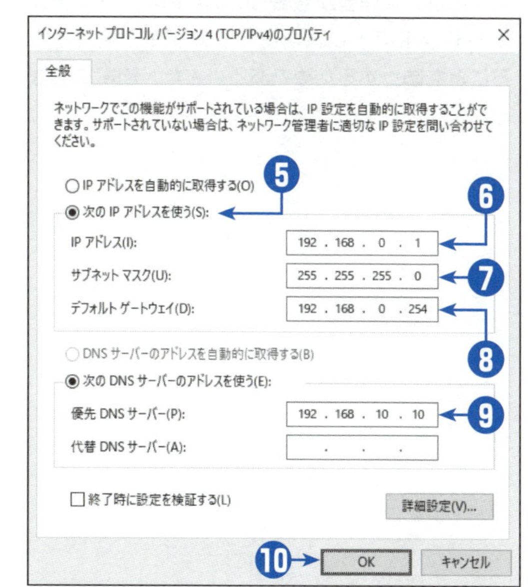

❼ サブネットマスクを入力する。手順❻でIPアドレスを入力すると、デフォルトのサブネットマスク「255.255.255.0」が自動的に表示される。本書ではこの値を使用する。

❽ デフォルトゲートウェイのアドレスを入力する。これには、ネットワーク上にあるルーターのIPアドレスを指定する。本書では192.168.0.254と入力する。

❾ DNSサーバーのアドレスを入力する。ここで入力するアドレスは、ネットワークの管理者などに問い合わせること。本書では192.168.10.10と入力する。

❿ ［OK］をクリックする。

●ネットワーク内でDHCPが動作していない環境では、この設定が終了した直後に、「コラム　サインインしたら別な画面が表示された場合」に示す画面が表示される場合がある。この場合は、コラムに示す通り、「いいえ」を選択する。

⓫
使用するネットワークでIPv6を使用していない場合や、使用していてもIPv6を禁止したい場合には、［インターネットプロトコルバージョン6］チェックボックスをオフにする。

●IPv6の禁止は、行わなくても大きな問題はないが、行っておくと、わずかだがネットワークのアクセスが高速化される場合がある。

⓬
［OK］をクリックする。

⓭
複数のネットワークポートがある場合には、同じ手順でそれぞれ接続するネットワークに合わせたIPアドレスを設定するか、使わない場合にはネットワークケーブルを外しておく。

●使わないネットワークポートについてケーブルを外すのは、管理者が意識していないネットワークポートやIPアドレスを使って外部から接続されることを防止するためである。また、節電にもなる。

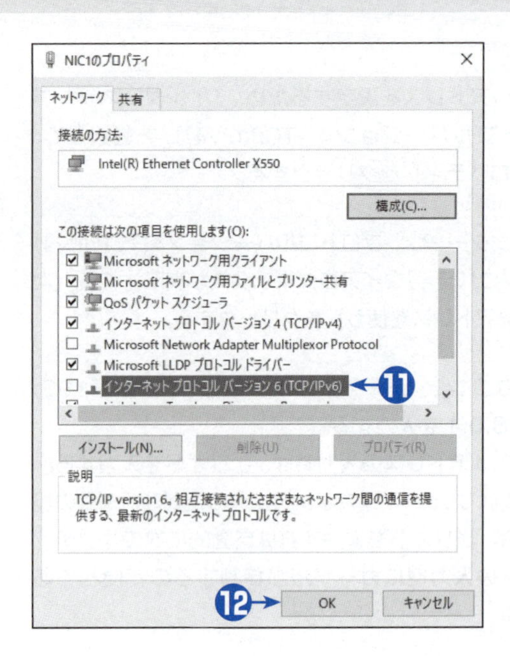

複数のネットワークポートの使い分けについて

サーバー専用のコンピューターの場合、1台のコンピューターに複数のネットワークポートが用意されている場合が少なくありません。この場合は、どのポートを何の用途に使うのかをあらかじめ決めておく必要があります。複数のネットワークポートがある場合には、主に以下のような用途で使い分けます。

サーバーを用途の異なる複数系統のネットワークに接続する

サーバーが接続されるネットワークには、クライアントとの接続用に使用するネットワークのほか、たとえばストレージ専用のネットワーク（SAN：Storage Area Network）や、インターネットアクセス専用で使用するネットワーク、バックアップ用として使用するためだけのネットワークなど、用途によって異なる複数のネットワークが存在する場合があります。

これらのネットワークは、用途によってネットワークアドレス（第1章のコラム「IPアドレスとは」を参照）が異なるほか、接続できる機器の台数や必要となる速度が異なる場合があるため、それぞれ専用のポートを設ける必要があります。

仮想化の際にホストOS用と仮想OS用のポートを分ける

Windows Server 2019のように仮想化機能を持つ場合には、ホストOSが使用するネットワークポートと、仮想化されたゲストOSが使用するネットワークポートとを分けておくと便利です。1つのネットワークポートが利用できる通信帯域には限りがあるため、たとえばゲストOSがソフトウェアの異常などでネットワークポートの通信帯域を占有してしまったような場合でも、ホストOS用のポートが分離して用意されていれば、ホストOS側から異常を起こしたゲストOSを停止するなどの管理が行えるからです。

複数のポートを束ねて使用して通信速度を向上させる

使用するNICやハブによっては、複数のネットワーク接続を束ねてあたかも1個のネットワークポートとして扱うことでネットワークの通信速度を上げる「リンクアグリゲーション」と呼ばれる機能が使用できます。たとえば、2台のクライアントが同じサーバーから同じタイミングでファイルを転送する場合、ネットワークポートが1つしかなければ1台あたりの転送速度は1/2に低下してしまいます。一方、リンクアグリゲーションが使用できる場合、速度の低下はわずかです。複数のクライアントから接続される機会の多いサーバー機では、有効な機能と言えるでしょう。

このようにサーバー用コンピューターで複数のネットワークポートが存在する場合には、うまく使い分けることで大きな効果を生むこともできます。

同じサーバーに速度が異なる複数のネットワークポートが混在している場合もあります。この場合は、大量のデータ転送が必要な用途には高速なポートを、そうでない用途には低速なポートを割り当てます。たとえばHyper-VでホストOS用とゲストOS用でポートを分ける場合では、一般的に、ハイパーバイザー機能だけが動作するホストOS用よりも実機能が動作するゲストOS用の方が通信量は多くなりがちなので、ゲストOS用に高速なポートを割り当てるのが良いでしょう。

7 基本設定情報を入力するには

IPアドレスの設定が終わったら、タイムゾーン、日付や時刻、コンピューター名などの基本情報も併せて確認・設定します。コンピューター名の設定を変更した場合、Windows Server 2019は再起動が必要となります。このためコンピューター名の変更は、他の基本情報の設定が終わった後に実施するとよいでしょう。

基本設定情報を入力する

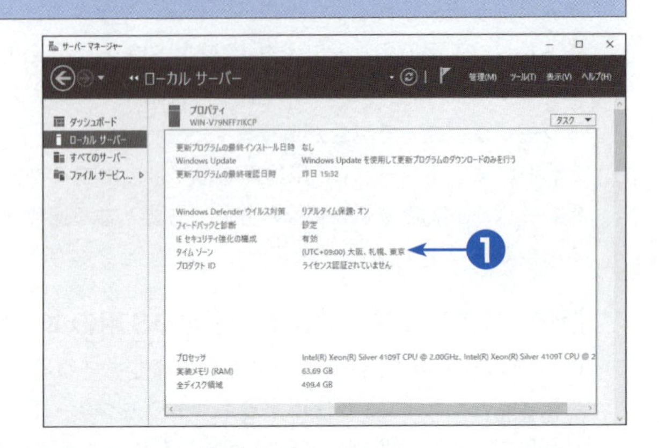

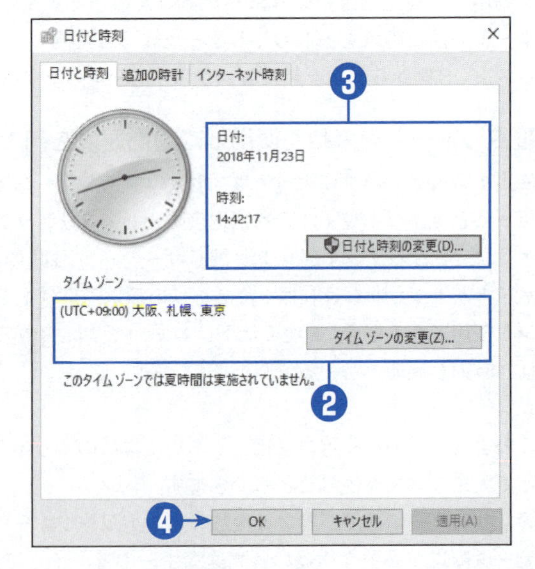

❶
サーバーマネージャーで［ローカルサーバー］をクリックし、［タイムゾーン］の［(UTC＋09:00) 大阪、札幌、東京］をクリックする。

●画面サイズが小さくて［タイムゾーン］が隠れている場合には、［プロパティ］欄のスクロールバーを操作して、画面右側を表示させる。

❷
［日付と時刻］ダイアログボックスが表示される。日本語版のWindows Server 2019をセットアップした場合、タイムゾーンは日本国内での使用に合わせて［UTC＋09:00) 大阪、札幌、東京］に設定されている。日本国内で使用する場合にはこのままで問題ないが、コンピューターを国外で使用する場合など、タイムゾーンを変更したい場合には［タイムゾーンの設定］をクリックする。

❸
タイムゾーンが正しければ、日付と時刻が正しく表示されているかどうかを確認する。正しくない場合には［日付と時刻の変更］をクリックすれば日付や時刻も変更できる。タイムゾーンを変えると日付や時刻も連動して変化するので、日付や時刻を変更する前にタイムゾーンを正しく設定しておくこと。

❹
［OK］をクリックする。

➡サーバーマネージャーの画面に戻る。

5
［コンピューター名］または［ワークグループ名］に表示されている項目をクリックする。

6
［システムのプロパティ］ダイアログボックスの［コンピューター名］タブが表示されるので、［変更］をクリックする。

●標準のセットアップでは、コンピューター名にはランダムな文字列、ワークグループ名として［WORKGROUP］が設定されている。

7
［コンピューター名］欄にSERVER2019を入力する。［OK］をクリックする。

●今回はワークグループ名をデフォルトの［WORKGROUP］のままで運用するため変更しない。

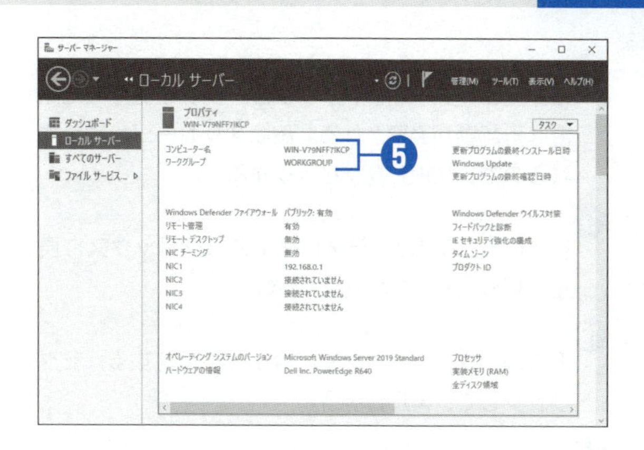

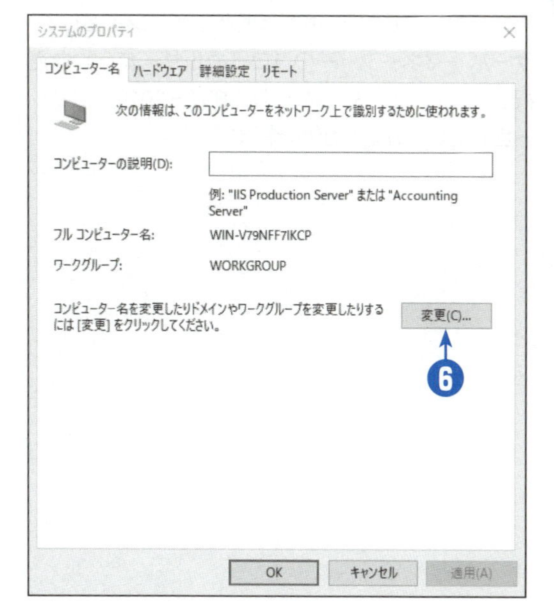

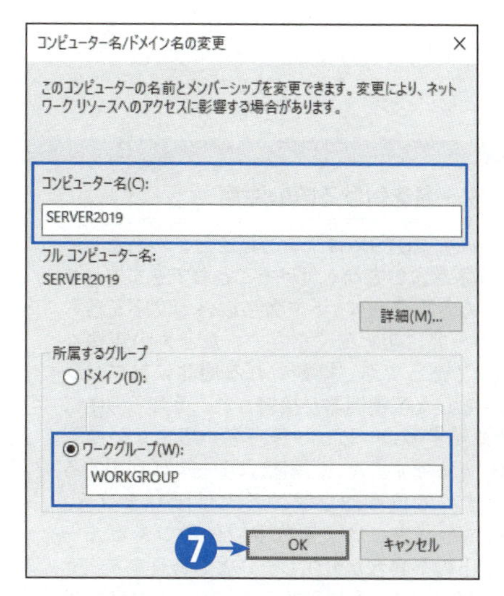

8

コンピューター名やワークグループ名を変更した場合は再起動が必要となる。確認メッセージが表示されるので、[OK] をクリックする。

9

[システムのプロパティ] ダイアログボックスに戻る。[閉じる] をクリックする。

10

再起動が求められるので [今すぐ再起動する] をクリックして、再起動する。

11

再起動が終了したら、再度管理者でサインインして、サーバーマネージャーの [ローカルサーバー] を選択し、コンピューター名が「SERVER2019」にセットされているかどうかを確認する。

コンピューター名/ドメイン名の変更

これらの変更を適用するには、お使いのコンピューターを再起動する必要があります

再起動する前に、開いているファイルを保存して、すべてのプログラムを閉じてください。

8 OK

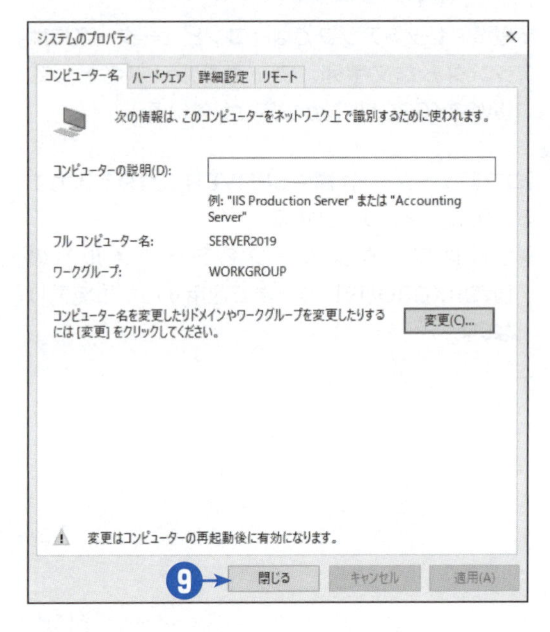

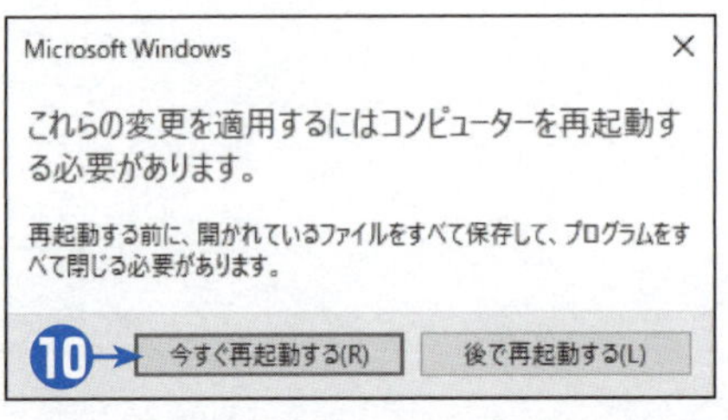

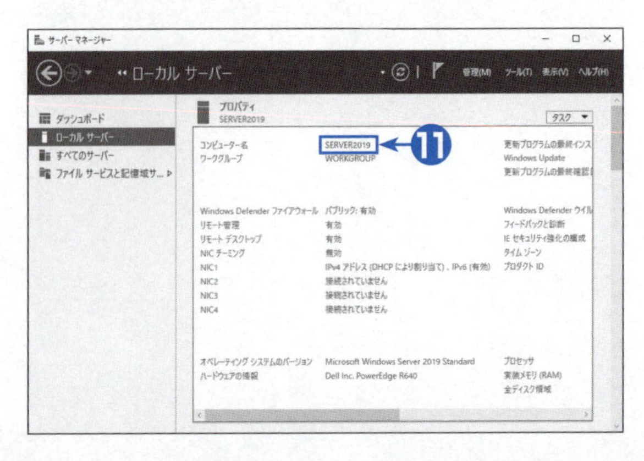

注意

コンピューター名を付ける際の注意

Windows Server 2019では、コンピューター名としてカタカナや漢字を含む名前を付けることもできます。しかし、こうしたアルファベットや数字以外の文字を含むコンピューター名は避けてください。たとえ小規模なネットワークであっても、接続される機器にはプリンターをはじめとした各種機器が接続され、それらの中にはカタカナや漢字のコンピューター名を扱えない機器も少なくないからです。また、組織によっては利用するユーザーがすべて日本語を読めるとは限りません。Windows自体も過去には、英数字以外のコンピューター名でソフトの不具合が発生したこともあります。ですので、コンピューター名はアルファベットと数字だけで構成される名前にしておくのが無難です。

8 OS更新のための再起動時間を設定するには

Windows Server 2019に搭載されているコンピューターの自動更新機能は、インターネットを通じてWindowsの修正ソフトを自動的にダウンロードし適用する機能で、Windows Updateとしてよく知られています。Windows UpdateがOSを自動更新する際の動作についてはこれまでさまざまに変化してきましたが、前バージョンであるWindows Server 2016からは「更新を自動的にダウンロードし、インストールは管理者が指定する」方法になりました。Windows Server 2019もこれと同様で、インターネットに接続されている限り、更新は常にダウンロードされます。ただし更新の強制的なインストールは行いません。インストール自体は管理者の指示があってはじめて行うようになっています。

OS更新の有無を確認する

❶ サーバーマネージャーから［ローカルサーバー］をクリックし、［Windows Update］の［Windows Updateを使用して更新プログラムのダウンロードのみを行う］の表示をクリックする。

●画面サイズが小さくて［Windows Update］が隠れている場合には、［プロパティ］欄のスクロールバーを操作して、画面右側を表示させる。

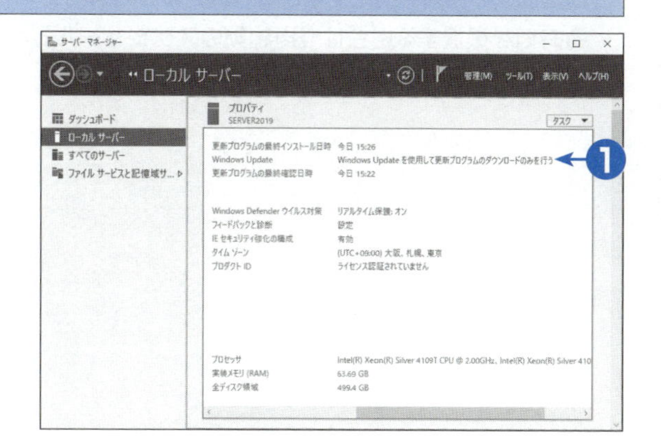

❷ Windows Updateの画面が表示されるので、［更新プログラムのチェック］をクリックする。

3

更新がなかった場合は、「最新の状態です」と表示される。

4

更新があった場合には、自動的に更新が適用される。

●Windows Server 2019では、[更新プログラムのチェック] で更新が発見された場合には必ず適用が実行される。このため適用するかどうかの選択はない。

5

再起動を必要とする更新が適用された場合は、[今すぐ再起動する] か、あらかじめ指定してあったアクティブ時間を除いた時間に再起動するか、管理者が再起動する時刻を指定するかを選択する。再起動する時刻を選択する場合は [再起動のスケジュール] の文字をクリックする。

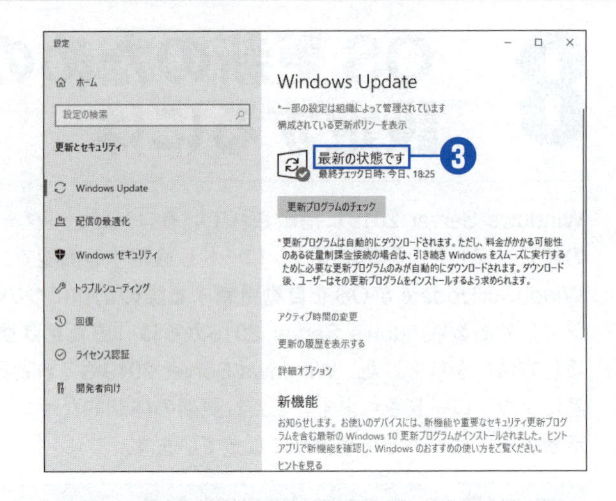

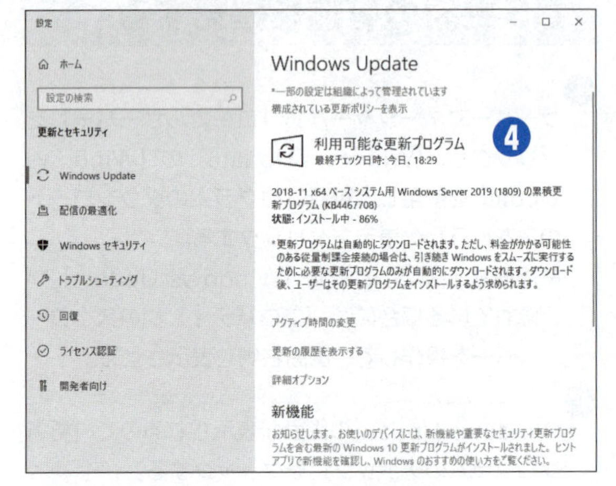

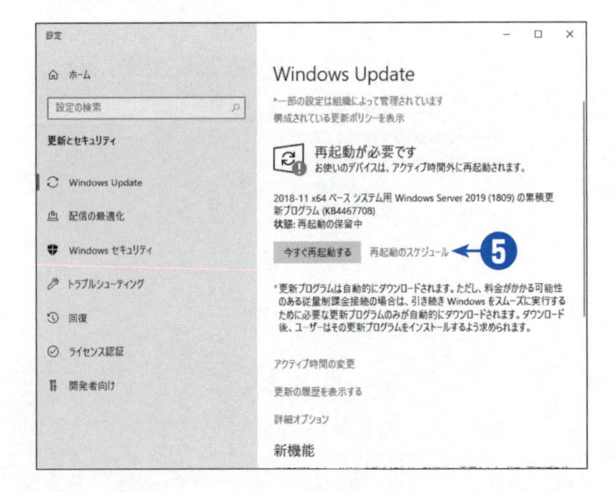

❻
再起動のスケジュール画面で、[時刻をスケジュール] のスイッチをクリックして「オン」にする。

❼
再起動時刻は、現在の時刻から30分後が自動的に指定されるが、変更したい場合は時刻表示部分をクリックして都合のよい時刻を選択する。選択できたら「✓」をクリックして時刻を確定する。

●時刻は24時間制で指定する。

●「✓」をクリックしないと時刻は確定されないので注意する。

●再起動時刻は6日後の23:59まで設定できるが、セキュリティ面を考慮して、あまり先の日付は設定しない。

❽
指定された時刻になると、OSが自動的に再起動される。

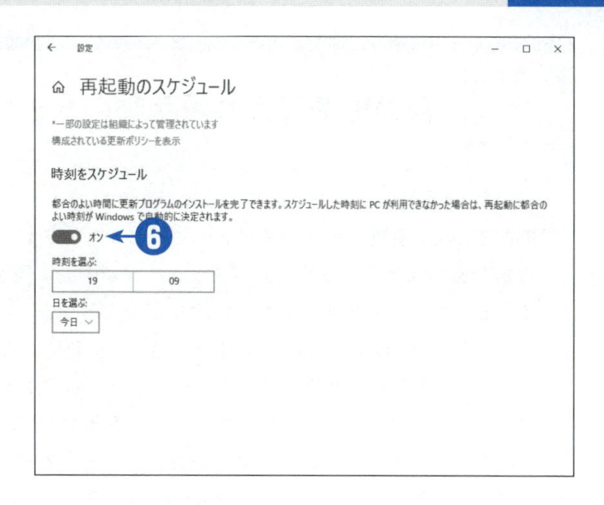

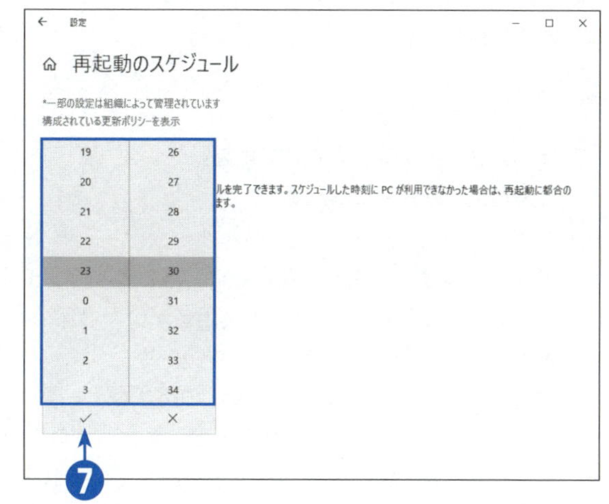

自動更新に伴う再起動のタイミングについて

Windows Server 2019でのWindows Updateによるソフトウェアの更新は、[更新プログラムのチェック] を開始すると、管理者指定の有無を問わず必ず適用されます。また、管理者がサインインした時点で適用すべき更新がある場合には更新を促すメッセージが画面に表示されるため、管理者は更新の存在を強く意識させられるようになっています。しかし、大規模な更新があった際には、OSの再起動は避けられません。
クライアント向けのWindows 10とは違い、更新による再起動に伴って一時的にサーバーがアクセス不可となることは、きわめて重要です。仮に一瞬たりともアクセス不能になることが許されないようなサーバーの場合には、バックアップとなる複数のサーバーを用意して、両者のアクセス不能時間が重ならないような対策をとる必要も出てきます。このため、再起動を行う時間帯については、柔軟な設定が求められます。
本文でも解説したように、Windows Server 2019では、更新に伴う再起動が発生する際には、次の3つの選択肢が選べます。

- 今すぐ再起動
- アクティブ時間をさけて再起動
- 指定した日時に再起動

「今すぐ再起動」の場合、管理者は、再起動するタイミングでWindows Server 2019を操作している必要があります。このため、サーバーの利用者が少ない深夜帯や休日を選んで再起動するといった選択は取りづらい方式です。
「アクティブ時間をさけて再起動」の選択は、一見すると便利そうな設定ですが、アクティブではない時間帯のどのタイミングで再起動されるかが決まっていないため、再起動される時刻を正確に読み難いという欠点があります。特に複数のサーバーを運用している状況で、それらの再起動時刻を重ならないようにしたい、といった場合に対応できません。
「指定した日時に再起動」は、上記の2つの方式の欠点をカバーできる最も自由度の高い設定です。ただし、再起動の日時を指定できるのはWindows Update作業で実際に更新プログラムが適用され、再起動が要求された時点に限られていて、更新がない場合にあらかじめ再起動時刻を指定しておくことはできず、かつ、再起動を必要とする更新が適用されるたびに毎回時刻を指定する必要があります。
現在のところ、マイクロソフトではWindows Serverに対する更新を月に一度のペースで公開しています。ほとんどの場合、再起動が要求されるため、管理者は毎月の更新の都度、適切な再起動時刻を選択する必要があります。

ライセンス認証を行うには

Windows Server 2019には、ソフトウェアの不正使用を防ぐための「ライセンス認証」機能が組み込まれています。これは、今後このコンピューターでWindows Server 2019を使い続けるために「実行許可」を設定するしくみです。Windows Server 2019では、サーバーがインターネットに接続された状態では、ライセンス認証はユーザーが指定しなくても自動的かつ強制的に行われます。このため、管理者はライセンス認証について意識する必要はありません。

ここでは、Windows Serverのインストール時にプロダクトキーを指定しなかった場合のプロダクトキーの指定方法について説明します。

プロダクトキーを指定してライセンス認証を行う

1

サーバーマネージャーから［ローカルサーバー］をクリックし、［プロダクトID］の［ライセンス認証されていません］をクリックする。

- 画面サイズが小さくて［プロダクトID］が隠れている場合には、［プロパティ］欄のスクロールバーを操作して、画面右側を表示させる。
- すでにライセンス認証が完了している場合は、［プロダクトID］の右側に「（ライセンス認証済み）」と表示される。この表示がある場合には、以下の手続きを行う必要はない。

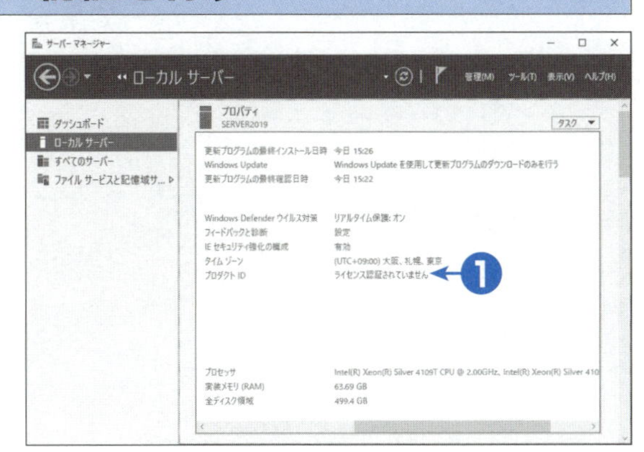

2

［設定］→［ライセンス認証］→［プロダクトキーの入力］画面が表示される。Windows Server 2019のセットアップ時に「プロダクトキーがありません」を選ぶなどして正しいプロダクトIDを入力していない場合、ここで正しいプロダクトIDを入力する。25桁目まで入力したら、［次へ］をクリックする。

- プロダクトキーの入力では大文字/小文字を区別する必要はない。
- ハイフン（-）を入力する必要はない。自動で入力される。

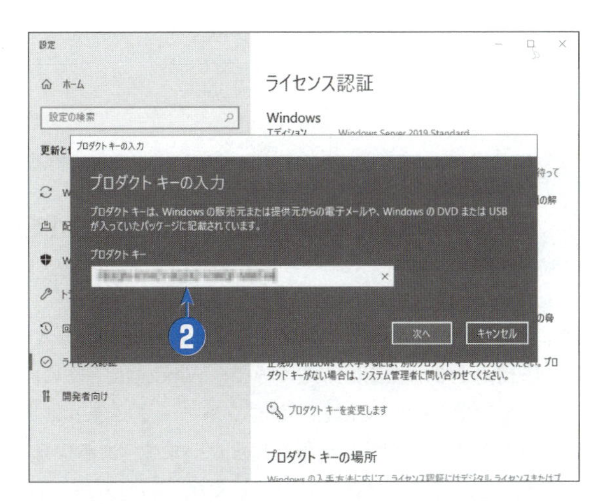

3

［Windowsのライセンス認証］画面が表示される。［ライセンス認証］をクリックすると、インターネット経由でライセンス認証の手続きが行われる。

- インターネット経由でのライセンス認証は、インターネットにアクセス可能なコンピューターからのみ行うことができる。

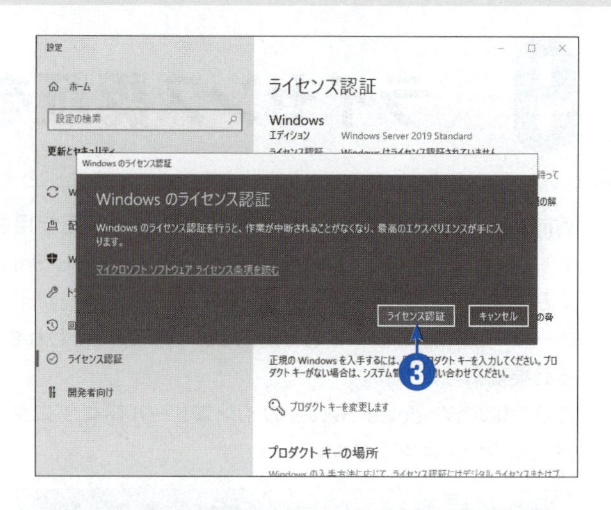

4

「Windowsはライセンス認証済みです」と表示されれば、ライセンス認証は終了となる。［閉じる］をクリックする。

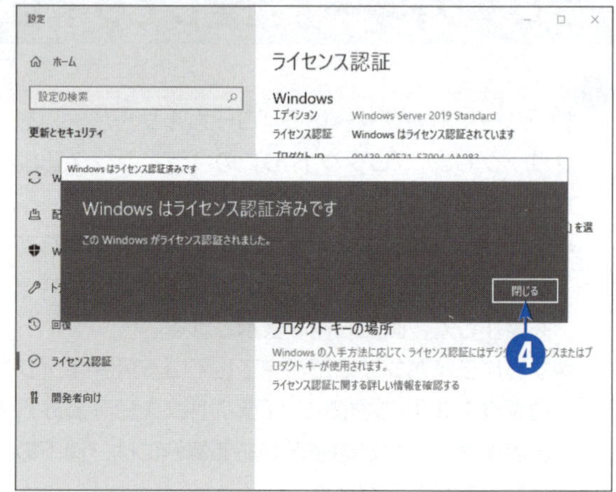

Windows Server 2019のライセンス認証について

ライセンス認証（プロダクトアクティベーションとも呼ばれます）とは、ソフトウェアの不正利用を防ぐために組み込まれた認証のしくみで、WindowsではWindows XPから導入されました。それまでの多くのソフトウェアは、CD-ROMとプロダクトキーさえあれば何台のコンピューターにでもセットアップできてしまっていたため、こうした制限を知らないまま（あるいは知っていても無視して）、利用する例が少なからず存在しました。そこで、こうした正しくない利用方法を防ぐために考えられたのが、ライセンス認証機能です。
この機能が組み込まれたソフトウェアは、セットアップ後、決められた手順でマイクロソフト社のオンラインサーバーにアクセスして、ソフトウェアに対して「実行してもよい」という情報をセットする必要があります。この操作が「ライセンス認証」と呼ばれる操作で、これを行わないと一部の機能が制限されるほか、一定期間が経過するとソフトウェアが動作しなくなるなどの制限が加わります。

ライセンス認証では、プロダクトキーとパソコンのハードウェアの固有情報をマイクロソフト社のサーバーに登録します。プロダクトキーは、キーごとに、登録できるコンピューターの数が決まっており、その数を超えてライセンス認証を行うことはできません。たとえば、登録可能ハードウェアが1台とされているキーの場合、2台目のコンピューターはライセンス認証できません（プロダクトキーの種類によっては、1つのキーで複数台のコンピューターを登録できるものもあります）。

仮に、ハードディスクをフォーマットするなどして、もう一度Windows Server 2019をセットアップした場合にはどうなるのでしょう。Windows Server 2019がセットアップされたハードディスクの内容を消してしまうと「実行してもよい」という許可情報も消えてしまいますから、そのWindows Server 2019を使い続けるには、再びライセンス認証を行う必要があります。しかし、この認証は特に問題なく行えます。ハードウェアに対して大きな変更を加えない限り、ハードウェアの情報は常に一定となるためです。過去にライセンス認証をしたプロダクトキーであっても、それを行ったのと同じハードウェアであれば、ライセンス認証は何度でも行えるようになっています。つまり、フォーマットと再インストールを何度行っても、ハードウェア情報さえ変わらなければよいのです。

Windows Server 2019では、セットアップ時にプロダクトキーを入力していれば、セットアップ完了後、インターネット接続ができるようになった時点で自動的にライセンス認証が行われるようになっています。また、使用しているコンピューターで一度でもライセンス認証が完了していれば、仮にセットアップ途中でプロダクトキーを入力していなくても、自動的に過去に使用したプロダクトキーでライセンス認証する「デジタルエンタイトルメント」と呼ばれる仕組みも搭載しています。このため管理者は、意識してライセンス認証を実行する必要はありません。

問題となるのは、一度もライセンス認証が行われていないコンピューターで、セットアップ時にプロダクトキーの入力をスキップしてしまった場合です。またプロダクトキーを入力していても、インターネット接続が行えない状態であれば、マイクロソフト社のサーバーに接続することができませんから、ライセンス認証も行えません。

この状態で運用を続けると、Windows Server 2019ではセットアップ後数時間経つと画面右下に、図のような表示が出続けるようになります。この表示はすべてのウィンドウの手前に表示されるため、このメッセージを消すことはできません。

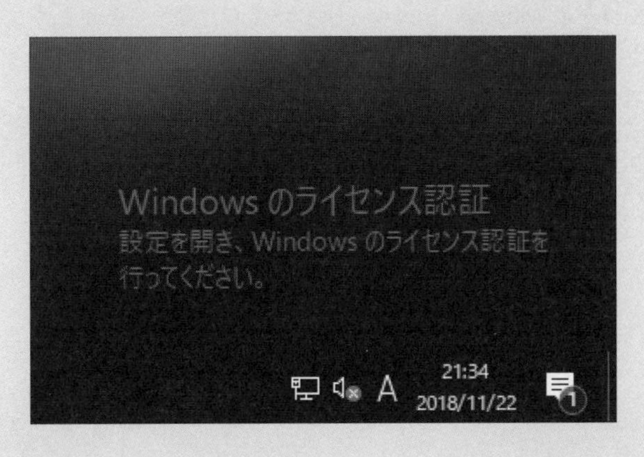

また、同じくライセンス認証が完了していない状態では、デスクトップの背景画像（壁紙）の変更や、アクティブタイトルバーの色設定などの「個人設定」が行えないほか、[Windowsの設定] 画面にも常にライセンス認証が終了していない旨の警告が表示されるようになります。

この状態でも、サーバーとして動作させることはできますが、ライセンス認証を行わない状態をさらに継続し、30日が経過すると、管理者のサインインやライセンス認証の実行以外のほとんどの機能が動作しなくなるので注意してください。

なお、それまで使用しているコンピューターが故障してしまった場合や、性能向上を図るために別のコンピューターにWindows Server 2019をセットアップするような場合には、前述のデジタルエンタイトルメントは使用できません。また、同じコンピューターを使い続ける場合であっても、故障や機能強化による部品交換によりコンピューターの構成が大幅に変化してしまった場合などには、再度ライセンス認証が必要となる場合もあります。

このような「再認証」では、インターネット経由によるライセンス認証はうまく行えない場合もあります。認証に必要なプロダクトキーがすでに他のコンピューターで登録されてしまっているからです。こうした場合には、電話でマイクロソフト社の担当者に事情を説明することで、ライセンス認証をやり直すこともできるため、最悪の場合にはそうした方法もあるということは覚えておいてください。

なおWindows Server 2019のプロダクトキーは、エディションによっても変化します。前述のようにWindows Server 2019は、セットアップ時のプロダクトキーを省略できますが、正しいプロダクトキーを入力した場合には、そのプロダクトキーに対応したエディションが自動的に選択されるようになっています（ただしこの場合でも、デスクトップエクスペリエンスの有無は選ぶ必要があります）。

また、使用するコンピューターでWindows Server 2019が正しく動作するかどうか不安な場合には、セットアップ時にあえてプロダクトキーを入力せずに運用テストを行うという方法もあります。前述のように、ライセンス認証が行われない場合であっても、Windows Server 2019は一定の期間、サーバーとして運用することが可能であるからです。

10 Windows Server 2019から サインアウトするには

コンピューターの利用を終了してサインイン画面に戻ることを「サインアウト」と言います。Windows Server 2019ではスタートメニューに表示されるアカウント名をクリックすることで、サインアウト用のサブメニューが表示されます。

Windows Server 2019からサインアウトする

❶ Administratorでサインインしている状態で、スタートボタンをクリックして、スタートメニューを表示する。

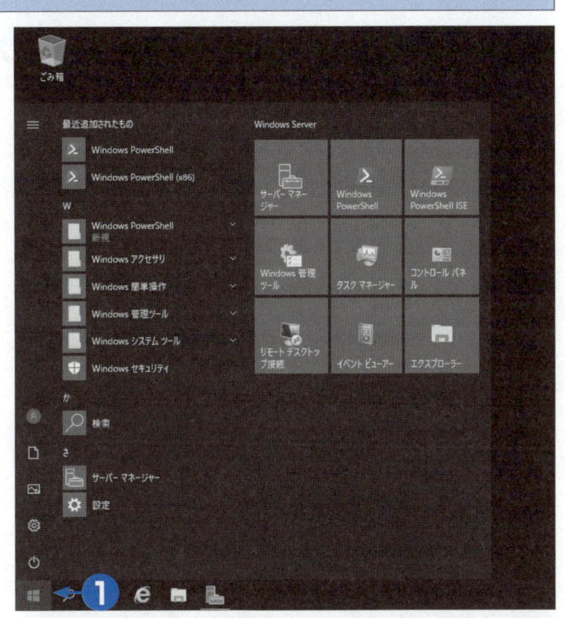

❷ スタートメニューの左側に並ぶアイコンの最も上にある人物のアイコンをクリックする。サブメニューが表示されるので、[サインアウト] を選択する。

● スタートメニューを右クリックして [シャットダウンまたはサインアウト] を選んでも、サインアウトを含むサブメニューが表示される。

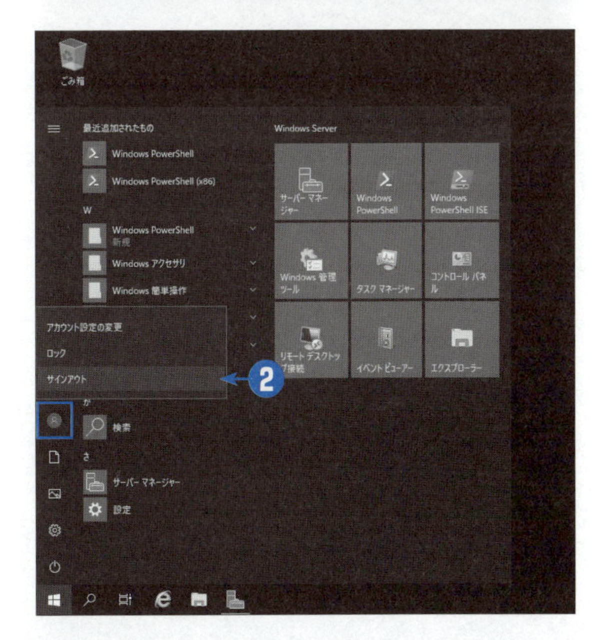

11 Windows Server 2019をシャットダウンするには

コンピューターに新しいハードウェアを取り付ける場合や、コンピューターを別の場所へ移動する場合など、コンピューターの電源をオフにするときにはWindows Server 2019を停止する必要があります。
Windows Server 2019が動作しているコンピューターは、一般の家電製品などのようにいきなり電源をオフにすることはできず、必ず管理者が停止操作をする必要があります。この操作のことをWindows Server 2019の「シャットダウン」と呼びます。

Windows Server 2019をシャットダウンする

❶ Administratorでサインインしている状態で、スタートボタンをクリックして、スタートメニューを表示する。

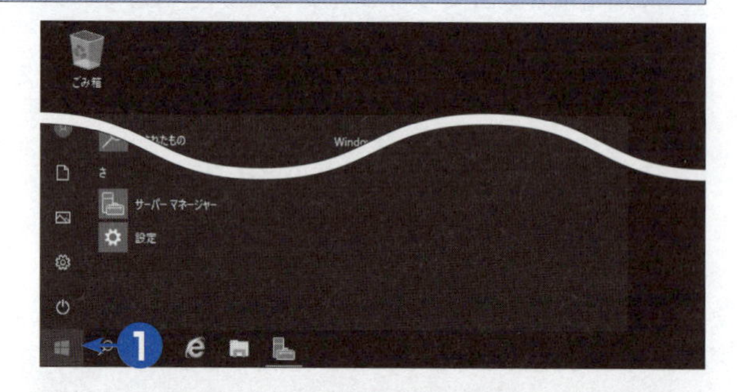

❷ スタートメニューから［電源］をクリックする。サブメニューが表示されるので、「シャットダウン」を選択する。

- ここで「シャットダウン」ではなく「再起動」を選ぶとコンピューターを再起動できる。
- スタートボタンを右クリックして［シャットダウンまたはサインアウト］を選んでも、同様のサブメニューが表示される。

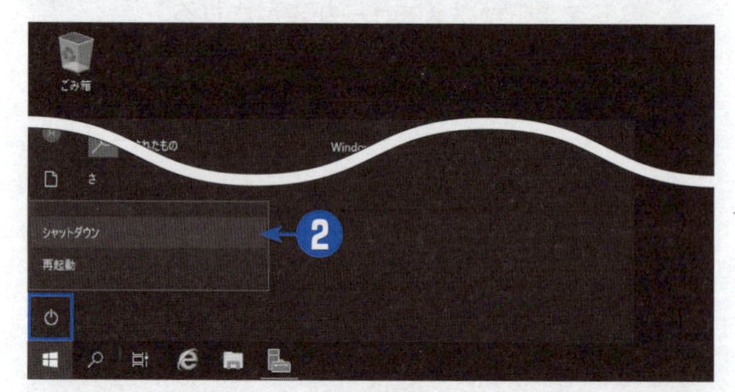

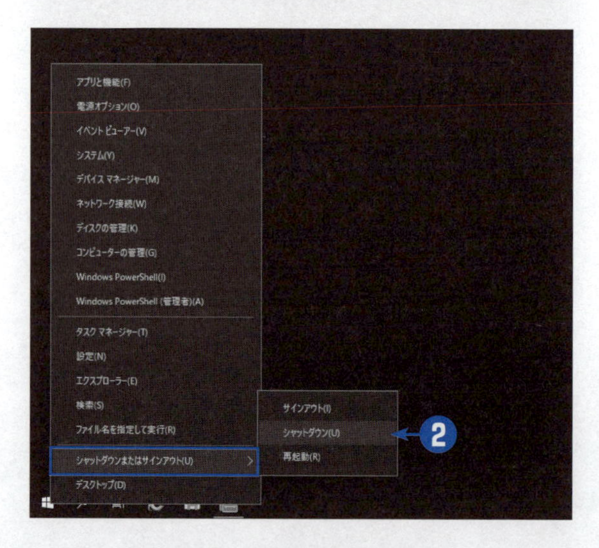

3

シャットダウンの理由を選択する。

4

18通りの理由が選択肢として表示されるので、シャットダウンする理由に最も近いものを選択する。

●シャットダウンの動作自体は、理由にどれを選択しても違いはない。

5

［続行］をクリックすると、シャットダウンが行われる。

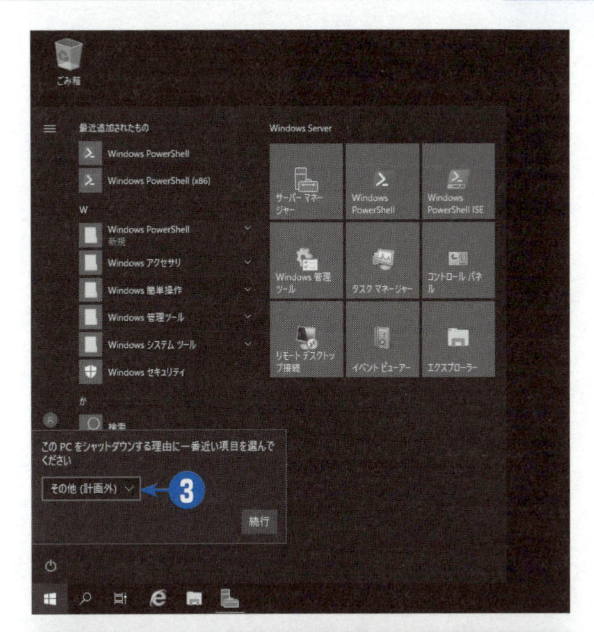

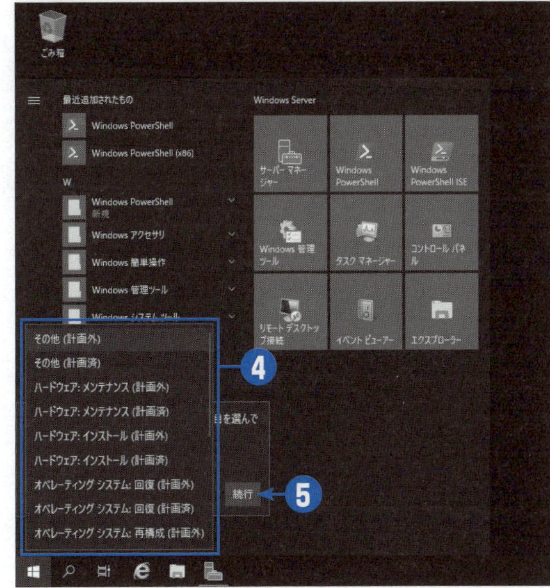

Windows Server 2019の管理画面

第 3 章

この章ではWindows Server 2019の管理・運用を行っていくうえで必要となる、画面やツールについて解説を行います。Windows Server 2019は、クライアントOSであるWindows 10との共通化が進められているために管理運用機能もWindows 10と共通となっており、Windows 10の使い方を理解していればかなりの部分の管理が行えるのですが、それでも、Windows Serverにしか存在しない画面もいくつか存在します。
ここでは、それら画面の中から使用頻度の高いいくつかの画面について、その機能や起動手順を解説します。いずれもWindows Server 2019の管理に必要となる重要な画面となるため、起動方法や操作についてしっかりと確認してください。

Windows Server 2016の管理画面の種類

単体のコンピューターを管理できればよいクライアント向けOSとは違い、サーバー向けOSは機能が豊富で、管理・設定機能についても多岐に渡ります。初期のWindows Serverでは、それら各種の設定は、機能ごとに独立した画面を使用する必要があり、それらすべてを管理するためにはさまざまな画面の起動法要や操作方法について習熟する必要がありました。

しかしWindows Server 2012以降においては、各種管理機能への入り口を1つに集約したポータル画面が充実してきています。このため管理画面の起動方法や操作方法の差異といった、管理者にとって本来の「管理」とは関係のない事柄について頭を悩ますことも少なくなってきました。新たに加わったWindows Admin Centerにより、ネットワーク越しにサーバーの管理を行う機能も充実しつつあります。

Windows Serve 2019において、セットアップが完了してから、実際にサーバーOSとして運用を行えるようになるまでに使用する管理画面には以下のようなものがあります。

サーバーマネージャー

Windows Server 2019をセットアップし、管理者でサインインすると最初に表示されるのが「サーバーマネージャー」の画面です。サーバーマネージャーと呼ばれる画面が導入されたのはWindows Server 2008からですが、現在のサーバーマネージャーと同じ画面デザインや同じ機能を持つようになったのはWindows Server 2012からのことで、それ以降は現在に至るまでほとんど変化していません。

OSをセットアップしてから実行する「初期設定作業」、利用する機能を選択する「役割や機能の追加」、エラーの確認やディスク使用量の確認といった日常のメンテナンスなど、サーバーマネージャーではWindows Serverを設定・管理するのに必要なほとんどの管理画面をワンタッチで起動できるよう設計されています。

実際には、機能ごとの詳細設定のすべてをサーバーマネージャーで行うわけではなく、単に機能ごとに用意された専用の設定画面を呼び出しているに過ぎないのですが、それでもほぼすべての機能にアクセスできるだけあって、「管理者のためのポータル」として利用できる非常に便利な画面です。

前述のようにWindows Server 2019のサーバーマネージャーは、Windows Server 2012～2016のものとほとんど違いはありません。このため、Windows Server 2012以降のサーバーを管理していた管理者にとっては違和感なく利用できるものとなっています。

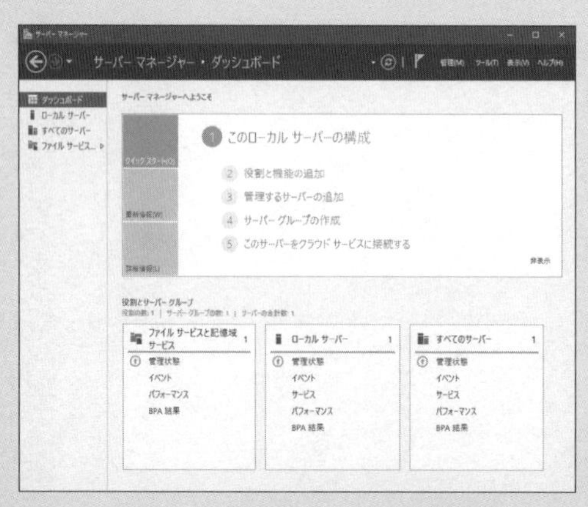

サーバーマネージャーの画面

Windows Admin Center

「Windows Admin Center」は、Windows Server 2019から利用可能になった、Windows Serverの新しい設定・管理機能です。Windows Server 2019のリリース以前から、マイクロソフト社において「Project Honolulu」という名称で開発が続いていたWebベースの管理機能で、Webブラウザーが使える環境であればどこからでもWindows Server 2019の管理が行えるよう設計されています。

Windows Admin Centerを利用するには、管理対象となるコンピューターに本体機能をインストールする必要はありますが、管理する端末ではWebブラウザー以外の特別なソフトを必要としません。このため管理者は、ネットワークで接続さえされていれば、どこからでもサーバーの管理が行えます。またWindows Admin Centerをインストールしたサーバーと他のサーバーを「信頼関係」で結べば、Windows Admin Centerをインストールしたコンピューターをゲートウェイとして、他のサーバーを管理することもできます。つまりWebブラウザーを使ってネットワーク内のすべてのサーバーを管理できるわけです。まさにインターネット時代にふさわしい管理機能と言えるでしょう。

Windows Admin Centerでは、サーバーマネージャーが設定できるほとんどの項目を管理・設定できるほか、「コンピューターの管理」や「レジストリエディター」「タスクマネージャー」などと同等の機能も利用できます。デスクトップエクスペリエンスをインストールしていないサーバーでも、ネットワーク経由ならばWebブラウザーで管理できるようになるため、GUIベースによる管理が行えるようになります。

なお、Windows Admin CenterではWebブラウザーを使いますが、実はInternet Explorer 11には対応しません。利用できるのは、Windows 10の「Edge」かGoogle社の「Chrome」のいずれかに限られます。Windows Server 2019にはEdgeブラウザーは搭載されていないため、ローカルコンピューターを管理する場合には、ChromeをWindows Server 2019にインストールする必要があります。

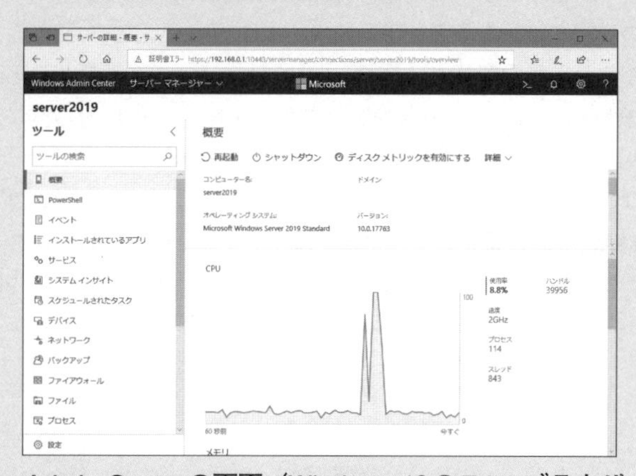

Windows Admin Centerの画面（Windows 10のEdgeブラウザーで表示）

マイクロソフト管理コンソール（MMC）

Microsoft管理コンソール（MMC：Microsoft Management Console）は、スタートメニュー内の「コンピューターの管理」で使用されている、Windowsの各種詳細設定を管理するためのプログラムです。「コンピューターの管理」は、左側のペインから管理したい項目を選択すると、中央および右側ペインにその項目の詳細設定が表示されるという構成をしていますが、一方で、「イベントビューアー」や「デバイスマネージャー」のように、個々の管理対象機能だけを独立したウィンドウで表示することもできます。

MMCでは、設定したい項目ごとに基本的な画面構成や設定内容をプログラム本体とは独立したファイルで定義していて、そのファイルを切り替えることで項目の設定が行えるようになっています。この定義ファイルのことを「スナップイン」と呼んでいますが、このような方式をとることで、MMCを使う定義機能であればどの項目でも共通した操作で設定が行えるようにしています。
最初に説明した「サーバーマネージャー」でも、個々の具体的な機能を設定する段階では、MMCのスナップインを呼び出すようになっている項目が多く、このMMCは、スタートメニューから直接MMCを呼び出す機会こそありませんが、Windows Serverを管理するうえでは最も使用頻度の高い画面と言えるでしょう。

[コンピューターの管理] の画面

[Windowsの設定] 画面

[Windowsの設定] 画面はWindows 10と共通で用意されている設定画面で、グラフィック画面の解像度や色、壁紙設定などの個人用設定や、ネットワーク関連、Windows Updateの設定方法など、主にWindows Serverをローカルで使用する際の設定を集めた画面です。基本的にはWindows Serverに固有となるようなサーバー設定は含んでいません。こうした設定関連では、「コントロールパネル」と呼ばれる画面が長いこと使われており、コントロールパネル自体はWindows Server 2019にも残されていますが、近年のOSでは、タッチ操作などにも対応したこの [Windowsの設定] 画面に機能を移しつつあります。
Windows Server 2019では、これまでコントロールパネルでしか行えなかった設定の多くが、この [設定] 画面に移動されています。詳細設定が必要な一部の画面では従来どおりコントロールパネルが必要とされる場合もあるのですが、そのような場合でも、[設定] 画面から、該当のコントロールパネル画面が直接呼び出されるようになっているため、[設定] とコントロールパネルとで、希望する設定がどちらにあるかを探す必要はなくなりました。

[Windowsの設定] 画面

コントロールパネル

Windows 7やWindows Server 2008以前のWindowsでローカルコンピューターの設定を一手に引き受けていたのが、この「コントロールパネル」の画面です。ただし前述のように、設定項目の多くは新たにできた［設定］画面に移動しつつあります。

コントロールパネルと［Windowsの設定］のいずれにも言えることですが、基本的にはWindows Server 2019においてもこの状況は変わらず、コントロールパネルは依然としてOSの詳細設定を行うのには欠かせない画面となっています。ただし、基本的な設定はほとんどが［Windowsの設定］画面に移動したため、真っ先にコントロールパネルを開く、という操作は過去のものになりました。サードパーティ製のツールやアプリケーションをインストールした場合には、コントロールパネルに設定用のアイコンが追加されることもあります。

コントロールパネルの画面

Windows PowerShell

Windows PowerShellは、Windowsの設定専用として用意された画面ではありませんが、Windows Server 2019の操作を行う際にはしばしば使われる画面です。

Windows Server 2019では、「通常インストール」と「デスクトップエクスペリエンスあり」の2つのインストールパターンが選べることは前章で説明しましたが、このうち「通常インストール」では、サーバーマネージャーのようなGUIベースの設定ツールは使用できません。ここで、Windowsの設定に必要となるのが「Windows PowerShell」と呼ばれるスクリプト群です。

Windows Server 2019においては、コマンドレットと呼ばれるPowerShellのスクリプトファイルによって、OSのさまざまな設定が可能になっています。デスクトップエクスペリエンス（GUI）をインストールしない標準インストールでも問題なくOSの運用が可能であり、GUIはあくまで、初心者でも各種の設定を行えるという補助ツール的な位置付けです。

本書は、はじめてWindows Server 2019に触れる方でも設定が行えることを目的としているため、より手軽に使えるGUIでの設定方法を中心に解説して行きますが、それでも一部にはPowerShellを使わなければ行えない設定があるため、そうした部分ではPowerShellのコマンドレットを掲載しています。

デスクトップエクスペリエンス付きのWindows Server 2019では、Administratorでサインインした場合、スタートメニューから4通りのWindows PowerShellが起動できます。その内訳は、Windows PowerShellとWindows PowerShell ISEについて、それぞれ64ビット版と32ビット版があり、合計4つです。

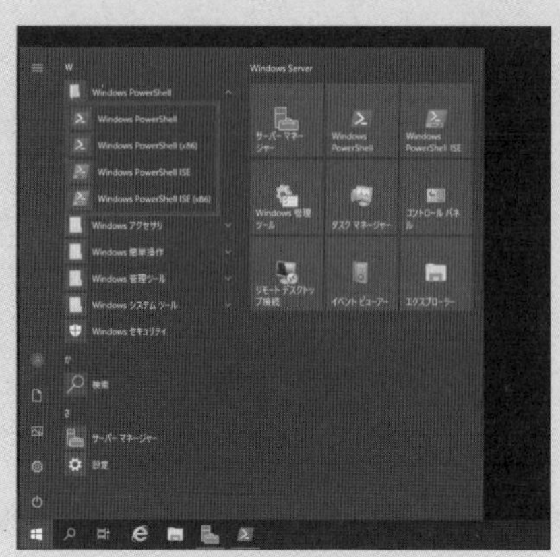

スタートメニューから呼び出せるWindows PowerShellの画面

Windows PowerShellとISEの違いですが、これは、PowerShellが純粋にPowerShellのコマンドレットを実行するために用意された「実行環境」であるのに対し、ISE（Integrated Scripting Environment）版は、PowerShellのスクリプトを開発するための「開発環境」であるという点が異なります。ISE版では、PowerShellのスクリプトを編集するためのエディター機能や、PowerShellコマンドレットを記述する際にオプションパラメーター等を入力しやすくするヘルプ機能、スクリプト実行機能、デバッグ機能などが搭載されています。ISE版でもコマンドレットの実行機能は搭載されていますから、通常のコマンドライン版と同様に、本書に記載されるコマンドレットを入力・実行することは可能です。このため、Windows PowerShellとWindows PowerShell ISE、どちらを使用してもかまわないのですが、本書の画面例ではWindows PowerShellを用いています。

64ビット版と32ビット版の違いですが、これは、PowerShellの内部から他のアプリケーションやAPIを呼び出す場合に影響します。すでに説明したようにWindows Server 2019には64ビット版しか存在しないのですが、Windows Server 2019には32ビット版のアプリケーションやライブラリをインストールすることも可能です。PowerShellには、インストールされたアプリケーションのライブラリなどを呼び出すことができる機能がありますが、32ビット版のAPIを呼び出すには、32ビット版のPowerShellが必要です。

なおOSの設定機能だけを利用するのであれば、64ビット版でも何の問題もないため、本書では64ビット版のWindows PowerShellを利用しています。

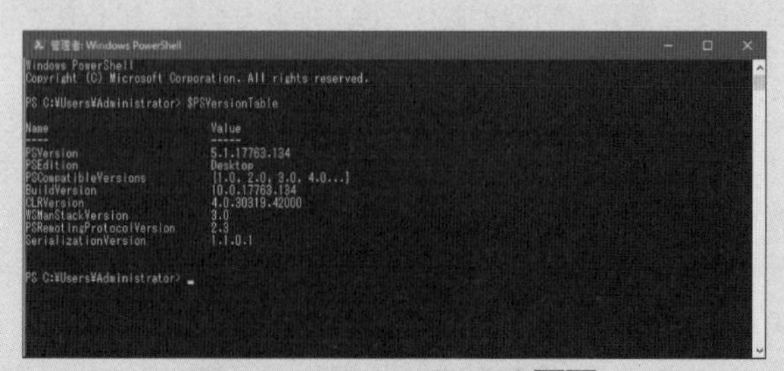

Windows PowerShellの画面

1 サーバーマネージャーを起動するには

サーバーマネージャーは、Windows Server 2019をローカルで管理・運用する際、最も利用頻度の高い画面です。そのため標準の状態では、管理者として登録されたユーザー（Administratorsグループ）がサインインした場合には、常にサーバーマネージャーが自動的に立ち上がるよう設定されています。
ただし、ユーザー操作などでいったんサーバーマネージャーの画面を閉じてしまった場合や、サーバーマネージャーを自動起動しないように設定した場合は、手動でサーバーマネージャーを起動する操作が必要となります。
ここではその方法のいくつかについて説明します。

サーバーマネージャーを起動する

❶
スタートボタンをクリックしてスタートメニューを表示し、タイル表示の一番左上に表示されている［サーバーマネージャー］タイルをクリックする
●スタートメニューの［さ］行に表示されている［サーバーマネージャー］を選択してもよい。

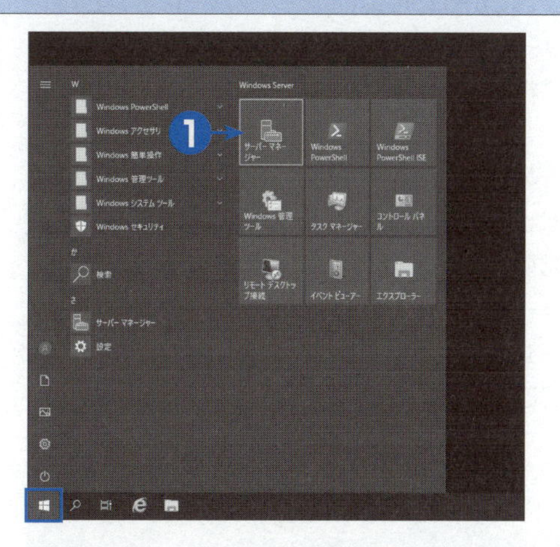

❷
サーバーマネージャーが起動する。
●サーバーマネージャーの起動と同時に表示される［Windows Admin Centerでのサーバー管理を試してみる］というメッセージボックスは、次節で使用する。ここではそのままウィンドウを放置するか、［×］をクリックして閉じておく。

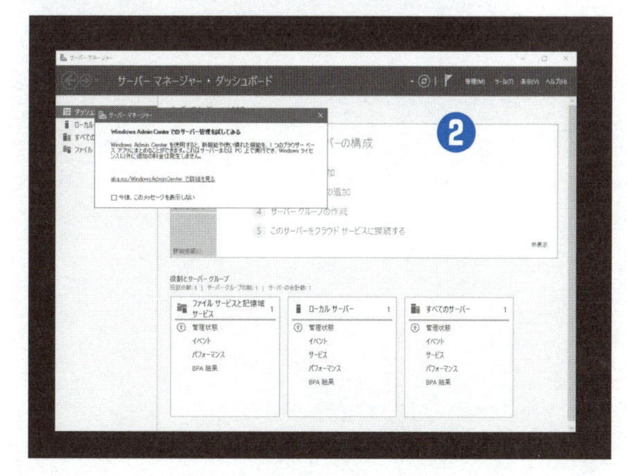

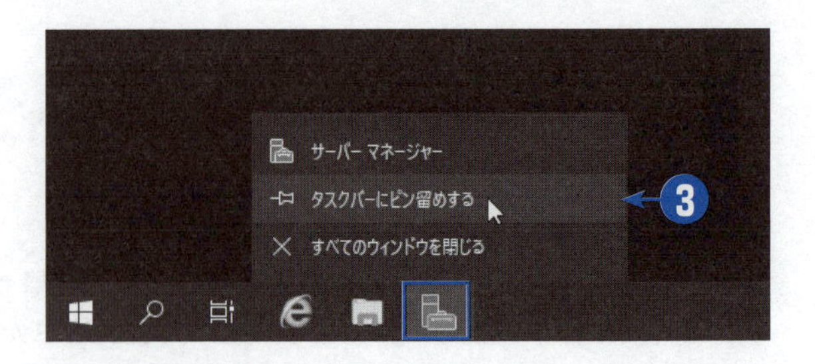

3

サーバーマネージャーが起動している状態で、タスクバーに表示されている［サーバーマネージャー］アイコンを右クリックして、［タスクバーにピン止めする］を選択する。

- この操作は行わなくてもかまわない。ただしサーバーマネージャーは、Windows Server 2019を管理するうえで頻繁に使用する画面なので、この操作によりタスクバー上にピン止めしておくと、ワンタッチでサーバーマネージャーが表示できて便利である。

4

サーバーマネージャーの画面を［×］アイコンをクリックしていったん閉じ、タスクバーにピン止めした［サーバーマネージャー］アイコンをクリックする。これにより、再びサーバーマネージャーが起動する。

- サーバーマネージャーは、同時に2画面以上開くことはできない。このため、サーバーマネージャーが起動している状態では、再度サーバーマネージャーを起動しようとしても、現在のサーバーマネージャーがトップレベルに表示されるだけで何も起こらない。

2 Windows Admin Centerをインストールするには

コラムで説明したようにWindows Admin Centerは、リモートコンピューターからWebブラウザーを使ってWindows Server 2019を管理・運用するのに適した、新たな管理機能です。Webブラウザーさえあれば、ネットワーク内のどこからでもサーバーを管理することができ、管理できる項目の数もサーバーマネージャーにひけをとりません。今後Windows Serverを管理するうえでの主力となる可能性を持つ機能です。

ただWebブラウザーがベースなので、デスクトップエクスペリエンス機能をインストールしたローカルサーバーを管理する場合に限っては、サーバーマネージャーを使用する方が操作レスポンスなどは優れています。

またWindows Admin Center自体や、これを利用できるWebブラウザーは、Windows Server 2019には標準ではインストールされていません。このため本書における手順では、従来どおりの「サーバーマネージャー」を使用した設定をメインとして説明することとし、「Windows Admin Center」については、インストール方法と起動方法についてのみ説明します。

Windows Admin Centerをインストールする

❶ サーバーマネージャーの［ローカルサーバー］をクリックして画面をローカルサーバーの表示にし、［IEセキュリティ強化の構成］欄の［有効］の文字をクリックする。

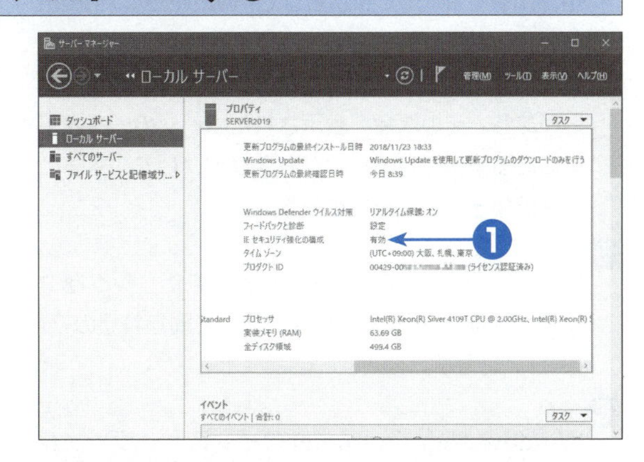

❷ ［Internet Explorerセキュリティ強化の構成］ダイアログが開くので、［Administratorグループ］欄について［オン（推奨）］から［オフ］に選択を切り替えて、［OK］をクリックする。

- この操作は、Internet Explorer 11を使ってWindows Admin Centerのインストーラーをダウンロードするために必要になる。
- ［Usersグループ］側の設定を変更する必要はない。

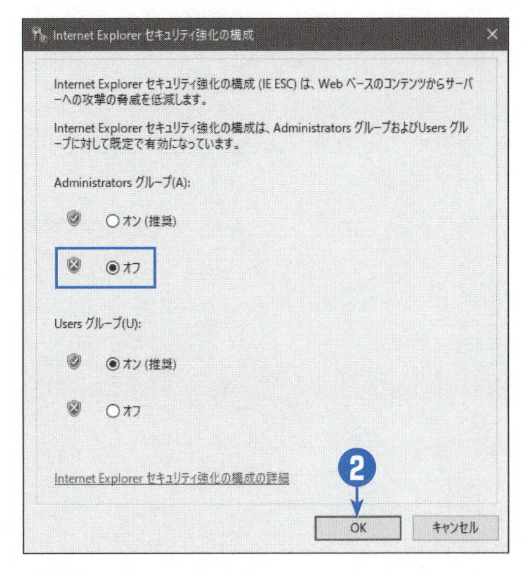

3

サーバーマネージャーを起動した際に表示される[Windows Admin Centerでのサーバー管理を試してみる］メッセージボックスで、[aka.ms/Windows Admin Centerで詳細を見る]リンクをクリックする。

●このメッセージボックスを消してしまった場合には、いったんサーバーマネージャーを終了し、再度、スタートメニューからサーバーマネージャーを起動する。

●[今後、このメッセージを表示しない］をチェックして、メッセージボックスを表示しない設定にしてしまっている場合には、ブラウザーを起動して以下のURLを開く。

http://aka.ms/WindowsAdminCenter

4

Internet Explorerが起動して、Windows Admin Centerダウンロードページが表示される。

●状況によっては英語版のページが表示される場合がある。その場合、表示されたページの一番左下にある言語設定のリンクをクリックして、言語の選択から［日本語］を選ぶ。

5

[こちらから入手できます］と書かれたリンクをクリックする。実行するか保存するかを聞かれるので、[実行］を選ぶ。

6

Windows Admin Centerのインストーラーが表示される。画面は自動的に次の画面へ移行する。

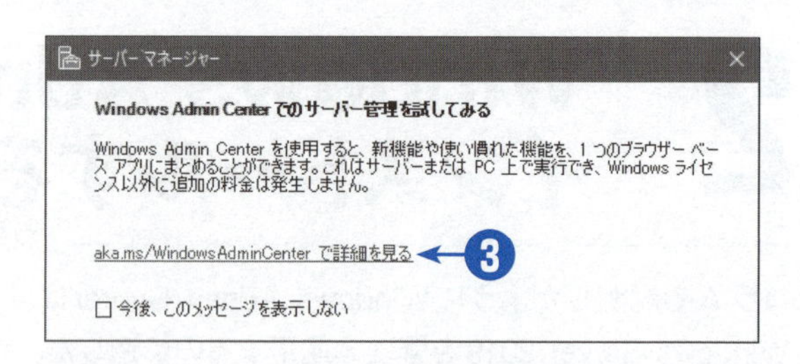

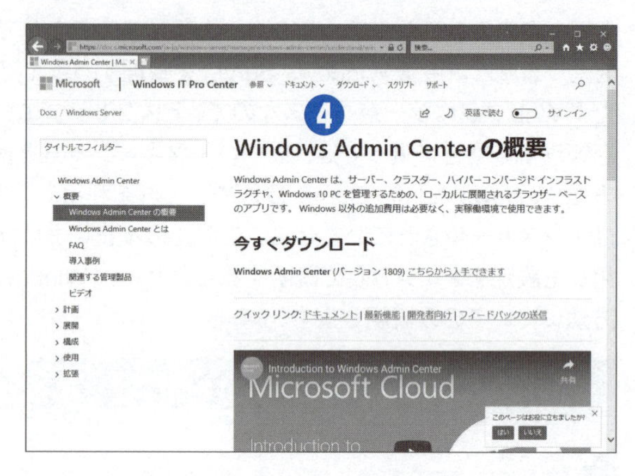

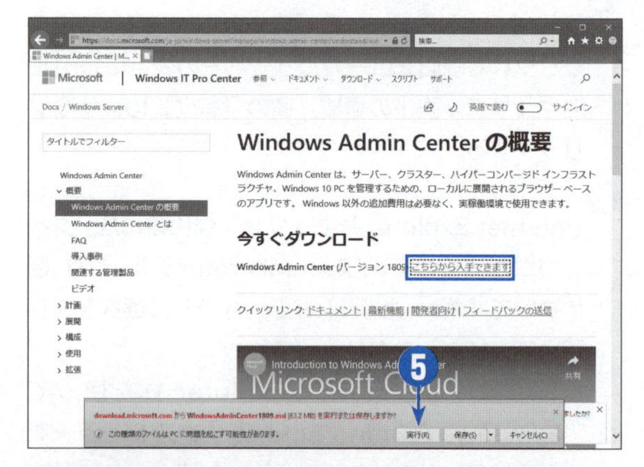

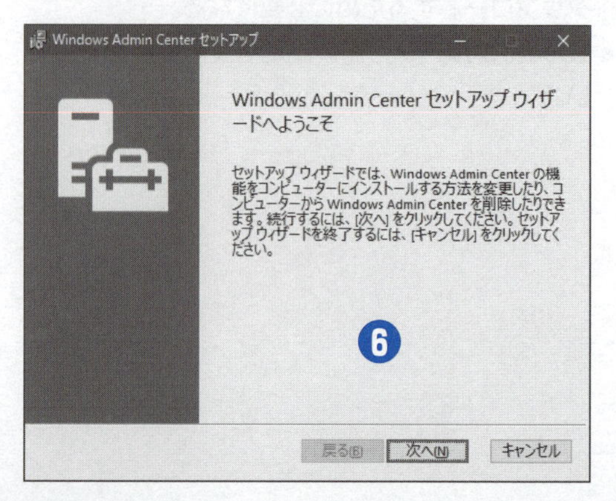

❼
使用許諾への同意が求められるので、[使用許諾契約書に同意します] にチェックをして [次へ] を選ぶ。

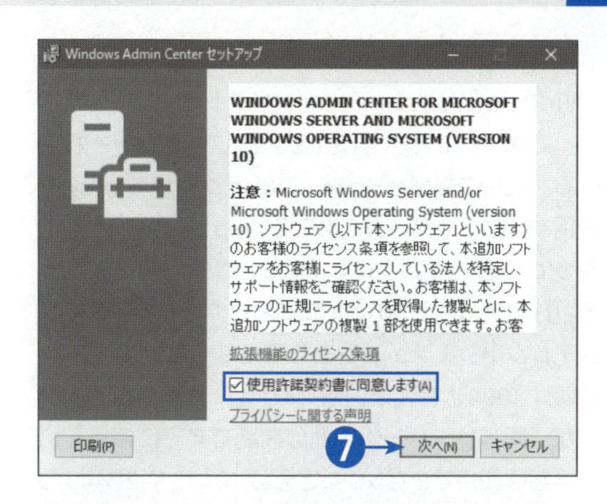

❽
[Microsoft Updateを使用して、コンピューターの安全性を確保し、最新の状態に維持する] 画面では、[更新プログラムを確認するときにMicrosoft Updateを使用する (推奨)] を選択して、[次へ] を選ぶ。

●この画面は表示されない場合もあるが、その場合はそのまま次の手順へ進む。

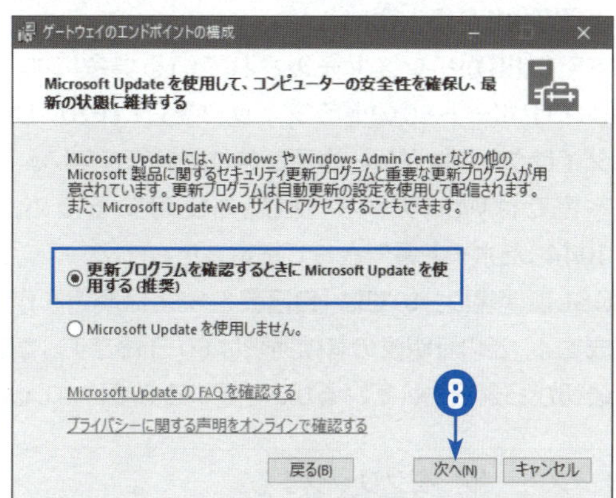

❾
[Windows Admin CenterをWindows Serverにインストールする] 画面は、説明のみの画面なのでそのまま [次へ] を選ぶ。

●この画面は表示されない場合もあるが、その場合はそのまま次の手順へ進む。

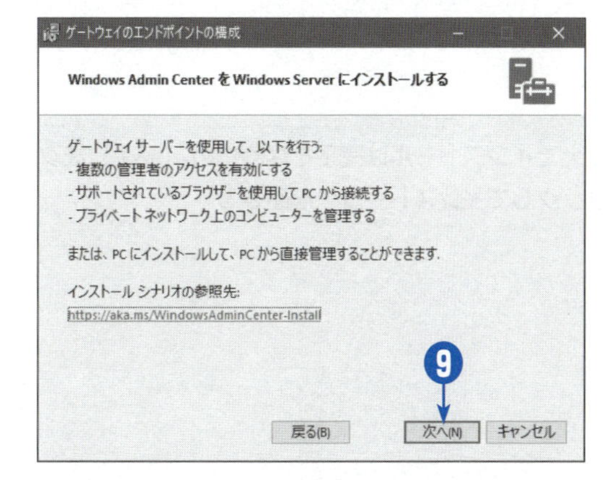

❿
[Windows Admin Centerがこのコンピューターの信頼されているホストの設定を変更することを許可する] にチェックを入れた状態で、[次へ] を選ぶ。

●実際にはこのチェックボックスは標準でチェックされているため、特にチェック状態を変更する必要はない。

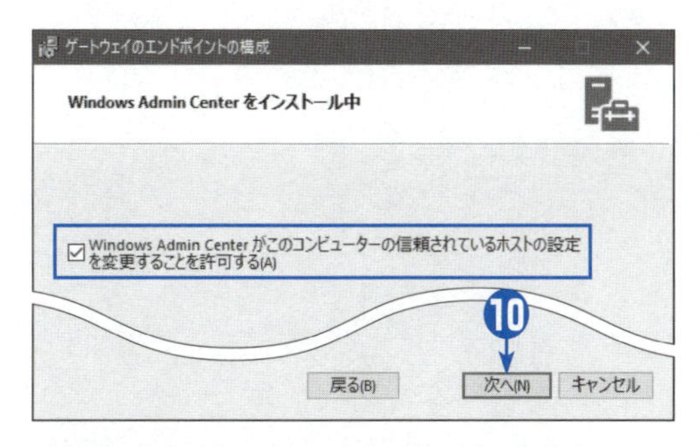

⓫

[Windows Admin Centerサイトのポートの選択] では、443という値があらかじめセットされている。このコンピューターでWebサーバー(IIS)を使用する予定があるか、すでにWebサーバーとして使っている場合には必ず「443」以外の値を設定する。[HTTPポート80のトラフィックをHTTPSにリダイレクト] にチェックをしてはならない。

- 値は1024より大きい値であれば、任意の値でよいが、同じサーバー内の他の機能ですでに使っている値は使用できない。たとえば10443や20443のような値にするとよい。
- すでにIISがインストールされている場合には、[HTTPポート80のトラフィックをHTTPSにリダイレクト] はグレー表示となり選択できない。
- 本書ではWebサーバー機能も使用するため、10443をポート番号として指定した。
- SSL証明書については [自己署名SSL証明書を作成する。この証明書の有効期限は60日間です。]が最初から選択されているが、変更する必要はない。

⓬

[インストール] をクリックする。

⓭

インストールが実行される。やや長めの時間がかかる。

⓮

以上でインストールは完了となるため、[完了] をクリックしてインストーラーを閉じる。

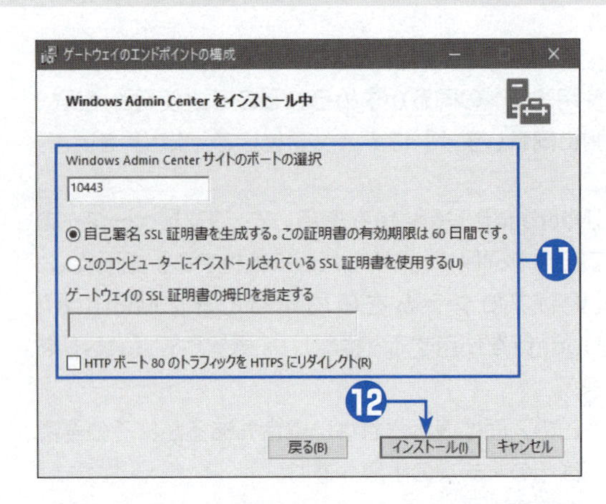

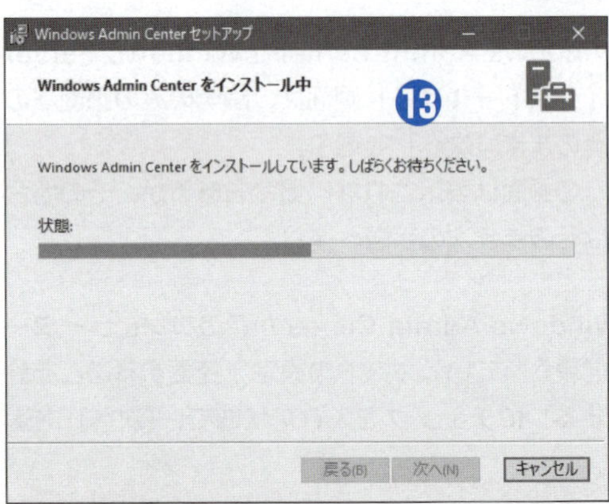

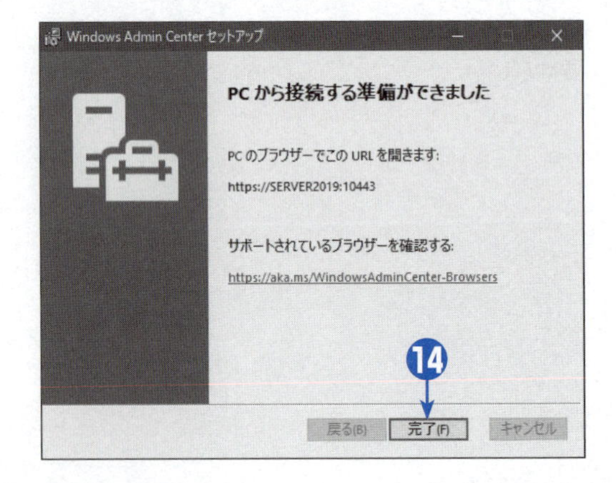

Windows Admin Centerを起動するには

前節の手順でWindows Admin Centerをインストールしたため、コンピューターはすでにWindows Admin Centerで管理可能な状態になっています。それを確認するため、本節ではWindows Admin Centerの起動方法と、サーバーへのログイン方法について説明します。

なお、すでに説明したようにWindows Admin Centerは、ネットワークで接続された他のコンピューターから、Webブラウザー経由で操作することを前提とした管理ツールです。本書においては、他のコンピューターとしてWindows 10を、WebブラウザーとしてWindows 10に標準搭載されているEdgeを使用します。

Windows Admin Centerを起動する

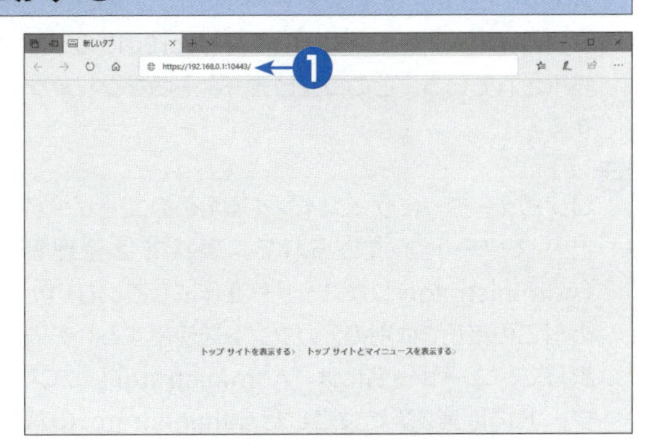

❶

他のコンピューターでInternet Explorer以外のWebブラウザーを開き、以下のURLを入力する。

https://（このサーバーに設定したIPアドレス）:（前節の手順⓫で指定したポート番号）/

- 本書の例の場合、URLはhttps://192.168.0.1:10443/となる。
- 前節の手順⓭の画面上に表示されているURLは、他のコンピューターが、このサーバーと同じネットワーク上にある場合に限り使用できる。
- Internet Explorer 11は使用できないので注意する。本書の例では、Windows 10のEdgeブラウザーを使用しているが、他のOSを使用する場合にはGoogle社のChromeブラウザーを使用する。

❷

ブラウザーでセキュリティ警告が表示される。本書の手順での操作の場合、この警告は無視してかまわないので［詳細］をクリックした後［Webページへ移動］をクリックする。

- この警告は手順⓫において、SSL証明書を「自己署名SSL証明書」としたために表示される。公的機関が発行した正しい証明書であれば警告は表示されないが、本書では、その手順は解説しない。

3

Windows Admin Centerに接続され、「ようこそ」画面が表示される。［ツアーをスキップする］をクリックすると、「ようこそ」画面は消える。

●この画面は、Windows Admin Centerインストールした後、最初のログイン時に表示される。2度目以降は表示されなくなるため、興味がある場合には［スキップ］ではなく［次へ］をクリックする。

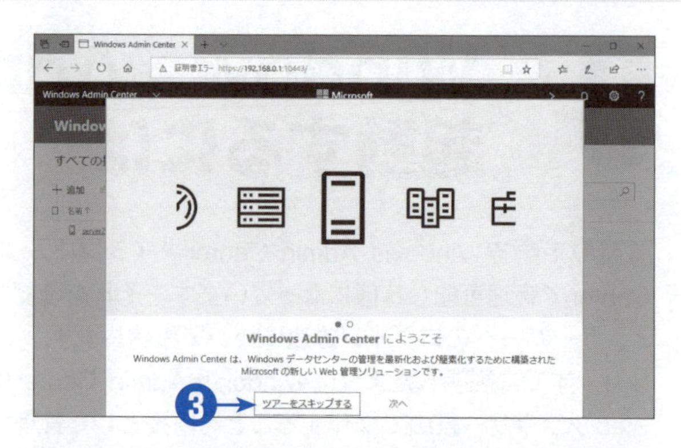

4

Windows Admin Centerで管理しているコンピューターが一覧表示される。現在はWindows Admin Centerをインストールしたコンピューター自身のみが管理対象なので、server2019のみが表示されている。このコンピューター名をクリックする。

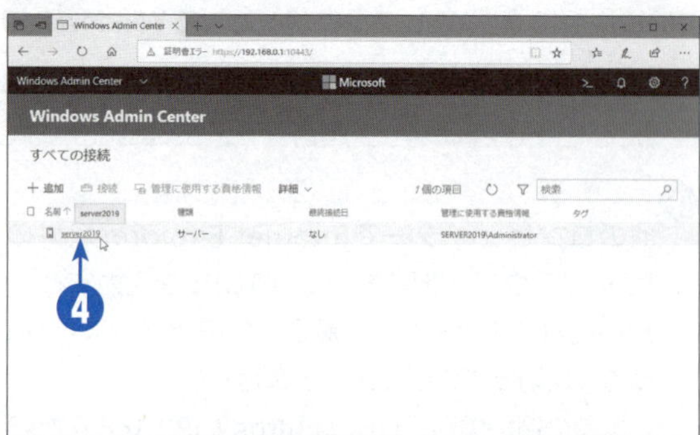

5

コンピューターにサインインするためのユーザー名とパスワードが求められる。現状では管理者(Administrator)しかユーザーを作成していないため、［この接続では別のアカウントを使用する］を選択して、ユーザー名には「Administrator」、パスワードには第2章で設定したAdministratorのパスワードを入力して、［続行］をクリックする。

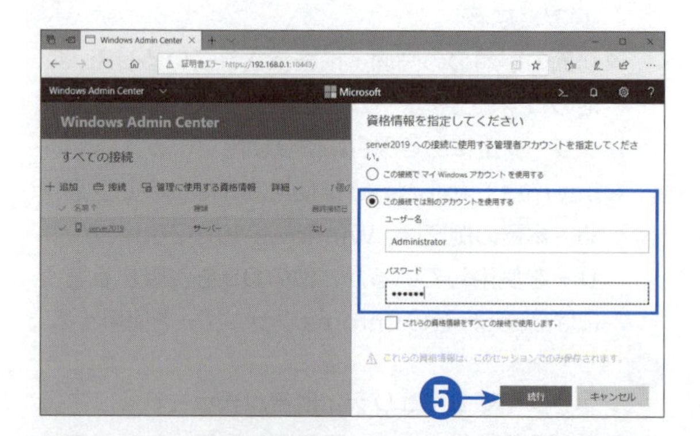

6

コンピューターの概要が表示される。左側に縦に並ぶメニューから、さまざまな項目を選択することで対象コンピューターの管理をWebブラウザーで行うことができる。

●本書ではこの画面を使用した実際の管理は行わない。

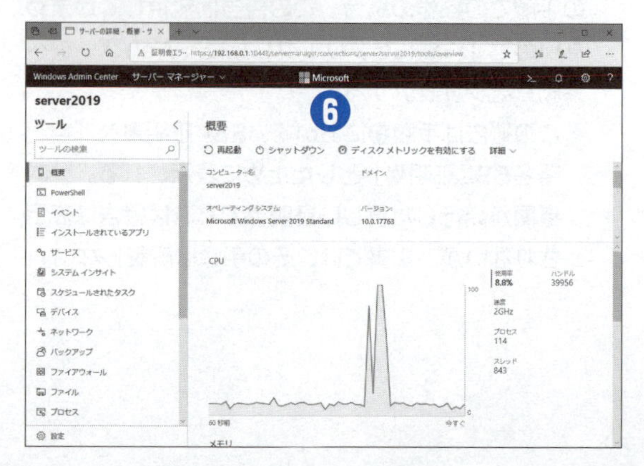

7

使用が終了したら、Webブラウザーを閉じる。

●セキュリティを考慮し、サインインした状態のままWebブラウザーを放置しないようにする。

8

サーバーの画面に戻り、サーバーマネージャーを起動した際に表示されていた「Windows Admin Centerでのサーバー管理を試してみる」メッセージボックスで、[今後、このメッセージを表示しない]にチェックをしたうえで[×]をクリックして、ウィンドウを閉じる。

●この操作により、今後サーバーマネージャーを表示しても、メッセージボックスが表示されなくなる。

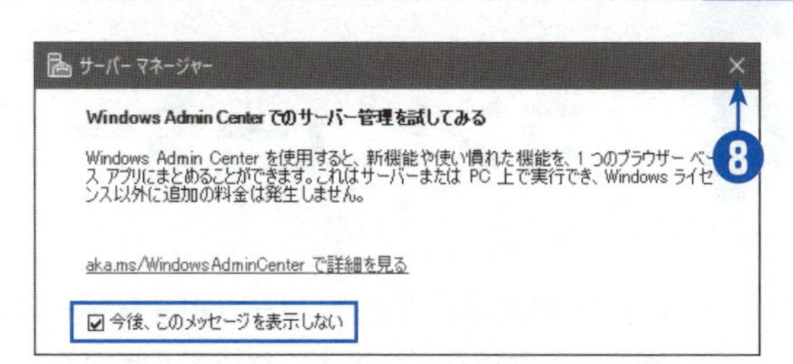

4 コンピューターの管理を起動するには

[コンピューターの管理] 画面は、ローカルユーザーの登録やハードウェアの管理など、主にローカルコンピューターの詳細な設定管理を行う場合に利用する画面です。特に、Windows Server 2019を新たにインストールした直後には、ハードウェアの設定などを頻繁に確認する必要があるため、利用する機会の多い画面と言えるでしょう。

[コンピューターの管理] 画面は、管理者がサインインすると自動的に表示される「サーバーマネージャー」とは違い、管理者が自分で起動しない限りはなかなか目にすることがない画面です。ですがその起動は簡単で、サーバーマネージャーの画面からワンタッチで起動することができます。

[コンピューターの管理] を起動する

❶ サーバーマネージャーのメイン画面(ダッシュボード画面)にある[ツール]メニューから[コンピューターの管理]を選択する。

●この方法のほか、スタートメニューから、[Windows管理ツール]を開き、その中にある[コンピューターの管理]を選択しても表示できる。

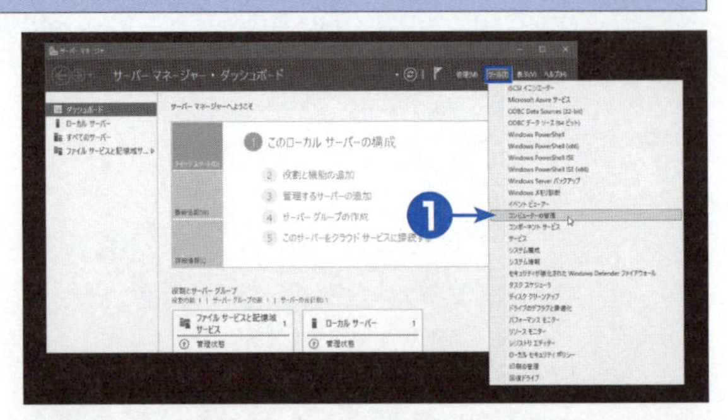

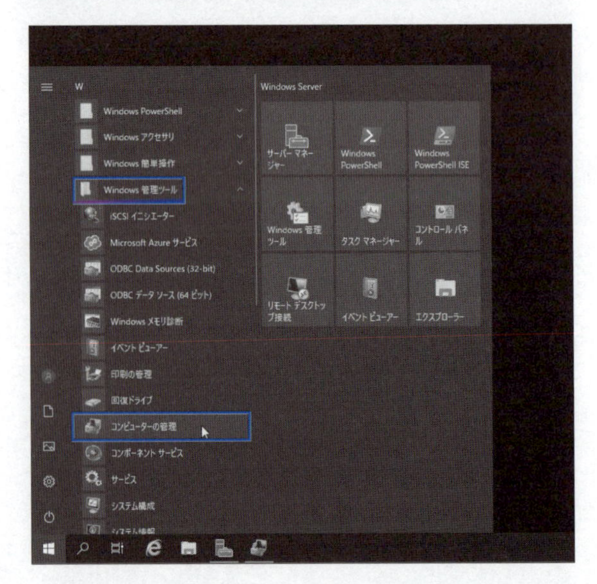

❷

［コンピューターの管理］画面が表示される。

❸

サーバーマネージャーと違い、［コンピューターの管理］は複数起動ができる。すでに起動されている画面と合わせて、必要に応じて複数の画面を並べて設定も行える。

- ［ユーザー］と［グループ］などのように、関連する項目を同時に表示する場合などに便利である。

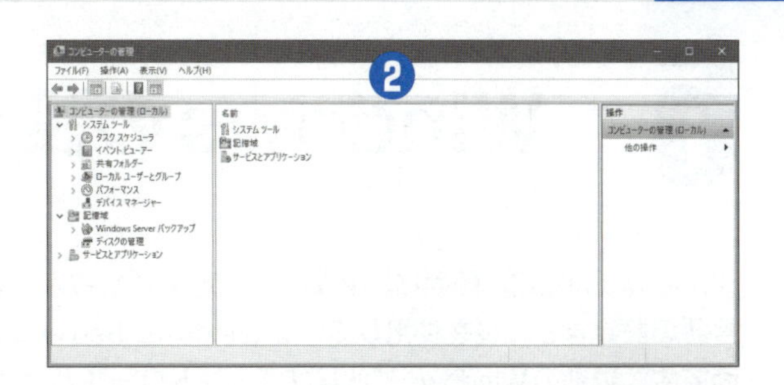

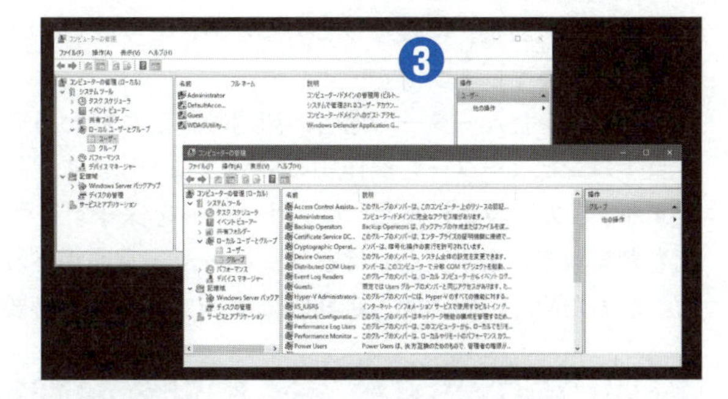

Windowsの設定画面を起動するには

[Windowsの設定] 画面は、画面の色設定や壁紙設定、その他アカウントの動作設定などの個人設定や、地域と言語の設定など、現在使用しているWindows Server 2019のソフトウェア的な動作を設定する際に使用する画面です。以前のWindowsであれば「コントロールパネル」で動作していた設定が、大型のアップデートを経るごとにこの [設定] に移動しているため、そう遠くない将来には、コントロールパネルの機能を完全に置き換えるようになるでしょう。

サーバーコンピューターの場合、初期の設定が終わってサーバーとして安定して動作するようになると、管理者が直接コンピューターを操作する機会は減少します。このため [設定] 画面を開く頻度もしだいに減ってくるのですが、この [設定] 画面には、サーバーを保守するうえで極めて大切な機能である「Windows Update」の機能も含まれています。どれほどサーバーが安定運用されていても、セキュリティアップデートだけは欠かせません。このため、この画面も定期的に参照することが必要です。

[Windowsの設定] 画面を起動してアップデート状況を確認する

❶ スタートボタンをクリックしてスタートメニューを表示し、スタートボタンの2つ上にある歯車マークの [設定] アイコンをクリックする

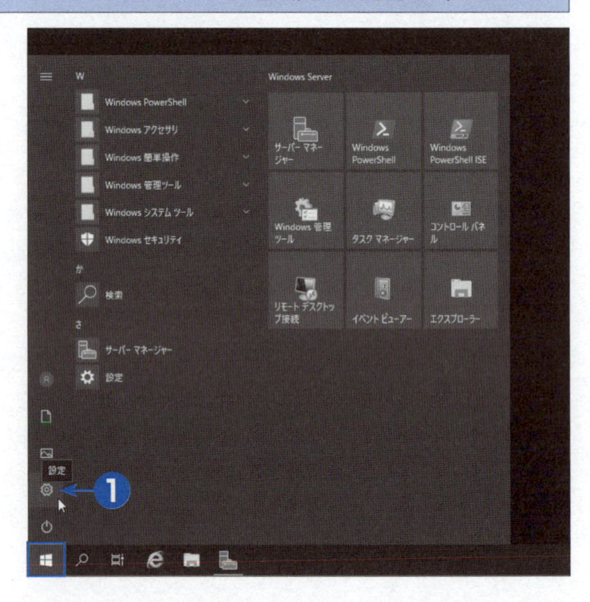

❷
[Windowsの設定] 画面が表示される。左下に表示されている [更新とセキュリティ] をクリックする。

❸
[Windows Update] 画面が開く。丸い緑地の✓マークと「最新の状態です」が表示されていれば、正常に更新が行われていると確認できる。

● [一部の設定は組織によって管理されています] の赤字表示は常に表示されるようなので、気にしなくてよい。

❹
「最新の状態です」が表示されていない場合には、[更新プログラムのチェック]をクリックする。インターネットに接続して、更新プログラムの有無が確認される。

●「最新の状態です」が表示されている場合でも、[更新プログラムのチェック] ボタンをクリックしてもよい。

❺
新しい更新プログラムがなければ、画面は再び手順❸の画面に戻る。更新プログラムが存在した場合には、インストールが自動的に行われた後、再び手順❸の画面に戻るか、または再起動が要求される。

●再起動を伴う更新が適用された場合には、第2章の「8　OS更新のための再起動時間を設定するには」を参照。

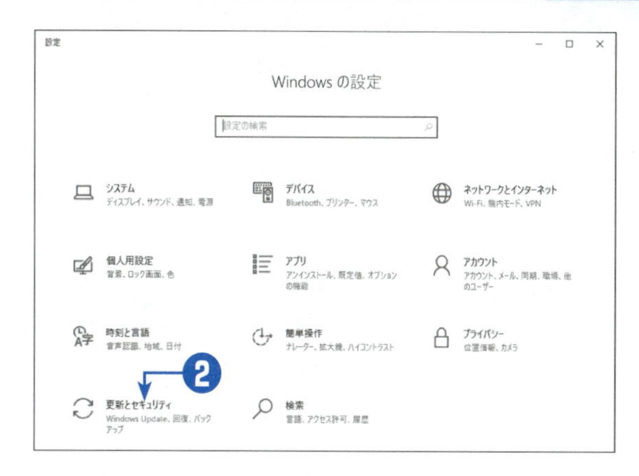

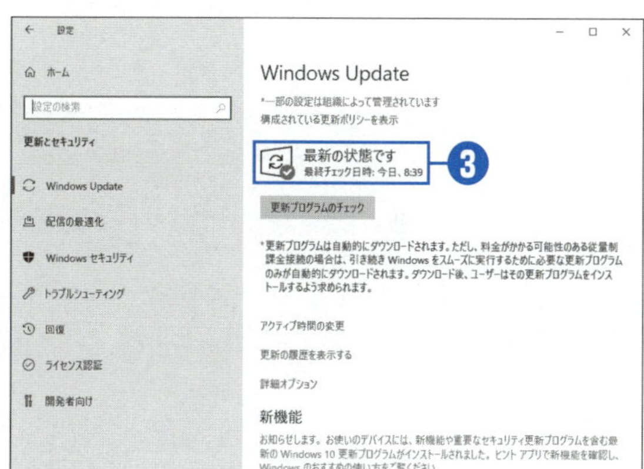

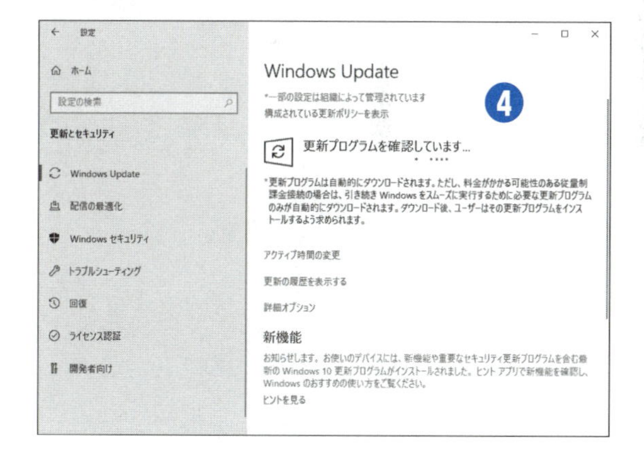

ユーザーの登録と管理

第4章

この章ではマルチユーザーOSの基本機能とも言えるユーザーやグループの登録作業を行います。これまで使用してきたAdministratorアカウントは、Windows Server 2019の管理をするための専用のユーザーで、基本的にはOSが持つすべての機能を設定することができます。しかし「何でもできる」ユーザーは、実際にサーバーを利用するユーザーとしては望ましくありません。

本章では、管理者以外のユーザーやグループの作成を通じて、なぜ「管理者」以外のユーザーを登録することが必要なのかについても解説します。

ユーザーとグループについて

Windows Server 2019は、1台のコンピューターを複数のユーザーで使い分けできる「マルチユーザー」と呼ばれる機能を持つOSです。しかし単に1台のコンピューターを使い分けるだけならば、スマートフォンやタブレットだって、1台を複数の人で使うことができます。とはいえ、スマートフォンにはアドレス帳をはじめとしてたくさんの個人情報が記録されていますから、普通は他人と分け合って使うことなどしません。
マルチユーザー機能とは、「同じシステムを他の人と分け合って使う」ための機能のことを言います。スマートフォンであれば、ある人が登録したアドレス帳やメールなどの個人情報を他の人が見ることができないとか、ある人の設定が他の人の設定に影響しないとか、そのような機能があれば、同じ機械を複数の人で使い分けることができるようになります。そうした使い分け機能が備わるOSが「マルチユーザー」OSです。Windows Server 2019は、そうしたマルチユーザー機能を持つOSであるというわけです。
Windows Server 2019では、コンピューターを使うにあたって最初に「サインイン」という操作が必要です。サインインとは、Windows Server 2019に対して、これからコンピューターを使用するのが誰であるかを知らせる操作です。ユーザー名とパスワードを入力することで、コンピューターは現在使用中のユーザーを判別するとともに、その人の情報を、その人以外のユーザーから保護します。
マルチユーザー機能を実現するには、その時利用するユーザーが誰であるのかを知る「ユーザー識別」機能が必要です。Windows Server 2019の場合、ユーザー識別は「ユーザー名」で行っているため、あらかじめユーザーの名登録が必要です。本章では、マルチユーザーOSを運用するうえでの第一歩として、このユーザー登録を実際に行い、さらにはグループ登録やパスワード登録などを行います。実際にマルチユーザーOSを運用するには、ユーザー登録を行ったうえで、さらにユーザーごとに「できること/できないこと」を定義する「アクセス許可」の設定が必要になるのですが、それらについては第7章で詳しく説明します。

ユーザー権限の管理を効率化する「グループ」設定

マルチユーザー環境では、サインインするユーザーごとに権限の管理や秘密保持を実現します。ですがユーザーの数が増えるにつれ、こうした個々のユーザーごとの管理では管理は複雑になってきます。
たとえば営業一部と営業二部の2つの部署があったとします。どちらの部署からもアクセス可能なサーバー上のファイルを、営業一部の人は読むことができるが、営業二部の人は読むことができないように設定するにはどうすればよいでしょうか。これは、営業一部のメンバー全員に対して、そのファイルを読むことができるという情報を設定すれば実現できます。しかし、営業一部が100人ものメンバーが所属する大きな部署の場合、1人ずつ登録するのはものすごく大変な作業です。このような場合、複数のユーザーをグループ化することで作業を効率化することができます。グループに対して与えられた権限は、所属するすべてのユーザーに適用されます。つまり「グループ」とは、複数のユーザーに対して一括してさまざまな設定を行える「まとめ」機能です。
ユーザーがどのグループに所属するかは管理者が自由に設定できます。1つのグループにはユーザーを何人でも含めることができますし、また1人のユーザーは必ずしも1つのグループにしか所属しないわけではなく、複数のグループに同時に所属することも可能です。この場合、そのユーザーの権利は各グループの権利を合成したものとなり、グループ1でできることとグループ2でできること、どちらもできるようになります。
上記の例では、「営業一部」と「営業二部」というグループを作成してユーザーを登録し、さらにファイルに対して「営業一部」グループからは読めるが、「営業二部」グループからは読めない、という権限を設定すればよいのです。ファイルへのアクセス権限についても、第7章のコラム「アクセス許可の仕組み」で詳しく説明しています。

1　新しいユーザーを登録するには

Windows Server 2019でマルチユーザー機能を使用するには、コンピューターを使う人の分だけユーザーの登録が必要になります。またユーザーの本人確認のため、ユーザー登録と同時に、そのユーザーだけが知る「パスワード」も登録します。ユーザーの登録が完了すれば、Windows Server 2019のサインイン画面から、新たに作成したユーザーでサインインすることが可能となり、このようにしてサインインを行えば、それ以降、その画面ではサインインしたユーザーの権限で使用することが可能となります。
ここでは、こうした「マルチユーザー」機能を使用するための第一歩である「ユーザーの登録」を行ってみましょう。

新しいユーザーを登録する

1

［コンピューターの管理］画面で、左側のペインから［ローカルユーザーとグループ］を展開し、その下にある［ユーザー］をクリックする。

➡中央のペインに現在登録されているユーザーの一覧が表示される。

●Administratorは、現在サインインしている管理者本人のユーザー名。
●DefaultAccountは、Windows Server 2019システムが使用するユーザーである。サインインできないようになっている（下向き矢印が表示されている）が、システムで使用するため削除してはいけない。
●Guestは、コンピューターを一時的に使用するためのゲストユーザーである。初期状態ではサインインできないようになっている。
●IISなど、特定の機能をインストールすると、自動的にいくつかのユーザー名が登録されることもある。これはシステムの運用上必要とされるユーザーなので、削除してはいけない。
●［ローカルユーザーとグループ］を展開するには、ダブルクリックするか、アイコンの左側にある▷をクリックする。

2

右側の［操作］ペインで［ユーザー］の［他の操作］をクリックして、メニューから［新しいユーザー］をクリックする。

●中央のペインでどのユーザーも表示されていない場所を右クリックして、メニューから［新しいユーザー］をクリックしてもよい。
●Active Directoryをセットアップした後は、ユーザーはローカルではなくドメインユーザーとして管理されるようになるため、この画面に［ローカルユーザーとグループ］は表示されなくなる。

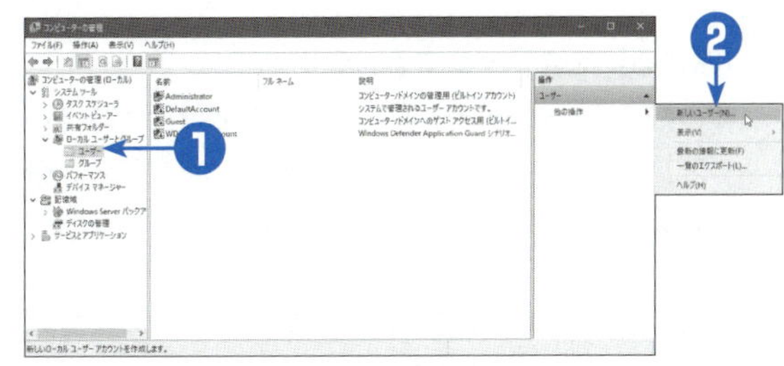

参照

［コンピューターの管理］画面の起動方法

→第3章の4

3

［新しいユーザー］ダイアログボックスが表示される。［ユーザー名］ボックスに、ユーザーがサインイン時に使用するユーザー名を入力する。

- Windowsでは、英大文字と小文字を区別してユーザー名やグループ名として登録できるが、識別する際には大文字と小文字を区別ない。このため「Shohei」と「shohei」は、どちらも同じユーザー名として認識され、両者を同時に登録することはできない。
- ［フルネーム］と［説明］欄は、ユーザー検索時やユーザー一覧表示などで利用できる付加的な情報である。設定しておくと便利だが、必須ではない。

4

［パスワード］ボックスにパスワードを入力する。これを指定しない場合、パスワードなしでサインインできる。しかし、安全のためにできるだけ指定するようにする。同じパスワードを［パスワードの確認入力］ボックスにも入力する。

5

［ユーザーは次回サインイン時にパスワードの変更が必要］チェックボックスがオンになっていることを確認する。

6

［作成］をクリックする。

- 複数のユーザーを登録する場合は手順3～6を繰り返す。］

7

［閉じる］をクリックする。

- 複数のユーザーを一度に登録できるように、［作成］をクリックしても、ダイアログボックスは自動的に閉じないようになっている。

8

新規ユーザーが登録され、ユーザーの一覧に、登録したユーザーが追加される。

- この例では、ユーザー shoheiとユーザー harunaを新たに登録した。

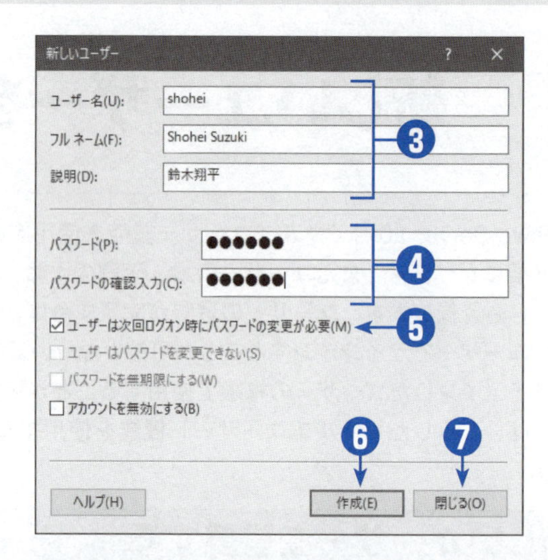

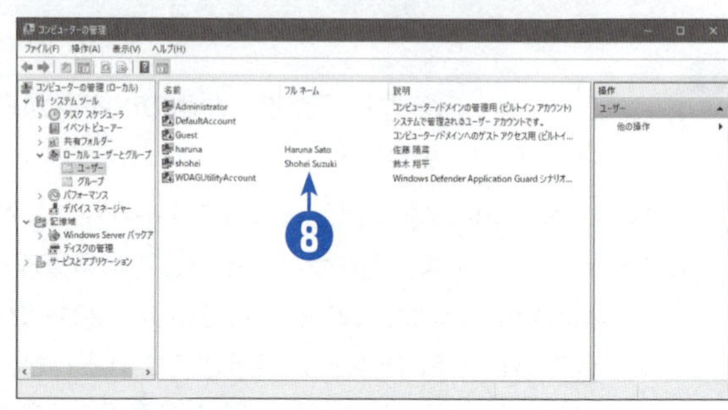

ヒント

最初のサインイン時にパスワード変更させる理由

［新しいユーザー］ダイアログボックスでは、［ユーザーは次回サインイン時にパスワードの変更が必要］というチェックボックスが、標準でオンになっています。新規ユーザーの登録作業は管理者が行うので、そのユーザーのパスワードは管理者であれば知っているということになります。しかし、たとえ管理者であっても、他人のパスワードを知っているというのは好ましいことではありません。そこで、新規登録ユーザーが最初にサインインしたときに必ずパスワードを変更するようにすれば、管理者の知らないパスワードに変更できるというわけです。

2 作成したユーザーでサインインするには

今までの説明では、コンピューターに登録されているユーザーは管理者（Administrator）だけだったので、サインイン画面からはAdministratorのパスワードを入力するだけで管理者としてサインインすることができました。しかしコンピューターにサインイン可能な複数のユーザーを登録すると、コンピューターのサインイン画面には、サインイン可能なユーザーの一覧が表示されるようになります。ここでユーザーを選択すれば、管理者とは別のユーザーでサインインすることが可能になります。

なお本節では説明のために管理者以外のユーザーのサインインを行っていますが、サーバーの運用においては、セキュリティ確保のため管理者以外のユーザーのサインインを許可しない運用もあります。このような場合には、本節に示したサインイン方法は使用できなくなります。

新しく作成したユーザーでサインインする

❶ 管理者がサインインしている場合にはサインアウトする。

- 管理者以外の人がコンピューターを操作できる状態にある場合には、管理者は必ずこまめにサインアウトするように心がける（第2章の10を参照）。

❷ キーボードからCtrl、Alt、Deleteキーを同時に押す。Administratorのパスワードの入力画面になるが、画面左下に、サインイン可能なユーザー名の一覧が表示されていることがわかる。

- ここで最初に表示されるユーザー名は、前回サインインしたユーザー名となる。また、ユーザー名の並び順も、前回サインインしたユーザーが誰かによって異なる。
- ユーザー名として表示されるのは、ユーザー作成の際に指定した「フルネーム」になる。フルネームを指定しなかった場合は、ユーザー名が表示される。

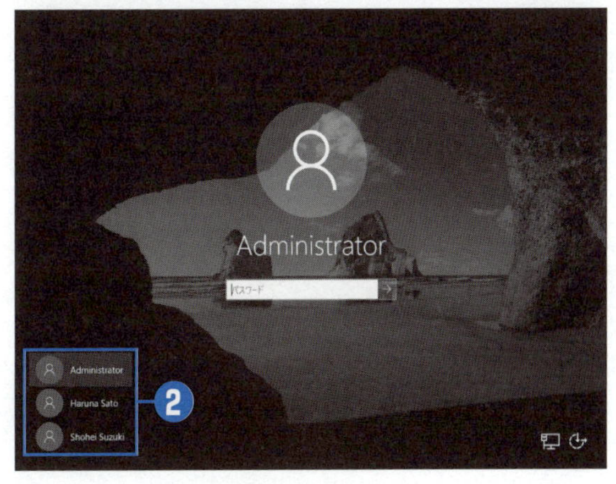

3

ユーザー名一覧から、サインインしたいユーザーを選ぶ。ログインするユーザーの名前がパスワード入力画面になるので、前節でユーザー作成の際に管理者が指定したパスワードを入力する。

● パスワードは、ユーザーにあらかじめ何らかの方法で連絡しておく。

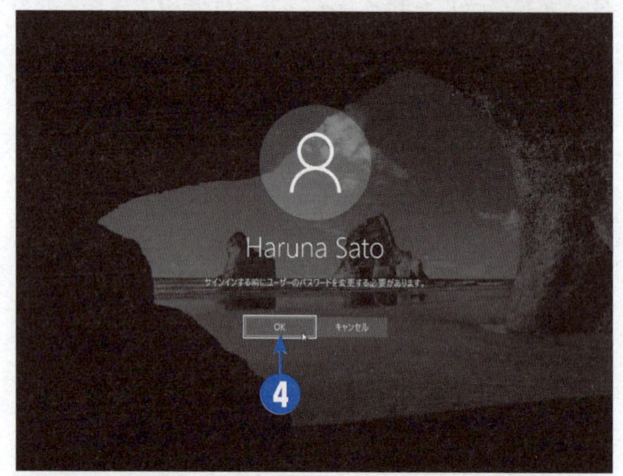

4

正しいパスワードを指定すると、新たなパスワードの入力が必要な旨が表示される。[OK] をクリックする。

● ユーザー作成の際、[ユーザーは次回サインイン時にパスワードの変更が必要] チェックボックスをオンにして作成したため、ここでユーザー自身が新しいパスワードを指定する必要がある。

● パスワードの有効期限が切れた場合にも、この画面が表示される。

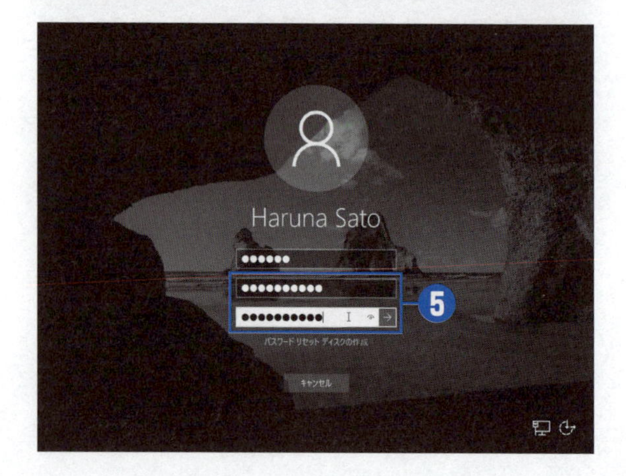

5

新たなパスワードを入力する。パスワードは同じものを2回入力する必要がある。

● ここで入力するパスワードは、大文字/小文字/数字/記号類の中から3種類以上の文字を含む、3文字以上のパスワードにする必要がある。

6

パスワードの変更が正常に行われると、その旨が画面上に表示される。［OK］をクリックする。

7

指定したユーザーでサインインが行われる。

●デスクトップ画面はユーザーごとに設定を変更できる。Administratorが画面設定を変更している場合でも、新たなユーザーがサインインした際の画面デザインは初期状態となる。

●スタートメニューの人型のアイコンをマウスでポイントすると、サインインしているユーザーが誰かがわかる。

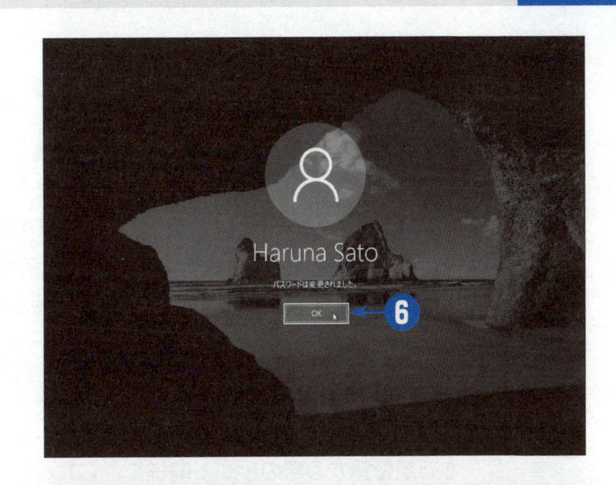

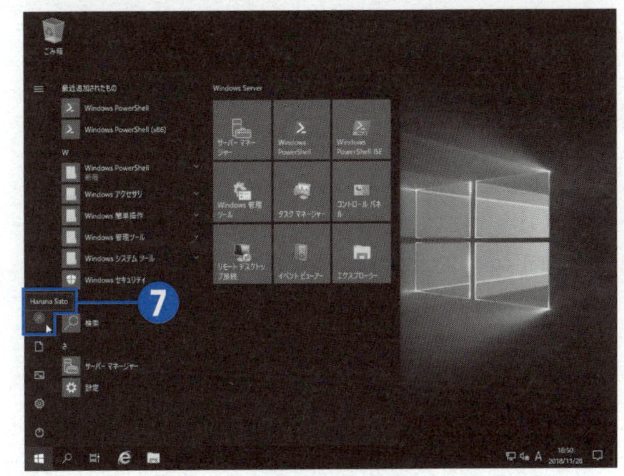

登録済みユーザーを管理するには

管理者の作業は、新規ユーザーの作成だけではありません。すでに登録されているユーザーの情報の変更や、不要になったユーザーの削除など、管理作業が必要になる場合があります。ここではそうした管理作業の方法を説明します。以下は再び管理者としてサインインした状態で行ってください。

ユーザー名を変更する

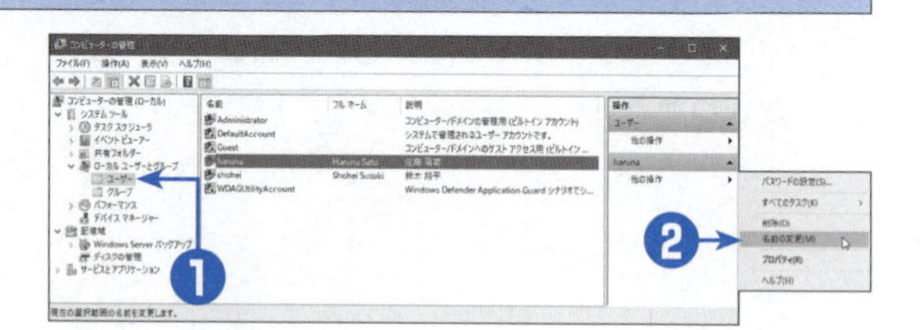

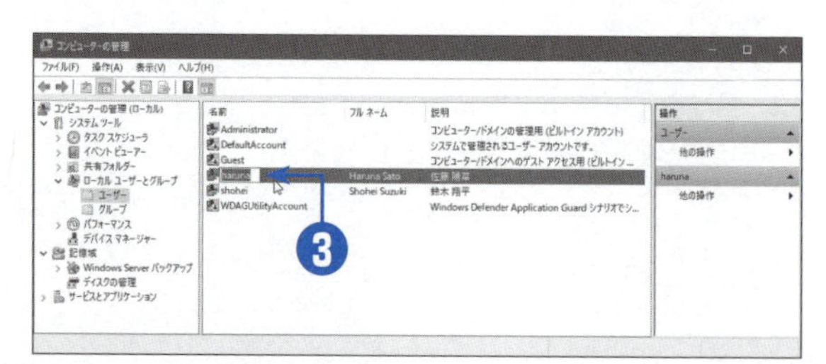

1

ユーザーを新規登録する際の手順と同様に、[コンピューターの管理] 画面で [ローカルユーザーとグループ] の [ユーザー] を選択する。

2

変更したいユーザー名をクリックして選択し、右側の [操作] ペインで [<選択したユーザー名>] の [他の操作] をクリックして、メニューから [名前の変更] を選択する。

- ユーザーを選択した後、[コンピューターの管理] 画面の [操作] メニューから [名前の変更] をクリックしてもよい。

3

ユーザー名が入力可能になるので、新しい名前を入力してEnterキーを押す。

- 画面の中の他の部分（どこでもよい）をクリックしても、入力した名前が確定される。
- 入力した名前をキャンセルしたい場合には、キーボードのEscキーを押す。
- ユーザー名の変更はすぐさま行われる。ユーザー名を変更した場合、対象となるユーザーは次にシステムにユーザー名を尋ねられた時点で、新しいユーザー名を入力する必要がある。多くの場合、これは対象ユーザーが次回にサインインする時になる。
- ユーザーがすでにサインインしている状態でそのユーザー名の変更を行った場合でも、サインインしているユーザーはそのままコンピューターを使い続けることができる。たとえば管理者がAdministrator名義でサインインしている場合に、Administratorのユーザー名を変更してもかまわない。
- ユーザー名の変更は、登録済みのパスワードやファイルの所有権には影響を与えない。ユーザー名の変更前に作成･所有していたファイルの所有者名は、ユーザー名を変更した後でも、変更後のユーザー名の所有として表示される。

ユーザーの詳細情報を変更する

❶
［コンピューターの管理］画面で変更したいユーザー名をクリックして選択し、右側の［操作］ペインで［<選択したユーザー名>］の［他の操作］をクリックして、メニューから［プロパティ］を選択する。
●情報を変更したいユーザーをダブルクリックしてもよい。

❷
選択したユーザーのプロパティダイアログボックスが表示されるので、情報を変更する。

❸
［OK］をクリックする。

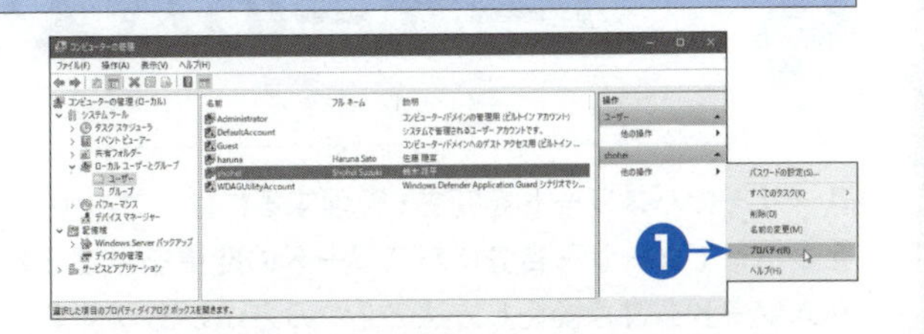

4 ユーザーのパスワードを管理するには

ユーザーのパスワードを変更・管理するには、ユーザーがサインインする際、パスワードの変更が必要である旨を表示してユーザー自身にパスワードの変更をさせる方法と、ユーザーが介在することなく、管理者が強制的にパスワードを書き換える方法の2つの方法があります。通常の場合は、前者の方法でパスワードを管理してください。
後者の、管理者が強制的にパスワードを変更する（リセットする）手順は、ユーザーがパスワードを忘れてしまって自分自身でパスワードを変更できない場合などに使います。
ただし管理者が強制的にパスワードを変更した場合には、「暗号化ファイルシステム（EFS）」を使ってユーザーが作成した暗号化ファイルにアクセスできなくなるなどの問題が生じます。このため、この手順はやむを得ない場合に限るなど、できる限り避けるようにしてください。
なお、ここでの操作は、すべて［コンピューターの管理］画面で［ユーザー］を選択して行っています。

ユーザーのサインイン時に強制的にパスワードの変更をさせる

1
前節に示す方法でユーザーのプロパティを表示し、［ユーザーは次回サインイン時にパスワードの変更が必要］チェックボックスをオンにする。
●ユーザー登録の際にこのチェックボックスはオンになっているが、パスワードが変更されると自動的にチェックが消えるため、パスワードを変更させたい際にはその都度オンにする必要がある。

2
［OK］をクリックする。

3
指定したユーザーがサインインしようとすると、パスワードの変更を求められる。パスワードを変更しないとサインインできない。［OK］をクリックする。

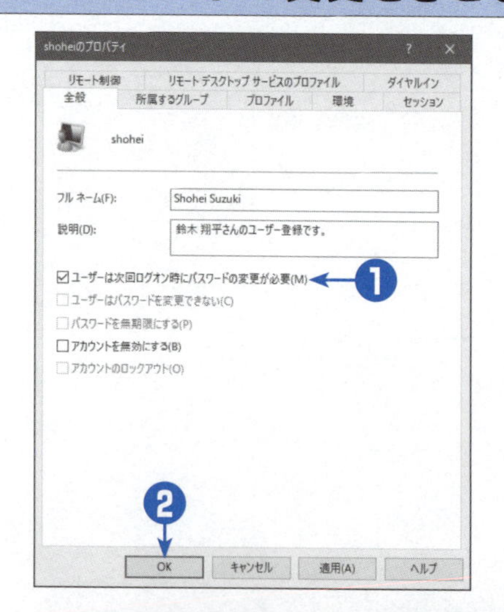

管理者がユーザーのパスワードを強制的に変更する

1

変更したいユーザー名をクリックして選択し、右側の［操作］ペインで［<選択したユーザー名>］の［他の操作］をクリックして、メニューから［パスワードの設定］を選択する。

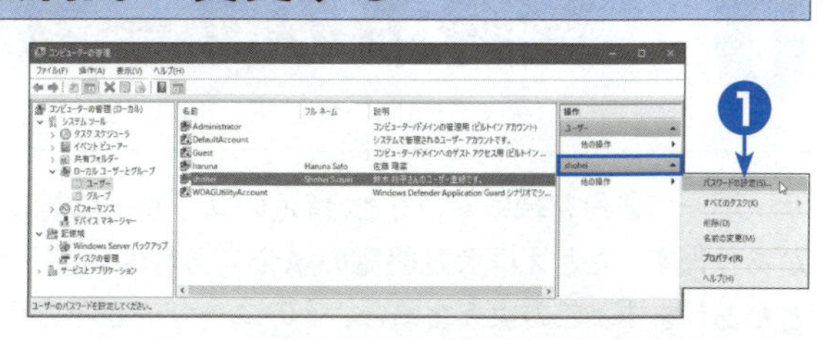

2

警告メッセージが表示される。確認して［続行］をクリックする。

●このメッセージは、管理者が強制的にパスワードを変更することで問題が発生する可能性があることを説明している。

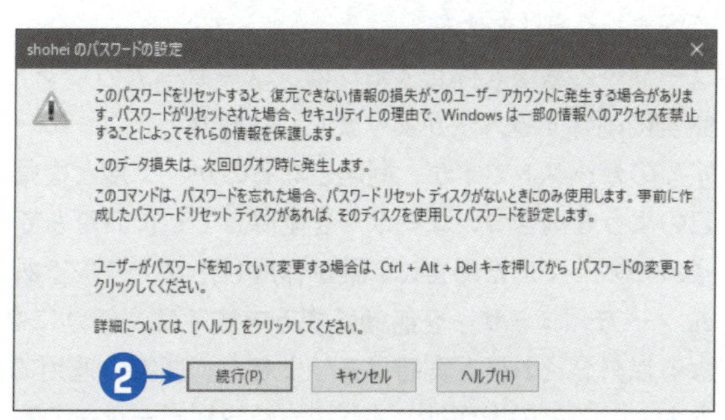

3

［<ユーザー名>のパスワードの設定］ダイアログボックスが表示されたら、［新しいパスワード］ボックスに新しいパスワードを入力する。確認のため、同じパスワードを［パスワードの確認入力］ボックスにも入力する。

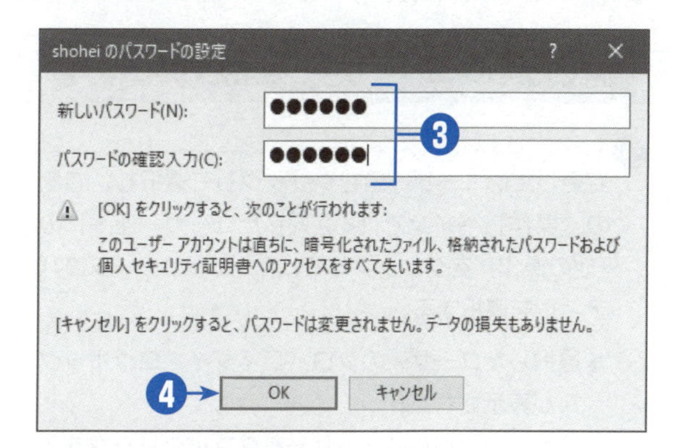

4

［OK］をクリックする。

➡パスワードが変更される。

5

メッセージが表示されたら、［OK］をクリックする。

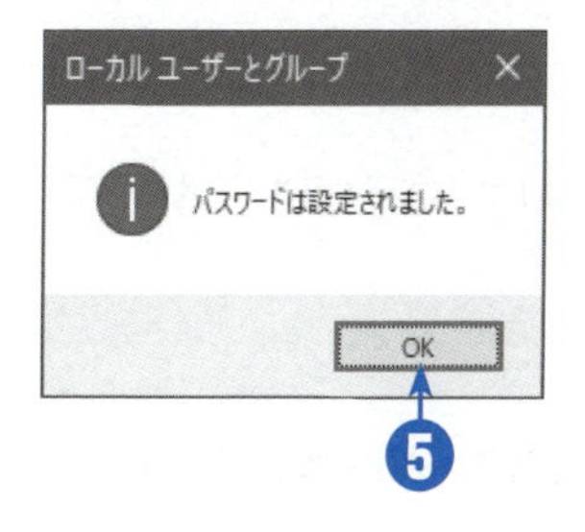

登録済みユーザーを無効にするには

サーバーの運用を続けていると、特定のユーザーに対して一時的または永続的にサインインを禁止したくなることがあります。たとえば会社組織の場合であれば、ユーザーが長期休暇のため不在になったり、退職したりすることがあります。このような場合、そのユーザーが不在の間、サインインできる状態にしておくとセキュリティの面で好ましくありません。

ユーザーの権限を停止するには、ユーザーアカウントを削除せず無効状態にする方法と、ユーザーアカウントを完全に削除する方法があります。休暇など、ユーザーが復帰することが明らかな場合にはユーザーを一時無効にするのがベストですが、問題となるのが、二度と復帰しないことがわかっている場合です。

このような場合ついユーザーを削除してしまいがちですが、ユーザーを削除すると、そのユーザーが作成したファイルが残っていた場合に、誰が作成したファイルであるか確認することができなくなり、管理上好ましくありません。一方、ユーザーを無効にする方法では、無効になっているユーザーと同じ名前のアカウントが作成できなくなる以外、それほど実害はありません。通常の運用であれば、ユーザーを無効にする方法をお勧めします。

なお、ここでの操作は、すべて［コンピューターの管理］画面で［ユーザー］を選択して行っています。

登録済みユーザーを無効にする

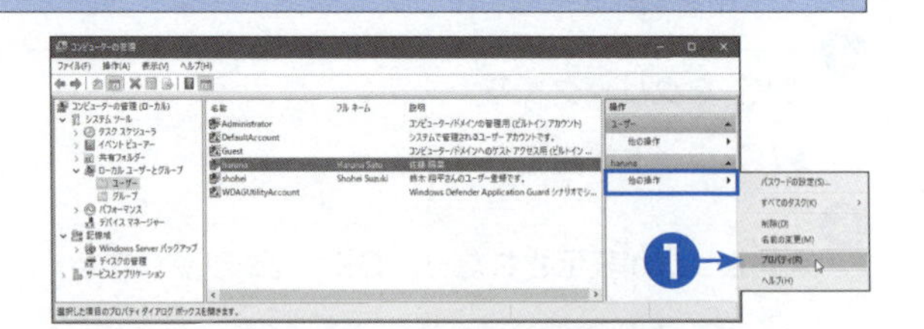

❶ 変更したいユーザー名をクリックして選択し、右側の［操作］ペインで［<選択したユーザー名>］の［他の操作］をクリックして、メニューから［プロパティ］を選択する。

➡選択したユーザーのプロパティダイアログボックスが表示される。

● 情報を変更したいユーザーをダブルクリックするだけでもよい。

❷ ［アカウントを無効にする］チェックボックスをオンにする。

❸ ［OK］をクリックする。

● この設定を行うと、該当ユーザーはサインイン画面に表示されなくなり、サインインできなくなる。

● ［アカウントを無効にする］チェックボックスをオフにすれば、該当ユーザーは再度サインインできるようになる。

4
無効になっているユーザーは、ユーザー一覧のアイコンに「↓」のマークが表示される。

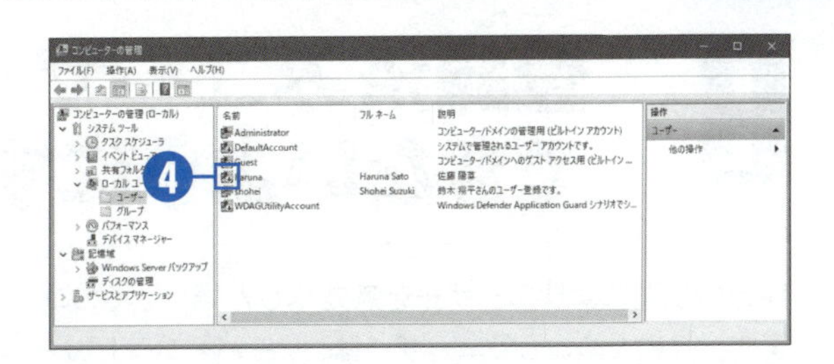

ユーザーを削除する

1
削除したいユーザー名をクリックして選択し、右側の［操作］ペインで［<選択したユーザー名>］の［他の操作］をクリックして、メニューから［削除］を選択する。

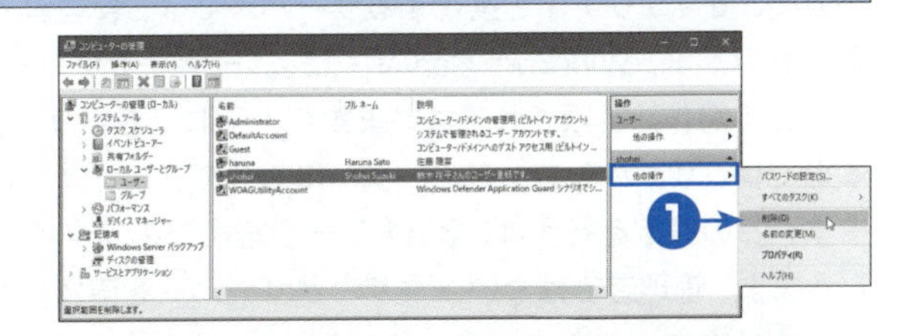

2
確認メッセージが表示されたら［はい］をクリックする。

●一度ユーザーを削除した後、もう一度同じ名前でユーザーを作成しても、それらは別々のユーザーとして管理される。このため、最初に登録したユーザーが設定した内容、作成した個人ファイルなどは、(あらかじめ許可されていない限り) 後から登録した同名のユーザーからはアクセスできない。

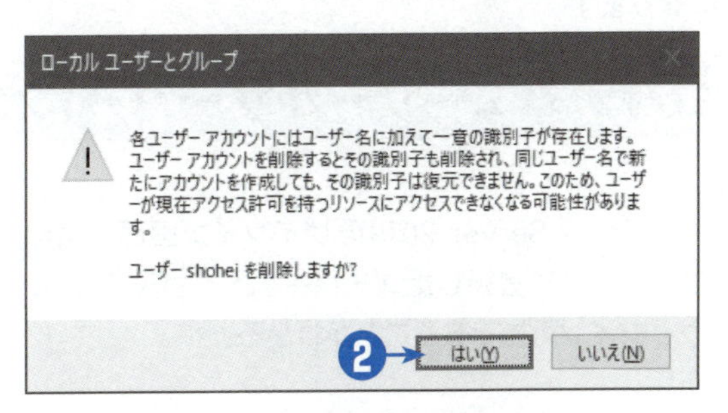

3
ユーザーを削除すると、そのユーザーのファイルは所有者がわからなくなる。

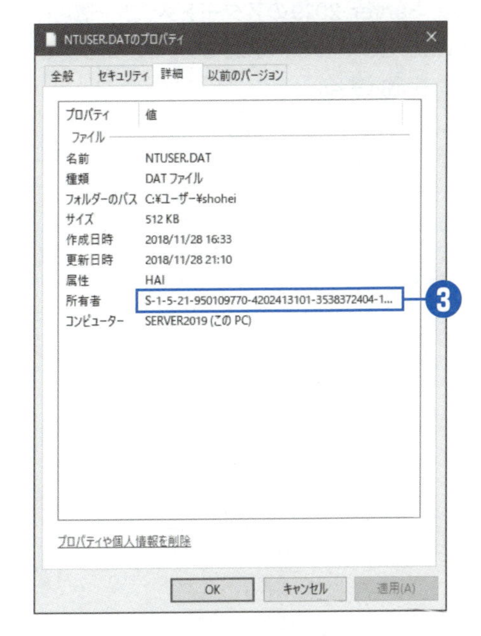

参照

ファイルの所有者については

→第7章

6 登録済みユーザーをサインインできないようにするには

前節の手順によりユーザーを無効化した場合、そのユーザーは、無効になっている間はいないものとして扱われます。このため、そのユーザーは、サーバーコンピューターにサインインできなくなるのはもちろんのこと、サーバーが公開するファイル共有なども利用できなくなります。このため、ユーザーの無効化という操作は安易に行うことはできません。
一方で、セキュリティを重視するサーバーでは、管理者ではない人がサーバーを直接操作するような事態は避けたいものです。Windows Serverでは、ユーザーやグループごとに利用できる権限が異なっていて、一般ユーザーが行える操作は制限されてはいますが、それでも、リスクはできるだけ避けた方がよいのです。
本節では、サーバーコンピューターに対して、ユーザーが直接サインインする操作だけを禁止する方法を解説します。この設定を行えば、ネットワーク経由でのファイル共有などのサーバーが通常提供する機能を利用可能にしたまま、管理者ではないユーザーがサーバーを直接操作するという望ましくない動作だけを禁止することが可能になります。

登録済みユーザーがサーバーにサインインできないようにする

❶ Windows Server 2019のサインイン画面を確認する。追加で登録したユーザーすべてが表示され、サインイン可能であることがわかる。

❷ Windows Server 2019のスタートメニューから、[Windows管理ツール] ‐ [ローカルセキュリティポリシー] を選択する。

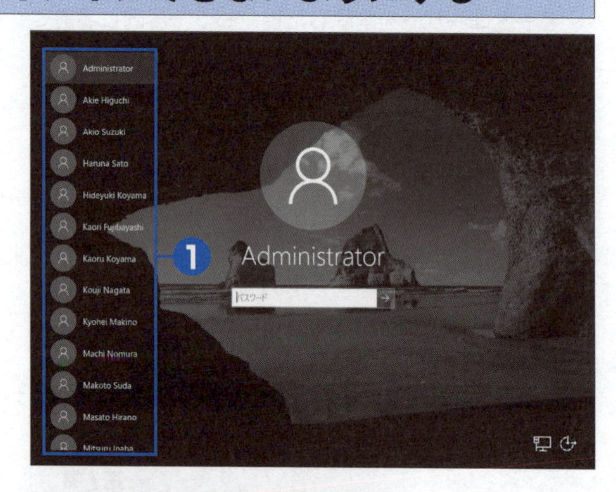

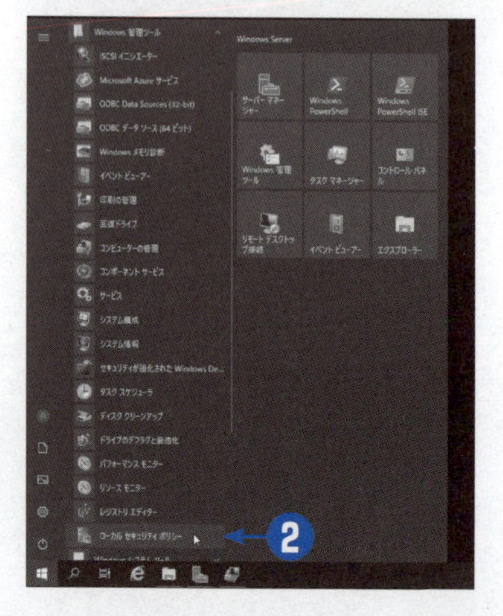

3

［ローカルセキュリティポリシー］の画面が開く。

4

左側ペインから［セキュリティの設定］－［ローカルポリシー］－［ユーザー権利の割り当て］を選択し、右側ペインから［ローカルログオンを許可］をダブルクリックする。

5

［ローカルログオンを許可のプロパティ］画面が開くので、一覧に表示されている［Users］を選択して［削除］をクリックする。一覧から［Users］が消えたのを確認したら［OK］をクリックしてウィンドウを閉じる。

●ここで［Administrators］グループは決して削除してはならない。管理者がログインできなくなるため、今後の管理ができなくなる。

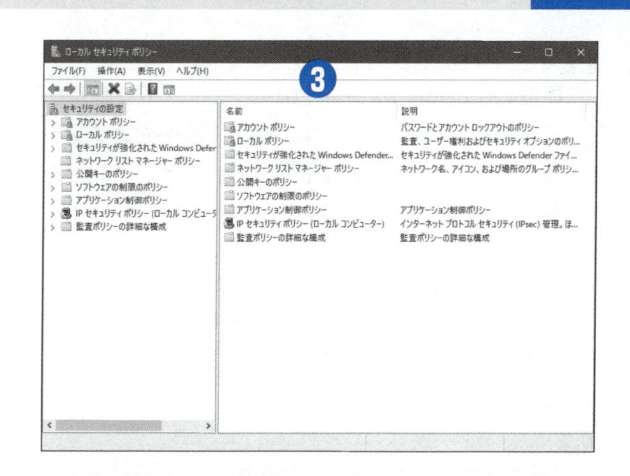

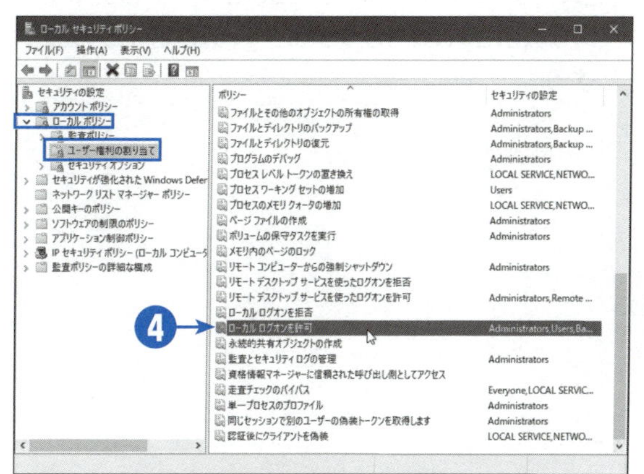

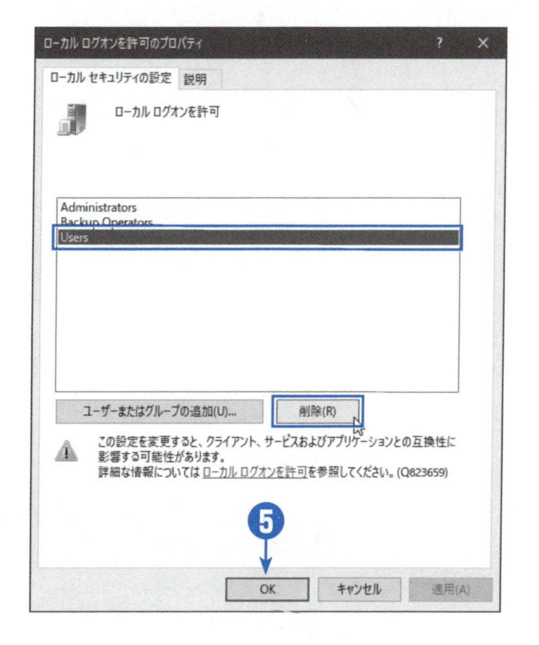

❻ 再度Windows Server 2019のサインイン画面からAdministrator以外のユーザーでサインインする。エラーメッセージが表示され、サインインできなくなったことがわかる。

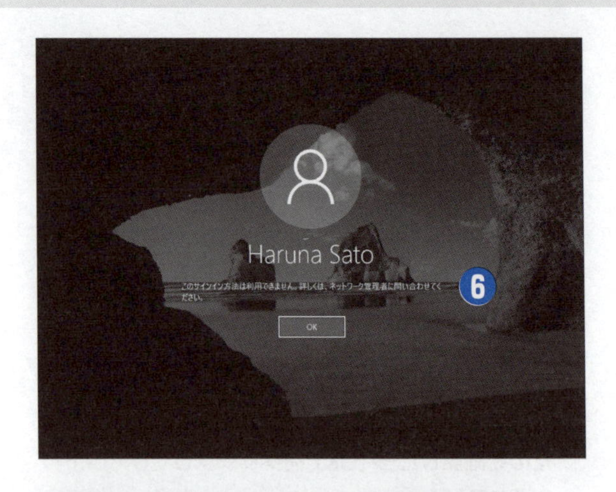

❼ [Users] グループをサインインできるように戻すため、手順❷～❹を実行して［ローカルログオンを許可のプロパティ］画面を表示し、[ユーザーまたはグループの追加］をクリックする。

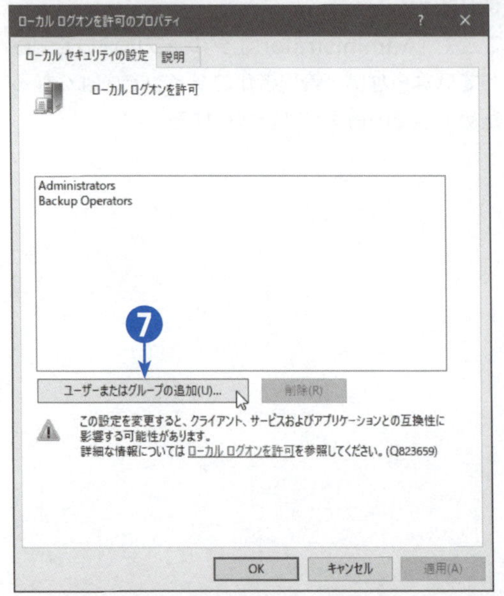

❽ [ユーザーまたはグループの選択] ダイアログボックスが表示される。[オブジェクトの種類] をクリックする。

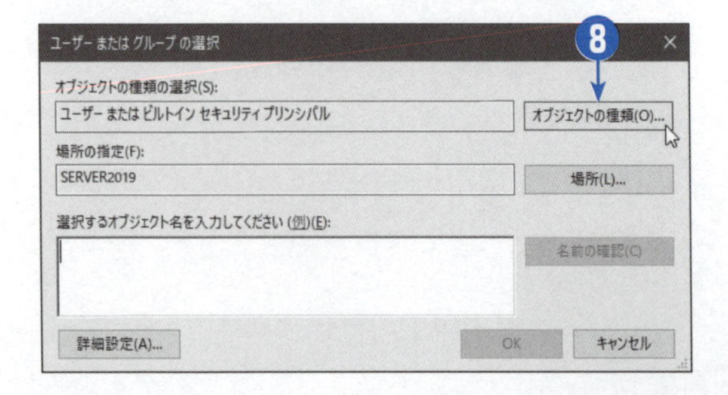

9

4つの項目が表示されるが、[グループ] にチェックがされていないため、これを選択してチェックボックスをオンにして、[OK] をクリックする。

●この操作をしないと、次の手順で [Users] グループが選択できなくなる。

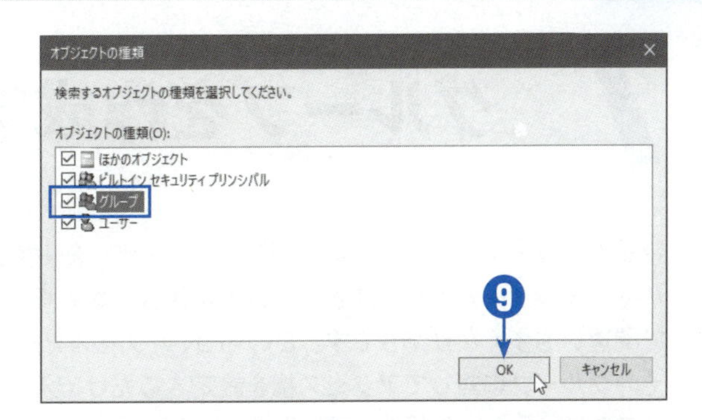

10

[ユーザーまたはグループの選択] ダイアログボックスに戻るので、[選択するオブジェクト名を入力してください] 欄に**Users**と入力する。[OK] をクリックする。

●大文字/小文字は区別されないので「users」と入力してもかまわない。

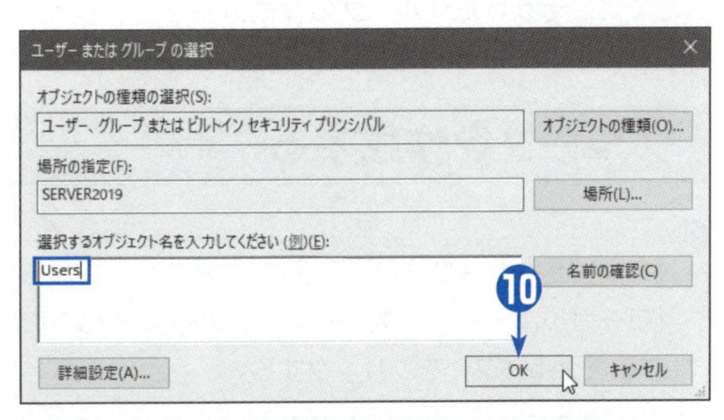

11

[ローカルログオンを許可のプロパティ] 画面に戻るので、一覧に [Users] が追加されていることを確認したら、[OK] をクリックしてダイアログボックスを閉じる。

●ここでは確認は行わないが、以上の操作で再びAdministrator以外のユーザーもサインイン可能になる。

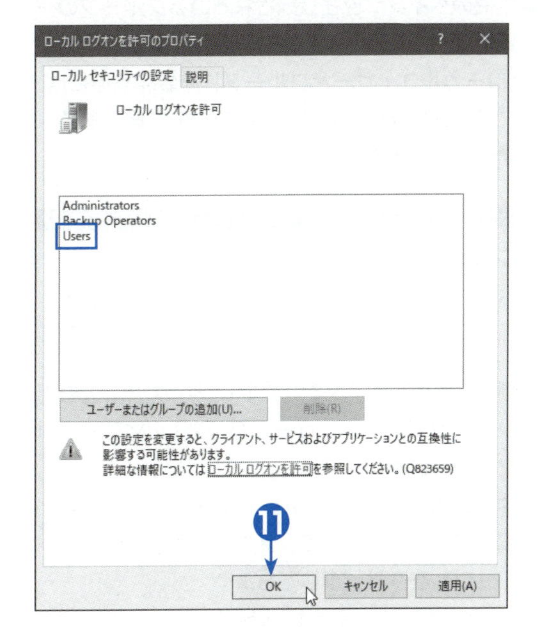

7 グループを作成するには

登録ユーザー数が増えてくると、複数のユーザーを一括して管理する必要が発生します。たとえば特定のファイルやフォルダーにアクセスさせたい人が複数となる場合、ひとりひとりにアクセス権を設定するのは大変な作業で間違いも多くなりがちです。この場合、アクセスを許可するユーザーをまとめて1つの「グループ」とすれば、そのグループに対してアクセス権を設定するだけで済み、手順が簡略化できます。
ここでは、そうしたグループの作成方法と、グループメンバーの編集方法を解説します。なお説明のため、あらかじめ数名のユーザーを登録してあります。

グループを作成する

❶

[コンピューターの管理] 画面で、左側のペインから [ローカルユーザーとグループ] を展開し、その下にある [グループ] をクリックする。

➡中央のペインに現在登録されているグループの一覧が表示される。

●[ローカルユーザーとグループ] を展開するには、ダブルクリックするか、アイコンの左側にある▷をクリックする。

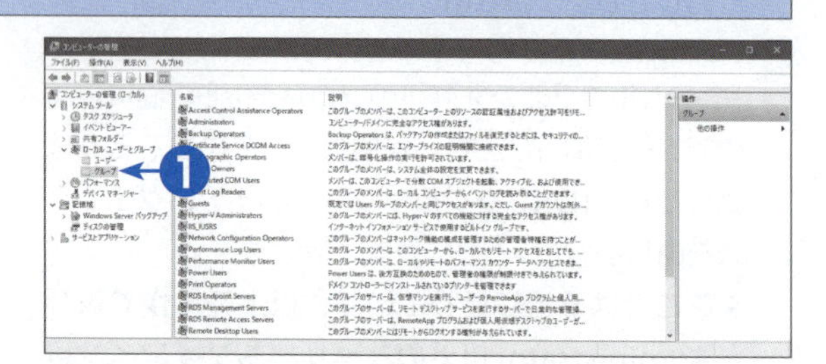

参照

[コンピューターの管理] の起動方法

→第3章の4

❷

右側の [操作] ペインで [グループ] の [他の操作] をクリックして、メニューから [新しいグループ] をクリックする。

●中央のペインでどのグループも表示されていない場所を右クリックして、メニューから [新しいグループ] をクリックしてもよい。

●Active Directoryをセットアップした後は、グループもローカルではなくドメイングループとして管理されるようになるため、この画面に [ローカルユーザーとグループ] は表示されなくなる。

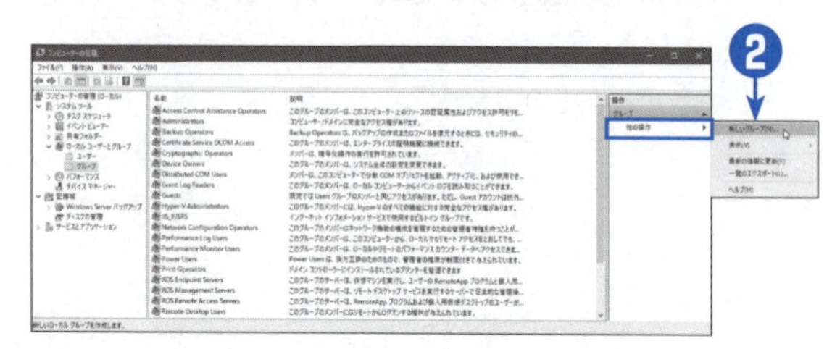

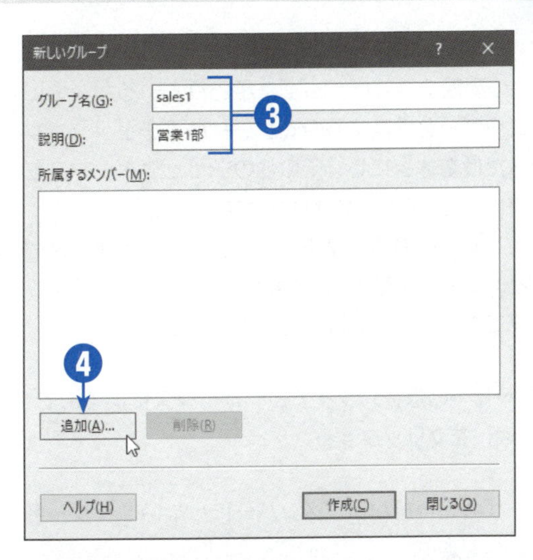

3 [新しいグループ] ダイアログボックスが表示される。[グループ名] ボックスにグループ名を入力する。[説明] には任意のコメントを入力する。

- [説明] にはグループの内容や意味などを示すコメントを入力する。必須情報ではないが、できるだけ入力した方がわかりやすくなる。

4 グループを作成する際には、そのグループに所属するメンバーも指定することができる。[所属するメンバー] にユーザーを追加するには [追加] をクリックする。

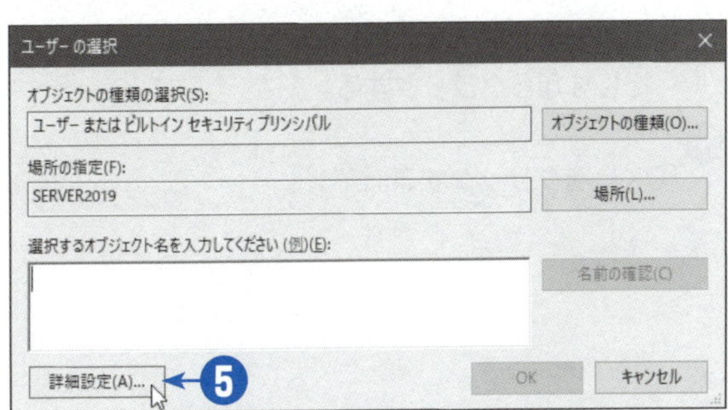

5 [ユーザーの選択] ダイアログボックスが表示される。一覧からユーザーを選択したい場合には [詳細設定] をクリックする。

- グループに追加するユーザー名がすべてわかっている場合には、[選択するオブジェクト名を入力してください] ボックスに、手動でユーザー名を入力してもよい。
- 複数のユーザーを追加する場合は、ユーザー名をセミコロン（；）で区切って入力する。

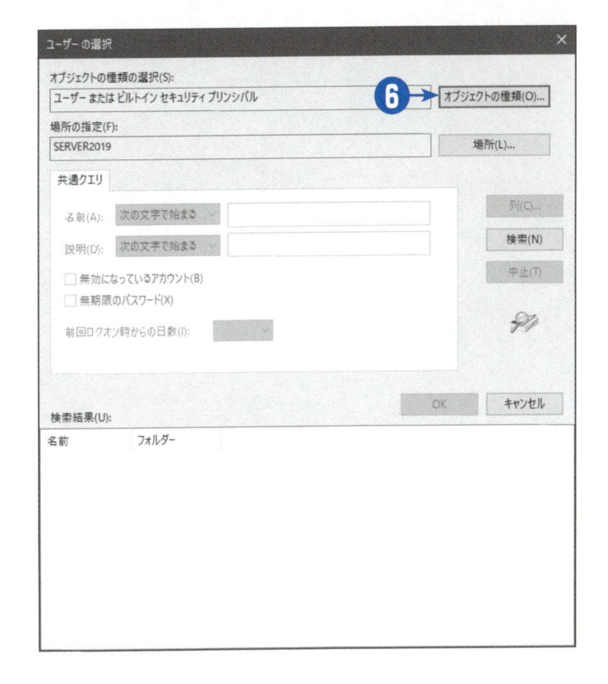

6 [ユーザーの選択] ダイアログボックスが拡張される。[オブジェクトの種類] をクリックする。

7
3つの項目すべてにチェックがされているが、今回はユーザーを検索するので[ユーザー]チェックボックスだけをオンにし、その他のチェックボックスをオフにして［OK］をクリックする。

●ここで、他の項目がチェックされたまま次へ進むと、ユーザー名以外も検索されるため、次のステップでユーザーの選択が行い難くなる。

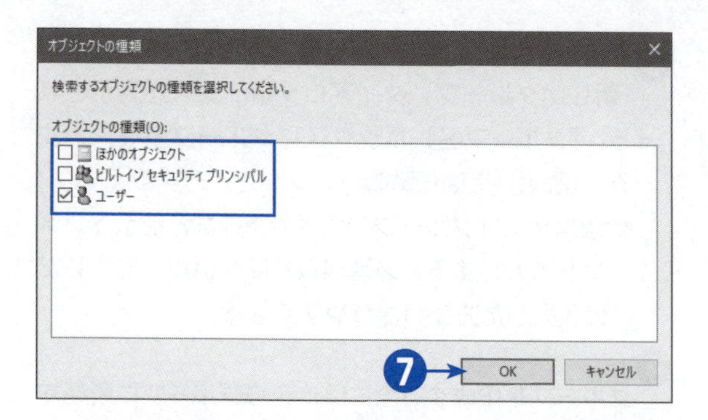

8
［ユーザーの選択］ダイアログボックスに戻るので、［検索］をクリックする。

9
ユーザーの一覧から、メンバーにしたいユーザー名をすべて選ぶ。

●複数のユーザーを選択したいときには、Ctrlキーを押しながらクリックする。

10
［OK］をクリックする。

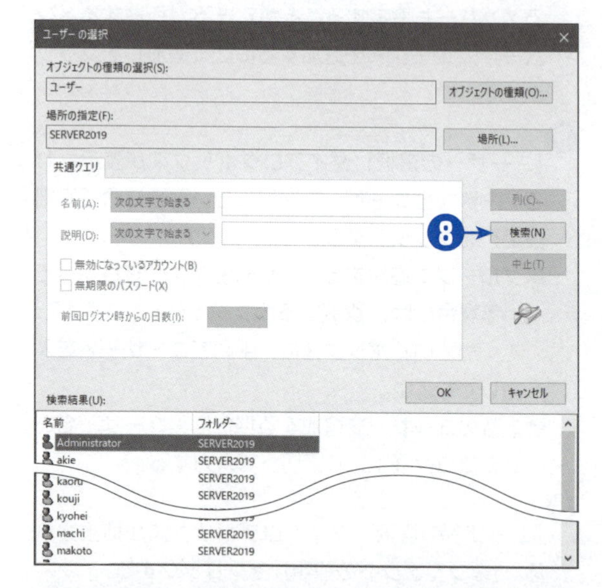

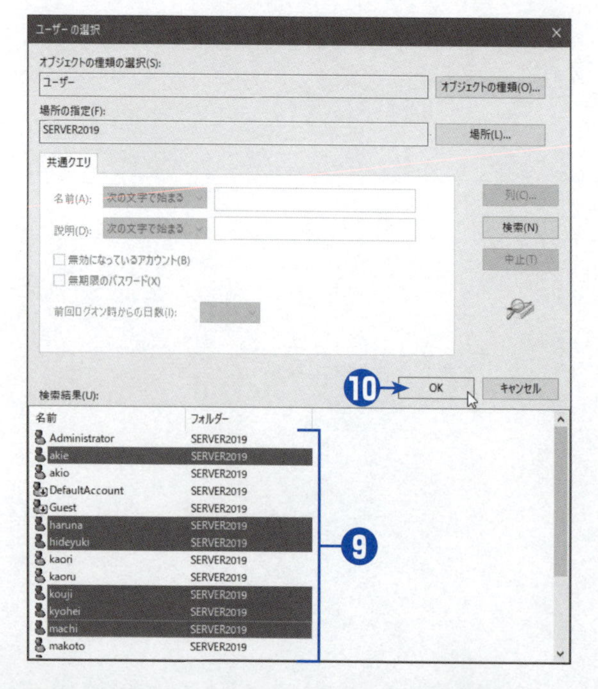

11

[選択するオブジェクト名を入力してください] ボックスに選択したユーザーが表示されるので、確認したら [OK] をクリックする。

● この状態で、さらにユーザーを手動で追加することもできる。

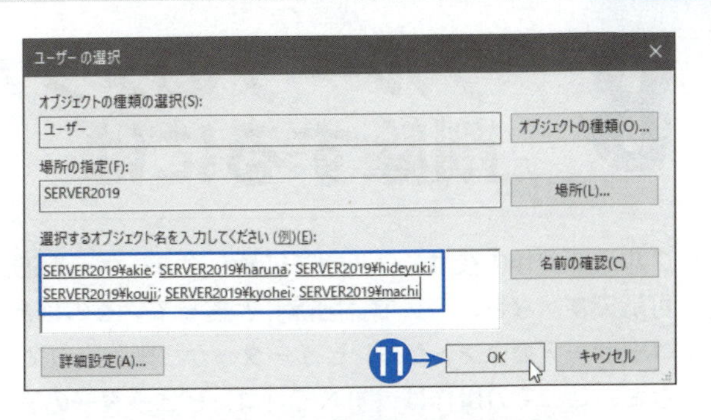

12

[新しいグループ] ダイアログに戻る。[所属するメンバー] に、追加したユーザーが表示されている。ここで [作成] をクリックすると、新しいグループが作成される。

● 複数のグループを一度に登録できるように、[作成] をクリックしても、ウィンドウは自動的に閉じないようになっている。

13

グループをさらに追加する場合は、手順3～12を繰り返す。

14

[閉じる] をクリックして [新しいグループ] ダイアログボックスを閉じる。

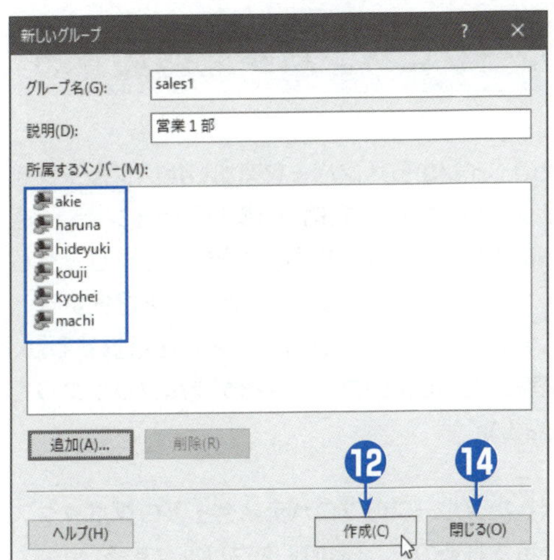

15

[コンピューターの管理] 画面のグループの一覧に、登録したグループが追加されている。

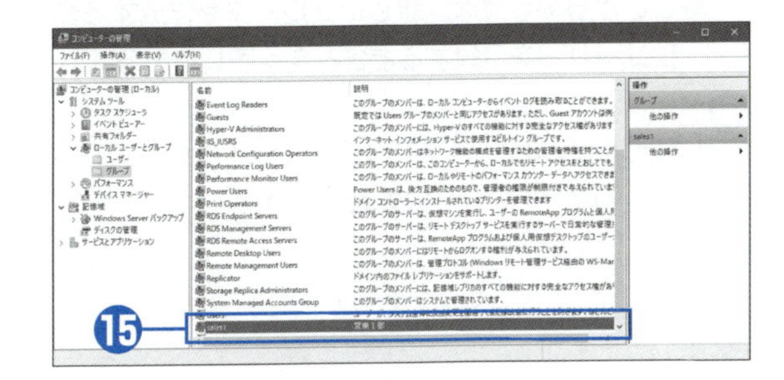

8 グループのメンバーを追加または削除するには

グループの作成後は、グループに新しくユーザーを追加したり、グループからユーザーを削除したりすることが可能です。なお、ここで「削除」と言っているのはあくまでグループの中からユーザーを削除するだけであり、ユーザーアカウントがコンピューターから削除されてしまうわけではありません。
なお、ここでの操作は、すべて［コンピューターの管理］画面で［グループ］を選択して行っています。

グループにメンバーを追加する

❶
中央のペインからメンバーを追加したいグループをクリックして選択し、右側の［操作］ペインで［<選択したグループ名>］の［他の操作］をクリックして、メニューから［グループに追加］を選択する。
●このメニューから［プロパティ］を選択するか、情報を変更したいグループをダブルクリックしてもよい。

❷
選択したグループのプロパティダイアログボックスが表示されるので、［追加］をクリックする。
●ここからの手順は、新しいグループを作成する際にユーザーを登録するときと全く同じである。

❸
［ユーザーの選択］ダイアログボックスが表示されるので、7節の手順❺～❿を実行する。

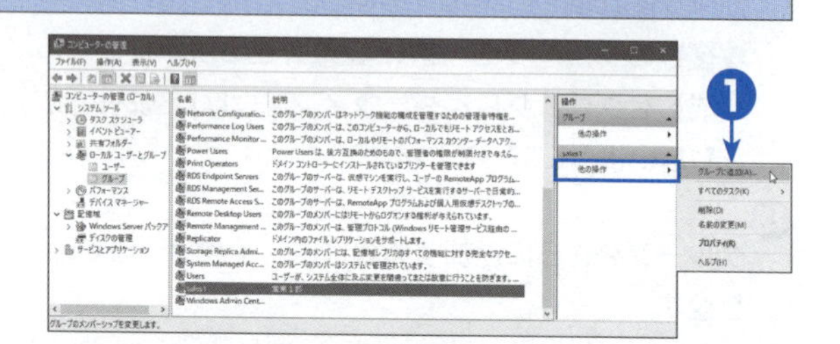

❹
グループのプロパティダイアログボックスに戻る。[所属するメンバー］に、今追加したユーザーが表示されている。

❺
［OK］をクリックすると、グループにユーザーが追加される。

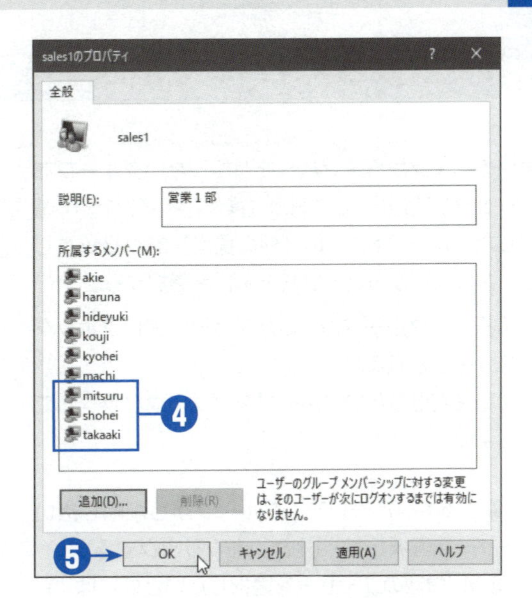

グループからメンバーを削除する

❶ 中央のペインからメンバーを追加したいグループをクリックして選択し、右側の［操作］ペインで［<選択したグループ名>］の［他の操作］をクリックして、メニューから［プロパティ］を選択する。

➡選択したグループのプロパティダイアログボックスが表示される。

●情報を変更したいグループをダブルクリックしてもよい。

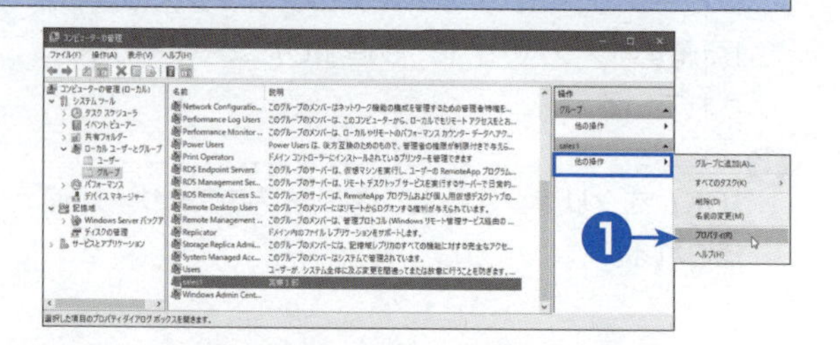

❷ ［所属するメンバー］で、グループから削除したいユーザーを選択して、［削除］をクリックする。

● 同時に複数のユーザーを選択したいときには、Ctrlキーを押しながらクリックする。

❸ ［所属するメンバー］から選択したユーザーが削除されたのを確認したら、［OK］をクリックする。

9 ユーザーが所属するグループを変更するには

前節では、グループの側から見て、そのメンバーを追加したり削除したりする操作を行いました。会社組織に例えると、これは組織改変などで部門が新設されたり廃止されたりといった場合に、その部門に所属するメンバーを編集する操作などで便利です。
一方、ユーザー側から見た際に所属するグループを変更するといった操作も可能です。これは会社組織で言えば、特定の人物が部門Aから部門Bへ異動するといった、個人レベルでの変更をイメージするとよいでしょう。大規模な変更であれば前節の手順、小規模な変更ならばここで説明する手順が便利です。

ユーザーが所属するグループを変更する

❶
[コンピューターの管理] 画面で、左側のペインから [ローカルユーザーとグループ] を展開し、その下にある [ユーザー] をクリックする。

➡中央のペインに現在登録されているユーザーの一覧が表示される。

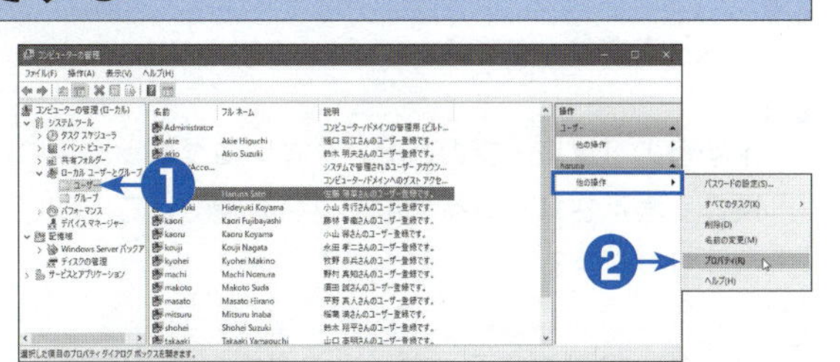

❷
変更したいユーザー名をクリックして選択し、右側の [操作] ペインで [<選択したユーザー名>] の [他の操作] をクリックして、メニューから [プロパティ] を選択する。

➡変更したいユーザーのプロパティダイアログボックスが表示される。

●情報を変更したいユーザーをダブルクリックしてもよい。

❸
[所属するグループ] タブをクリックする。

❹
[追加] をクリックする。

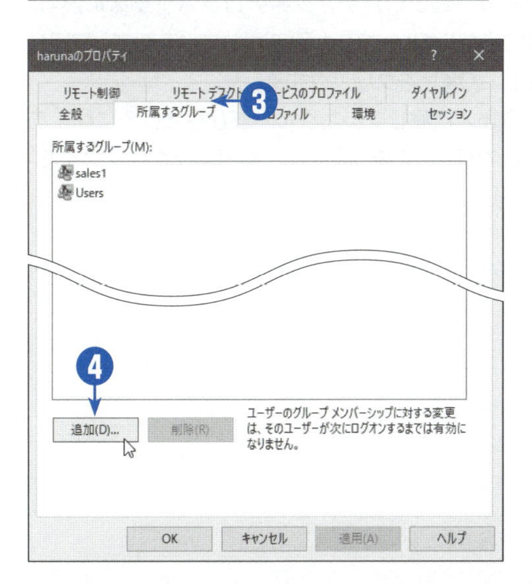

❺
[グループの選択] ダイアログボックスが表示される。[詳細設定] をクリックする。

●グループ名が正確にわかっている場合は [選択するオブジェクトを入力してください] 欄に、グループ名を直接入力してもよい。

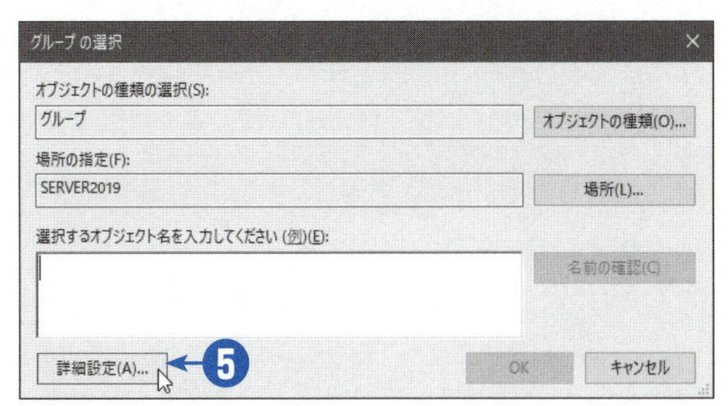

6

［グループの選択］ダイアログボックスが拡張される。［検索］をクリックする。

- 手順**5**の画面と画面タイトルは同じだが、違うウィンドウで表示される。

7

利用できるグループが一覧表示されるので、ユーザーを参加させたいグループ名をクリックして選択する。

- ユーザーは同時に複数のグループに参加できる。複数グループに参加させたいときは、Ctrlキーを押しながらグループ名をクリックする。

8

［OK］をクリックする。

9

手順**5**の［グループの選択］ダイアログボックスに戻る。表示されているグループ名を確認して［OK］をクリックする。

10

ユーザーのプロパティダイアログボックスに戻る。［所属するグループ］が更新されているので、確認したら［OK］をクリックする。

- 今まで所属していたグループから抜けるには、ここでグループを選択して［削除］をクリックする。

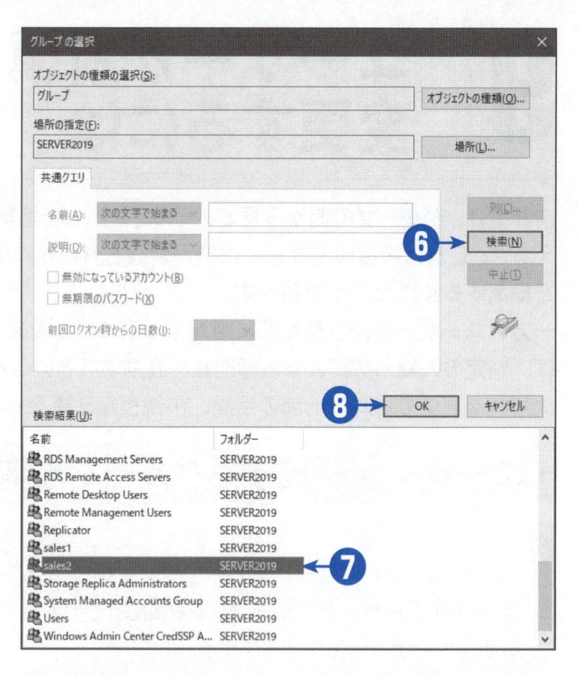

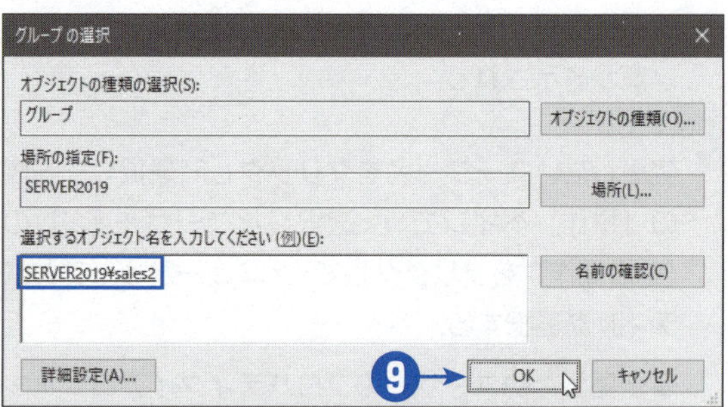

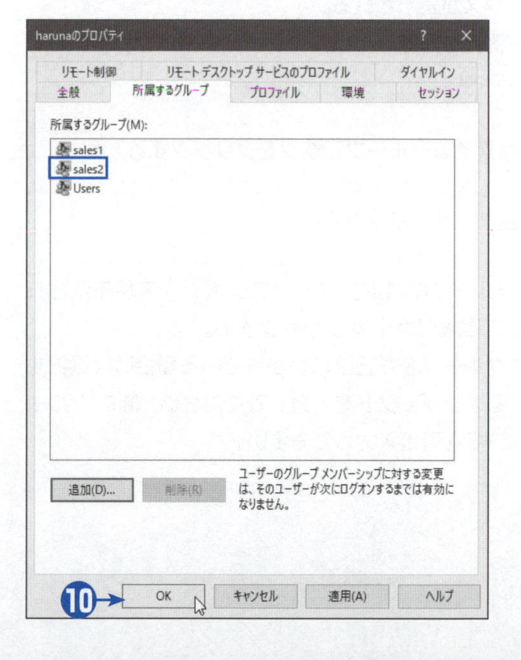

10 グループ名を変更するには

ユーザー登録の編集が必要となるのと同様、サーバーの運用を続けていると、作成したグループについても編集が必要となることがあります。実際の会社組織とWindows内のグループ定義とを連動して定義するような場合には、組織変更が発生する都度、Windowsにおけるグループ定義も編集する必要が出てきます。
ここではそういったグループの編集として、グループ名の変更について解説します。
グループ名の変更は、Windows上で表示されるグループ名を変更する機能です。変更されるのは名前のみで、グループメンバーなどは以前のものがそのまま保持されます。また古いグループ名でアクセス可能であったファイルやフォルダーは、グループ名を変更しても、そのままアクセス可能となります。
なお、ここでの操作は［コンピューターの管理］画面で［グループ］を選択して行っています。

グループ名を変更する

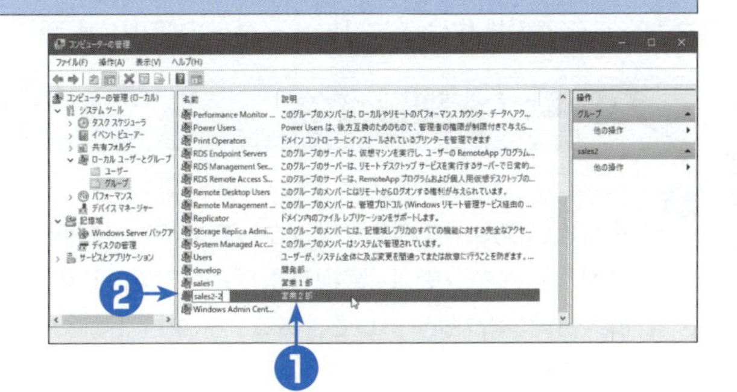

❶
名前を変更したいグループ名をクリックして選択し、もう一度グループ名をクリックする。
- 2回のクリックは、ダブルクリックにならない程度に時間を空ける。
- 右側の［操作］ペインで［<選択したグループ名>］の［他の操作］をクリックして、メニューから［名前の変更］を選択してもよい。

❷
グループ名が入力可能になるので、新しいグループ名を入力して Enter キーを押す。
- 画面の中の他の部分（どこでもよい）をクリックしても、入力した名前が確定される。
- 入力した名前をキャンセルしたい場合には、キーボードの Esc キーを押す。

11 グループを削除するには

グループが不要になった際には、グループを削除することが可能です。グループを削除しても、そのグループに所属していたユーザーが削除されるわけではありません。このため、ユーザーを削除する場合とは違ってグループを削除しても、そのグループのユーザーがコンピューターを使えなくなるといったことはありません。
ただし、特定のグループしかアクセスできないようアクセス権を設定したフォルダーやファイルがあった場合には、グループを削除するとそのフォルダーには誰もアクセスできなくなります。このような場合には、管理者によりアクセス権を変更する必要が発生するので注意してください。
グループには、ユーザーの場合と違って「一時的に無効にする」という設定がありません。使わなくなったグループについては、グループメンバーをすべて削除して所属メンバーなしにするか、グループ自体を削除します。
グループをいったん削除した場合、たとえもう一度同じ名前のグループを作成しても、それらは別のグループとして扱われます。削除前のグループのアクセス権などは引き継がれません。
なお、ここでの操作は［コンピューターの管理］画面で［グループ］を選択して行っています。

グループを削除する

❶ 削除したいグループ名をクリックして選択し、右側の［操作］ペインで［<選択したグループ名>］の［他の操作］をクリックして、メニューから［削除］を選択する。

● ツールバーの［削除］ボタンをクリックしてもよい。

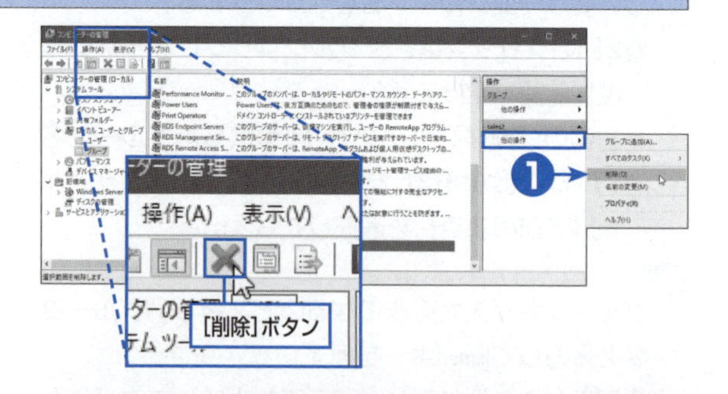

❷ 確認メッセージが表示されたら［はい］をクリックする。

● いったんグループを削除すると、そのグループの情報はすべて消滅し、再度同名のグループを作ったとしても異なるものとして扱われるので注意する。

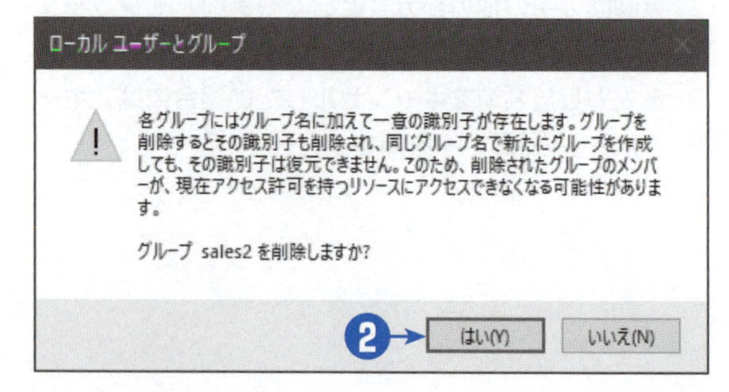

第5章 サーバーのディスク管理

この章ではファイルサーバーを構築するのに欠かせない、ハードディスクの追加方法・利用方法について説明します。Windows Server 2019では、これまでのWindowsと同等のディスク管理機能のほか、「記憶域スペース」と呼ばれるディスク管理の仕組みも搭載されています。

この章では、従来の手法によるディスク管理のほか「記憶域スペース」の使い方についても解説します。大容量かつ信頼性の高いディスクスペースの管理は、ネットワーク内でのファイルサーバーとして使われるサーバーOSにとって非常に重要な機能となります。

Windows Server 2019のディスク管理

Windows Server 2019のディスク管理機能では、Windows Server 2008 R2以前やWindows 7以前のOSで使われていた昔ながらの「ディスクの管理」機能と、Windows Server 2012から導入された「記憶域スペース」機能という2種類のディスク管理機能を利用できます。

昔ながらと言っても、別に「時代遅れ」というわけではありません。「ディスクの管理」機能では、2TBを超える大容量のハードディスクのサポート、ディスクの二重化やRAID-5と呼ばれるパリティ付きの冗長化機能のような高信頼化機能など、サーバー向けに必要とされる多くのディスク管理機能を利用できます。実際、「ディスクの管理」機能だけでも通常のサーバー運用にはほとんど問題は発生しません。しかし、「記憶域スペース」機能では、「ディスクの管理」機能で使用できる機能はもちろんサポートしているほか、より進んだ機能も追加されており、圧倒的に柔軟かつ多機能になっています。

従来のストレージでは、たとえばRAIDを構築するには、個々のディスク装置の容量や接続インターフェイスを揃えなければならないなど、物理的な制約が数多くありました。一方、「記憶域スペース」では、さまざまな接続インターフェイスや容量、性能を持つディスクを混在させ、それらを集約して利用できるなど、物理的な制約を減少させた柔軟な運用方法が行えるのが特徴です。

Windows Server 2016/2019のDatacenterエディションにおいては、「記憶域スペースダイレクト」と呼ばれるより進んだ機能が利用できます。これは、ソフトウェアの設定のみでストレージをより柔軟に利用できる「ソフトウェア定義ストレージ」に対応した運用方法で、複数のコンピューターで定義された記憶域スペースを1つに統合した「クラスター化した記憶域スペース」を作成し、それらを仮想的なストレージ領域として使用する機能です。

もちろん、実際に稼働する物理的な装置を運用するわけですから、ある程度はハードウェア的な制約は発生します。たとえば記憶域スペース機能は、Windowsの起動ドライブとしては使用できません。「ハードウェアRAID」と呼ばれる、あらかじめRAID機能を搭載したインターフェイスボードやディスク装置には対応していない場合もあります。これらの条件下では、従来通り「ディスクの管理」機能を使う必要があります。とはいえ、条件さえ許すのであれば「記憶域スペース」機能はメリットが多く、こちらを使う方がお勧めです。

以上のことから、Windows Server 2019でストレージ管理を行う場合には「ディスクの管理」「記憶域スペース」の両者の機能を理解する必要があります。なお記憶域スペースについては機能が非常に多いため、本書ではその一部の機能についてのみ解説します。

ディスク管理の用語について

ここでは、Windows Server 2019がディスク管理を行う際の各種用語について説明します。ディスク関係は専門用語が多く、また他のOSで使う用語と意味が異なる場合もあるため、よく覚えておいてください。

●物理ディスク

ハードディスクやSSDなど、コンピューターに取り付けられる物理的なディスク装置のことを指します。単に「ディスク」と呼ぶこともありますが、記憶域スペースでは、次に説明する「仮想ディスク」という概念があることから、本書ではこれと区別する意味で「物理ディスク」と呼びます。

●仮想ディスク

1台、または複数の物理ディスク装置の記憶容量を組み合わせて、それらをあたかも物理的なディスク装置であるかのように使用する機能。またはこの機能によって実現される記憶容量のことを「仮想ディスク」と呼びます。

●ディスク

物理ディスクおよび仮想ディスクの総称。記憶域スペースにおいて作成される仮想ディスクは、Windowsからは物理ディスクとまったく同じように使用できるため、両者を区別する必要がない場合には単に「ディスク」と呼びます。

●パーティション

1台のディスクは、その記録領域を複数の区画に分けて使用することができます。こうした使い方をした際の個々の領域のことを「パーティション」と呼びます。

●パーティションのスタイル

1台のディスクをパーティションにより分割する場合、その分割情報を管理する領域のことを「パーティションテーブル」と呼びます。パーティションテーブルは通常、物理ディスクの先頭に近い領域に配置されていて、そのデータ形式にはいくつかの種類があります。その種類のことを、Windows Server 2019では「パーティションのスタイル」と呼んでいます。Windows Server 2019では、パーティションのスタイルとして、MBR方式とGPT方式の2つのスタイルが使われます。

●MBR方式とGPT方式

Windows Server 2019が使用するパーティションのスタイルには「マスターブートレコード（MBR）」と、「GUIDパーティションテーブル（GPT）」という2つの種類があります。MBR方式は32ビット版のWindowsなど従来のOSで主に使われていた方式ですが、64ビット版であるWindows Server 2019でも使用できます。ただしMBR方式では利用できるディスクの最大容量が2TB（テラバイト）までに限られるため、1台の容量が2TBを超える大容量のディスクでは、2TBを超えた部分が使用できなくなります。

GPT方式ではこうした制限はありませんが、この方式で管理されるディスクは32ビット版のOSでは使用できないほか、サードパーティ製のディスク管理ツールの一部ではサポートされていない場合もあります。とはいえ、サーバー機においては2TBまでというMBR方式の制限は大きな問題となりますから、基本的にはGPT方式を使用するようにします。MBR方式は、USBで接続される外付けハードディスクなどのように、容量が2TB以下で、他のコンピューターとのデータ交換を行う必要がある場合などに限って使用するとよいでしょう。

●ベーシックディスクとダイナミックディスク

ディスクをパーティション分けして使用する際、MBR方式とGPT方式というパーティションスタイルの違いのほか、より上位の概念として「ベーシックディスク」と「ダイナミックディスク」という種類の違いもあります。MS-DOSやWindows 95/98/Meなどの16ビットOSの頃には、ディスクを「プライマリパーティション」と「拡張パーティション」と呼ぶ最大4つのパーティションに分割する方法が使われていましたが、この分け方はWindows Server 2019でも使うことができ、これを「ベーシックディスク」と呼んでいます。

「ベーシックディスク」は、非常に古いディスク管理方法であるため、使用できるパーティションの種類に自由度がありません。このため、パーティションの種類を増やして、ミラーリングやRAIDといった柔軟な使いかたをサポートしたのが、Windows 2000で導入された「ダイナミックディスク」と呼ばれる方式です。

ベーシックディスクとダイナミックディスクという種類の違いは、MBR方式/GPT方式といったパーティションテーブルの形式の違いとは独立した概念です。MBR方式、GPT方式それぞれに、ベーシックディスクとダイナミックディスクという使い方の違いが存在します。
物理ディスク(パーティション)のスタイルおよび種類がどうなっているかは、この章で解説する[ディスクの管理]画面でハードディスクのプロパティを表示すると確認できます。

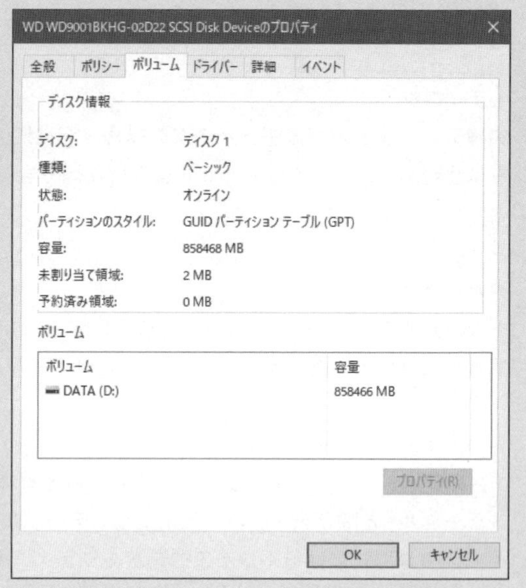

ハードディスクのプロパティ画面

●ボリューム
エクスプローラーやアプリケーションでは、ディスクを扱う際「C:ドライブ」や「D:ドライブ」などという呼び方をします。ここで言う「C:ドライブ」のように、Windowsのアプリケーションからディスクを取り扱う単位のことを「ボリューム」と呼びます。
ベーシックディスクでは、「ボリューム」と「パーティション」は1:1で対応します。この場合に限れば「ボリューム=パーティション」となるのですが、一方でダイナミックディスクにおいては、複数のパーティションをまとめて1つのボリュームとして扱うこともあります。たとえば、複数のパーティションを集めてそれらの容量を合計して使用できる「スパンボリューム」や、複数のドライブから個別にパーティションを集めて使い、ディスクアクセスを複数のドライブに分散して高速化する「ストライプボリューム」、2つ以上のドライブから個別にパーティションを集めて、書き込みの際には同じ内容をすべてのパーティションに書き込むことで信頼性を向上させる「ミラーボリューム」などの使い方があります。

ファイルシステムについて

コンピューターが扱うファイルには、ファイルの内容そのもののほかに、作成された日時やサイズなど、さまざまな情報が付随しているものです。また、あるファイルの内容が、広大な容量を持つハードディスクの中のどの位置に記録されているかを示す情報がなければ、ファイルにアクセスすることはできません。ボリューム内の記憶領域をどのように利用し、ファイルに付随するさまざまな情報をどのように記録するのか、それらの事柄に関する「取り決め」のことをファイルシステムと言います。
Windows Server 2019では、目的に応じてさまざまなファイルシステムを使うことができます。ファイルシステムにはそれぞれ名前が付けられており、たとえばFAT32、exFAT、CDFS、UDF、NTFS、ReFSなどと名付けられていて、記録媒体や容量、あるいはユーザーのニーズによって使い分けることができます。

NTFSとは

NTFSは、Windows Serverシリーズでは基本となるファイルシステムです。NTFSはその名前のとおり、

Windows NTから採用された新しいファイルシステムで、Windows NT ～ Windows 10、そしてすべてのWindows Serverシリーズで利用することができます。
NTFSの特徴は、それまで使われていたFATファイルシステムと違い、ファイルやフォルダーにアクセス許可情報（ACL）を付加できるようになった点にあります。どのユーザーがどのファイル（フォルダー）にアクセスできるかを指定できるため、Windows Server 2019のようなマルチユーザーシステムでの使用に向いています。
NTFSは長期間にわたって使われてきたため、いくつかのバージョンがあります。基本となるファイルごとの所有権やアクセス権の管理などのほか、ディスク使用量の監視（ディスククォータ）、ボリュームにドライブ文字を付けず、任意のフォルダーにマウントして使用する「ドライブパス」など、機能が追加されるごとにバージョンが変化してきました。このため、新しいバージョンのWindowsで作成されたNTFSは、そのままでは古いバージョンのWindowsでアクセスできない、といったこともあります。
信頼性が高められているのも、NTFSの特長です。NTFSには、ファイルの入出力の際、ファイルに加えられた一連の操作手順を、ファイルが保管されている場所とは別の場所に記録しておく「ロギング」機能があります。停電など、予期しない要因によってファイルの書き込みが中断されても、次に起動したときにこのログと実際のファイル情報とを見比べれば、中断された操作がどこまで正常に実行できたかがわかります。結果として、ファイルシステムの大規模な破壊を防ぐことができるというわけです。
NTFSでは、ファイルを暗号化して記録する暗号化ファイルシステム（EFS）も使用できます。これにより暗号キーを知らない人にはファイルを読み出すことができず、セキュリティを高めることができます。ただしWindows Server 2019では、EFSとは別のディスク暗号化機能である「BitLocker」も使用できます。機能面ではこのBitLockerの方が優れているため、暗号化が必要な場合にはこちらを利用した方がよいでしょう。
Windows Server 2019では「ボリュームシャドウコピーサービス（VSS）」と呼ばれる仕組みも利用できます。VSSを使えば、ファイルの削除や書き換えが発生した場合に、書き換えられる前のデータを復元することや、ディスクの内容を瞬時にバックアップするスナップショット機能など、便利な機能が利用できます。

ReFSとは

ReFS（Resilient File System）は、Windows Server 2012で新たに取り入れられたファイルシステムです。サーバーOS向けに開発されたファイルシステムですが、Windows 10でも利用できます。
ReFSの特徴は、NTFSが持つ数多くの特徴をそのまま引き継いだ上で、より信頼性を高めている点です。たとえばReFSでは、ファイル情報を保存する「メタデータ」領域に、データの正しさをチェックするためのデータ（チェックサム）を持つことで、何らかの理由によってデータが破損した際に、これを自動的に検出し、必要に応じて修正する機能が搭載されました。「整合性ストリーム」と呼ばれるデータを持たせれば、メタデータだけではなく、ユーザーのデータに対しても整合性のチェックが行えます。
書き込み時のアルゴリズムが変更され、万が一書き込み時にディスクの電源が落ちたり、I/Oエラーが発生したりした場合であっても、データが失われにくくなる仕組みが取り入れられています。また記録済みデータが実際に読み出せるのかどうかをあらかじめ確認する処理が可能となり、ユーザーが気づかないうちに発生しているディスクエラーへの対処が強化されています。
NTFSに比べてより大容量のファイル、大容量のディスクへの対応が可能となり、「記憶域スペース」によって作成される仮想ハードディスクなどにも余裕を持って対応できるようになっています。
ReFSは、NTFSに次ぐ「次世代」のファイルシステムという存在ですが、一方でNTFSと比べるとサポートしていない機能もあります。たとえばユーザーごとにディスクの使用量を制限する「ディスククォータ」機能や、MS-DOSで使われていた「8+3形式」の短い名前のファイル名でアクセスする機能、圧縮ファイルの機能などをはじめとしたいくつかの機能は、ReFSでは使用できません。
ReFSは、NTFSに次ぐ「次世代」のファイルシステムという存在ですが、一方でNTFSと比べるとサポートしていない機能もあります。たとえばユーザーごとにディスクの使用量を制限する「ディスククォータ」機能や、MS-DOSで使われていた「8＋3形式」の短い名前のファイル名でアクセスする機能、圧縮ファイルの機能などをはじめとしたいくつかの機能は、ReFSでは使用できません。いずれも大容量のディスクにおいてはあまり使用頻度が高くない機能ですが、こうした制限を踏まえて、利用するファイルシステムを選ぶ必要があります。
Windows Server 2019では、Hyper-Vで作成される仮想マシンや仮想ディスクを配置するためのボリュームのファイルシステムとしてはNTFSよりもReFSが推奨されています。これは、Hyper-Vの仮想ディスクを配置する場所としては、信頼性に優れるReFSの方がより適しているためです。

FATファイルシステムとは

FATは、MS-DOS時代から現在まで使われている非常に汎用性の高いファイルシステムです。デジタルカメラ用のメモリカードやメモリオーディオプレーヤーなど、Windows以外のシステムでも使われます。
FATファイルシステムは、フロッピーディスクやメモリカード、あるいはハードディスクなど多くの記録媒体で利用できますが、NTFSとは違い、ファイルやフォルダーごとの所有権やアクセスの管理といった機能を利用できません。また1つのファイルの最大容量は4GB（ギガバイト）までに制限されます（Windows 98以前のOSでは2GBが最大です）。これは最近のコンピューター向けとしては十分な容量とは言えません。
FATファイルシステムは、Windows Server 2012以降のサーバーOSでは、ハードディスクを新たにフォーマットする際のファイルシステムとしては利用できなくなっており、フロッピーディスクやUSBフラッシュメモリ、メモリカードなどでのみ利用できます（すでにFATでフォーマットされた既存のハードディスクはアクセスできます）。

exFATファイルシステムとは

exFATファイルシステムは、Windows VistaのService Pack 1以降で利用できる、リムーバブルメディア向けの新しいファイルシステムです。FATファイルシステムを改良したものですが、ファイルサイズやパーティションサイズが最大で16EBという、非常に大容量のメディアに対応できるようになりました。さらに大容量のファイルやデータを扱う際でも、アクセス速度が低下しづらくなるよう工夫されています。
ただし従来のFATファイルシステムとの互換性はありません。このためexFATでフォーマットされたメディアは、Windows Server 2008やWindows Vistaより前のWindowsや、Windows以外の他の多くのOS、デジタルカメラなどの機器のほとんどで利用することができません。このためリムーバブルメディアをフォーマットする際は、どのOSで使用するかを考えた上で、問題がないことが確認できた場合に限りexFATにし、問題があるようならばFAT（FAT16/FAT32）を選択する必要があります。

CDFS/UDFファイルシステムとは

CDFSやUDFは、CD-ROMやCD-R、DVD、Blu-ray（ブルーレイ）などの光ディスクで使用されるフォーマットです。容量800MB（メガバイト）程度のCD-ROMやCD-RではCDFSが、CD-RWやDVD-ROM/R/RW、およびBlu-rayなどの次世代光ディスクではUDFファイルシステムが使われます。UDFには、メディアの種類や登場時期などによりいくつかのバージョンがあります。
Windows Server 2019では、現在使われるこれらのファイルシステムに標準で対応しています。このためこれらのメディアに対応したドライブさえあれば、ファイルを読み込むことができます。またCD/DVD書き込みに対応しており、データ用のCD-RやDVD-Rなどを作成できます。

新しいディスクを初期化するには

Windows Server 2019では、コンピューターに新しいハードディスクを取り付けた場合、最初にそのディスクを「初期化」する必要があります。初期化が終了したら、その後はパーティション（ボリューム）の確保、ドライブ名やドライブパスの指定、フォーマットという手順を経て、はじめてそのディスクをWindowsから利用できるようになります。
ここではまず、コンピューターに新しいディスクを取り付けた場合に行う「初期化処理」の方法について説明します。
なおハードディスクの取り付けは通常、コンピューターの電源を落とした状態で行うことが必要です。コンピューターの電源を入れたままでハードディスクの取り付け/取り外しができる機器もありますが、そうした機器では「ホットスワップ対応」「ホットプラグ対応」などといった表示がなされています。ホットスワップ非対応の機器を電源を入れたままで取り付けると、ハードウェアの故障を招くため、絶対に行わないでください。またディスクを取り付けるためにコンピューターの電源を切る場合には、必ずWindows Server 2019を正しい手順でシャットダウンしてください。

新しいハードディスクを初期化する

❶
電源オフの状態でコンピューターにハードディスクを取り付け、電源をオンにする。

❷
Windows Server 2019に管理者（Administrator）でログオンする。

❸
［コンピューターの管理］画面を起動し、左側のペインから［記憶域］－［ディスクの管理］を選択する。
●スタートボタンを右クリックして、メニューから「ディスクの管理」を選んでもこの画面を呼び出せる。

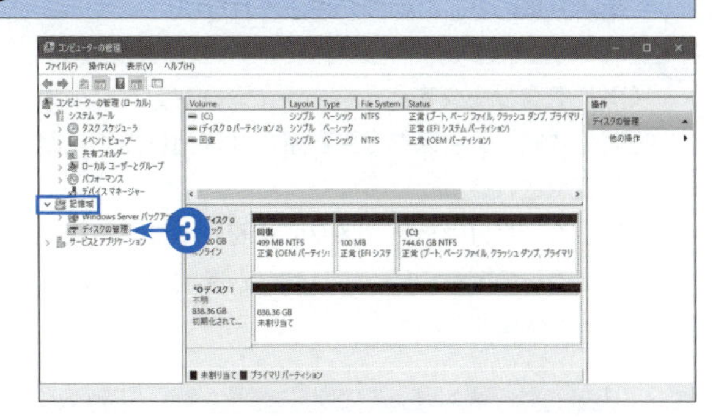

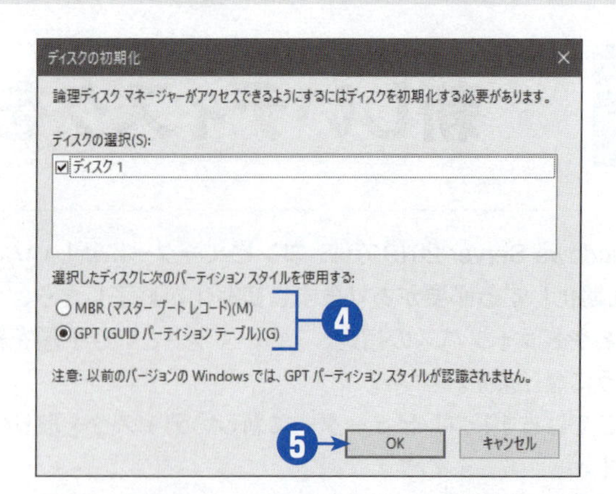

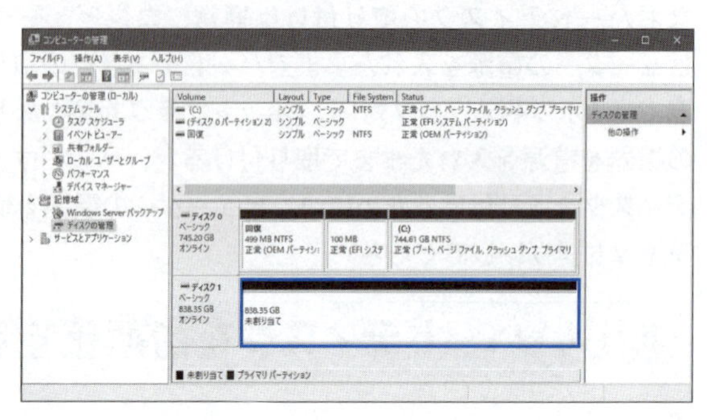

4

新品のディスクを取り付けた場合、ディスクの初期化を行うかどうか問い合わせられる。パーティションテーブルのタイプが問い合わせられるので、[MBR(マスターブートテーブル)] か [GPT (GUIDパーティションテーブル)] かのいずれかを選択する。

- 今回はGPTを選択する。
- 取り付けたディスクが2TBを超える場合には、GPTを選択しないと2TB以上の領域が認識されなくなる。2TB以下の場合にはどちらを選択してもよいが、GPTを選択すると、そのディスクを32ビット版のOSなど他のOSに接続した際に領域が認識されなくなる可能性がある。
- 複数のディスクを取り付けた場合には、初期化が必要なドライブすべてが表示される。すべて同じパーティションスタイルでよいなら一度に初期化できる。
- すでに使われたことのあるディスクの場合、初期化済みなのでこの画面が表示されない。

5

[OK] をクリックするとパーティションテーブルが初期化され、ディスクの全容量が「未割り当て」として表示される。

- 新しく取り付けたディスクにすでにボリュームが作成済みの場合には、ボリュームを削除してから新たに確保する。

参照

ボリュームを削除するには

→この章の5

2 シンプルボリュームを作成するには

前節の手順でディスクを初期化した場合、そのディスクは「ベーシックディスク」で作成されます。Windows Server 2019では、1台のベーシックディスク上には「シンプルボリューム」のみを最大4つまで作成できるため、用途によって1台のディスクを複数のボリュームに分けて使うこともできます。ただ一般的には、1台のディスクの全容量をそのまま1つのシンプルボリュームとして使うことで十分でしょう。

なおベーシックディスクではなくダイナミックディスクでは、ミラーリングやRAIDボリュームなど、より信頼性の高いボリュームも作成できます。ただWindows Server 2019でそうした機能を使いたい場合、より拡張された機能「記憶域スペース」で作成するほうがより多くの機能を利用できます。

シンプルボリュームを作成する

❶

［ディスクの管理］画面で、ボリュームを作成したい未使用の領域を選択して右クリックし、メニューから［新しいシンプルボリューム］を選択する。

- 未割り当ての領域は、黒いバーで表示される。
- シンプルボリューム以外を選択した場合、ディスクは自動的にダイナミックディスクに変換される。

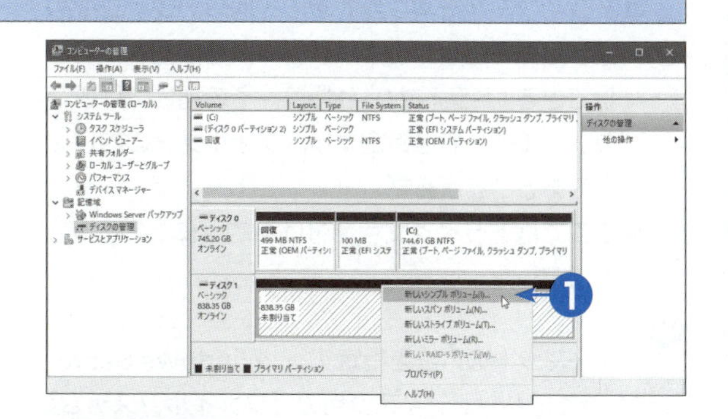

❷

［新しいシンプルボリュームウィザード］が開始される。［次へ］をクリックする。

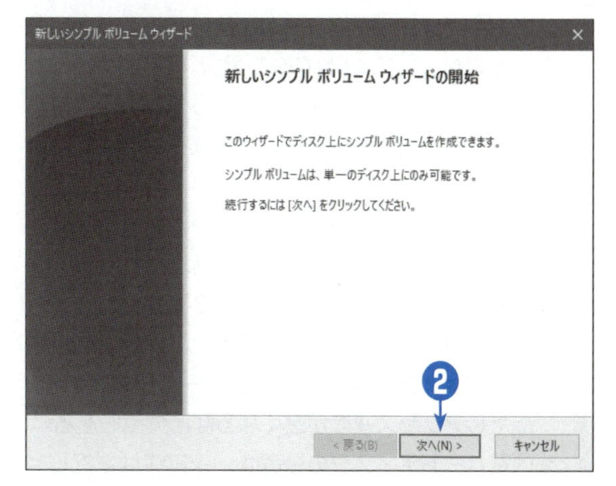

3

作成するボリュームの容量をMB単位の数字で入力する。全容量を使う場合はそのまま［次へ］をクリックする。

- 最大容量以外の容量を指定した場合、実際に確保されるボリュームサイズは、指定した値に最も近い値にまるめられることがある。このため指定した数字と確保される容量が必ずしも一致しないことがある。

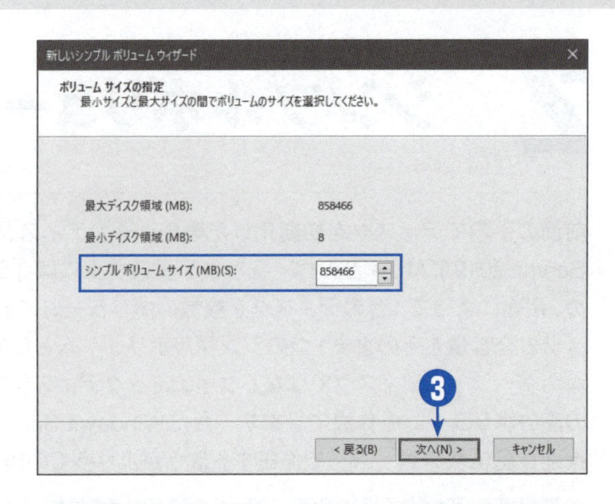

4

［次のドライブ文字を割り当てる］をクリックして割り当てるドライブ文字を選択し、［次へ］をクリックする。

- ドライブ文字を割り当てずに、他のドライブ中のフォルダーとしてこのボリュームを接続することもできる（ドライブパス機能）。その場合には既存のフォルダー名を指定する。フォルダーの内容は空であることが必要。
- ここではドライブ文字を付けることにして、［D］を指定した。

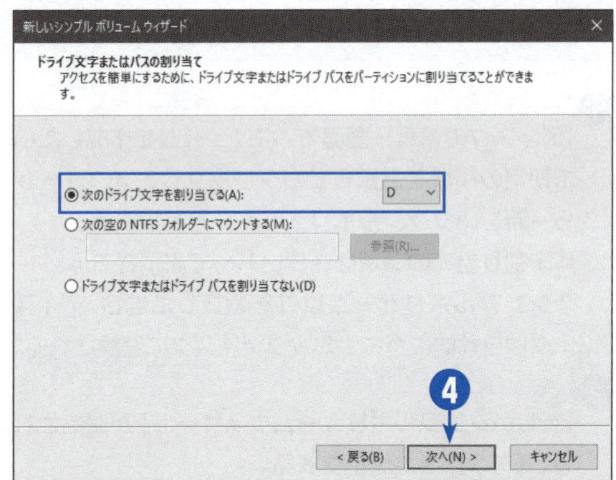

5

フォーマットの方法を指定する。Windows Server 2019ではハードディスク用の［ファイルシステム］にexFATとNTFS、ReFSのいずれかのうちから選択できるが、ここではNTFSを選択。［アロケーションユニットサイズ］（ファイルを割り当てる際の最小単位）は既定値のままにし、［ボリュームラベル］は「DATA」とした。
［クイックフォーマットする］チェックボックスはオンのままにしておく。［次へ］をクリックする。

- ［ファイルとフォルダーの圧縮を有効にする］チェックボックスをオンにすると、保存時に自動的にファイルやフォルダーがデータ圧縮される。ただしアクセス速度が遅くなるなど欠点もある。
- 内蔵ハードディスクの場合は、exFATは選択しないようにする。
- ［ファイルシステム］としてexFATやReFSを選んだ場合には、［ファイルとフォルダーの圧縮を有効にする］は選択できなくなる。exFATやReFSは圧縮ファイル機能をサポートしないからである。

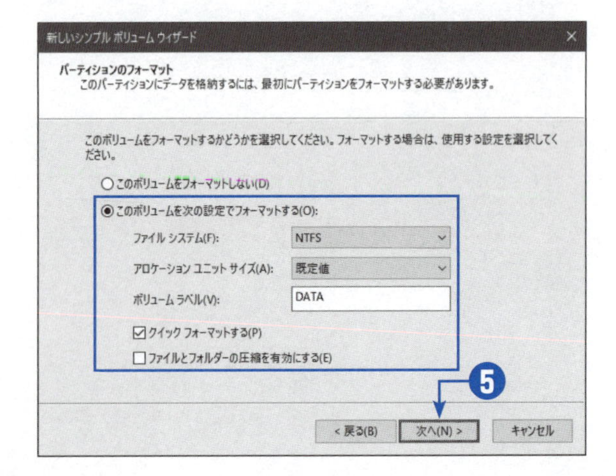

6

選択した設定が表示されるので、確認したら［完了］をクリックすると、フォーマットが実行される。フォーマットには数秒～数分程度の時間がかかる。

●前の画面で［クイックフォーマットする］チェックボックスをオフにすると、ディスクの検査が行われるため、フォーマットに非常に時間がかかるようになる。容量にもよるが、数時間～数十時間くらいかかることもあるため、通常の用途であれば［クイックフォーマットする］を選ぶ。

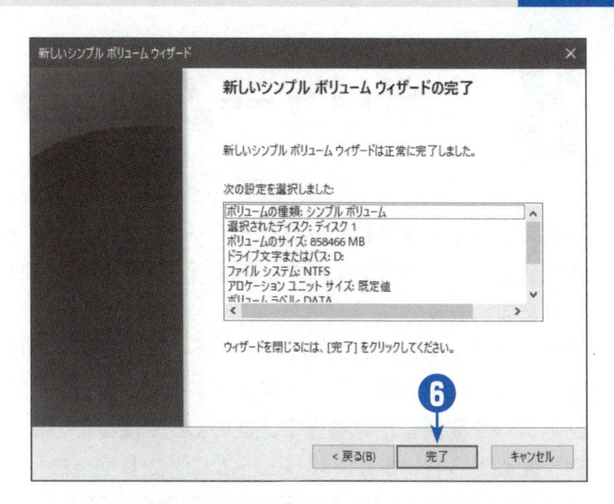

7

指定した領域にボリュームが作られ、D: ドライブとなる。

●シンプルボリュームは、［ディスクの管理］画面内で紺色のバーで表示される。

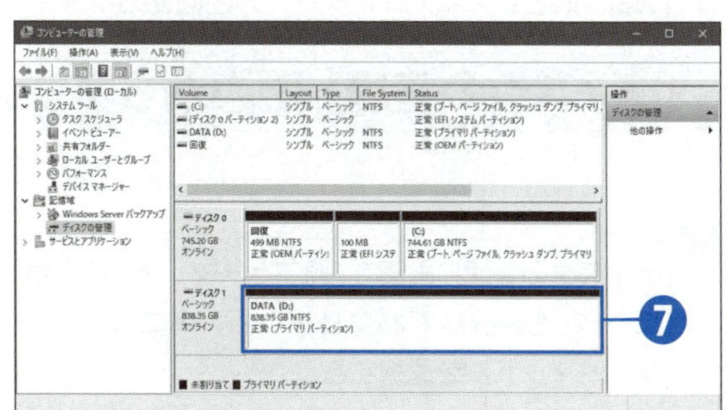

3 ボリュームをフォーマットするには

前節で説明したように、シンプルボリュームウィザードを使うと、ボリュームを確保すると同時にフォーマットを行えます。しかしフォーマットはパーティションを確保するときだけでなく、それ以外のときにも行うことがあります。

Windows Server 2019では、ハードディスクのファイルシステムはNTFSかReFSを使用します。これらはフォーマット時に指定され、フォーマットすることなしにはファイルシステムを変換することはできません。ファイルシステムを変更したい場合や、他のOSで使っていたディスクを再フォーマットしたい場合には［ディスクの管理］画面から行います。ボリュームに「D:」や「E:」などのドライブ名を割り当ててすでに使用している場合には［Windowsエクスプローラー］の画面からフォーマットを行うこともできます。

［ディスクの管理］画面からボリュームをフォーマットする

❶ ［ディスクの管理］画面で、再フォーマットしたいボリュームを選択して右クリックし、メニューから［フォーマット］を選択する。

- 既存の領域をフォーマットすると、ボリューム内のデータはすべて消去されることに注意。

❷ ボリュームのフォーマット画面が表示される。ファイルシステムを変更したい場合は、希望するファイルシステムを選択する。

- ドライブの種類によって、選択肢として表示されるファイルシステムは変化する。
- 今回はReFSにフォーマット変更するため［REFS］を選択した。

❸ ［OK］をクリックする。

❹ 確認画面が表示されたら［OK］を選択する。

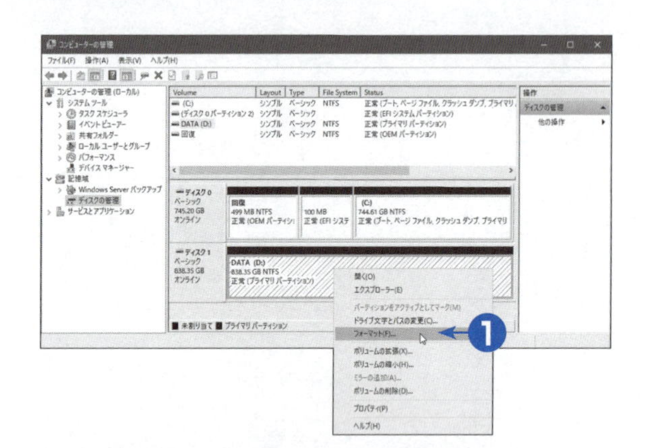

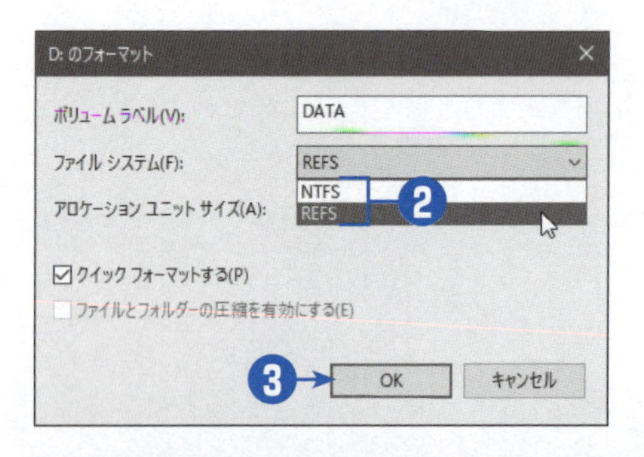

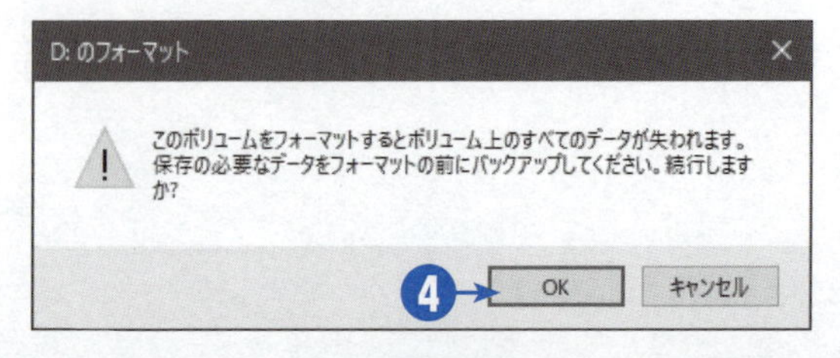

5

フォーマット対象ボリューム内のファイルやフォルダーを使用しているプログラムがある場合には、再度確認が表示される。ここで［OK］をクリックすると、強制的にフォーマットが開始され、データが消去される。

- ファイルを開いているプログラムがない場合には、この画面は表示されない。
- この警告が表示された場合は、ファイルを開いたままのプログラムがないか再度確認する。
- フォーマットオプションで［クイックフォーマットする］チェックボックスをオフにしていると、フォーマットに非常に時間がかかる。

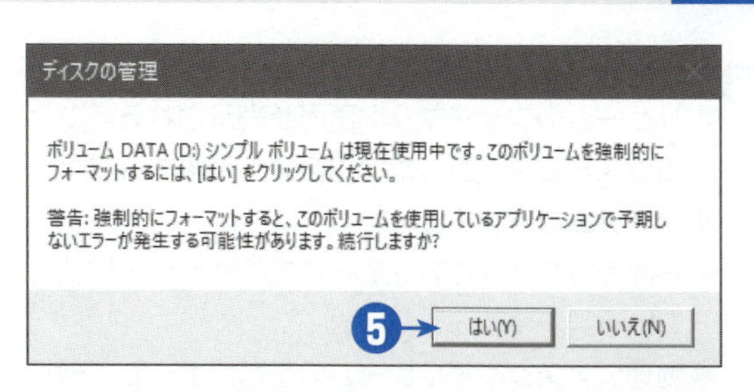

6

フォーマットが終了し、ファイルシステムが変更された。

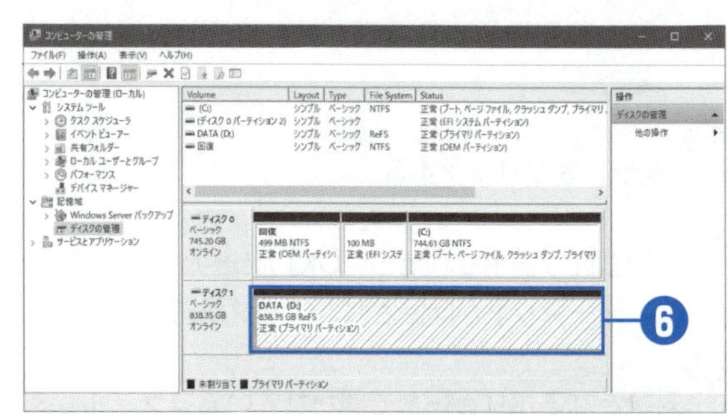

［Windowsエクスプローラー］画面からボリュームをフォーマットする

1

［Windowsエクスプローラー］で［PC］を表示する。

2

［デバイスとドライブ］の中からフォーマットしたいボリュームを右クリックし、メニューから［フォーマット］を選択する。

- Windowsエクスプローラーの表示形式で［グループで表示］－［種類］を選んでいない場合には、ボリュームが別の場所に分類されていることもある。

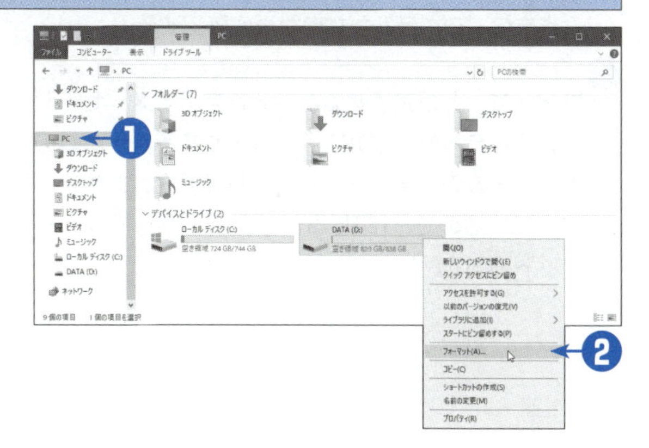

3

ボリュームのフォーマット画面が表示される。ファイルシステムを変更したい場合は、希望するファイルシステムを選択する。

- 画面ではReFSであったものを再びNTFSに戻している。
- 物理ディスクやボリュームの種類によって、選択肢として表示されるファイルシステムは変化する。

4

[開始] をクリックする。

5

確認画面が表示されたら [OK] を選択すると、実際にフォーマットが開始され、データが消去される。

6

対象となるボリュームで開かれているファイルがあるときにはさらに警告が表示される。[はい] を選択すると、強制的にフォーマットが行われる。

- この警告が表示された場合は、ファイルを開いたままのプログラムがないか再度確認する。

7

フォーマットが完了すると、それを示すメッセージが表示されるので [OK] をクリックする。手順4のボリュームのフォーマット画面も表示されたままになっているので、[閉じる] をクリックしてフォーマット画面も閉じる。

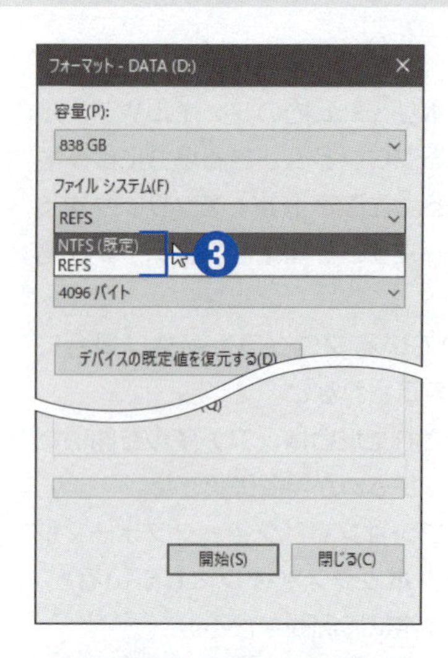

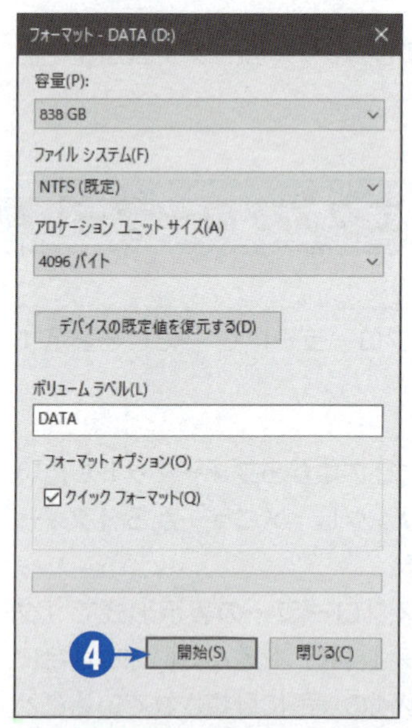

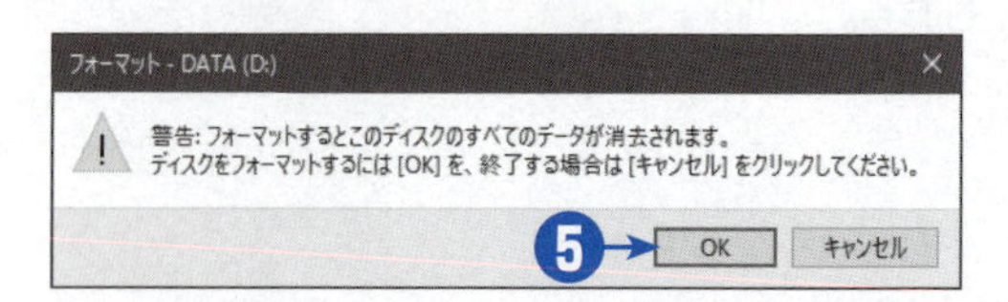

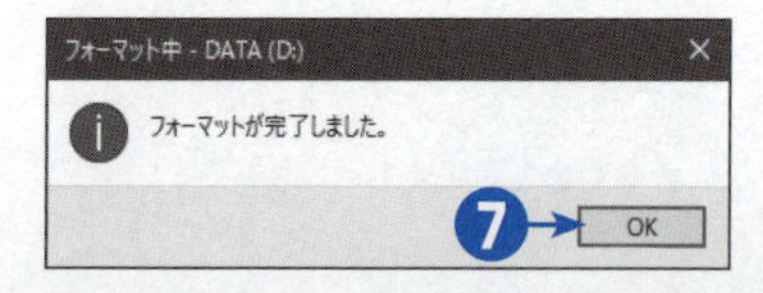

アロケーションユニットとは

本文で紹介した3通りのフォーマット方法は画面デザインもまちまちですが、いずれもファイルシステムの指定と同時に「アロケーションユニットサイズ」も指定できるようになっています。
「アロケーションユニット」とは、あるファイルに対してディスク容量を割り当てる際に、割り当て可能な最小単位のことを言います。Windowsでは、個々のファイルのサイズを1バイト単位で管理していますが、ディスクの領域割り当てを1バイト単位で行うわけではありません。通常、ディスクなどの記憶装置では、あらかじめディスク容量を決められたサイズの単位に区切り、ファイルに対しては決められた単位ごとに領域を割り当てるということをします。ここでこの「あらかじめ決められたサイズ」で区切られた領域のことをアロケーションユニットと呼び、そのサイズのことをアロケーションユニットサイズ、またはクラスタサイズと呼んでいます。

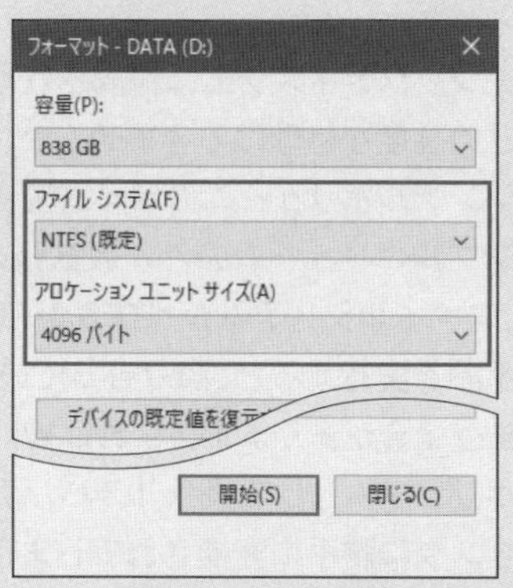

フォーマット画面ではファイルシステムとアロケーションユニットサイズが指定できる

たとえば、あるボリュームのアロケーションユニットサイズが4KB（キロバイト）だったとします。仮に記憶したいファイルのサイズが4Kバイトを超えない場合には、アロケーションユニットが1つだけ割り当てられます。また4KBを超え、8KBバイト未満の場合には割り当てられるアロケーションユニットは2つになります。
注意したいのは、割り当てが4KB単位であるため、たとえ1バイトしかない小さなファイルであっても、4KBぎりぎりのサイズのファイルであっても、どちらもディスク中では4KBの領域を占有するという点です。この例の場合、前者の1バイトのファイルは、割り当てられた4KBの領域のほとんどを無駄に占有することになるわけですが、このように発生する無駄な領域のことを「クラスタギャップ」と呼びます。
こうした問題を考えると、アロケーションユニットサイズは小さくした方がよいように思えるかもしれません。ですが、アロケーションユニットサイズは小さすぎても問題です。というのは、アロケーションユニットを管理するためにもまた、ディスク容量が消費されるからです。
たとえば同じ1MBのファイルを記録する場合、アロケーションユニットサイズが1KBのボリュームでは約1000個のアロケーションユニットを消費します。一方アロケーションユニットサイズが10KBのボリュームに記録すれば、使われるアロケーションユニットの数は100個です。アロケーションユニットを管理するデータが、1ユニットあたり4バイト必要だとすると、前者のボリュームではファイル以外に4Kバイトのデータを使うのに対して、後者のボリュームではその1/10で済む計算です。しかもアロケーションユニットは、数が多ければ処理が複雑になり、ディスクへのアクセス速度が低下します。つまりアロケーションユニットサイズは、クラスタギャップとして無駄になるディスク容量と、アロケーションユニットの管理用として使われるデータが増えることやアクセス速度が低下するという背反する要素をうまくバランスさせて決める必要があるのです。
Windowsでは通常、アロケーションユニットサイズは、ボリュームのサイズから自動的に決定してします。ただしアロケーションユニットサイズは、その特性から、大きなファイルを少数記録する場合にはユニットサイズが大きい方が有利であり、逆に小さなファイルをたくさん記録するボリュームではユニットサイズを小さくする方が有利なのです。ですから、場合によってはWindowsが自動的に決定するアロケーションユニットサイズではなく、管理者が独自にこのサイズを決定する方が有利な場合もあります。
とはいえ、アロケーションユニットサイズの最適値を決めるのは非常に難しい問題です。通常の用途であれば「システムの既定値」のままにしておくのが適切でしょう。

4 ボリュームのサイズを変更するには

ベーシックディスク上に作成されたシンプルボリュームは、ディスク内での位置の移動や他のディスクへの移動などの高度な処理はできませんが、記憶領域に空きがあれば、サイズの拡大/縮小は行えます。ここではそうしたシンプルボリュームのサイズ変更の方法について説明します。

シンプルボリュームのサイズ拡張は、同じハードディスク上の隣り合った領域に未割り当ての領域がある場合で、ファイルシステムがNTFSかReFSの場合に限り実行できます。ただしWindows Server 2019上で本節に示す手順を実行すると、隣り合っていない別の領域や他のハードディスク上の空き領域も拡張用として指定できてしまう場合があります。これはWindows Server 2019がボリュームの拡張ではなく、複数の領域を結合して1つのボリュームとして扱う「スパンボリューム」を自動的に作成するためです。この時、ディスクはダイナミックディスクに勝手に変換されてしまうので、他のOSからはアクセスできなくなる恐れがあります。注意してください。

シンプルボリュームのサイズ縮小は、対象ボリュームに縮小できるだけの空き領域があり、かつボリューム内のファイル配置が適切な場合に限り実行できます。空き領域があっても、移動不可能とマークされたファイルがボリュームの後半にある場合などは、縮小できないこともあります。またボリュームの縮小はファイルシステムがNTFSの場合に限り利用できます。

ここでは説明のために、前節で確保したボリュームを一旦削除し、900GBのディスク中に約500GBのNTFSシンプルボリュームが確保されている状態から操作を説明します。

ボリュームのサイズを拡張する

❶

［ディスクの管理］画面で、サイズ変更したいシンプルボリュームを選択して右クリックし、メニューから［ボリュームの拡張］を選択する。

●ボリュームの拡張を行っても、記録されているデータはそのまま残る。

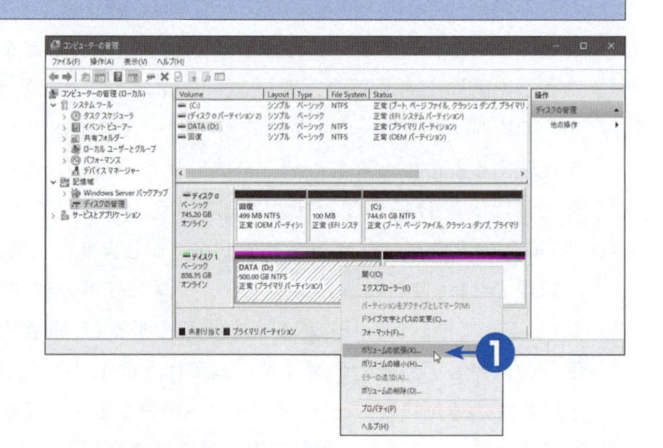

2

［ボリュームの拡張ウィザード］が表示されるので、［次へ］をクリックする。

3

［ディスクの選択］画面が表示される。ディスクの追加は行わず、拡張したい容量だけを指定して［次へ］をクリックする。

- 同じハードディスク上に、現在の領域と隣り合った空き領域があることを確認しておく。
- 隣り合った空き領域がない場合でも、他のディスクなどに空きがあると拡張可能として表示されることがある。この場合、先へ進むと現在のディスクは自動的にダイナミックディスクに変換されて「スパンボリューム」が作成されてしまうため、注意する。
- 何も入力せずに［次へ］をクリックすると、今のディスク内で拡張可能な最大容量が指定される。

4

［完了］をクリックすると、容量の拡張が行われる。

5

容量の拡張が行われていることがわかる。

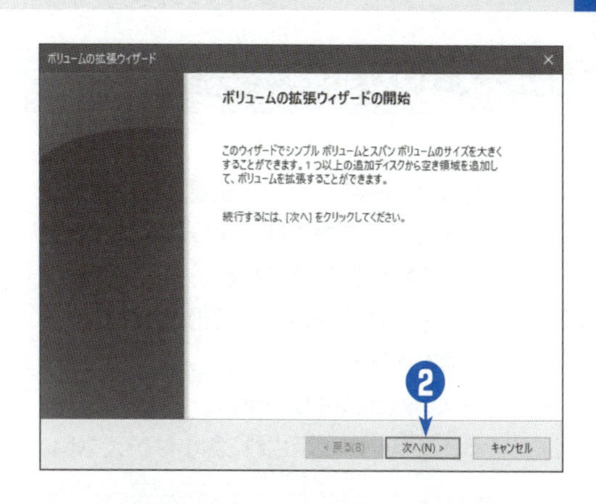

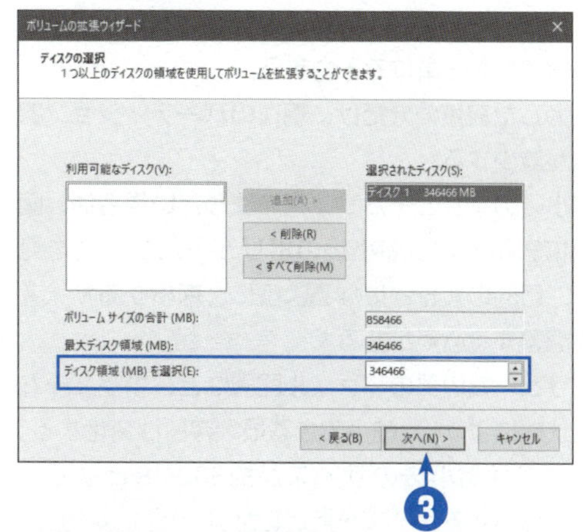

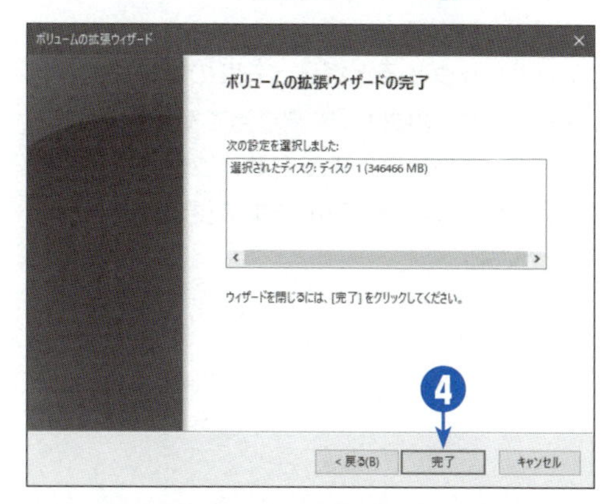

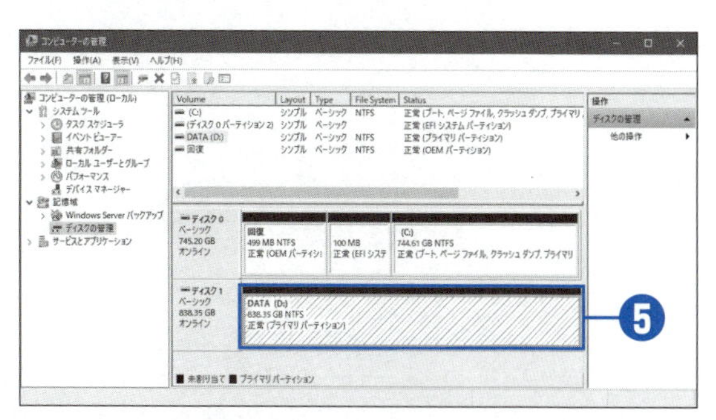

ボリュームのサイズを縮小する

❶

［ディスクの管理］画面で、サイズ変更したいシンプルボリュームを選択して右クリックし、メニューから［ボリュームの縮小］を選択する。

- ボリュームの縮小を行っても、記録されているデータはそのまま残る。
- ファイルシステムがReFSの場合、このメニューを選択するとエラーが表示され、縮小は行えない。

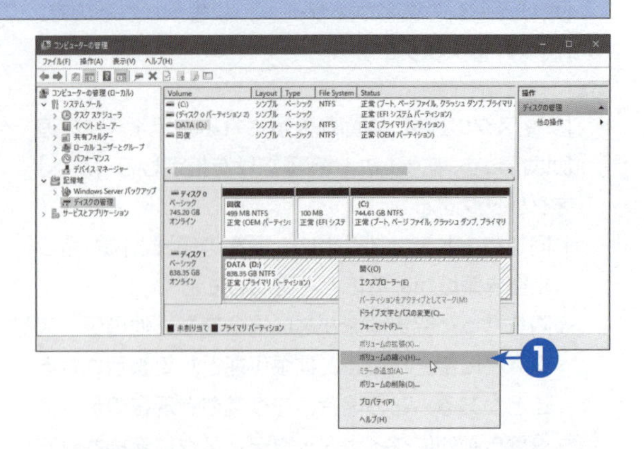

❷

［<ボリューム>の縮小］画面が表示される。縮小したい容量をMB単位で入力する。

- 入力した容量の分だけ、現在のパーティション容量が減少する。
- 縮小後のボリュームサイズを決めたい場合は、画面に表示される縮小後のボリュームサイズを見て、目的の大きさになるように、縮小するサイズを調整する必要がある。
- ボリューム内部のファイル配置など、ボリュームの状態によって、縮小できる最大容量は変化する。
- ここでは縮小後のサイズが約500GBとなるよう、縮小するサイズを指定した。

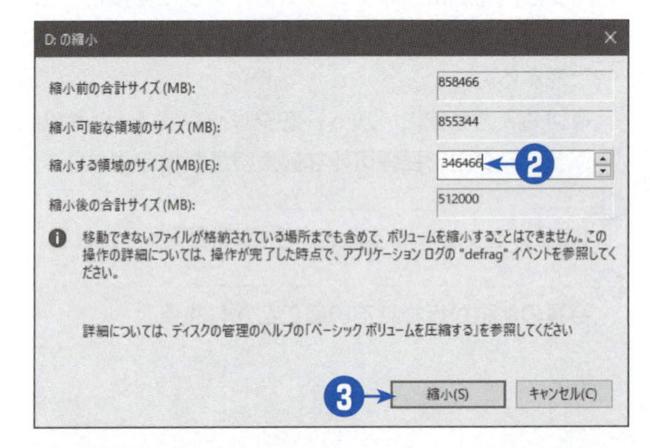

❸

［縮小］をクリックするとボリュームの縮小作業が行われ、縮小された領域は「未割り当て領域」となる。

- ボリューム内の状態によっては、ファイルの配置替えが行われるため、縮小作業に長い時間がかかることがある。

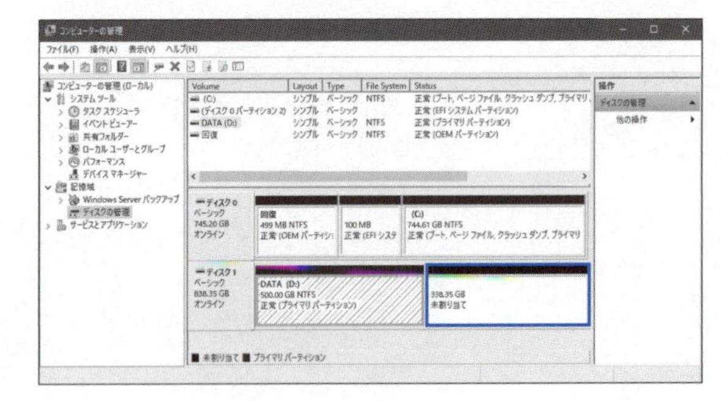

ボリュームを削除するには

既存のボリュームが不要になった場合には［ディスクの管理］画面から削除が行えます。他のOSで使用していたディスクを接続して再利用するような場合には、ここで説明する手順によりボリュームを削除して、再度ボリュームを確保するとよいでしょう。
いったん削除したボリュームは、復活させることができません。ボリューム内のデータもすべて失われてしまうので、ボリュームを削除する前に、本当に削除してよいボリュームであるかどうかをよく確認してください。

ボリュームを削除する

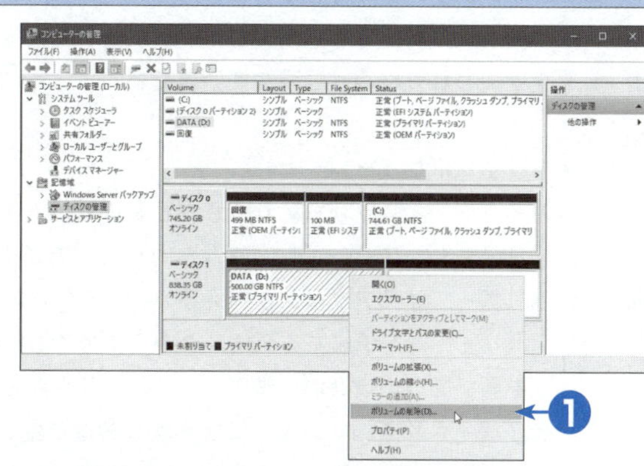

1. ［ディスクの管理］画面で、削除したいボリュームを選択して右クリックし、メニューから［ボリュームの削除］を選択する。
   - ●本当に正しいボリュームを選択しているかどうか、よく確認すること。
   - ●Windows Server 2019がセットアップされているボリューム（通常はC:ドライブ）は削除できない。

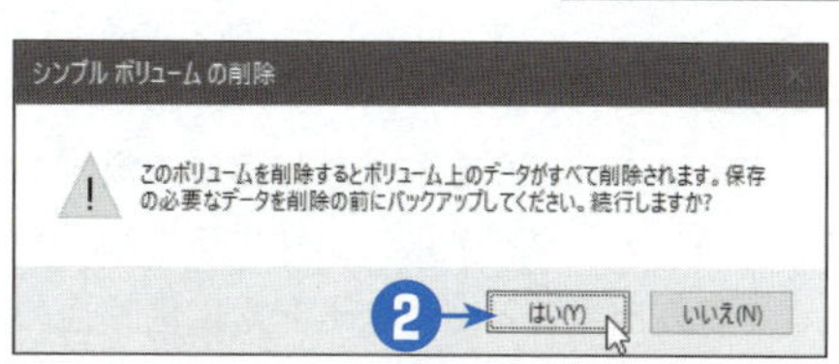

2. ボリュームの削除確認画面が表示される。ここで［はい］を選択する。

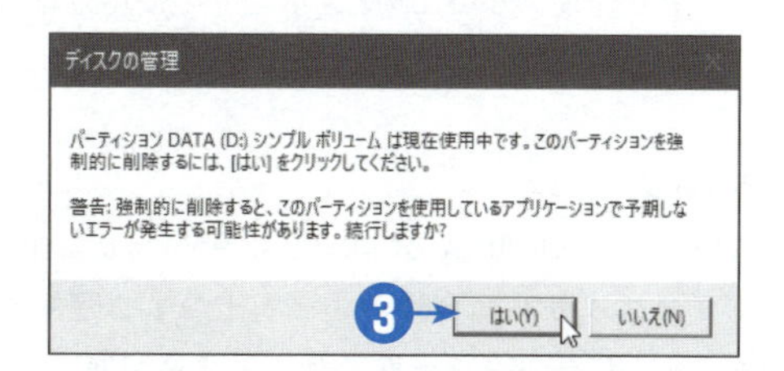

3. 削除対象ボリューム内のファイルやフォルダーを使用しているプログラムがある場合には、再度確認が表示される。ここで［はい］をクリックすると、強制的にフォーマットが開始され、データが消去される。
   - ●この警告が表示された場合は、ファイルを開いたままのプログラムがないか再度確認する。

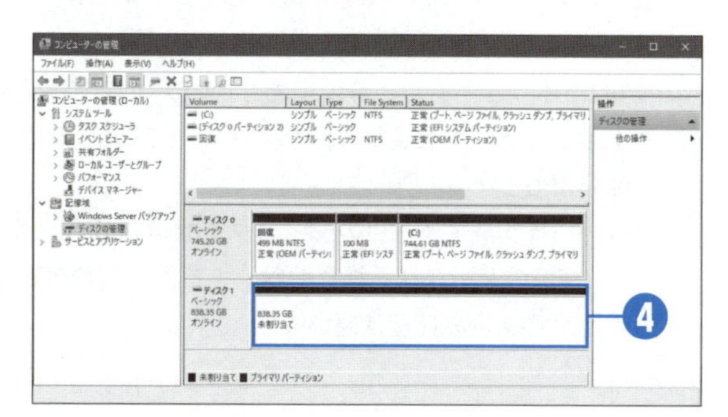

4. 削除されたボリュームがあった領域は、未割り当て領域となる。

コラム　より進んだハードディスクの使い方

ここまでの説明では、ハードディスクを「ベーシックディスク」として作成して「シンプルボリューム」を作成・操作してきましたが、ハードディスクを「ダイナミックディスク」として使えば、シンプルボリューム以外のより進んだボリュームが作成できます。
ダイナミックディスクを使って作成できるボリュームの種類には以下のようなものがあります。

●スパンボリューム

複数の領域を結合し、すべての容量を合計して使用できる大容量のボリューム。結合対象のボリュームは、複数のハードディスクに分散されていてもよいため、小さな容量のディスクを合計して大容量のディスクのように取り扱うことができる。ただし、ボリュームを構成するディスク中の1台でも故障した場合、ボリュームのデータは失われるため、危険な使い方である。

●ストライプボリューム

複数のハードディスクからそれぞれ同容量の領域を1つずつ確保し、すべての容量を合計して使用できる大容量のボリューム。スパンボリュームと同じ使い方ができるが、読み書きの際、データをすべてのドライブに均等に割り振って並列アクセスが行えるため、アクセス速度が高速になるメリットがある。スパンボリュームと同様、ボリュームを構成するディスク中の1台でも故障した場合、ボリュームのデータは失われるため重要なデータを置いてはいけない。また、どのディスクからも同じ容量の領域を必要とするため、使用するディスクの容量が統一されていない場合には無駄な領域が生じる。

●ミラーボリューム

複数のハードディスクからそれぞれ同容量の領域を1つずつ確保し、書き込みの際、すべての領域に同じ内容を書き込む。同じデータを多重に記録するため、ハードディスクが故障した場合でも故障していないディスクからデータを読み出すことができる非常に信頼性の高いボリューム。ただし容量は、1台あたりのディスクから確保した分しか使えないため、ディスクの使用効率は悪い。また書き込み時の速度が低下するという欠点がある。

●RAID-5ボリューム

「RAID」はRedundant Array of Independent（またはInexpensive）Disksの略。ミラーボリュームと同様に複数のハードディスクから同容量の領域を1つずつ確保する。書き込みの際にはストライプボリュームと同様、個々のドライブにデータを分散させて書き込むが、この際、データ検証用の「パリティ」データも併せて書き込む。
RAID-5ボリュームは、最低でも3台のディスクが必要となる。パリティの容量はそのうちディスク1台相当が必要となる。たとえば3台のディスクでRAID-5ボリュームを構成した場合、ボリュームの容量はディスク2台分相当となる。
メンバーを構成する1台のディスクが故障しても、パリティによって壊れたデータを復元できるため信頼性も高く、複数のディスクを結合使用できるため容量効率もよい。ただし書き込み時はパリティの計算が必要となるため、書き込み速度は遅い。

ここに挙げた機能は、Windows ServerではWindows 2000以降で利用できていた機能です。Windows Server 2019でも利用できますが、Windows Server 2019では、これらダイナミックディスクで使用可能な機能をすべて内包した、より新しいディスク管理機能である「記憶域スペース」機能が利用できます。
このため本書では、ここで挙げた機能については説明を行いません。

記憶域スペース機能とは

記憶域スペース機能は、Windows Server 2012とWindows 8から新たに導入された新しいディスクの管理方法です。これまでのディスク管理方式では、Windowsから使用するボリュームはコンピューターに接続された「物理ディスク」と密接に関わっており、管理者はボリュームを作成する際、常に物理ディスクがどのような構成でコンピューターに接続されているかを念頭においておく必要がありました。
たとえばシンプルボリュームであれば、使用できるボリュームのサイズは物理ディスクのサイズを超えることはできません。RAID-5ボリュームであれば3台以上の物理ディスクを接続した上で、各ディスクから同じサイズの領域を確保する必要がある、といった具合で、常に物理ディスクの接続状態を意識する必要があったのです。
記憶域スペースでは、こうした物理ディスクの接続状態や領域の確保といった「ハードウェアの事情」と、サーバーを運用する上で、いつ、どういった種類で、どの程度の容量の記憶領域が必要になるのかといった「運用上の必要性」とを切り離して考えることのできる「ソフトウェア定義ストレージ（ストレージの仮想化）」機能を提供します。
記憶域スペース機能ではまず、コンピューターに接続されている物理ディスクを一括して、1つの「記憶域プール」を作成します。たとえば500GB、1TB、2TBの3台の物理ディスクがコンピューターに接続されているとき、これらを1つにまとめて合計3.5TBの容量を持つ記憶域プールを作成します。
記憶域プールに組み込まれる物理ディスクは、SATAまたはSASにより接続されたハードディスクを使用します。サーバー向けのディスク装置では、ディスクを接続するボード（HA：ホストアダプタ）自体がRAID機能を持っている場合がありますが、そうしたボードで接続されるディスクの場合は、個々のディスク単体がOSからアクセスできる必要があります（BIOSなどから、ディスクの個別のハードウェア名称がアクセスできないような場合は、記憶域スペースでは使用できません）。また記憶域プールには、USB 2.0やUSB 3.0/3.1により接続される外付けディスクも組み込むことができます。ただしUSB接続のディスクは安定性に難があるため、サーバー用途においては、使用を避けてください。
実際にWindowsがディスク領域を使用する場合には、この記憶域プールから容量を指定して、あたかも1台

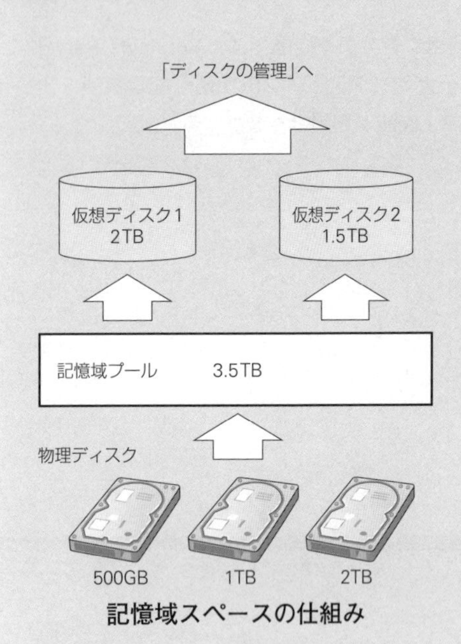

記憶域スペースの仕組み

の物理ディスクが存在するようにして扱える「仮想ディスク」を作成します。仮想ディスクへのアクセスを実際の物理ディスクへのアクセスへと変換する作業は、記憶域スペース機能が行います。

たとえば先ほど作成した3.5TBの記憶域スペースから2TB分の仮想ディスクと1.5TB分の仮想ディスクを作成すると、実際には3台の物理ディスクであるにもかかわらず、Windowsの「ディスクの管理」からはあたかも2TBと1.5TBの2台のディスクが接続されているように見えます。あとは、通常の手順と同じように、ディスク中にボリュームを確保して、フォーマットして使用すればよいわけです。

この機能により、単体ハードディスクの容量からくる制限はなくなります。さらに記憶域スペースでは、実際に存在する物理ディスク容量による制限を回避する「プロビジョニング」と呼ばれる機能も備えています。一般的には「シンプロビジョニング(Thin Provisioning)」と呼ばれている機能ですが、記憶域スペース機能では単に「プロビジョニング」と呼んでいるため、本書の表記もこれに合わせます。

このプロビジョニング機能は、簡単に言えば、現在サーバーに取り付けられているディスク容量よりも大きな容量のディスクを、今すぐに(あたかもその容量のディスクが取り付けられたかのように)扱う機能です。もちろん、実際には存在しないディスク容量をあたかも存在するかのように扱うわけですから、今現実に存在するよりも大容量のデータを記録できるわけではありません。記録するデータが増え、物理的な記憶容量が足りなくなった時点で容量を拡張する必要はあります。しかしながらプロビジョニング機能では、容量が足りなくなる、あるいは足りなくなりそうな時点でハードディスクを追加してやるだけで、パーティションの再フォーマットやデータの移し変えといった作業を行うことなく、サーバーを使い続けることができます。ユーザーの需要に応じて、ディスク容量を動的かつ計画的に増設できることからプロビジョニングと呼ばれます。

前述のように、記憶域スペース機能では、物理ディスクが集められた記憶域プールから必要な容量のディスク領域を確保して仮想ディスクを作成します。プロビジョニング機能では、仮想ディスクの作成時、作成する容量よりも記憶域プールの実容量が小さい場合であっても仮想ディスクの作成が成功します。ディスク内にデータが蓄積され、記憶域プール内のディスクに空きがなくなった時点で初めて仮想ディスクがエラーを報告するようになっており、その時点でプールにディスクを追加すれば、自動的に追加された容量が仮想ディスクによって使われるようになります。

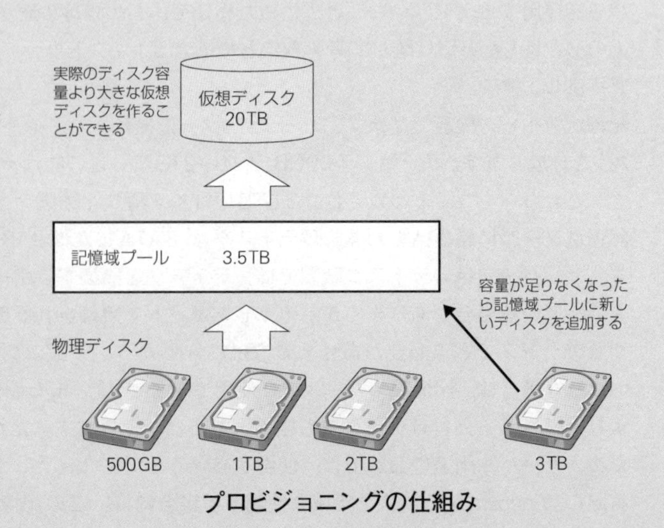

プロビジョニングの仕組み

さらに仮想ディスクには「回復性」と呼ばれる機能もあります。これは、ディスクの管理における「ミラーボリューム」や「RAID-5ボリューム」に相当する機能です。
記憶域スペースの回復性には3つの種類があり、それぞれ「Simple」「Mirror」「Parity」と名付けられています。
「Simple」は、物理ディスクにエラーが発生しても、これを回復することができない「回復性なし」にあたる使い方です。従来の使い方に例えると「シンプルボリューム」または「ストライプボリューム」に相当する使い方となります。記憶域スペース機能では、記憶域プール内に複数の物理ディスクが存在する場合に「Simple」タイプの仮想ディスクを作成すると、複数のディスクを使って自動的にストライプ構成をとるようになっています。複数のディスクに分散してアクセスするためアクセス速度は上がりますが、故障に対する信頼性は下がります。
「Mirror」は、従来で言えば「ミラーボリューム」に相当する機能で、データ書き込みの際に異なる物理ディスクに同じデータを2重に書き込む機能です。2台のディスクに同じデータを書き込んでいるため、1台のディスクが壊れても、もう1台のディスクの内容を参照することでデータを失うことを防げます。ただしこの機能を使うには、記憶域プール内に最低でも2台の物理ディスクが必要です。
「Mirror」にはさらに「3方向ミラー」と呼ばれる使い方もあります。通常の「Mirror」が2台のディスクに対して同じデータを書き込む（「双方向ミラー」と呼びます）のに対し、3方向ミラーでは3台のディスクに対して同じデータを書き込みます。このため、2台のディスクが同時に故障してもデータを失うことがありません。従来のディスクの管理方法にはない使い方で、信頼性は高くなりますがデータの使用効率は下がります。この機能を使うには、記憶域プールの中に最低でも5台の物理ディスクが含まれていることが必要です。
「Parity」は、従来の使い方で言えば「RAID-5ボリューム」と同様の使い方です。書き込みデータを複数の物理ディスクに分散させて書き込みますが、ディスク故障時の回復用として「パリティ」と呼ばれるデータも併せて記録する方法で、メンバー中の1台のディスクが故障してもデータは失われません。この機能を使用するには、記憶域プール中に少なくとも3台の物理ハードディスクが必要です。
Windows Server 2012 R2からは、この「Parity」に「デュアルパリティ」と呼ばれる機能も加わりました。通常の「Parity」（シングルパリティと呼びます）が、ディスク1台の故障に対応するのに対して、デュアルパリティでは、2台のディスクが壊れた場合でもデータを失わないようにできます。ただしこの機能を使うには、記憶域プールの中に最低でも7台の物理ディスクを含むことが必要になります。

記憶域プールを作成するには

「記憶域スペース」機能を使うには、最初に記憶域プールの作成が必要になります。記憶域プールの作成には、最低でも1台の物理ディスクが必要です。ミラーリング機能やパリティ付き仮想ドライブ（RAID-5）を使用するには、それぞれ最低でも2台、3台の物理ドライブを1つの記憶域プールに組み込む必要があります。ここでは最初の例として900GBのディスクを2台使って記憶域プールを構成します。

記憶域プールを新規作成する

1
領域未割り当てのディスクを2台、コンピューターに接続する。
- すでに領域が割り当て済みの場合は、［ディスクの管理］画面などから確保済み領域を削除する。
- 領域を削除する場合には、本当に削除してよいデータかどうか、よく確認しておく。

2
サーバーマネージャーの左上に表示されている［ファイルサービスと記憶域サービス］をクリックする。

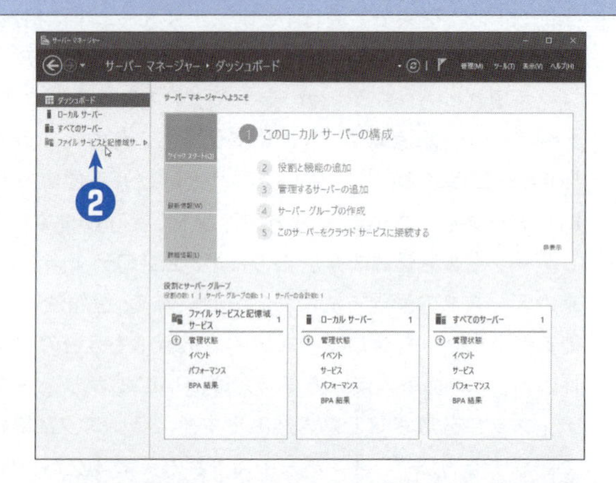

3
［記憶域プール］をクリックする。

4
［記憶域プール］欄の右上にある［タスク］をクリックして、メニューから［記憶域プールの新規作成］を選択する。

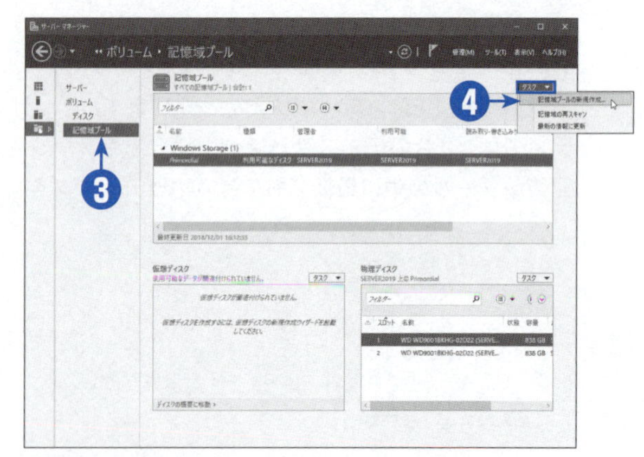

5
［記憶域プールの新規作成ウィザード］が表示されるので、［次へ］をクリックする。

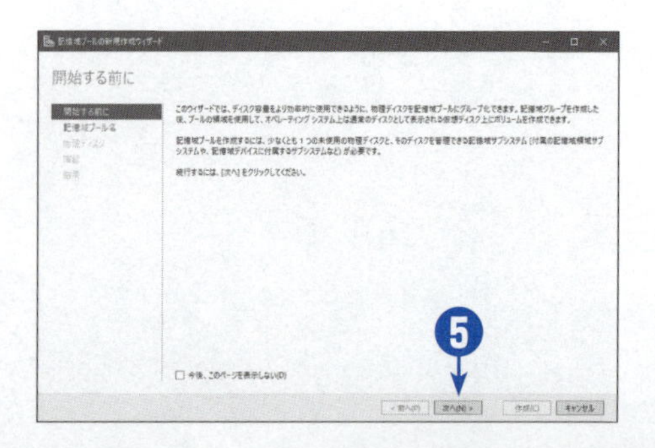

6

［名前］ボックスに、記憶域プールに付けたい任意の名称を入力して、［次へ］をクリックする。

- 名前は自由に決めてよい。今回は「Pool01」と指定した。
- ［説明］は記入してもしなくてもよい。
- ［使用する利用可能なディスクのグループ（ルートプール）を選択してください］に複数の項目が表示されている場合には、自サーバーの［Primordial］を選択する（通常は1つしか表示されない）。

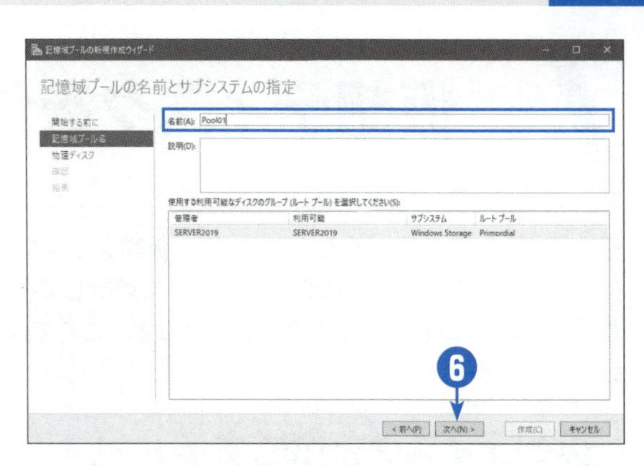

7

記憶域プールに追加したい物理ディスクをクリックして選択状態にする。

- ［スロット］の左側のチェックボックスをクリックすると、すべてのディスクを一度に選択できる。
- ［割り当て］は［自動］のままでよい。

8

［次へ］をクリックする。

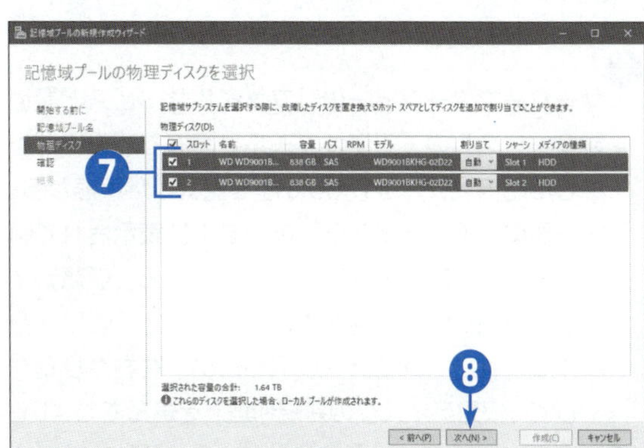

9

［選択内容の確認］画面が表示されるので、内容を確認したら［作成］をクリックする。

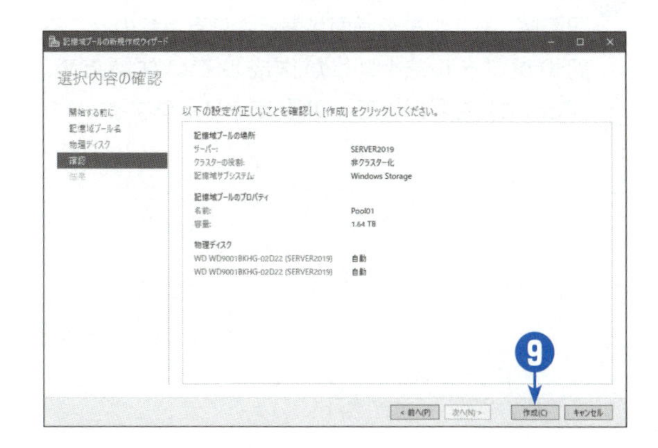

10

記憶域プールの作成が完了したら、［閉じる］をクリックする。

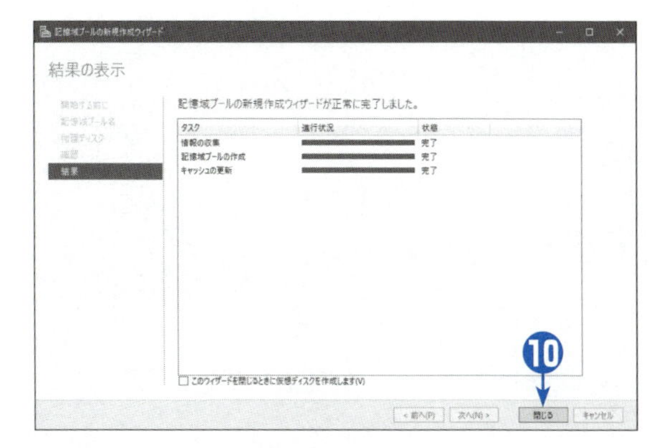

7 仮想ディスクを作成するには

記憶域プールの作成が終わったら、次は仮想ディスクを作成します。仮想ディスクには、冗長化機能を持たない「Simple」、同じデータを複数のディスクに重複して書き込む「Mirror」、最低3台のディスクでRAID-5を構成する「Parity」の3種のレイアウトが選べます。ここでは「Simple」により、冗長性を持たない仮想ディスクを作成してみます。

仮想ディスクを作成する

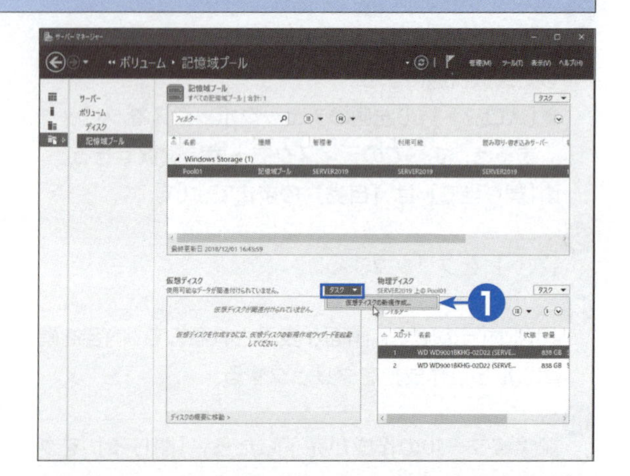

❶ サーバーマネージャーの［ファイルサービスと記憶域サービス］の［記憶域プール］画面で、先ほど作成した記憶域プール［Pool01］を選択した状態から、左下側の［仮想ディスク］欄の右上に表示されている［タスク］をクリックし、メニューから［仮想ディスクの新規作成］を選択する。

●作成された記憶域プール「Pool01」を右クリックして［仮想ディスクの新規作成］を選んでもよい。

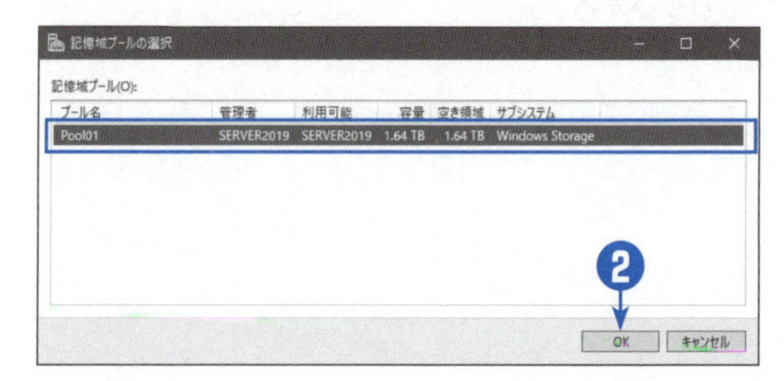

❷ 記憶域プールの選択画面が表示される。今のところ記憶域プールを1つしか作成していないため、［Pool01］を選択して［OK］をクリックする。

3
［仮想ディスクの新規作成ウィザード］が表示されるので、［次へ］をクリックする。
- ［記憶域プールの新規作成ウィザード］の最終画面（前節の最後の画面）で［このウィザードを閉じるときに仮想ディスクを作成します］チェックボックスをオンにしていた場合には、この画面が直接表示される。

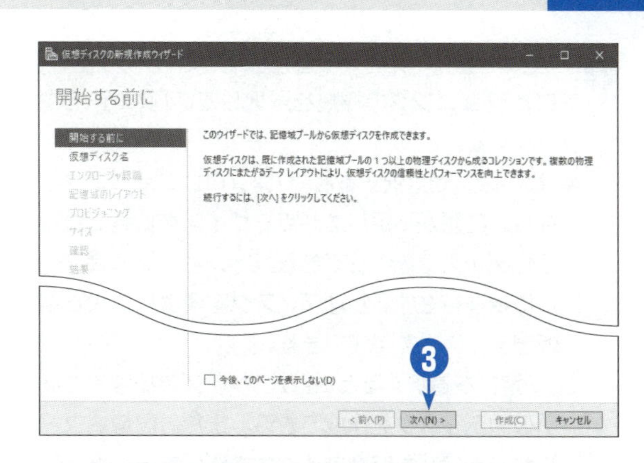

4
［名前］ボックスに仮想ディスクの名前を指定して、［次へ］をクリックする。
- 名前は自由に決めてよい。今回は「VDisk01」と指定した。
- 説明は記入してもしなくてもよい。
- ［この仮想ディスクにストレージ層を作成する］は、記憶域プール内に指定数のSSDが含まれているときのみ選択できる。

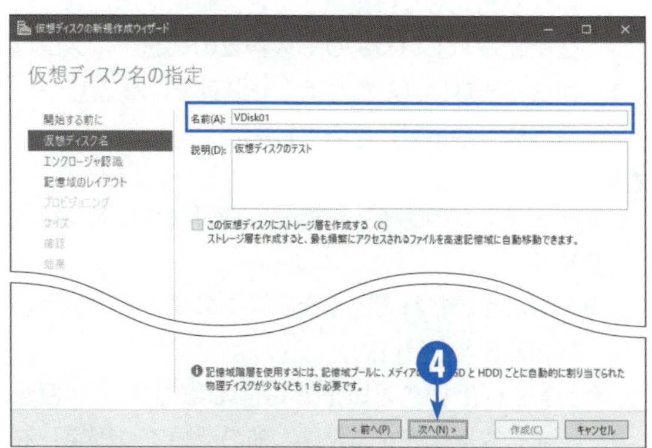

5
［エンクロージャの回復性の指定］では、そのまま［次へ］をクリックする。
- エンクロージャ認識は、システムに3台以上のハードディスクエンクロージャーが接続されている場合に限り選択できる。

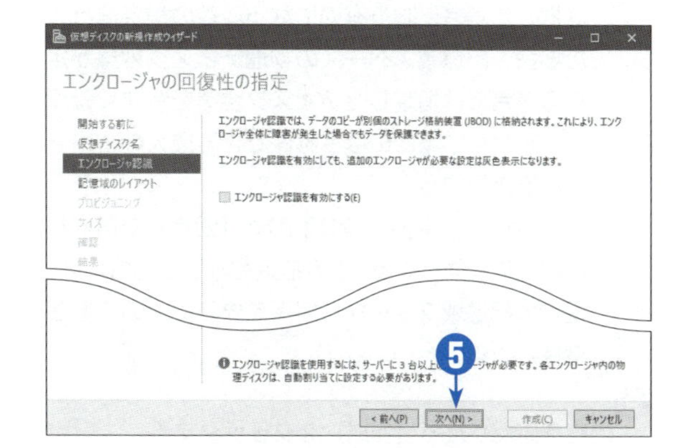

6
仮想ディスクのレイアウトを選択して、［次へ］をクリックする。
- 今回は冗長性を持たない「Simple」を指定した。
- 記憶域プールに複数のディスクがあるときに「Simple」を選択すると自動的にストライピング（RAID-0）構成となり、アクセス速度が高速になる。

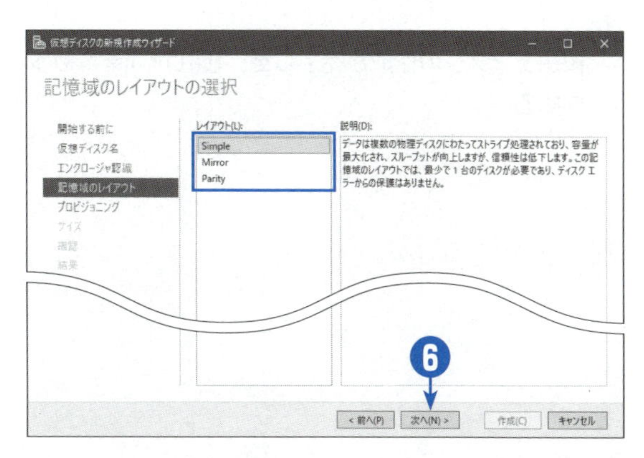

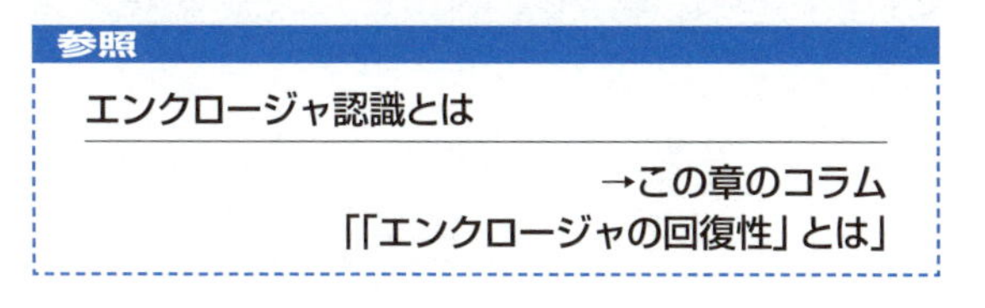
参照

エンクロージャ認識とは

→この章のコラム「「エンクロージャの回復性」とは」

7

プロビジョニングの種類を選択して、[次へ] をクリックする。

- [最小限] を選択すると、シンプロビジョニングとなり、容量が不足した時点でサイズを拡張できる仮想ディスクを作成できる。この場合、記憶域プールに現在存在する物理ディスク容量よりも大きな仮想ディスクを作成できる。
- [固定] を選択すると、後からサイズを拡張できない仮想ディスクを作成できる。また、記憶域プールから指定した容量をすぐさま確保するため、現在接続されているよりも大容量の仮想ディスクは作成できない（ただしアクセス速度は高速）。
- 今回は [最小限] を選択した。

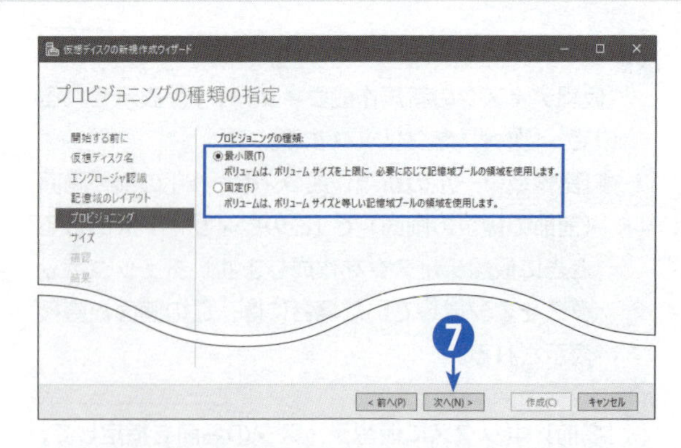

8

仮想ディスクのサイズを指定して、[次へ] をクリックする。

- 実際に接続されているディスクのサイズより大きな20TBを指定した。
- [指定したサイズ以下で可能な限り大きな仮想ディスクを作成する] は、前の手順で [固定] を選択した場合に限り有効になる。この指定を行った場合、記憶域スペースの物理ディスク容量が足りる場合には指定したディスク容量を今すぐ確保し、足りない場合には今確保できる最大の容量をここで確保する。
- [最大サイズ] 欄は、前の手順で [固定] を選択した場合に有効となる。この指定を行った場合には、現在の記憶域プールから確保できる最大の容量が確保される。

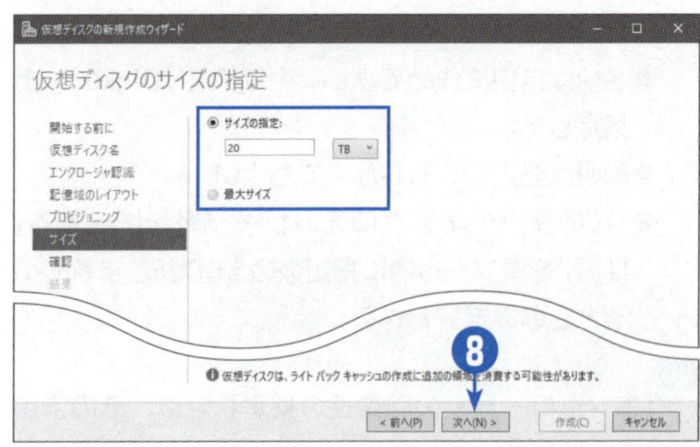

9

内容を確認したら [作成] をクリックする。

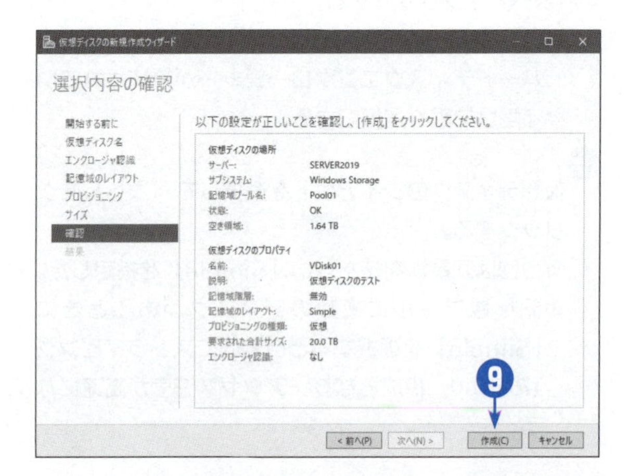

10

仮想ディスクの作成が完了した。[閉じる] をクリックする。

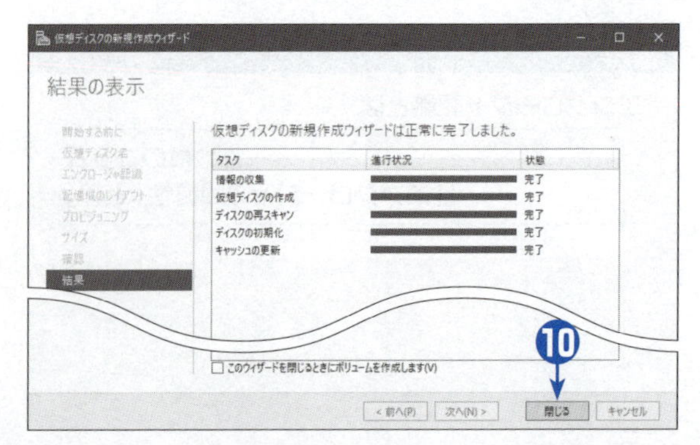

コラム

「エンクロージャの回復性」とは

仮想ディスクの新規作成ウィザードのうち、仮想ディスク名を指定した直後に表示される画面［エンクロージャの回復性の選択］について説明します。

この画面で言う「エンクロージャ」とは、サーバーなどに外付けして使用するハードディスクを収める機器のことを呼びます。小規模なものでは3～8台程度、大規模なものだと30台以上ものハードディスクを1台の機器に収めることができ、サーバー本体との間はデータ用として1本～数本程度のケーブルにより接続されます。また動作用の電源は、サーバー本体とは独立した電源を使用することがほとんどです。

1台の機器に複数のハードディスクを収める構造のため、仮にこのエンクロージャが故障した場合、収められたすべてのディスクが、サーバーから見えなくなります。

小規模エンクロージャの例
http://www.kingtech.co.jp/products/removable/arc-4038.html

記憶域スペースにおける回復性機能では、1つの仮想ディスク中で使われているディスクのうち、1～2台程度が故障してもデータが失われない機能を実現します。たとえばRAID-5（Parity）の最小構成であれば、3台のハードディスクを用いて仮想ディスクを構成し、うち1台が故障してもデータを失わないように構成できます。

しかしエンクロージャを使用している場合、1台の機器の故障で、一度に多くのディスクとの入出力ができなくなります。

たとえば次の図のような例を考えてみます。3台の物理ディスクから構成される「Parity」レイアウトの仮想ディスクをA～Dの4つ作成した状態で、それぞれの物理ディスクは、エンクロージャ1～エンクロージャ3に収められています。上段に示すように、1つのエンクロージャに仮想ディスクを構成する物理ディスクをまとめて配置する方式では、1台のエンクロージャが故障しただけで、アクセスできなくなる仮想ディスクが発生します。たとえばエンクロージャ1が故障すれば、仮想ディスクAはアクセスできませんし、エンクロージャ2が故障すれば仮想ディスクBとCがアクセスできなくなります。

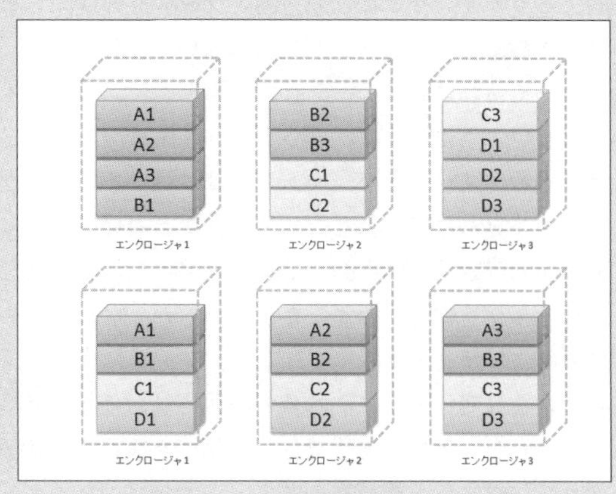

一方、図の下段のような配置をした場合は、どのエンクロージャが故障しても、故障が1台以内であればアクセスできなくなる仮想ディスクは存在しません。Parityレイアウトは、メンバーを構成する物理ディスクの故障が1台までであれば、アクセス不能になることはないためです。このように、エンクロージャを使用する環境では、仮想ディスクを構成している物理ディスクが同一のエンクロージャに収められることを避けた方が、より安全に運用できます。

「エンクロージャの回復性」画面は、記憶域スペース機能において、仮想ディスクを構成する物理ディスクを個別のエンクロージャに分散配置を行うかどうかを指定する画面です。この画面において「エンクロージャ認識を有効にする」を選ぶと、記憶域スペースが物理ディスクを選定する際に、できるだけ物理ディスクが1つのエンクロージャに偏らないように選定されるようになります。なおこの機能を利用するには、コンピューターに最低でも3台のエンクロージャが接続されていることが必要です。さらに、ディスクがどのエンクロージャに収められているかを認識するには、コンピューターがエンクロージャの存在を正しく認識することが必要です。このエンクロージャ認識には「SAF-TE：SCSI Accessed Fault Tolerant Enclosures」（SESと呼ばれている場合もあります）と呼ばれる機能に対応したエンクロージャとインターフェイスが必要となります。この機能を使用したい場合には、使用するエンクロージャがSAF-TEまたはSESに対応しているかどうかを確認してください。

「Simple」レイアウトの信頼性

仮想ディスクのレイアウトのうち「Simple」レイアウトは、記憶域プールに含まれるすべての物理ハードディスクから、同容量ずつを確保してこれらを1つの仮想ディスクとして使用する機能です。入出力の際には複数のディスクにデータを分散できるため、アクセス速度は高速になりますが、プールを構成するディスクの中の1台でも故障すれば仮想ディスク全体のデータが読み出せなくなるため、信頼性という面では危険な使い方です。仮に5台のディスクから構成される記憶域プールにおいて、個々のディスクの故障率（一定期間で故障する確率）をPとし、どのディスクも壊れる確率がすべて同じであるとすれば、その記憶域プールから作成される仮想ディスクが壊れる確率は$1-(1-P)^5$となり、これは故障率が十分に小さい場合であれば、ディスクを単独で使用する場合のおよそ5倍という確率になってしまいます。このように「Simple」レイアウトは、記憶域プール内のディスクの台数が多いほど信頼性が下がる性質を持っています。入出力速度が向上するというメリットがあるとはいえ、プール内のディスク台数はあまり増やしたくはありません。
「Parity」レイアウトについても同様です。Simpleレイアウトに比べると信頼性の高い「Parity」レイアウトですが、こちらも、記憶域プール中のディスク台数が増えれば増えるほど、故障に対する信頼性は低下します。
一方「Mirror」レイアウトの場合、同じデータを複数のディスクに重複して書き込んで、故障に対する安全性を向上させます。たとえば双方向ミラーであれば同じデータを2つのディスクに書き込むことで、仮に1台のディスクが故障してもデータが失われないようにします。またより信頼性の高い方法として用意されている3方向ミラーであれば同じデータを3つのディスクに書き込むことで、同時に2台のディスクが壊れても、データが失われないようにします。同じデータを重複して書き込むわけですから、ディスクの容量が同じであれば記憶できる容量は減りますが、一方で故障に対する信頼性が上がります（ただし、複製する数は限られていますから、台数が多ければ多いほど信頼性が上がるわけではありません）。
Windows Serverの記憶域スペース機能では、同じ記憶域プールから、異なる複数の種類のレイアウトを持つ仮想ディスクを作ることができます。しかしながらプールに含むべき最適なディスクの台数は、使用するレイアウトにより変わってきます。また、プールに含むディスクドライブそのものの信頼性も、格納するデータの重要度により変化します。本書の説明では、使用するレイアウトに関わらず、記憶域プールは1つしか作成していませんが、実際の運用では、信頼性を重視するのか、速度/容量を重視するのかによって、記憶域プールも別々に作成する必要があります。

8 仮想ディスクにボリュームを作成するには

作成した仮想ディスクは、物理ディスクとまったく同じように使用することができます。すでに説明した［ディスクの管理］画面でも認識できますから、この章ですでに説明した「2　シンプルボリュームを作成するには」の手順を使えば、仮想ディスク内にボリュームを作成し、フォーマットして使うことができます。
ボリュームの作成機能は、サーバーマネージャーからでも行えるので、仮想ディスクを作成したあと、その流れのままでボリューム作成し、すぐに使用することも可能です。ただしサーバーマネージャーで作成できるのはシンプルボリュームのみに限られており、それ以外のタイプのボリュームは作ることができません。とはいえ、仮想ディスクはそれ自身がストライピングによる高速化や、ミラーリング、RAID-5といった高信頼性化の機能を持っているため、記憶域スペースで作成された仮想ディスクに対してシンプルボリューム以外のボリュームを作成する必要はありません。
ここではサーバーマネージャーからのシンプルボリューム作成を試してみましょう。

仮想ディスクにボリュームを作成する

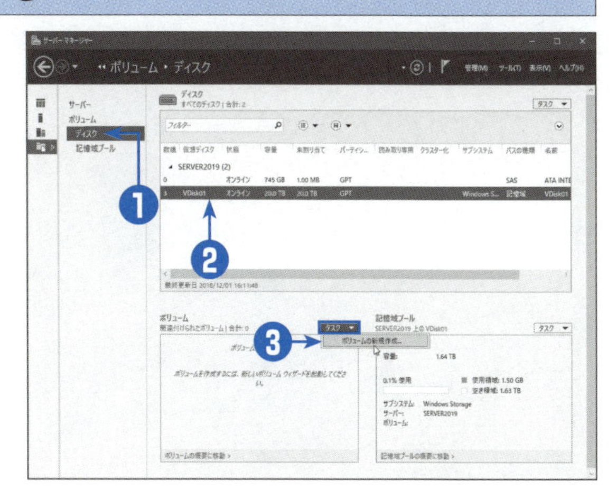

❶
サーバーマネージャーの［ファイルサービスと記憶域サービス］の［ディスク］を選択する。接続された各種物理ドライブのほかに、先ほど作成した仮想ディスク［VDisk01］が作成されている。
●プロビジョニングを設定しているため、容量は実際のディスク容量よりもはるかに多い20TBと表示されているのがわかる。

❷
作成した仮想ディスクをクリックして選択する。

❸
左下の［ボリューム］欄の右上に表示されている［タスク］をクリックし、メニューから［ボリュームの新規作成］を選択する。
●この画面で、画面上部の「ディスク一覧」中に、記憶域プールへの割当済みのディスクが消えないまま残っていることがある。画面上部の「最新の情報に更新」アイコンをクリックすると、ディスク一覧が更新され、割り当て済みディスクはディスク一覧から消える。

❹

［新しいボリュームウィザード］が表示されるので、［次へ］をクリックする。

- ［仮想ディスクの新規作成ウィザード］の最終画面で、［このウィザードを閉じるときにボリュームを作成します］チェックボックスをオンにしておいた場合にも、この画面が自動的に表示される。

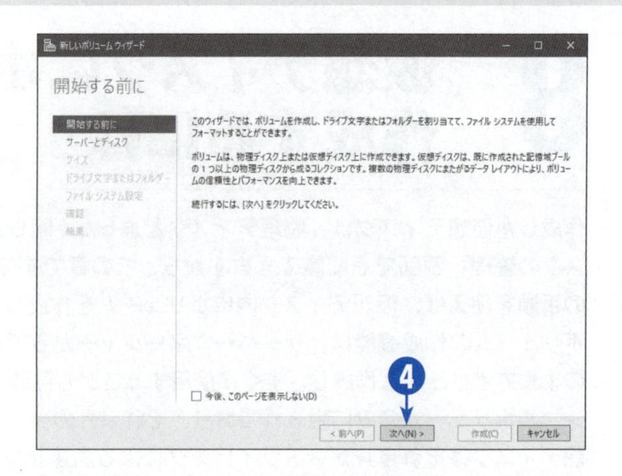

❺

選択されているサーバーおよびディスクが、今回作成した仮想ディスクであることを確認して、［次へ］をクリックする。

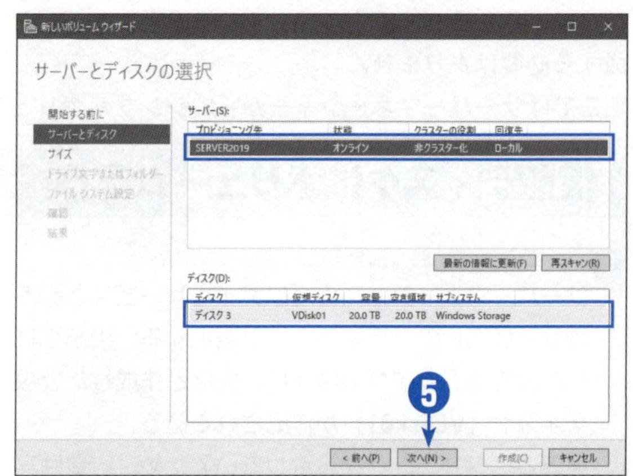

❻

作成するボリュームのサイズを指定する。仮想ディスクはプロビジョニング機能により、20TBの容量が使用可能になっている。ここでは最大サイズである20TBを指定して、［次へ］をクリックする。

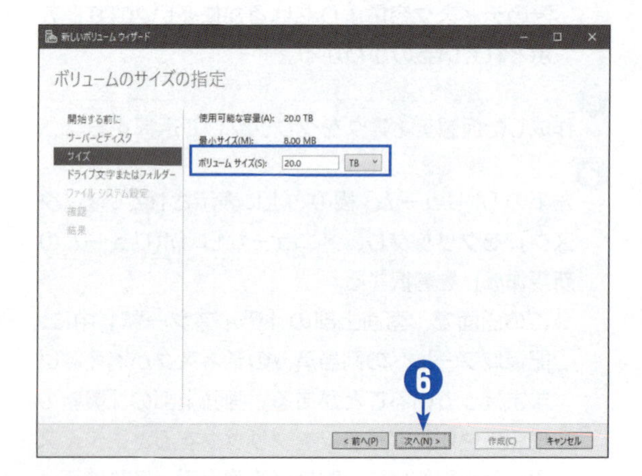

7

作成したボリュームにドライブ文字を割り当てるかどうかを指定する。ここでは［ドライブ文字］を選択して「D」を指定し、［次へ］をクリックする。

- ドライブ文字を割り当てずに、他のドライブ中のフォルダーとしてこのボリュームを接続することもできる。
- この手順は、［ディスクの管理］から行うものと同じである。

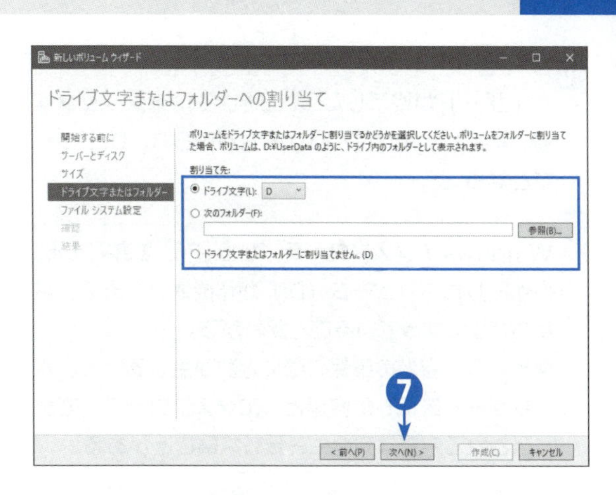

8

フォーマットの方法を指定する。NTFSとReFSのいずれかから選択できる。ここでは［ReFS］を選択して［次へ］をクリックする。

- ［NTFS］を選択した場合には、［短いファイル名を生成する］かどうかを選択できる。過去との互換性を確保するためのオプションだが、すでにあまり使われない機能であり、アクセス速度が低下するなどの弊害もある。サーバーOS上であれば、通常はオンにする必要はない。
- ［短いファイル名を生成する］は、ReFSを選択した場合には選択できなくなる。ReFSではそもそも短いファイル名を生成する機能が存在しないためである。
- ファイルシステムにNTFSを使用した場合に［ディスクの管理］では選択できる［ファイルとフォルダーの圧縮を有効にする］機能もここからは選択できない。
- この画面からのボリューム作成では、フォーマットは常に「クイックフォーマット」になる。

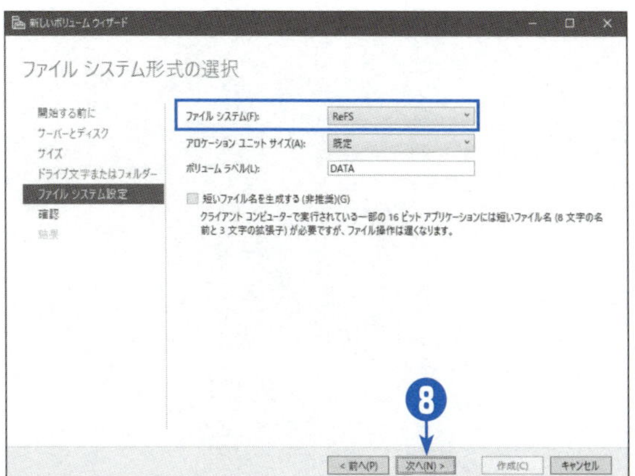

9

選択した設定が表示されるので、確認したら［作成］をクリックする。ボリュームが作成され、その後フォーマットが実行される。フォーマットには数秒～数分程度の時間がかかる。

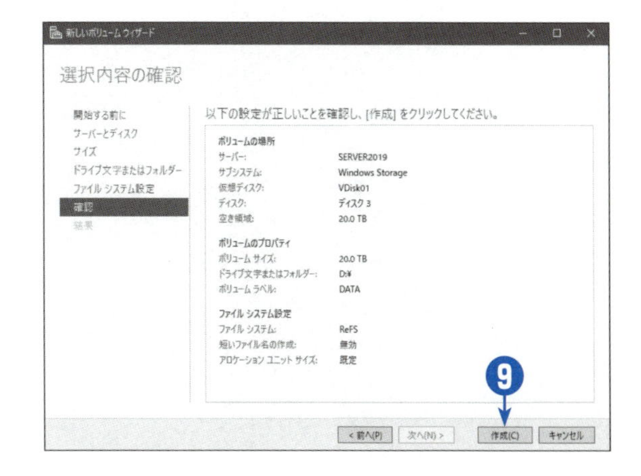

❿ ウィザードが終了したら、［閉じる］をクリックする。指定した領域にボリュームが作られ、D:ドライブとなる。

⓫ Windowsエクスプローラーから[PC]を選択する。今作成したボリューム（D:）が作成され、その容量が20TBになっていることがわかる。

●ディスク容量の確保の際に端数が生じるため、ボリューム確保した容量と、エクスプローラーで表示される容量は完全に一致しないことがある。

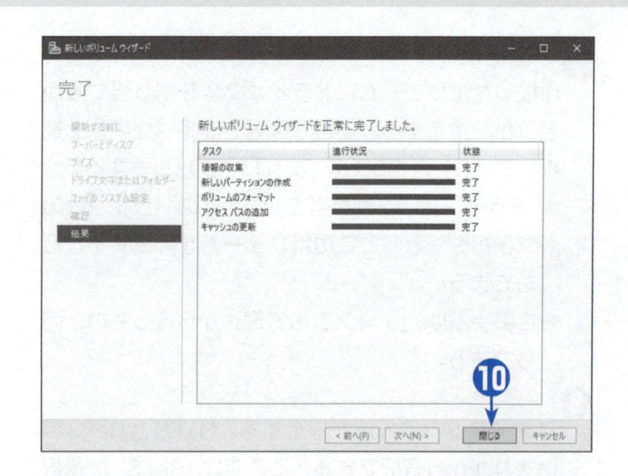

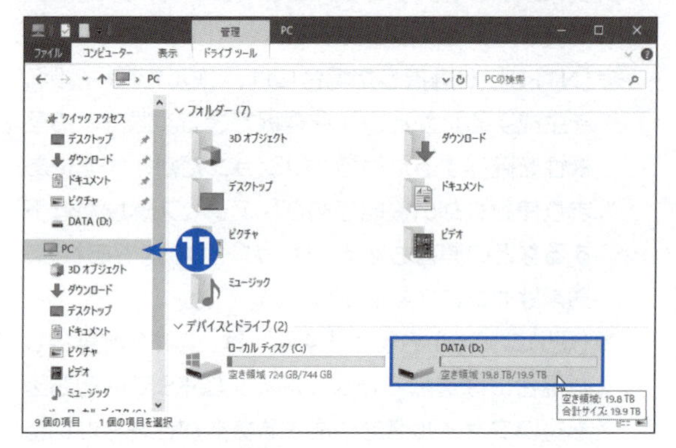

記憶域プールの容量が足りなくなった場合の動作

プロビジョニング機能により、仮想ディスクは、実際にコンピューターに接続されている物理ディスクの容量よりも大きな容量で作成することができます。しかしこうして大きなサイズのディスクを作成しても、実際に記録できるデータ量は記憶域プールに含まれる物理ディスクの容量に制限されてしまいます。つまり、見かけ上のディスクの空き容量が十分にある場合でも、記録されたデータが接続された物理ディスクの容量に達してしまうと、その時点でそれ以上のデータを記録することはできなくなります。そのような状況になってしまった場合、Windows Server 2019はどういった動作をするのでしょうか。

仮想ディスクにデータを書き込んでいくとWindowsは、仮想ディスクを作成する際に指定した容量を上限として、記憶域プールから実際にデータを記録するための領域を取得していきます。しかしいくら記憶域でも、実際にメンバーとして登録されたハードディスクの容量合計よりも多くのデータを記録することはできません。こうした状態になった場合、Windows Server 2019では「ディスクに十分な空き領域がない」旨のエラーを表示します。

ししかし、この状態でもエクスプローラーやディスクのプロパティ画面などで空き領域を確認すると、ディスクには十分な空き領域があるように表示されます。この状態になったら、管理者は記憶域プールに所定の数の物理ディスクを追加してください。

なおWindows Server 2016では、このような場合「アクションセンター」にエラー表示が行われて、何らかの問題が発生していることがわかったのですが、Windows Server 2019ではこの表示はされなくなっているようです。

表示されないのがWindows Server 2019の仕様なのか、それとも何らかの障害で表示されない状態にあるのかは不明です。いずれにしろ現状では、記憶域スペースの容量不足については「イベントビューアー」で確認するしかありません。その方法については、この章の「9 記憶域プールの問題を確認するには」を参照してください。

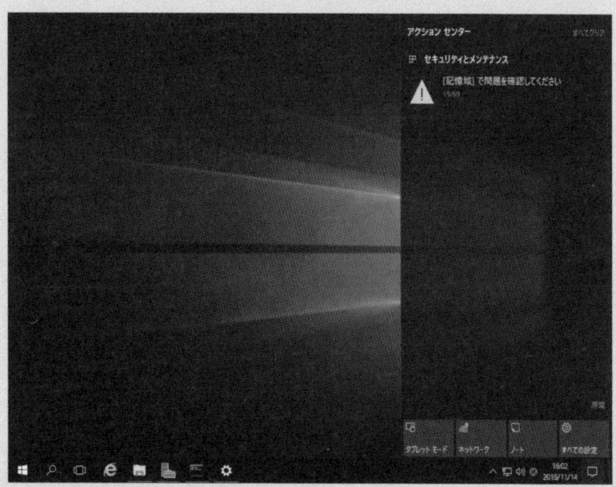

Windows Server 2016で行われていたアクションセンターのエラー表示は、2019では表示されない。

記憶域プールの問題を確認するには

この章の8節や11節では、Windows Server 2019の記憶域機能において物理ディスクの容量不足や、物理ディスクの障害が発生した場合でも、通常のWindows操作画面ではその事実が画面上で明確に表示されないため、管理者が問題を把握し難いことを説明しました。記憶域プール自体は強力で便利な機能ですが、管理が行い難いのは問題です。

そこで本節では、記憶域プールで問題が発生した際の確認方法と、よりわかりやすくするためにメール通知を設定する方法について説明します。

記憶域プールの問題を確認する

❶ サーバーマネージャーの［ツール］メニューから［イベントビューアー］を選択する。

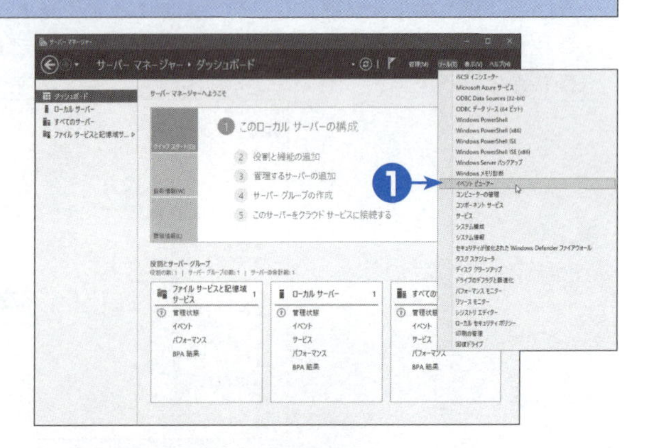

❷ ［イベントビューアー］が起動するので、左側ペインで［アプリケーションとサービスログ］－［Microsoft］－［Windows］－［StorageSpaces-Driver］－［Operational］の順に選択する。

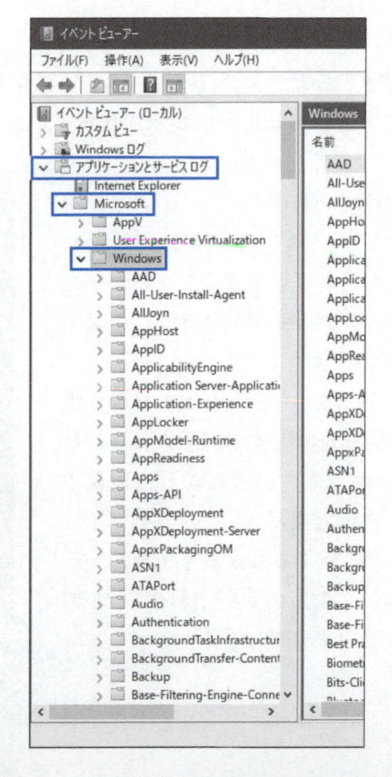

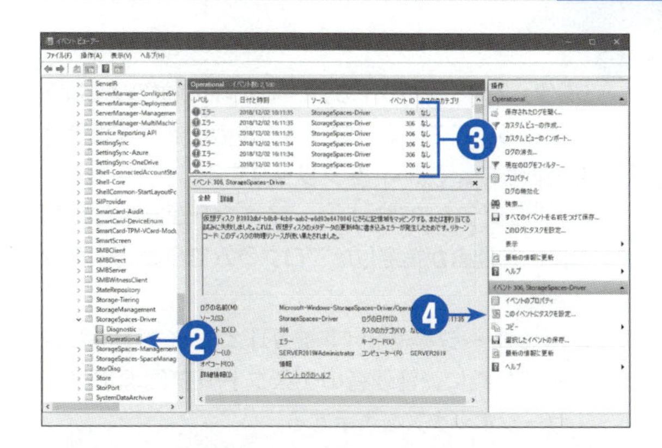

3

記憶域機能で問題が発生している場合には、中央ペインに赤の［!］アイコンが表示される。イベントIDが「306」となっているのが、記憶域プールからのディスク確保を失敗したメッセージである。これを確認したら、記憶域プールの容量不足と判断して、ディスクを追加する。

●障害の種類によって、「306」以外のイベントが記録されていることもある。

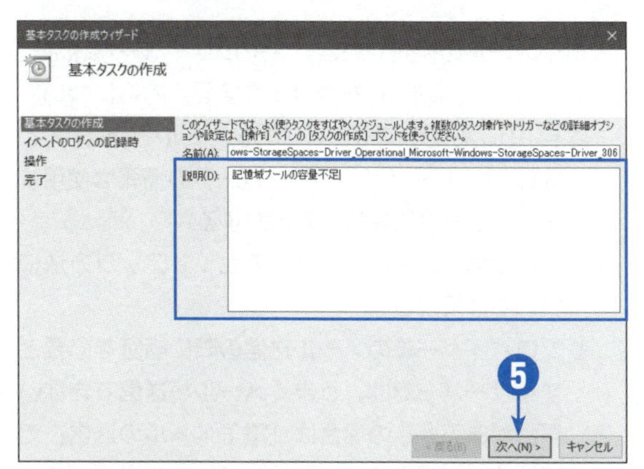

4

イベントが発生したらメール通知が行われるように設定する。イベントIDが「306」のメッセージを選択して、右側ペインから［このイベントにタスクを設定］をクリックすると［基本タスクの作成ウィザード］が表示される。

●他の種類の障害について警告したい場合は、イベントIDごとに以下の操作を行う。

5

［基本タスクの作成ウィザード］の最初の画面では［説明］に、障害の種類などわかりやすい説明を追加して［次へ］をクリックする。

●ここでは「記憶域プールの容量不足」と入力した。

●［説明］の入力は必須ではない。

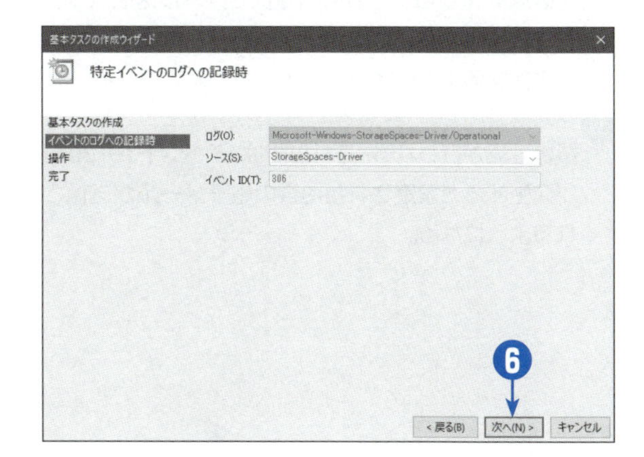

6

次の画面では入力する項目はないので、そのまま［次へ］をクリックする。

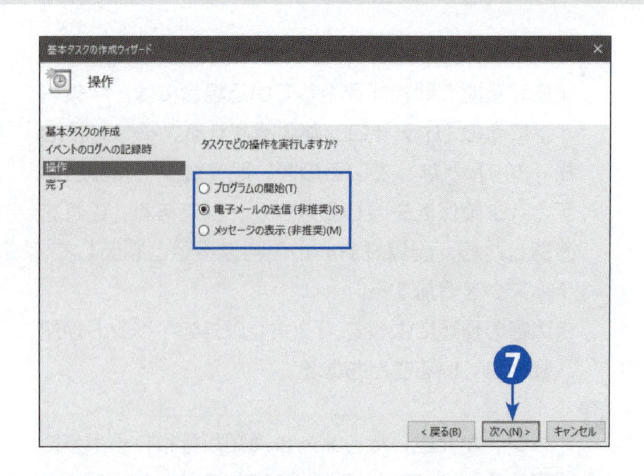

7

［操作］では、イベントが発生した際の動作の種類を決定する。ここでは［電子メールの送信（非推奨）］を選択して、［次へ］をクリックする。

- ［プログラムの開始］は、イベントが発生した際に、管理者が指定したプログラムを自動的に実行する。
- ［メッセージの表示（非推奨）］は、イベントが発生した際に、管理者のデスクトップ画面にメッセージボックスを表示する。

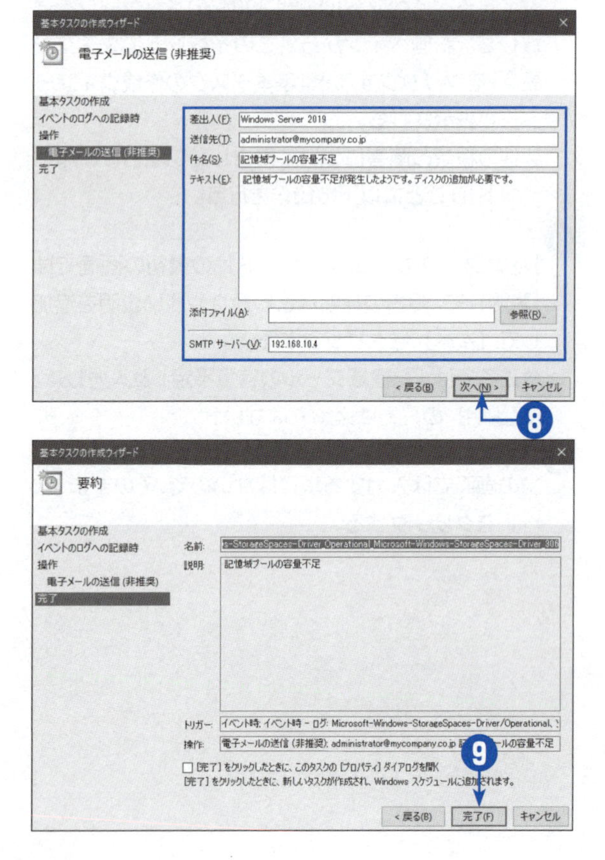

8

電子メールの宛先や内容、メールサーバー情報などを入力して、［次へ］をクリックする。内容については自由に決定してよい。宛先メールアドレスとSMTPサーバー（メールサーバー）の情報は使用するネットワークに合わせて入力する。

- 本書では、メールサーバーのセットアップ方法については解説しない。
- プロバイダー等のメール送信の際に認証を必要とするサーバーでは、うまくメールが送信できない場合がある。この場合は［電子メールの送信］ではなく、［プログラムの開始］でメール送信バッチファイルやPowerShellスクリプトなどでメール送信するようにする。

9

最終確認が行われる。これ以降は、イベントID「306」が発生すると設定された内容の電子メールが送信されるようになる。

10 記憶域プールに物理ディスクを追加するには

プロビジョニング機能により、実際に存在する物理ディスクの容量よりも大きなサイズで作成された仮想ディスクにデータを蓄えていくと、やがて記憶域プールのディスク容量を使い切ってしまい、容量不足が生じます。このような状態になったら、記憶域プールに新たにディスクを追加します。ここではこの一連の手順について解説します。

記憶域プールにディスクを追加する

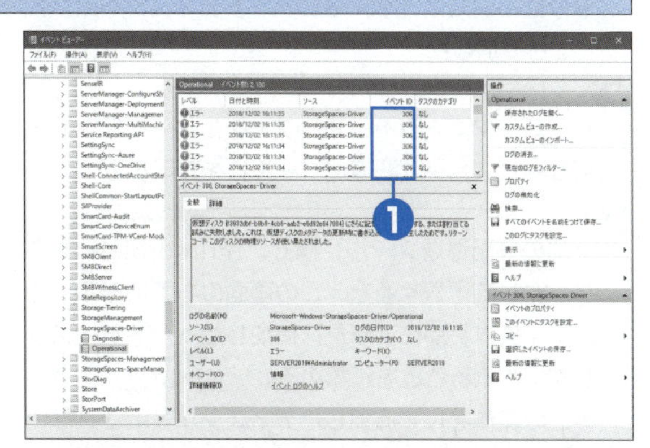

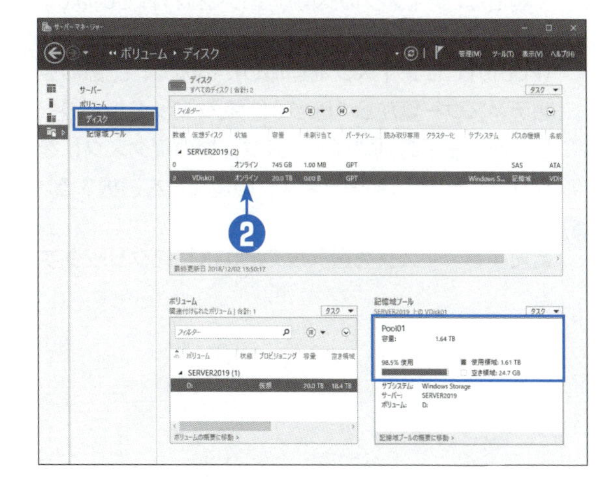

❶ 記憶域スペースの仮想ディスクで、ディスクがいっぱいになった状態を発生させる。イベントビューアーで確認すると、イベントID「306」が発生している。

❷ サーバーマネージャーで［ファイルサービスと記憶域サービス］－［ディスク］を確認する。仮想ディスク［VDisk01］をクリックして選択すると、右下の表示により、記憶域プールである「Pool01」の割り当て済み領域が100%に近くなっていることがわかる。

●サーバーマネージャーを起動済みの場合は、最新の状態に更新しないとディスク使用量が更新されないことがある。この場合は、画面上部の［最新の情報に更新］アイコンをクリックする。

3

Pool01にディスクを追加するため、一旦コンピューターをシャットダウンし、新たにハードディスクを接続した後再度起動する。

- ホットプラグできないディスクを追加する場合には、必ずコンピューターの電源を落とした状態でディスクを取り付ける。
- 容量不足になった仮想ディスクの構成により、追加しなければならないディスクの台数は変化する。
- 今回の例では、900GBのハードディスクを新たに2台追加した。

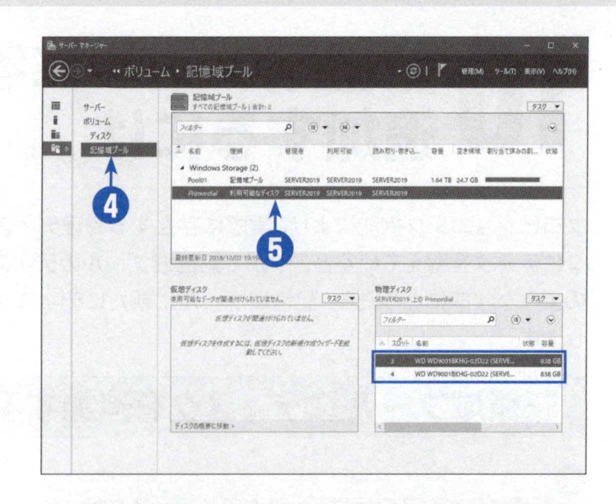

4

サーバーマネージャーで［ファイルサービスと記憶域サービス］→［記憶域プール］を表示する。

5

上部の［記憶域プール］欄で、［Primordial］をクリックして選択すると、この画面の右下にある［物理ディスク］欄に、新たに追加したハードディスクが表示されることを確認する。

- この操作をして追加したディスクが表示されない場合は、ディスクの認識が正しく行われていない。

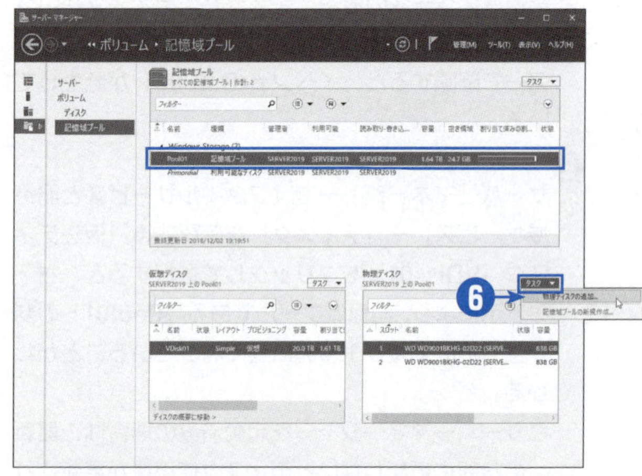

6

［Pool01］にディスクを追加したいので、上部の仮想ディスク一覧から［Pool01］をクリックして選択し、次に右下の［物理ディスク］欄の［タスク］をクリックして、［物理ディスクの追加］を選択する。

7

追加するディスクを選択して、［OK］をクリックする。

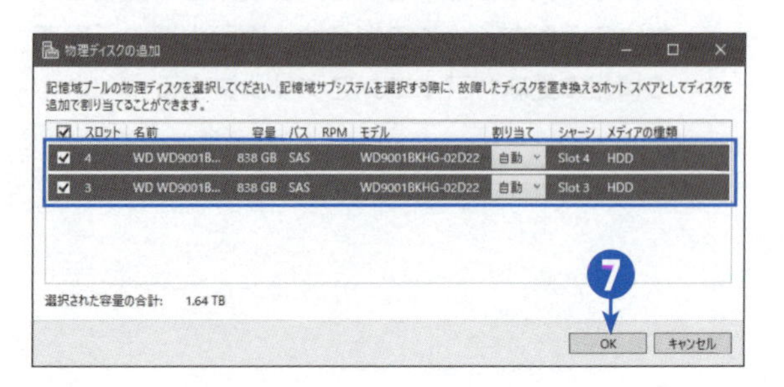

参照

仮想ディスクの追加については

→この章のコラム「記憶域プールへのディスク追加の制限」

8

仮想ディスク内の物理ディスク台数が4台に増え、記憶域プールにも十分な容量が残っていることがわかる。

● [記憶域プール] 欄の [Pool01] の [割り当て済みの割合] が、追加前までは100%に近かったが、追加後は約50%になっていることがわかる。

9

再度ファイルコピーを試すと、コピー可能になる。

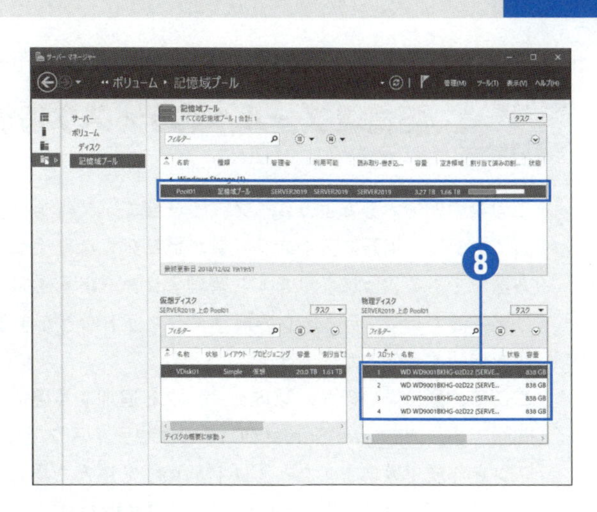

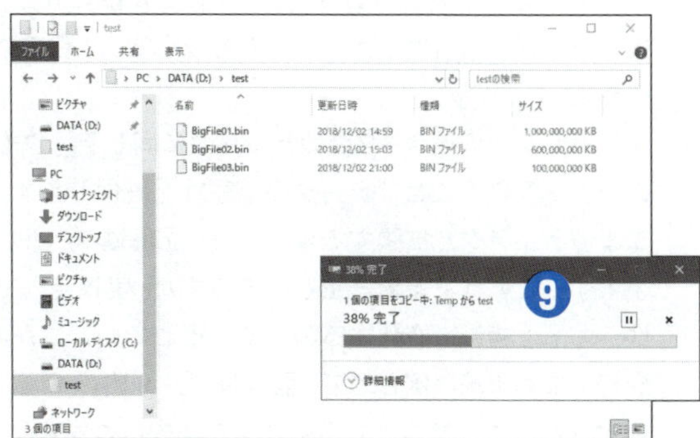

記憶域プールへのディスク追加の制限

この章の例で示したように、プロビジョニング機能を使えば、あらかじめサイズの大きな仮想ディスクを作成しておいて、実際にディスク容量が足りなくなりそう/足りなくなったときにディスクを追加するという運用方法ができるようになります。管理者はハードディスクを追加して、記憶域プールに対してそのディスクを割り当てるだけで、ディスクの再フォーマットなどをすることなしに、ユーザーに意識させない形でディスク容量を拡張することができます。
ここで注意したいのが、物理ディスクを追加する際に「何台のディスクを追加する必要があるのか？」という問題です。Windows Server 2019の仮想ディスクでは「Simple」「Mirror」「Parity」という３つの種類の仮想ディスクを作成できます。たとえば「Mirror」を選んだ場合、記憶域プールに登録された物理ディスクの中から２台（３方向ミラーの場合は５台）のディスクが使われて、ミラーリングされた仮想ディスクが作成されます。この仮想ディスクの容量が足りなくなったとき、１台の物理ディスクを追加するだけで容量が拡張できるのでしょうか。
ミラーリングの場合、２台のディスクに同じデータを書き込むことで、一方が故障してももう一方のディスクのデータを使うことでデータの信頼性を確保します。ですから、ミラーリングによる信頼性の高さを確保したままでディスクを拡張する場合には、記憶域プールに対して２台の物理ディスクを追加しなければいけないはずです。これはある意味正しいのですが、実はそうではない場合もあります。何台のディスクを追加すべきかは、もっと複雑に変化するのです。そこでいくつかの例を考えてみましょう。
最初に最も単純な例として、記憶域プール内に1TBの容量の物理ディスクが２台存在していて、そのプールから「Mirror」タイプの仮想ディスクを作成した場合を考えます。「Mirror」タイプの場合、２台のディスクを必要とし、ファイルを記録すると、それぞれのディスクから同じだけのディスク容量を使います。データの記録を続けていけば、やがて２台のディスクは同時に空き容量がなくなります。
この場合、記憶域プールを拡張するには、物理ディスクを２台追加しなければいけません。「Mirror」タイプの場合、独立した２台の物理ディスクからそれぞれ同じ容量を確保できなければ、信頼性のある仮想ディスクを作成できないからです。

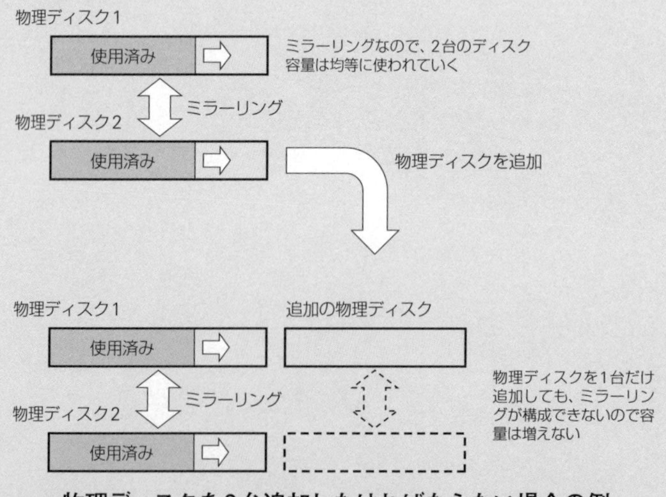

物理ディスクを２台追加しなければならない場合の例

では最初の条件として、記憶域プール内に1TBと2TBの物理ディスクが1台ずつあった場合を考えてみましょう。すでに説明したように、記憶域プールには、接続方式も容量もばらばらな物理ディスクを混在させることができますから、こうした使い方でも問題はありません。

この場合、データの記録を続けて行き、仮に1TB側の物理ディスクに空きがなくなっても、2TBの物理ディスクにはまだ空きが1TB分残っています。このような場合、ディスクの追加は必要にはなりますが、追加する台数は1台で十分です。2TB側に残っている容量と、新たに追加される物理ディスクの容量とで、ミラーリングが行えるからです。

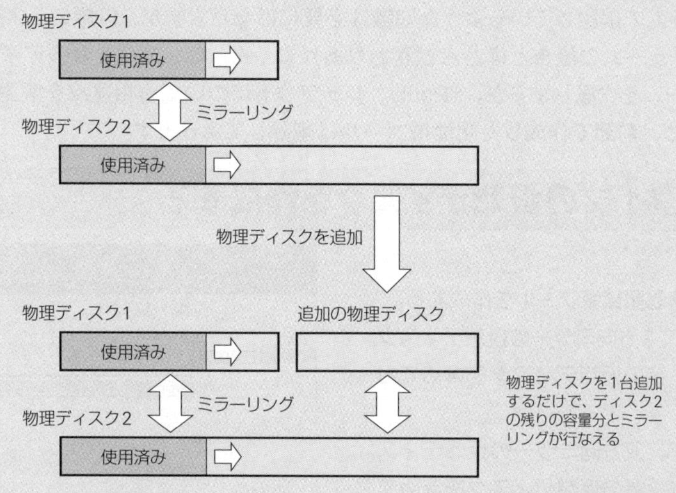

ミラーリングを使っているのに、1台のディスク追加で済む場合の例

こうした現象はほかにも、最低3台の物理ディスクを必要とする「Parity」タイプの仮想ディスクと、2台のディスクを必要とする「Mirror」タイプの仮想ディスクを同じ記憶域プールから確保した場合などにも発生します。冗長機能を持たない「Simple」タイプの場合でもこの制限が加わることがあります。「Simple」レイアウトは、最低1台の物理ディスクから構成できますが、記憶域プール中に複数ディスクが存在するときには「Simple」レイアウトでも、複数のドライブ間で分散書き込みする「ストライピング」が構成されるためです。

このように、1つの記憶域プール内に容量が異なる物理ディスクを混在させた場合や、レイアウトが異なる複数の仮想ディスクを作成した場合、個々の物理ディスクの使用可能容量にアンバランスが生じ、サーバーマネージャー画面上の「記憶域プール」では空き容量があるように見えるにもかかわらず、期待した容量の仮想ディスクが作成できない、あるいは希望するレイアウトの仮想ディスクが作成できないなどの現象が生じます。このような場合には、記憶域プールに含まれる個々の物理ディスクのプロパティ画面から、ディスクごとの空き容量を確認するなどしてください。

11 信頼性の高いボリュームを作成するには

Windows Server 2008/2008 R2までの［ディスクの管理］でも、ミラーボリュームやRAID-5ボリュームを構成することは可能です。この機能はWindows Server 2019でも使用できますが、ボリュームを構成する物理ディスクのパーティション分けや空き容量の管理などは、管理者が意識する必要がありました。一方、記憶域スペース方式では、仮想ディスクを作成する際のレイアウト選択だけで、物理ディスクの配置を意識する必要はなくなりました。一方で、コラムで解説しているような知識は必要にはなりますが、仮想ディスクの作成自体は非常に簡単で、「Simple」ボリュームの場合とほとんど変わりありません。ここでは5台のディスクを使って3方向ミラーを構成するボリュームを作成しますが、「Parity」レイアウトについても相違点を解説します。
なお、本節の説明のため、前節で作成した記憶域プールは削除してあります。

3方向ミラータイプの仮想ディスクを作成する

1

物理ディスクを5台含む記憶域プールを作成する。

- 「Mirror」タイプで、3方向ミラーの仮想ディスクを作成するには、5台の仮想ディスクを含めておく。
- 「Mirror」タイプで、双方向ミラーの仮想ディスクを作成するには、2台の仮想ディスクを含めておく。
- 「Parity」タイプの仮想ディスクを作成するには、2台ではなく、最低3台の仮想ディスクを含めておく。

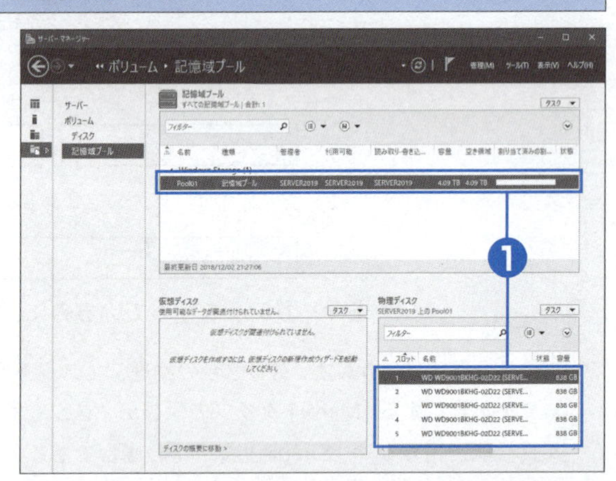

参照

記憶域プールを作成するには

→この章の6

2

［仮想ディスクの新規作成］を選択し、使用する記憶域プールとして［pool01］を選択して、［仮想ディスクの新規作成ウィザード］を起動する。［次へ］をクリックする。

- 操作方法は「Simple」タイプの仮想ディスクを作成する場合と同じである。

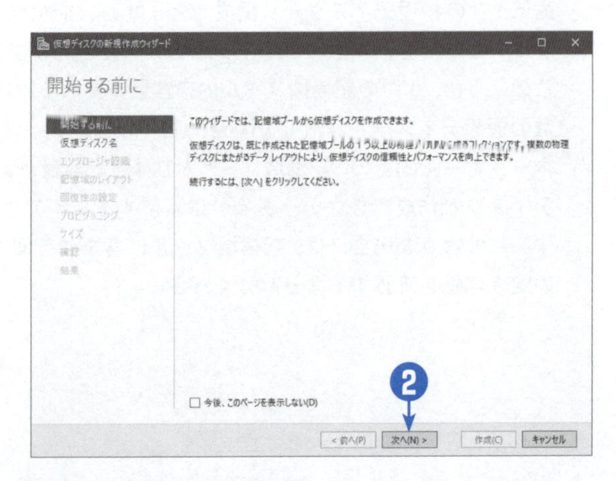

参照

「Simple」タイプの仮想ディスクを作成するには

→この章の7

3

仮想ディスク名を指定する。今回は「MirrorDisk」とした。［次へ］をクリックする。

4

［エンクロージャの回復性の指定］では、そのまま［次へ］をクリックする。

5

仮想ディスクのレイアウトとして［Mirror］を選択する。これだけで、ミラーリング構成のディスクが作成できる。［次へ］をクリックする。

●ここで［Parity］を選択すると、RAID-5タイプの仮想ディスクを作成できる。

6

［回復性の設定］を選択する。［双方向ミラー］［3方向ミラー］のうち、どちらか一方を選ぶ。［次へ］をクリックする。

●この画面は［Mirror］レイアウトの場合で、かつ、記憶域プール内に5台の物理ディスクが含まれている場合に限り表示される。

●ここでは［3方向ミラー］を選ぶ。

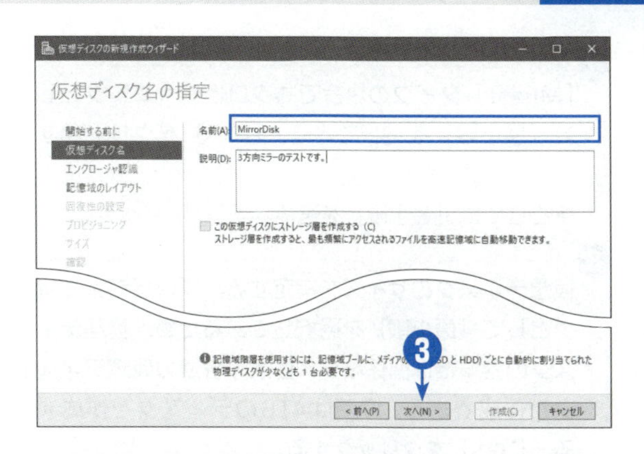

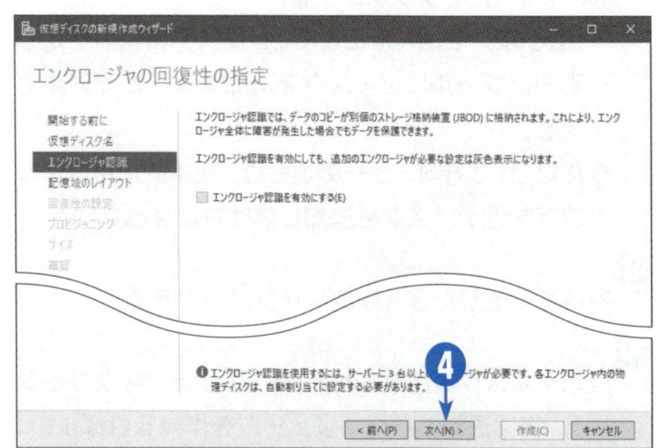

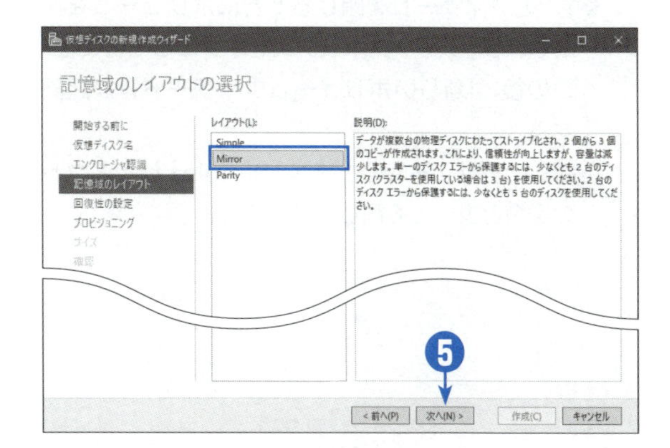

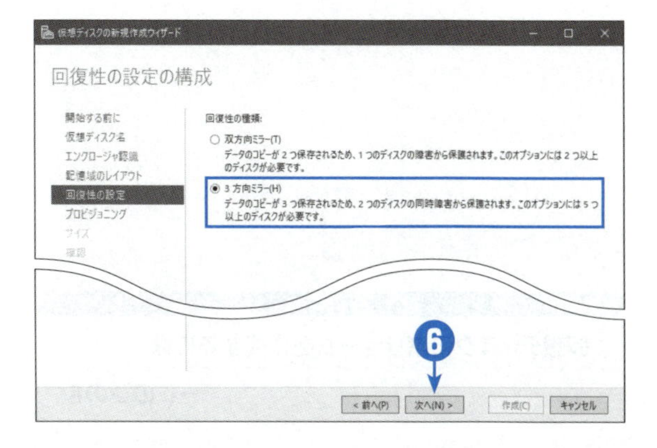

7

「Mirror」タイプの場合でもプロビジョニングとして［最小限］を選択できる。［次へ］をクリックする。

●ここでは［最小限］を選ぶ。

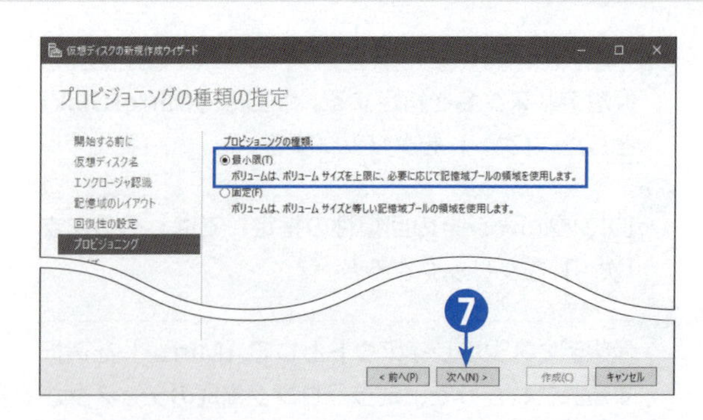

8

仮想ディスクのサイズを指定する。プロビジョニングとして［最小限］を選択してあるため、物理ディスクの容量とは関係なく、任意の容量の仮想ディスクが作成できる。今回は4TBのディスクを作成する。［次へ］をクリックする。

●［最小限］を選んだことで、ディスク容量が不足しても、プールにディスクを追加することで対応できる。

●ただし、3方向ミラーの場合は、基本的には5台単位で物理ディスクを追加しなければならない。

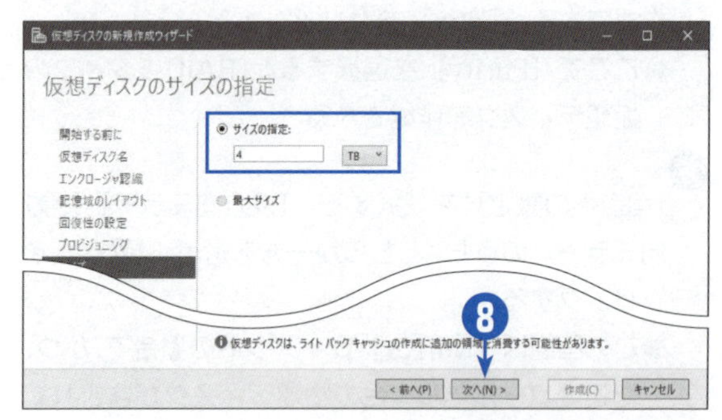

9

内容を確認したら［作成］をクリックする。

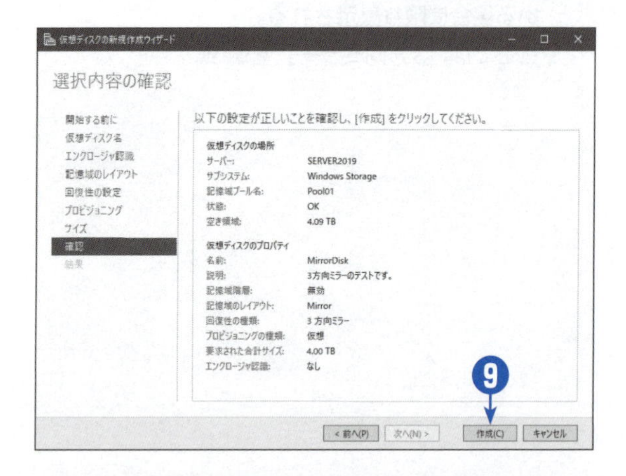

10

仮想ディスクが作成されたら、［閉じる］をクリックする。後は通常どおりボリュームを作成すればよい。

●［このウィザードを閉じるときにボリュームを作成します］チェックボックスをオンにしておくと、この後、［新しいボリュームウィザード］が起動する。

●新しいボリュームの作成は「Simple」レイアウトの場合とまったく同じ手順である。

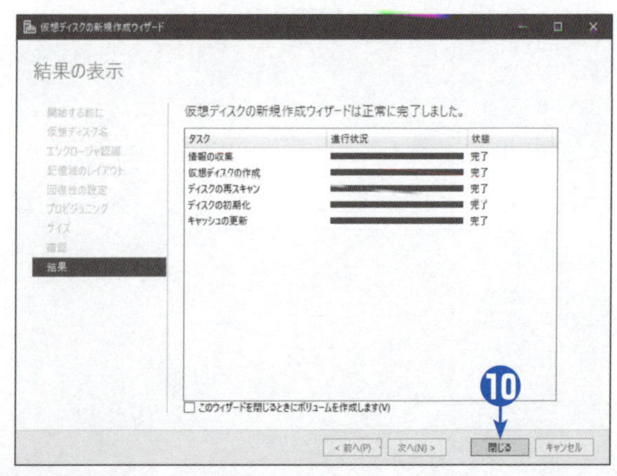

参照

仮想ディスクにボリュームを作成するには

→この章の8

双方向ミラーと3方向ミラー

Windows Server 2019の記憶域スペースでは、「Mirror」レイアウトの仮想ディスクとして、双方向ミラーと3方向ミラーという2つのタイプが利用できます。

「双方向ミラー」とは、一般的に言われる「ミラーリング」のことで、データの書き込みが発生した際、まったく同じデータを2つの物理ディスクに書き込みます。このようにすることで、仮に一方のディスクが故障しても、もう1台のディスクが壊れていなければ、そちらから読み出すことでデータを救うことができます。このため双方向ミラーを使用するには、最低でも2台の物理ディスクを必要とします。

「3方向ミラー」は、双方向ミラーよりもさらに信頼性を高めたもので、ミラーを構成するディスクの中で2台のディスクが同時に壊れた場合でもデータが失われないようにする方式です。このため3方向ミラーでは、データ書き込みの際に同じデータを3台のディスクに書き込みます。この原理からすると、3方向ミラーでは3台のディスクで十分と思えるかもしれませんが、Windows Server 2019の記憶域スペース機能では、最低でも5台のディスクが必要という条件が付けられています。データは3つしか複製しないのに、なぜ5台のディスクが必要となるのでしょう。

これには「クォーラム（Quoram）」という考え方が用いられています。以下にその要点を説明します。

まず3台のディスクが存在する状態で、そのうち2台が壊れたとしましょう。正しいデータを持っているのは3台のうち1台だけです。ですが、ディスクが3台だけでは、どのデータが正しいのか判定することはできなくなります。壊れた2台のディスクが、まったくデータを読み出せない状態であれば、正しいのは残った1台ということになるのですが、壊れた2台からもデータを（間違っているかもしれないけれども）読み出せる場合は、どれを信用してよいかわかりません。

多数決という考え方もあるかもしれませんが、壊れた2台のディスクから読み出されるデータが一致してしまった場合には、間違った方が多数派になってしまいます。そこで3方向ミラー方式では、「故障が発生した場合でも、正常なディスクが記憶域プールの中で過半数となる」ように必要なディスク台数を決めています。3つのコピーを持つ3方向ミラーでは、ディスクの故障は2つまでなら許されますが、多数決を確保するために後2台のディスクを余分に用意するわけです。

ただし単純にコピーを5つに増やすだけでは、結局のところは多数決でどのデータが正しいかは判別できません。そこで3方向ミラーでは、データのコピーは3つとして、残りの2台のディスクにはクォーラムデータと呼ばれるデータの正当性を検証する情報を作成します。3つのコピーの不一致が発生した際には、クォーラムデータを使って本当に正しいデータを持っているディスクを特定し、データを復元するのです。

このように、3方向ミラーを構成する場合には、記憶域プールの中に最低でも5台の物理ディスクが含まれていることを必要とします。ただしクォーラムデータは実際のデータ量よりもずっと小さいデータとなるため、必要となる記憶容量は元データの5倍になるわけではなく、3倍プラスアルファ程度の容量になるようです。たとえば本書の例で作成した3方向ミラーの仮想ディスクで135GBを使用している場合、実際に使われた記憶域プールの容量は407GB程度でした。ここから計算するとクォーラムデータに必要となる容量は、記録するデータ量の1.5%程度と考えられます。

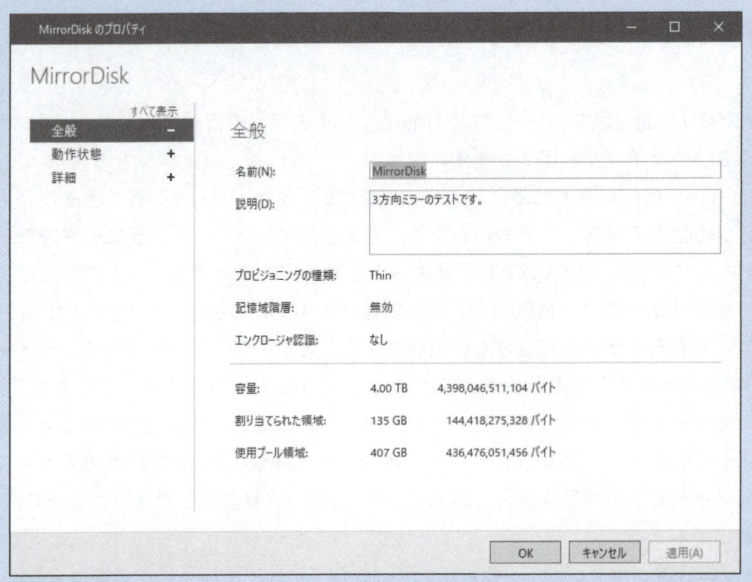

135GBの容量を記憶した3方向ミラーの仮想ディスクは407GBの記憶域プールを消費した

なお、実際のデータとクォーラムデータはそれぞれ記憶域プールに含まれる個々の物理ディスクからほぼ均等に確保されます。上記の例のように135GBの3方向ミラーの仮想ディスクを作成した場合には、5台の物理ディスクからそれぞれ80GB前後の容量が使用されます。

ここではMirrorの例について説明しましたが、Parityレイアウトの場合にも、同様の考え方で必要となるディスク台数には制限が加わります。個々のレイアウトごとに必要なディスクの台数は表の通りです。

レイアウトと最低限必要なディスク台数の関係

レイアウト	回復性の種類	最低限必要な物理ディスク台数
Simple	ー	1
Mirror	双方向ミラー	2
	3方向ミラー	5
Parity	シングルパリティ	3
	デュアルパリティ	7

12 故障したディスクを交換するには

仮想ディスクのうち、「Mirror」タイプと「Parity」タイプの仮想ディスクでは、これを構成するメンバーの物理ディスクのうち最大2台（3方向ミラーまたはデュアルパリティ）、または1台（双方向ミラーまたはシングルパリティ）が故障などで読み出せなくなっても、データが失われることがない回復性を持っています。
しかしこれは、そのままコンピューターを使い続けて良いという意味ではありません。ディスクが故障しても、回復性機能によりデータが失われていない間に必要なデータのバックアップをとり、さらに故障したディスクの交換を行う必要があります。さもなければ、次に別のディスクが故障した時点で、本当にデータが失われてしまうからです。
ここでは、前節で作成した3方向ミラーのうち1台のディスクが故障した際の対応手順として、ディスクの交換方法を説明します。

故障したディスクを交換する

1

前節で作成した3方向ミラーの記憶域プール中に含まれる物理ディスクを1台取り外す。

- 今回はエンクロージャ内のスロット3のディスクを取り外した。
- ディスクの接続方法によっては、個々のディスクに対してスロット番号が指定されていない場合もある。

2

［コンピューター］画面では表示内容に一切の変化はなく、ディスクはそのまま使い続けることができる。

3

［サーバーマネージャー］の［記憶域スペース］を開く。

- ［記憶域スペース］欄の「Pool01」、［仮想ディスク］欄の「MirrorDisk」、［物理ディスク］欄のうちの1行に、「!」マークが表示されていて、異常が発生していることが確認できる。
- これは物理ディスクが1台失われて、冗長性が低下または確保できなくなっている状態にあるということを意味する。

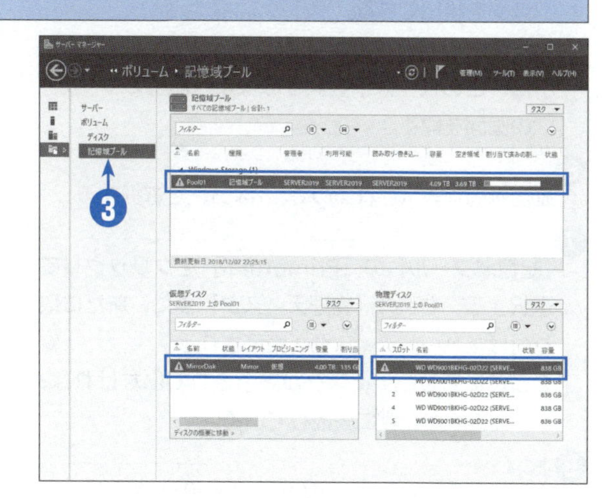

4

故障した物理ディスクの代わりとなるディスクを用意し、コンピューターに取り付ける。

- ホットプラグが可能なコンピューターであれば、電源を落とさずそのままディスクを取り付けることができる。
- ホットプラグできないコンピューターの場合は、必ずサーバーをシャットダウンした後で、ディスクを取り付ける。

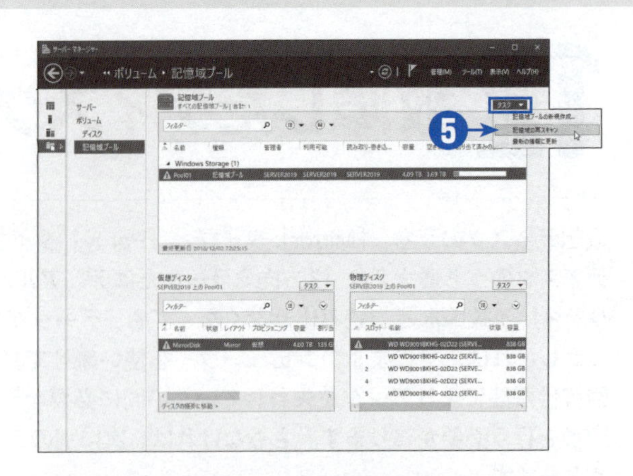

5

ハードディスクのホットプラグを行った場合は、[サーバーマネージャー] の [記憶域プール] の画面を開き、右上の [タスク] をクリックして、メニューから [記憶域の再スキャン] を選択する。

- この操作により、新たにホットプラグされたディスクを検出できる。
- 一度コンピューターをシャットダウンした場合は、この操作は不要。そのまま [記憶域プール] の画面を開く。

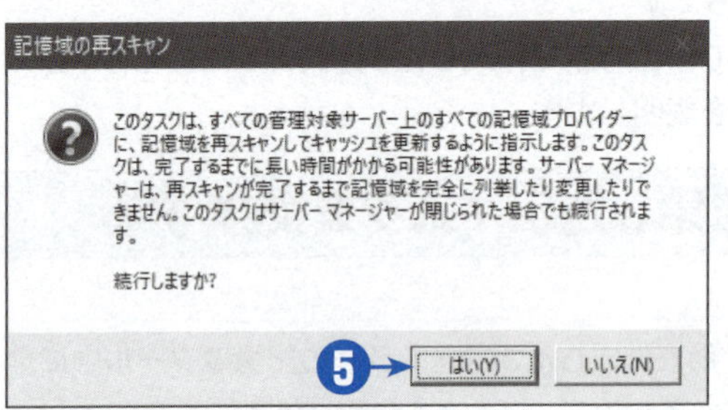

6

確認画面が表示されるので、[はい] を選択する。

7

[記憶域プール] の [Primordial] をクリックして選択する。右下の [物理ディスク] 欄に、新たに取り付けたハードディスクが表示される。

- ここに新しいディスクが表示されていなければ、ディスクの認識に失敗している。

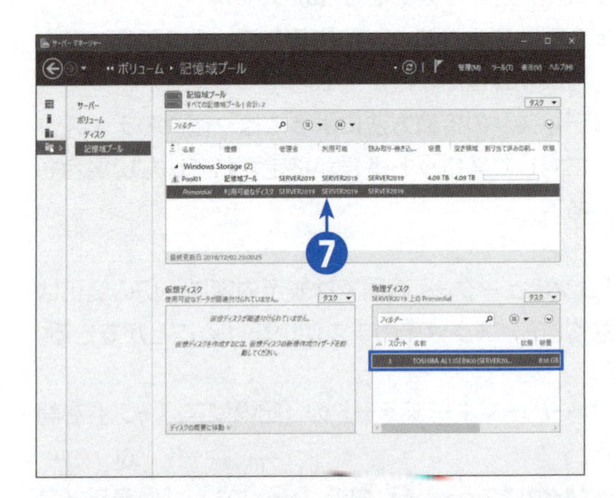

8

下部の仮想ディスク一覧から [Pool01] をクリックして選択し、[物理ディスク] の [タスク] メニューから、[物理ディスクの追加] を選択する。

- この物理ディスクの追加手順は、ディスク容量が不足した際の記憶域プールへのディスク追加と同じ手順である。

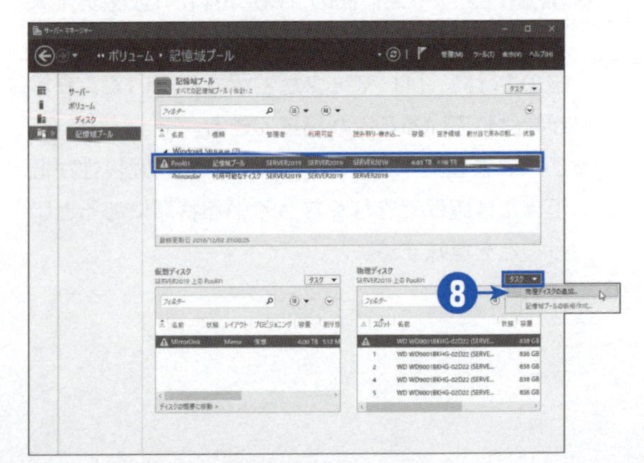

❾
［物理ディスクの追加］画面で、追加する物理ディスクをクリックして選択し、［OK］クリックする。

●この画面例では「TOSHIBA」のディスクが新しく追加されたハードディスクである。

❿
［物理ディスク］欄で、「！」が表示された物理ドライブ行を右クリックして、［ディスクの削除］を行う。

⓫
再構築を行うかどうかの確認がなされるので［はい］をクリックする。

●この選択で、ミラーやパリティの再構築が開始される。

●容量にもよるが、再構築には数時間程度の時間がかかる場合もある。

⓬
［OK］をクリックする。

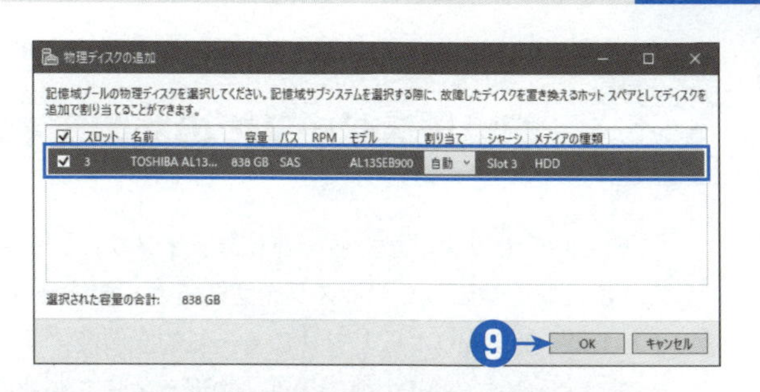

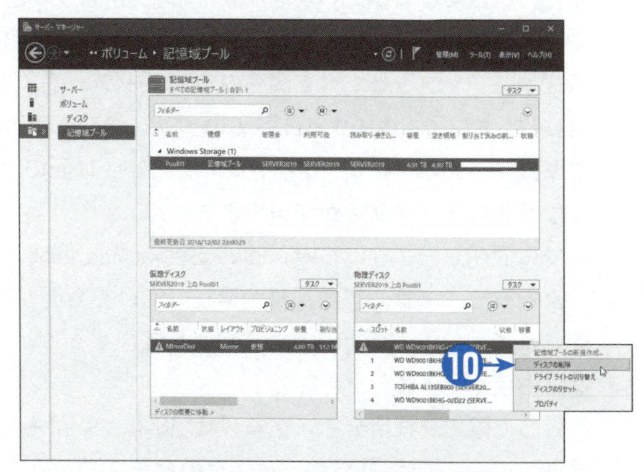

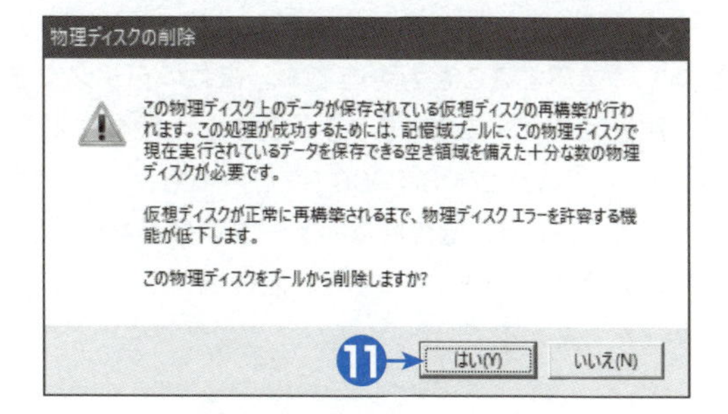

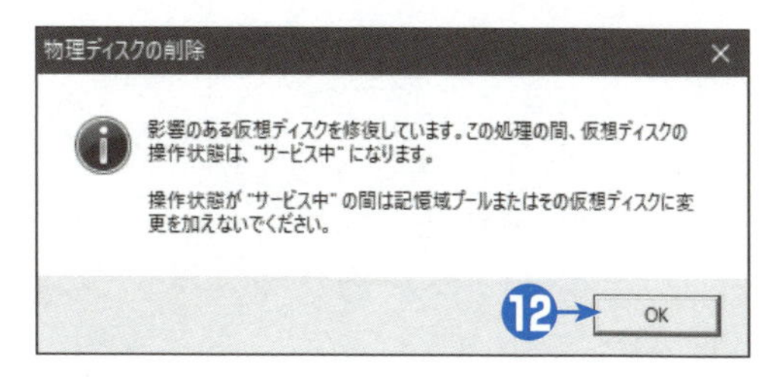

記憶域スペースでの故障ディスクの交換について

11節で紹介したような、あらかじめディスクに冗長性を持たせておくことで、ディスク故障時にもデータを失うことなく故障したディスクを交換できる機能は、なにもWindows Serverに限った機能ではなく、他のOSや、あるいはRAIDボードではごく一般的な機能です。

ただ、いわゆる「RAID」機能では、物理ディスクが故障した際の交換対象のディスクには制約が加わることが多いようです。特にハードウェアRAIDタイプでは、RAIDアレイ（記憶域スペースで言う「仮想ディスク」）を構成するディスクはすべて同一のインターフェイスである必要があり、また、ミラーやパリティを構成する場合には、アレイを構成するすべてのディスクから同じ容量を確保できる必要があります。このため物理ディスクが故障した場合には、交換対象のディスクは元のディスクと同じインターフェイスを持ち、同容量かより大きな容量のディスクしか使用できません。

すでに説明したように、Windows Serverの記憶域スペースでは、記憶域プールを構成する物理ディスクのインターフェイスは、複数種類が混在していても問題ありません。信頼性の点ではSASまたはSATA方式が推奨されてはいますが、SASとSATAを混合することは問題なく、また、場合によってはUSBハードディスクなども使用することが可能です。

故障した際の交換用ディスクの容量制限についても、ハードウェアRAIDほど厳しいものではありません。記憶域スペースでは、複数のディスクの容量をまとめて1つのディスクとして扱うことができるため、たとえば、ミラーを構成する2TBのハードディスクが1台故障した場合に、必要であれば、1TB×2のハードディスクに交換して運用することも可能です。複数のディスクを組み合わせて、柔軟に仮想ディスクを構築できるという、記憶域スペースのメリットを生かした機能です。

Windows Server 2008/2008 R2以前でも、ミラーボリュームやRAID-5ボリューム機能を使えば、ディスクに冗長性を持たせ、故障時でもデータを失わない機能は存在しました。しかし、普段の運用はもちろん、障害発生時の柔軟性といった点でも、記憶域スペースにより実現される仮想ディスクの方が、管理ははるかに容易になったと言えるでしょう。

13 SSDを使って高速アクセスできるボリュームを作成するには

Windows Server 2019の記憶域スペース機能には、仮想ディスクに対してアクセス速度を改善する、「ライトバックキャッシュ」機能と「記憶域階層」機能が備わっています。いずれの場合も、機能を利用するにはハードディスクに加えて半導体ディスク（SSD）を装備することが必要となりますが、仮想ディスクの性能を高める機能としては非常に効果的です。
ここでは、これらの機能について利用する場合の記憶域スペースの設定方法について解説します。その例として、SSDとHDDを両方用いた上で、かつ、信頼性も確保するため「Mirror」レイアウトを採用した仮想ディスクを作成します。この構成の場合は、記憶域プール中に最低でもSSDとHDDが2台ずつ必要です。
なお、こうした構成のディスクを作成する場合でも、大半の手順はこれまで説明した記憶域プールの構成や仮想ディスクの作成と共通であるため、説明についても重複する部分は省いています。

SSDを使う記憶域プールを作成する

❶

この章の6の手順を参考にして、SSDとHDDのどちらも含む、新規の記憶域プール「Pool01」を作成する。ただし、ミラーリングをするためSSDもHDDもいずれも2台以上含むようにする。

- 本書の例では480GBのSSDを2台、900GBのHDDを4台接続した。

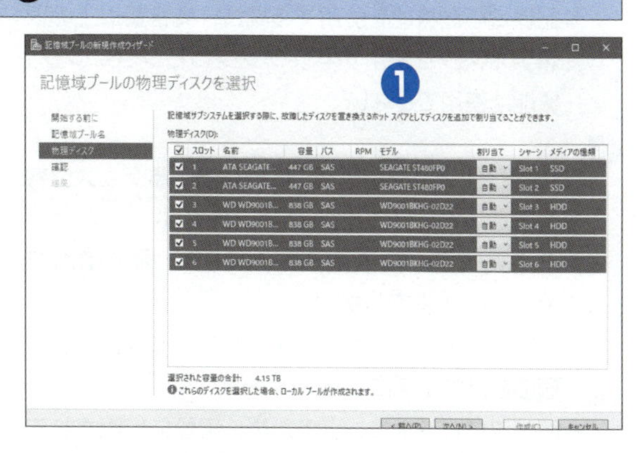

参照

記憶域スペースで必要となるSSDの台数については

→この章のコラム「記憶域スペースで必要となるSSDの台数」

❷

記憶域プールの作成が完了したら、この章の7の手順❶～❹を実行する。ただし手順❹の画面において、［この仮想ディスクにストレージ層を作成する］をオンにして［次へ］をクリックする。

- 記憶域プールにSSDとHDDの双方が含まれていない場合には、このチェックボックスは選べない。
- 記憶域階層の有無は、仮想ディスクを作成した後で変更することはできない。

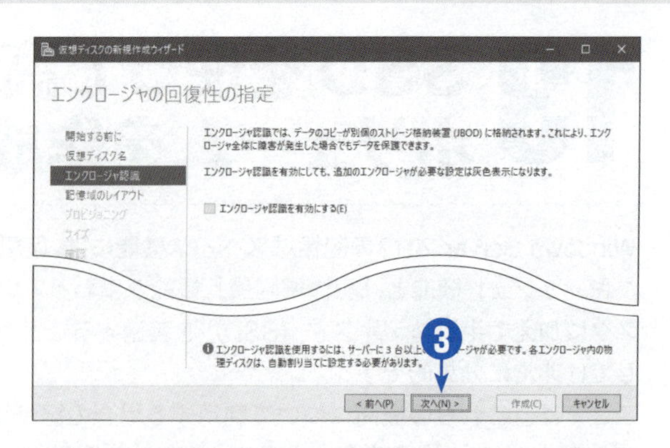

❸ ［エンクロージャの回復性の指定］では、そのまま［次へ］をクリックする。

参照

エンクロージャの回復性については

→この章のコラム「「エンクロージャの回復性」とは」

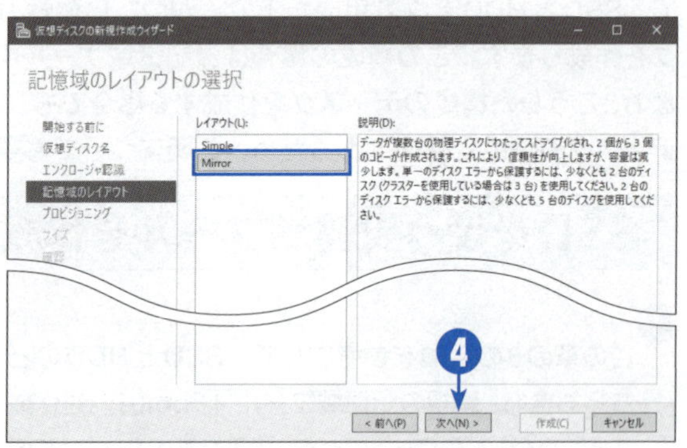

❹ ［記憶域のレイアウトの選択］では［Mirror］を選択して、［次へ］をクリックする。

- GUIを使って記憶域階層機能を設定する場合には、［Parity］レイアウトは使用できない。

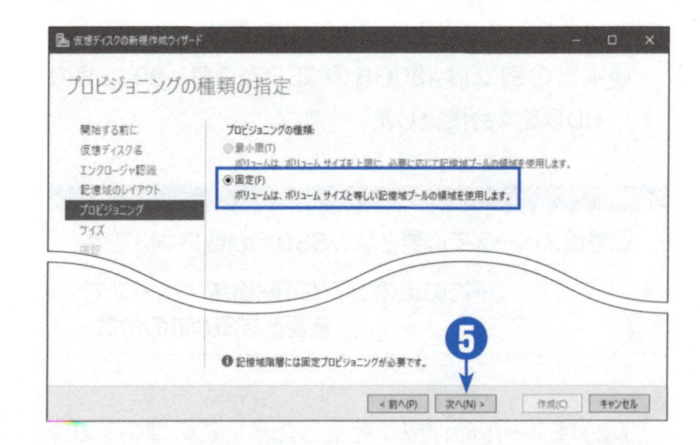

❺ ［プロビジョニングの種類の指定］では［固定］を選択して、［次へ］をクリックする。

- 記憶域階層機能を使用する場合、実容量以上の仮想ディスクを使用する「シンプロビジョニング」機能は使用できない。

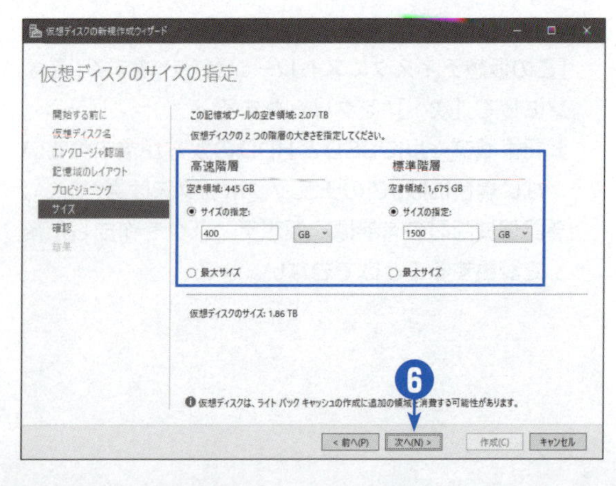

❻ ［高速階層］と［標準階層］に割り当てるディスク容量を指定して、［次へ］をクリックする。

- この例では、高速階層を400GB、標準階層を1500GBと指定した。
- 実際に作成される仮想ディスクのサイズは、両階層の合計サイズになる。
- 固定プロビジョニングのため、実際に接続されているディスク容量以上のサイズは指定できない。

注意

仮想ディスクの最大サイズが正しく指定されない

ここで［最大サイズ］を選ぶと、次の仮想ディスク作成時の手順でエラーが発生します。そのためここでは、表示されている最大容量より10%程度少ない値を指定します。

7

内容を確認したら［作成］をクリックする。仮想ディスクが作成される。

● この後は、通常の手順と同様、ボリュームを作成する。

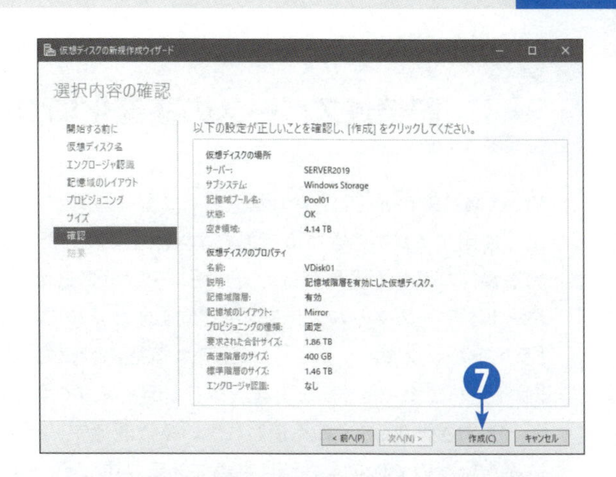

参照

仮想ディスクにボリュームを作成するには

→この章の8

8

ダイアログを閉じて、サーバーマネージャーから、今作成した仮想ディスクを右クリックして［プロパティ］を選択する。

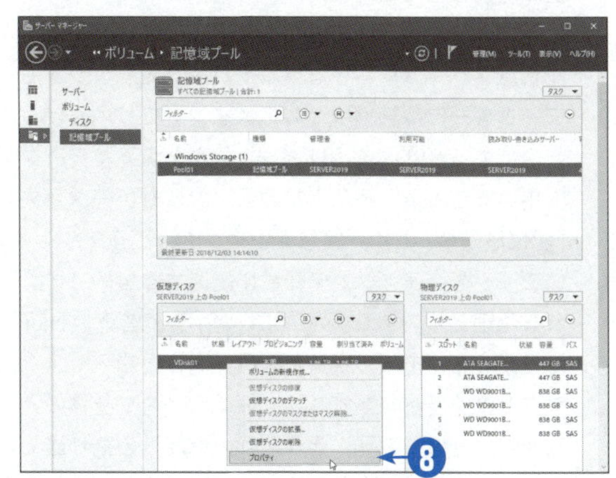

9

［詳細］をクリックし、［プロパティ］で［WriteCacheSize］を選択する

● ［値］欄に「1.00 GB」と表示されていることを確認する。これがライトバックキャッシュのサイズである。

● ［仮想ディスクの作成ウィザード］では、ライトバックキャッシュのサイズは指定できない。このため、この画面でライトバックキャッシュのサイズが設定されているかどうかを調べる以外、ライトバックキャッシュが有効かどうか確認できない。必要な数のSSDがあればここに自動的に1.00GBが指定される。

● 記憶域プールに必要なSSDの数がない場合には、「0 MB」（Simpleレイアウト）または「32.0 MB」（ParityまたはMirrorレイアウト）と表示される。

10

［OK］をクリックする。

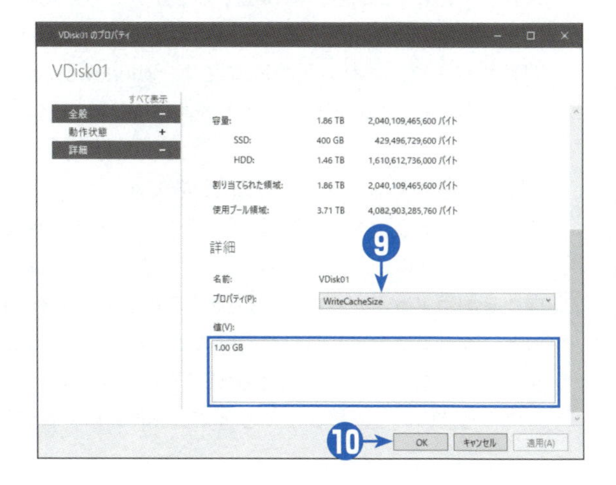

記憶域スペースの高速化について

Windows Server 2012から導入された記憶域スペース機能は、すでに説明したように、物理ディスクを効率よく使用するためのきわめて強力な機能です。ただしこの機能が導入されたWindows Server 2012では、強力な機能で柔軟な運用が行える半面、アクセス速度が遅いというのが当初の評価でした。こうした欠点をカバーし、ディスクのアクセス速度を向上するための技術が、Windows Server 2012 R2から新たに導入された「ライトバックキャッシュ」と「記憶域階層」と呼ばれる2つの機能です。

「ライトバックキャッシュ」は、ハードディスクへの書き込みを伴うプログラムの速度を向上させる機能として、さまざまなOSで広く使われている機能です。ディスクへの書き込みが発生した際、ディスクに直接書き込みを行うのではなく、一旦半導体メモリ中にデータを保存しておき、プログラムの動作とは同期しない形で、ディスクの入出力に余裕があるときにハードディスクにデータを記録するという原理です。

記憶域スペースにおけるライトバックキャッシュも、基本的にはこれと同じ技術です。ただし、多くのOSが、データの一時保管場所としてメインメモリ内を使うのに対し、記憶域スペースでは、半導体で構成されたディスクであるSSDを使用します。電源を切るとデータが消えてしまうメインメモリとは異なり、不揮発性のSSDを用いることで、不意の電源断の際にもデータが失われづらくなるなど、信頼性を重視した方式です。

「記憶域階層」とは、仮想ディスクを、高速アクセスが可能な領域とそうでない領域とに分け、使用頻度が高いデータを高速アクセス領域に配置する機能です。記憶域階層機能が有効にされた場合、記憶域プールに含まれる物理ディスクのうち、SSDが「高速階層」、HDDが「標準階層」に分けられ、それぞれの階層からユーザーが指定したサイズの容量が確保されて仮想ディスクに割り当てられます。アクセス頻度が高いデータに対するアクセス速度が向上すれば、仮想ディスク全体の入出力速度が向上するというわけです。

高速階層と標準階層、それぞれの階層への割り当てはWindows Server 2019が自動的に判断します。アクセス状態に応じて、階層の割り当てのやり直しも自動的に変更されます。割り当てはファイル単位ではなく、決まったサイズのブロックごとに行われるため、特定のファイルの一部だけがアクセス頻度が高い場合などでも問題ありません。なお記憶域階層は、Windows Server 2019のGUIを使って作成する場合、レイアウトが「Mirror」の場合にのみ利用できる機能です（PowerShellを使った場合には、Parityレイアウトでも作成できます）。

ライトバックキャッシュと記憶階層機能は、どちらか一方のみでも使うことができますし両方の機能を同時に使うこともできます（一部、使用できない組み合わせもあります）。これらの機能を利用するには、記憶域プールを作成する際に一定の台数のSSDを含めておけばよく、条件が満たされれば、仮想ディスクの作成の際に機能を利用するかどうかの選択肢が有効となります。使用するSSDの性能にもよりますが、ディスクの入出力という点では大きな効果が得られる機能なので、状況が許すのであればぜひとも利用したい機能です。

なお、記憶域プール内に何台のSSDを組み込めばそれぞれの機能が利用可能になるかは、構成する仮想ディスクの種類によって異なってきます。具体的に何台のディスクを必要とするかは、別項にて解説します。

記憶域スペースで必要となるSSDの台数

不揮発性の半導体メモリを記憶装置として使用するSSDは、ハードディスクと比較して、特にランダムアクセス時の入出力性能が非常に優れており、コンピューターの性能向上には非常に有効なハードウェアです。ただし現状、記憶容量あたりの価格は、ハードディスクと比較しても高価であり、大容量の記憶装置を構築するにはコストがかかるという欠点もあります。コンピューターに取り付けられたすべてのディスクをSSDに置き換えれば性能は非常に高くなりますが、同時に、ハードウェア価格も非常に高価なものとなるため、大容量の記憶装置を必要とするサーバーでは現実的ではありません。

記憶域階層機能は、ハードディスクとSSDを組み合わせることで、ハードディスクの「入出力速度が遅い」欠点と、SSDの「容量あたりの価格が高い」という欠点の双方をカバーします。

ただし、記憶域スペースならではの信頼性（回復性）や柔軟性を保った形で記憶域階層を使用するには、使用する仮想ディスクのレイアウトおよび回復性オプションの組み合わせによって、最低限用意しなければならないSSDの機能/性能や台数に制限があります。ここではその制限について解説します。

第一の条件として、記憶域スペースで使用するSSDは、入出力速度、特に書き込み速度が高速なものを選択してください。ハードディスクに比べてアクセス速度が高速なのはSSDの特徴ですが、安価な製品の中にはデータの書き込み速度が低速なものが少なくありません。製品によっては、書き込み速度がハードディスクよりも低速な場合もあります。ハードディスクに書き込む代わりにSSDを使用するライトバックキャッシュ機能では、SSDへの書き込み速度はそのまま仮想ディスクの性能に直結します。あまりに低速な製品では、かえって仮想ディスクの性能を低下させてしまうこともあります。

第二に、サーバーに使用するSSDは耐久性の高いものを選択してください。データの入出力が集中するサーバーでは、一般的なクライアントコンピューターと比較してディスク入出力頻度も高くなります。SSDは、データの書き込み頻度が高いほど故障までの期間が短くなるという性質を持っているため、利用状況によっては短期間で故障する可能性も高くなります。

そして第三の条件ですが、記憶域スペース機能では、ライトバックキャッシュ、記憶域階層、いずれの機能の場合にも、記憶域プールの中に含めるSSDの台数についての条件があります。最低限必要となるSSDの台数は、その記憶域プールから作成する仮想ディスクのレイアウトや回復性の種類によって異なっており、次の表のようになっています。

記憶域スペースのSSDによる高速化で必要となるディスク台数

レイアウト	回復性の種類	最低限必要なHDD台数	最低限必要なSSD台数	
			ライトバックキャッシュ	記憶域階層
Simple	−	1	1	1
Mirror	双方向ミラー	2	2	2
	3方向ミラー	5	3	5
Parity	シングルパリティ	3	2	−（※）
	デュアルパリティ	7	3	−（※）

※［Parity］レイアウトでは記憶域階層機能を使用できません（GUIから設定する場合）。

仮想ディスクに使用するレイアウトや回復性の種類、使用する機能によって、それぞれ最低限必要となるSSDの台数は前記の表に示す通りです。

なお使用するSSDの容量ですが、ライトバックキャッシュ機能では、仮想ディスク1台ごとに1GBの容量が自動的に指定されます。この容量はウィザードでは指定できませんが、PowerShellのコマンドレットを使えば、ユーザー指定により変更も可能です。ただし16GBを超える容量は使用が推奨されていません。現在、通常販売されているSSDではこれを下回る容量のものは存在しないでしょうから、ライトバックキャッシュだけを使用するのであれば、使用するSSDの容量はあまり気にする必要はありません。

記憶域階層の場合は、仮想ディスクの作成時にユーザーが使用するSSDの容量を指定します。Mirrorレイアウトの場合は、表に示す台数のSSDから、ユーザーが指定した容量がそれぞれ使われます。

SSDの容量は、同じ記憶域プール内であれば分割して複数の仮想ディスクに割り当てることができます。たとえばあるプールから2台の仮想ディスクを作成する場合、1台のSSDから仮想ディスク1と仮想ディスク2に対してそれぞれ10GBずつをライトバックキャッシュとして割り当て、100GBずつを記憶域階層として割り当てるといった設定が可能です(いずれもSimpleレイアウトの場合)。SimpleとMirrorレイアウトの場合は、ライトバックキャッシュと記憶域階層、どちらの機能も利用できますが、両方の機能を同時に利用することも可能です。

ハードウェアの管理

第6章

この章ではサーバーに新しいハードウェアを取り付け、管理する方法について説明します。サーバーの役割の1つに、プリンターなどのハードウェア資源をネットワークにより共有することで、個々のコンピューターにそれぞれハードウェアを用意する必要をなくし、ネットワーク全体でのハードウェアコストを低下させるというものがあります。これを行うには、サーバー上にハードウェアを接続、ネットワークで公開するという作業が必要となります。ここではこうした機能を利用するための、ハードウェアの新規追加方法について解説します。

Windows Server 2019用のドライバー

Windows Server 2019におけるハードウェアのドライバーは、基本的には「プラグアンドプレイ」により自動的にその必要性が判断され、ドライバーが組み込まれるようになっています。プラグアンドプレイはWindows 95で初めて導入された機能で、今ではほとんどのWindows用機器がこの機能をサポートしています。
Windows Server 2019におけるハードウェア用のドライバーは、その組み込み方法によって、大別すると以下の3種に分類できます。

1.Windows Server 2019自身にはじめからドライバーが収録されているもの

Windows Server 2019の発売時点ですでに流通しているハードウェアで、Windows Server 2019のセットアップメディアにはじめからドライバーが収録されているもの。こうしたハードウェアでは、Windows Server 2019のセットアップを行う際にコンピューターに取り付けられていれば、Windowsのセットアップと同時にドライバーもセットアップされます。この場合、管理者は何もしなくてもそのハードウェアを使うことができます。
このタイプのデバイスでは、Windowsのセットアップ時点でハードウェアが取り付けられていない場合でも、ハードウェアを取り付けた時点で自動的にドライバーが組み込まれます。この場合も管理者は特に作業を行う必要はありません。

2.Windows Updateによりドライバーが組み込まれるもの

Windows Server 2019の発売時点ではまだ流通していなかった新しいハードウェアのドライバーは、当然ですがWindows Server 2019のセットアップメディアには収録できません。ですが、ハードウェアを組み込む時点でWindows Server 2019用のドライバーが提供されていれば、インターネット経由でドライバーが検索され、自動的にOSに組み込まれます。
1.の場合と比べるとドライバーの検索を待つことが必要となりますが、管理者の負担はほとんど変わりません。1.のタイプのドライバーでもWindows Server 2019の発売後にバージョンアップされた場合などは、Windows Updateによりドライバーが更新されることもあります。
1.や2.のタイプのドライバーは、ドライバーがハードウェア製品側ではなく、Windows Server側に付属するという意味で「インボックスドライバー」と呼ばれることもあります。Windows Serverのソフトウェアの箱の中に最初からドライバーが含まれている、ということから名付けられた言葉ですが、Windows Serverがオンライン販売やライセンスによる販売が主流となった現在では、ちょっと古い呼び方と言えるかもしれません(狭義には1.のタイプのみをインボックスドライバーと呼ぶ場合もあります)。

3.ハードウェア製品の側にドライバーディスクが付属するもの

Windows Server 2019のインストールメディアにドライバーが含まれていない場合や、Windows Updateでもドライバーが提供されていないハードウェアでは、通常はそのハードウェア自体にドライバーが付属します。ドライバーの提供方法は、製品にCD-ROMを同梱したり、メーカーのホームページからドライバーをダウンロードできたりするなどがあります。こうした製品のドライバーのことを(たとえその製品の箱の中に同梱されていても)「非インボックスドライバー」と呼ぶこともあります。このようなハードウェアでは、管理者がドライバーの組み込み操作を実施する必要があります。

ハードウェアによっては、インボックスドライバーとしてWindows Serverで自動組み込みできるにも関わらず、製品にもドライバーが同梱されたり、製品メーカーのホームページからドライバーがダウンロードできる場合があります。つまりインボックスドライバーと非インボックスドライバーの双方が提供されているわけですが、このような場合、双方のドライバーのバージョンや機能が異なることも少なくありません。

Windowsには、ハードウェアドライバーの安定性や信頼性を評価し、規格どおりに動作するかどうかをテストする専門の機関WHQL（Windows Hardware Quality Labs）が存在します。インボックスドライバーは、WHQLにより認証が行われたドライバーであるため、「WHQLドライバー」と呼ばれることもあります。一方、非インボックスドライバーは、WHQL認証にパスしている場合もありますが、そうでない場合も少なくありません。またメーカーによっては、WHQLドライバーとそうでないドライバーの双方を提供している場合もあります。

通常WHQLドライバーは信頼性や安定性に優れていますが、安定性を確保するためにハードウェアの性能を限界まで使い込む詳細な設定は行えないようにしていることが多いようです。一方で、WHQL認証を行わないドライバーの場合は、より高い性能を発揮する、詳細な機能を利用するなどの付加価値を付与している例が数多くあります。サーバー用ということを考えると、安定性を重視したWHQLドライバーを使うのが有利ですが、場合によっては、WHQLドライバーではうまく動かないにも関わらず、非WHQLドライバーではきちんと動作する、といった場合もあります。

なお非インボックスドライバーしか提供されていないハードウェアで、かつWindows Server 2019用と明記されたドライバーがまだ提供されていない場合には、Windows Server 2016用のドライバーがほぼそのまま使用できます。Windows Server 2016用のドライバーもない場合には、Windows 10の64ビット用のドライバーを選ぶのがよいでしょう。

Windows Server 2019のドライバーで注意しなければいけないのは、発行元確認を行うための「署名付き」ドライバーが必要であるという点です。64ビット版のWindowsでは、あるドライバーが本当にその開発元によって配布されているものか、配布後に第三者の手によって改編されていないかを確認するための「電子署名」情報が組み込まれている必要があります。

1 インボックスドライバー対応の機器を使用するには

ここでは、Windows Server 2019にあらかじめ含まれているインボックスドライバーだけで使用可能な機器のセットアップ方法を説明します。この種のインボックスドライバーの使用法は非常に簡単で、増設カードなど、ホットプラグできないハードウェアの場合にはいったんコンピューターの電源を落とした状態でカードを装着し、再度Windows Server 2019を起動します。USB機器などのようにホットプラグが可能なハードウェアの場合には、単にそのハードウェアを取り付けるだけです。以上の操作で、Windows Server 2019はプラグアンドプレイ機能により、自動的にドライバーを読み込み、そのハードウェアを使用可能な状態にします。この種の「取り付けるだけ」のタイプのインボックスドライバーには、ネットワークカード、サウンドカード、グラフィックアクセラレータカード、ハードディスク、USB接続のハードディスク、USBフラッシュメモリ、マウスやキーボードなど、コンピューターの基本ハードウェア用のドライバーなどがあります。
ここでは、USB接続タイプのDVDドライブを取り付けます。

インボックスドライバー対応の機器を使用する

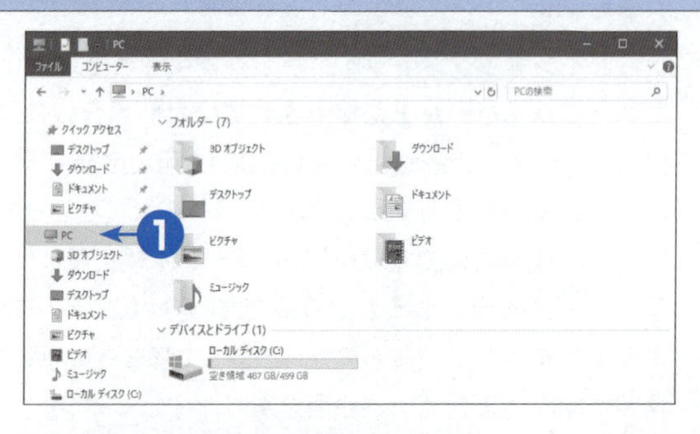

1 Windowsエクスプローラーで［PC］を開く。
- DVDドライブは存在していない。

2 USB接続のDVDドライブを取り付ける。USB機器は基本的にホットプラグ可能なので、OSのシャットダウンや、コンピューターの電源オフの必要はない。

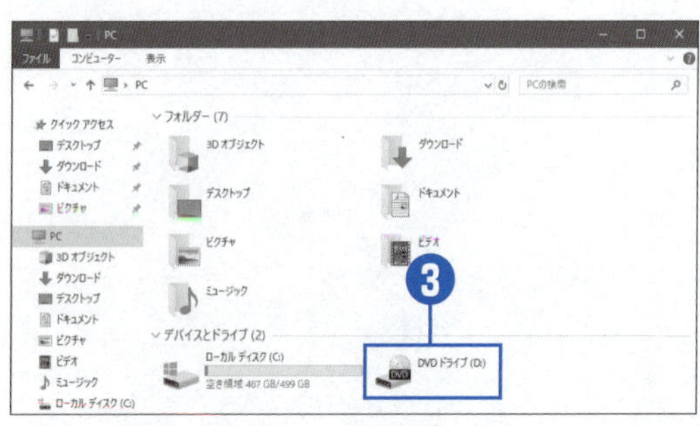

3 コンピューターがDVDドライブを自動的に認識して、プラグアンドプレイによりデバイスのインストールを行い、Windowsエクスプローラーの画面にDVDディスクドライブが表示される。
- Windows Server 2019では、デバイスを新たに認識した際やドライバーをインストールしている際に、特別なメッセージは表示されない。

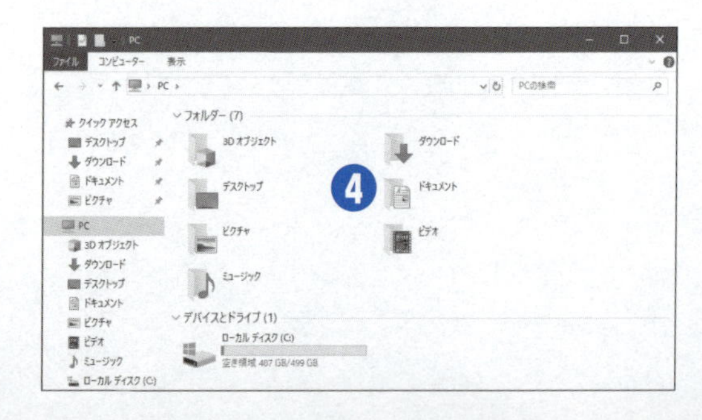

4 ドライブを取り外すと、再びWindowsエクスプローラーからDVDドライブのアイコンが消える。
- ハードディスクなどの書き込み可能なデバイスの場合、正しい手順を踏んだ後取り外さなければならない。

参照
ハードウェアを安全に取り外すには
→この章の5

2 プリンタードライバーを組み込むには

ここではネットワーク接続タイプのプリンターの組み込みについて手順を説明します。
サーバーのコンピューターに直接機器を接続するUSBなどのインターフェイスと違い、ネットワーク接続タイプの機器では、仮にコンピューターがその機器を自動認識したとしても、本当にその機器を使用するのかどうか知ることはできません。こうした機器の場合、管理者が明示的にその機器を使用する旨を操作しなければなりません。
Windows Server 2019に対応したプリンターであれば、基本的に、ドライバーはWindows Updateにより提供されます。Windows Server 2019はインターネット接続が動作必須要件となっているため、セットアップの際に、別途ドライバーディスクなどを必要とすることもありません。このため、プリンターのセットアップは非常に容易になっています。

プリンタードライバーを組み込む

1
組み込み対象のプリンターがネットワークに正しく接続されているか、プリンターの操作パネルなどから確かめる。
- 確認方法は、プリンターの機種により異なる。

2
［Windowsの設定］画面を表示し、［デバイス］→［プリンターとスキャナー］の順に選択する。

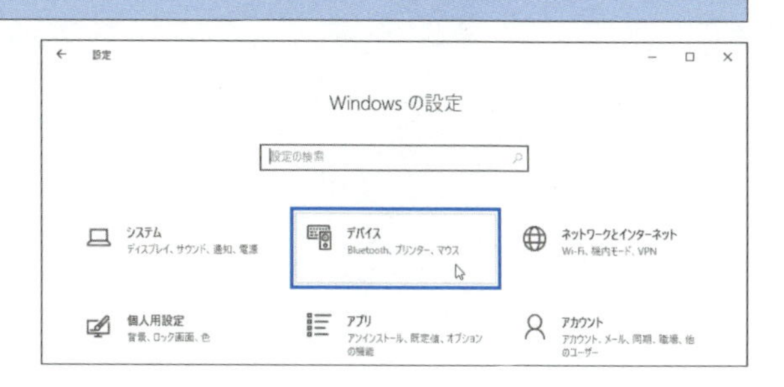

参照
［Windowsの設定］画面の表示方法
→第3章の5

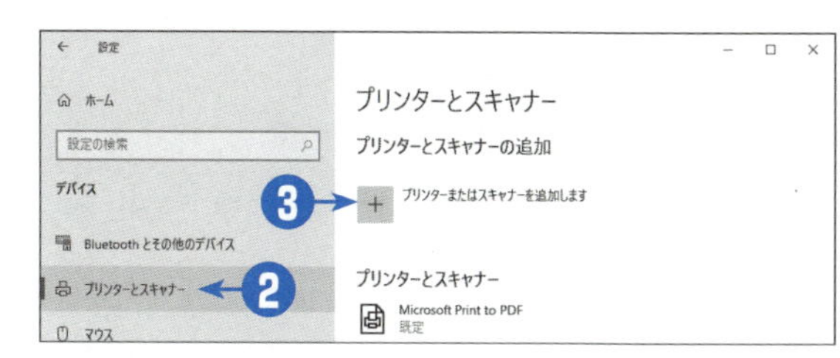

3
［プリンターまたはスキャナーを追加します］をクリックする。

4
コンピューターがネットワーク内にあるプリンターを検索する。
- この検索では、サーバーと同じネットワーク内（ブロードキャストドメイン内）にあるプリンターが自動的に検索される。
- ここで見つからないプリンターの場合は［プリンターが一覧にない場合］の文字をクリックすれば、IPアドレスを直接入力してプリンターを認識させることもできる。

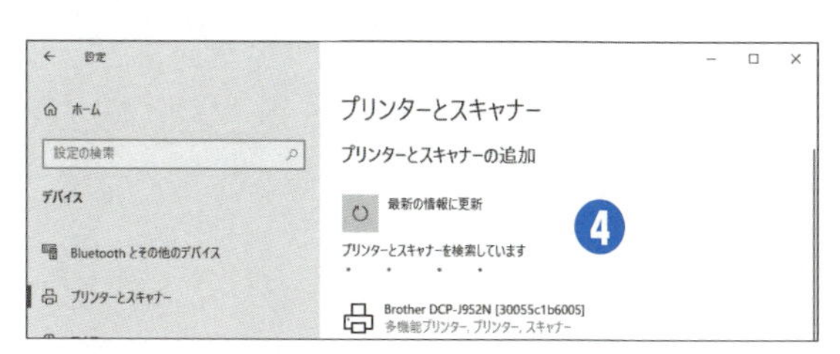

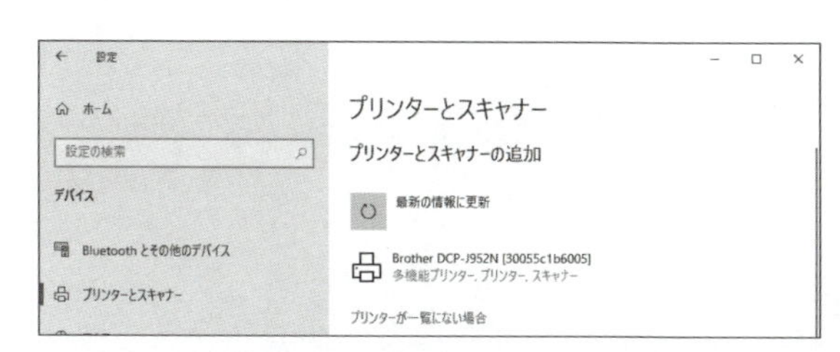

5

目的とするプリンターが正常に認識されたら、表示されたプリンターのアイコンをクリックして、[デバイスの追加] をクリックする。

6

プリンターのドライバーは、インターネット経由のWindows Updateで自動的にダウンロードされてインストールされる。このため、特にドライバーディスクを用意しなくてもプリンターが追加される。

7

プリンターとスキャナーの一覧に、今追加したプリンターが表示されていることを確認して、これをクリックする。

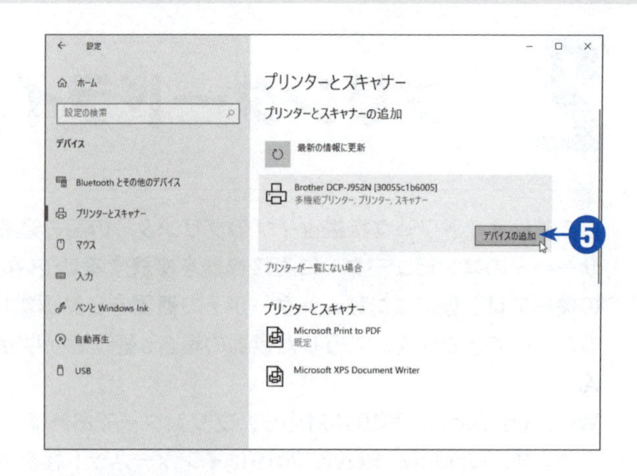

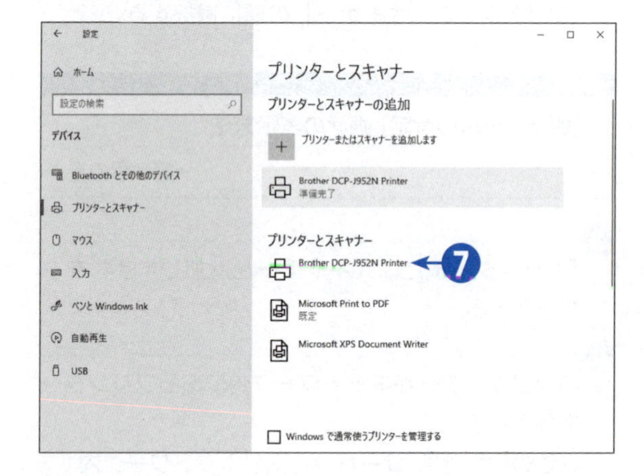

❽ ボタンが表示されるので、［管理］をクリックする。

❾ 今追加したプリンターの設定画面が表示されるので［既定に設定］をクリックする。

❿ ウィンドウ左上の［←］をクリックして前画面に戻る。

⓫ プリンターが既定に設定された。

●このプリンターを既定のプリンターとしない場合には、手順❼以降を行う必要はない。

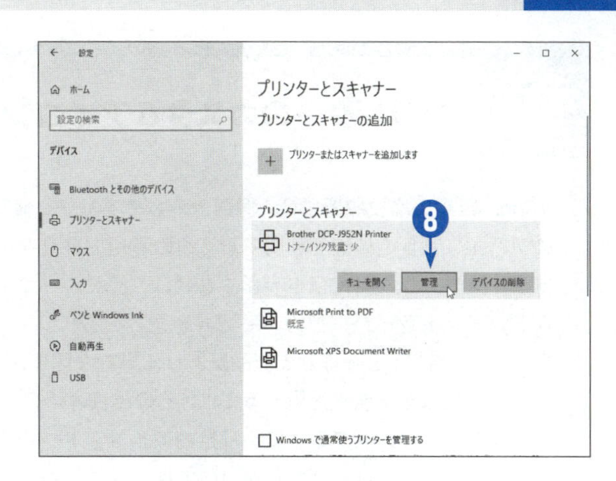

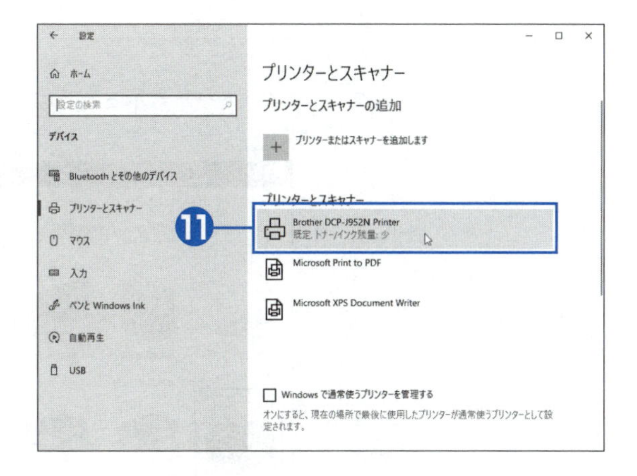

プリンターのカスタムアイコンと追加アプリケーション

Windows用の増設機器には、機器そのものを動作させるのに必要となる「デバイスドライバー」のほかに、そのデバイス独自の機能を利用するための専用アプリケーションを必要とするものがあります。たとえば、ハードディスクやDVD-ROMドライブなどは、どのメーカーの製品もほとんど同じ機能であり、その動作も標準的なデバイスドライバーでカバーできます。一方、プリンターの場合は、イメージスキャナーやFAXと一体となった「複合機」と呼ばれる製品があり、単純な印刷以外の機能は機種によりさまざまです。

そうした特殊な機能を活用するには、その機種専用のアプリケーションが必要になりますが、デバイスドライバーはプラグアンドプレイにより自動でインストールされるにもかかわらず、アプリケーションだけは手動でセットアップしなければならないのでは、利便性も半減してしまいます。

Windowsでは、こうした「追加アプリケーション」が必要なデバイス向けに、デバイスが登録された際に自動的に追加のアプリケーションをセットアップする機能を搭載しています。

[デバイスとプリンター] ウィンドウが表示されるので、追加したプリンターを確認してください。

標準でセットアップされている［Microsoft Print to PDF］［Microsoft XPS Document Writer］のアイコンとはまったく別のアイコンで、プリンターが登録されているのがわかります。このアイコンイメージが「カスタムアイコン」で、このアイコン画像は、プリンターメーカーがそのプリンター専用に作成し、配布しているアイコンイメージです。この機種の場合は、カスタムアイコンイメージだけですが、プリンターの機種によっては、カスタムアイコンと共に、専用のアプリケーションが自動的にセットアップされる場合もあります。
カスタムアイコンや追加アプリをセットアップするかどうかは、この画面でコンピューターのアイコンを右クリックして、メニューから［デバイスのインストール設定］を選びます。

［デバイス用に利用可能な製造元のアプリとカスタムアイコンを自動的にダウンロードしますか？］の設定で、［はい（推奨）］が選択されていれば、カスタムアイコンと（もしあれば）必要なアプリケーションが自動的にインストールされます。

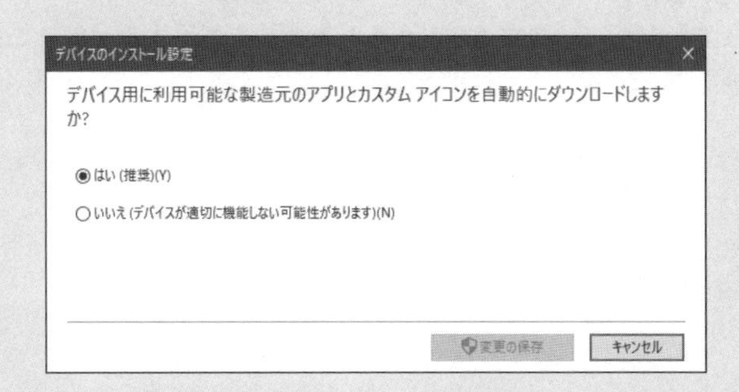

この設定はWindows Server 2019の標準設定であるため、変更する必要はありません。なお、プリンターの機種によっては、Windows Updateでドライバーがインストールされるタイプのものであっても、こうしたカスタムアイコンを持たない場合もあります。

ネットワーク接続のプリンターをWindows Serverで管理する必要性

この章の2節ではWindows Server 2019にTCP/IPのネットワークで接続されたプリンターを組み込む例を解説しています。ここにあるように、最近のプリンターはUSBにより単体のコンピューターに接続するのではなく、有線や無線のLANによってコンピューターと接続できる機能を持ったものが多くなっています。
こうしたネットワーク接続のプリンターでは、クライアント側のコンピューターにドライバーをインストールして、サーバー経由ではなく、直接クライアントから印刷を行うこともできます。プリンター自身がプリントサーバー機能を持っているため、複数のコンピューターから同時に印刷の指示を行ったとしても、問題が発生することはありません。では、こうしたプリンターを、本書で説明するようにあえてサーバーで管理する必要はあるのでしょうか。
たしかに、単純にどのコンピューターからでも印刷できればよい、という目的であれば、サーバーコンピューターでプリンターを管理する必要性は薄れてきている、と言えるでしょう。しかし、サーバーでプリンターを管理することのメリットは、まさに「サーバー側でプリンターへのアクセスを集中管理できる」という点にあります。
たとえば、用紙やインク/トナーなどを節約する目的で、印刷を行えるコンピューターを制限したり、印刷できる時間帯を制限したり、あるいは、どのコンピューターが何回印刷を行ったかを知りたい、といった管理を行いたい場合には、サーバーを使ってプリンターを集中管理できた方がはるかに便利です。Windows Serverのプリンタードライバーには、利用できるユーザーや利用できる時間帯を制限する機能が標準で搭載されているからです。また、どのような内容を印刷したかを記録しておく機能もあります。このように、Windows Serverによるプリンターの集中管理は、集中管理しているからこそ利用できる管理機能が必要な場合に有効です。
なお、ネットワークプリンターでこうしたサーバーによる集中管理を行いたい場合には、クライアントコンピューター側で勝手にプリンター設定を行って、サーバーを経由せずに印刷できるようにできないよう、注意が必要です。ネットワーク機能を持つプリンターでは、多くの機種で、印刷元のコンピューターのIPアドレスなどで印刷を制限する機能を搭載していますから、そうした機能を利用すると良いでしょう。

プリンターの追加ドライバーとは

Windows Serverには、プリンター専用の機能として「追加ドライバー」のインストールという機能があります。追加ドライバーとは、Windows Server 2019が使用するドライバーソフトウェアではなく、ネットワークで接続された他のWindows OSが使用するドライバーです。
Windowsネットワークでプリンターを共有する場合、そのプリンター用のドライバーは、サーバー側コンピューター、クライアントコンピューターの双方にセットアップする必要があります。プリンターはサーバー側コンピューターに接続されるため、サーバー側にドライバーを入れるのは当然ですが、クライアントコンピューター側でも、そのプリンターがカラープリンターなのかモノクロプリンターなのか、どんな用紙が使えるのかなどを管理する必要があります。このため、クライアントコンピューター側にも、そのプリンター用のドライバーが必要となるのです。

サーバー側コンピューターとクライアントコンピューターのOSが同じアーキテクチャのOSの場合、両者のプリンタードライバーは同じものが使えます。このためWindows Server 2019では、クライアント側のOSが同じ64ビットCPUを対象とするWindows 7/8/8.1/10の64ビット版やWindows Server 2003以降のIntelアーキテクチャ用64ビット版のサーバー OSの場合には、プリンターの共有が行われた時点で、自らが持つプリンタードライバーをクライアント側に自動送信します。これにより、クライアントコンピューターでは、独自にプリンタードライバーを用意しなくてもプリンターがそのまま使えるようになります。

問題となるのは、クライアントOS側が他のプロセッサ向けのOSの場合です。この場合、ドライバーのアーキテクチャが異なるため、サーバーが使っているプリンタードライバーをコピーして使うことはできません。

「追加ドライバー」機能とは、このように、サーバー側とクライアント側が異なるアーキテクチャで動作している場合に備えて、他のプロセッサ用のドライバーをあらかじめサーバー上にインストールしておき、それらのプロセッサを使用するクライアントコンピューターからプリンターの共有が求められた場合には、そのドライバーをクライアント側に送信する仕組みを指します。これにより、クライアントが64ビット版Windowsの場合に限らず、プリンターの共有設定を行うだけで、クライアント側でプリンターが使えるようになるというわけです。

これにより、個々のクライアントコンピューターでプリンタードライバーをセットアップする手間が省けるほか、ネットワーク内でプリンタードライバーのバージョンを統一することも容易になり、管理者が負担を低減できます。

Windows Server 2019にはこの「他のプロセッサ用」プリンタードライバーとして、Intelアーキテクチャの32ビット版のWindows向けと、ARMアーキテクチャ64ビット版のプリンタードライバーをインストールすることができます。Windows Server 2016ではARM64アーキテクチャ向けのドライバーには対応していませんでしたから、これはWindows Serer 2019の新機能となります。

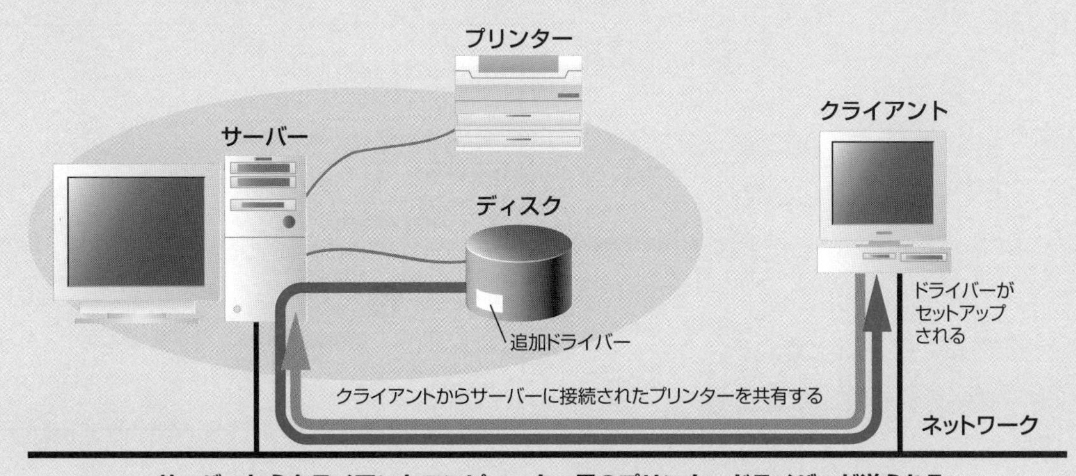

サーバーからクライアントコンピューター用のプリンタードライバーが送られる

3 他のプロセッサ用の追加ドライバーを組み込むには

Windows Server 2019と32ビットOSで動作するクライアントコンピューターとの間でプリンターを共有する場合には、あらかじめ32ビットコンピューター用の「追加ドライバー」をサーバー側に組み込んでおくと便利です。この操作を行うには、まずWindows Server 2019に対してプリンターのセットアップを行っておき、Windows Server 2019でプリンターを使える状態にしておきます。
また32ビットOS用のプリンタードライバーを別途用意しておいてください。用意するのは「Windows 10 32ビット用」のドライバーがベストです。
なお、本節で画面例に使用したプリンターは、サーバー側のプリンタードライバーをWindows Updateでインストールした場合には追加ドライバーはインストールできません。そのため本節では、サーバー側のプリンタードライバーをWindows Updateではなく、手動でインストールしています。

32ビットOS用の追加ドライバーを組み込む

❶ プリンターまたはスキャナーの一覧から、対象となるプリンター名をクリックすると、プリンター名の下にボタンが表示されるので、[管理] をクリックする。

❷ プリンターの管理画面に切り替るので、[プリンターのプロパティ] をクリックする。

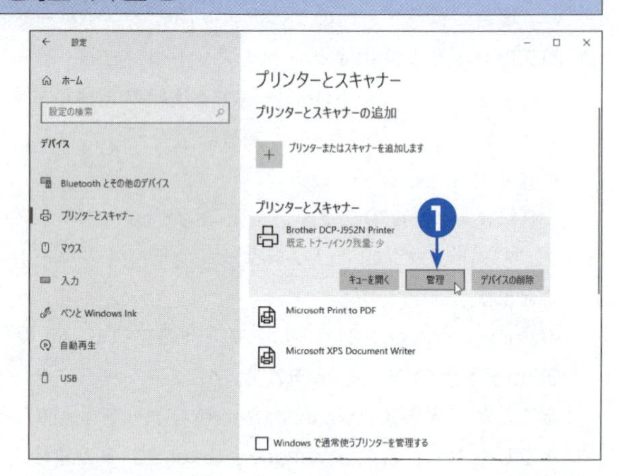

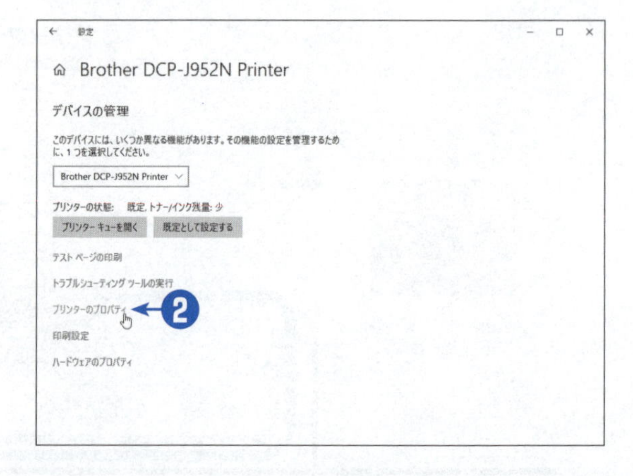

❸ プリンターのプロパティ画面が表示されるので、[共有] タブをクリックし、次に [追加ドライバー] をクリックする。

●この操作を行った際に [追加ドライバー] ボタンがグレーになっていてクリックできない場合は、追加ドライバーのインストールが不要か、または追加ドライバー機能をサポートしていない。

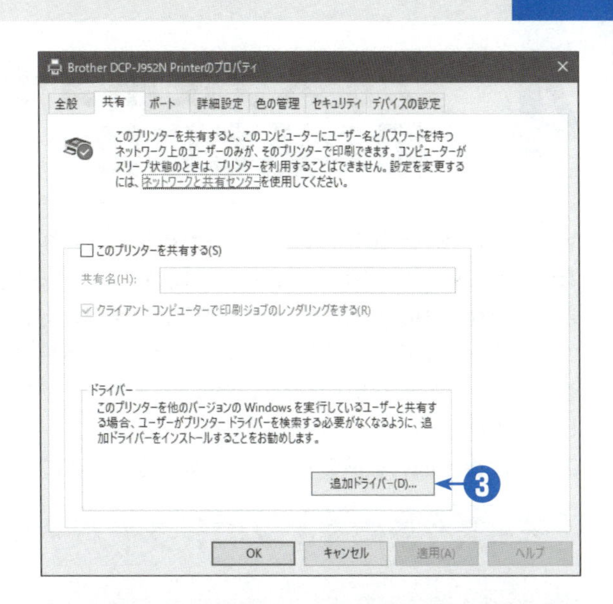

❹ [追加ドライバー] 画面が表示されるので、追加ドライバーをインストールするプロセッサタイプを選択する。64ビットドライバーはすでに自分自身のものがインストールされているので、ここでは32ビットドライバーをインストールする。[x86] チェックボックスをオンにする。

●ARM64用ドライバーを追加インストールする場合には、[ARM64] をチェックする。

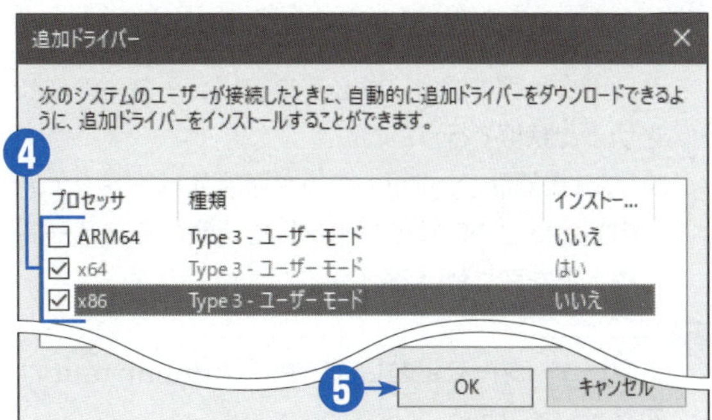

❺ [OK] をクリックする。

❻ ドライバーディスクの場所を問い合わせるダイアログボックスが表示されるので、[コピー元] にドライバーディスクのパスを入力して [OK] をクリックする。

●プリンタードライバーは、プリンターメーカーのホームページからダウンロードしたもの等を使う。

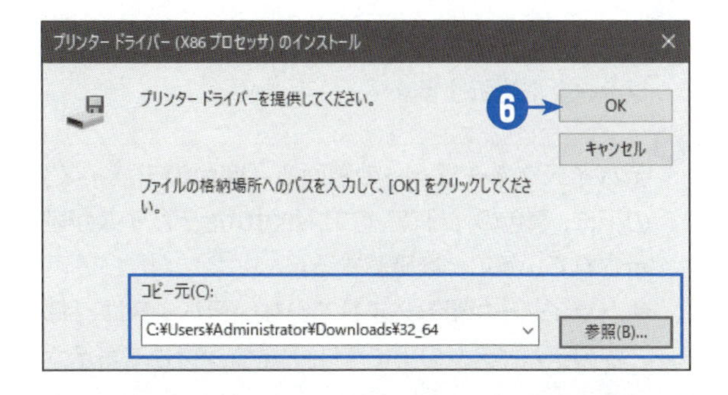

❼ 追加ドライバーのセットアップが正常に終了すると、手順❻の画面まで一気に閉じられる。正常にインストールできたかどうかを確認するには、手順❸の画面から再び [追加ドライバー] をクリックする。

❽ x86用のドライバーが追加されているのがわかる。これ以上のドライバーをインストールする必要はないので [キャンセル] をクリックしてウィンドウを閉じる。

●以上で、追加ドライバーのセットアップは終了である。この手順を行っておけば、インテルx86用WindowsやARM64用Windowsからプリンターを共有する場合 (ARM64用ドライバーを追加インストールした場合) にも、別途ドライバーを用意する必要がなくなる。

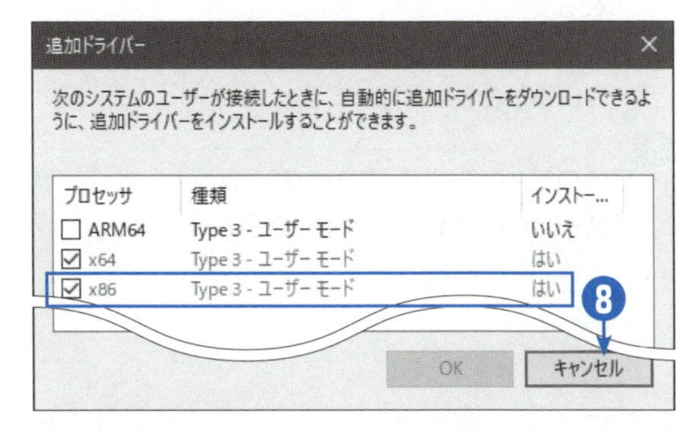

4 ディスク使用タイプのドライバーを組み込むには

Windows Server 2019にドライバーが収録されておらず、またWindows Updateでもドライバーが組み込まれない場合には、ハードウェア製品に付属のドライバーを使用します。

こうしたタイプのハードウェアで注意したいのは、ドライバーの組み込み方法として、製品独自のセットアッププログラムによりセットアップする方式と、Windows標準のドライバーセットアップを用いる方式の2種類がある点です。どちらの方式を使うのかは、ハードウェア製品の取扱説明書に記載されているはずなので、必ず確認してください。

ここではWindows標準のドライバー組み込み方法について解説します。

ディスク使用タイプのドライバーを組み込む

❶ ハードウェアを取り付ける。ホットプラグできないハードウェアの場合には必ずコンピューターの電源を切った状態で行うこと。

- USB機器など、ホットプラグ可能なハードウェアの場合は、先にサインインした状態から、ハードウェアを取り付ける。

❷ コンピューターを起動し、管理者（Administrator）でサインインする。

❸ スタートボタンを右クリックして「デバイスマネージャー」を選択する。

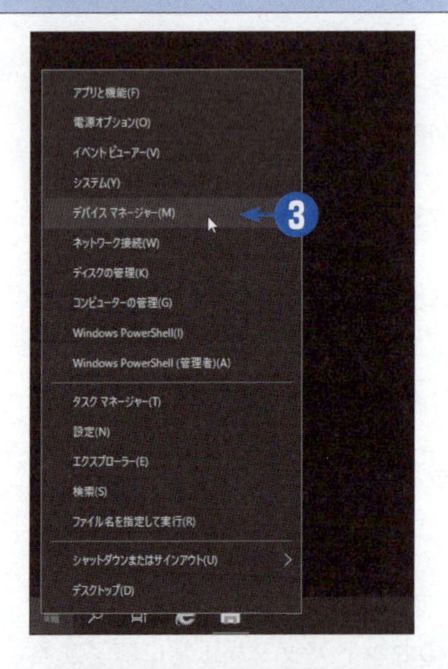

❹ デバイスマネージャーの画面で「ほかのデバイス」の下に、黄色の「!」アイコンが付いたデバイスが表示されていることを確認する。

- ドライバーが組み込まれていないデバイスは、「ほかのデバイス」の下に「!」アイコン付きで表示される。
- 表示名が、今取り付けたデバイスの名称と一致しているかどうかを確認する。

❺ 目的のデバイスのアイコンを右クリックして「ドライバーソフトウェアの更新」を選ぶ。

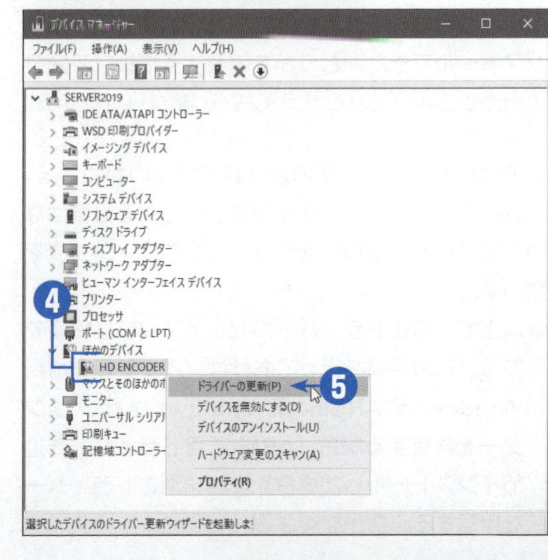

❻
ドライバーソフトウェアの検索方法を指定する。[コンピューターを参照してドライバーソフトウェアを検索します] を選択する。
●[ドライバーソフトウェアの最新版を自動検索します] は、Windows Updateによりドライバーが提供されている場合には有効だが、その場合には、今回のように「！」付きで表示されることはない。この選択肢は、すでにWindows Updateでドライバーがインストールされているものを更新する場合に有効。

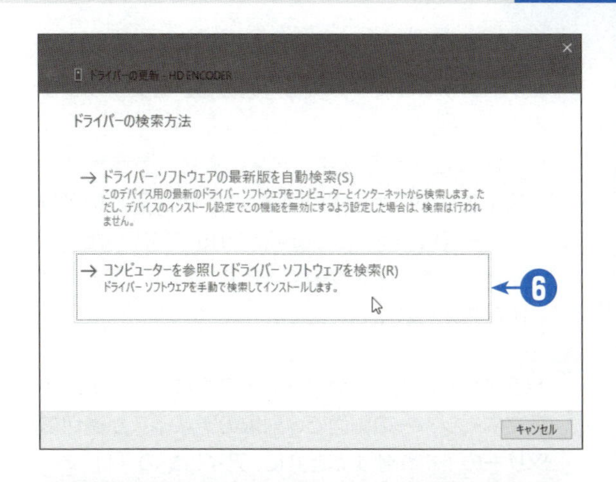

❼
[次の場所でドライバーソフトウェアを検索します] で、[参照] をクリックする。

❽
ドライバーディスクを入れた場所（CD-ROMやUSBメモリ）を指定して、[OK] をクリックする。
●ドライバーの正確な場所がわからない場合は [サブフォルダーも検索する] もチェックしておく。

❾
[次へ] をクリックする。

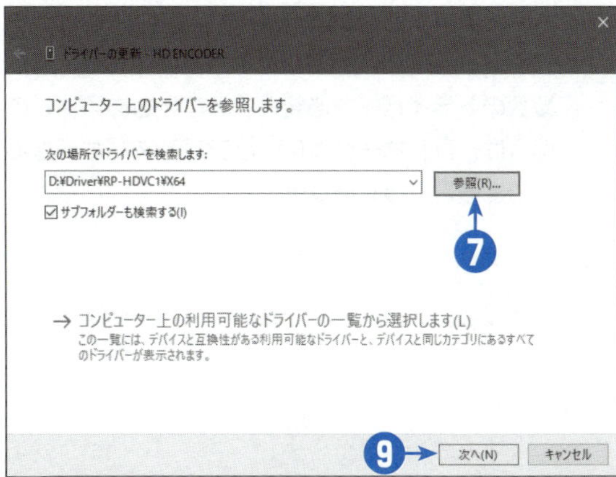

❿
ドライバーディスクに収められたドライバーがセットアップされる。ドライバーによっては、セットアップ中に確認が求められる場合もある。その場合は[インストール] をクリックする。

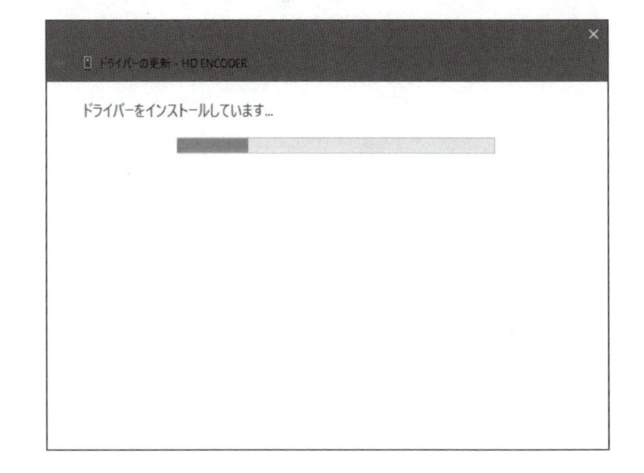

⓫

セットアップが終了したら［閉じる］をクリックする。

●正常にセットアップできない場合、ドライバーディスクの場所指定が間違っている、正しいドライバー（Windows Server 2019に対応したドライバー）がディスク中に含まれていないなどの理由が考えられる。

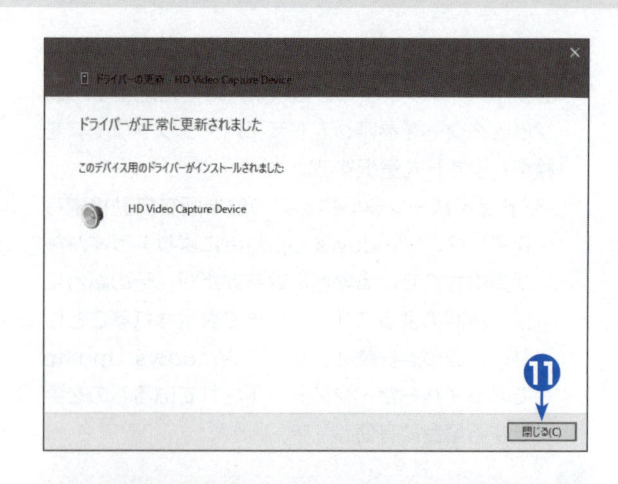

⓬

ドライバーが正常にセットアップされると、デバイスマネージャーの画面で、対象のデバイスが適切なツリーの下に移動すると共に、アイコンの「!」マークが消える。

●ハードウェアによっては、1つのハードウェアで複数のドライバーを必要とすることもある。この場合は、「!」マークが付いたデバイスがなくなるまで手順❺～⓫を繰り返す。

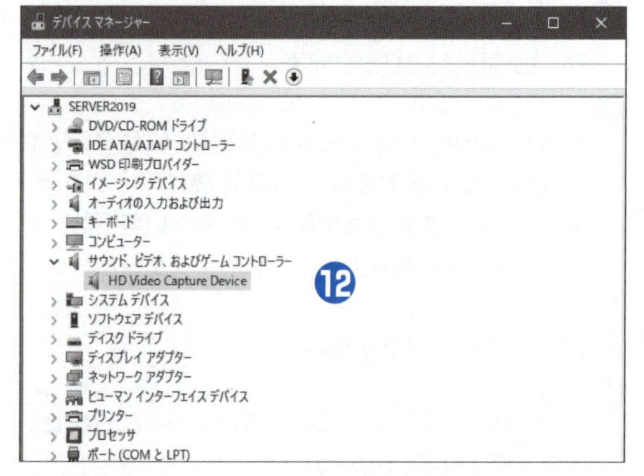

ハードウェアを安全に取り外すには

USB機器はOSが動作中でも、取り付け/取り外しができます。ただ気を付けないといけないのは、機器の利用中に取り外すと、機器の種類によっては問題が生じることがある点です。たとえばUSB接続のハードディスクなどは、書き込み中に取り外すとディスクの内容が壊れてしまう場合があります。こうした機器の取り外しには、以下のような手順を取る必要があります。
ここでは例として、USBフラッシュメモリの取り外しを取り上げます。

Windowsエクスプローラーからハードウェアを安全に取り外す

❶ USBフラッシュメモリを接続した。リムーバブルディスク（D:）が認識されている。
- USBフラッシュメモリはインボックスドライバーで動作するため、ドライバーのインストールを行わなくても自動的に認識される。

❷ USBフラッシュメモリのアイコンを右クリックして、メニューから［取り出し］を選択する。
- Windowsエクスプローラーの［PC］に表示されるデバイスの場合は、ここから［取り出し］を選ぶのが便利である。

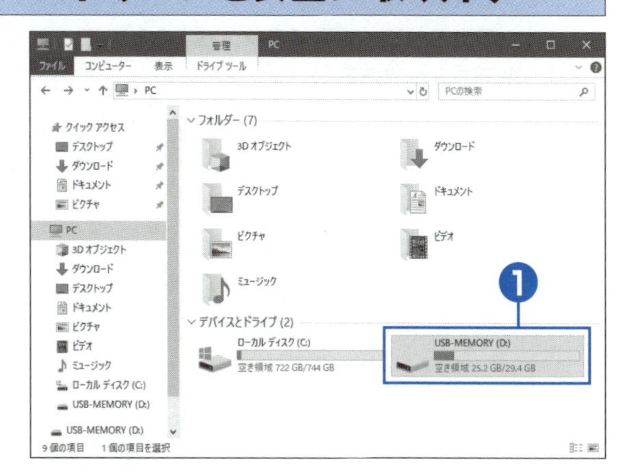

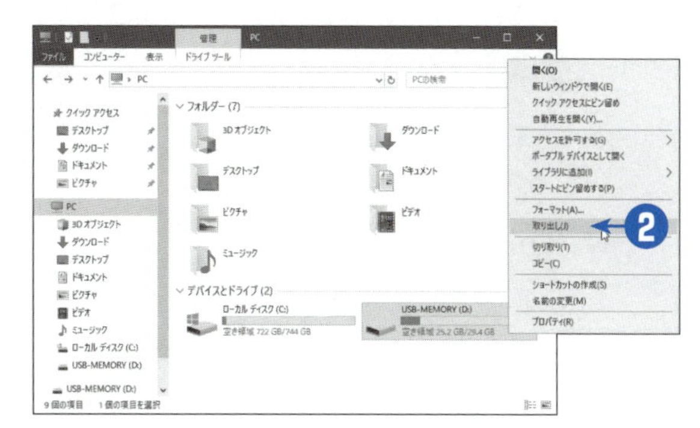

❸
画面右下に「安全に取り外すことができます。」というメッセージが表示されるので、USBフラッシュメモリを取り外す。

❹
Windowsエクスプローラーの詳細設定で、[空のドライブは表示しない]にチェックをした状態では、Windowsエクスプローラーからドライブアイコンも消える。

❺
Windowsエクスプローラーの詳細設定で、[空のドライブは表示しない]のチェックをしていない状態では、該当のドライブアイコンは残った状態で、容量の表示のみが消える。

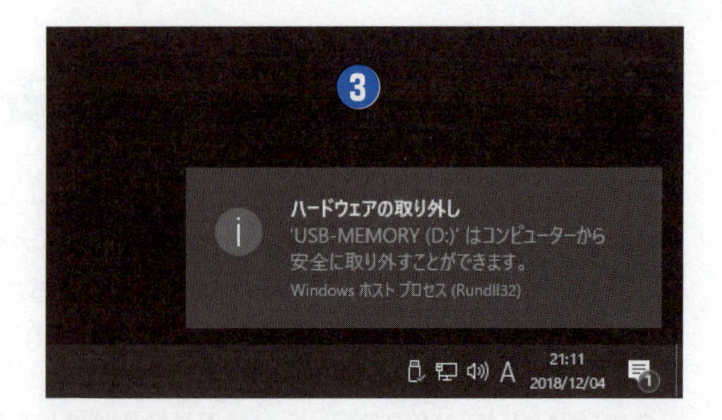

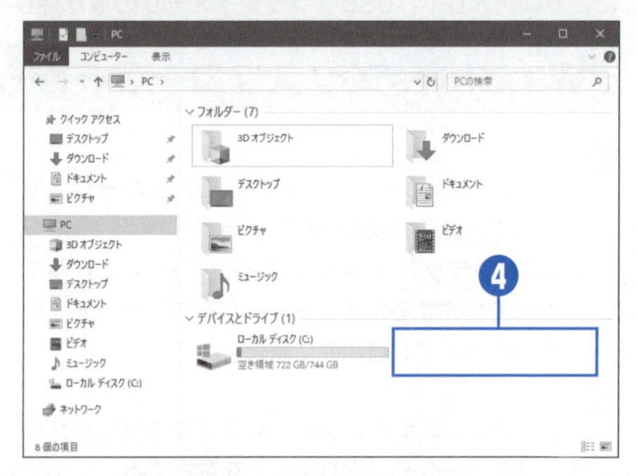

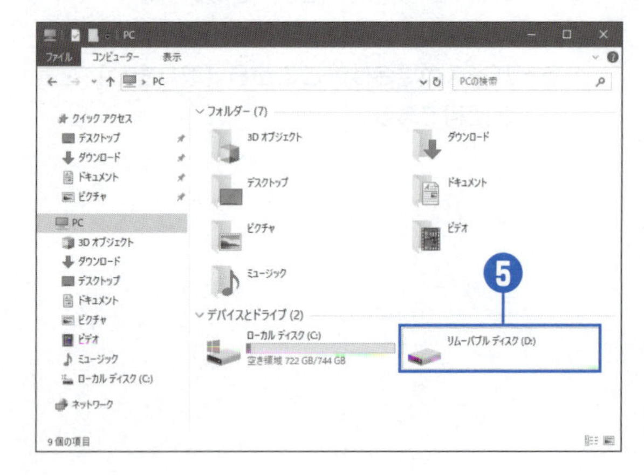

6

空のドライブの表示/非表示の設定は、エクスプローラーのメニューから［表示］タブの［オプション］をクリックして表示されるダイアログで、［表示］タブの［空のドライブは表示しない］のチェックのオン/オフで変更できる。

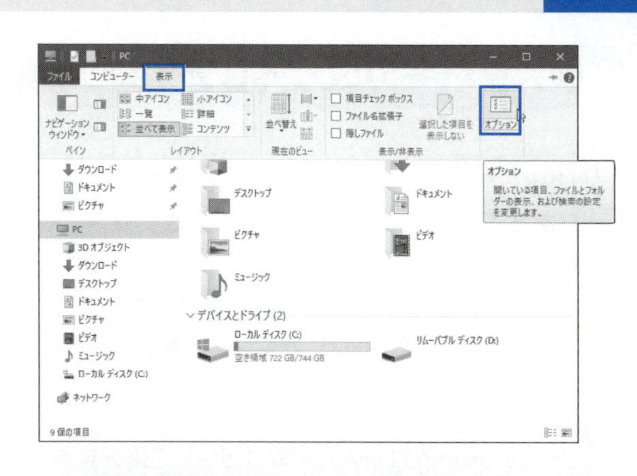

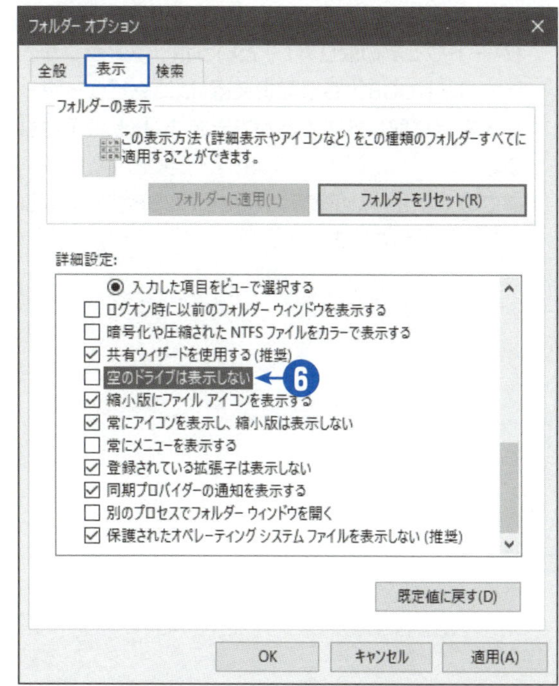

タスクバーの取り外しアイコンからハードウェアを安全に取り外す

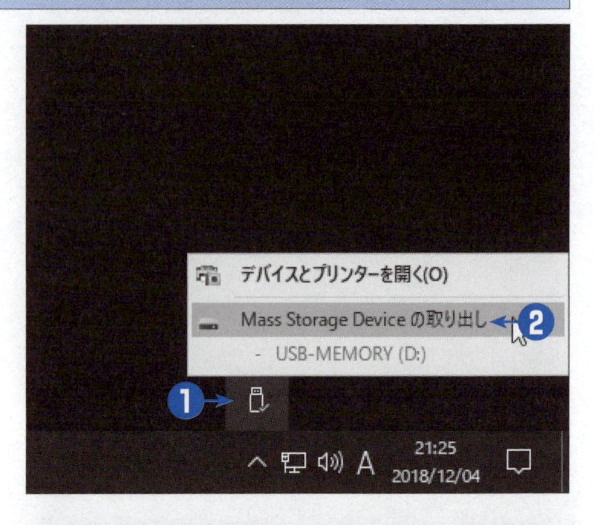

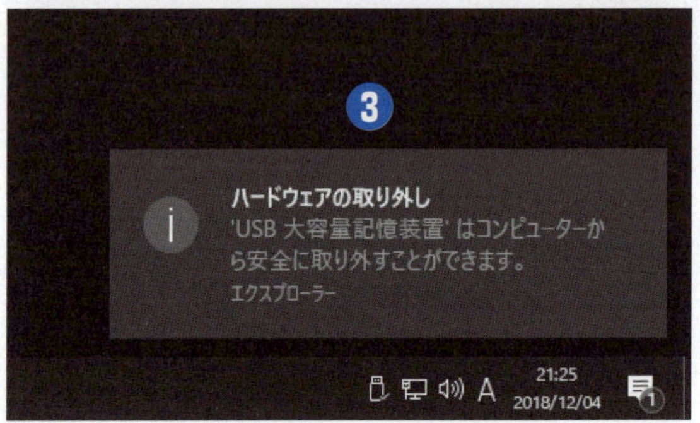

❶ USBフラッシュメモリを接続した状態で、通知領域にある「取り外し」アイコンをクリックする。

●標準の状態では、通知領域のアイコンが4つ以上ある場合は「ˆ」印のメニューにまとめられる。このため、[取り外し] アイコンを表示するには「ˆ」印をクリックする。

❷ [Mass Storage Deviceの取り出し] を選択する。

❸ [ハードウェアの取り外し] というポップアップが表示され、「'USB大容量記憶装置'はコンピューターから安全に取り外すことができます。」と表示される。

●このメッセージが表示されたら、USB機器を取り外すことができる。

USBフラッシュメモリの取り外し方法

本書では、USBフラッシュメモリの取り外し方法として、Windowsエクスプローラーから取り出しを選択する方法と、通知領域の取り外しアイコンから選択する方法の2つの方法について紹介しました。この2つの方法は、似ているようで、実は機能的には違いがあります。

Windowsエクスプローラーから「取り出し」を選択する方法は、Windowsエクスプローラー内にアイコンが表示されているデバイスでしか使用することはできません。一方、通知領域のアイコンを用いる方法では、Windows Server 2019が「取り外し可能」とみなしている機器すべてについて、取り外しを選択することができます。どのようなデバイスにも使える汎用性という点では後者の方法が優れていますが、一方で、この方式では、リムーバブルディスク以外の通常のハードディスクでも「取り外し可能」として表示されることが多いため、誤って目的とする機器以外を取り外してしまう危険性もあります。

取り外し実行後に表示されるメッセージを見ても、Windowsエクスプローラーから取り出しを選択した場合は、フラッシュメモリのボリュームラベルやボリューム名（D:）が表示されてわかりやすいのに対し、通知領域からの取り外しでは、［USB大容量記憶装置］という機器名で表示されるため、特に、複数のUSB機器が接続されている環境ではわかり難いという欠点もあります。

もう1つの違いが、取り出し後のWindowsエクスプローラーでの動作の違いです。

エクスプローラーの設定で「空のドライブは表示しない」のチェックを外した状態ではエクスプローラーからUSBフラッシュメモリの「取り出し」を実行してもアイコンは残ったままです。ちょうどDVDドライブからメディアを取り出した際と同じ動作です。もちろんDVDと違ってメディア自体を取り出したわけではないので、アイコンをダブルクリックすれば、再びUSBフラッシュメモリの内容が表示できます。

一方、通知領域からデバイスの取り外しを実行した場合、取り外されたデバイスに含まれるボリューム（D:）はエクスプローラーの設定にかかわらずアイコン表示は消えます。もう一度USBフラッシュメモリの内容を参照したい場合には、いったんUSBメモリを取り外し、再度取り付け直さなければいけません。

この動作の違いからわかるように、エクスプローラーからの「取り出し」と通知領域アイコンからの「取り外し」には、根本的な違いがあります。

すなわち、Windowsエクスプローラーからの「取り出し」は、ハードウェアの認識自体を削除するわけではなく、単に「ハードウェアをいつでも自由に取り外せる状態にしている」だけであるのに対し、通知領域アイコンからの「取り外し」は、Windowsによって認識された機器自体を削除し、ハードウェアとして認識されていない状態にします。

この動作は、Windowsが認識しているハードウェアを一覧表示する「デバイスマネージャー」の表示を見るとよくわかります。Windowsエクスプローラーでの「取り出し」を行った後、（空のドライブは表示しないにチェックをした状態では）エクスプローラーからアイコンが消えますが、デバイスマネージャーでは、［JetFlash Transcend 32GB USB Device］の認識は残ったままです。しかし通知領域からの「取り外し」では、まだUSBフラッシュメモリを取り外していない状態でも、デバイスマネージャーからアイコンが消えてしまいます。

Windowsがリムーバブル機器の「安全な取り外し」動作を必要とする理由は、USBメモリなどの記憶装置に限って言えば、入出力を高速化させるための「ライトバックキャッシュ」が完全に書き込み終わる前に装置が取り外されてしまうことで、ファイルシステムに矛盾が生じることを防ぐためです。逆に言えば、ライトバックキャッシュの内容が完全に書き込まれた後であれば、いきなり機器を取り外しても問題は発生しないという

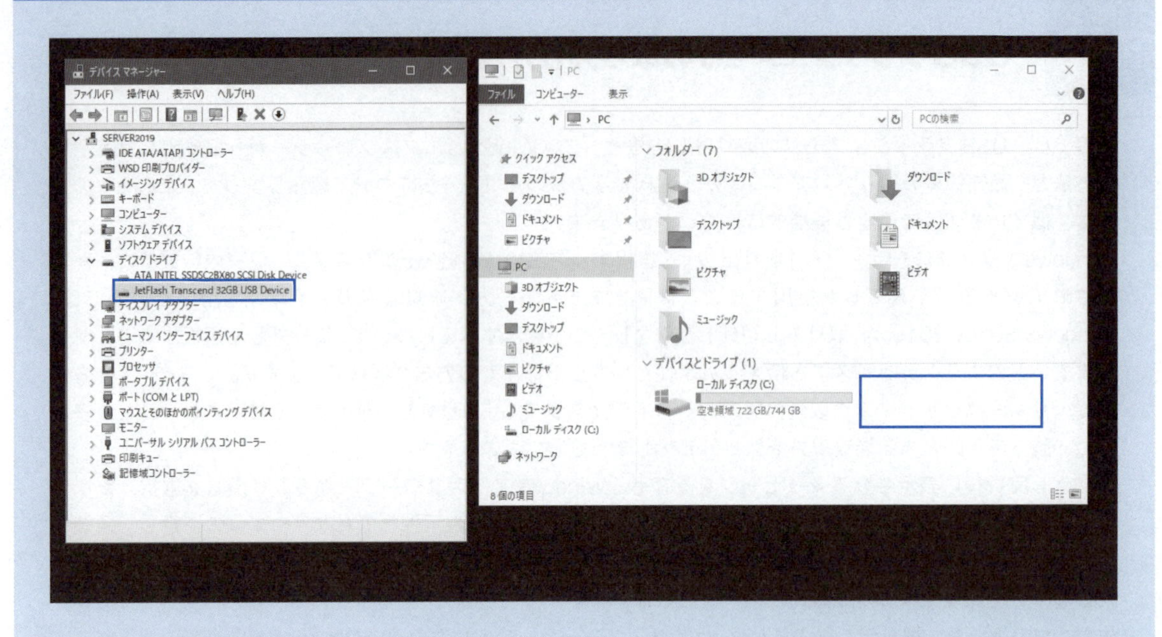

ことになります。Windowsエクスプローラーの「取り出し」操作は、デバイスに対して書き込み待ちとなっているデータをすべて書き込んでしまい、機器がいつ取り外されても安全な状況を作っているというわけです。両者の使い勝手を比較すると、少なくともUSBメモリに関して言えば、Windowsエクスプローラーからの取り出し操作の方がずっと便利です。Windowsエクスプローラーからであれば、通知領域からの操作と違って、誤って別なデバイスを取り外してしまうこともありません。また、万が一間違ったとしても、デバイスの認識が削除されているわけではありませんから、再度ダブルクリックすれば、すぐに対象のボリュームを開き直すことができます。

なおUSB接続のハードディスクなど、一部のUSB機器では、デバイスの取り外しを認識してハードディスクの回転を止める動作や、ハードディスクのヘッドを安全な領域に退避させるといった動作をする場合があります。このように、ライトバックキャッシュのデータ書き込みを待つ以外にも安全な取り外しの動作を必要とするハードウェアの場合には、Windowsエクスプローラーからの取り出し動作だけでは不十分となる可能性もあるので、注意してください。

USB機器を使用禁止にするには

USB機器は非常に便利ですが、反面、コンピューター上のデータを勝手に持ち出したりされる恐れもあります。とりわけ大切なデータを保管するサーバーでは、むしろUSB機器を使えないようにしたい場合も少なくありません。

Windows Server 2019では、こうしたニーズに対応するため、USBで接続される機器を使用できないようにする機能があります。必要がある場合、以下のように設定してください。

USB機器を使用できなくする

❶ スタートボタンを右クリックして、メニューから［ファイル名を指定して実行］を選ぶ。

❷ キーボードから**gpedit.msc**と入力してEnterキーを押す。

●この入力欄には、直前に入力したコマンドが表示されている。gpedit.msc以外が表示されていた場合は、一旦消去する（コマンド名は選択状態になっているため、そのまま1文字目の「g」を入力するだけで古い内容は自動的に消去される）。

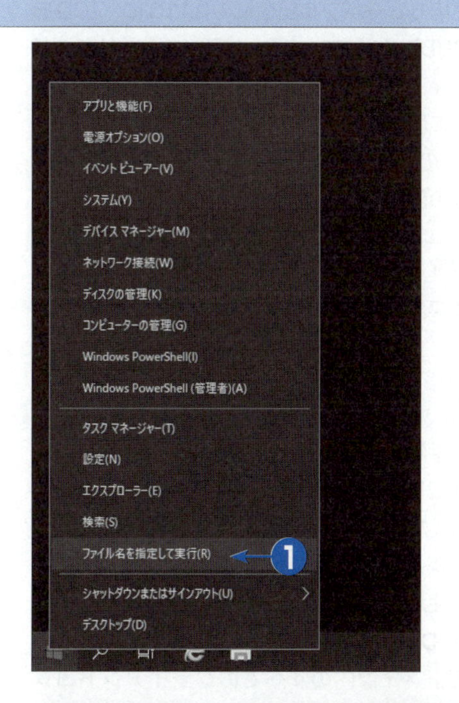

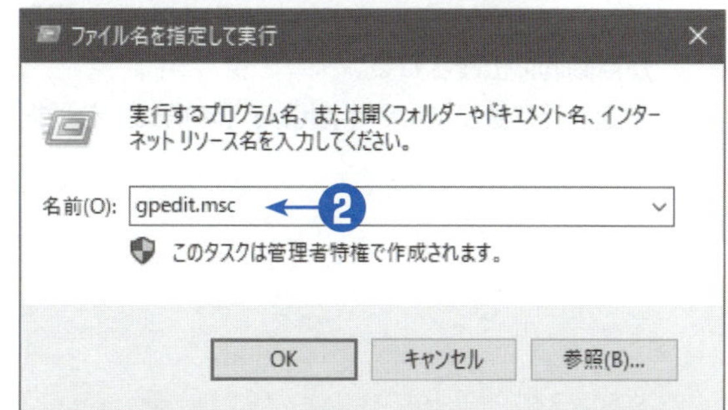

❸

[ローカルグループポリシーエディター] ウィンドウが開く。

❹

左側のペインのツリーから [コンピューターの構成] ー [管理用テンプレート] ー [システム] ー [リムーバブル記憶域へのアクセス] を選択する。

❺

右側のペインで [すべてのリムーバブル記憶域クラス：すべてのアクセスを拒否] をダブルクリックする。

- すべてのリムーバブル記憶域の代わりに、[CDおよびDVD] や [フロッピードライブ]、[リムーバブルディスク] などを選択すると、デバイスの種類ごとに個別にアクセスを制御できる。
- [すべてのリムーバブル記憶域クラス] は個別のデバイスの設定よりも優先される。

❻

開いたダイアログボックスで [有効] を選択して、[OK] をクリックする。

❼

[ローカルグループポリシーエディター] ウィンドウを閉じる。

- 以上の手順を実行すると、これ以降、USBフラッシュメモリやハードディスクを取り付けても認識されなくなる。
- 操作を実行した時点で取り付けられているUSB機器も使用できなくなる。
- Active Directoryを運用していた場合には、この操作でドメイン内のすべてのクライアントコンピューター（Windows Vista以降）にも同じ設定が自動的に伝達される。
- 設定を元に戻すには、手順❻で [未構成] を選択する。

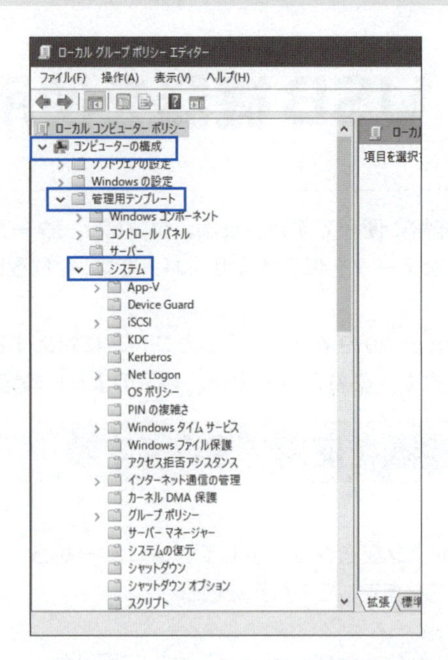

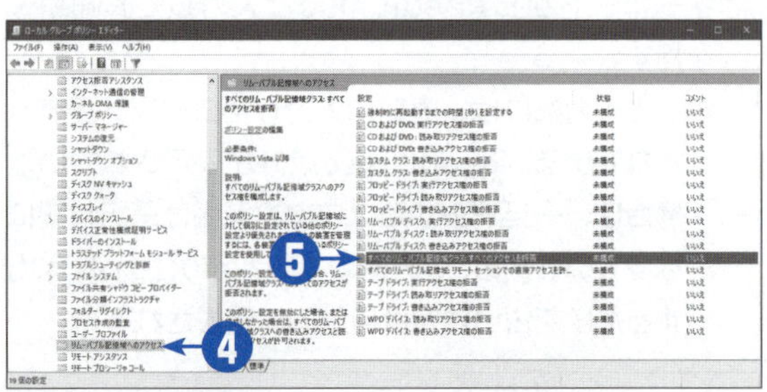

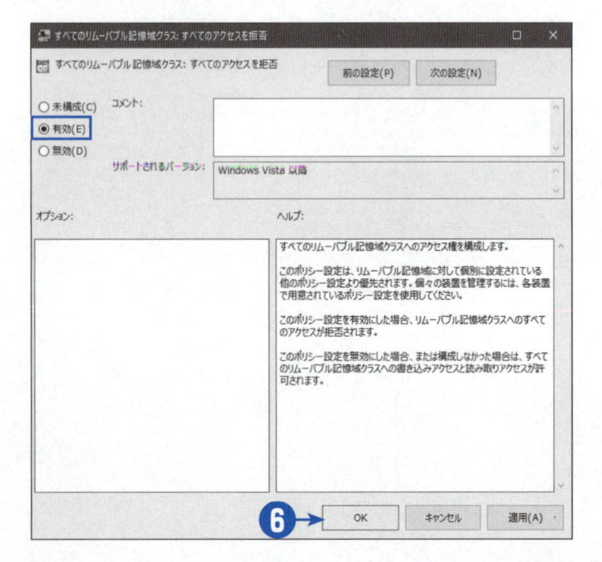

アクセス許可の管理とファイル共有の運用

第7章

1 ファイルを作成者以外のユーザーでも書き込み可能にするには

2 ファイルを特定の人や特定のグループから読み取れないようにするには

3 アクセス許可の継承をしないようにするには

4 フォルダークォータ機能を使用できるようにするには

5 フォルダークォータ機能を設定するには

6 クォータテンプレートを作成するには

7 イベントログを確認するには

8 ボリュームシャドウコピーの使用を開始するには

9「以前のバージョン」機能でデータを復元するには

10 シャドウコピーの作成スケジュールを変更するには

複数のユーザーやグループを登録して、コンピューターを使用するユーザーを識別できるのは、マルチユーザーOSであるWindows Server 2019の基本的な機能です。こうしたマルチユーザー機能を利用するには、個々のユーザーの権利を細かく管理し、ファイルやフォルダー、あるいは各種機能に対するアクセス権を適切に設定することが必要です。せっかくマルチユーザー機能を持っていながら、どのユーザーもまったく同じことができるように設定してしまうのではマルチユーザーOSの意味がありません。

ここではマルチユーザー機能を存分に活用して、ユーザーの権利を細かく管理する方法について説明します。

アクセス許可の仕組み

Windows Server 2019は、複数のユーザーが1台のパソコンを操作することができる「マルチユーザー」機能を持つOSです。ところで「複数のユーザーがコンピューターを使う」というのは、いったいどういうことを指すのでしょうか。たとえば（マルチユーザーOSではない）Windows 95や98でも1台のコンピューターを複数の人が交代して使うことは可能です。逆にマルチユーザーOSであるはずのWindows 10であっても、オフィスなどで個人個人に1台のコンピューターが割り当てられている場合には、通常そのコンピューターはただ1人しか利用しません。つまり複数の人が利用するからマルチユーザーOS、1人で利用するからシングルユーザーOSといった図式が簡単に成り立つわけではありません。

マルチユーザーOSと呼ばれる条件にはさまざまなものがありますが、その中の大きな要素の1つとして「アクセス許可（他の多くのOSではアクセス権と呼ばれています）」を管理する機能を持つことが挙げられます。1台のコンピューターを複数の人が使うときに気になるのが、自分が使うファイルを他の人に見られてしまわないか、自分の環境を他の人が使うことで壊されてしまわないか、という点です。コンピューター上で作るファイルには、メールや機密データなど、他人に見られては困るデータも含まれます。そうしたファイルをディスク中に保管したとして、これを他人に見られないよう「鍵をかける」という仕組みが必要です。マルチユーザーOSに備わる「アクセス許可」という仕組みは、言ってみれば「自分が保護したいファイルを、他の関係ないユーザーが開くことを防ぐ仕組み」です。

たとえばAさんが使っているコンピューターは、Bさん、Cさん、Dさんが利用することもあるとしましょう。Aさんが作ったファイルは、同じ職場にいるBさんとCさんは見ることができても、別の職場にいるDさんには見せたくはありません。ファイルを見せたくない相手であるDさんがコンピューターを利用しているときに、ファイルを開かせないようにする仕組みが、ファイルに対する「アクセス許可」です。Windows Server 2019のアクセス許可管理では、ファイルやフォルダーに対して、「どのユーザーが」「どういった操作を」「できる」または「できない」といった設定をすることが可能です。上の例では、Aさんが作ったファイルに対して、

	読み取り	書き込み
Aさん	できる	できる
Bさん	できる	できない
Cさん	できる	できない
Dさん	できない	できない

という設定を行うことが可能なのです。この設定ができれば、先ほどのように、AさんのファイルをDさんに見られることがなくなります。

この表では、読み取りのほかに「書き込み」についても設定を行っています。たとえば、Aさんのファイルに書き込むことができるのはAさんだけで、BさんとCさんは、読むことはできるが、書くことはできない、というように設定できます。つまり、単に読めるか読めないかだけではなく、どんな動作を許可/禁止するのか、より詳細に設定することができるのです。

こうした動作を行うには「Aさんが作ったファイル」のように、どのファイルを誰が作成したのか、Windowsは常に認識しておかなければいけません。このためWindowsでは、ファイルやフォルダーに対して「所有者」という概念を定めています。Aさんが作ったファイルの所有者は、もちろんAさんになります。

アクセス許可に指定できる動作の中には、読み取り、書き込みのほか、実行（ファイルを実行する権利）や、ファイルのアクセス許可を設定する権利など、総計で30あまりのさまざまな項目が用意されています。たとえば上のように、BさんとCさんには見せるけど書き込みは許さない、Dさんには読み取りも許さない、といった操作は、そのファイルの所有者であるAさんが自由に指定することができるというわけです。
Windowsで使われるアクセス許可には、もう1つ「アクセス許可の継承」という概念があります。アクセス許可の継承とは、あるファイルやフォルダーにアクセスする際、そのファイルやフォルダーが含まれるより上位のフォルダーのアクセス許可が最初に適用される機能です。
たとえば、D:¥TESTというフォルダーに、以下の表のようなアクセス許可が設定されていたとします。

	読み取り	書き込み
Aさん	できる	できる
Bさん	できる	できない
Cさん	できない	できない
Dさん	できない	できない

アクセス許可の継承が有効である場合、そのフォルダーに含まれるファイルやフォルダーには、自動的にこの表とまったく同じアクセス許可が設定されます。個々のファイルやフォルダーに、ユーザーが手作業でアクセス許可を設定しなくても、自動的にアクセス許可が設定されるので非常に便利ですし、アクセス許可を設定する権利を持たないユーザーがファイルを作成する場合でも、自動的に適切なアクセス許可が設定されます。
アクセス許可の継承では、ファイルやフォルダーのアクセス許可は、継承元となる上位のフォルダーのアクセス許可すべてがコピーされます。アクセス許可の一部分だけを選択して継承することはできません。一方で、上位のフォルダーのアクセス許可に対して、別のアクセス許可を「追加」することはできます。
たとえば、前述のD:¥TEST内の特定のファイルに対して、以下のようなアクセス許可を追加したとします。

	読み取り	書き込み
Aさん	-	-
Bさん	-	-
Cさん	できる	-
Dさん	-	-

(-は設定なしを示す)

この場合、そのファイルに対しては、AさんとBさんは継承により読み取りアクセスできるのはもちろんのこと、Cさんも読み取りアクセスが可能になります。つまり、上位フォルダーのアクセス許可に対して、新たに追加したアクセス許可が合成されるわけです。

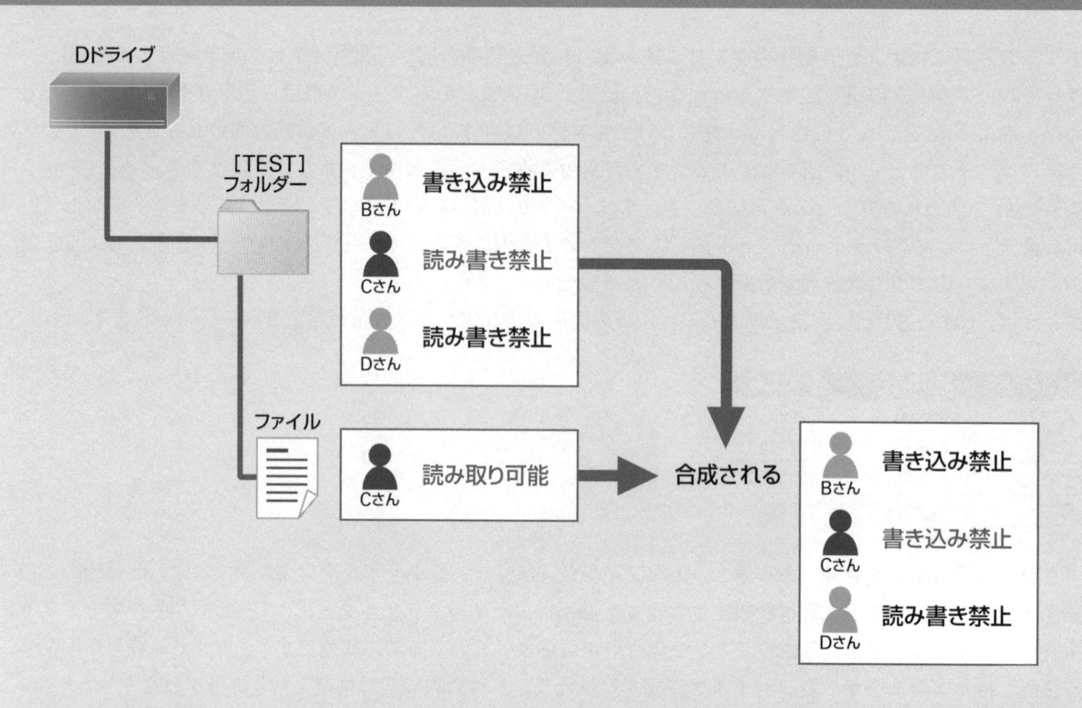

上位から継承するアクセス許可に対しては、下位のフォルダーでは「追加しかできない」点に注意してください。つまり上位階層で定義されたアクセス許可を削除することはできません。階層の途中である人にアクセス許可を与えてしまうと、アクセス許可の継承が有効である限り、その下位にあるすべてのフォルダーで、その人に与えたアクセス許可が有効となってしまいます。

これに対応するため、Windowsには「拒否のアクセス許可」という機能があります。これまでは、指定のユーザーに対してある特定の動作を実行できる「許可のアクセス許可」を説明してきましたが、「拒否のアクセス許可」はこれとは逆に、あるユーザーが特定の操作を行おうとした場合に、それを明示的に拒否します。

ファイルやフォルダーに対して「許可」と「拒否」がどちらも指定されている場合は、常に「拒否」の方が有効となります。たとえばあるフォルダーに対して「誰でも読み取り許可」が指定されている場合には、そのフォルダー内のファイルはすべてが誰でも読み取り可能になりますが、それらの中のファイルに「拒否」が設定されたファイルがあると、そのファイルだけは読み取りできません。前述のように、上位フォルダーから継承されている許可のアクセス許可は削除できませんが、アクセス許可の追加で「拒否」を追加することは可能なので、結果として、上位からの継承を打ち消すことが可能になるわけです。

拒否のアクセス許可は、ファイルだけでなくフォルダーに指定することもできます。ただしフォルダーに拒否のアクセス許可を設定する場合には十分な注意が必要です。というのは、拒否のアクセス許可が下位のフォルダーに継承される場合、下位のフォルダーでは継承されたアクセス許可を削除することはできません。許可のアクセス許可と違って、下位のフォルダーで別のアクセス許可を追加することで設定を打ち消すこともできません。アクセス許可の継承を行わないようにしない限り、下位のフォルダーすべてで拒否設定が有効になる点に注意してください。

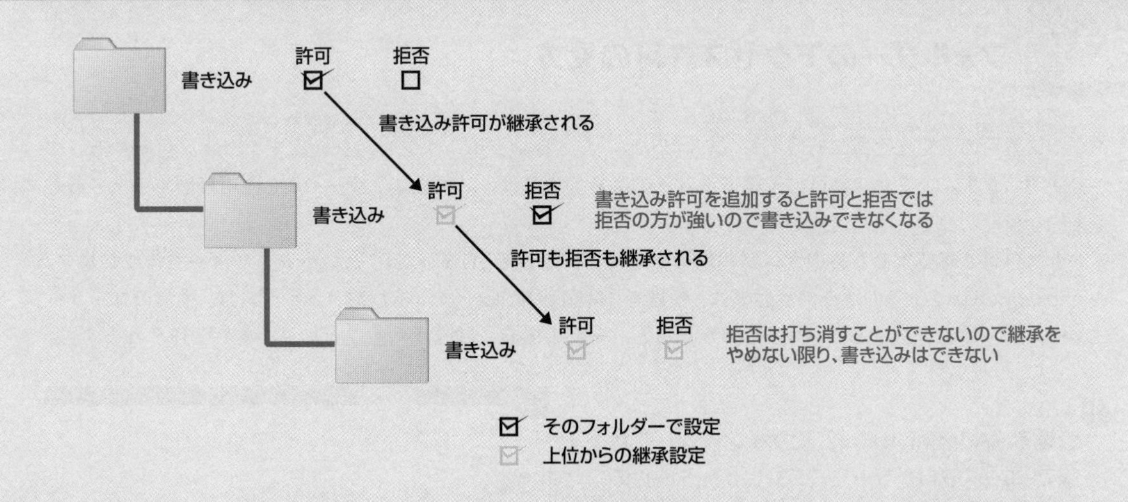
書き込み
許可
拒否
書き込み許可が継承される
書き込み
許可
拒否
書き込み許可を追加すると許可と拒否では
拒否の方が強いので書き込みできなくなる
許可も拒否も継承される
書き込み
許可
拒否
拒否は打ち消すことができないので継承を
やめない限り、書き込みはできない
そのフォルダーで設定
上位からの継承設定

フォルダーのアクセス許可の見方

アクセス許可の設定を実際に行う前に、Windowsにおけるファイルやフォルダーのアクセス許可の見方について説明します。アクセス許可の確認方法とその動きの理解は、マルチユーザーOSを運用管理する上で最も基本的な機能なので、よく理解してください。

アクセス許可を確認するためのサンプル用のフォルダーとして「D:¥TEST」というフォルダーを作成します。Windows Server 2019の標準の状態では、管理者（Administrator）が作成したフォルダーは、通常のユーザー（Usersグループに所属するユーザー）から見ると、一部の機能が制限されたフォルダーとして作られます。

❶ 管理者（Administrator）でサインインした状態で、エクスプローラーで［コンピューター］のD:ドライブを開く。

❷ ウィンドウ中の何も表示されていない領域を右クリックして［新規作成］—［フォルダー］を選択する。

❸ フォルダー名の入力状態となったらTESTと入力する。

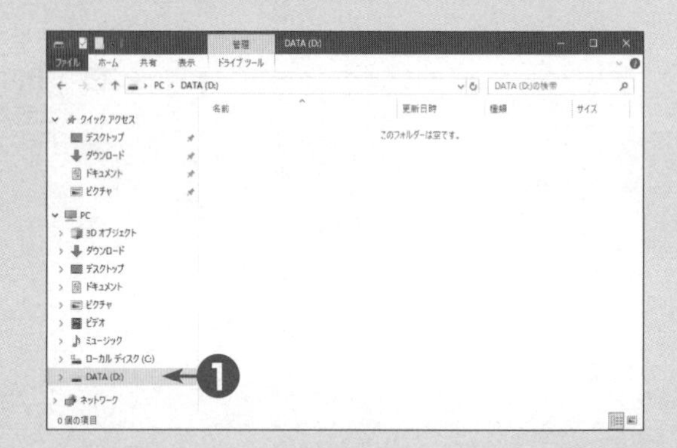

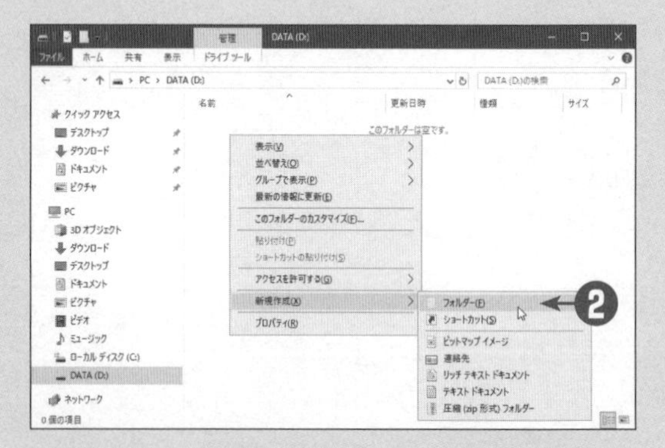

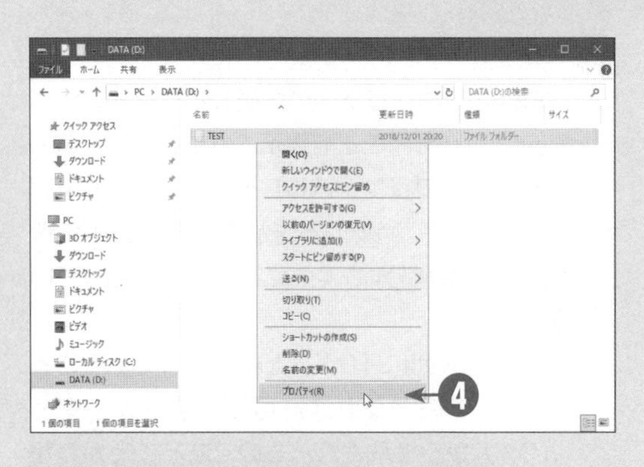

❹
これでD:¥TESTフォルダーが作成された。このフォルダーのアイコン［TEST］を右クリックして、メニューから［プロパティ］を選択する。

❺
［TESTのプロパティ］ダイアログボックスが表示されるので、［セキュリティ］タブを選択する。

❻
［グループ名またはユーザー名］の一覧から［Users］を選択する。

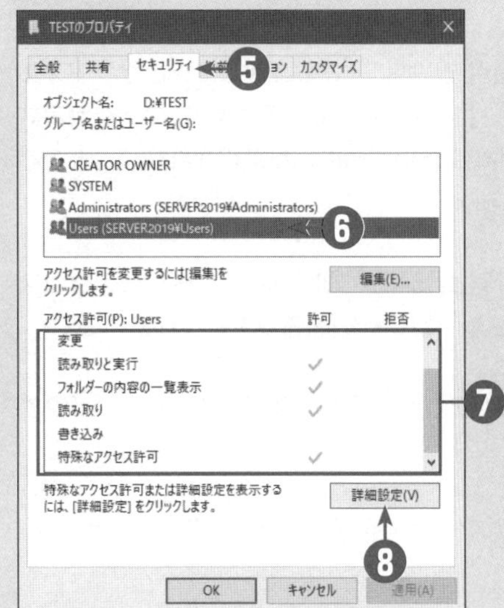

❼
［アクセス許可］の一覧に、有効なアクセス許可が表示される。［Users］グループには［読み取りと実行］［フォルダーの内容の一覧表示］［読み取り］［特殊なアクセス許可］の［許可］が有効になっている。

- グループ名またはユーザー名を選択すると、そのグループまたはユーザーとしてアクセスした場合にアクセスが許可されるかどうかが、［アクセス許可］の一覧に表示される。
- ［アクセス許可］の一覧でグレーで表示されている項目は、上位のフォルダー（この場合はD:¥）から継承されていて変更できないことを示している。

❽
「特殊なアクセス許可」の内容を確認するため、［詳細設定］をクリックする。

ここで「特殊なアクセス許可」とは、読み取りや書き込みといった大まかな分類ではなく、たとえば「フォルダーの作成や削除」といった、より詳細な機能分類のことを示しています。たとえば「フォルダーの作成は許したいが、フォルダーの削除は許可したくない」といった管理を行っている場合には「特殊なアクセス許可」として設定します。

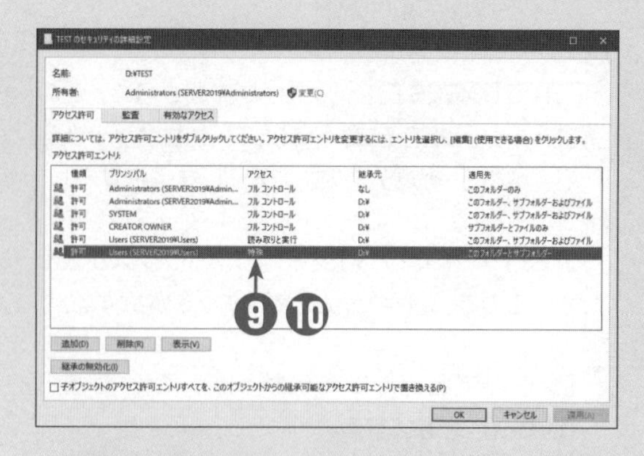

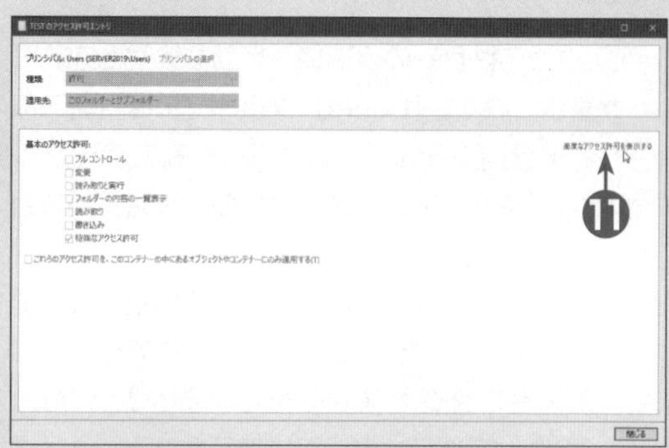

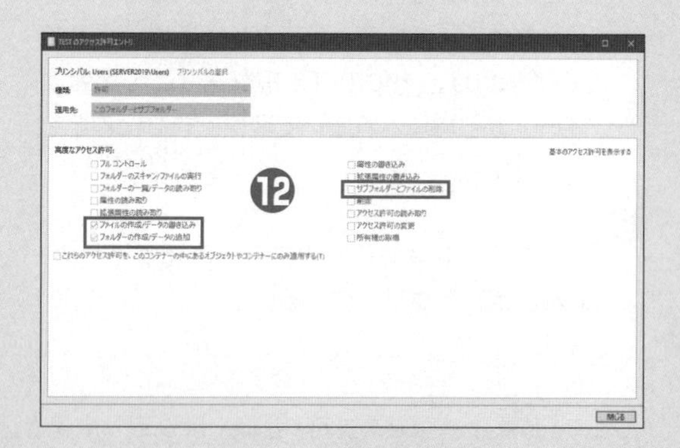

9

[TESTのセキュリティの詳細設定] ダイアログボックスが開く。ここで表示されているうちの一番下の行、[プリンシパル] 列が「Users」、[アクセス] 列が「特殊」と表示されているのが、今回調べたい「特殊なアクセス許可」を示している。

- [継承元] 列に「D:¥」と表示されていることから、このアクセス許可は上位フォルダー「D:¥」から継承されたものであることがわかる。
- [適用先] 列に「このフォルダーとサブフォルダー」と表示されているため、このアクセス許可は、フォルダーにしか適用されないことがわかる。

10

この行をさらにダブルクリックすると、アクセス許可エントリの詳細画面が表示される。

11

[高度なアクセス許可を表示する] をクリックする。

12

特殊なアクセス許可の詳細な内訳が表示される。

[高度なアクセス許可] の一覧を見ると、[ファイルの作成/データの書き込み] と [フォルダーの作成/データの追加] の2つが許可されています。高度なアクセス許可以外の通常のアクセス許可では [読み取りと実行] [フォルダーの内容の一覧表示] [読み取り] が許可されていましたから、このフォルダー内において一般ユーザーは、以下の操作ができることになります。

- ファイルの読み取りと実行
- フォルダーの内容の一覧表示
- 読み取り
- ファイルの作成とデータの書き込み
- フォルダーの作成とデータの追加

一方で、手順⑫の画面を見ると、[サブフォルダーとファイルの削除] は許可されていないことがわかります。つまり、このフォルダー内とサブフォルダー内では、管理者ではない一般ユーザーは、フォルダーやファイルを削除することはできません。
ただしファイルやフォルダーを削除できないといっても、ユーザー自身が作成したファイルやフォルダーは削除が可能です。なぜならユーザーが作成したファイルは、そのユーザーが所有するファイルとして扱われるからです。つまり、このファイルに対するアクセスはUsersグループの権限ではなく、ファイルの所有者の権限である「CREATOR OWNER」権限を使って行われるのです。
「CREATOR OWNER」が持つ権限は、手順⑨の画面から、[フルコントロール] であることがわかります。これは、自分が作成したファイルやフォルダーに対しては、削除を含めたどのような操作も可能であることを示します。ただしその適用先は、サブフォルダーとファイルのみですから、現在のフォルダー（D:¥TEST）自体にはその効力は及ばず、現在のフォルダー内のファイルとフォルダーに対してのみ有効となります。
以上を整理します。
まず、管理者が作成したフォルダー内で一般ユーザーが行えるのは、基本的には [読み取り] 操作です。ただし特殊な操作として、ファイルやフォルダーの作成（他フォルダーからのコピーも含む）は行えます。そのようにして作成したファイルやフォルダーに対しては [フルコントロール]、つまり書き込みや削除を含めたすべての操作が行えます。自分以外のほかの人が作成したファイルやフォルダーについては、書き込みや削除は行えません。
ここで挙げたフォルダーのアクセス許可設定は、管理者が特別に指定せず最上位のフォルダーからアクセス許可を継承している場合に標準で適用されます。この設定は、複数のユーザーが同じフォルダーを共有する場合に非常に便利な設定です。
というのは、一般ユーザーはこの共有のフォルダーに対して自由にファイルやフォルダーを配置できますし、また削除や編集も行えます。一方で、他のユーザーはそれらのファイルやフォルダーを参照することはできますが、勝手に変更することはできません。管理者や自分以外のユーザーが作成したフォルダーやファイルは、一般ユーザーは参照できても勝手に変更はできないからです。特定のファイル/フォルダーだけは他の人に見せたくないといったプライベートなファイルの指定や、逆に特定のファイルは誰でも書き込みできるようにしたいといった設定も、管理者ではなく、ファイルの所有者自身が設定できます。

1 ファイルを作成者以外のユーザーでも書き込み可能にするには

前のコラムで説明したように、Windows Server 2019の標準の設定では、Usersグループに属するユーザーが作成したファイルは、作成者本人が読み書きできるほかに、同じグループ内の他のユーザーはファイルを読み出すことができますが、書き込みはできません。しかしビジネスの場などでは、同じファイルを複数のユーザーが編集する場合もしばしば生じます。本節では、この「他のユーザーも書き込み可能」にする方法を解説します。
他のユーザーの書き込みを許可する場合には、フォルダーに対して許可のアクセス許可を設定して、その設定をフォルダー内のファイルに継承させる方法と、個別のファイルそのものに許可のアクセス許可を設定する方法の2つがあります。この2つの設定は、対象がフォルダーになるかファイルになるかの違いだけで、設定の手順自体はほとんど変わらないため、ここでは個別のファイルに対してアクセス許可を追加する方法について解説します。

ファイルを作成者以外のユーザーでも読み書き可能にする

❶ ユーザーshoheiでサインインして、D:¥TESTフォルダーを開く。

●ここからは、ユーザーshoheiの操作画面となる。

❷ フォルダーウィンドウ内の何もないところを右クリックして［新規作成］－［フォルダー］を選んで、新しいフォルダーを作成する。

●ここではわかりやすいように「shoheiのフォルダー」という名前のフォルダーにした。

●この手順で作成されたフォルダーは、所有者が「shohei」で、他のユーザーは読み取り可能となる。

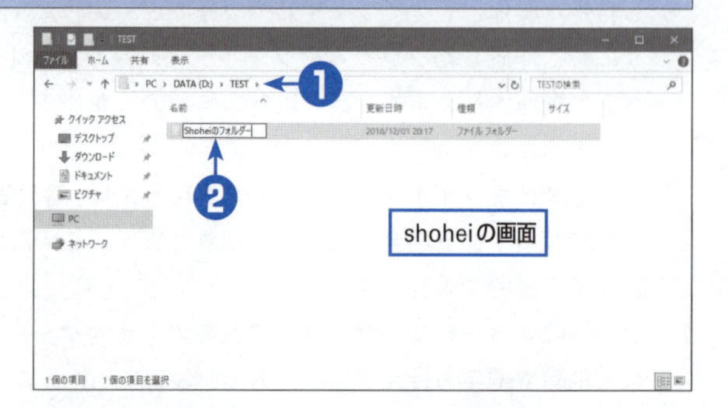

❸ 作成されたフォルダーをダブルクリックして［shoheiのフォルダー］を開き、右クリックして［新規作成］－［テキストドキュメント］を選んで新しいテキストファイルを作成する。

●ここではわかりやすいように「shoheiのテキスト1.txt」という名前のファイルを作成した。

●ファイル名の拡張子は表示する設定にしている。

●この手順で作成されたファイルも、所有者が「shohei」で、他のユーザーは読み取り可能となる。

❹ 同じ手順で「shoheiのテキスト2.txt」も比較用として作成する。

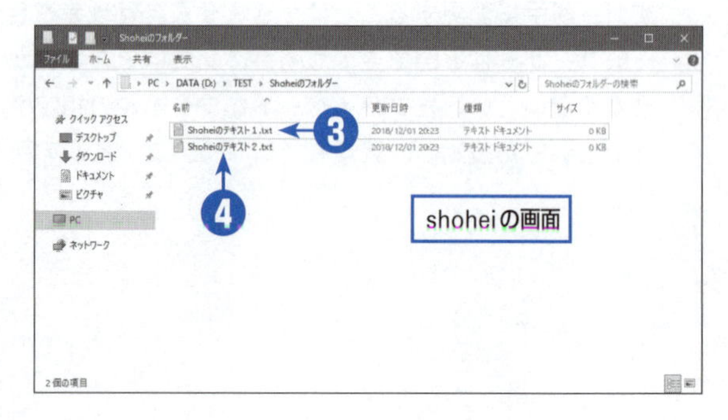

参照

ファイルの拡張子を表示するには

→この章のコラム「登録されたファイルの拡張子を表示するには」

5

作成された［shoheiのテキスト1.txt］を右クリックして［プロパティ］をクリックする。

6

［セキュリティ］タブを選択し、Usersグループのアクセス許可を確認するため、一覧から［Users］を選択する。

●［Users］は、［読み取り］が可能であることがわかる。［書き込み］はオフなので、［Users］の他のユーザーは書き込みできない。

7

設定を変更するため、［編集］をクリックする。アクセス許可の編集画面が表示される。

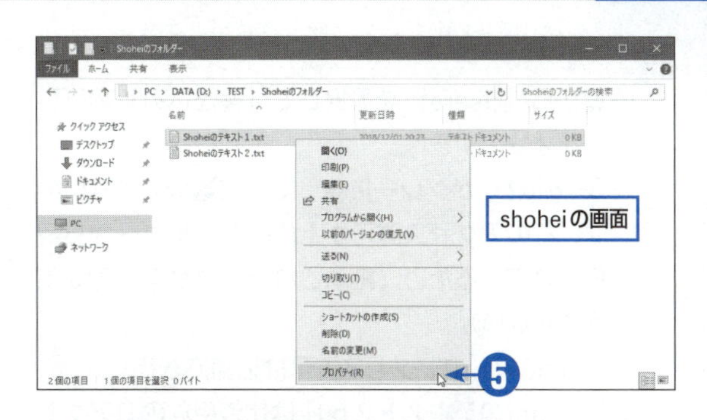

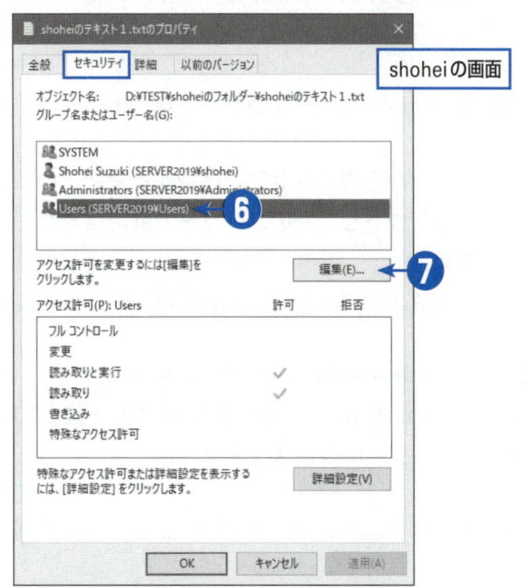

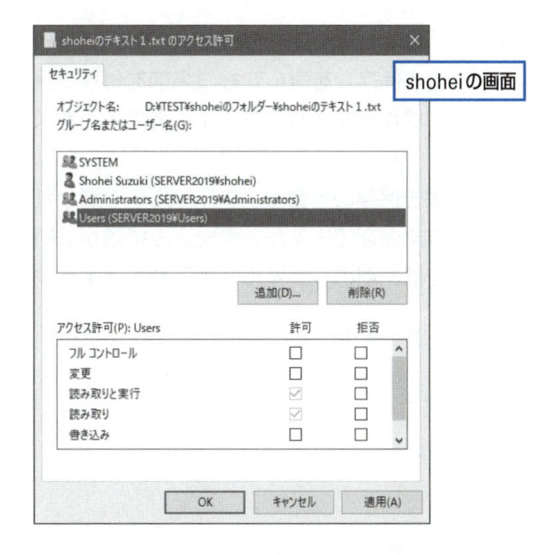

8

一覧から［Users］を選択して［書き込み］の［許可］をオンにする。

- ［読み取り］がグレーになっていて選択できないのは、このアクセス許可が上位のフォルダーから継承されているため（継承されたアクセス許可は削除できない）。
- ［書き込み］のアクセス許可は追加できる。
- ［shoheiのテキスト2.txt］は比較用なのでアクセス許可の設定は行わない。

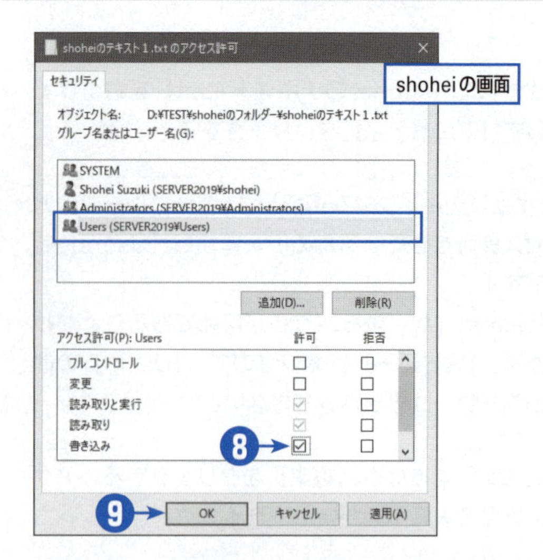

9

［OK］をクリックしてウィンドウを閉じる。

10

別のユーザーからのアクセスを確認するため、いったんサインアウトし、別のユーザーharunaでサインインする。

- ここからは、ユーザーharunaの操作画面となる。

11

［D:¥TEST¥shoheiのフォルダー］を開く。

- ユーザーharunaもUsersグループの一員なので、フォルダーの表示は行える。

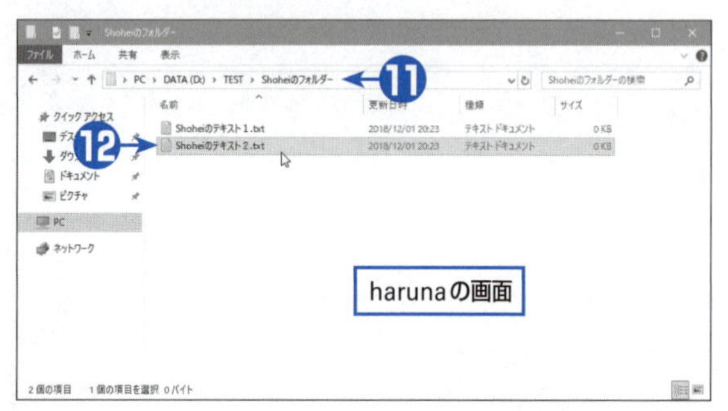

12

［shoheiのテキスト2.txt］をダブルクリックして開く。

13

メモ帳が開くので、適当に文字を入力する。［ファイル］－［上書き保存］を選んでも、［名前を付けて保存］ダイアログが表示されてファイル名の入力を求められる。

- 通常の上書き保存の場合は、ファイル名を聞かれずにそのまま保存できるが、書き込み権限がないファイルでは、別のファイル名を入力するよう求められる。

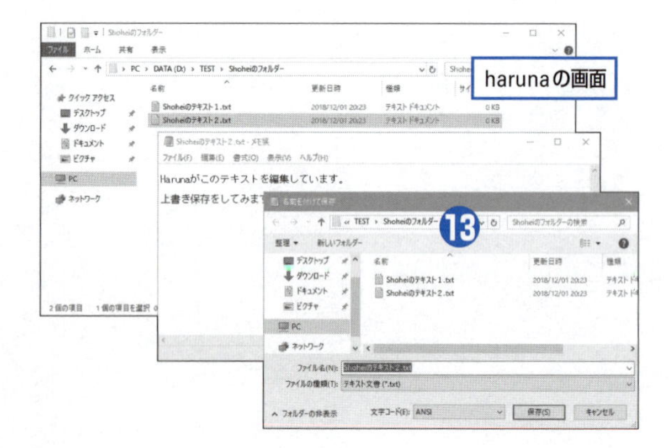

⑭
無視して、[shoheiのテキスト2.txt] のままで保存しようとすると、アクセスが拒否される。
●ここでは、保存せずそのままメモ帳を終了する。

⑮
[shoheiのテキスト1.txt] をダブルクリックして開く。メモ帳が開くので、適当に文字を入力して [ファイル] − [上書き保存] を選ぶと、何も警告されずにそのままファイルは保存される。
●手順❽で追加した [書き込み] のアクセス許可が有効になっているため、harunaからでもファイルを書き込むことができる。
●手順❺で、[shohei1のテキスト1.txt] ではなく、その上位の [shoheiのフォルダー] のアクセス許可を変更した場合は、フォルダー内のファイルすべてに対してharunaが書き込み可能になる。

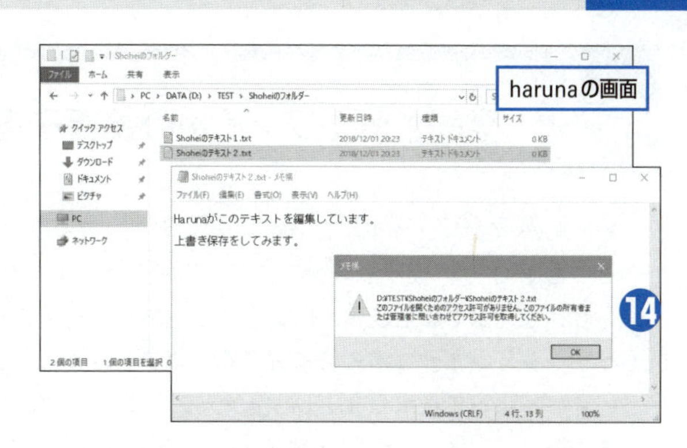

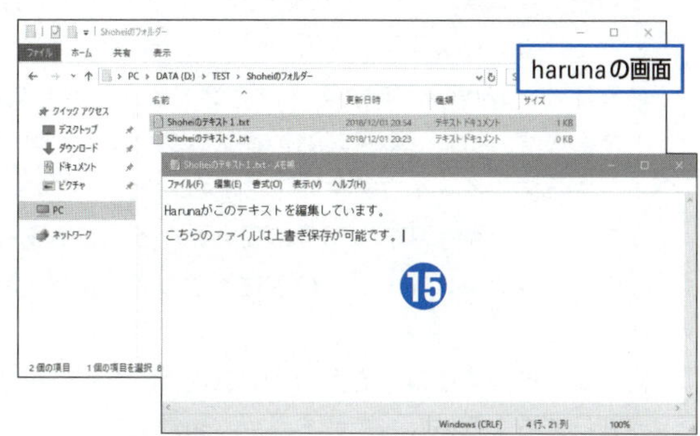

登録されたファイルの拡張子を表示するには

Windowsでは、ファイルを「開く」際にどのアプリケーションを用いてファイルを開くかをあらかじめ登録することで、アプリケーションではなくデータファイルを「開く」動作を行った場合に、自動的にそのアプリケーションを起動する仕組みが搭載されています。一方Windowsエクスプローラーでは、この「標準で開く」アプリケーションが登録済みの拡張子を持つファイルについては拡張子を表示しない、「登録されたファイルについては拡張子を表示しない」動作がデフォルトで指定されています。
この標準設定は、ファイルの拡張子とアプリケーションの関係についてそれほど詳しくない初心者ユーザーにとってはある程度便利かもしれません。しかし、そうした知識を持った「管理者」にとってはかえって不便であるほか、Windowsエクスプローラー上の表示を見ただけでは起動するプログラムがわからないという欠点を持ちます。特に、本来起動するプログラムとは異なるアイコンをデータファイルに設定した「ファイルアイコンを偽装するタイプのマルウェア（コンピューターに危害を及ぼす恐れがあるプログラム）」を発見しづらくなるなど、セキュリティ面での弱点となることもあります。
このため、コンピューターの管理をする場合には「常に拡張子を表示する」モードを使用することを強くお勧めします。
常にファイルの拡張子を表示する設定は、Windows Server 2012以降はWindowsエクスプローラーのリボンから行えるようになっているため、非常に簡単です。その手順は、以下の通りです。

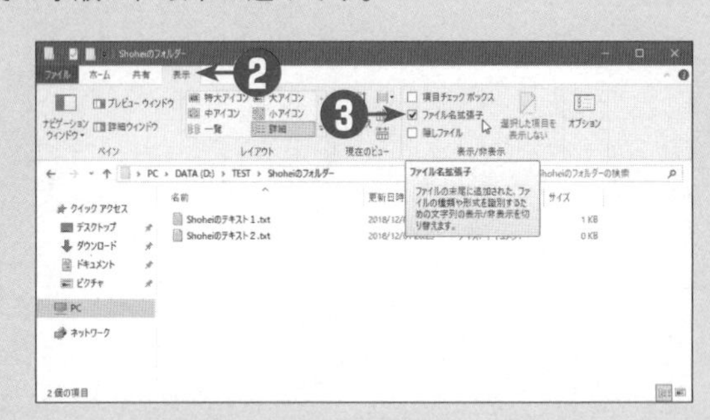

❶ Windowsエクスプローラーを表示する。
- どのフォルダーを表示してもかまわない。

❷ ［表示］タブを選択する。

❸ ［ファイル名拡張子］をオンにする。
- この設定は、表示中のフォルダーだけでなく、他のフォルダーにも一律で有効となる。
- この設定は、ユーザーごとの設定であるため、サインインするユーザーが各自個別に設定する必要がある。

なお、［項目チェックボックス］［隠しファイル］については、本書で説明する範囲ではオン/オフいずれを選択してもかまいません。本書の説明画面においては、いずれもオフの設定にしています。

2 ファイルを特定の人や特定のグループから読み取れないようにするには

前節で説明したように、ファイルに対して書き込み許可のアクセス許可を追加すれば、所有者以外でもファイルに書き込みできるようになります。ここでは反対に、所有者以外の他の人がファイルを読み取れなくする設定を行います。この設定は、所有者以外の［読み取り］のアクセス許可を削除すればよいように思えますが、アクセス許可の継承機能では、上位から継承されたアクセス許可の一部を削除することはできません。
このため上位フォルダーで許可された設定と異なる設定を下位フォルダーで使用するためには、上位の設定を打ち消すような設定を追加するか、アクセス許可の継承を止めるかのいずれかを行う必要があります。
ここでは、上位からの継承を打ち消す［拒否のアクセス許可］を追加する方法を説明します。［拒否のアクセス許可］は、アクセスを拒否したいユーザーやグループが特定されている場合に有効な方法です。

ファイルを特定の人や特定のグループから読み取れないようにする

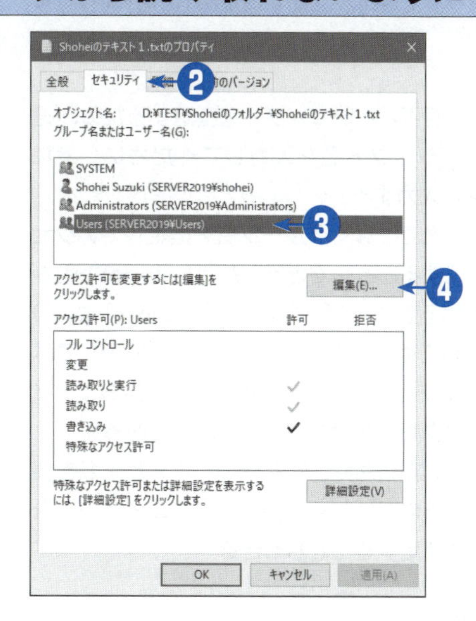

1
ユーザーshoheiでサインインした状態で［D:¥TEST¥shoheiのフォルダー］を開く。
- ここからは、ユーザーshoheiの操作画面となる。
- 前節の続きのため、フォルダーは作成済みとする。この節だけを試すには、前節の手順に従って［shoheiのフォルダー］と、［shoheiのファイル1.txt］［shoheiのファイル2.txt］を作成しておく。

2
作成された［shoheiのテキスト1.txt］を右クリックして［プロパティ］をクリックし、［セキュリティ］タブを選択する。

3
Usersグループのアクセス許可を確認するため、一覧から［Users］を選択する。
- ［Users］からは［読み取り］が可能であることがわかる。このため［haruna］など、このグループに属する他のユーザーからもファイルが読み取れてしまう。
- この画面は前節の設定の続きで操作しているため、［書き込み］もできるよう設定されている。

4
設定を変更するため、［編集］をクリックする。アクセス許可の編集画面が表示される。

5

一覧から［Users］を選択する。

● ［読み取り］がグレーになっていて選択できないのは、このアクセス許可が上位のフォルダーから継承されているため（継承されたアクセス許可は削除できない）。そのため、このチェックをオフにすることで［読み取り］アクセス許可を消すことはできない。

● 前節の続きでそのままテストする場合には、前節で設定した［書き込み］アクセス許可をオフにする。

● ［shoheiのテキスト2.txt］は比較用なのでアクセス許可の設定は行わない。

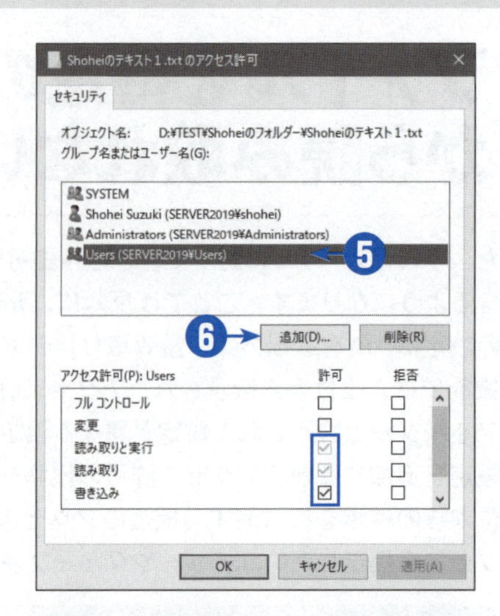

6

拒否のアクセス許可を追加するため［追加］をクリックする。

7

アクセスを拒否したいユーザーを指定するため、［選択するオブジェクト名を入力してください］欄にharunaと入力する。

● ユーザー名ではなくグループ名を指定してアクセスを拒否することもできる。ただし［shohei］が属しているグループ（たとえば［Users］など）を指定してはいけない。［許可］と［拒否］では［拒否］の方が強いため、［shohei］自身もファイルへのアクセスができなくなるからである。

● 第4章の7節で説明したように、ユーザー名を直接入力するのではなく、登録されたユーザー名を検索して指定することもできる。

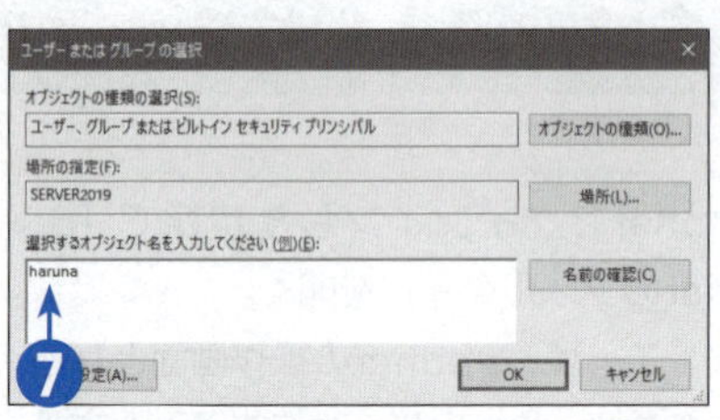

8

［名前の確認］をクリックする。

● このステップは、入力した名前がシステムに登録済みかどうか確認するために行う。名前に間違いがなければ省略してもかまわない。

9

［OK］をクリックしてウィンドウを閉じる。

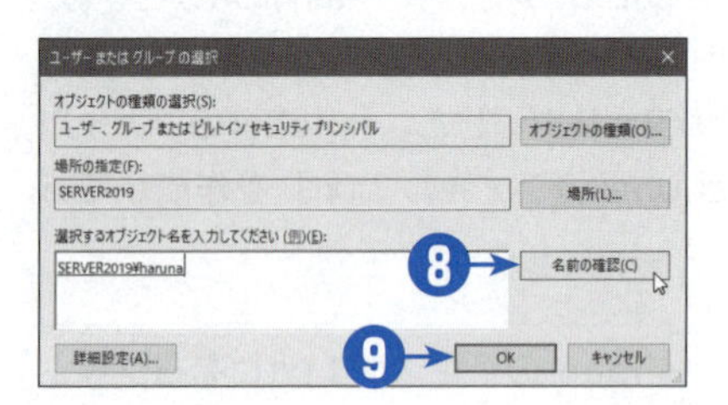

⑩
グループ名またはユーザーの一覧に［<コンピューター名>¥haruna］が追加されている。これをクリックして選択する。

⑪
［フルコントロール］の［拒否］をオンにする。
●特定のアクセスだけを禁止する場合には、禁止したい操作の［拒否］をオンにする。

⑫
［OK］をクリックする。

⑬
拒否のアクセス権を設定する際には、確認が求められるので［はい］をクリックする。

⑭
設定を確認するため、いったんサインアウトし、ユーザー harunaでサインインする。
●ここからは、ユーザー harunaの操作画面となる。

⑮
［D:¥TEST¥shoheiのフォルダー］を開く。
●ユーザー harunaも［Users］グループの一員なので、フォルダーの表示は行える。

⑯
［shoheiのテキスト2.txt］をダブルクリックして開く。このファイルは拒否設定をしていないため、ファイルは開ける。
●ここでは、保存せずそのままメモ帳を終了する。

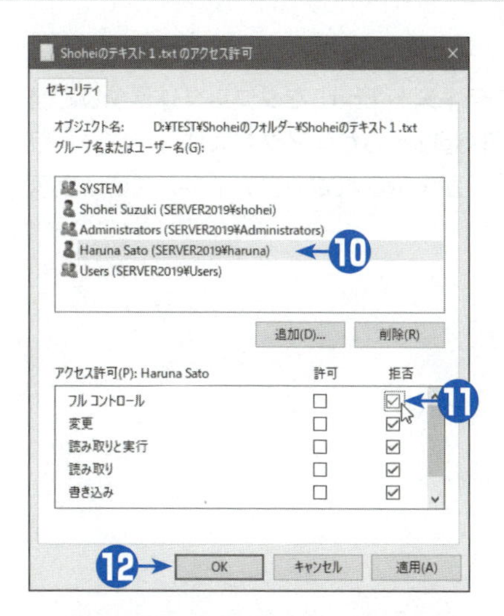

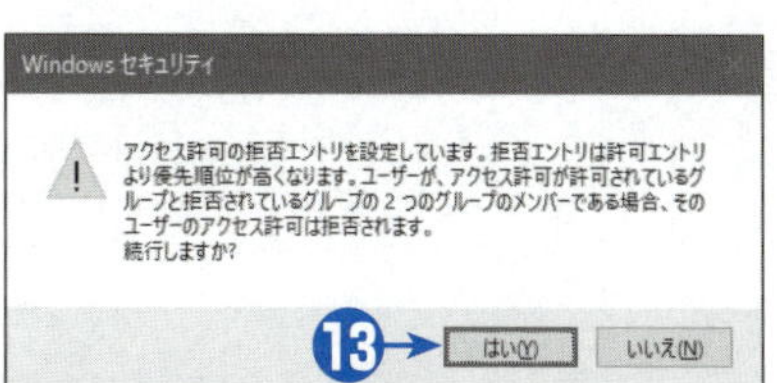

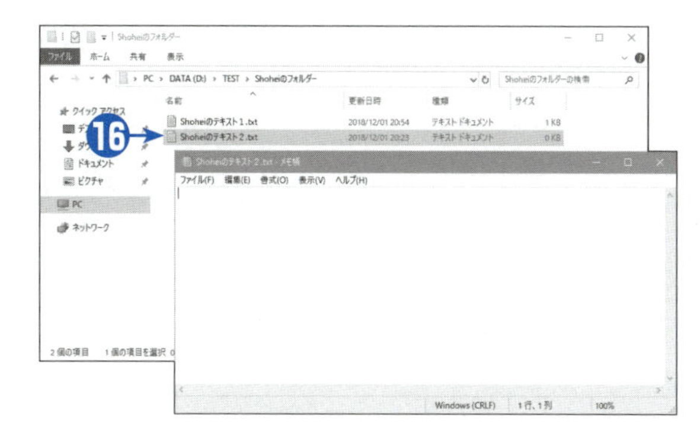

⑰

[shoheiのテキスト1.txt] をダブルクリックして開く。メモ帳は起動するが「アクセス許可がない」旨のメッセージが表示されて、ファイルの内容は表示できない。

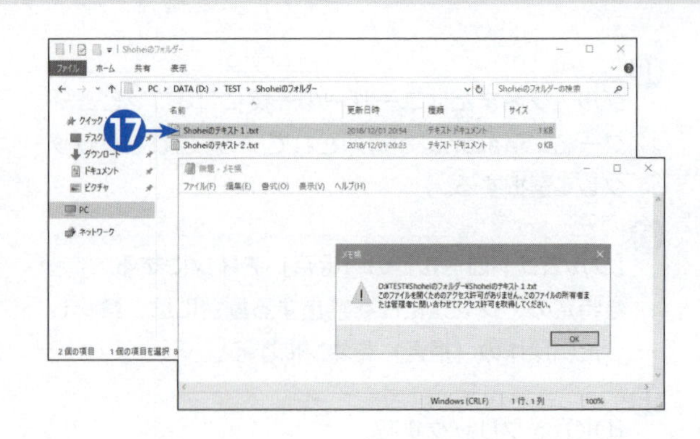

3 アクセス許可の継承をしないようにするには

前節で説明した、ファイルに対して［拒否］のアクセス許可を追加する方法は、拒否したいユーザーやグループが限られている場合には便利に使えますが、「自分以外のすべてのユーザーは拒否」といった設定を行うには不便です。というのは、自分以外に対して拒否を設定するには、自分以外のすべてのユーザーに対して［拒否］を設定しないといけないからです。自分以外のすべてのユーザーを含むグループを作成すれば可能にはなりますが、将来的に利用者が増加した場合などには、毎回、グループメンバーを設定しなければいけません。
そもそも自分以外の人がファイルにアクセスできてしまうのは、Windowsのフォルダーのデフォルトの設定が、［Users］グループは読み取り可能であり、これが下位のフォルダーにまで継承されていることが原因です。そこでここでは、このアクセス許可の継承を取り止める方法を解説します。
アクセス許可の継承を止めれば、［Users］グループが読み取り可能、というアクセス許可を取り止めることができます。これにより、自分だけがアクセス可能なファイルやフォルダーを簡単に作ることができます。

アクセス許可の継承をしないようにする

❶ ユーザーshoheiでサインインした状態で［D:¥TEST¥shoheiのフォルダー］を開く。
- ここからは、ユーザーshoheiの操作画面となる。
- 前節の続きのため、フォルダーは作成済みとする。この節だけを試すには、1節の手順に従って［shoheiのフォルダー］と、［shoheiのファイル1.txt］［shoheiのファイル2.txt］を作成しておく。

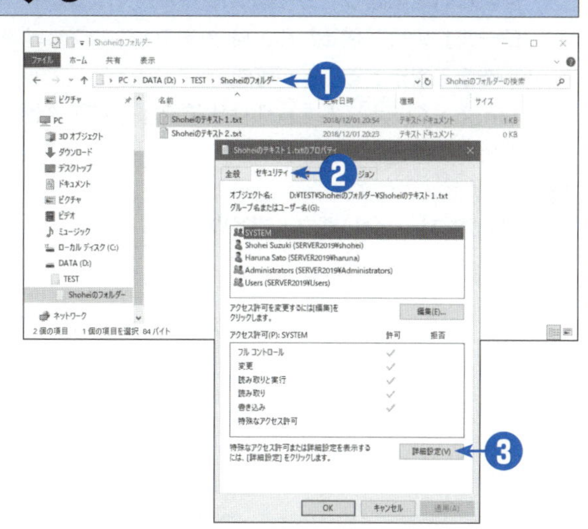

❷ 作成された［shoheiのテキスト1.txt］を右クリックして［プロパティ］をクリックし、［セキュリティ］タブを選択する。

❸ 設定を変更するため、［詳細設定］をクリックする。セキュリティの詳細設定画面が表示される。

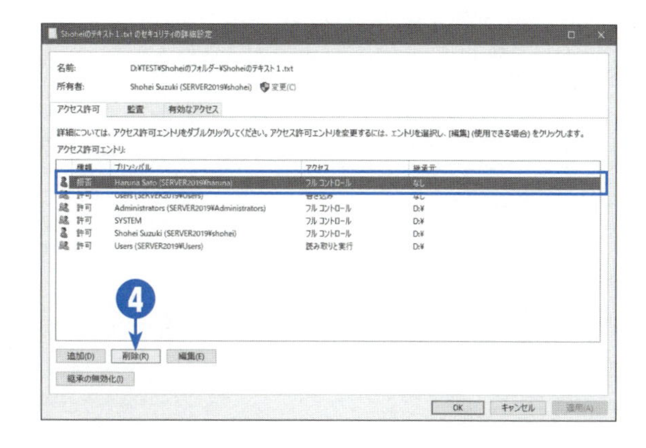

❹ 前節の続きの場合、harunaのアクセス許可として［拒否］が設定されたままなので、その行を選択して［削除］をクリックする。
- この拒否の設定の削除を行わなくても動作は変わらないが、［拒否］がなくてもアクセスできなくなることを確認するために、ここで削除しておく。

❺

harunaの行が削除される。引き続き［継承の無効化］をクリックして、上位（D:¥）からのアクセス許可の継承を止める。

❻

［継承されたアクセス許可をこのオブジェクトの明示的なアクセス許可に変換します］をクリックする。

●この操作は、これまで継承されていたアクセス許可とまったく同じアクセス許可を、ファイルやフォルダーに対して設定する。これにより、アクセス許可の継承を止めても、これまでとまったく同じアクセス許可が継続するようになっている。

❼

自分以外のユーザーに読み取り許可を与えている［Users］の行を選択し、［削除］をクリックする。

●この操作で自分以外への読み取り許可が削除される。これを削除しても［shohei］の［フルコントロール］の行が残るため、自分自身はこのファイルを読み書きすることが可能。

●［shoheiのテキスト2.txt］は比較用なのでアクセス許可の設定は行わない。

❽

［OK］をクリックしてウィンドウを閉じる。

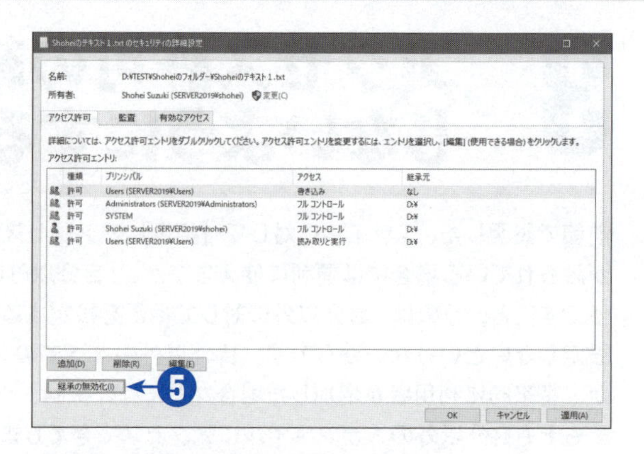

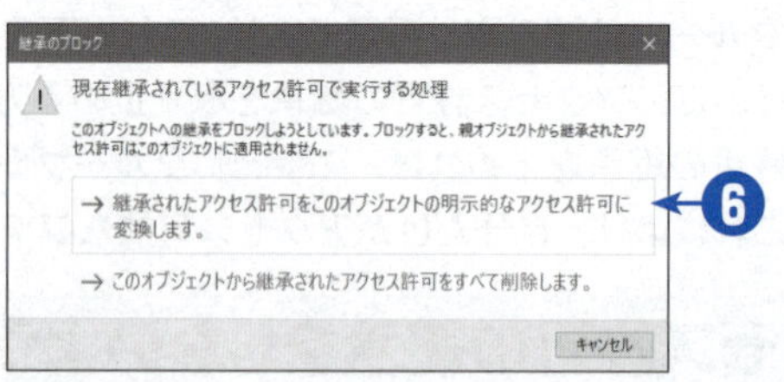

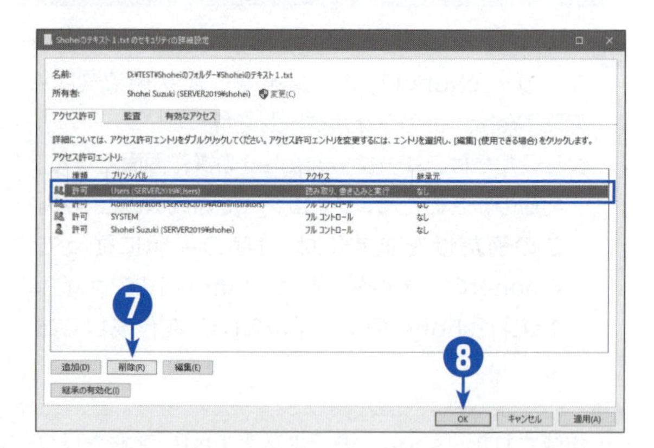

9

ファイルのプロパティ画面に戻るので、図のような表示となっていることを確認する。

- harunaへの［拒否］のアクセス許可と、Usersへの［読み取り］のアクセス許可が削除されている。
- この状態では、ファイルにアクセスできるのは管理者であるAdministratorsとSYSTEMを除けば、shoheiだけとなる。

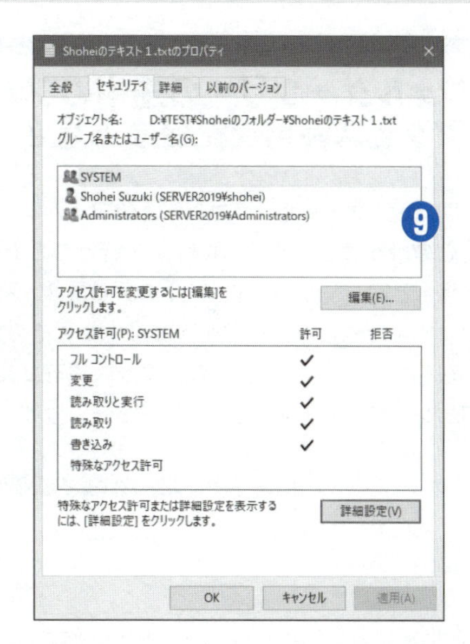

10

設定を確認するため、いったんサインアウトし、ユーザー harunaでサインインする。

- ここからは、ユーザー harunaの操作画面となる。

11

［D:¥TEST¥shoheiのフォルダー］を開く。

- ユーザー harunaも［Users］グループの一員なので、フォルダーの表示は行える。

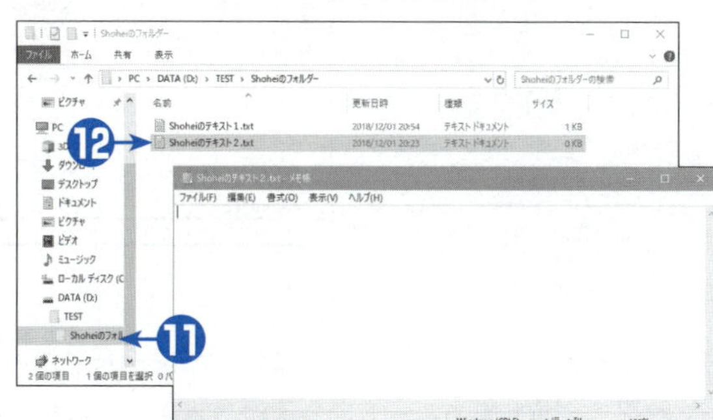

12

［shoheiのテキスト2.txt］をダブルクリックして開く。このファイルはアクセス許可の継承の削除をしていないため、ファイルは開ける。

- ここでは、保存せずそのままメモ帳を終了する。

13

［shoheiのテキスト1.txt］をダブルクリックして開く。メモ帳は起動するが、このファイルはアクセス許可の継承を削除しているため、「アクセス許可がない」旨のメッセージが表示されて、ファイルの内容は表示できない。

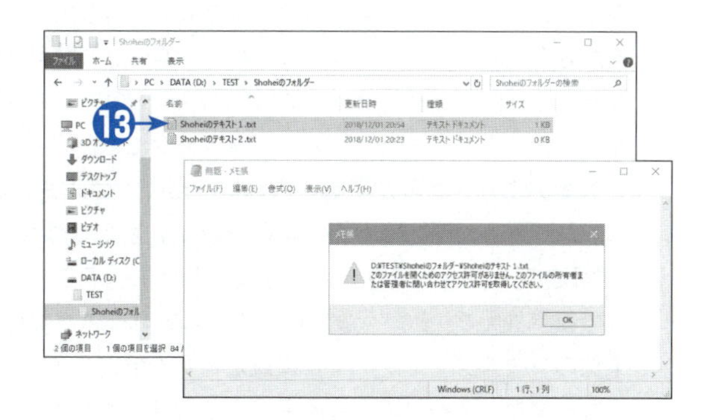

フォルダーツリーの途中のフォルダーに対してアクセス許可を変更する場合

3節の例では、個別のファイルに対して上位フォルダーからのアクセス許可の継承を無効にする操作を行っていますが、この操作はフォルダーについて行うことも可能です。対象がフォルダーの場合についても、個別ファイルの場合と同じく［セキュリティの詳細設定］画面を使用しますが、この画面は、変更対象がフォルダーの場合とファイルの場合とで一部が異なります。その違いとは、対象がフォルダーの場合には、［継承の無効化］ボタンの下に［子オブジェクトのアクセス許可エントリすべてを、このオブジェクトからの継承可能なアクセス許可エントリで置き換える］というチェックボックスが追加で表示されている点です。

Shoheiのフォルダー のセキュリティの詳細設定

名前: D:¥TEST¥Shoheiのフォルダー
所有者: Shohei Suzuki (SERVER2019¥shohei) 変更(C)

アクセス許可 / 監査 / 有効なアクセス

詳細については、アクセス許可エントリをダブルクリックしてください。アクセス許可エントリを変更するには、エントリを選択し、[編集] (使用できる場合) をクリックします。

アクセス許可エントリ:

種類	プリンシパル	アクセス	継承元	適用先
許可	Administrators (SERVER2019¥Admin...	フル コントロール	D:¥	このフォルダー、サブフォルダーおよびファイル
許可	SYSTEM	フル コントロール	D:¥	このフォルダー、サブフォルダーおよびファイル
許可	Shohei Suzuki (SERVER2019¥shohei)	フル コントロール	D:¥	このフォルダーのみ
許可	CREATOR OWNER	フル コントロール	D:¥	サブフォルダーとファイルのみ
許可	Users (SERVER2019¥Users)	読み取りと実行	D:¥	このフォルダー、サブフォルダーおよびファイル
許可	Users (SERVER2019¥Users)	特殊	D:¥	このフォルダーとサブフォルダー

追加(D) 削除(R) 表示(V)

継承の無効化(I)

子オブジェクトのアクセス許可エントリすべてを、このオブジェクトからの継承可能なアクセス許可エントリで置き換える(P)

OK キャンセル 適用(A)

本文や他のコラムで解説した通り、Windowsでのアクセス許可は、基本的には上位のフォルダーのアクセス許可を継承します。一方で、そのフォルダーに含まれるファイルや、そのフォルダーの下位に当たるフォルダーに対しては、継承されるアクセス許可とは別に、個別のアクセス許可を追加することができます。

追加されたアクセス許可は、継承されたアクセス許可と合成されて新しいアクセス許可として使われることになりますが、ここで注意したいのが、継承元のアクセス許可を変更する場合です。下位にあるファイルやフォルダーのアクセス許可は、継承されるアクセス許可と、個別のアクセス許可の合成となるわけですから、継承されるアクセス許可が変更されれば、当然、合成されるアクセス許可にも影響がおよびます。場合によっては、ユーザーが予想しなかった悪影響が発生する恐れさえあります。

［子オブジェクトのアクセス許可エントリすべてを、このオブジェクトからの継承可能なアクセス許可エントリで置き換える］という設定は、ここに挙げたような問題を避けるため、現在設定しているフォルダーよりも下位のフォルダーやファイルに設定された個別のアクセス許可をいったん削除し、現在のフォルダーから継承されるアクセス許可のみに置き換える機能となります。

これをオンにした状態でアクセス許可を更新すると、個別に設定したアクセス許可は削除されてしまうので注意してください。

Windows Server 2019におけるクォータ機能

サーバー上のディスクを複数のユーザーが利用する環境では、各ユーザーが使うディスク容量の管理が非常に重要となります。いくら容量が大きなディスクでも、使う人数が多ければそれだけ容量の消費も大きく、制限なしに使い続けて行けばすぐにディスクはいっぱいになってしまいます。すでに説明した「記憶域スペース」機能では、プロビジョニング機能によりディスク容量が不足した場合でも簡単に容量を追加できるようになりました。ですが、ユーザーが使用するディスク容量を適切に制限できれば、より計画的にディスク容量を管理することができます。ここで使われるのが「クォータ」と呼ばれる機能です。

「クォータ機能」とは、ユーザーが使用するディスク容量を、ボリュームごとやユーザーごとといった単位で監視することで、ディスク容量がいっぱいになるよりも前に管理者に警告を通知し、さらにはユーザーがディスク容量を使用することを制限する機能です。この機能と、記憶域スペース機能とを併用すれば、より効率的なディスク容量の管理が行えます。

Windows Server 2019が持つクォータ機能は、大きく以下の2つに分けられます。

1. ディスククォータ
2. フォルダークォータ

ディスククォータ機能は、Windows Server 2003以前のWindows Serverや、クライアント向けWindowsで利用できるクォータ機能で、ボリュームごとに、個々のユーザーが利用できるディスク容量を制限できる機能です。たとえばD:ボリュームでは、ユーザーshoheiは10GBまで、ユーザーharunaは20GBまで、ディスク領域を使用可能である、といった設定が行えます。

ただ、このクォータ機能はサーバーOSではあまり使いやすい機能とは言えません。たとえばクォータ容量の設定はユーザーごとにしか設定できず、グループ単位での設定が行えません。容量制限もボリューム単位より細かい単位は指定できないので、たとえば、個人のドキュメントフォルダーには1GBまでファイルを置いてもいいが、共有フォルダーには500MBまでに制限、といった設定はできません。せいぜいユーザー数が2～3人程度のクライアントOS向けの機能と考えてよいでしょう。

フォルダークォータ機能は、Windows Server 2003 R2で新たに取り入れられた機能です。容量の制限は、ボリューム単位ではなくフォルダー単位で行います。同じボリューム内でも、メンバーが共同で使うフォルダーには合計100GBまでのファイルが置けるが、個人のドキュメントフォルダーには1GBまでしかファイルを置けない、といった柔軟な制限が行えるわけです。一方でディスククォータ機能とは違いユーザーごとにディスクの使用量を制限することはできません。ただWindows Serverでは、デスクトップやマイドキュメントなど、ユーザーごとに書き込みできるフォルダーを個別に作成するのが普通ですから、それぞれのフォルダーごとに個別にフォルダークォータを設定することで代用できます。またフォルダークォータとディスククォータは併用できるため、両者を併用することも可能です。

なおクォータ機能は、対象となるボリュームがNTFSでフォーマットされている場合にのみ利用可能です。マルチユーザー機能を持たないFATやexFATで利用できないのは当然ですが、Windows Server 2012で新たに導入されたReFSでもクォータ機能は利用できなくなっています。クォータ機能を使用したい場合には必ずNTFSでボリュームをフォーマットしてください。

なお本書では、より実用性の高い「フォルダークォータ」機能についてのみ紹介します。

ハードクォータとソフトクォータとは

フォルダークォータ機能には、ハードクォータとソフトクォータと呼ばれる2種類の使い方があります。
ハードクォータとは、フォルダーの容量制限を絶対に「超えてはいけない」ものとして扱うクォータ機能です。特定のフォルダーに対して容量制限を指定した場合、たとえ1バイトでもその容量をオーバーするとエラーが発生し、ファイルを置けなくなるのがハードクォータ機能です。
一方、ソフトクォータ機能とは、フォルダーの容量制限が設定できるが、それが絶対的な制限とはならないクォータ機能です。フォルダーに対して容量を超えるファイルを配置しようとした場合でも、ボリューム全体の容量がいっぱいでない限り、ファイルの配置は成功します。ただしこうした容量オーバーが発生した場合には、管理者に電子メールを送信したり、特定のプログラムを実行したりといった機能を自動的に実行することができるため、管理者が独自に対処することができます。
いわば、容量オーバーを自動的に制限できるのが「ハードクォータ」、管理者が手動で対処するのが「ソフトクォータ」と考えることができるでしょう。対処が必要となる分、管理者にとっては負担の大きな機能とも考えられますが、ユーザーにとっては「クォータ制限のせいでファイルが保存できずにエラーとなる」といったことはなくなります。
フォルダークォータ機能における容量管理の方法は、ディスククォータ機能と比べると遥かに柔軟です。制限容量に対する処理では、容量をオーバーした際に通知されるのはもちろんのこと、容量をオーバーする前でも通知することができます。たとえば制限容量の80%に達した場合には管理者のみにメールを送り、90%に達したら管理者とユーザーの双方にメールを送るといった設定にしておけば、管理者は、あらかじめディスク容量オーバーの兆候を知ることが可能となり、ディスク増設の準備を行っておく、といったことが可能となります。
また実際に100%に達した場合には、あらかじめ用意しておいたファイルの自動削除プログラムを実行する、といった動作を設定することで、ディスク容量不足による障害を避けることも可能となります。
設定が柔軟となったぶん、フォルダークォータ機能の設定画面はやや複雑です。ただ、よく使う設定については「テンプレート」としてあらかじめ登録されているほか、使用環境に合わせて個別にテンプレートを作成、保存しておくことも可能となっており、管理者の負担を下げることができます。
なお、フォルダークォータ機能は、Windows Server 2019では標準ではセットアップされていないため、この機能を使用するには最初に「役割と機能の追加」で、機能追加しておく必要があります。

フォルダークォータ機能における容量管理は、ディスククォータに較べて柔軟

4 フォルダークォータ機能を使用できるようにするには

Windows Server 2019が持つ2つのクォータ機能のうち、ディスククォータ機能はWindows Server 2019のセットアップ直後から使用可能になっています。一方、フォルダークォータ機能はオプション機能という扱いで、管理者が機能を追加インストールしないと利用できません。ここではまずフォルダークォータ機能の追加セットアップ方法について説明します。「役割と機能の追加」方法については、本書においては初めて紹介する操作となりますが、他の機能を追加する際にもしばしば使われる操作となるので、使い方をしっかりと覚えてください。

フォルダークォータ機能を使用できるようにする

❶ 管理者でサインインし、サーバーマネージャーのトップ画面で［② 役割と機能の追加］をクリックする。

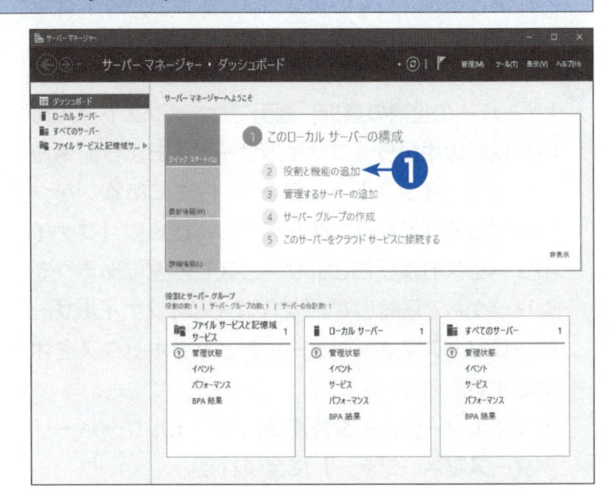

❷ ［役割と機能の追加ウィザード］が開く。［次へ］をクリックする。

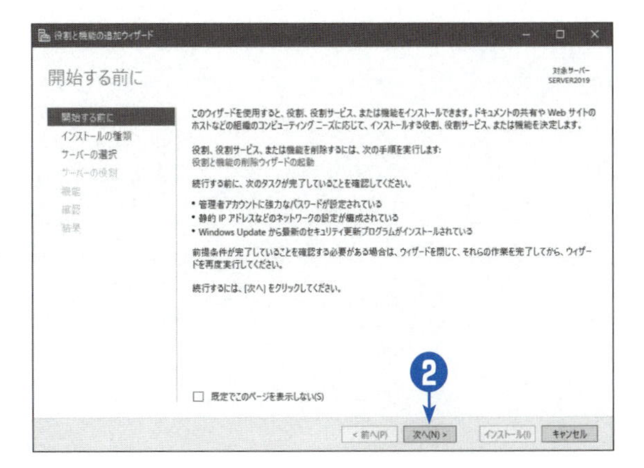

3

[インストールの種類の選択] 画面では、[役割ベースまたは機能ベースのインストール] を選択して [次へ] をクリックする。

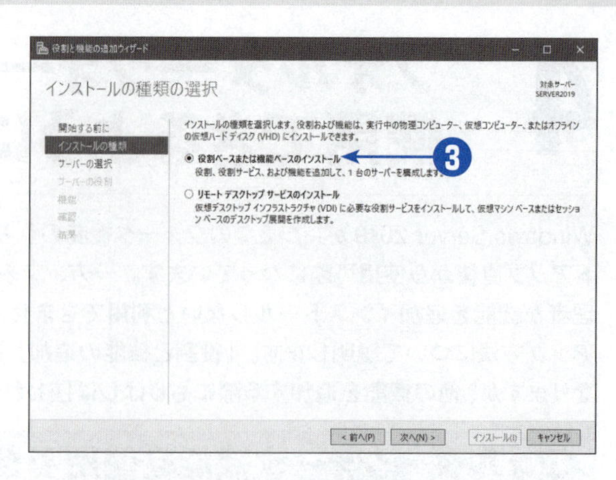

4

[対象サーバーの選択] 画面では、自サーバーの名前（SERVER2019）を選択して [次へ] をクリックする。

- サーバーマネージャーでは、ネットワーク接続されたほかのサーバーやHyper-V仮想マシン上のサーバーにも機能を直接セットアップできる。今回は、今操作しているサーバーに直接機能を設定するため、自サーバーを指定している。

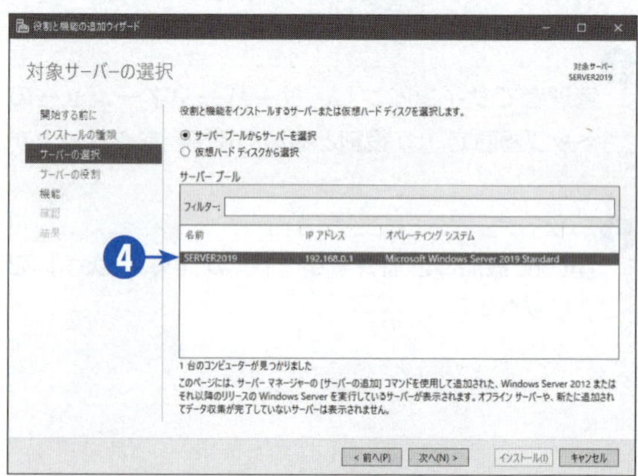

5

[サーバーの役割の選択] 画面では、インストール可能な役割の中から [ファイルサービスおよび記憶域サービス（インストール済み）] の左にある▷をクリックして詳細な選択肢を展開し、さらに [ファイルサービスおよびiSCSIサービス] の左にある▷をクリックして展開して、その下にある [ファイルサーバーリソースマネージャー] チェックボックスをオンにする。

- フォルダークォータ機能は、[ファイルサーバーリソースマネージャー] に含まれる。

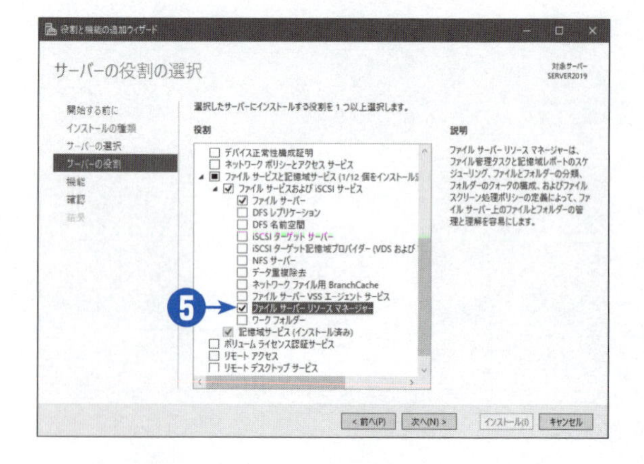

❻

自動的に追加される機能の一覧が表示されるので、［機能の追加］を選択する。

❼

元の画面に戻るので、［次へ］をクリックする。

❽

［機能の選択］画面では、必要な機能は手順❻で自動的に選択済みになっているため、単に［次へ］をクリックする。

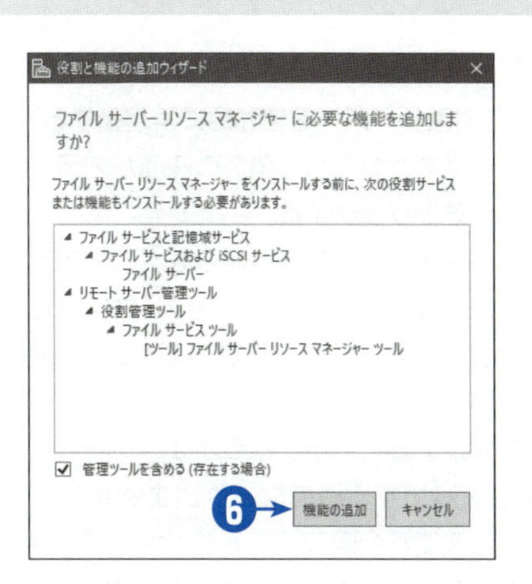

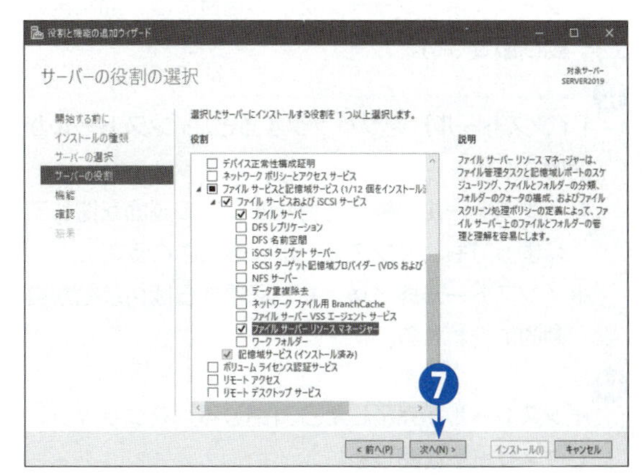

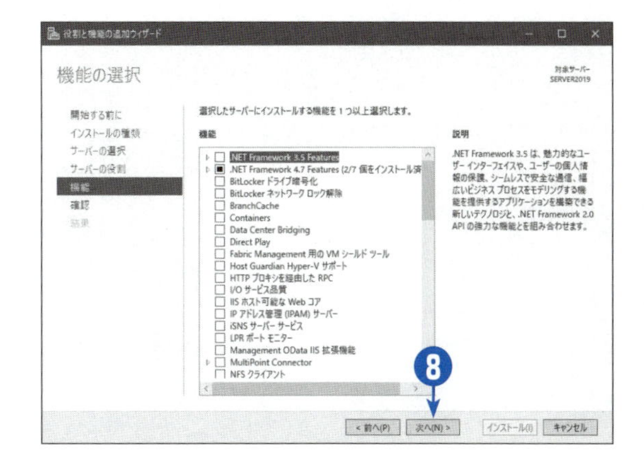

❾

［必要に応じて対象サーバーを自動的に再起動する］チェックボックスをオンにし、確認の画面が表示されたら［はい］をクリックする。

- すでにサーバーを運用中である場合など、今すぐに再起動されては困る場合にはオンにしない。ただしこの場合は、再起動するまで今回追加する機能は使えない。
- 実際に再起動が必要になるかどうかは、サーバーの設定状態や追加する機能によりさまざまである。追加する機能が今回の［ファイルサーバーリソースマネージャー］だけの場合には、通常再起動は必要ない。

❿

［インストール］をクリックすると、インストールが開始される。

- インストールの終了を待たずにこの画面を閉じてしまっても、インストールは継続される。
- インストール終了後、もし必要ならば再起動が自動的に行われる。

⓫

インストールが完了したら、［閉じる］をクリックしてウィザードを閉じる。

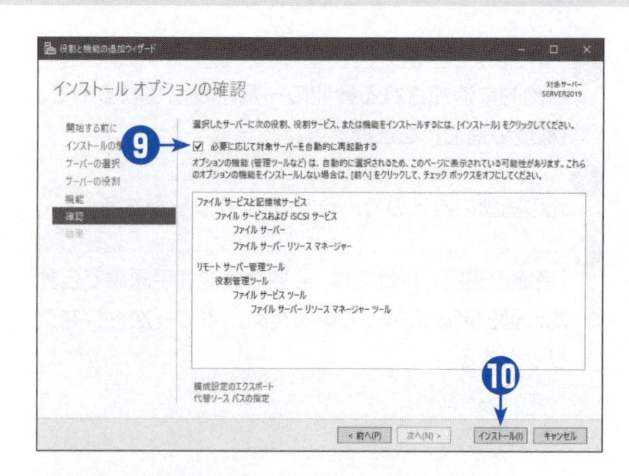

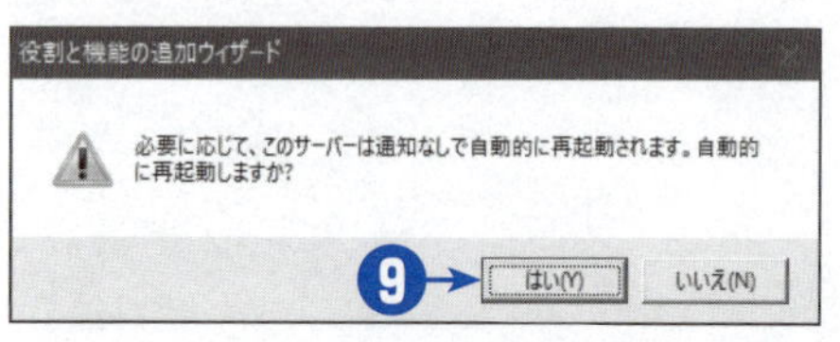

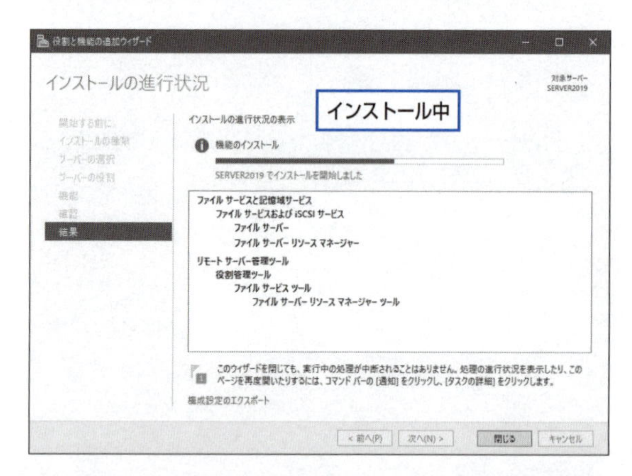

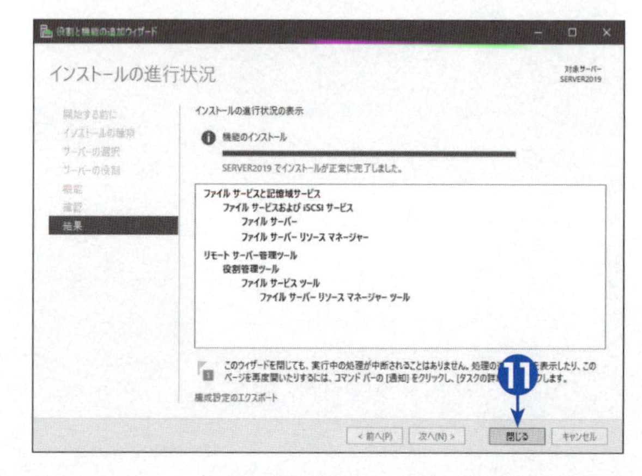

5 フォルダークォータ機能を設定するには

フォルダークォータは、個々のフォルダー単位でディスク使用量を制限する機能です。これが設定されたフォルダーでは、フォルダー内およびその下位のサブフォルダーに存在するすべてのファイルサイズの合計が、クォータ容量を上回らないかどうかが検査されます。複数のユーザーが使用している場合に、どのユーザーがどの程度の容量を使用しているかはチェックされません。
フォルダークォータは、新たにセットアップした「ファイルサーバーリソースマネージャー」の管理画面から設定します。

フォルダークォータ機能を設定する

❶ 管理者（Administrator）でサインインした状態で［サーバーマネージャー］画面を開く。

❷ ［ツール］メニューから［ファイルサーバーリソースマネージャー］を選ぶ。

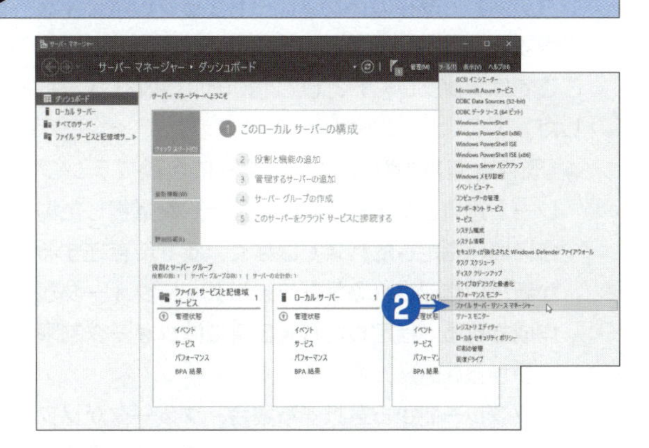

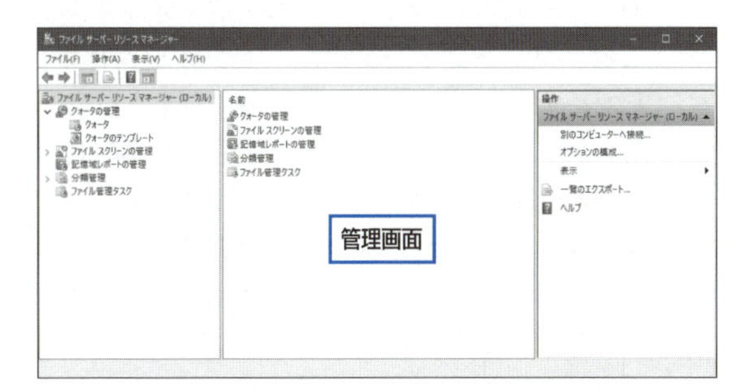

3

左側のペインで［クォータの管理］を展開して［クォータ］を選択する。

4

新しいクォータを定義するため、右側のペインで［クォータの作成］をクリックする。

➡［クォータの作成］ダイアログボックスが開く。

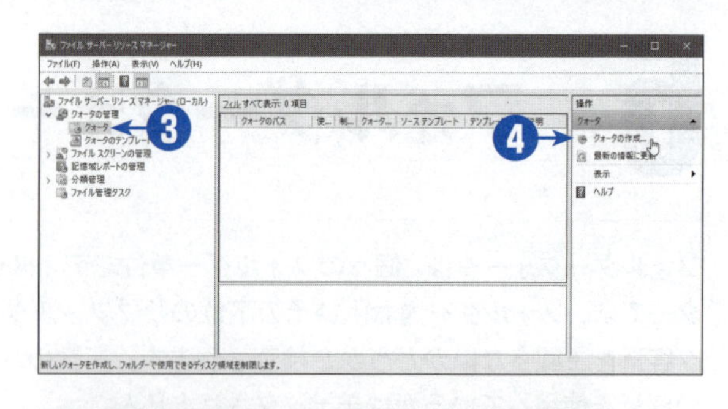

5

［クォータのパス］には、フォルダークォータを設定したいフォルダーのフルパスを指定する。［参照］をクリックしてフォルダーツリーからフォルダーを選択することもできる。クォータ容量は［クォータプロパティ］で既存のテンプレートからプロパティを選択するか、もしくは自分でプロパティを定義する。ここではテンプレートとして［100MB制限］を選択した。

- ［既存と新規のサブフォルダーに自動でテンプレート適用とクォータ作成を行う］を選択した場合には、指定したパスではなく、すでに存在するか新たに作成されるサブフォルダーにクォータが作成される（指定したパス自身にはクォータ制限はかからない）。
- テンプレートから選択する場合、クォータがソフトクォータかハードクォータかには十分注意すること。ソフトクォータかハードクォータかは、［クォータプロパティの要約］欄に表示されている。ソフトクォータを選択した場合、容量の制限は実際には行われず、警告のみが行われる。
- クォータのパスとしてルートフォルダー（D:¥など）を指定してクォータを作成すると、ボリュームに含まれるすべてのファイルの合計に対してクォータ制限がかかる。このため、ボリュームに空き容量があっても指定したクォータサイズよりも多くのファイルは置けなくなるので注意する。この場合はソフトクォータで、容量警告機能のみ使用するようにする。

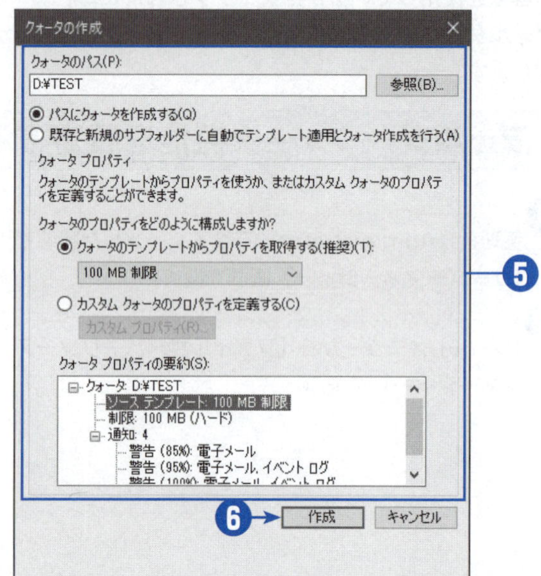

6

［作成］をクリックすると、指定した容量のクォータが設定される。作成されたクォータはファイルサーバーリソースマネージャーのクォーター覧に表示される。

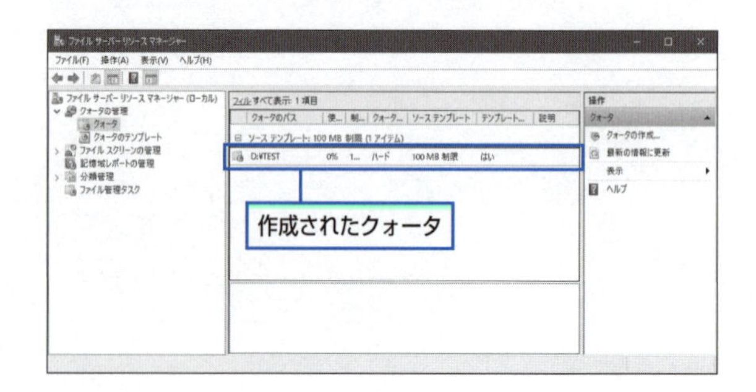

❼

作成済みのクォータは、ファイルサーバーリソースマネージャーの画面でその行をダブルクリックすると内容を確認できる。クォータのプロパティ画面では、テンプレート名や［ハードクォータ］［ソフトクォータ］の別、警告の種類や数、しきい値一覧などが表示されるほか、変更も行える。

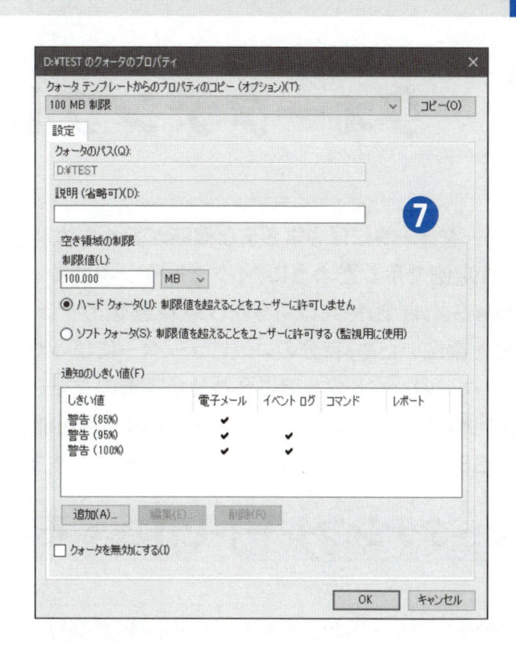

❽

クォータの動作を確認するため、実際にD:¥TESTにファイルをコピーしてみる。100MBを超えるファイルは、たとえD:ボリュームの容量に空きがあってもコピーできない。

- この操作は管理者（Administrator）で行っているが、Administrator以外のどのユーザーで実行しても同じ結果になる。

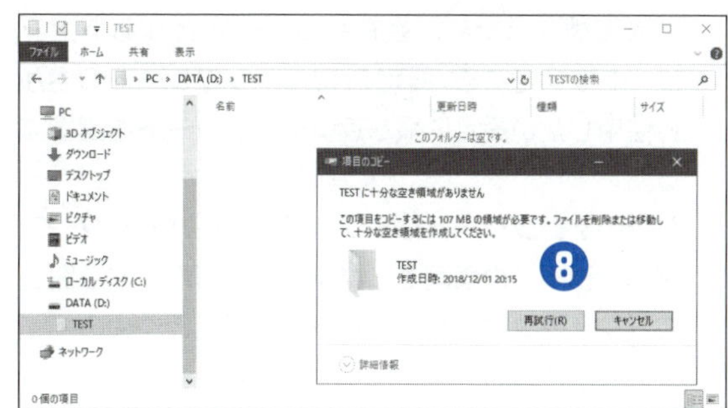

6 クォータテンプレートを作成するには

フォルダークォータにはさまざまな機能があるため、すべての項目をゼロから設定するのは大変です。このため前節の設定例で示したように、「クォータテンプレート」を使って定型項目を一度に指定するのが便利です。Windows Server 2019にはあらかじめ12種類のテンプレートが用意されていますが、制限容量の幅が100MBから10TBと幅広いため、自分のコンピューターにぴったりと当てはまる容量設定のものはなかなかありません。自分のサーバーのハードウェアに合わせた容量のクォータテンプレートを作成しておくと便利です。
ここではサンプルとして、フォルダー以下の利用可能容量を1GBに制限しますが、これを超えたら自動的に制限容量を2GBにまで拡張するテンプレートを作成します（2GB以上は拡張しません）。

クォータテンプレートを作成する

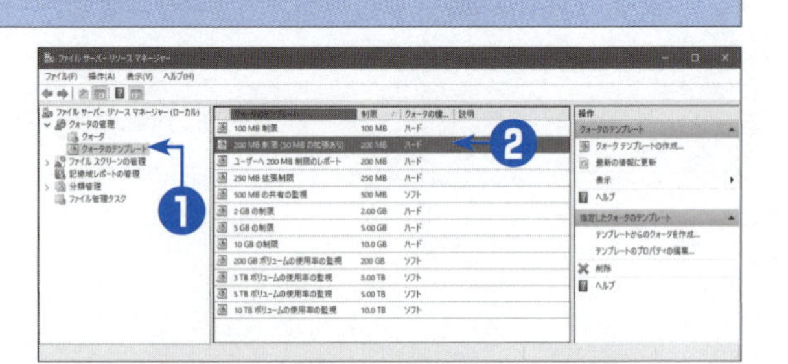

❶ 既存のテンプレートの設定を複製して必要な部分だけを変更するため、最初にコピー元となるテンプレートを選定する。既定の12のテンプレートの中から使用したい設定に最も近いテンプレートを選択する。
既存のテンプレートは、ファイルサーバーリソースマネージャーの画面で［クォータの管理］を展開して［クォータのテンプレート］を開くと中央のペインに表示される。

- ここでは［200MB制限（50MBの拡張あり）］をサンプルとして選択する。
- このテンプレートは、ディスク使用量が200MBに達した場合に、自動的にそのフォルダーのクォータ設定を［250MB拡張制限］に切り替えることで容量の拡張を行っている。

❷ テンプレートの詳細を確認するには、テンプレート一覧から参照したいテンプレートをダブルクリックする。

❸ テンプレートのプロパティが表示される。確認したら［キャンセル］をクリックしてプロパティを閉じる。

200 MB 制限 (50 MB の拡張あり) のクォータ テンプレートのプロパティ
クォータ テンプレートからのプロパティのコピー (オプション)(T):
200 MB 制限 (50 MB の拡張あり)　コピー(O)
設定
テンプレート名(N):
200 MB 制限 (50 MB の拡張あり)
説明 (省略可)(D):
空き領域の制限
制限値(L):
200.000　MB
ハード クォータ(U): 制限値を超えることをユーザーに許可しません
ソフト クォータ(S): 制限値を超えることをユーザーに許可する (監視用に使用)
通知のしきい値(F)

しきい値	電子メール	イベント ログ	コマンド	レポート
警告 (85%)	✔			
警告 (95%)	✔	✔		
警告 (100%)	✔	✔	✔	

追加(A)...　編集(E)...　削除(R)
OK　キャンセル

4
新しいテンプレートを作成するため、ファイルサーバーリソースマネージャーの右側のペインで［クォータテンプレートの作成］を選択する。

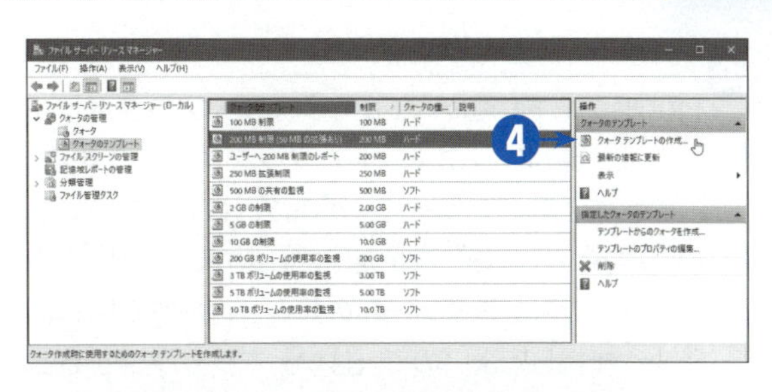

5
［クォータテンプレートの作成］ダイアログボックスが表示される。最初に［クォータテンプレートからのプロパティのコピー］で［200MB制限（50MBの拡張あり）］を選択して［コピー］をクリックすると、指定したテンプレートの設定内容が新規テンプレートに複製される。

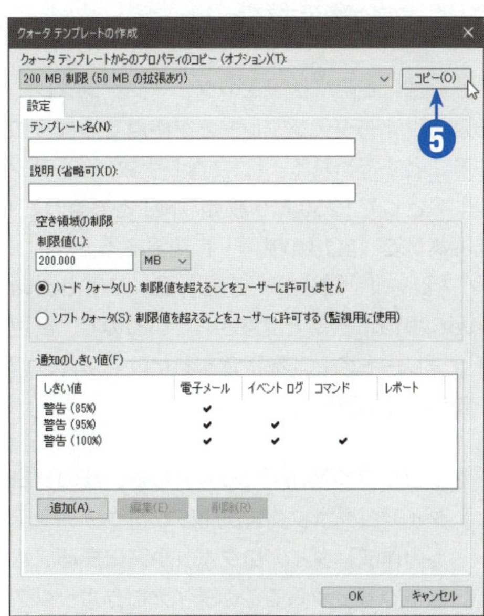

6
［テンプレート名］を入力する。ここでは通常の制限を1GBとし、制限を超える場合、自動的に2GBまで拡張するような機能を持つクォータを定義する。このためクォータ名として［1GB制限（1GBの拡張あり）］を設定した。

7
クォータ制限容量を1GBとするため、［制限値］に1と入力し、単位として［GB］を選択する。また、クォータの種類は［ハードクォータ］を選択する。

8
制限値に達した場合にクォータ容量を自動拡張する機能は、［通知のしきい値］の［警告（100%）］の部分で設定されている。［警告（100%）］を選択して［編集］をクリックする。

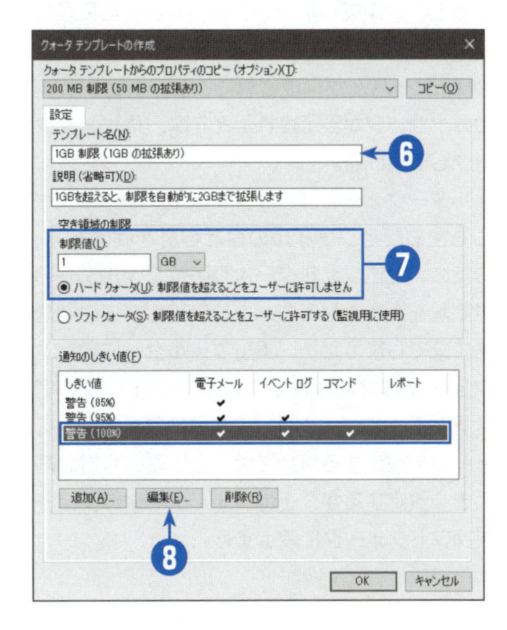

9

［100％のしきい値のプロパティ］ダイアログボックスでは、最初に［コマンド］タブをクリックする。このとき「SMTPサーバーが構成されていない」という内容のメッセージが表示されるが、これはこのサーバーでまだ電子メールの設定が行われていないため。無視してよいので［はい］をクリックすると［コマンド］タブが表示される。

10

容量の拡張は、実際には現在のクォータテンプレートから別のクォータテンプレートを使用するように変更することで行われる。［コマンド引数］に、テンプレート名として「250 MB 拡張制限」とあるので、これを編集して「2GBの制限」に変更する。

- テンプレート「2GBの制限」は、Windows Server 2019に標準で用意されているので、変更先テンプレートの名前を指定するだけでよく、新たに作成する必要はない。

11

［OK］をクリックすると［100％のしきい値のプロパティ］ダイアログボックスが閉じて、［クォータテンプレートの作成］ダイアログボックスに戻る。さらに［OK］をクリックしてこのダイアログボックスを閉じると、今作成したテンプレートが一覧に登録される。

- 「SMTPサーバーが構成されていない」という内容のメッセージが表示されたときは、［はい］をクリックして続ける。
- フォルダークォータは、サブフォルダー内のファイルも含めた全ファイルの合計容量を制限する。このため、上位フォルダーより下位フォルダーの容量制限を大きくしても、上位フォルダーの制限が先に来てしまうため、下位フォルダーに設定するクォータは意味がない（ハードクォータの場合）。同じフォルダーツリーの複数のフォルダーにクォータを設定する場合には、上位側の容量制限を大きく設定するか、上位フォルダー側のクォータをソフトクォータに設定する。

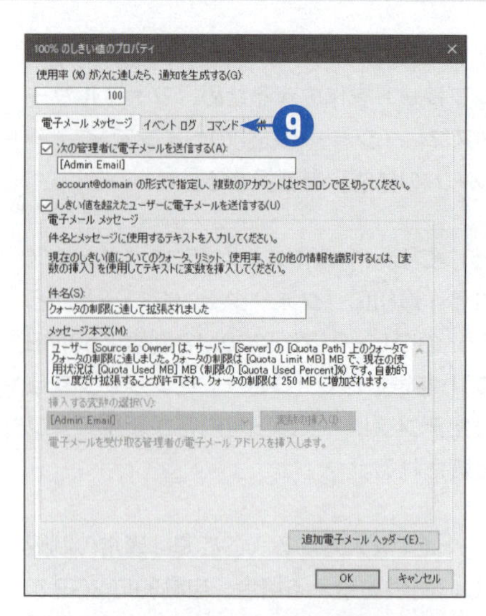

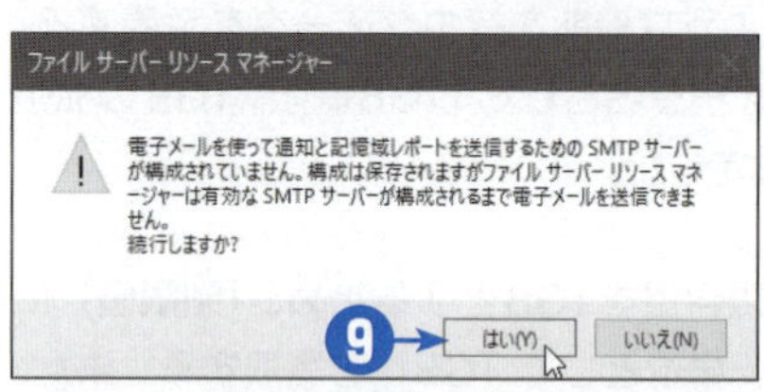

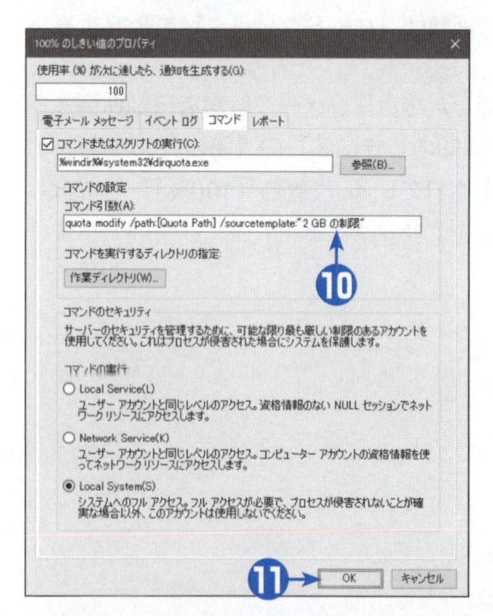

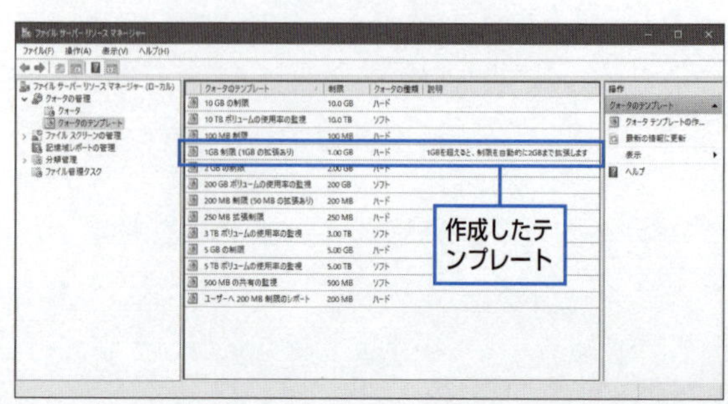

7 イベントログを確認するには

ハードクォータの場合、クォータ制限を超過する書き込みは行えませんが、ソフトクォータの場合には、クォータ制限を超過してもファイルの書き込みは可能です。このため管理者は、クォータからの警告をこまめに監視する必要があります。この通知方法のひとつに「イベントログ」があります。
「イベントログ」とは、コンピューターの起動や終了、ハードウェアのエラー発生、そしてクォータの容量超過といった、いつ・いかなるときに発生するかわからないさまざまな警告を自動的に記録し、管理者がコンピューターを管理するのに役立てる仕組みです。
イベントログは、コンピューターで発生したイベントを1カ所で集中的に保存します。管理者は、この情報に注意を払っておけば、コンピューターに起きるさまざまな事柄を大まかに把握することができます。
イベントログを参照するための「イベントビューアー」は、Windows Server 2019ではサーバーマネージャーのメニューから起動可能なほか、スタートメニューからも直接起動できるようになっていて、いつでもすぐに重要なイベントを参照できるようになっています。

イベントのログを確認する

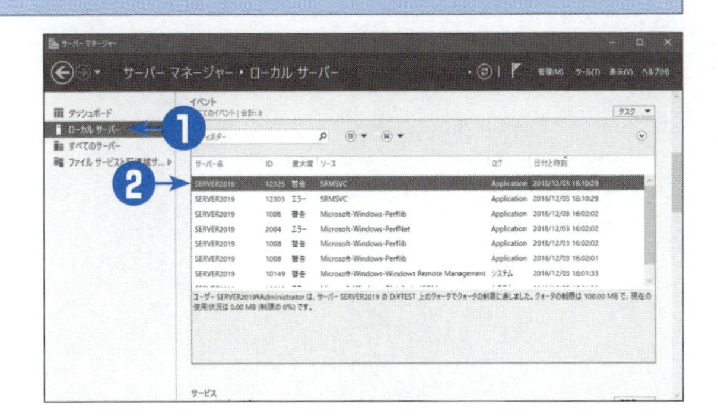

❶ サーバーマネージャーの画面で［ローカルサーバー］をクリックする。［イベント］欄に、管理者にとって重要なイベントが表示されている。

❷ ［イベント］欄では、最新のイベントが最も上に表示される。一番上のイベントをクリックして選択すると、イベントの内容が表示される。
●このイベントは、クォータ制限を超過した旨のメッセージ。

3

より詳細なイベントを確認したい場合は、サーバーマネージャーから[ツール]－[イベントビューアー]を選択する。

➡イベントビューアーが起動する。

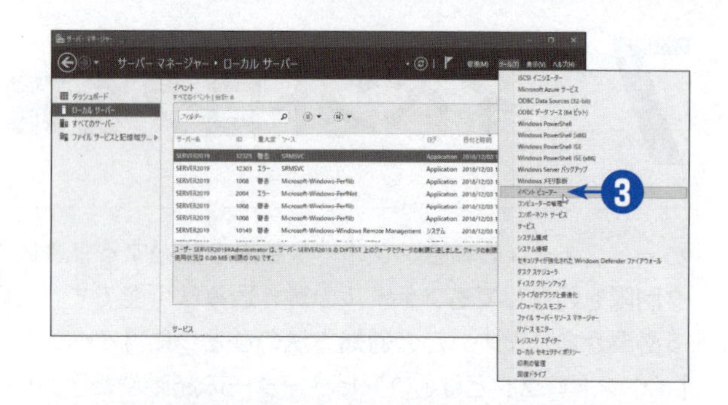

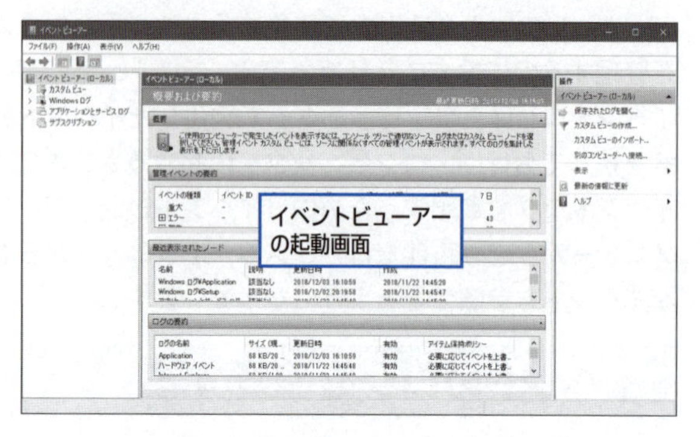

4

左側のペインで［カスタムビュー］を展開し、[管理イベント］を選択する。中央のペインに管理者向けの重要イベント一覧が表示される。

●標準ではイベントビューアーの［管理イベント］には、サーバーマネージャーの［イベント］欄に表示されるものより多くの種類のイベントが表示されるよう設定されているため、両者の一覧は完全に一致はしない。

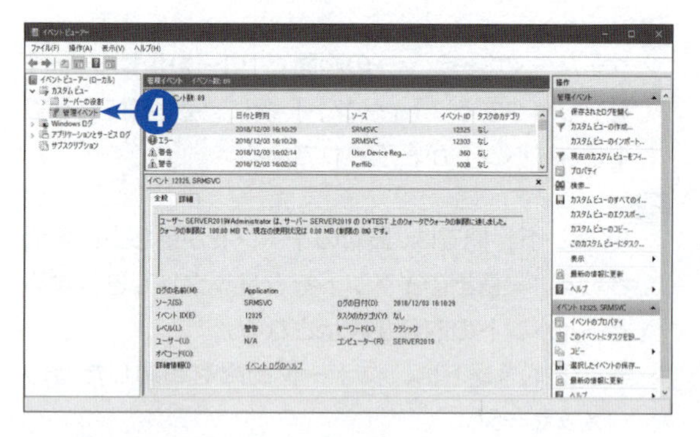

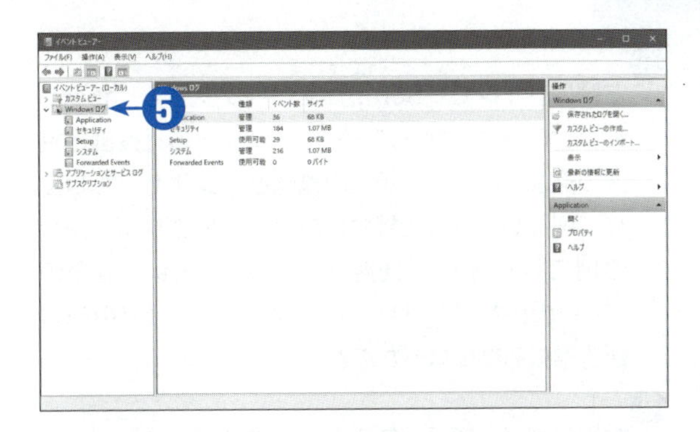

5

左側のペインで［Windowsログ］を展開する。

- ［Windowsログ］は、Windows標準の機能やアプリケーション類のイベントを蓄積する。その内部はさらに［Application］［セキュリティ］［Setup］［システム］［転送されたイベント］の5つに分類されている。
- ［Forwarded Events］には、ネットワーク内の他のサーバー等から転送されたイベントが表示される。他のサーバーからのイベント転送には設定が必要で、その設定をしていない状態では何も記録されない。

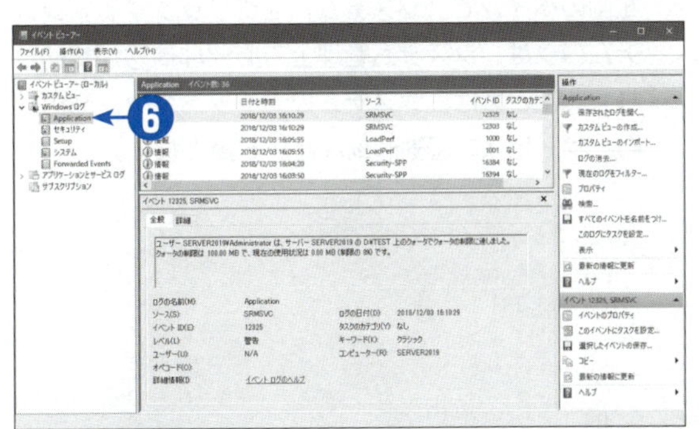

6

左側のペインで［Application］をクリックする。［Application］は、Windows Serverの標準機能に関するイベントログを記録する。クォータなどの各種機能についてはこの欄にも表示される。

- ［Application］とは言っても、Microsoft WordやMicrosoft Excelといった一般アプリケーションではなく、ファイルサーバーやクォータなどのWindows Serverが持つ「追加機能」を指す。WordやExcel、Internet Explorerのイベントログは、［アプリケーションとサービスログ］の下に記録される。

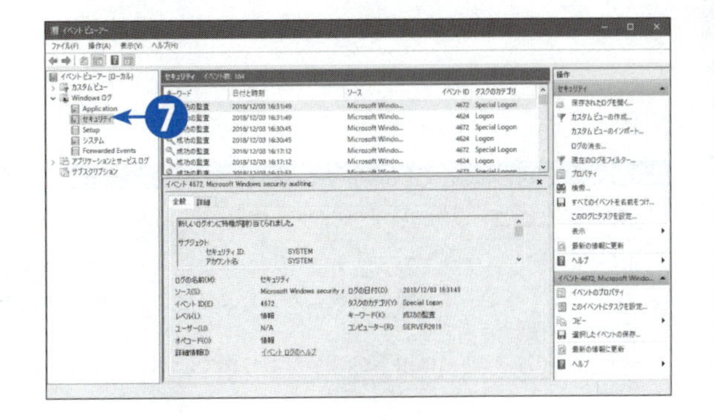

7

左側のペインで［セキュリティ］をクリックする。セキュリティログには、システムが報告するセキュリティ上のメッセージが格納されている。どのようなメッセージを保存するかはローカルセキュリティポリシーで設定可能だが、たとえば「いつ、誰がサインインした」といった情報を記録することができる。

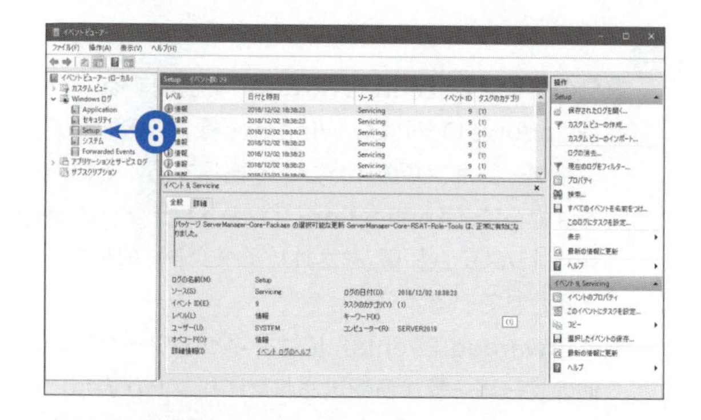

8

左側のペインで［Setup］をクリックする。セットアップログは、サーバーマネージャーの［役割と機能の追加］などで、特定の機能をインストールしたり、削除したりした場合にログが追加される。画面の例ではクォータ機能をインストールした際の「ファイルサーバーリソースマネージャー（FSRM）」が正常に有効になったことを示している。

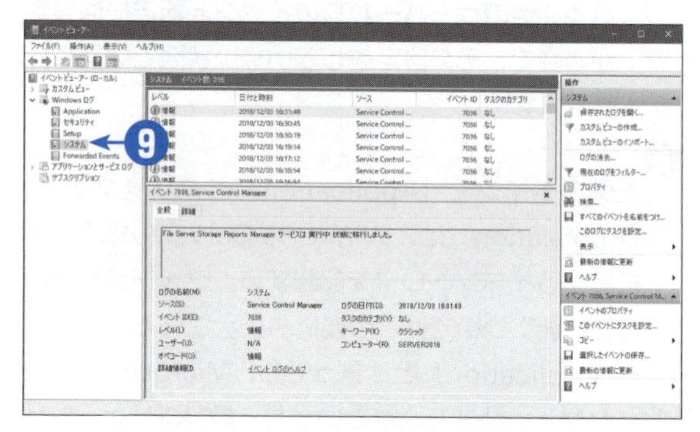

9

左側のペインで［システム］をクリックする。システムログは、システム管理上で必要な情報が格納される。たとえば、システムのシャットダウンや再起動、サービスの起動時刻などが記録される。

ヒント

イベントビューアーのイベントレベル

イベントビューアーで表示されるイベントには「レベル」と呼ばれるイベントの重要度があります。イベントビューアーに記録されるイベントは非常に多岐にわたりますが、このレベルを確認すれば、管理の際に特に重視しなければならないイベントをすぐに確認できます。
イベントのレベルには以下の3つがあります。

●エラー
管理者がすぐに対処することを必要とするか、もしくは注意して経過観察を行う必要のある異常が発生した場合、イベントは赤いアイコンで「エラー」として表示されます。たとえば、ネットワークエラーやハードウェアの異常、クォータレベルの超過によるエラーなどが考えられます。

●警告
正常状態ではなく、ある程度注意を要するものの、すぐさま対処することまでは必要とされないイベントは「警告」として表示されます。たとえば、エラーが発生したがアプリケーションが自動的に適切な処理を行ったために、そのまま運用しても問題のないメッセージや、一過性の異常と考えられるメッセージなどがそれにあたります。

●情報
正常に運用している限り当然発生するようなイベントです。たとえば何時何分に誰かが（正常に）サインインできた、というようなイベントメッセージはこの情報に分類されます。「グループセキュリティポリシーは正しく設定されました」というようなメッセージも、「情報」に分類されます。

なお、イベントビューアーの［管理イベント］やサーバーマネージャーの［イベント］欄には、［情報］イベントは表示されません。［エラー］と［警告］イベントのみが表示されるようになっているので、普段の監視であればこの欄に注意しておくだけでも事足ります。

ボリュームシャドウコピーとは

Windows Server 2003以降のWindows ServerやWindows Vista以降のクライアント向けWindowsの上位エディションでは、「ボリュームシャドウコピーサービス（VSS）」という便利なファイル保護サービスが使用できます。これは、ファイルやフォルダーの内容変更が発生する際、変更以前の内容を利用者に意識させることなしに保存する便利な機能です。

ボリュームシャドウコピーが有効になっているシステムでは、ディスク全体の内容が「スナップショット」という形で定期的に保存されます。ファイルやフォルダー、ドライブのプロパティダイアログボックスには［以前のバージョン］というタブが表示され、このタブを操作すると、過去、定期的に保存された時点のファイルやフォルダーの内容を、あたかも通常のファイルやフォルダーを操作するかのようにして読み取ることができます（過去の情報を書き換えることはできません）。誤ってファイルを削除してしまったような場合でも［以前のバージョン］として登録されている情報であれば、その時点までさかのぼってデータを復活できます。

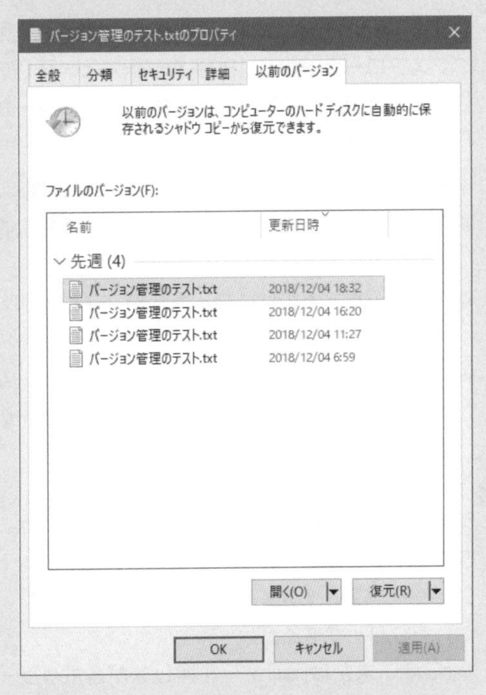

VSSはどのようにして実現されているのでしょうか。定期的にディスク内容を保存すると言っても、ディスクの全領域を保存するわけではありません。NTFSやReFSでは、ファイルの上書きなどデータの書き換えを行う場合に、ファイルの情報を保持するセクターの内容を直接書き換えるのではなく、いったん別のセクターに新しいデータを置き、ファイルが使用しているセクター番号の情報を変更するという操作を行います。つまり、それまでのセクターは使われなくなるだけで、古いデータの本体は残ったままとなるわけです。VSSではこの、どのファイルがどのセクターにファイルを保存しているかという情報を定期的に保存して過去のディスクの状態を再現できるようにすることで、できるだけ少ないディスク容量で、書き換え前の情報を保持できるのです。

VSSは、通常のバックアップとは違って、データ保存のタイミングでファイルそのもののデータを複製するわけではありませんから、バックアップのタイミングでディスクアクセスの性能が低下するようなこともほとんどありません。ディスク領域の消費もわずかです。

ただし、明示的なバックアップと違って、古いバージョンのファイルはいつまでも保存されるわけではありません。ディスクの書き換えが進めばいつかはデータが削除されますし、ディスクの書き換えが頻繁である場合には、データが失われるまでの時間も短くなります。データが消えるタイミングを管理者が制御することはできません。

このため、ボリュームシャドウコピーをバックアップの代用としては使うことはできません。VSSが使えるからといって定期的なバックアップが不要となるわけではなく、あくまで「便利な機能」のひとつとして考えておくほうがよいでしょう。

8 ボリュームシャドウコピーの使用を開始するには

Windows Server 2019では、セットアップ時、特に指定しなくてもVSSは標準で使えるようになっています。ただしVSSはボリュームごとに使う/使わないを選択するようになっており、初期状態ではすべてのボリュームで「無効（使わない）」状態になっています。VSSを使用するにはまず、希望するボリュームでシャドウコピーを有効にしなければなりません。

シャドウコピーが使用できる条件は、第1にNTFSまたはReFSでフォーマットされているボリュームであること、第2に、ボリュームの容量が300MB以上あることです。

ボリュームシャドウコピーの使用を開始する

❶

管理者（Administrator）でサインインした状態で、エクスプローラーから［PC］を選択する。任意のボリュームを選択して右クリックし、メニューから［シャドウコピーの構成］を選択する。

➡［シャドウコピー］ダイアログボックスが開く。

- シャドウコピーの構成を使用するには管理者権限が必要となる。
- 右クリックするのは、ローカルディスクであればどのボリュームでもかまわない。
- シャドウコピーを有効にできないボリュームでは、右クリックメニューに［シャドウコピーの構成］は表示されない。

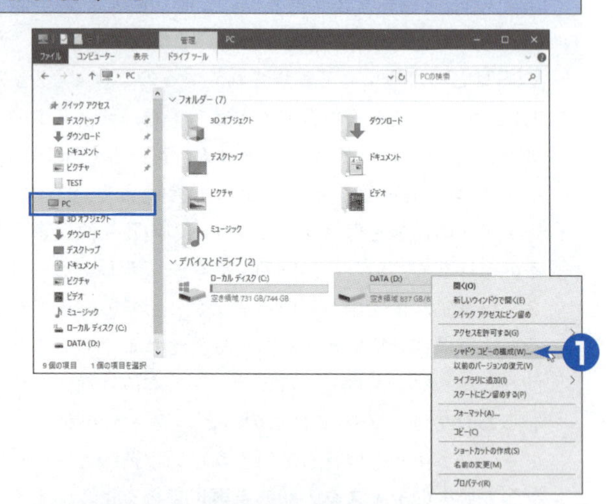

❷

シャドウコピーに対応するボリュームの一覧と、現在のシャドウコピーの状態が表示される。シャドウコピーを有効にしたいボリュームを選択して、［有効］をクリックする。

- Ctrlキーまたは Shiftキーを押しながらボリュームをクリックすると、同時に複数のボリュームを選択できる。

3

シャドウコピーの有効化の確認が行われる。[はい] を選択する。[シャドウコピー] ダイアログボックスに戻るので [OK] を選択する。

- 書き換え頻度が高いボリュームでシャドウコピーを有効にしても、古いデータが失われるのが早く、ディスク入出力の負荷を上げる原因にもなる。Windowsのシステムボリューム（C:）や、データベースファイルを配置してあるボリュームなどでシャドウコピーを有効にすると、コンピューターの負荷が高くなることがあるため、十分に注意する。

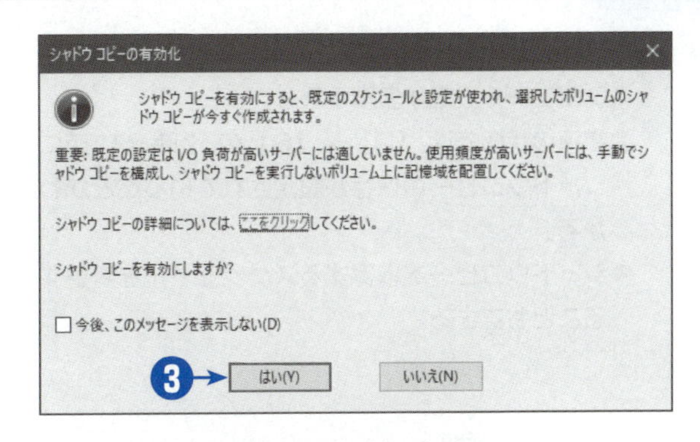

4

指定したボリュームのプロパティ画面を表示し、[シャドウコピー] タブを選択する。現時点でのシャドウコピーが作成され、日付と時刻が記録されているのがわかる。

- これ以降は、自動的に定期的なシャドウコピーが作成されるようになる。
- シャドウコピーは、標準で1日に2度、午前7時と12時に作成される。

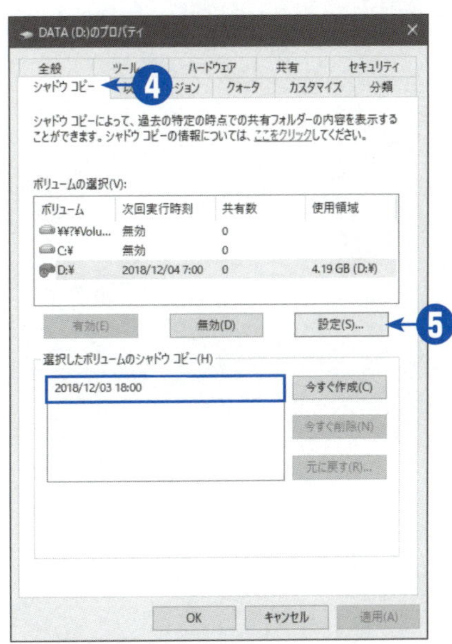

5

[設定] をクリックする。この画面では、シャドウコピー用として使用する記憶容量を設定できる。標準では、ボリューム総容量の10%相当が指定されている。

- 記憶容量を制限すると、「以前のバージョン」のファイルが保存される期間が短くなる。
- 通常、この値は変更する必要はないが、シャドウコピーの頻度を上げる場合や、長期にわたってデータを保存したい場合には容量を増やすか、[制限なし] を選ぶ。

6

[スケジュール] をクリックする。

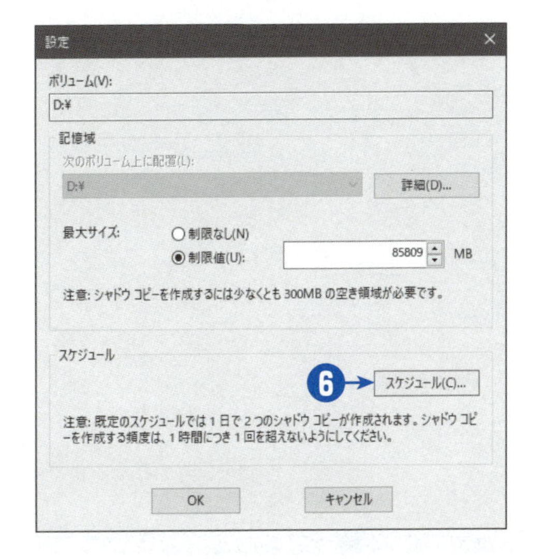

7

スケジュール設定が表示される。

- 標準の状態では、［月］～［金］の、7時と12時にシャドウコピーの保存が設定されていることがわかる。
- シャドウコピーを取得するスケジュールを変更することもできる。

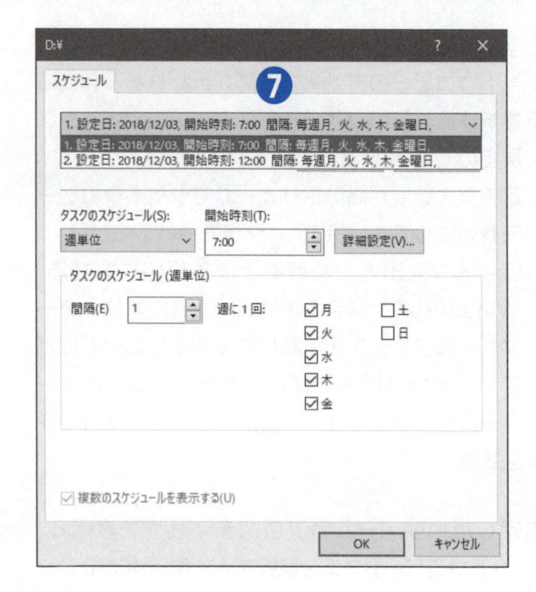

参照

シャドウコピーのスケジュールを変更するには

→この章の10

9 「以前のバージョン」機能でデータを復元するには

ボリュームシャドウコピーが利用できるボリュームでは、ファイルやフォルダーのプロパティ画面の[以前のバージョン］タブが有効になり、過去に存在して現在は削除されてしまったファイルや書き換えられてしまったファイルを復元することができます。こうした機能の使い方を試してみましょう。

「以前のバージョン」機能を使う

❶ シャドウコピー対象となっているボリュームに、テスト用のファイルを作成する。
- この操作はユーザーshoheiでサインインして行った。管理者でも、同様の操作はできる。

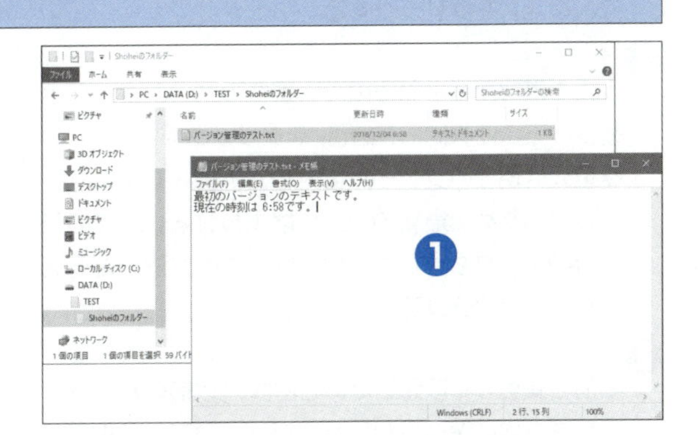

❷ 平日の7時か12時をまたいだら、テキストファイルを更新して上書き保存する。
- 標準の設定では、平日の午前7時と12時にシャドウコピーが作成されるので、この時刻までに保存された内容であれば復元できる。

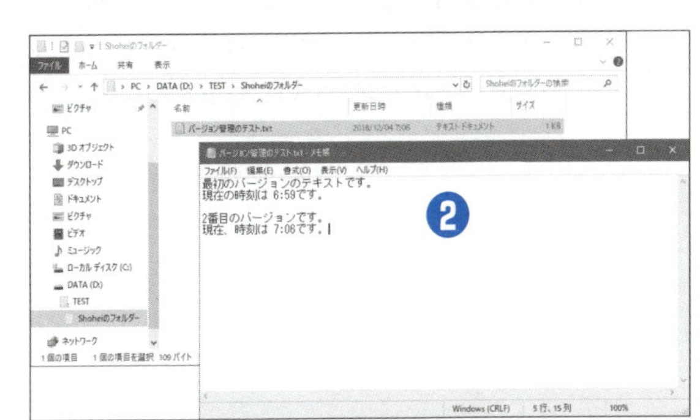

❸ いったんメモ帳を閉じて再度ファイルを開き、内容を確認する。手順❷で更新した通りの内容であることを確認する。

❹ ファイルを右クリックして、メニューから［以前のバージョンの復元］を選ぶ。

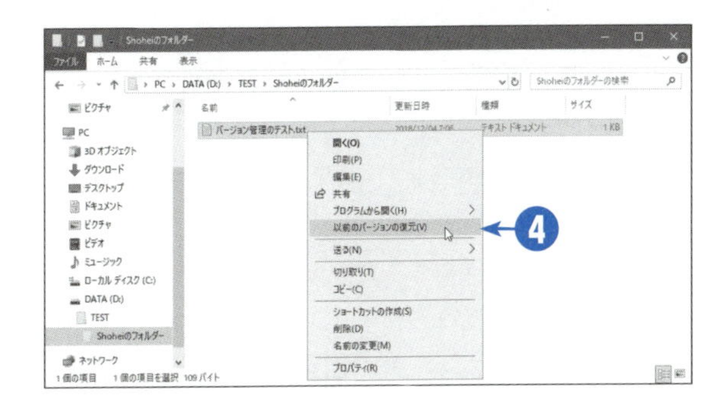

5

ファイルのプロパティウィンドウが開き、[以前のバージョン]タブが表示される。[ファイルのバージョン]欄に、復元可能な更新日と時刻の一覧が表示される。

●今回は一度しかファイルを更新していないので、復元可能なバージョンは1つだけとなる。

6

一覧から復元したいバージョンのファイルを選択して[復元]をクリックする。

7

上書き確認が行われるので、現在のバージョンに上書きしてよければ、[復元]をクリックする。

●復元は現在のファイルに対して上書きする形で行われるため、最新のデータは失われる。現在の最新のデータも残したい場合は、この方法で復元をせず、手順8以降を参照のこと。

8

名前を変更して復元したい場合は、[以前のバージョン]タブ内の復元したいバージョンのファイルアイコンを、エクスプローラーでファイルをコピーするようにしてドラッグアンドドロップする。

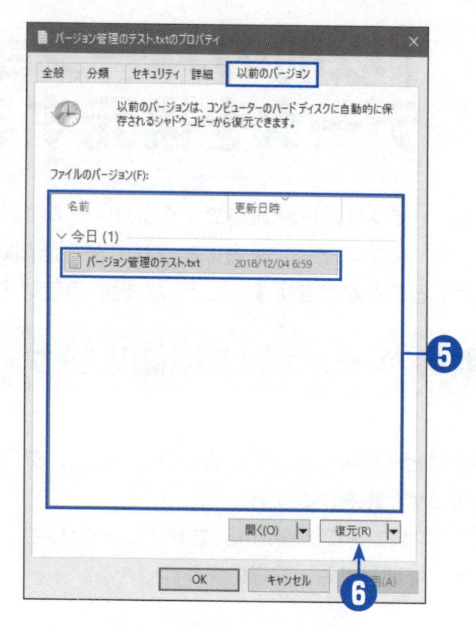

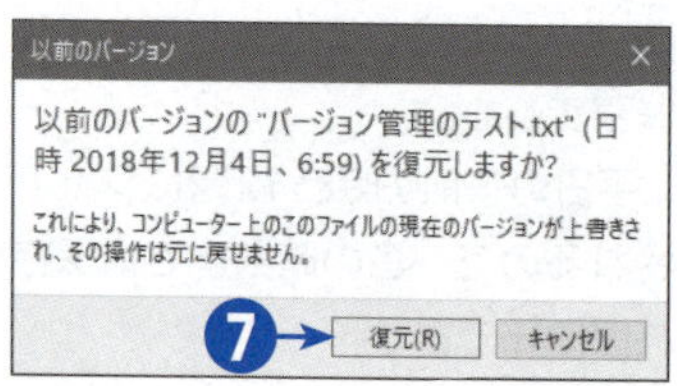

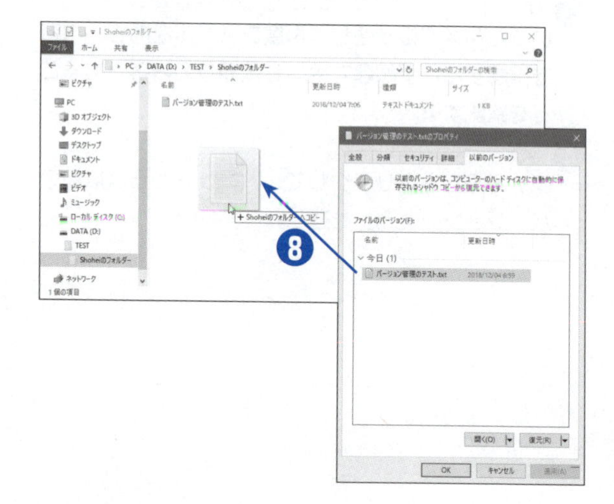

9

エクスプローラー標準の［ファイルの置換またはスキップ］ダイアログが表示されるので［ファイルの情報を比較する］を選ぶ。

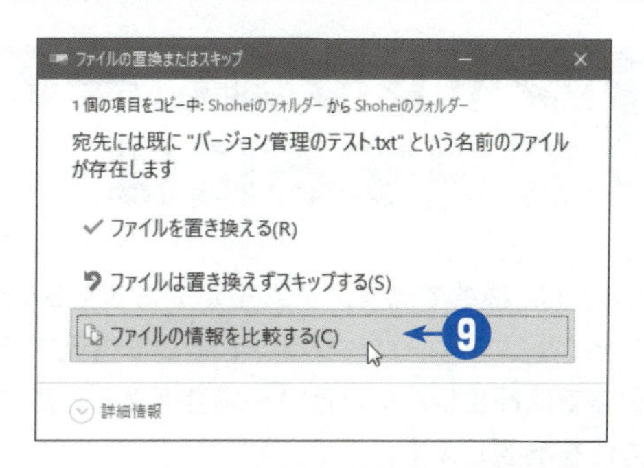

10

［ファイルの競合］問い合わせダイアログが表示されるので、新しいバージョンと古いバージョンの双方にチェックして［続行］をクリックする。

- この画面は、Windows 10やWindows Server 2019における標準の上書きコピー時の確認画面である。
- どちらか一方にしかチェックしなかった場合は、チェックした方のファイル内容が残される。

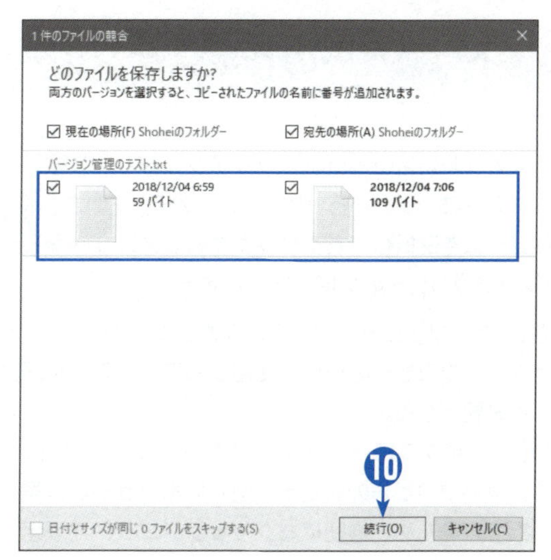

11

復元された古いバージョンのファイルは［ファイル名（2）］として復元されるので、ファイルの内容を確認する。最初に作成した6:59のファイルであることがわかる。

- この例では、（2）が付いていないファイルは、2度目に更新した最新の内容になっている。

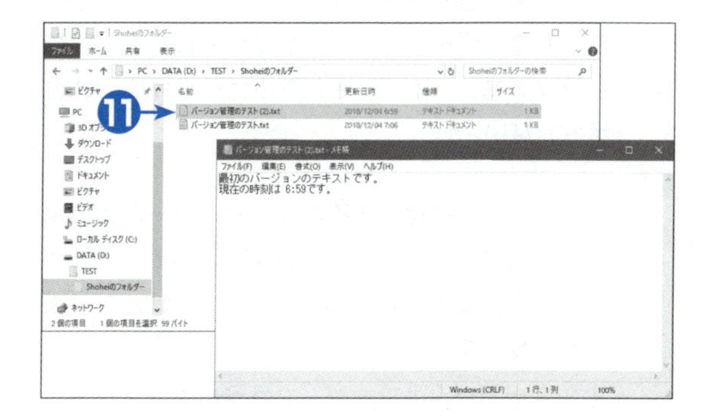

10 シャドウコピーの作成スケジュールを変更するには

シャドウコピーは、標準ではシステム規定である平日の午前7時と12時に作成されます。この時刻をまたいで保存されたファイルは「古いバージョン」として復元することができるようになりますが、用途によっては、この時間帯の保存では好ましくないという場合もあると思います。そこでここでは、シャドウコピーの保存スケジュールの変更方法を解説します。

シャドウコピーの作成スケジュールを変更する

❶
管理者（Administrator）でサインインした状態でエクスプローラーから［PC］ウィンドウを開き、ボリュームを選択して右クリックする。メニューから［シャドウコピーの構成］を選択する。

➡［シャドウコピー］ダイアログボックスが開く。

●シャドウコピーの構成を使用するには管理者権限が必要となる。

●［シャドウコピー］ダイアログボックス内でも、シャドウコピーの設定を変更するボリュームは選択できるため、最初に右クリックメニューを表示するのは、どのドライブでもかまわない。ただしシャドウコピーが使えないボリュームでは、右クリックメニューに［シャドウコピーの構成］は表示されない。

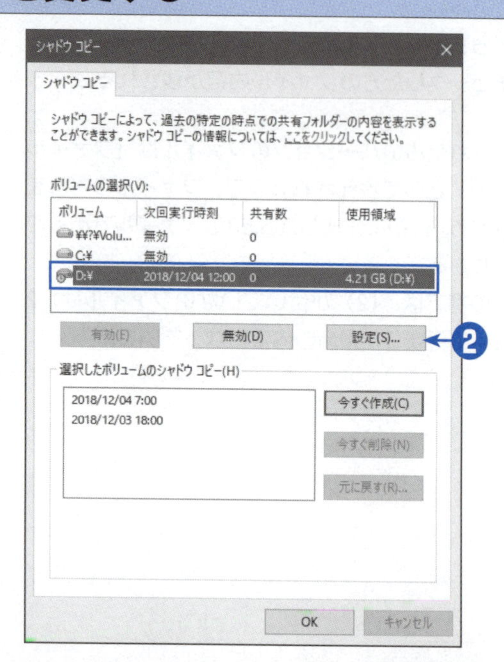

❷
シャドウコピーに対応するボリュームの一覧と、現在のシャドウコピーの状態が表示される。スケジュールを変更したいボリュームを選択して、［設定］をクリックする。

➡シャドウコピーの設定ダイアログが表示される。

●シャドウコピーが有効になっているボリュームには、ボリュームアイコンに「時計」のマークが表示される。

●シャドウコピーを有効にしていないボリュームでも、手動でシャドウコピーを作成することはできるので［設定］ボタンも有効になる。

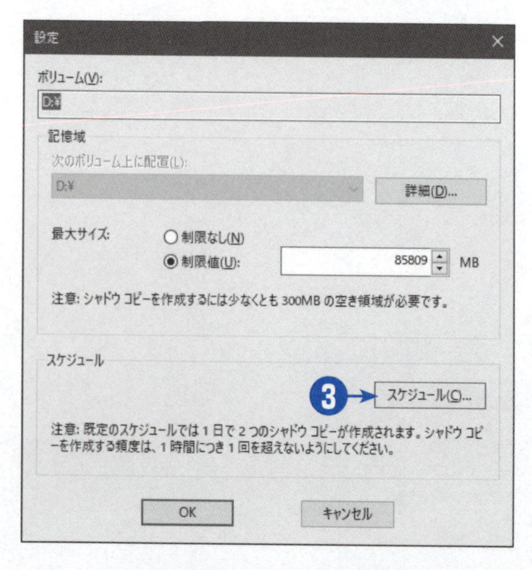

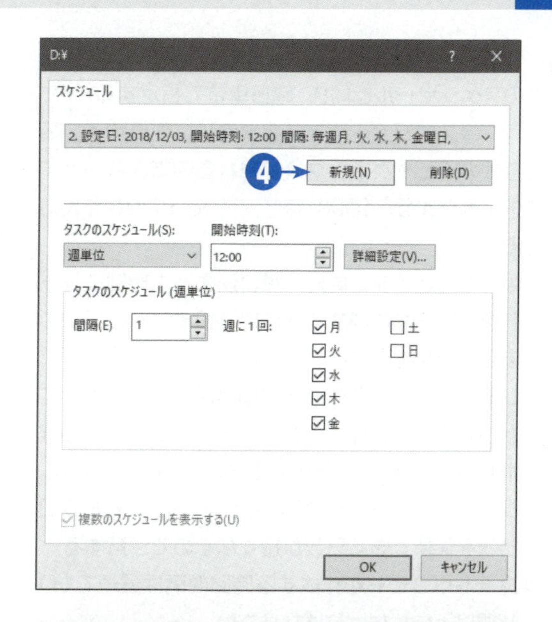

❸
シャドウコピーのスケジュールを変更するため、[スケジュール] をクリックする。

➡シャドウコピーのスケジュール設定設定ダイアログが表示される。

❹
既定の2回（7:00と12:00）の時刻や曜日を変更する場合には、画面から直接時刻や日付を選択して[OK] をクリックする。シャドウコピーの頻度を増やす場合には、[新規] をクリックする。新たなスケジュールを設定可能な画面に変化する。

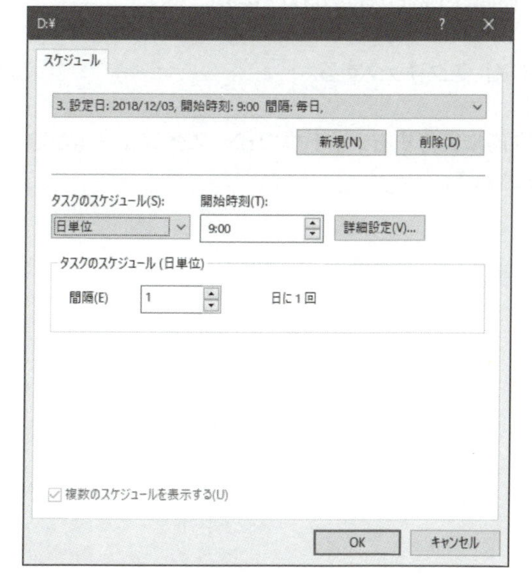

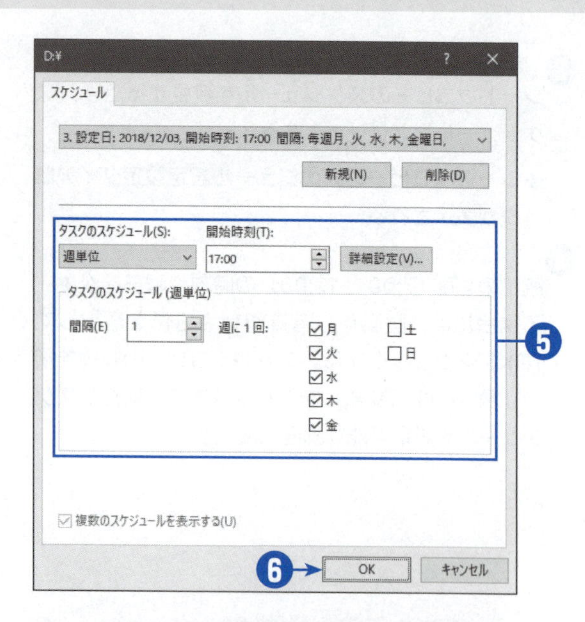

5 他のスケジュールと同様、曜日単位で指定するため、タスクのスケジュールを［週単位］に変更する。曜日選択のチェックボックスが現れるので、月～金までチェックする。［開始時刻］として17:00を入力する。

- 曜日を指定せず、単純に毎日決まった時間にシャドウコピーを作成する場合は［日単位］の設定のまま時刻を指定する。
- シャドウコピーを作成する頻度は自由に増やすことができるが、保持できるシャドウコピーの数はボリュームあたり最大でも64個に制限される。シャドウコピーの頻度を上げると、シャドウコピーを保持できる日数が短くなるので注意する。
- シャドウコピーを作成する時間間隔は最短でも1時間以上にしなければならない。

6 ［OK］をクリックする。

7 17時に実行するシャドウコピースケジュールが追加される。

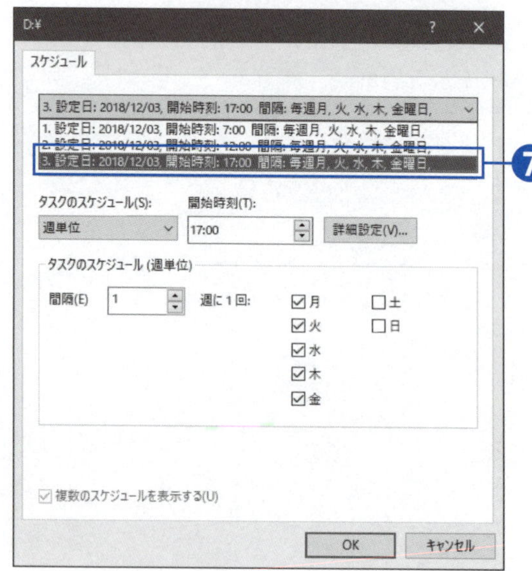

ネットワークでのファイルやプリンターの共有

第 8 章

これまでは、Windows Server 2019を単体のコンピューター(スタンドアロン)として使用する方法を説明してきましたが、ここからはいよいよ、ネットワーク経由でWindows Server 2019の機能を使用する方法について説明します。サーバー機は、管理者以外の利用者が直接コンピューターを操作して利用することはまれであり、ディスク領域やプリンターなどのハードウェア、計算能力といった資源や機能をネットワーク経由で利用するといった使い方がほとんどです。この章で説明するファイルやプリンターの共有は、そうしたネットワーク経由でのサーバー利用の最も基本的な機能と言ってよいでしょう。

ドライブやフォルダーの共有について

ネットワークを利用するうえで非常に便利な機能が、ドライブやフォルダーの共有です。共有とは、ある物や資源を複数の利用者が共に所有するという意味です。ドライブやフォルダーの共有とは、ある特定のドライブやフォルダーを、複数のコンピューターが同時に所有するということを意味します。つまりドライブやフォルダーが複数のコンピューターから同時に利用可能となる、という意味です。

●フォルダーの「共有」の仕組み

ドライブやフォルダーの共有では、サーバー側が、自分が持つハードディスク内のドライブや特定のフォルダーの情報を、ネットワーク内の他のコンピューターに対して「共有物」として公開します。それを利用するクライアント側では、公開された内容を「参照」します。これにより、本来はサーバーコンピューター内にあるはずのフォルダーが、あたかもクライアント側にあるかのように利用できるようになります。

クライアントコンピューターのユーザーから見た場合、共有フォルダーと自分のコンピューター内のフォルダーは、まったく同じように利用できます。このためユーザーはネットワークの存在を意識することなく共有フォルダーを利用できます。さらに「ネットワークドライブの接続」と呼ばれる機能を使えば、サーバーで公開された特定のフォルダーが、あたかも1つのボリュームであるかのように利用できます。

ドライブやフォルダーの共有において、これを公開する側の機能は、サーバー側コンピューターが実行する機能です。ただしサーバー側の機能だからといって、Windows Server 2019だけが持っている機能というわけではありません。実はクライアントOSであるWindows 10やWindows 7/8.1でもドライブやフォルダー、プリンターのサーバーとなる機能を搭載しています。ただしこれらクライアント向けOSが持つ「サーバー機能」では、同時に公開できる接続数（共有で接続するクライアントの数）が限られており、大規模なネットワークでサーバーとして使う用途には向いていません。

またWindows Server 2019には、すでに説明したような、信頼性の高いディスクを構築するための機能や、サーバーの管理を行いやすくするための機能、ボリュームシャドウコピーといった便利な機能が多数含まれており、多くのコンピューターから参照される共有のサーバー側として動作するのに適しています。

なお、この章では、クライアント側OSとしてWindows 10を利用した場合について説明します。サーバー側OSは言うまでもなくWindows Server 2019ですが、Windows 10とWindows Server 2019両者の画面にはほとんど違いはないため、画面を掲載する際にはWindows Server 2019のものであるかWindows 10のものであるかを明記します。クライアントとサーバー、どちらの画面を操作しているのか、よく確認してください。

1 ファイルサーバー機能を使用できるようにするには

Windows Server 2019は、標準の状態ではファイルサーバー機能は有効になっていません。そこで、初めにファイルサーバー機能を追加インストールして有効にします。Windows Server 2019で特定の機能を有効／無効にするには、サーバーマネージャーを使用します。
なお、前の章で「フォルダークォータ」機能をセットアップしてある場合には、フォルダークォータ機能と同時にファイルサーバー機能も自動的にインストールされています。そのためここでの手順は、フォルダークォータ機能をインストールしていない場合に限り行ってください。

ファイルサーバー機能を使用できるようにする

❶ 管理者としてサインインし、サーバーマネージャーのトップ画面から［② 役割と機能の追加］をクリックする。

❷ ［役割と機能の追加ウィザード］が開く。［次へ］をクリックする。

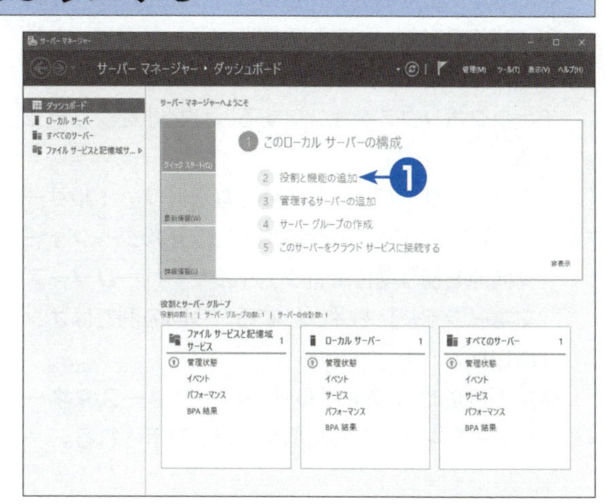

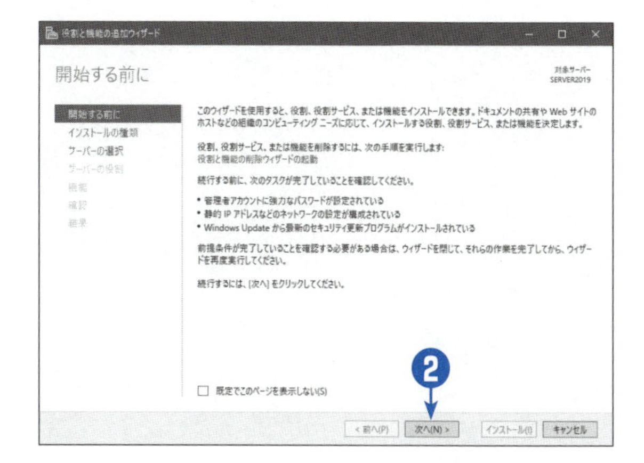

3 ［インストールの種類の選択］では、［役割ベースまたは機能ベースのインストール］を選択して［次へ］をクリックする。

4 ［対象サーバーの選択］では、自サーバーの名前（SERVER2019）を選択して［次へ］をクリックする。

5 ［サーバーの役割の選択］では、インストール可能な役割の中から［ファイルサービスと記憶域サービス（インストール済み）］の左にある▷をクリックして詳細な選択肢を展開し、さらに［ファイルサービスおよびiSCSIサービス］の左にある▷をクリックして展開して、その下にある［ファイルサーバー］チェックボックスをオンにする。［次へ］をクリックする。

- ファイルサーバーとして使うなら［ファイルサーバー］をオンにするだけでよい。フォルダークォータ機能も使う場合に［ファイルサーバーリソースマネージャー］もオンにする。今回の例ではオンにした。
- 次の画面は［ファイルサーバーリソースマネージャー］をオンにした場合に限り表示される。

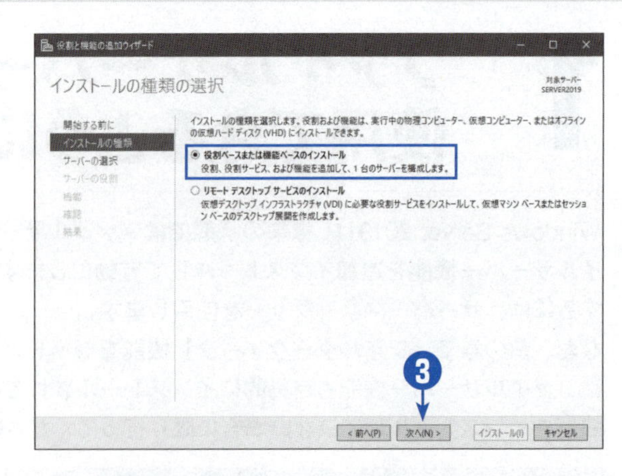

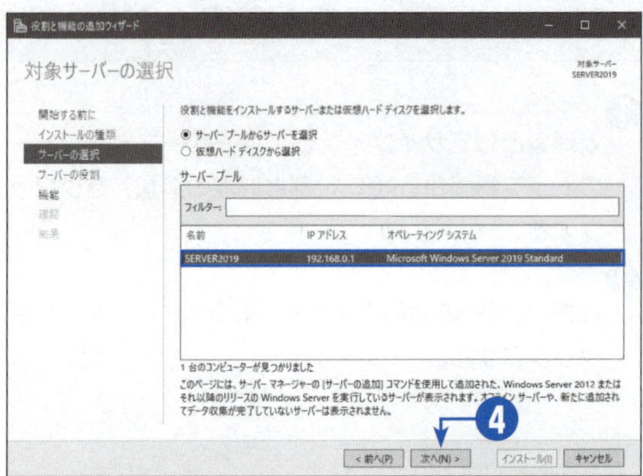

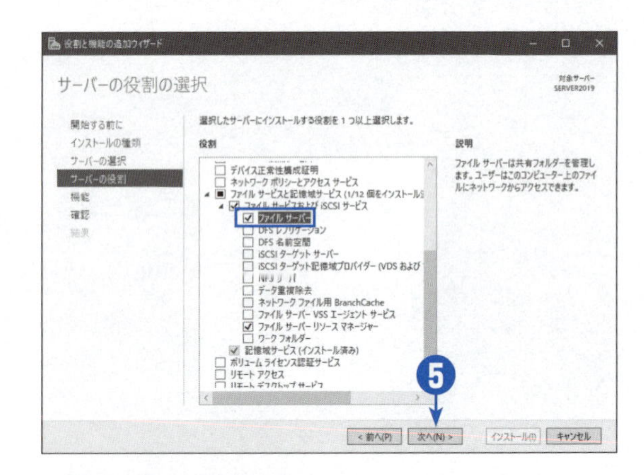

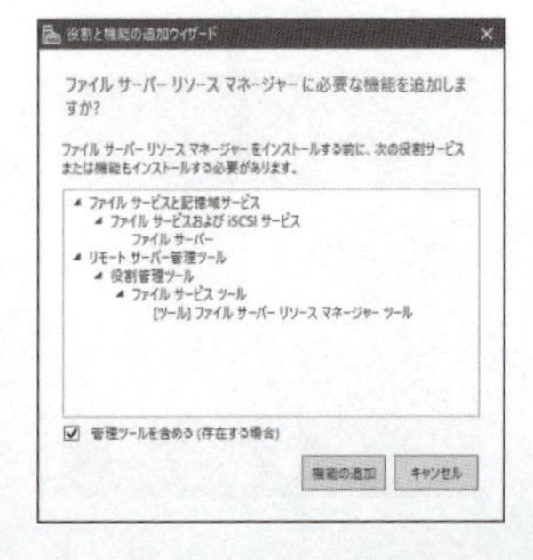

参照

フォルダークォータとは

→第7章のコラム「Windows Server 2019におけるクォータ機能」

6

［機能の選択］ではそのまま［次へ］をクリックする。

7

［インストール］をクリックする。

8

インストールが開始される。インストールが完了したら［閉じる］をクリックする。

●インストールの終了を待たずにこのウィンドウを閉じてしまってもインストールは継続されるが、できるだけ最後まで確認するようにする。

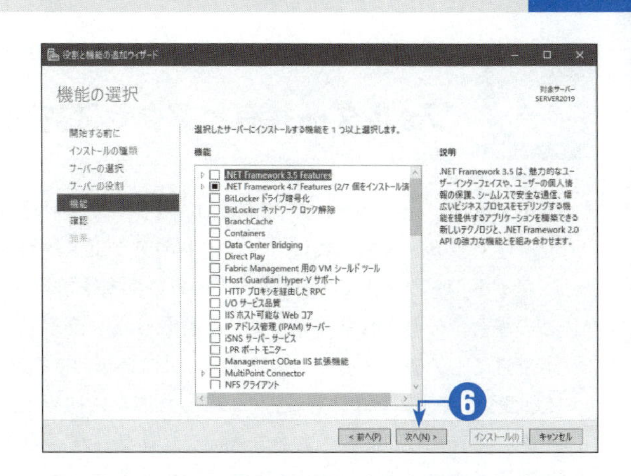

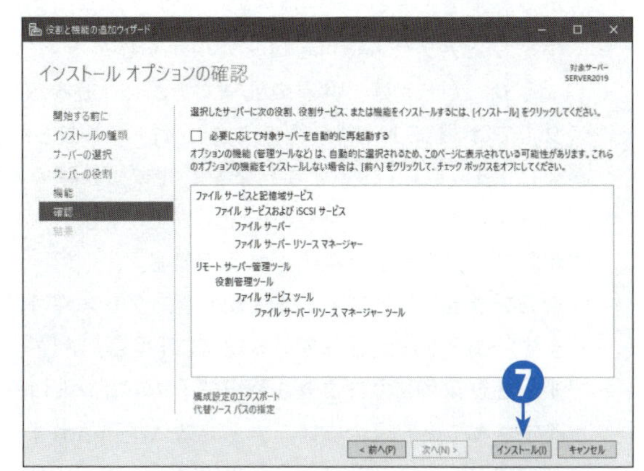

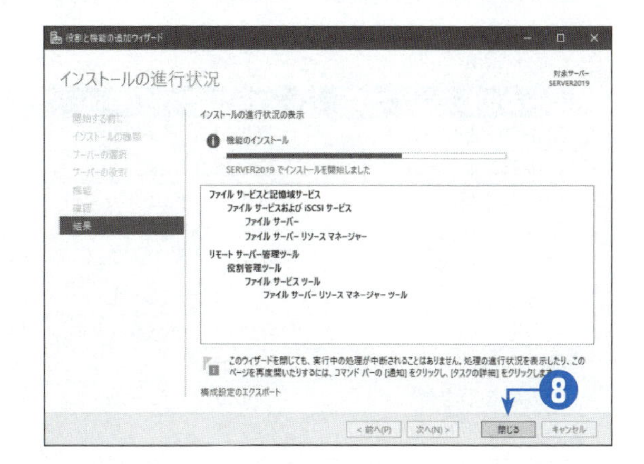

フォルダー共有とアクセス許可

Windowsのフォルダー共有機能では、ネットワーク経由でフォルダーを公開する場合に、アクセスできるユーザー名やグループ名と共に、それぞれのアクセス許可も指定できます。たとえば、ユーザー「shohei」に対してネットワーク経由で「読み取り」のみの共有を許可する、といった具合です。
この場合、公開されたフォルダーを共有したクライアント側PCでは、共有フォルダーの内容を読み取ることはできても、書き込むことはできない「読み取り」のみのフォルダーとして扱われます。共有のアクセス許可を「変更」や「フルコントロール」にした場合に初めて、フォルダーへの書き込みが可能となります。
一方、共有として指定されたフォルダーはサーバーのディスク上にあるわけですから、それ自身にもアクセス許可が設定できます（サーバーのディスクがNTFSやReFSでフォーマットされている場合）。このとき、共有で指定したアクセス許可とローカルサーバー上で指定したアクセス許可とに矛盾がある場合はどうなるのでしょうか。たとえば、共有で公開する際に「読み取り/変更」として公開したフォルダーが、サーバーのディスク上では「読み取り」のみのアクセス許可であった場合、どちらが有効となるのでしょう。
答えは「読み取り」のみとなります。共有で公開する際のアクセス許可を「読み取り/変更」とした場合でも、そのフォルダーがサーバーのディスク上で「読み取り」のみと、両者の設定が食い違っているときにはより制限が厳しい方の設定が採用されるのです。
共有のアクセス許可にも、ローカルのアクセス許可と同様「許可」と「拒否」の2つのアクセス許可の設定があります。両者が設定されている場合に「拒否」が「許可」よりも優先される点もローカルのアクセス許可と同様です。たとえ共有のアクセス許可で「フルコントロール」が設定されていても、サーバーのディスク上で拒否が設定されている場合には、アクセスは拒否されます。
共有のアクセス許可とローカルのアクセス許可の組み合わせのすべてを網羅することはできませんが、表にすると次のようになります。

ローカルのアクセス許可	共有のアクセス許可	クライアントから見たアクセス許可
フルコントロール	フルコントロール	フルコントロール
フルコントロール	読み取り/変更	読み取り/変更
読み取り/変更	フルコントロール	読み取り/変更
読み取り/変更	読み取り/変更	読み取り/変更
読み取り/変更	読み取り	読み取り
読み取り	フルコントロール	読み取り
読み取り	読み取り/変更	読み取り
読み取り	読み取り	読み取り
読み取り拒否	フルコントロール	読み取り拒否

ローカルなファイルシステム上でのアクセス許可がユーザーやグループごとに個別に設定できるのと同様、共有のアクセス許可も、ユーザーやグループごとに個別の設定になります。
クライアントコンピューターが共有フォルダーにアクセスする際には、最初に、ユーザー名とパスワードを指定する必要があります。共有のアクセス許可に複数のアクセス許可が登録されている場合、どのアクセス許可が適用されるかは、ここで入力するユーザー名とパスワードによって決定されます。

たとえば、サーバー上に、ユーザー「shohei」と「haruna」が登録済みであり、かつ2人ともにグループ「Users」のメンバーであるとします。この状態で共有フォルダーを作成し、そのアクセス許可をグループ「Users」に対しては「読み取り」、ユーザー「shohei」に対しては「読み取り / 変更」を指定したとしましょう。
共有フォルダーに対して、ユーザー「shohei」のユーザー名とパスワードを使ってアクセスした場合には、共有フォルダーに対しては「読み取り / 変更」のアクセスが行えます。ユーザー「shohei」に対しては明示的に「読み取り / 変更」のアクセス許可が設定されているためです。一方でユーザー「haruna」のユーザー名とパスワードが使われた場合には、同じ共有フォルダーに対して「読み取り」しか行えません。「haruna」も「Users」グループのメンバーであるため、共有フォルダーに対する読み取りのアクセス許可が有効になりますが、「shohei」とは違って、明示的な「変更」のアクセス許可が設定されていないからです。
共有のアクセス許可とサーバー上のローカルなアクセス許可が合成されるという考え方は、この場合にも有効です。上記の例で、ユーザー「shohei」は読み取り / 変更が可能と説明しましたが、共有として公開されているフォルダーに対して、サーバー上で「shohei」に対して「読み取り」しか設定されていない場合には、より厳しい方のアクセス許可が使われる原則により、「shohei」も読み取りのみのアクセスしかできません。

●ローカルフォルダーに比べて簡易な共有のアクセス許可

ローカルディスク上のアクセス許可は、読み取りや変更のほか「特殊なアクセス許可」として、ファイルやフォルダーの削除、フォルダーの内容一覧表示など、さまざまな操作に対して個別にアクセス許可の設定が行えます。

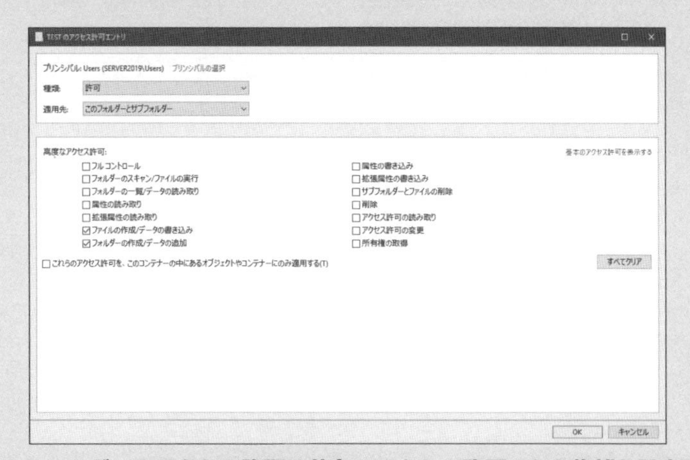

ローカルフォルダーのアクセス許可は共有のアクセス許可よりも複雑な設定ができる

一方、共有のアクセス許可では、以下の3つの操作についてのみアクセス許可の設定が可能です。

- フルコントロール
- 変更
- 読み取り

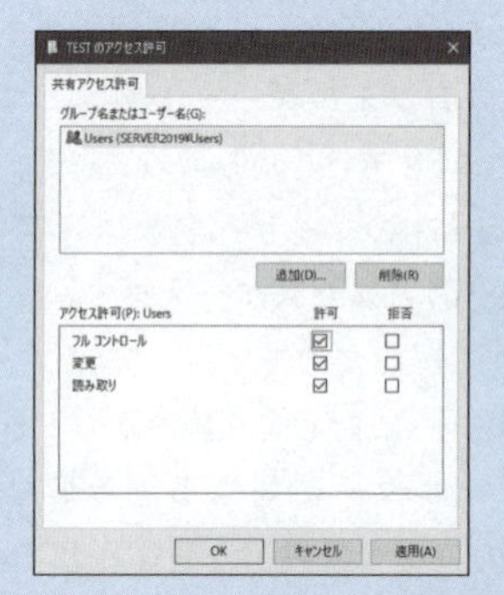

共有のアクセス許可はローカルフォルダーのアクセス許可よりもずっと単純

読み取りは、ファイルやフォルダーの読み取り許可、変更は書き込み許可を示します。フルコントロールは、読み取りと変更を含めたすべての操作が可能です。なおフルコントロールと変更の違いは、フルコントロールではネットワーク経由でアクセス許可の変更が行える（たとえば、他のユーザーに対してフォルダーの読み取りを禁止する設定ができる）のに対して、「変更」ではこの操作が行えない点にあります。
共有のアクセス許可では「アクセス許可の継承」の考え方もありません。サーバーが公開する共有フォルダーは、常に「¥¥サーバー名¥共有名」という形式になるため、フォルダーと違って階層化の概念がないためです。

2　フォルダーを共有するには

ファイルサーバー機能のセットアップが終了すると、その時点からすぐにフォルダーの共有が行えるようになります。フォルダーを共有する手順にはいくつかの方法がありますが、ここでは最も一般的な「フォルダーを選んで、共有を指定する」手順を紹介します。

標準の設定でフォルダーを共有する

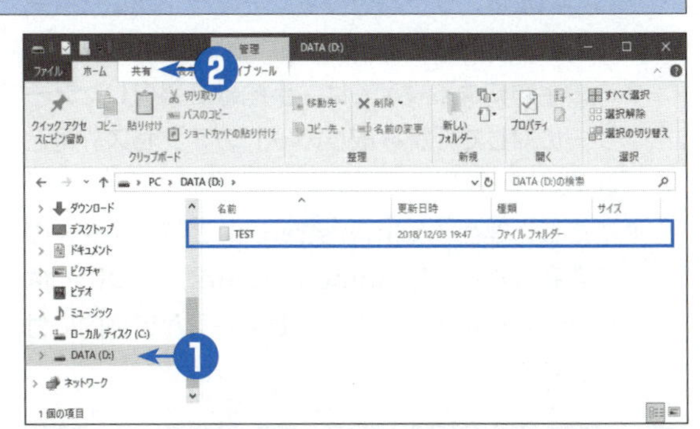

1

サーバー側コンピューター（SERVER2019）に管理者（Administrator）としてサインインし、「D:¥」を表示する。D:¥TESTフォルダーが作成されている。

●D:¥TESTは、共有のテスト用として管理者があらかじめ作成しておいたもの。アクセス許可は既定の設定のままである。

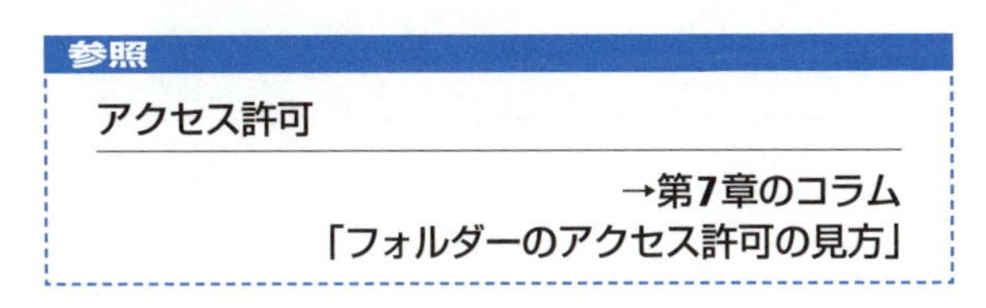
参照

アクセス許可

→第7章のコラム
「フォルダーのアクセス許可の見方」

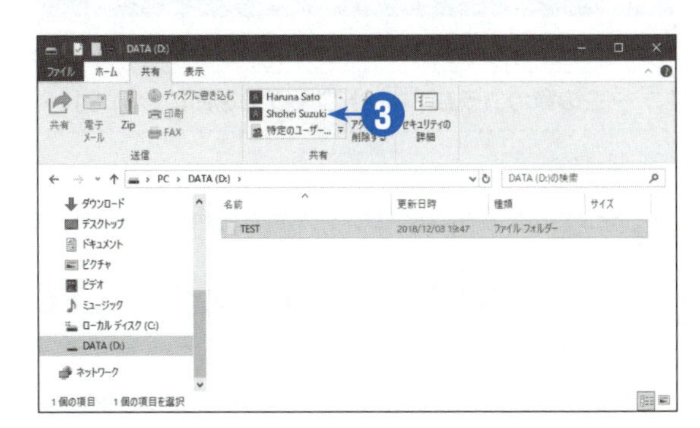

2

［D:¥TEST］をクリックして選択状態とし、フォルダーウィンドウ上部のメニューから［共有］タブを選択する。

●リボンが表示されていない場合は、ヘルプボタン左側に表示されている「v」アイコンをクリックする。

3

リボン内の［共有］で、共有させたいユーザーを選択してクリックする。

●ユーザー登録の際に［フルネーム］を入力してある場合には、この欄にはフルネームが表示される。フルネームを入力していない場合、この欄にはユーザーのアカウント名が表示される。

●この欄にユーザー一覧が表示されていないときは、［特定のユーザー］をクリックすると、ユーザーの選択画面が表示される。この画面から新しいユーザーの追加もできる。

4

ファイルの共有を問い合わせる画面で［はい、この項目を共有します］を選択する。

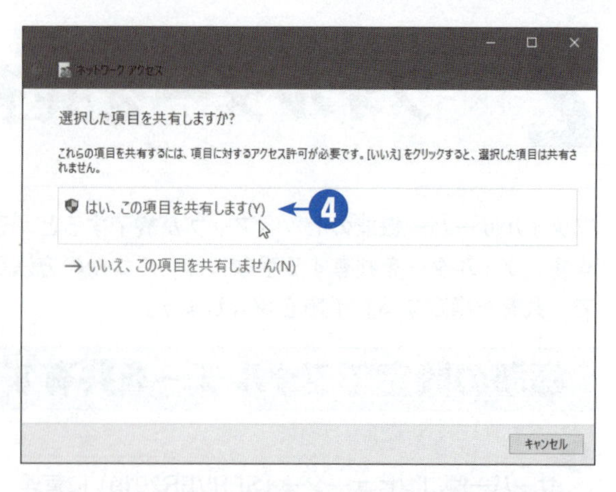

5

インストール後、初めて共有を設定する場合には［ネットワークの探索とファイル共有］の設定画面が表示される。ここでは［いいえ、接続しているネットワークをプライベートネットワークにします］を選択する。

- この設定は、サーバーのネットワーク設定を変更しない限り、一度行えば次回からは表示されない。
- この手順による設定では、手順❸で選択したユーザーに対して「読み取りのみ」のアクセス許可となる。
- ただし管理者（Administrator）とフォルダーの所有者（ここではAdministrators）については「フルコントロール」のアクセス許可が自動的に付加される。

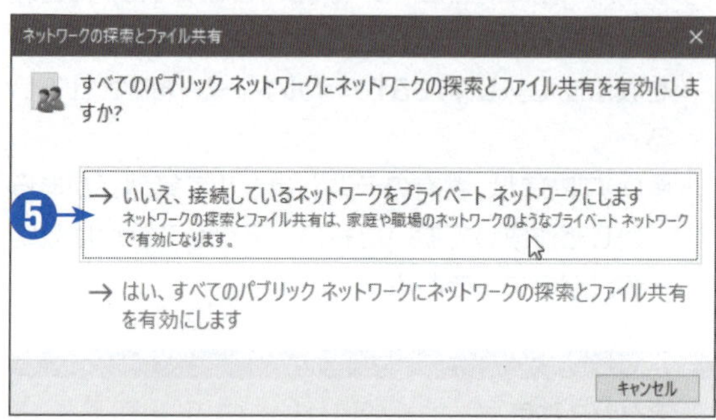

参照

［ネットワークの探索とファイル共有］の設定

→この章のコラム「ネットワークの場所について」

コラム ネットワークの場所について

Windowsでは、自身が接続されるネットワークがどのような性格を持つネットワークであるかを示す「ネットワークの場所」と呼ばれる情報を、ネットワークアダプターごとに管理しています。この「ネットワークの場所」とは、たとえば誰でもアクセスできるインターネット接続や公衆無線LANなどのような、危険なネットワークであるのか、会社内や家庭内LANのように接続される機器すべてが信頼のおける機器であるのか、といったネットワークの安全性に関わる違いのことを指します。

この「ネットワークの場所」は、本章で説明する「フォルダー共有」が使えるかどうかといった設定のほか、コンピューターのセキュリティを守る「Windows Defender ファイアウォール」などでも使われています。誰が接続するかわからないネットワークでは利用できる機能を限定してセキュリティを高め、接続されるコンピューターが信頼できる社内LANなどのネットワークでは、多くの便利な機能を使える半面、保護レベルはやや落ちる、といった使い方をします。

ネットワークのセキュリティ設定は複雑で多岐にわたるため、Windowsではこれらの設定を「ネットワークの場所」によって一括で切り替えられるようにしています。こうした管理により、新しいネットワークに接続する際にも、いちいち各種の設定を確認し直すことなく、コンピューターを安全に運用できます。

Windowsで使われるネットワークの場所には以下のような種類があります。

●パブリックネットワーク

インターネットにセキュリティ機能付きのルーターなどを挟まず直接接続する場合や、公衆無線LANなどのように、誰が接続してくるかわからないネットワークです。標準の状態でセキュリティ設定を強化してあり、ネットワーク内の他のコンピューターから自分のコンピューターを探索できない（ネットワーク内の他のコンピューターからコンピューター名が見えない）ように設定されています。このため、Windows Server 2019の初期状態では、パブリックネットワークではネットワーク内へのコンピューター名の公開やファイル共有は行えません。

Windows Server 2019においては、一部の画面で「ゲストまたはパブリックネットワーク」と表示されている場合もありますが、「パブリックネットワーク」と同じ意味と考えてください。

●プライベートネットワーク

家庭内LANや社内ネットワークのように、接続されたコンピューターすべてが信頼のおける相手である場合で、かつ「ドメイン」を構築していない場合に使われます。ネットワーク探索およびファイルの共有が標準で利用可能になっています。

●ドメイン

Windows ServerでActive Directoryによりドメインネットワークを構成したときに使われるプロファイルです。プライベートネットワークよりもさらに信頼できるネットワークであり、Active Directory関連の機能が利用できるようになっています。

●識別されていないネットワーク

Windowsでは、ネットワークを最初にアクセスする際、ネットワークの場所をWindowsが自動的に判断します。しかし、ネットワークの設定内容が不足している場合や、自分のコンピューター以外にネットワーク機器が見つからない場合など、ネットワークの場所を判定することが不可能な場合には「識別されていないネットワーク」として扱われます。

本章で説明した共有の設定を行った際、ネットワークの場所が［パブリック］で、かつ、パブリックネットワークのプロファイルにおいてファイルの共有が無効に設定されている場合には、次に示す画面が表示されます。この画面は「ネットワークの場所」の意味をよく理解していないと理解し辛いかもしれません。これは次のような意味を持っています。

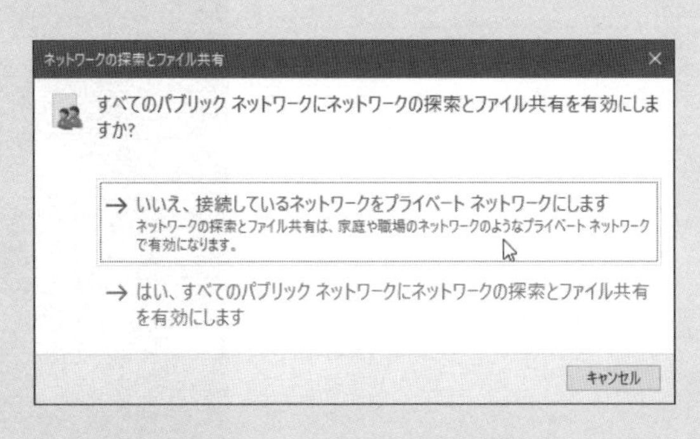

● **[いいえ、接続しているネットワークをプライベートネットワークにします]**

現在使っているネットワークは、「パブリックネットワーク」です。このためフォルダー共有機能は使用できません。フォルダー共有機能を有効にするために、現在のネットワークの設定を「パブリックネットワーク」から「プライベートネットワーク」に切り替えます。

● **[はい、すべてのパブリックネットワークにネットワークの探索とファイル共有を有効にします]**

現在使っているネットワークは、「パブリックネットワーク」です。このためフォルダー共有機能は使用できません。現在のネットワークの設定は「パブリックネットワーク」のままとしますが、フォルダー共有機能を使用するために「パブリックネットワーク」の設定を変更してフォルダー共有機能を使用できるようにします。この操作を行うと、現在のネットワーク以外の（公衆無線LANなどの）他のパブリックネットワークでもフォルダー共有やネットワーク探索が有効になります。

この説明の通り、ここで「はい」を選ぶとパブリックネットワークそのものの設定を変更します。このため、現在のネットワークだけでなく現在登録されている他のパブリックネットワークや、この先登録されるパブリックネットワークすべてで、フォルダー共有やネットワーク探索機能が有効になります。サーバーコンピューターではありえないかもしれませんが、たとえば屋外に持ち出して公衆無線LANに接続した場合などにも、ネットワーク探索や共有フォルダー機能が有効になってしまいます。ネットワーク共有にはユーザーIDとパスワード認証が必要とはいえ、これはセキュリティ面から考えると好ましいことではありません。
そのためこの問い合わせ画面では、影響をよく理解している場合を除き、「はい」を選んではいけません。
現在コンピューターが接続されているネットワークがプライベートかパブリックかは［ネットワークと共有センター］から確認することができます。ネットワークと共有センターの画面を表示するには、任意のフォルダーウィンドウから、左側ナビゲーションウィンドウ内の［ネットワーク］を右クリックして［プロパティ］を表示します。
第2章で紹介したWindows Server 2019のセットアップの際に表示される、次の画面もこの「ネットワークの場所」に関する設定画面です。この画面は、Windowsが新たなネットワーク接続を発見した際（現在のネットワーク接続のアドレスやデフォルトゲートウェイを変更した場合も含みます）に、そのネットワークで、プライベートネットワークと同様にネットワークの探索やファイル共有機能を有効にするかどうかを変更します。

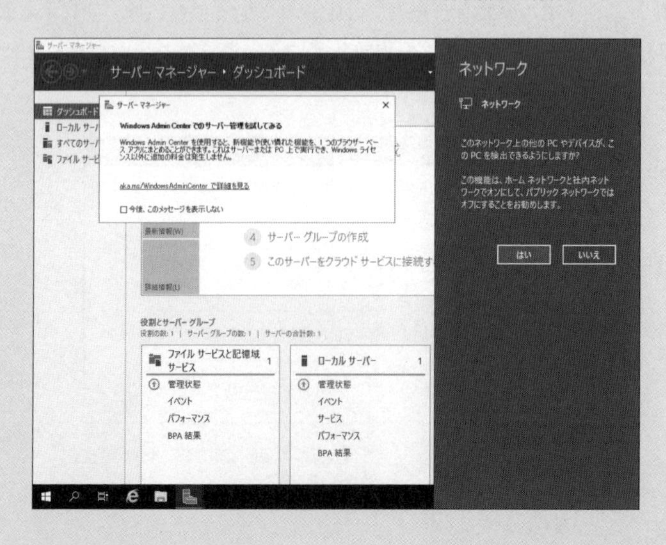

ただこの画面では、現在接続されているネットワークがWindowsによって「プライベートネットワーク」と「パブリックネットワーク」のどちらで認識されているのかはわかりません。調べようとしても、他の画面を操作するとこの画面は消えてしまいますし、誤って選択した場合にはパブリックネットワークなのにファイル共有などを許可してしまうことにもなりかねません。そこでこの画面が表示された場合には、第2章での解説のように、常に［いいえ］を選択することをお勧めします。

なお、現在のネットワークの場所がどう判断されているかは、Windows Server 2019では［設定］－［ネットワークとインターネット］－［状態］の画面で確認することができます。

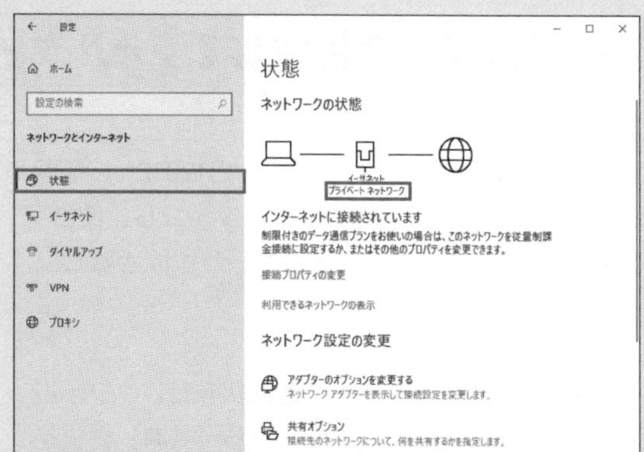

また、現在のネットワークの場所において、ネットワーク探索が可能か、ファイルやプリンターの共有が可能かどうかは、この画面の［共有オプション］をクリックすると表示されるコントロールパネルの［共有の詳細設定］によって変更することもできます。

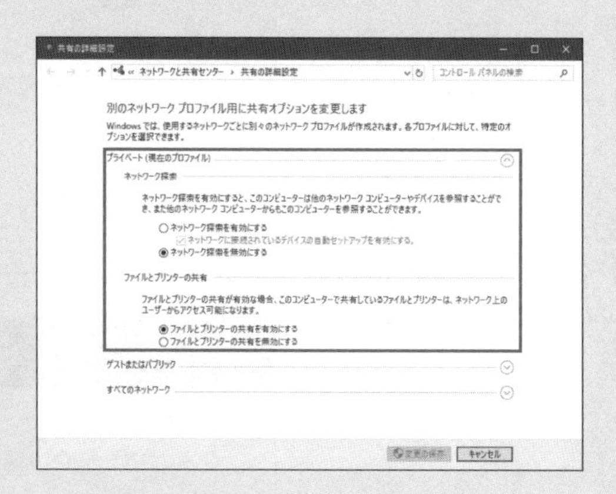

3 アクセス許可を指定してフォルダーを共有するには

前節の方法は最も簡単にフォルダー共有の指定が行えますが、アクセス許可は常に「読み取りのみ」になります。ここでは、アクセス許可を指定した共有の指定方法を解説します。この手順を使えば、はじめから「読み取り」「変更」のアクセス許可を設定することができるほか、前節の手順で「読み取り」のみで共有されたフォルダーについてもアクセス許可を変更できます。

アクセス許可を指定してフォルダーを共有する

❶ サーバー側コンピューター（SERVER2019）に管理者（Administrator）としてサインインし、「D:¥」を表示する。D:¥TESTフォルダーが作成されている。

❷ ［D:¥TEST］をクリックして選択状態とし、フォルダーウィンドウ上部のメニューから［共有］タブを選択する。

●リボンが表示されていない場合は、ヘルプボタン左側に表示されている「v」アイコンをクリックする。

❸ リボン内の［共有］欄で、ユーザー選択欄の一番下に表示されている［特定のユーザー］を選択する。

❹ ［ファイルの共有］ダイアログボックスが表示されるので、上部のプルダウンリストから共有に追加したいユーザーを選択し、［追加］をクリックする。

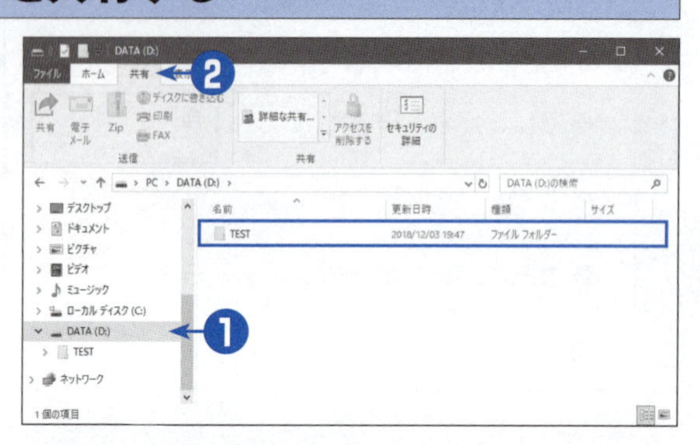

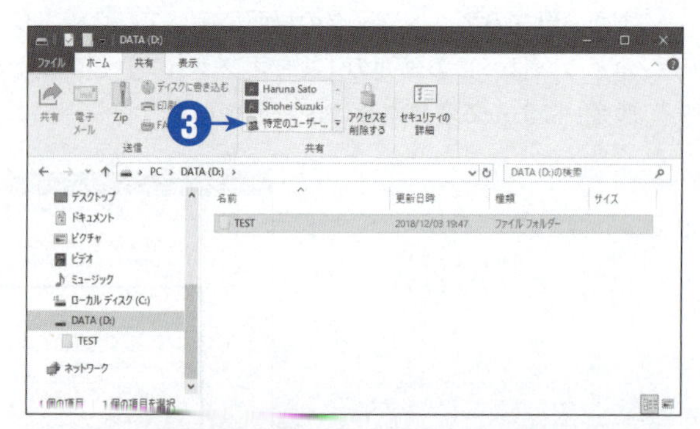

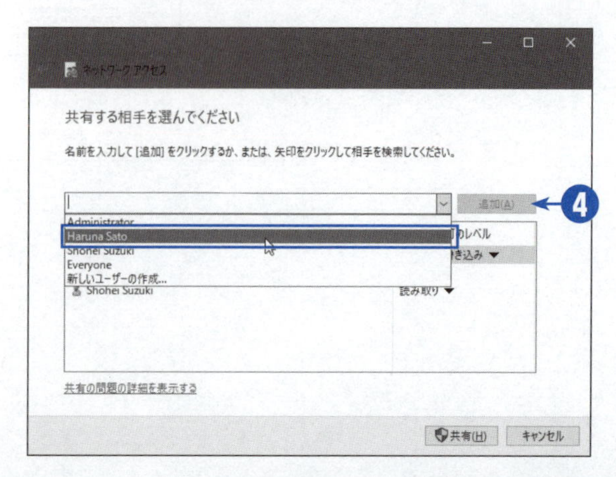

5

アクセス許可を変更したい場合には、[アクセス許可のレベル]に表示されているアクセス許可をクリックして、メニューから内容を選択する。

●このメニューから、アクセス許可リストにあるユーザーを削除することもできる。

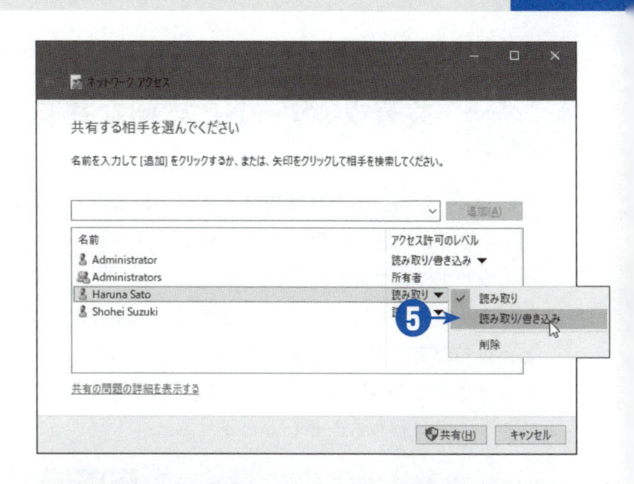

6

ユーザー選択のプルダウンリストにはグループ名は表示されていないが、グループ名を直接キーボード入力すれば、アクセス許可リストにグループも追加できる。

7

入力が終わったら、[共有]をクリックする。

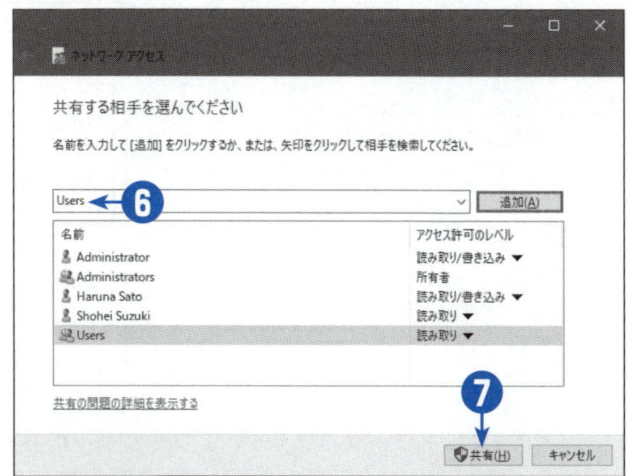

8

確認画面が表示されるので、[終了]をクリックする。

●電子メール環境(SMTP)がセットアップされている場合には、「電子メールを送信」をクリックすることで、共有が許可されたユーザーに対してメールを送信できる。

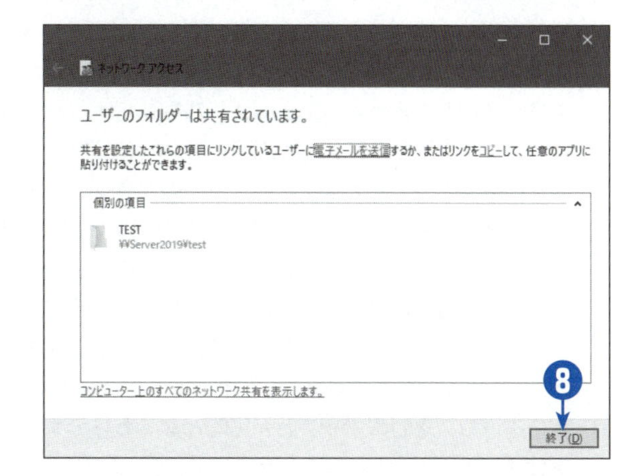

コラム 共有ウィザードと詳細な共有

Windows Server 2019が提供するフォルダー共有機能には、その設定方法の違いにより2つの種類があります。1つはここまで説明したようなエクスプローラーの「リボン」ツールバーから共有を使用する設定方法、もう1つが「詳細な共有」です。
2つの共有方法が存在するというのは、フォルダーのプロパティ画面を見るとよりはっきりとわかります。たとえばD:¥TESTフォルダーを右クリックして、メニューから［プロパティ］を選択、［共有］タブを表示します。するとこのタブ中に、共有の項目として［ネットワークのファイルとフォルダーの共有］と［詳細な共有］の2つの項目があるのがわかります。

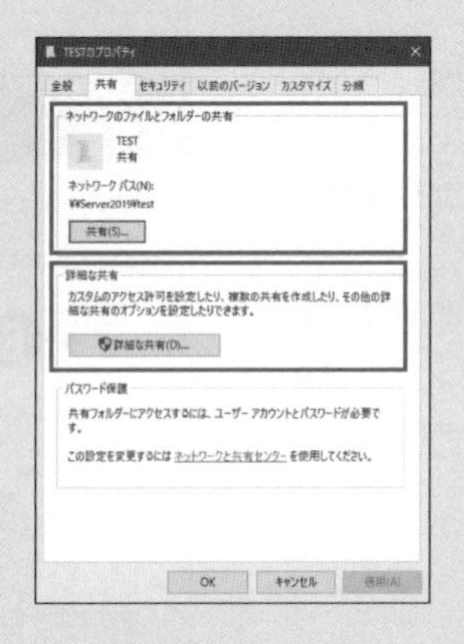

前者の［ネットワークのファイルとフォルダーの共有］は、Windows VistaやWindows Server 2008で初めて導入された共有の設定方法で、ウィザード方式で対話的に共有の設定を行えることから［共有ウィザード］と呼ばれています。この共有ウィザードは、Windows XP以前の共有設定方法に比べるとよりわかりやすく、かつ間違いの少ない共有が行えるようになっているのが特徴です。
すでに説明したように、フォルダーの共有では、「フォルダー自身が持つアクセス許可」と、共有を公開する際に設定する「共有のアクセス許可」、いずれか厳しい方のアクセス許可に従って利用の可否が決まります。この仕組みだと、たとえば読み取りのみの共有フォルダーのアクセス許可を、読み取り/変更に変更するためには、フォルダーのアクセス許可と共有のアクセス許可の2箇所の設定を変更しなければなりません。「より厳しい方」の原則により、一方だけを変更してももう一方のアクセス許可による制限の方が有効になってしまうからです。設定に不慣れな人にとっては、この仕組みはやや複雑です。
2つのアクセス許可の設定のうち常に「より厳しい方」の条件が使われるという仕組みを逆にとれば、どちらか一方は「なんでも許可する」とする方法もあります。一方でアクセスが許可されたとしても、もう一方の設定でアクセスを制限することが可能となるわけですから、アクセス制限は十分行えるという考え方です。より具体的に言えば「共有のアクセス許可」を［フルコントロール］に設定したとしても、共有で公開されるフォルダーのローカルサーバー上でのアクセス許可を厳しいものにすれば、公開される共有フォルダーのアクセス許可も制限できるわけです。

共有のアクセス許可がフルコントロールでも、ローカルのアクセス許可が有効ならアクセスは禁止できる

ローカルのアクセス許可	共有のアクセス許可	クライアントから見たアクセス許可
フルコントロール	フルコントロール	フルコントロール
読み取り/変更	フルコントロール	読み取り/変更
読み取り	フルコントロール	読み取り
拒否	フルコントロール	拒否

この表からもわかるように、仮に共有のアクセス許可をフルコントロールにしたとしても、ローカルのアクセス許可さえきちんと指定しておけば、共有フォルダーを使用するクライアントから見たアクセス許可は制御することができます。しかも、サーバーのフォルダー上に設定されたフォルダーのアクセス許可がそのままクライアントからのアクセス許可と同一になるため、設定自体もわかりやすくなります。
実は共有ウィザードは、この仕組みを使って共有のアクセス許可をコントロールしています。共有ウィザードによって作成される共有は、管理者が指定するアクセス許可がどんなものであっても常に「Everyoneフルコントロール」+「Administratorsフルコントロール」で公開されます。
ただしこの設定が行われると同時に、公開対象のフォルダーのアクセス許可として、共有ウィザードで指定したユーザーごとに、以下のようなローカルでのアクセス許可が設定されます。共有のアクセス許可と、フォルダーのアクセス許可との合成により、共有ウィザードでのアクセス許可が実現されるわけです。なお個別ユーザーに対するアクセス許可を設定することから共有ウィザードで設定されるフォルダーに対しては、自動的に「上位フォルダーからのアクセス許可の継承」は無効とされます。

共有ウィザードでのアクセス許可のレベル設定	フォルダーに設定されるアクセス許可
読み取り/変更	フルコントロール
読み取り	読み取りと実行 フォルダーの内容の一覧表示 読み取り

共有ウィザードを使用するメリットは、管理者が詳しい知識を持たなくとも、ウィザードを使って対話的に間違いなく期待した通りの動作を設定できる点にあります。[詳細な共有] 設定のように、共有のアクセス許可を設定したにも関わらずフォルダーのアクセス許可の設定を忘れてしまってうまく動作しない、といったトラブルもありません。
ただし、そうした複雑な設定をユーザーに見せないようにしていることにより問題が発生する可能性もあります。まず第1に、共有ウィザードでは共有のアクセス許可設定で常に「Everyoneにフルコントロールを許可」とします。サーバー上で管理者がうっかり共有対象となっているフォルダーのアクセス許可を緩和してしまうと、それだけで、共有フォルダーに対するアクセス許可が緩和されてしまうことにもなりかねません。特に「Guest」ユーザーなど、パスワードなしでサインインできるようなユーザーを作成している場合には極めて危険です。
第2に、[共有ウィザード] の設定は、共有で公開されるローカルフォルダーのアクセス許可を勝手に変更してしまいます。たとえば共有対象に「Users」の「読み取り」許可といったアクセス許可を指定してある場合でも、このフォルダーに対して [共有ウィザード] で誰か他の人の共有を許可した時点で、最初に設定されていた「Users」の「読み取り」許可のアクセス許可は自動的に削除されてしまいます。
逆に、特定個人のみアクセス可能なプライベートなフォルダーを運用している場合などでも、[共有ウィザード] での設定をうっかり誤ってしまうと、そのフォルダーが他人にも読み取れるようになってしまったり、あるいは特定個人のアクセス許可が削除されてしまう場合もありえます。

このように [共有ウィザード] による共有の設定は、設定作業が容易になる反面、危険性もあります。共有のアクセス許可とローカルフォルダーのアクセス許可の関係について正しく理解していれば、簡単だからといってあえて使う必要もない機能と言えます。[共有ウィザード] を使う/使わないに関わらず、アクセス許可の設定についてはしっかりと理解するようにしてください。

なお、ここで説明した [共有ウィザード] は、設定により使わないようにすることもできます。フォルダーウィンドウから [表示] — [オプション] により [フォルダーオプション] を表示し [表示] タブから、[詳細設定] — [共有ウィザードを使用する (推奨)] のチェックを外します。推奨と表示されてはいますが、前述のように、弊害も多い設定ですから、あえて使わないようにするのも1つの方法です。

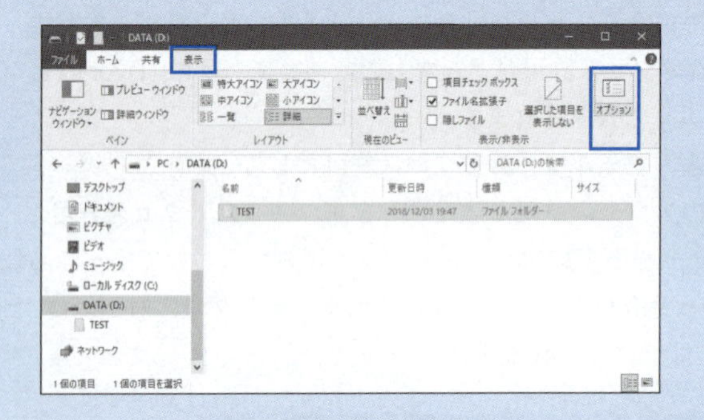

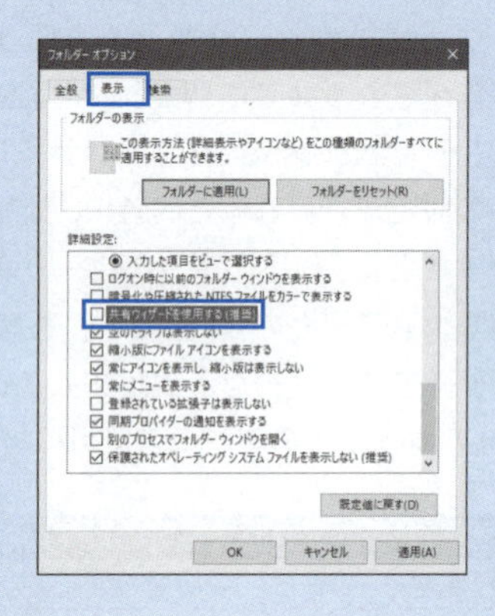

4 詳細な共有を設定するには

コラムにおいて説明したように、Windows Server 2019で共有を設定するには「共有ウィザード」を使用する方法と「詳細な共有」を使用する方法の2つがあります。ここでは、「詳細な共有」の使い方を説明します。
詳細な共有では、共有としてフォルダーを公開する際の名前（共有名）や、共有するユーザーやグループ、およびそれぞれのアクセス許可を詳細に指定できます。一方、実際にアクセス可能かどうかは共有のアクセス許可と公開するフォルダーのアクセス許可との合成となるため、共有の設定を行っただけでは必ずしも共有できるとは限りません。詳細な共有の設定では、設定を行ったあと、フォルダーのアクセス許可を確認するのを忘れないようにしてください。
なおボリューム全体を共有として公開する場合（D:¥やF:¥など）、共有ウィザードは使えません。常に「詳細な共有」で公開することになります。

詳細な共有を設定する

❶
フォルダーウィンドウを開き、共有したいフォルダー（D:¥TEST）を表示させる。フォルダーのアイコンを右クリックして、メニューから［プロパティ］を選択する。

- 前節の「共有ウィザードによる設定」を行ったままの状態だと、すでにD:¥TESTに共有は設定されている。ここでは説明のため、D:¥TESTをいったん削除して、新たに作成し直している。
- 「共有ウィザードによる設定」を行った場合は、対象フォルダーのアクセス許可で［上位フォルダーからの継承］が無効のままになっているため、フォルダーの再利用はせず、新しいフォルダーで試すことをお勧めする。

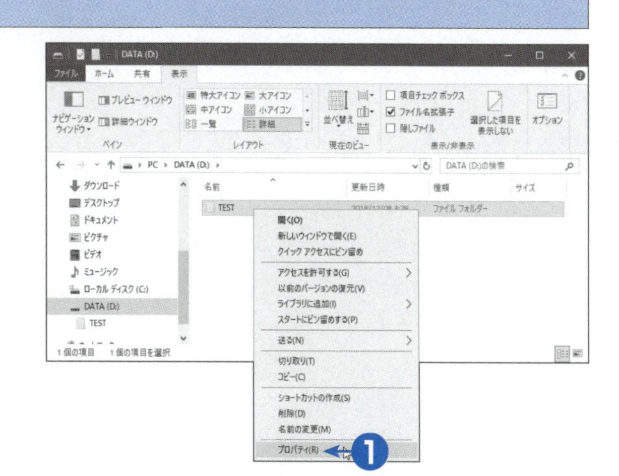

❷
フォルダーのプロパティダイアログボックスが表示されたら、［共有］タブを選択し、［詳細な共有］をクリックする。

3

[このフォルダーを共有する] チェックボックスをクリックしてオンにする。共有名には自動的に選択したフォルダーの名前がセットされるので、変更したければ新しい名前を入力する。

●通常、共有名はそのままでかまわない。

4

[アクセス許可] をクリックする。

5

初期状態ではアクセス許可としてEveryoneに読み取りが許可されている。ここではUsersグループに「読み書き可能」を設定するため、[Everyone] を選択して [削除] をクリックする。

6

続いて [追加] をクリックする。

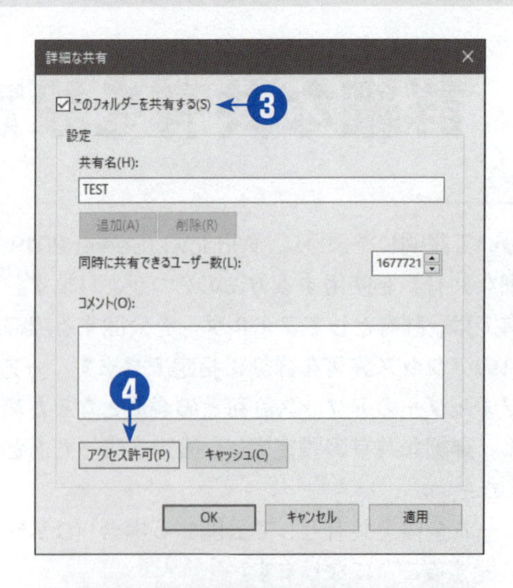

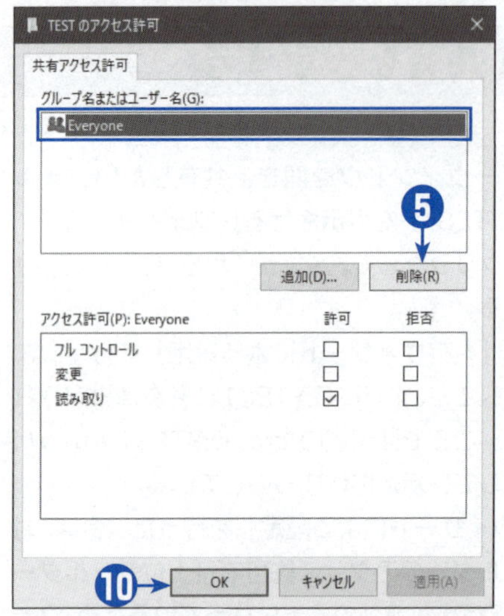

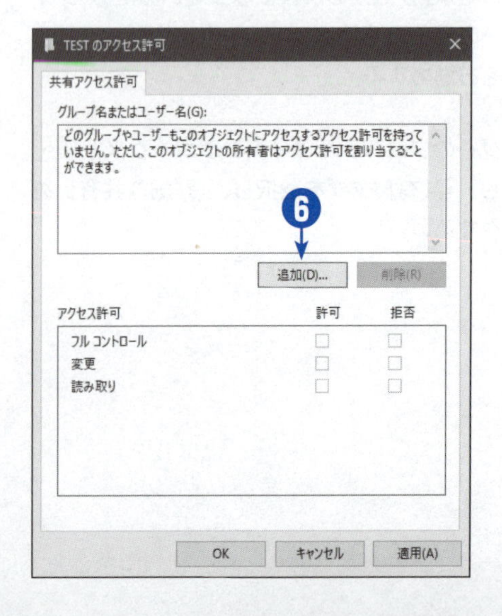

❼
[選択するオブジェクト名を入力してください] に Users と入力して [OK] をクリックする。

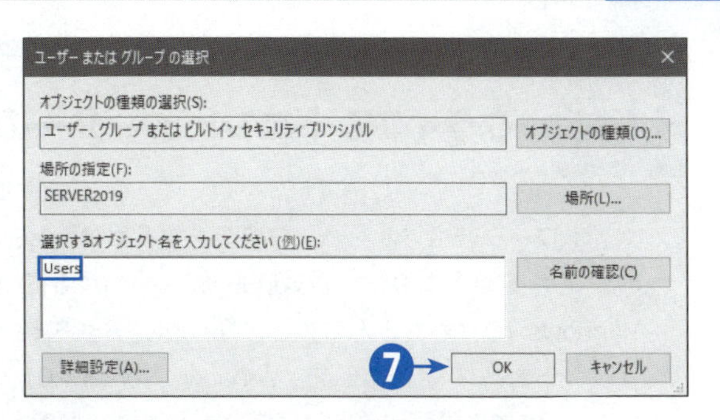

❽
アクセス許可の設定ダイアログボックスに戻り、[グループ名またはユーザー名] にUsersが追加される。これをクリックして選択し、[アクセス許可] で [変更] の [許可] チェックボックスをクリックしてオンにする（読み取りについては自動的に設定される）。

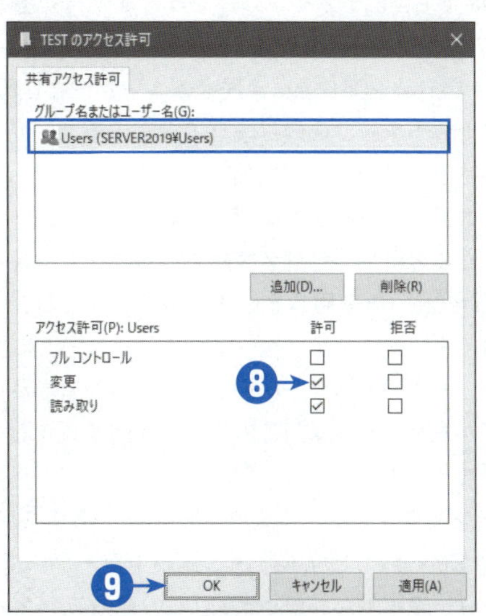

❾
[OK] をクリックしてアクセス許可の設定ダイアログボックスを閉じる。

❿
[OK] をクリックして [詳細な共有] ダイアログボックスを閉じる。

⓫
フォルダーのプロパティダイアログボックスに戻るので、[セキュリティ] タブを開き、フォルダーのアクセス許可を確認する。Usersに対してアクセス許可が設定されていることがわかる。

- この例では特殊なアクセス許可としてフォルダーやファイルの新規作成/更新が可能になっている。
- 詳細な共有では、共有のアクセス許可とフォルダーのアクセス許可の双方を確認する必要がある。

参照

特殊なアクセス許可の内容確認

→第7章のコラム「フォルダーのアクセス許可の見方」

⓬
[OK] をクリックしてプロパティダイアログボックスを閉じる。以上で詳細な共有の設定は完了となる。

クライアントコンピューターの設定について

ネットワーク経由でサーバーの機能を使うには、サーバー側の設定だけでなくクライアントコンピューター側の設定も必要となります。Windows Server 2019と接続できるクライアントコンピューターのOSには、Windows 10はもちろんのこと、Windows 8や8.1、Windows 7などの旧世代のOSも使用できます。本書では、クライアントOSとして、Windows Server 2019と同世代となるWindows 10 Proを使用しますが、これ以外のOSでも画面デザインは異なるとはいえ、基本的な設定方法にはそれほど大きな違いはありません。

ネットワーク関係の設定を行うには、クライアントコンピューター側の管理者権限も必要になります。Windows Server 2019では管理者のユーザー名は既定で「Administrator」となりますが、Windows 10 Proの場合にはセットアップの最終段階で指定するユーザーが標準の管理者となります(「Administrator」もアカウントは登録されてはいますが無効となっています)。このため管理者のユーザーアカウント名は固定とはなりませんが、本書においては単に「管理者」と呼ぶことにします。本書で「クライアントコンピューターの管理者」と表現した場合には、管理者権限を持つユーザーを指すと考えてください。

Active Directoryを使用しないネットワークでは、クライアントコンピューターを利用するユーザーとパスワードは、同じものをサーバーコンピューター上にも登録します。この登録を行っていない場合、クライアントコンピューターからサーバーが公開する共有を利用しようとした際に、サーバー上で有効なユーザー名とパスワードが求められます。この状態で運用することも可能ですが、本書においては、そうした運用方法については解説を行いません。

クライアントコンピューターがWindows 10の場合(Windows Vista以降の他のクライアントOSも同様)、Windows Server 2019と同じく、ネットワークには「ネットワークの場所」が設定され、この設定によってコンピューターの挙動が異なります(この章のコラム「ネットワークの場所について」を参照)。

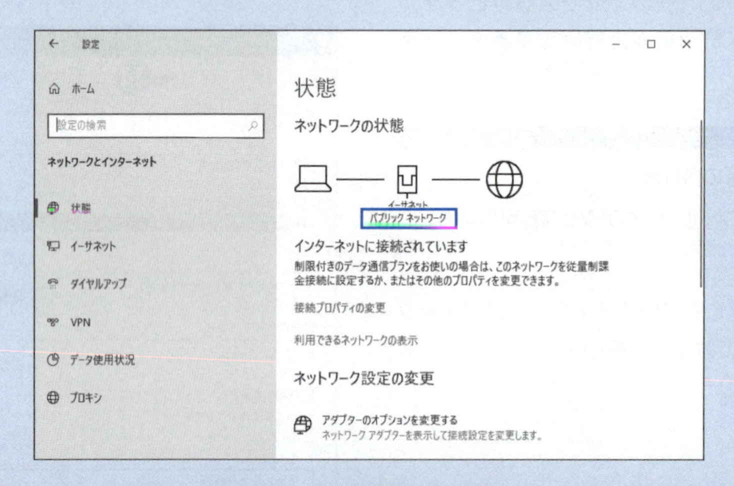

Windows 10でも、ネットワークの場所が「パブリックネットワーク」だと共有ファイル機能は利用できない

Windows 10 Proにおいても、ネットワークの場所が「パブリックネットワーク」に設定されていると、ファイル共有やプリンター共有機能が利用できないので、次節の手順によりネットワークの設定を「プライベートネットワーク」に設定し直してください。

5 クライアントコンピューターで共有機能を利用できるようにするには

コラムにおいて説明したように、「ネットワークの場所」の設定は、クライアントOSであるWindows 8.1やWindows 10にも存在します。さらに、ネットワークの場所が「パブリックネットワーク」になっている場合は、ファイル共有やプリンター共有は利用できません。そこで最初に、クライアントコンピューターにおいてネットワークの場所の設定を「プライベートネットワーク」に変更する方法を説明します。
本書では、クライアントコンピューター用のOSとしてWindows 10 Proを使用します。Windows 10 Proは、SAC(Semi Annual Channel)更新ポリシーにより年に2回の大型更新が行われていますが、本書ではバージョン1809を使用します（参考：第1章のコラム「SACとLTSC」）。

クライアントコンピューターで共有機能を利用できるようにする

1
Windows 10に管理者のアカウントでサインインした状態で、スタートメニューから［設定］を開き、［ネットワークとインターネット］を選択する。
●この節の画面は、Windows 10の操作画面となる。
●設定には管理者権限が必要となる。

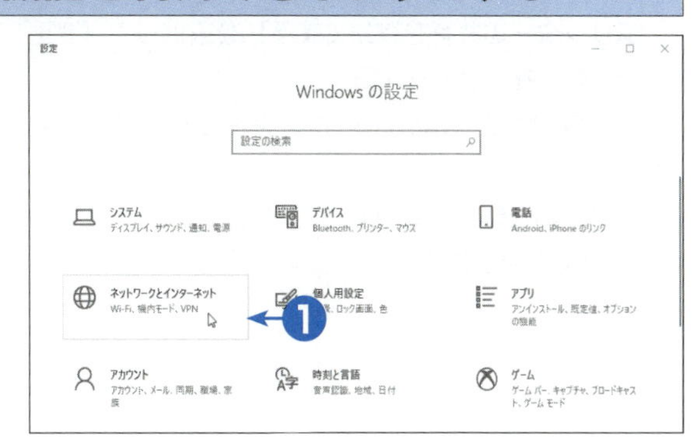

2
［状態］画面が開く。［ネットワークの状態］に「プライベートネットワーク」と表示されていれば、ファイルやプリンターの共有が使用できる。「パブリックネットワーク」と表示されている場合は次の手順へ進む。

3
［接続プロパティの変更］の文字をクリックする。

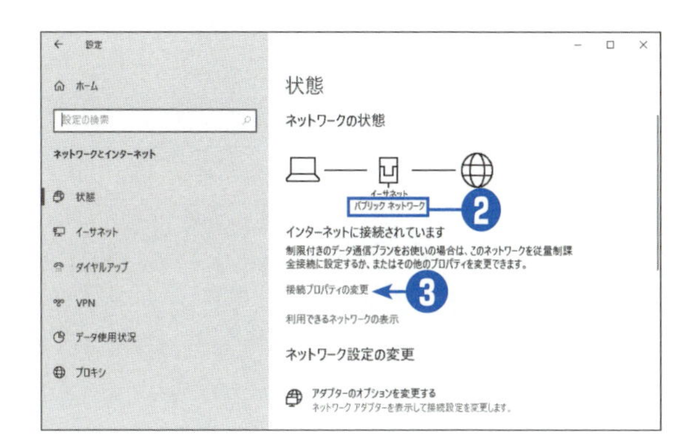

4

[ネットワークプロファイル]で、[プライベートネットワーク]を選択する。

5

[←]をクリックして前の画面に戻る。

6

[状態]をクリックして[ネットワークの状態]を表示する。[プライベートネットワーク]になっていることを確認したら、[共有オプション]をクリックする。

7

コントロールパネルの[共有の詳細設定]画面が開く。[プライベート(現在のプロファイル)]の下の[ファイルとプリンターの共有]欄で、[ファイルとプリンターの共有を有効にする]を選択して[変更の保存]をクリックする。

- この設定はWindows 10の標準の状態では無効になっている。
- [ゲストまたはパブリック]の設定は変更しない(無効のままにする)。

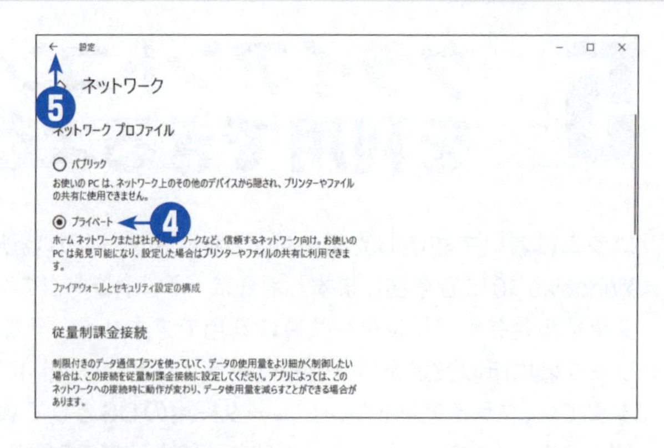

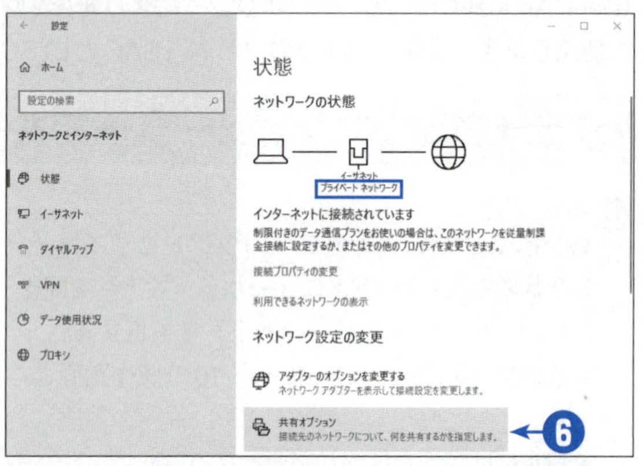

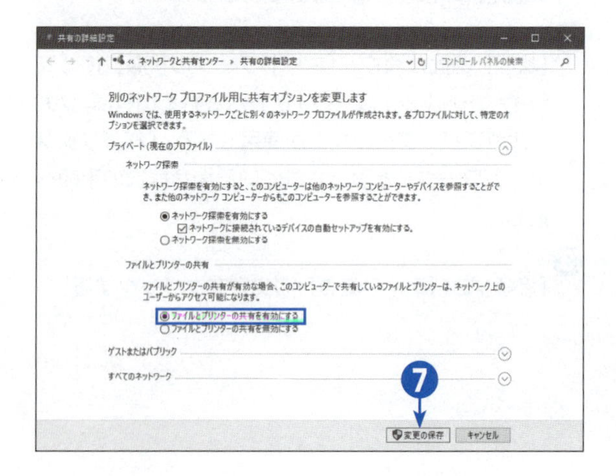

6 公開されたフォルダーをクライアントコンピューターから利用するには

前節でクライアントコンピューターの設定を行ったことで、クライアントからサーバーで共有として公開されたフォルダーを利用できる準備は整いました。実際に共有を使用するには、クライアントコンピューター側で共有の利用を設定する必要があります。
ファイルの共有設定は、クライアントコンピューターを使用するユーザーごとに記憶されます。プリンター共有については、クライアントコンピューターのすべてのユーザーがそれを利用できるようになるのですが、ファイル共有の場合は各ユーザーが自分で設定しなければなりません。
このため設定を行う場合には、クライアントコンピューターを実際に使用するユーザー名でサインインします。サーバーとクライアントの双方のコンピューター上に同じユーザー名とパスワードを設定しておけば、Active Directoryを使わないネットワークでも、共有を利用する場合に別途パスワードを入力する必要がなくなります。

公開されたフォルダーをクライアントコンピューターから利用する

❶
共有を利用するクライアントコンピューターで、ユーザー名「shohei」でサインインする。
- この節の画面は、Windows 10の操作画面となる。
- ユーザー shoheiはサーバー側にもクライアント側にも登録しておき、パスワードも同じにする。
- クライアントコンピューターにおいて、ユーザーshoheiは、必ずしも管理者権限を持っていなくてもよい。
- クライアントコンピューターは、サーバー側コンピューターと同じネットワークに接続してある。

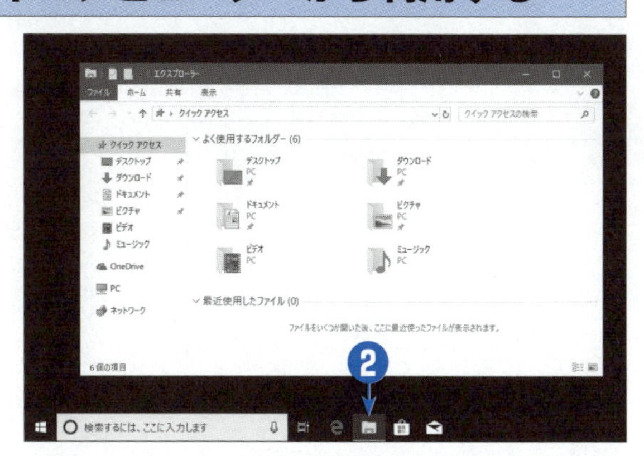

❷
タスクバーから［エクスプローラー］アイコンをクリックして、エクスプローラーを表示する。

❸
［エクスプローラー］ウィンドウ左側のナビゲーションウィンドウから［PC］を選択して、リボンツールバーで［ネットワークドライブの割り当て］をクリックする。
- リボンが表示されていない場合は、ヘルプボタン左側に表示されている「v」アイコンをクリックする。
- ［ネットワークドライブの割り当て］は、下部の▼をクリックするとメニューが表示される。この場合は［ネットワークドライブの割り当て］を選択する。

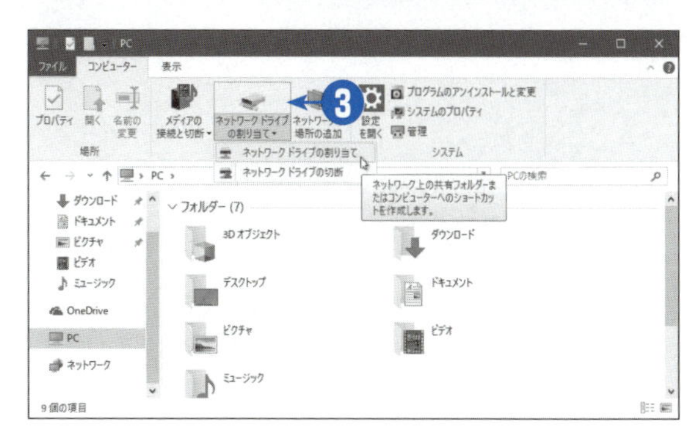

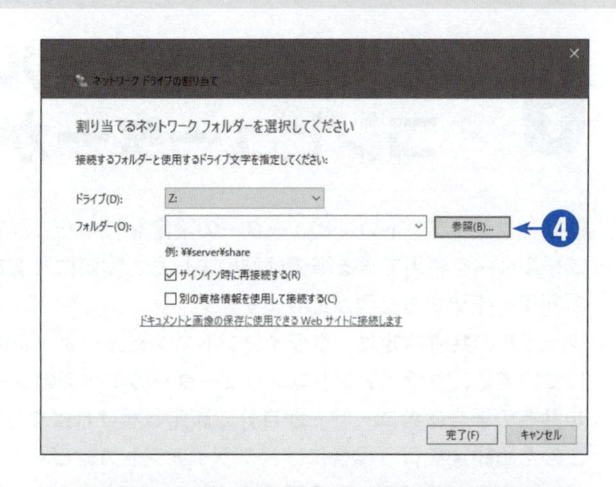

4

[ネットワークドライブの割り当て] ダイアログボックスで [参照] をクリックする。

5

[フォルダーの参照] で、SERVER2019の下の共有フォルダー [test] を選択して [OK] をクリックする。

- 共有名がわかっている場合には、[フォルダー] 欄に **¥¥<サーバーのコンピューター名>¥<共有名>** と、直接キーボード入力してもよい。

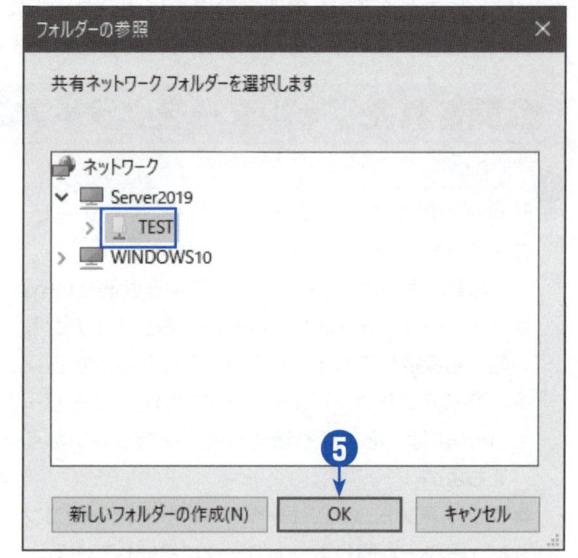

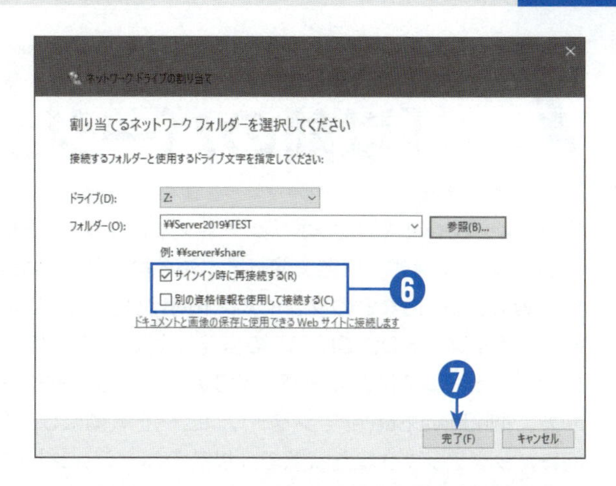

6

［サインイン時に再接続する］チェックボックスは既定でオン、［別の資格情報を使用して接続する］チェックボックスは既定でオフになっているが、これらは変更しない。

- ［サインイン時に再接続する］がオンの場合、次回のサインイン時にもう一度接続操作をしなくても、共有が利用できるようになる。
- ［別の資格情報を使用して接続する］は、サーバー側とクライアント側でユーザー名やパスワードが異なる場合にオンにする（本書では解説しない）。

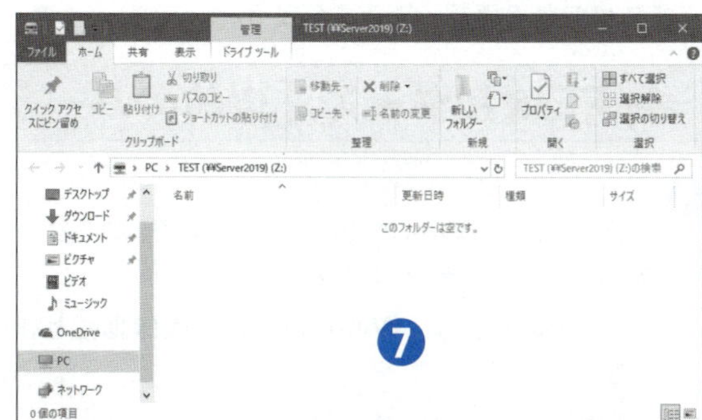

7

［完了］をクリックすると、「Z:」ボリュームとして接続された共有フォルダーのウィンドウが自動的に開く。

- サーバー側で共有のアクセス許可を「読み取り/変更」と指定している場合には、このフォルダーにさらにフォルダーを作成することや、ファイルをコピーすることができる。

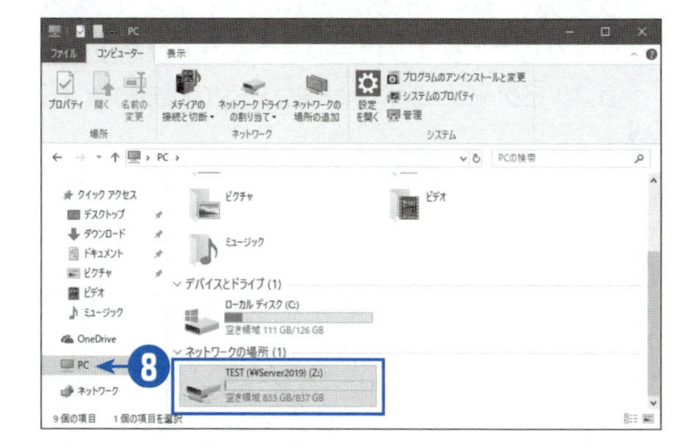

8

ナビゲーションウィンドウで［PC］を選ぶと、Z:ボリュームは、通常のディスクアイコンとは別のアイコンで表示される。

7 共有フォルダーで「以前のバージョン」を利用するには

Windows Server 2019のボリュームシャドウコピー機能では、ディスク内のデータが書き換えられた場合でも「以前のバージョン」機能を使って、書き換え前の過去の情報を回復することができます。
実はWindows 10などのクライアント向けOSにも、このボリュームシャドウコピー機能は搭載されています。しかしクライアントOSでは、この機能は主に「復元ポイント」などの機能だけに使われていて、C:ボリューム以外のボリュームでは、サーバーOSのように定期的にシャドウコピーを作成するようには構成されていません。
一方、Windows Serverでシャドウコピーを有効にした共有フォルダーであれば、クライアントOS側でも、定期的にバックアップされた状態で「以前のバージョン」機能が利用できるようになるため、大変便利です。
ここではこれを確認してみましょう。

共有フォルダーで「以前のバージョン」を利用する

1 クライアント（Windows 10 Pro）側で、ユーザー名「shohei」でサインインする。
- この節の画面は、Windows 10の操作画面となる。

2 タスクバーから［エクスプローラー］アイコンをクリックしてエクスプローラーウィンドウを表示する。ナビゲーションウィンドウで［PC］を選択する。

3 ローカルディスク（C:）を右クリックして［以前のバージョンの復元］を選択する。

4 履歴情報は表示されないか、または、過去のバージョンの保存時刻が一定していない。
- ドライバーやアプリケーションのインストールで復元ポイントが作成されている場合もあるため、サーバーのシャドウコピーほど頻繁ではないが、ここに過去のバージョンの項目が表示される場合もある。

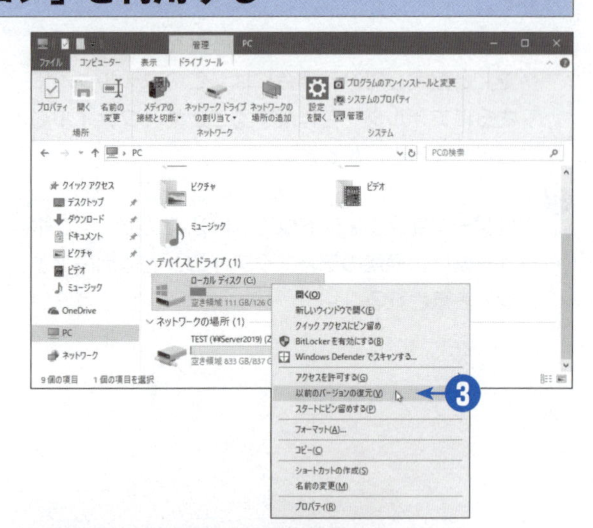

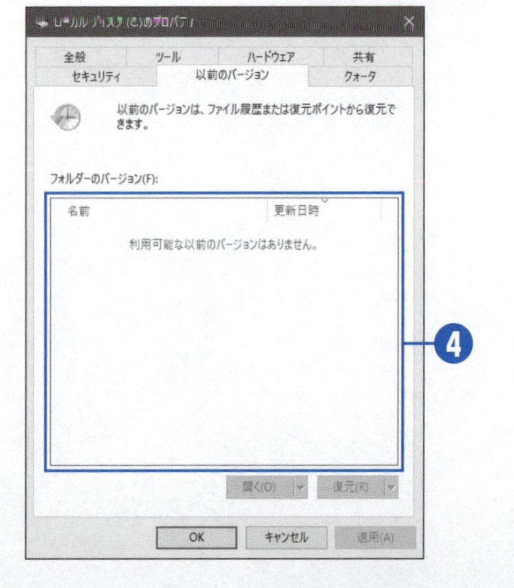

5

エクスプローラーウィンドウから、共有フォルダーとして接続した［Z:］ボリュームを右クリックして［以前のバージョンの復元］を選択する。

6

［test（¥¥server2019）（Z:）のプロパティ］ダイアログボックスの［以前のバージョン］タブでは、先ほどとは違い、過去のフォルダーの内容が日付や時間別に表示される。

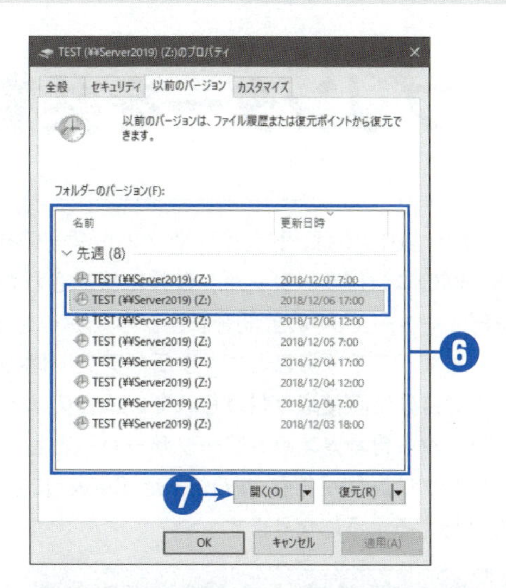

参照

ボリュームシャドウコピーを有効にするには

→第7章の8

7

適当な更新日時を選択して［開く］をクリックする。

8

その日時におけるフォルダーの内容が表示される。

●表示される内容は選択した日時により異なる。

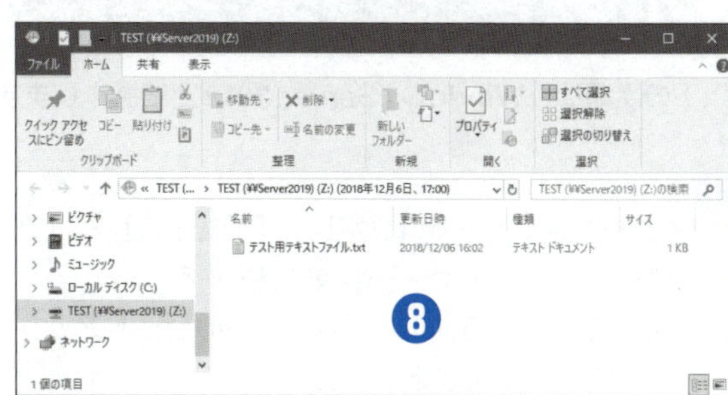

9

現在のフォルダーの内容を確認する。以前のバージョンに表示されていたファイルが現在はすでに削除されてなくなっていることがわかる。

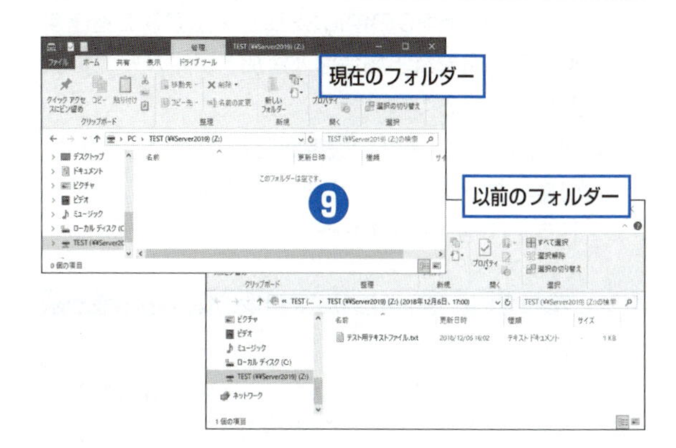

10

以前のバージョンのフォルダー内に表示されているファイルをドラッグして、現在のフォルダーにコピーする。

●この操作により、誤って削除してしまったファイルなども復活できる。

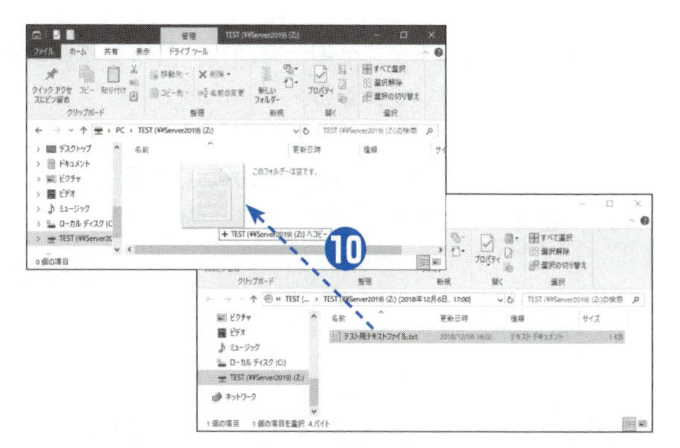

8 プリンターを共有するには

Windows Server 2019では、ドライブやフォルダーの共有と同様に、プリンターを共有することもできます。まず、サーバー側のコンピューターが、自分に接続されたプリンターを共有として公開します。次に、クライアント側のコンピューターが、その公開されたプリンターを「ネットワークプリンター」として自分のコンピューターに「接続」します。こうすることで、クライアント側のコンピューターでは、サーバーに取り付けられたプリンターを、まるで自分に直接取り付けられているかのように扱い、印刷することができるようになります。
最近は、プリンター自身がネットワークサーバーとしての機能を持つ「ネットワークプリンター」が増えていますが、そうしたプリンターでも、Windows Serverにより共有をコントロールすることで、利用者の制限などの細かな制御が行えるようになります。

プリンターを共有として公開する

以下の手順は、Windows Server 2019上で操作します。

❶ スタートメニューで［設定］－［デバイス］－［プリンターとスキャナー］の順に選択する。

- この操作を行う前に、プリンターのセットアップを終了しておくこと。
- クライアントPCの中に32ビット版OSで動作するものが含まれる場合は「追加ドライバー」の設定も行っておく。
- 「追加ドライバー」の設定ができていない場合は、別途、クライアントコンピューターでプリンタードライバーのインストールが必要。

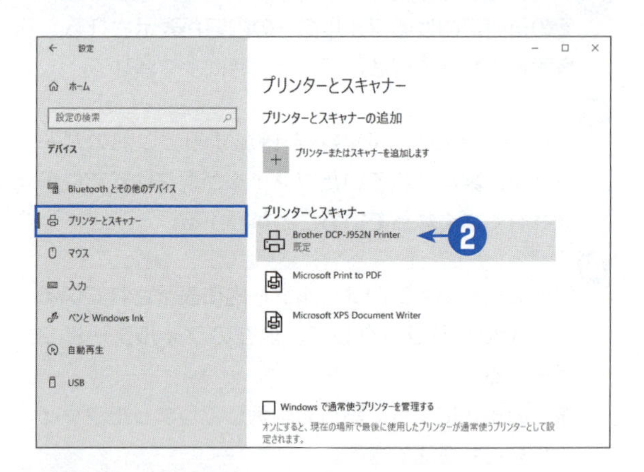

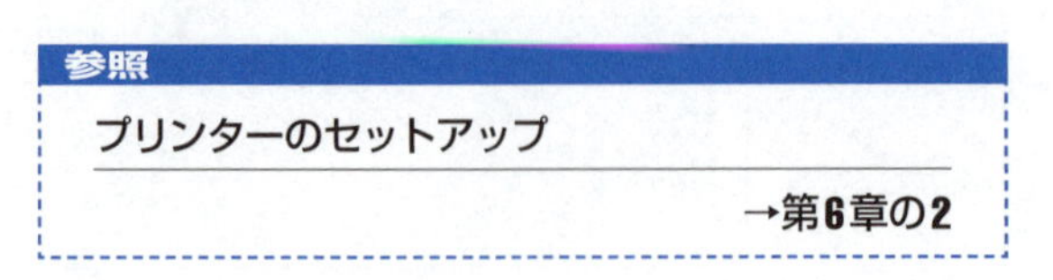

参照

プリンターのセットアップ

→第6章の2

❷ プリンターとスキャナーの一覧から、対象となるプリンター名をクリックする。

❸ プリンター名の下にボタンが表示されるので、［管理］をクリックする。

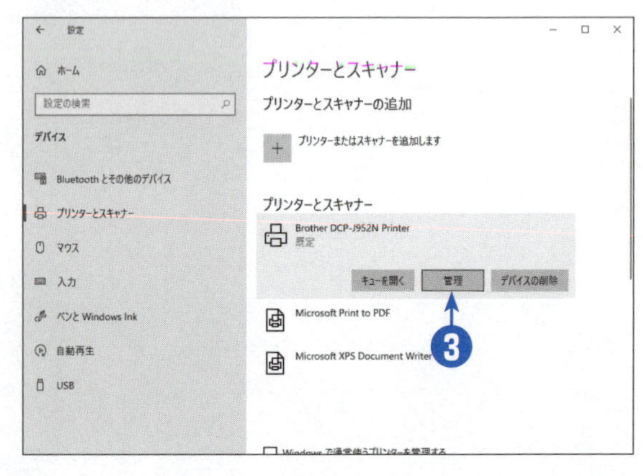

4

プリンターの管理画面に切り替わるので、[プリンターのプロパティ] をクリックする。

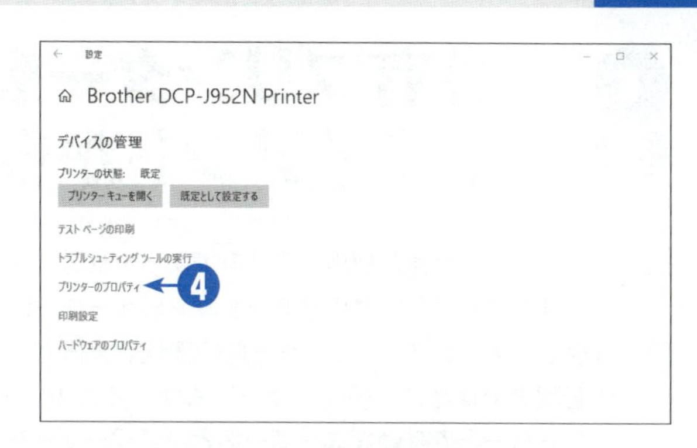

5

プリンターのプロパティ画面が表示されるので、[共有] タブをクリックし [このプリンターを共有する] チェックボックスをオンにする。

- ここでプリンターの共有名を入力することもできるが、サーバー上でのプリンター名が自動的に設定されるので、その名前で問題なければ特に変更する必要はない。

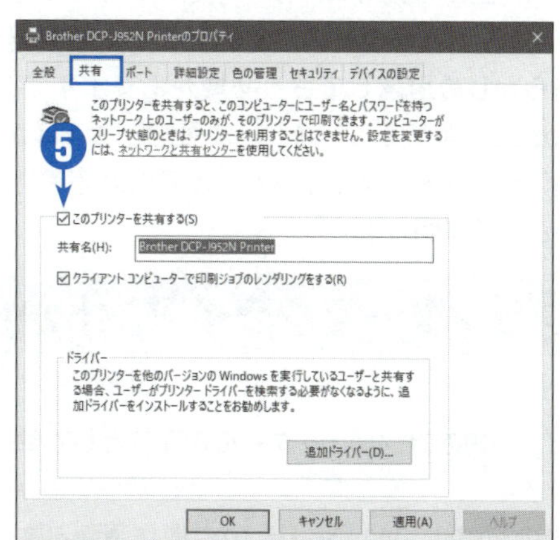

6

[セキュリティ] タブをクリックする。

- この画面での設定は、サーバーコンピューター上でのプリンターのアクセス許可の設定である。ただし、フォルダーのアクセス許可の設定同様、プリンターを共有した際のアクセス許可にも影響する。プリンター共有の場合は、共有のアクセス許可だけを独立して設定する機能はない。

7

誰でもプリンターを使えるようにするため、[グループ名またはユーザー名] で [Everyone] を選択し、[印刷] の [許可] がオンになっていることを確認する。

- 最低限 [印刷] を許可にすれば、印刷は行える。
- [このプリンターの管理] に許可を指定すると、クライアント側からプリンターの各種設定（用紙選択など。プリンターの種類によって異なる）操作が可能になる。
- [ドキュメントの管理] に許可を指定すると、クライアント側から印刷ジョブの一覧表示や中止操作などが可能になる。

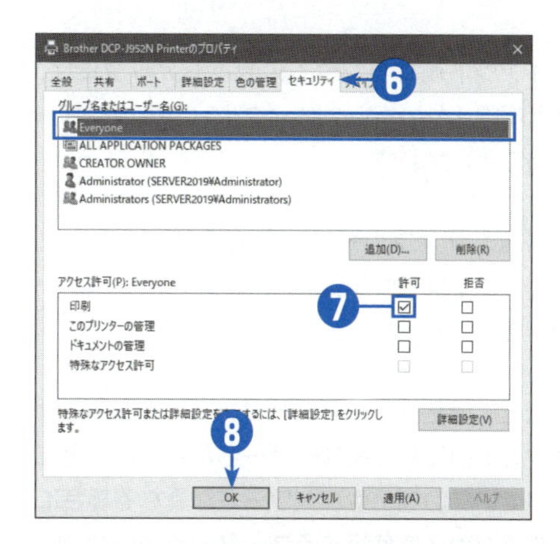

8

[OK] をクリックしてプリンターのプロパティダイアログボックスを閉じる。

9

以上でサーバー側の操作は終了となる。プリンターが共有設定されているかどうかは、手順**5**の画面を開き、[このプリンターを共有する] がオンになっているかどうかで確認する。また、エクスプローラーウィンドウを開いて、ナビゲーションウィンドウから [ネットワーク] ー [自サーバーのコンピューター名] を選択することで、このサーバーで公開されている共有の一覧が表示されるので、ここで確認することもできる。

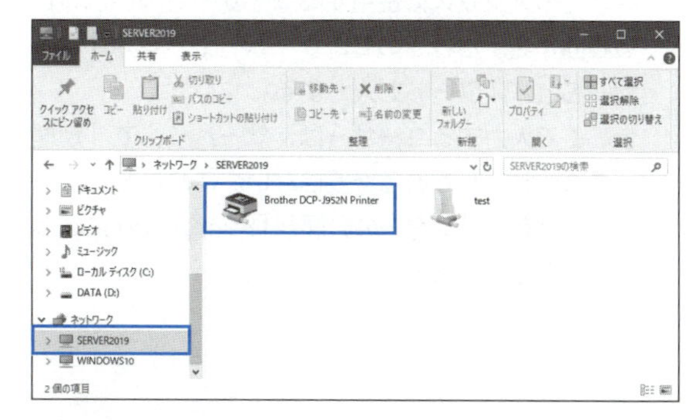

9 共有プリンターを クライアントから使用するには

同じくサーバーの資源を利用する共有であっても、フォルダー共有とプリンター共有とでは、大きな違いがあります。プリンター共有はクライアントコンピューターにもドライバーをインストールするため、最初に設定する際にはクライアントコンピューター側の管理者権限が必要になる点です。ただしドライバーさえインストールされれば管理者ではない一般ユーザーでも使えるため、最初の登録が完了した後は、管理者権限を持たない場合でも、サーバー上で有効なユーザー名とパスワードを知っていれば、そのプリンターが使えるようになります。クライアントコンピューターのOSが32ビット版の場合には、クライアントコンピューター用のプリンタードライバーもあらかじめ用意しておく必要があります。クライアントコンピューター用のプリンタードライバーはWindows Updateなどでインストール可能となるほか、すでに説明したように「追加ドライバー」をあらかじめサーバー側にセットアップしておくことでも対応できます。本節では、すでに「追加ドライバー」設定を終了しているものとして説明します。

共有プリンターをクライアントから使用する

❶

クライアント側のコンピューターに管理者としてサインインする。

- この節の画面は、Windows 10の操作画面となる。
- クライアント側プリンターのセットアップには、管理者権限（Administratorグループのメンバーであること）が必要。

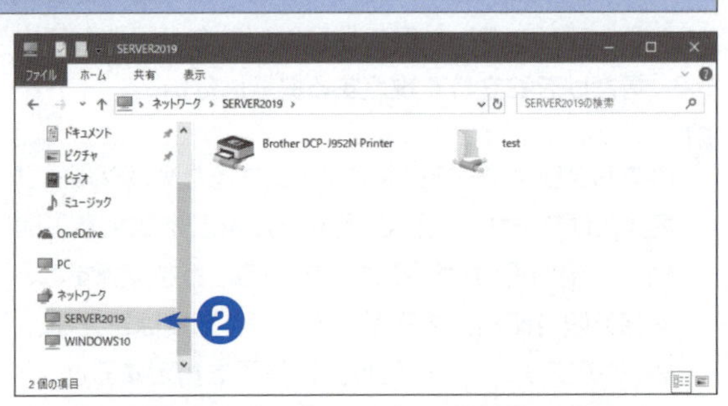

❷

Windowsエクスプローラーを表示し、左側ナビゲーションウィンドウから［ネットワーク］－［サーバーコンピューター名］を選択する。

Windows セキュリティ

ネットワーク資格情報の入力

次に接続するための資格情報を入力してください: SERVER2019

haruna

●●●●●●●●●●●

資格情報を記憶する

ユーザー名またはパスワードが正しくありません。

OK　キャンセル

❸

❸

前の手順で、現在クライアントコンピューターにサインインしている管理者ユーザー名がサーバー上に登録されていない場合やパスワードが異なる場合には共有のアクセスに使用するユーザーを問い合わせる画面が表示されるので、サーバー上で有効なユーザー名とパスワードを入力する。

- ここで入力するユーザーは、サーバー上で「管理者ユーザー」である必要はない。これはサーバー上で共有プリンターの公開が「Everyone」になっているためである。

4
サーバーで共有公開されているフォルダーやプリンターの一覧が表示されるので、共有したいプリンターのアイコンをダブルクリックする。

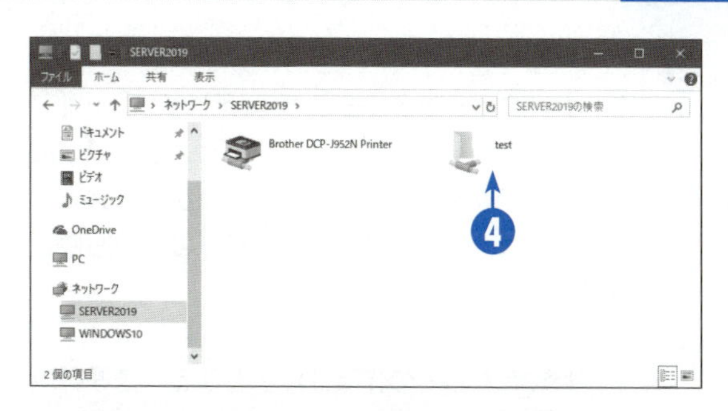

5
プリンタードライバーのインストールが開始される。クライアントコンピューターが64ビットOSであるか、32ビットでも追加ドライバーがサーバーにセットアップされていれば、サーバーから自動的にドライバーがコピーされる。

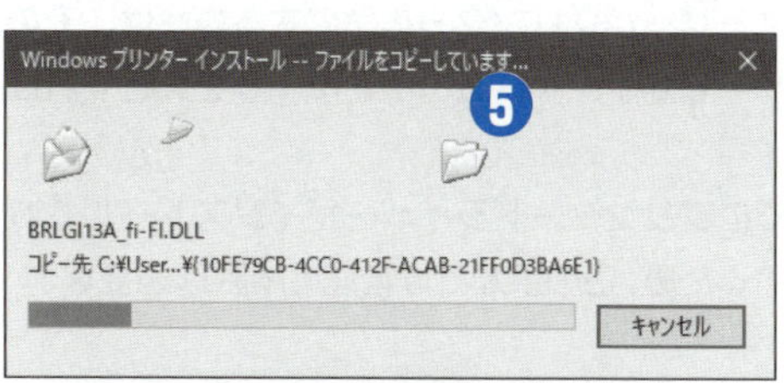

6
プリンターを信頼するかどうかの問い合わせが行われる。［ドライバーのインストール］を選択する。

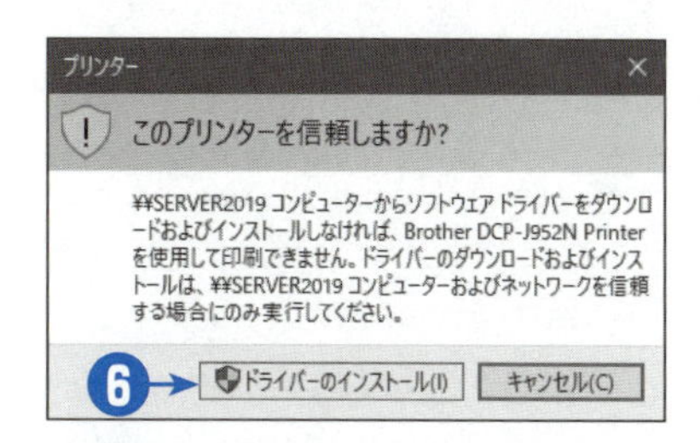

7
ドライバーのインストールは管理者権限が必要であるため、ユーザーアカウント制御の確認が行われる。［はい］を選択する。

●クライアントコンピューターに複数の管理者が登録されている場合は、ここで管理者の選択とパスワード入力が求められることもある。

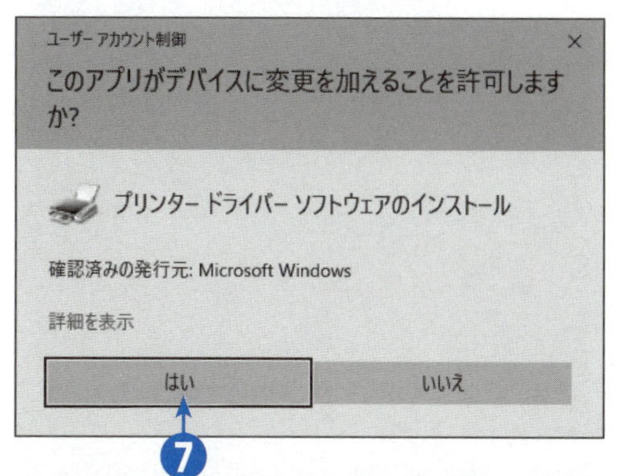

8
このウィンドウが表示されれば、プリンター共有設定は終了となる。

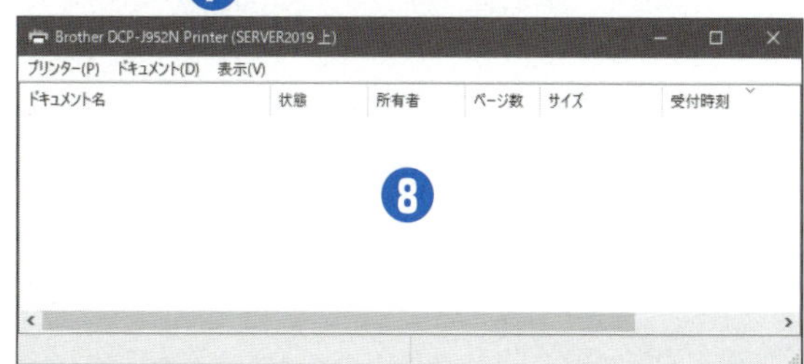

❾

スタートメニューから［設定］－［デバイス］－［プリンターとスキャナー］を選択すると、今登録したプリンターが表示されていることがわかる。共有プリンターには、公開しているサーバーの名前も併せて表示される。

❿

以上で管理者としての作業は終了となる。管理者以外のユーザーがプリンターを使用する場合は、そのユーザーでサインインし、手順❷～❹を実行すればよい。

● すでにプリンタードライバーがインストールされているため、この手順では管理者権限は必要ない。

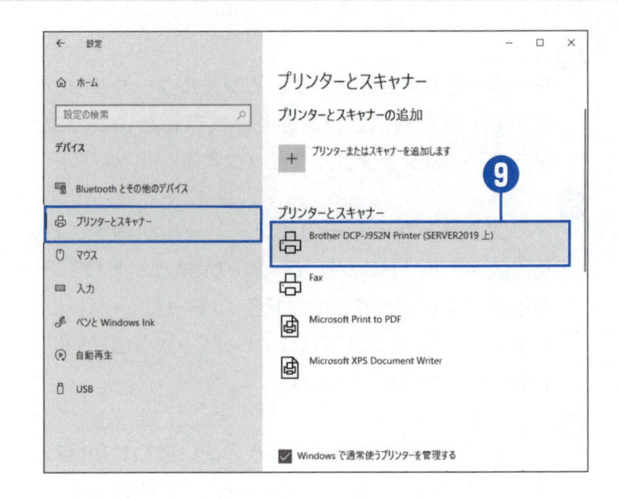

ネットワーク経由のサーバー管理

第9章

この章では、ネットワークに接続されたサーバーPCを直接操作して管理するのではなく、ネットワークに接続された他のPCなどから管理する方法について解説します。ネットワークの規模が大きくなると、大切なデータを収めたサーバー機は、一般の利用者どころか、管理者でさえも手の届きづらい場所に置かれることが多く、離れた場所からサーバーを管理する機能が非常に重要になってきます。Windows Server 2019には、こうした「遠隔管理」を想定した機能が搭載されており、最初のインストールさえ済ませてしまえば、それ以降はPC本体にはほとんど手を触れることなく管理することができます。ここではそうした、PC本体に直接手を触れることなく管理する「ネットワーク経由のサーバー管理方法」を紹介します。

サーバーを安全に運用するために

ネットワークの中核となるサーバーは、ネットワークに繋がる各種機器の中でも最も大切な存在です。万が一、このサーバーに何か事故があれば、大切なデータは失われ、ネットワークを使用する業務は滞り、予想外の被害を及ぼします。
サーバーの安全管理と言うと、真っ先に思い浮かぶのが「ネットワークセキュリティ」かもしれません。しかし実際にサーバーを運用する上では、実はサーバーを他人に直接操作される、サーバー本体ごと盗まれてしまうといった「物理的攻撃」の方がはるかに脅威です。たとえばサーバーの盗難であれば、ディスクの暗号化が行われていない限り、サーバー中のすべてのデータは確実に盗まれてしまいます。暗号化が行われていたとしても、十分な時間があれば、暗号が破られてしまう可能性もあります。さらには、サーバーが盗まれてしまうとネットワークは満足に運用できなくなるわけですから、日々の業務も滞ってしまいます。
こうした事態を避けるため、重要なサーバーについては、サーバーを設置するための「サーバー室」を用意して人の出入りを制限することが普通です。また、場合によっては「データセンター」と呼ばれる専門の業者にサーバーコンピューター自体を預けてしまうこともあります。サーバー室やデータセンターでは、コンピューターを安定して稼動させるために専用の電源や空調が用意されており、サーバーを安定して稼動させられます。またデータセンターでは、自家発電装置や高度な耐震設備、防火設備などにより、災害発生時などにもサーバーを守ることができます。もちろん、悪意を持った侵入者からの防御も行えますが、一方で、人の出入りが厳しく制限されるようになることから、本来の管理者さえもサーバーを直接操作できる機会は減ってしまいます。
ネットワーク経由でサーバーが管理できるようになると、このように物理的に保護されたサーバーであっても、ネットワークさえあれば直接サーバーを操作するのと同様、細かなメンテナンスが行えるようになります。結果、サーバーのセキュリティを低下させることなく、安全かつ安定した長期運用が行えるようになるのです。
さらに最近では、そもそも自分の組織内では物理的なサーバー（オンプレミスなサーバー）を所有せず、PaaS（Platform as a Service）やIaaS（Infrastructure as a Service）といった、サーバーの動作環境自体を提供するサービスを使って必要なサーバーを構築する例も増加しつつあります。こうしたサーバーでは、基本的に設定管理はネットワーク経由でのみ行うことになりますから、ネットワーク経由ですべての機能を管理できる「ネットワーク経由の管理機能」は極めて重要な機能となります。

Windows Server 2019におけるリモート管理機能

Windows Server 2019には、リモートコンピューターから管理/運用するための以下のような機能が備わっています。

●Windows Admin Center

第3章で解説した通り、Windows Admin CenterはWindows ServerやWindows 10用として新たに加わった、Webブラウザー経由でのWindows Serverの管理ツールです。機能は非常に豊富で、これまでの章で説明した「サーバーマネージャー」のほぼすべての機能を使えるほか、Windows Serverの管理の際に必要となるほとんどのツールの機能をカバーしています。元となる設定ツールの中にはローカルコンピューターの設定しかサポートしていないものもあるのですが、そうした設定についてもリモートから行えるようになったことは大きな進歩と言えるでしょう。

ネットワーク内での「管理ゲートウェイ」として使用できる機能も大きなメリットです。管理ゲートウェイとは、Windows Admin Centerをセットアップしたコンピューターがネットワーク内に1台あれば、そのコンピューターをゲートウェイとして他のコンピューターも管理できる機能で、複数の管理対象コンピューターすべてにWindows Admin Centerをインストールする必要はありません。

ただし、Webブラウザーベースの操作であるため、管理者の操作に対する応答は、他の管理ツールと比べると必ずしも良いものとは言えません。そのため、ローカルサーバーの管理だけであれば、サーバーマネージャーなどの従来ツールの方が快適に管理が行えます。

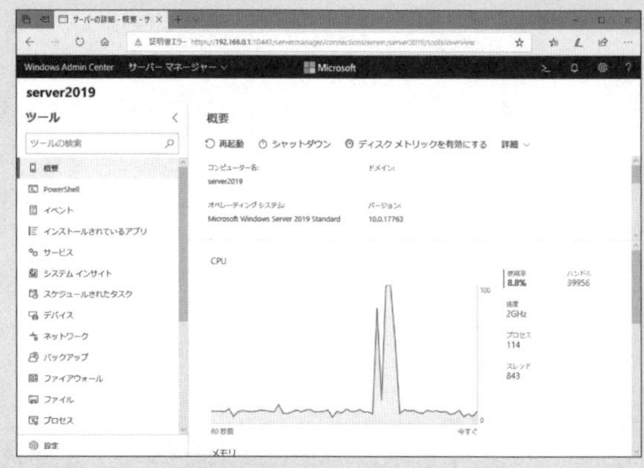

Windows Admin Center。Webブラウザーからの設定のため、Windows 10などクライアントコンピューターからでもサーバーの管理が行える

●リモートデスクトップ機能

Windows 2000からWindows 10までのクライアント系Windowsの上位エディションや、すべてのバージョンのWindows Serverに搭載されているコンピューターの遠隔操作機能が「リモートデスクトップ」です。遠隔操作される側のコンピューターの画面を、ネットワークで接続した、操作する側のコンピューターに1つのウィンドウとして表示することができ、マウスやキーボードを使って画面操作することができます。

リモートデスクトップ機能では、操作される側のコンピューターのGUIを直接操作することができますから、対象コンピューターに直接触れてWindowsを操作するのとほとんど変わらない操作性を、操作する側のコンピューター上で実現できます。この機能を使ってWindows Server 2019を管理する場合、管理者から見ると、自分が使っているPCがあたかもそのままサーバーコンピューターになったかのような感覚で操作できます。リモートデスクトップで行えない作業と言えば、たとえばハードディスクの増設や交換など、コンピューターに直接手を触れなければならない作業に限られます。

リモートデスクトップ機能では、操作される側のコンピューターを「サーバー」、操作する側のコンピューターを「クライアント」と呼びます。これは、使用しているOSがサーバーOSであるかクライアントOSであるかとは直接関係していないので注意してください。Windows Server 2019も含めて、Windows Serverはいずれもリモートデスクトップのサーバーとなることができますし、同時に、他のサーバーを操作するクライアントとなることもできます。一方、リモートデスクトップのクライアントとしては、Windows Serverはもちろんのこと、Windows 7や8.1、Windows 10などの

Windows 10でリモートデスクトップを使ってWindows Server 2019を管理しているところ。Windows Server 2019のデスクトップ画面をネットワーク越しに表示して操作できる

クライアント系OSが使用できます。また、使い勝手は異なりますが、AndroidやiOSを搭載したスマートフォンやタブレットなども、リモートデスクトップのクライアントとして使うことができます。
なおWindows Server 2019には、管理者ではなく一般のユーザー向けに、サーバー上にセットアップされたアプリケーションやデスクトップ画面を利用できるようにする「リモートデスクトップサービス」と呼ばれる機能もあります。サーバーの遠隔管理用に使用するリモートデスクトップ機能と、アプリケーションの利用者向けに使われるリモートデスクトップサービスは、実は同じ機能なのですが、管理者が使用するリモートデスクトップ機能は、Windows Serverの管理を行う上で必須の機能であるため、同時に2つの接続までであればWindows Server 2019本体のライセンスだけで使用できます。一方でアプリケーション利用者向けのリモートデスクトップサービスは、使用するにあたってOS本体とは別にライセンスが必要になるため注意してください。
両者の機能を区別する上で、管理用として使用する機能は「管理用リモートデスクトップ」と呼ばれていますが、本書では単に「リモートデスクトップ」と呼びます。

●サーバーマネージャー

Windows Server 2019のサーバー管理に使用する「司令塔」とも言える「サーバーマネージャー」も、ネットワーク経由で他のサーバーを管理する機能を持っています。
サーバーマネージャーでは、標準の管理対象となる「ローカルサーバー」のほか、ダッシュボードに用意された［管理するサーバーの追加］から、自分以外の他のサーバーも管理対象として追加することができます。対象にできるサーバーはWindows Server 2008以降のWindows Server系のOSですが、Windows Server 2008や2008 R2を管理する場合には、一部制限される機能もあります。なお本書では、管理対象としてWindows Server 2019を使用する場合についてのみ解説します。
Windows Server 2019のサーバーマネージャーで他のサーバーを管理する場合、そのサーバーのOSがWindows Server 2019であれば、ローカルサーバーを管理する場合と全く同じ機能が利用できます。対象となるサーバーがWindows Server 2012～2016の場合にも、OSの違いによる、利用可能な機能の違いを除いて、同じ管理機能が利用できます。
サーバーマネージャーで行える管理機能のうち、役割や機能の追加および管理、ファイルサービスと記憶域の管理など多くの管理機能を、リモートデスクトップを使用することなく使うことができます。

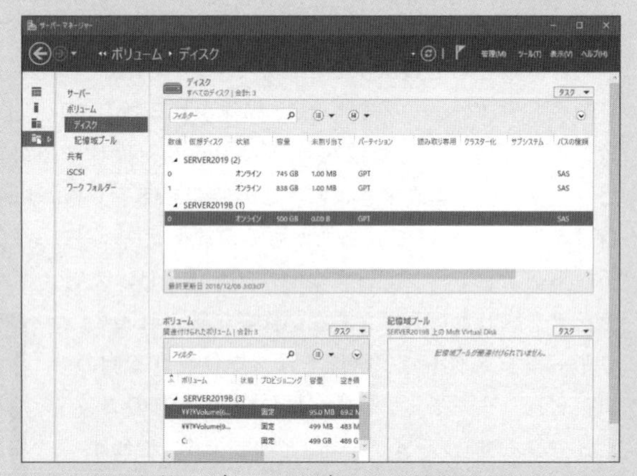

サーバーマネージャーのディスク管理画面。ローカルサーバーのほか、もう1台のサーバーについても表示されている。設定さえ済ませてしまえば、ネットワーク接続された他のサーバーを、あたかも自分のコンピューターであるかのように管理できる

●リモートサーバー管理ツール

サーバーマネージャーがインストールされていないクライアントOS、たとえばWindows 10などのOSから、Windows Server 2019を管理できるツールが「リモートサーバー管理ツール（RSAT: Remote Server Administration Tool）」です。このツールは、クライアントOS向けツールとして、マイクロソフトのサイトからダウンロードすることができ、Windows 7や8.1、Windows 10で利用できます。

RSATは、管理する機能ごとに複数のプログラムに分かれており、使用したい管理機能ごとにクライアントOSのスタートメニューから起動します。管理できる機能は多彩で、Active Directory関連の管理機能や、ファイルサーバーリソースマネージャー、DNSやDHCP、リモートデスクトップの管理など、Windows Server 2019が持つさまざまな機能の管理をクライアントOSから行うことができます。

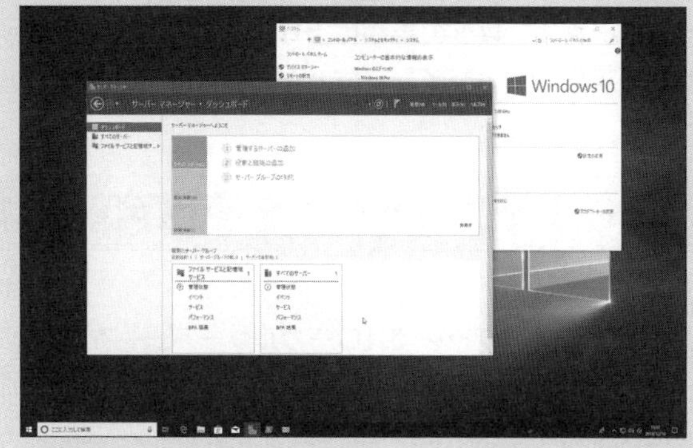

Windows 10の「リモートサーバー管理ツール」に含まれる「サーバーマネージャー」。Windows 10の上から、Windows Server 2019のサーバーマネージャーと同じ操作性でサーバーの管理ができる

さらにRSATには、Windows Server 2019の「サーバーマネージャー」とほぼ同じ外見、操作性を持つ、クライアントOS用の「サーバーマネージャー」も含まれています。これを使えば、Windows Server 2019を直接操作して管理するのとほぼ同様の操作性で、サーバーの管理が行えます。

RSATはマイクロソフト社のWebサイトから無償でダウンロードできる管理ツールですが、ダウンロードパッケージは管理対象となるWindows Serverのバージョンごとに異なっています。2018年11月現在、Windows Server 2016や、半期チャネル向けのWindows Server 1803用は公開されていますが、Windows Server 2019用は公開されていません。ただし、Windows Server 2016用のRSATでも大きな問題なく、サーバー機能は管理できるようです。

●コマンド/スクリプトベースの設定

Windows Server 2019には、GUIを全く使用せずコマンドラインだけでOSの管理を行う、従来は「Server Coreインストール」と呼ばれていたインストールオプションが用意されています。また、そのServer Coreよりもさらに小規模なメモリ量で動作する「Nano Server」と呼ばれるモードもあります。

これらのインストールオプションでは、管理者はWindows PowerShellと呼ばれるコマンドラインから実行するコマンドレットにより、OSの各種設定変更や動作制御を行います。このコマンドレットの多くは、ネットワーク内の他のコンピューターの設定を行う機能も搭載されているため、PowerShellが使用できる環境があれば、ネットワーク経由で他のサーバーを管理することが可能になります。

本書では、主にGUIを使用するWindows Server 2019の管理方法を解説するため、これらコマンドレットについては必要最小限を除いて解説は行いませんが、こうした機能を駆使することで、ネットワーク経由であっても柔軟なサーバー管理を行うことができます。

1 リモートデスクトップを使用可能にするには

Windowsコンピューターのデスクトップ画面をネットワーク経由で操作するリモートデスクトップ機能は、Windows Server 2019の標準セットアップに含まれているため、役割や機能を追加インストールする必要はありません。ただしインストールしたばかりの状態では、他のコンピューターから接続して操作する機能は無効に設定されています。以下の手順により、リモートデスクトップの接続を許可します。
なおこの手順でサインイン可能となるのはサーバーの管理者（Administratorグループに含まれるユーザー）に限られます。

リモートデスクトップを使用可能にする

❶ サーバーマネージャーで［ローカルサーバー］を開く。［プロパティ］欄の［リモートデスクトップ］の項目で［無効］と表示されている部分をクリックする。

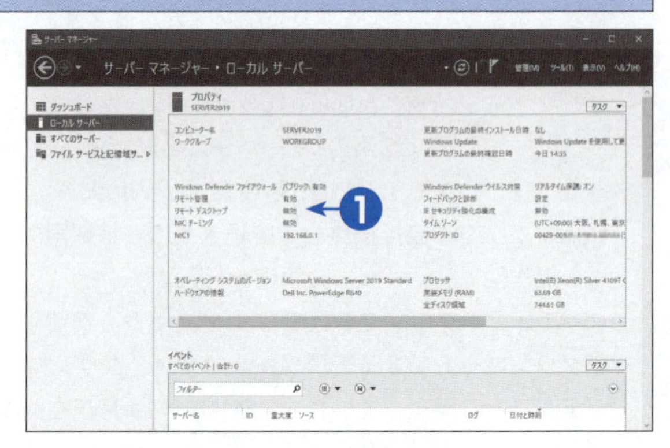

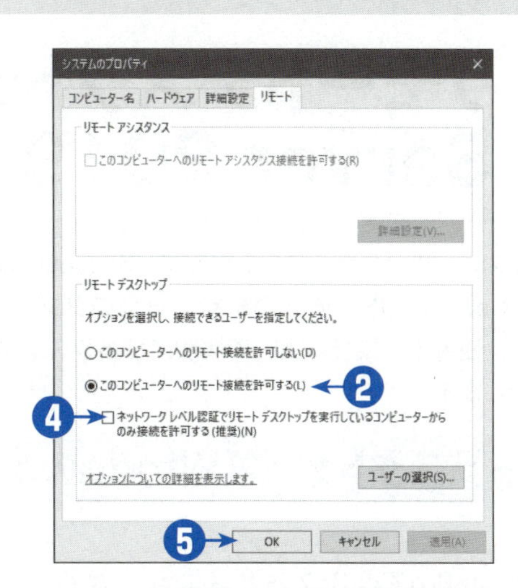

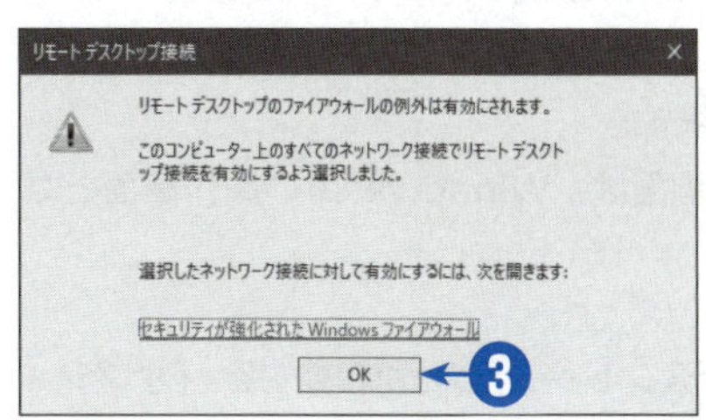

❷

[システムのプロパティ] 画面の [リモート] タブが表示される。下段の [リモートデスクトップ] で [このコンピューターへのリモート接続を許可する] を選択する。

❸

Windowsファイアウォールの設定が変更される旨のメッセージが表示される。[OK] をクリックする。

- Windows Server 2019のファイアウォールは、標準の状態ではリモートデスクトップの接続が禁止されている。このためファイアウォールの設定を変更する必要があるが、この画面で [OK] をクリックすることで、自動的にファイアウォールの設定が変更される。

❹

[ネットワークレベル認証でリモートデスクトップを実行しているコンピューターからのみ接続を許可する (推奨)] チェックボックスはオフにする。

- このチェックボックスは標準ではオンになっているので注意。
- このチェックボックスがオンのままだと、接続の際、ネットワークレベル認証により接続先コンピューターの情報が検証される。同じネットワーク内の接続であれば問題ないが、Active Directoryを使用しない状態でルーターを介して接続するような場合には、認証が行えずに接続が失敗する。

❺

[OK] をクリックして [システムのプロパティ] 画面を閉じると、リモートデスクトップが接続可能になる。

2 リモートデスクトップでWindows Server 2019に接続するには

リモートデスクトップのクライアント機能は、Windows Server系の各OSのほか、Windows XP以降のクライアント系Windows、macOS（Mac OS X）、一部のタブレットやスマートフォンなどさまざまなOSや機器に搭載されています。使用する環境によって機能には多少の差異はありますが、ここでは、Windows 10 Proから接続する例を紹介します。

リモートデスクトップでWindows Server 2019に接続する

❶ Windows 10 Proで、スタートメニューから［Windowsアクセサリ］－［リモートデスクトップ接続］を選択する。

●この節の画面は、Windows 10の操作画面となる。

❷ ［リモートデスクトップ接続］が起動する。［オプションの表示］をクリックする。

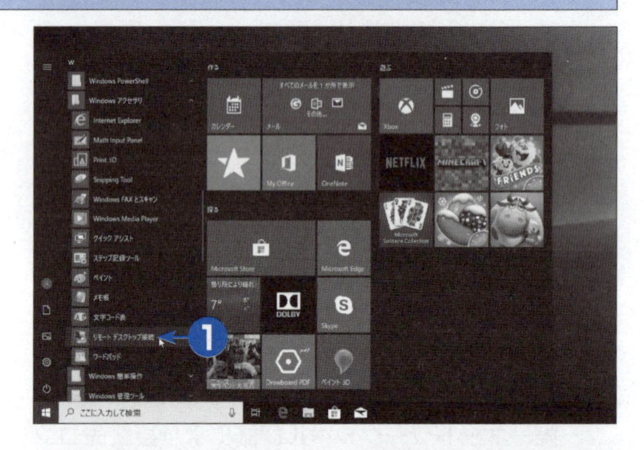

❸

オプション画面が表示されるので、［画面］タブをクリックし、［画面の設定］で表示したい画面の解像度を選択する。

- Windows 10 Proをセットアップ後、最初にリモートデスクトップを起動した場合には、全画面表示で接続するように設定されている。
- 全画面表示でかまわない場合は、この設定は変更する必要はない。
- 画面の解像度は直前に設定した状態が記憶されるので、この手順は毎回行わなくてもよい。

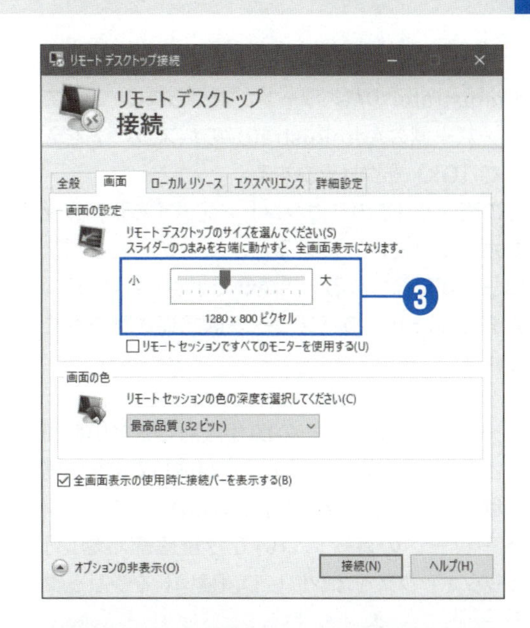

❹

［全般］タブを選択して、［コンピューター］にサーバーのコンピューター名（SERVER2019）を、［ユーザー名］にAdministratorを入力する。

- 通常のサインイン時と同様、リモートデスクトップでのサインインもユーザー名の大文字/小文字は区別されない。そのため、ここでのユーザー名はすべて小文字で入力してもよい。
- クライアントコンピューターがサーバーと同一のネットワーク内にない場合（ルーターなどを経由している場合）には、コンピューター名では認識できない場合もある。この場合にはサーバーのIPアドレスを入力する。
- ［資格情報を保存できるようにする］チェックボックスをオンにすると、指定したコンピューターに接続する際のユーザー名とパスワードが記憶可能になる。次回からはコンピューター名を指定するだけで、ユーザー名もパスワードも入力が不要となる。セキュリティ確保のため、管理者以外が使う可能性があるコンピューターではオンにすべきではない。

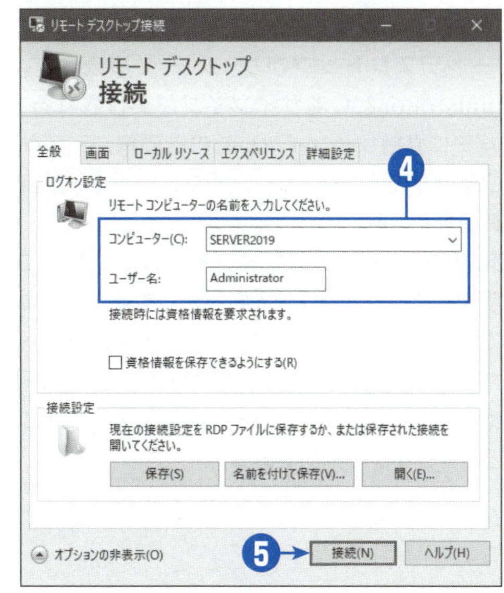

❺

［接続］をクリックする。

6

Administratorのパスワードが求められる。ここではサーバー側のAdministratorのパスワードを入力して［OK］をクリックする。

●この画面で［このアカウントを記憶する］チェックボックスをオンにすると、ユーザー名とパスワードが記憶される。手順❹で説明したように、Administratorのパスワードは記憶させるべきではない。

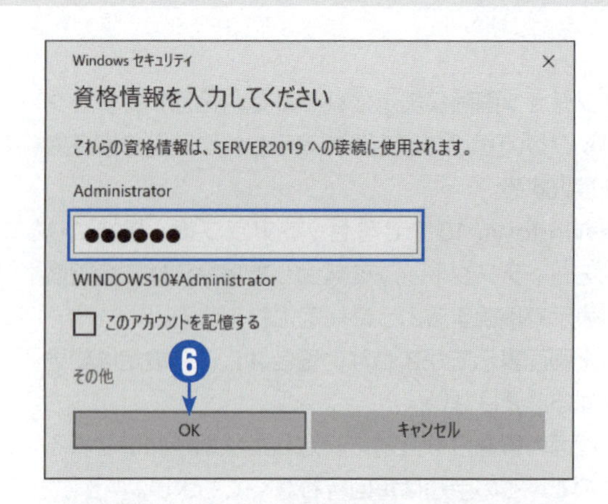

7

リモートコンピューターのIDが識別できない旨が表示される。Active Directoryを構成していない場合にはこのメッセージが表示されるが、［このコンピューターへの接続について今後確認しない］チェックボックスをオンにして、［はい］をクリックする。

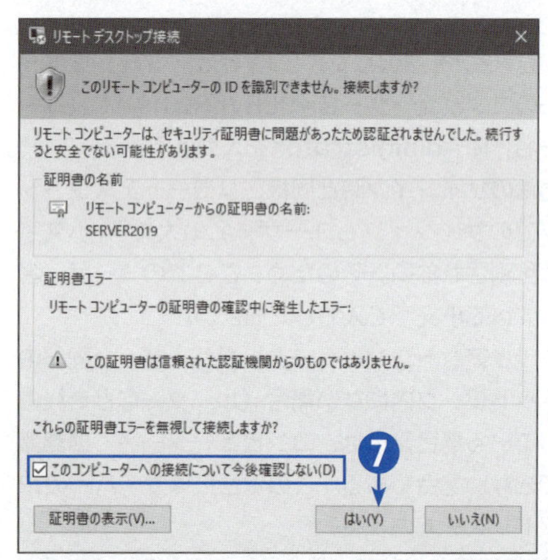

8

リモートデスクトップがサーバーに接続され、Administratorとしてサインインが実行される。サーバーに直接サインインしたのと同様、デスクトップ画面が表示され、サーバーマネージャーが自動的に起動される。

●Administrator以外でサインインしたい場合には手順❹で別のアカウント名を入力するか、手順❻で［その他］をクリックして、別のアカウント名を入力する。ただし標準の状態では、Administrator以外のリモートデスクトップによるサインインは無効である。

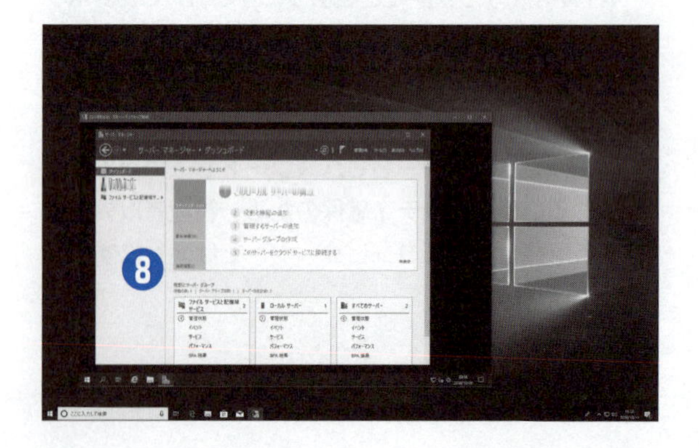

リモートデスクトップを切断するには

リモートデスクトップにより接続された画面は、以下のいずれかの方法により切断できます。どの方法で切断するかによって、そのとき実行されていたプログラムの実行が継続するかどうかが決定されます。

サインアウトしてリモートデスクトップを切断する

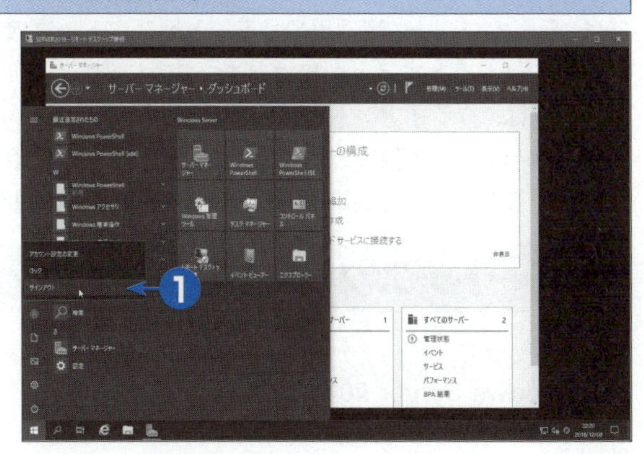

❶

［リモートデスクトップ接続］ウィンドウ内で、スタートメニューの人物アイコンをクリックし、メニューから［サインアウト］を選択する。

- ［リモートデスクトップ接続］ウィンドウが全画面ではなくウィンドウ状態の場合は、⊞キーを押したときに、［リモートデスクトップ接続］ウィンドウではなく、現在のコンピューターのスタートメニューが表示される。このような場合、Alt＋Homeキーを押すと、リモートデスクトップ画面内のスタートメニューを表示できる。
- この方法でサインアウトすると、ローカルの画面でサインアウトしたのと同様、そのとき実行していたアプリケーションはすべて終了される。
- 電源ボタンアイコンからは［シャットダウン］や［再起動］も選択できる。

ウィンドウからリモートデスクトップを切断する

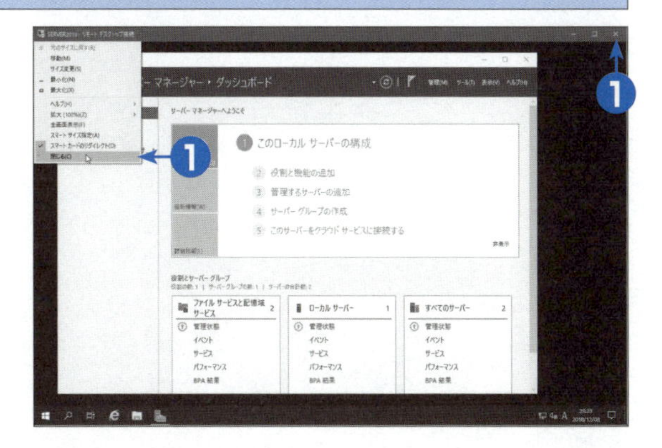

❶

［リモートデスクトップ接続］ウィンドウ右上の閉じるボタンをクリックする。または、［リモートデスクトップ接続］ウィンドウ左上のアイコンをクリックして［閉じる］を選択する。

- この方法の場合、［リモートデスクトップ接続］ウィンドウが閉じるだけで、サインインしているユーザー（Administrator）のサインアウトは行われない。［リモートデスクトップ接続］ウィンドウを閉じる前に実行していたプログラムはそのまま実行され、次にリモートデスクトップ接続するとその画面が再び表示される。

4 リモートデスクトップで同時に2画面表示するには

Windows Server 2019の標準の状態では、1人のユーザーが表示できるデスクトップ画面は最大で1つに限られています。これはいわゆる「仮想デスクトップ」の話ではありません。あるサーバーにリモートデスクトップでサインインして操作している最中に、もう1つウィンドウを開いて、同じサーバーに同じユーザー名でサインインすると、先に使っていたリモートデスクトップは強制的に切断されてしまうということです。Windows Serverでは、ライセンス上、管理用のリモートデスクトップ接続は2つまで許されています。にもかかわらず、同じユーザー名で使おうとすると、接続が1つまでに限られてしまうのです。
この動きは、クライアント向けのWindows、たとえばWindows 10などと同じ動作なのですが、管理用として使用する場合には、同時に2つの画面が使えた方が便利です。そこでここでは、同じユーザーが同じコンピューター上で複数セッションのサインインを行う方法を説明します。

リモートデスクトップのセッション数を増やす

❶ Windows Server 2019（接続先となるサーバー）のスタートボタンを右クリックし、［ファイル名を指定して実行］を選択する。

❷ 表示された画面で**gpedit.msc**と入力し、［OK］をクリックする。

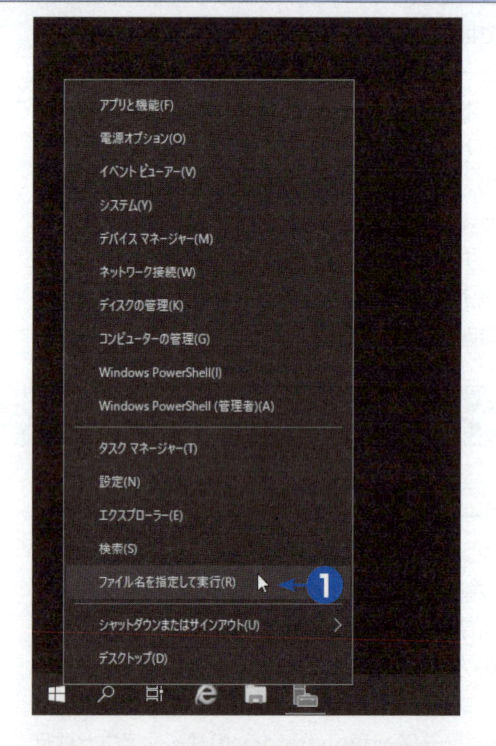

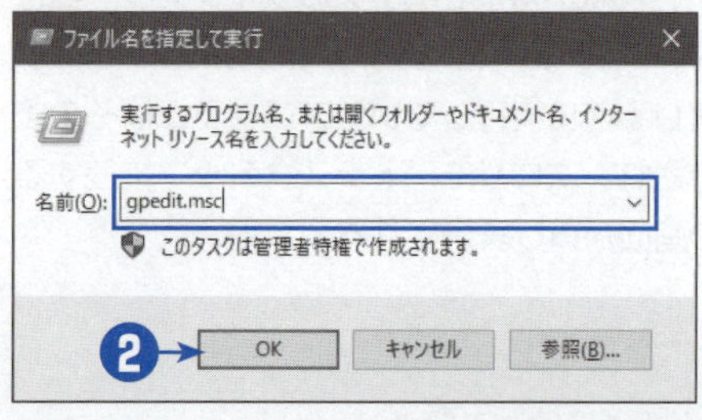

❸ ローカルグループポリシーエディターの画面が開くので、左側のペインから、［コンピューターの構成］－［管理用テンプレート］－［Windowsコンポーネント］－［リモートデスクトップサービス］－［リモートデスクトップセッションホスト］－［接続］の順で展開する。

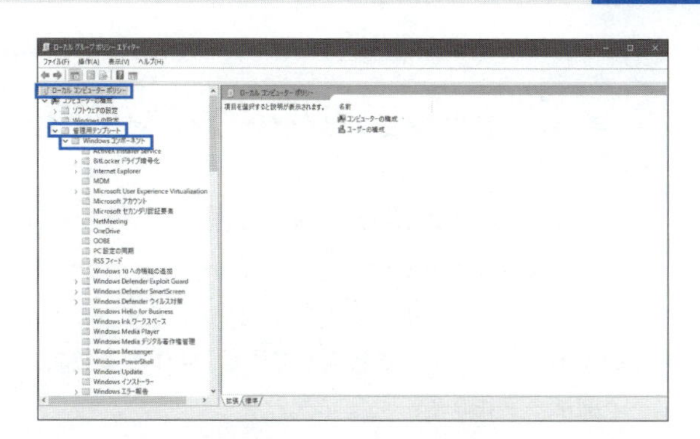

❹ 右側のペインに表示された項目から、［リモートデスクトップサービスユーザーに対してリモートデスクトップセッションを1つに制限する］をダブルクリックする。

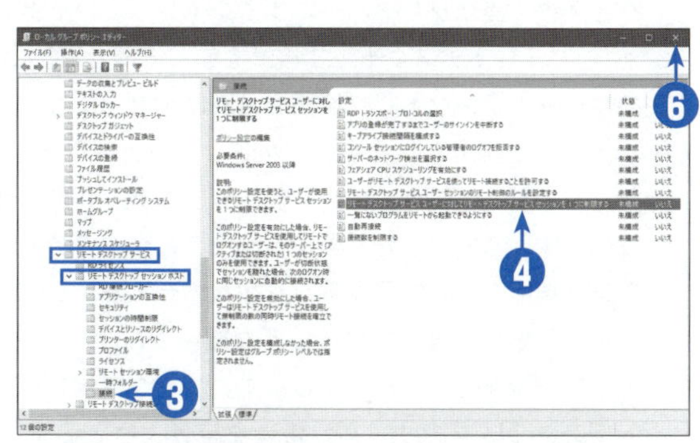

❺［無効］を選択し、［OK］をクリックして閉じる。

●この操作で、同一ユーザーに対するセッション数制限を1にする機能を無効にできる。

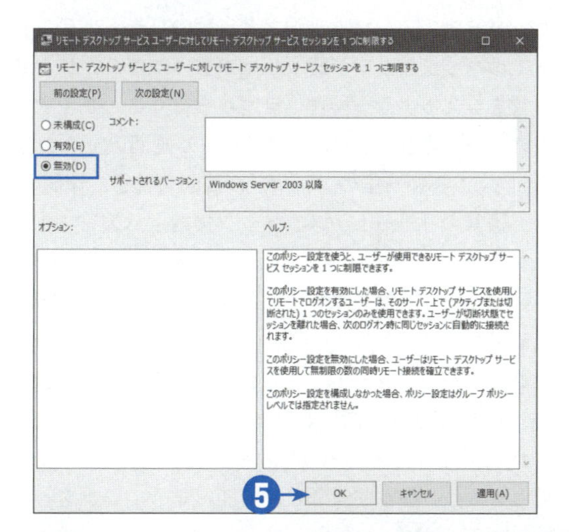

❻ ローカルグループポリシーエディターの画面を閉じた後、Windows Server 2019からサインアウトする。

●説明手順の都合で、ここでは必ずサインアウトが必要となる。理由は次の手順で説明する。

❼ Windows 10 Proのクライアントから、リモートデスクトップ接続を2つ立ち上げて、同じユーザーで2度接続する。

●この例では、同じコンピューターから2つの接続を確立しているが、別々のコンピューターから1つずつ接続することもできる。

●この設定は、Windows Serverにおける「管理用リモートデスクトップ接続は2セッションまで」という制限を無効にするものではない。この設定を行っても、2つを超えて接続を試みた場合には、すでに接続している2つのセッションのうちどちらか一方の切断が求められる。

●ここで言う「2セッション」には、コンピューターを直接操作する「コンソール画面」も含まれる。コンソールからもサインしている場合には、リモートデスクトップで接続できるのは1セッションに限られる。このため、手順❻でコンソール画面からサインアウトしている。

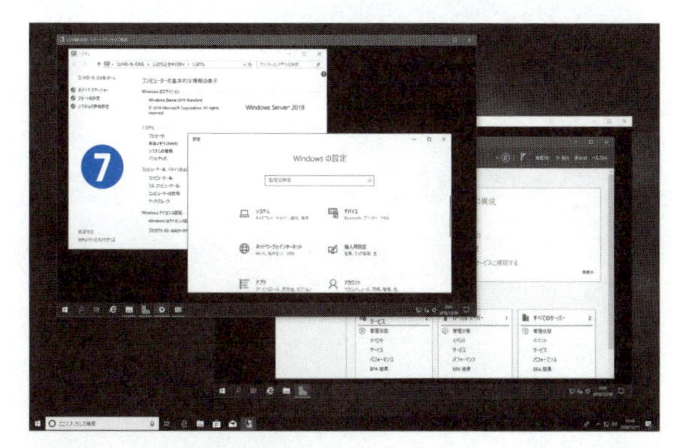

セッションシャドウイングとは

Windows Server 2019のリモートデスクトップ接続には「セッションシャドウイング(Session Shadowing)」という機能があります。セッションシャドウイングとは、クライアントコンピューターからリモートデスクトップサーバーに接続する際に、新たなサインインセッションを起動するのではなく、すでにサインインしている他のセッションを複製して表示・操作する機能です。言葉はよくありませんが、他のセッションを覗き見る機能と言えます。

たとえば、誰かがサーバーにサインインしているとき(これをセッション1とします)、別のクライアントPCから、リモートデスクトップ接続を使って同じPCに接続(これをセッション2とします)したとします。通常のリモートデスクトップ接続であれば、セッション2は新たなサインインとなり、セッション1の画面とは異なる画面が表示されます。しかしセッションシャドウイングでは、セッション2の接続画面に対して、セッション1の操作画面のコピーを表示します。つまりセッション2では、セッション1で表示されている画面や操作を脇から監視したり操作を行うことができるわけです。

危険な機能のように思えるかも知れませんが、これは次のような場合に役立ちます。コンピューターを専用のサーバー室に設置しているような環境で、バックアップのためにコンソールから直接サインインし、バックアップ作業を行っていたとします。バックアップは時間がかかるものですから、管理者は自席に戻ってリモートデスクトップでサーバー管理を続けようとします。2セッションまで接続できるよう設定している場合、サーバー室のコンソール画面と自席のリモートデスクトップ画面には異なる内容が表示されますから、自席からではバックアップが終了したかどうかがわかりません。たとえば再起動などのように、バックアップ作業に影響を与えるような操作は自席から行うことができなくなってしまいます。

このような場合、自席からコンソール画面のセッションをシャドウイングして表示させれば、自席に居ながらにして、サーバー室のコンソール画面の様子を確認することが可能になります。シャドウイングのセッションは、通常のリモートデスクトップ接続とは違って「管理用の接続セッション最大2つまで」という制限にはカウントされないため、すでにサインイン済みのコンソールセッションが強制的に切断されることもありません。セッション数を減らすことなく、同時に複数の場所から同じ画面を共有できる機能として便利な機能と言えるでしょう。

なおセッションシャドウイングでは、使い方によっては他人のセッションを覗き見たり、勝手に操作したりといった「悪用」も可能になります。このため本機能では、セッションのシャドウイングが行われる際に、コピーされる側のセッションに確認メッセージを表示して接続してよいかどうか尋ねることや、表示のみで操作は許可しないよう設定することが可能になっています。

この設定を行うには、前節の手順❶～❸を実行して、リモートデスクトップ接続セッションホストの[接続]グループポリシーを表示します。次にポリシーの中から、[リモートデスクトップサービスユーザーセッションのリモート制御のルールを設定する]をダブルクリックします。

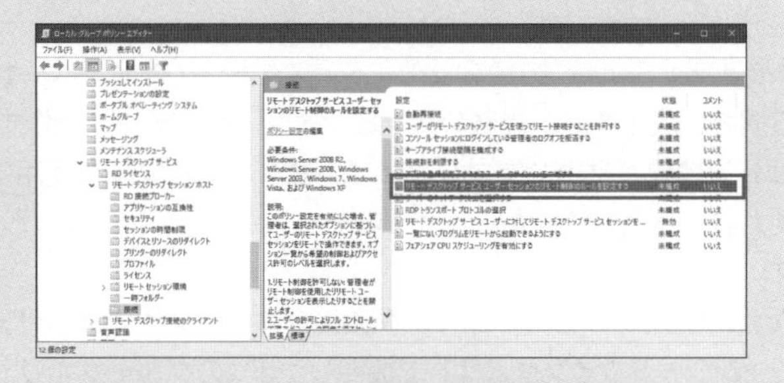

この画面ではまず、構成として[有効]を選択します。次に[オプション]の選択肢の中から、ユーザーの許可を要するかどうか、フルコントロール(操作あり)か参照(操作は禁止)によって希望する項目を選びます。たとえば[ユーザーの許可なしでフルコントロール]を選ぶと、コピーされる側のセッションでは、ユーザーの確認を得ない状態で操作が可能になります。また[ユーザーの許可を得てセッションを参照する]を選んだ場合には、ユーザーの確認が必須となり、表示のみで操作は禁止となります。

グループポリシーの構成では[未構成][有効][無効]が選択できますが、(Windows Server 2019の標準の状態である)[未構成]であっても、セッションシャドウイング機能自体は有効で、[ユーザーの許可によりフルコントロール]モードで動作します。このコラムに記述した設定を行わなくても、セッションシャドウイングが使えてしまうので注意してください。セキュリティを考慮して機能を禁止したい場合には、この画面で[有効]を選んだうえで、[リモート制御を許可しない]を選ぶ必要があります。

なおシャドウイングセッションは、リモートデスクトップのセッション数の制限には影響しないため、本書で説明した「リモートデスクトップで2画面同時に表示する」設定を行っているかどうかにも影響されません。

このセッションシャドウイング機能は、Windows Server 2012 R2～2019で使用できます。Windows Server 2012以前のOSでは利用できません。

5 同じデスクトップ画面を複数の場所から操作するには

Windows Server 2019のリモートデスクトップ機能では、1つの操作画面を複数のクライアントコンピューターから同時に表示する、複数のコンピューターから同時に操作する等を可能にする「セッションシャドウイング」と呼ばれる機能が標準で有効になっています。この機能を使用すれば、通常のリモートデスクトップ接続とは異なり、それまで使用していたユーザーのセッションを切断することなく脇から画面を監視・操作することが可能になります。

なお、セッションシャドウイング機能自体には必須ではありませんが、本節では、この章の4節およびコラム「セッションシャドウイングとは」で説明した2つのグループポリシーを設定済みであるものとします。

セッションシャドウイングを使用する

❶

クライアントコンピューターから、Windows Server 2019に通常通りにリモートデスクトップ接続する。

- この節の画面は、Windows 10の操作画面となる。
- Windows 10にはユーザー「shohei」でサインインしているが、リモートデスクトップ接続では、サーバーに対して「Administrator」でサインインした。
- 本節の例では、このリモートデスクトップ接続をセッションシャドウイングする。

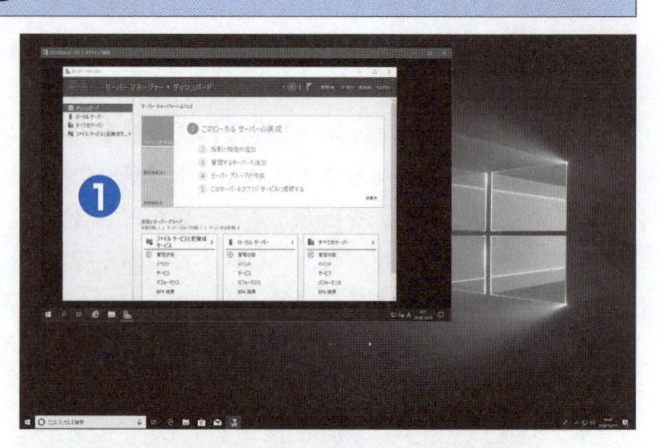

❷

クライアントコンピューター上でスタートボタンを右クリックし、[Windows PowerShell] を選択する。

- Windows PowerShellは「(管理者)」権限でなくてもよい。
- 本書では、手順❶と手順❷で同じコンピューターを使用しているが、手順❶と手順❷の操作は、別々のコンピューターから行ってもよい。
- この手順で使用するクライアントコンピューターのサインインに使用するユーザー名とパスワードは、同じものをサーバーにも登録しておくこと（管理者権限は不要）。

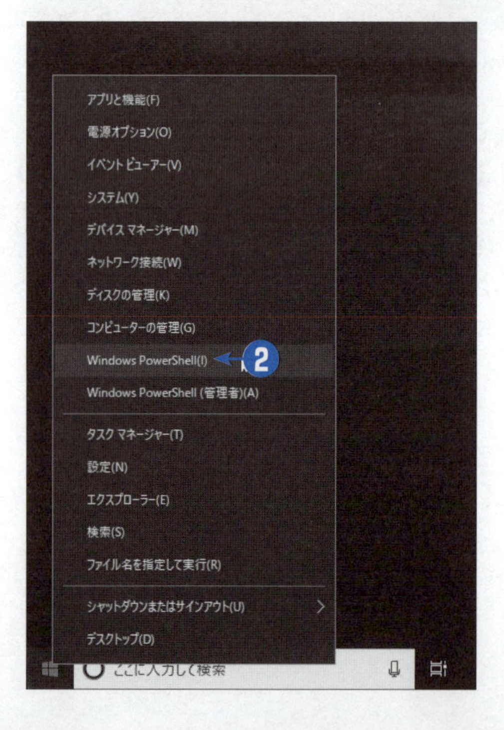

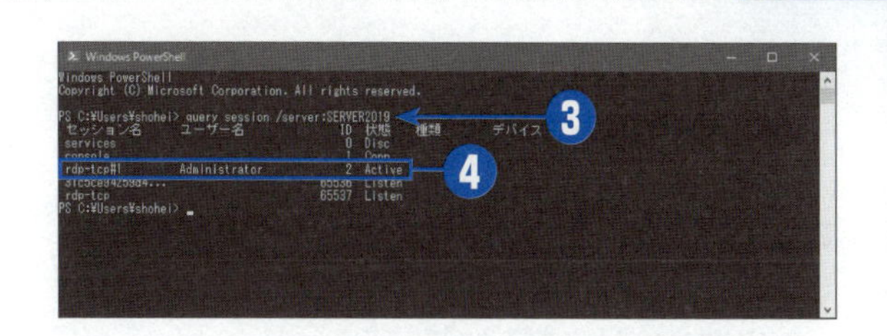

3

Windows PowerShellから、以下のコマンドを入力する。

```
query session /server:SERVER2019
```

- 「SERVER2019」の部分は、接続先サーバーのコンピューター名を指定する。
- サーバー側のネットワーク設定では［フォルダー共有］が許可されている必要がある。ネットワークプロファイルの共有オプション画面（第8章のコラム「ネットワークの場所について」の最後の画面）で、［ファイルとプリンターの共有を許可する］がオンになっていることを確認する。

4

コマンドの実行結果から、現在サーバーに接続されているセッションのID番号を確認する。セッションIDが2になっていることがわかる。

- リモートデスクトップセッションはセッション名が「rdp-tcp#<番号>」で示される。この例では1つしか接続されていないので、IDが2であることがすぐにわかる。
- rdp-tcp#が2行以上あるときは、#以降の番号が小さいものが時間的に先に接続されたセッションとなる。
- コンソールセッション（コンピューターに直接ログインしているセッション）はセッション名が「console」と表示される。

5 Windows PowerShellから、次のコマンドを入力する。

```
mstsc /v:SERVER2019 /prompt / ➡
shadow:2 /control
```

- 「mstsc」は、リモートデスクトップコマンドのコマンド名。
- 「/v:SERVER2019」は、接続先のコンピューター名の指定。
- 「/prompt」は、リモートデスクトップでサインインする際のユーザー名とパスワードを画面から入力することを指示する。これを指定しない場合、現在クライアントにサインインしているユーザー名とパスワードが使われる。
- 「/shadow:2」は、シャドウイングするセッションの番号（手順❹で読み取ったID）を指定する。これを指定しないと、通常のリモートデスクトップ接続が実行される。
- 「/control」は、シャドウイングしたセッションに対して操作も有効にすることを示す。これを指定しない場合は表示のみで操作は禁止になる。
- コマンド名やパラメーター名に大文字/小文字の区別はない。

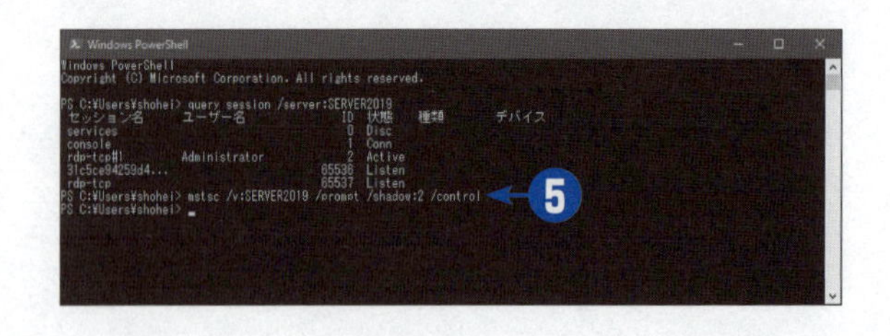

6

ユーザー名とパスワードを求められるので、接続する先のユーザー名であるAdministratorとそのパスワードを入力して、[OK] をクリックする。

●通常の設定では、セッションシャドウイングで他人の画面に接続できるのは管理者に限られる。

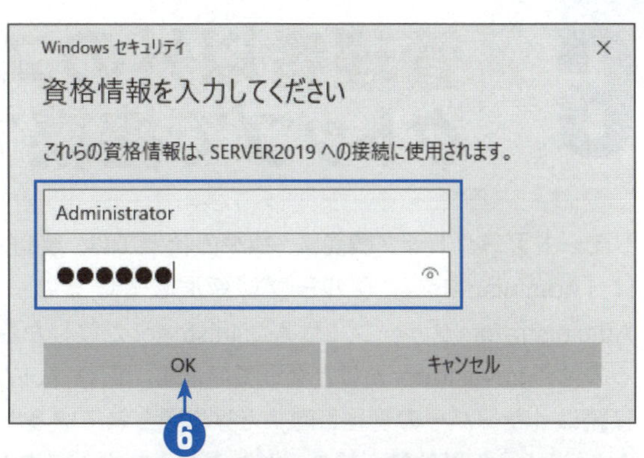

7

対象セッションの画面で接続してよいかどうかの確認が表示される。[はい] をクリックする。

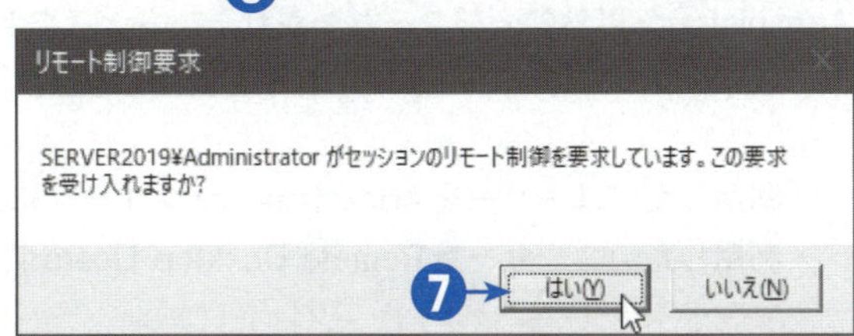

8

新たなリモートデスクトップ接続画面が表示される。その内容は、すでに開かれているリモートデスクトップ画面と全く同じである（シャドウイングしている）ことがわかる。操作をすると、その操作がすぐさま別の画面にも反映される。

9

シャドウイングセッションを切断する場合には、ウィンドウ右上の [×] をクリックして切断する。セッション内の画面操作（スタートメニューからのサインアウトや切断など）を行うと、シャドウ元のセッションも同時にサインアウトや切断が行われてしまうためである。

6 管理者以外のユーザーをリモートデスクトップで接続できるようにするには

リモートデスクトップ機能は、標準の状態では、管理者（Administrator）以外では接続できません。正確に言えば「Administrators」グループに所属しているユーザーのみが利用可能になっていますが、初期状態ではAdministratorsグループにはAdministratorだけしか登録されていませんから、リモートデスクトップを使用できるのはAdministratorだけとなっています。これは、Windows Server 2019で許されているリモートデスクトップ接続は「サーバーの管理目的」だけに限られているからです。
Administrator以外の一般ユーザーがリモートデスクトップでWindows Server 2019に接続できるようにするには、以下の2つの方法のうちいずれかを使用します。

・利用したいユーザーをAdministratorsグループに入れる
・利用したいユーザーをRemote Desktop Usersグループに入れる

ユーザーをAdministratorsグループに入れた場合、そのユーザーはリモートデスクトップを使えるようになりますが、同時にすべての管理者権限も手に入れてしまいます。すべての管理者権限を与えず、一般ユーザーとしてリモートデスクトップを許可したい場合には、ユーザーをRemote Desktop Usersグループに入れます。
ユーザーが所属するグループを変更するには、[ローカルユーザーとグループ] 画面から設定しますが、リモートデスクトップ設定画面からはより簡単に設定が行えます。
ここでは、Administratorsグループではないユーザーでも Remote Desktopを利用できるように設定しますが、Windows Server 2019での標準のリモートデスクトップ接続が「サーバーの管理目的」である点については変わりありません。一般ユーザーであっても「管理目的」以外で使用する場合にはライセンス違反となることに注意してください。管理目的以外で使用するには、リモートデスクトップサービスをセットアップする必要があります（別途クライアントアクセスライセンスが必要です）。
なおセッションシャドウイングは、管理者権限を持つユーザーだけの機能であるため、セッションシャドウイングを使用する場合には、ユーザーをAdministratorグループに入れる必要があります。

管理者以外のユーザーをリモートデスクトップで接続できるようにする

❶ サーバーマネージャーで [ローカルサーバー] を開く。[プロパティ] 欄の [リモートデスクトップ] の項目で [有効] をクリックする。

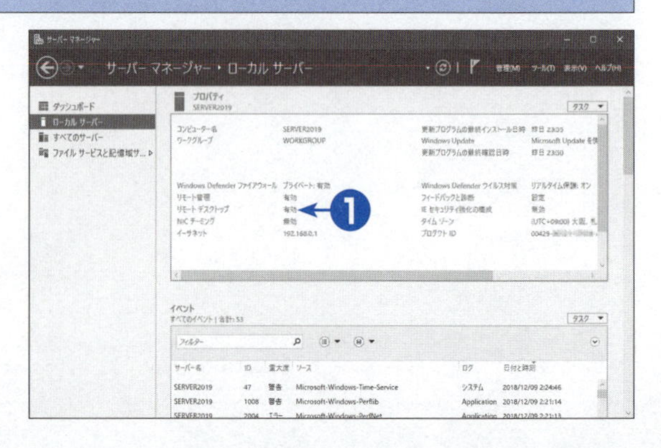

2 [システムのプロパティ] 画面の [リモート] タブが開く。下段の [リモートデスクトップ] で [ユーザーの選択] をクリックする。

3 [リモートデスクトップユーザー] 画面が表示される。ユーザーを追加するため、[追加] をクリックする。

4 [ユーザーの選択] 画面が表示される。[選択するオブジェクト名を入力してください] に、追加したいユーザー名を入力する。複数のユーザー名を入力する場合には「;」(セミコロン) で区切って入力する。

● [詳細設定] をクリックすれば、ユーザー名を検索して入力することもできる。

参照

ユーザー名を検索して入力するには

→第4章の7

5 [OK] をクリックして [ユーザーの選択] 画面を閉じる。

➡ [リモートデスクトップユーザー] 画面に戻る。入力したユーザー2名が追加されている。

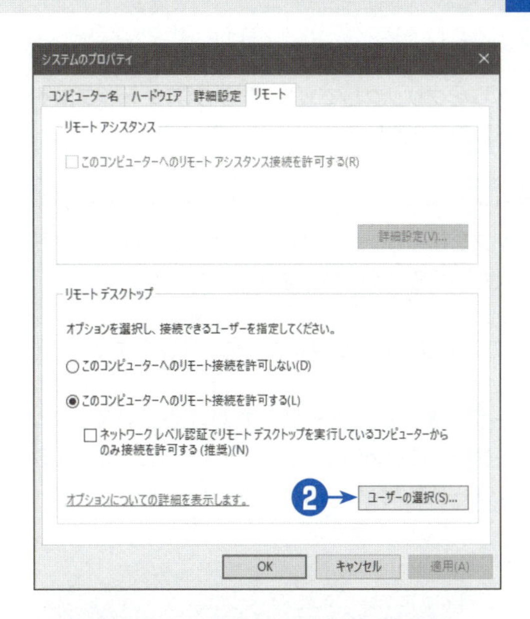

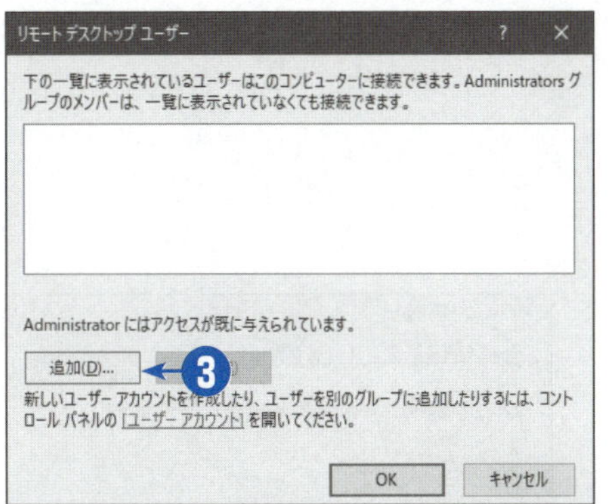

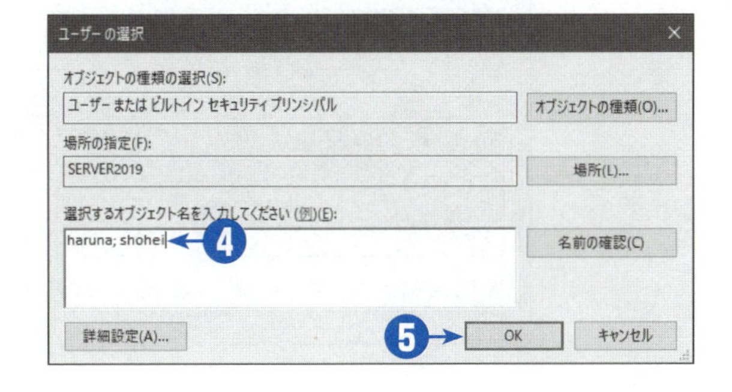

6 [OK]をクリックして[リモートデスクトップユーザー]画面を閉じる。

7 クライアントコンピューターからリモートデスクトップを起動し、サーバーに接続する。パスワードの入力画面で[その他]をクリックする。

8 [別のアカウントを使用する]をクリックする。

9 ユーザー名とパスワード入力が求められるので、ユーザー名にshohei、パスワードとしてshoheiのパスワードを入力し、[OK]をクリックする。

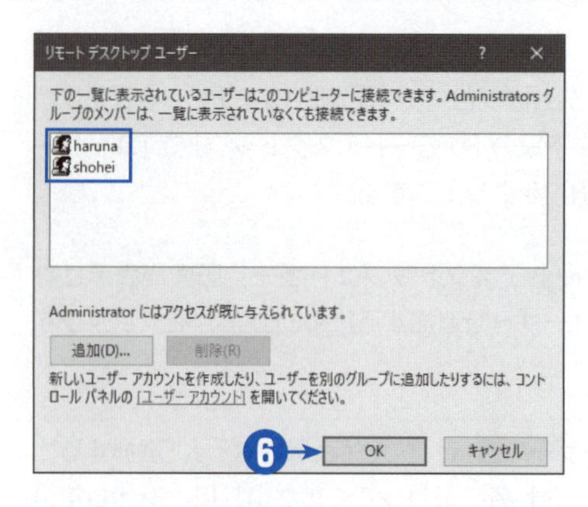

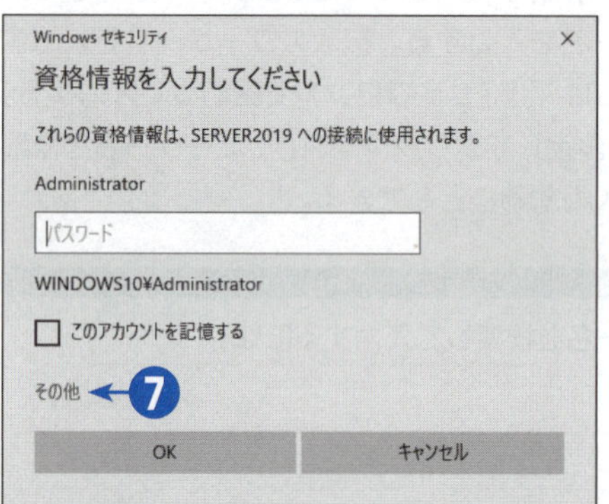

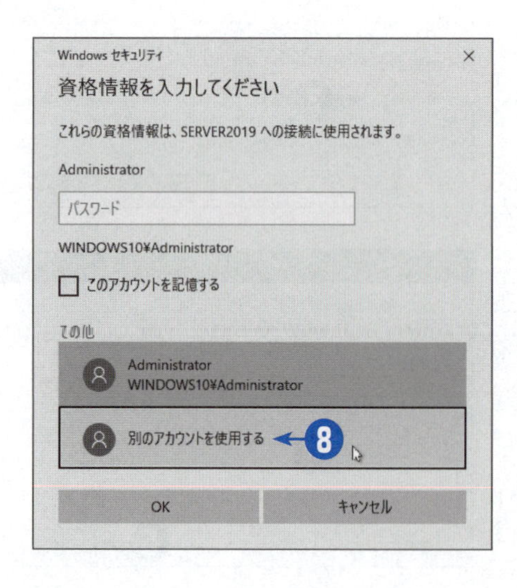

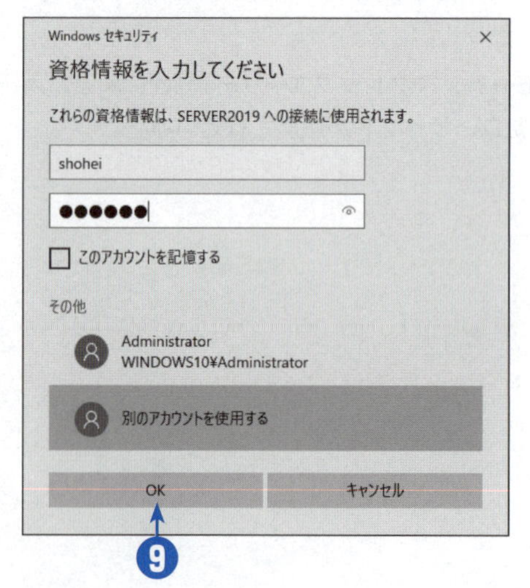

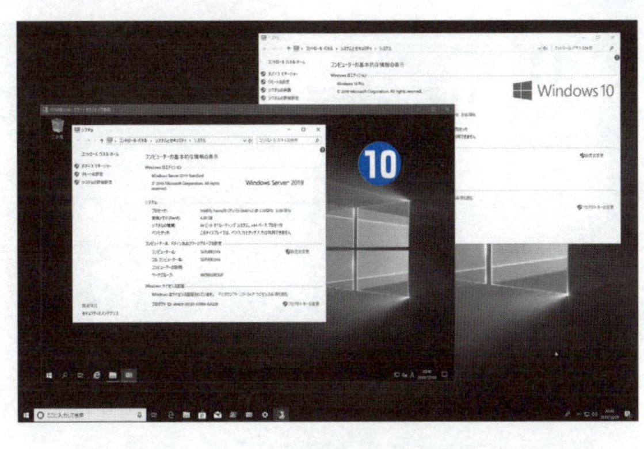

⑩

ユーザー「shohei」として正常にサインインできる。

- ユーザー「shohei」は管理者（Administratorsグループのメンバー）ではないので、サーバーマネージャーの画面が自動的に起動することはない。

⑪

この節で説明した操作は、実際には、指定したユーザーを「Remote Desktop Users」グループに追加しているだけである。［コンピューターの管理］画面の［ローカルユーザーとグループ］から確認すると、「Remote Desktop Users」グループに、shoheiとharunaが追加されていることがわかる。

- このため、［コンピューターの管理］画面から、「Remote Desktop Users」グループのメンバーにユーザーを追加しても、追加されたユーザーはリモートデスクトップ接続が使えるようになる。

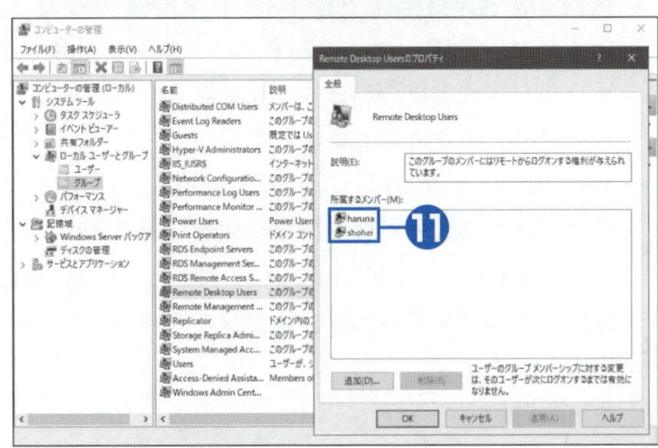

参照

グループメンバーの確認方法

→第4章の8

コラム リモートデスクトップ接続の設定について

［リモートデスクトップ接続］の起動時画面で［オプション］をクリックすると、接続時の画面サイズや接続の際の回線速度に応じた画面表示方法などを変更できます。使用できる機能は、リモートデスクトップ接続を使用するクライアントOSによって異なりますが、以下にWindows 10 Proにおける機能を説明します。

●［全般］タブ

接続先のコンピューター、ユーザー名などを設定します。［資格情報を保存できるようにする］をオンにすると、接続先コンピューターごとに、ユーザー名とパスワードを保存できます。これにより、次回接続時はユーザー名やパスワードを入力しなくても接続できるようになります。

また［保存］ボタンは、ユーザー名やパスワードのほか、その他のタブ内で指定する各種接続情報をファイルに保存するボタンです。接続情報は、拡張子「.RDP」のファイルに保存され、次回以降はこのファイルをダブルクリックするだけで接続できるようになります。

●［画面］タブ

リモートデスクトップ接続時に使用する画面解像度を指定します。画面サイズは640×480から、現在使用しているクライアントPCの画面解像度までの間で指定できます。全画面表示を選択した場合、現在のPCのスタートボタンやタスクバーも隠して、あたかもリモートPCを直接操作しているような操作方法にすることができます。

クライアントPCが複数のディスプレイを持つ「マルチディスプレイ環境」の場合、［リモートセッションですべてのモニターを使用する］をオンにすると、接続されたすべてのディスプレイにリモートデスクトップ画面を表示することができます。

［画面の色］は、グラフィック表示可能な色の数を指定します。色数を多くする場合には、ローカル接続のように高速なネットワークが必要になります。

● [ローカルリソース] タブ

サウンド機能とキーボード上の特殊キーの動作を選択できます。[リモートオーディオ] では、サインイン時にサーバー側でサウンド再生／録音する場合に、サーバーコンピューターのスピーカーやマイクを使うのか、クライアント側を使うのかを選択できます。Windows Server 2019は、インストール直後の状態ではサウンド機能が有効になっていませんが、サウンド機能が有効なクライアントOSからリモートデスクトップで接続した場合には、クライアント側でサウンド再生することが可能になります。

これを有効にするには、サーバーに管理者としてリモートデスクトップ接続した状態で、通知領域のサウンドアイコンを右クリックし、メニューから [サウンド] を選択します。

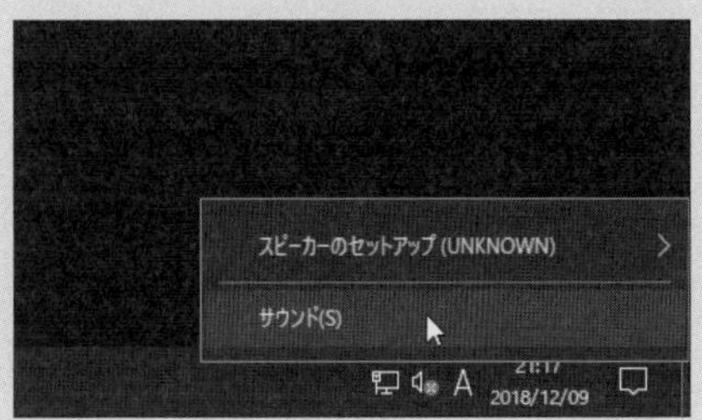

オーディオサービスを有効にするかどうかの問い合わせが表示されるので、[はい] を選択します。

オーディオ サービスが実行されていません

Windows オーディオ サービスが有効になっていないため、このコンピューターではオーディオを再生できません。

Windows オーディオ サービスを有効にしますか?

はい(Y)　いいえ(N)

サウンドデバイスとして「リモートオーディオ」が表示されていることを確認の上、[OK] をクリックしてウィンドウを閉じます。

以上で、リモートデスクトップ接続時に限り、サーバー側で再生されるオーディオがクライアント側コンピューターのサウンド機能で再生できるようになります。

［キーボード］では、⊞キーおよび⊞キーと他のキーの同時押下がなされた場合に、そのキー操作をクライアント側のWindowsに対して処理するか、リモートデスクトップ接続されたサーバー側に伝達するかを決定します。通常の設定では、フルスクリーン時に限り、サーバー側で⊞キーが処理される設定です。

［ローカルデバイスとリソース］では、クライアント側のPCに接続されているプリンターやUSB機器、ハードディスクボリューム等を、リモートデスクトップ接続されたサーバー側のOSで利用できるようにする設定を行ないます。ローカルのハードディスク、USB接続の機器などを、リモートサーバー側に自動的に接続するかどうかを選択します。

［詳細］をクリックすれば、これらのうちどの機能をリモートに接続するかが選べます。特に便利なのが、［ドライブ］を接続した場合で、これを有効にするとクライアントPC側のディスクボリュームが、自動的にサーバー側フォルダーウィンドウの［PC］の下に接続されます。これにより、クライアントからサーバーにファイルを転送したり、逆にサーバーからクライアントにファイルを転送したりといった操作が、ファイル共有を経由しなくても行えます。

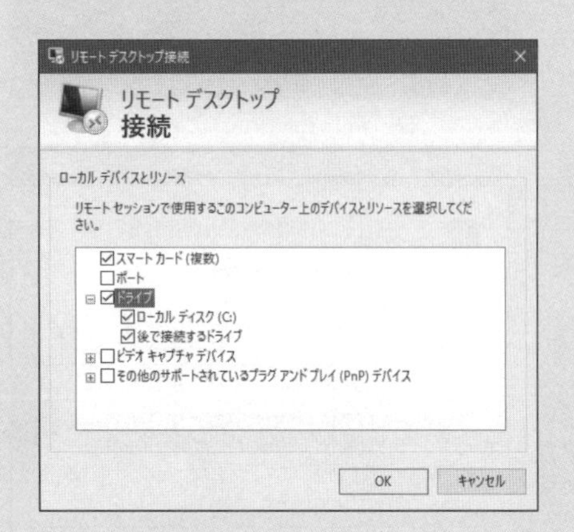

なお、ローカルリソースの接続を変更した状態でリモートデスクトップ接続を行うと、接続する際にセキュリティ警告が表示されます。これはドライブの接続がコンピューターウイルス感染等のセキュリティ問題を引き起こす可能性があるためです。Windows Defenderや他のウイルス対策ソフトなどで保護されていないコンピューターと接続する場合には、十分注意してください。

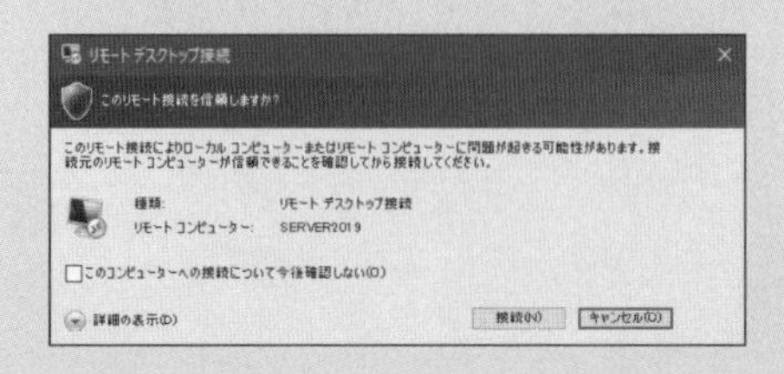

● [エクスペリエンス] タブ

接続に使用するネットワークが低速の場合、一部の画面表示機能を無効にすることで操作性を改善することができます。ただし、ネットワークが十分に高速な場合であっても [デスクトップコンポジション] [ドラッグ中にウィンドウの内容を表示] などは自動的に無効になります。これらは管理用リモートデスクトップ接続時には使用できません。

● [詳細設定] タブ

サーバー認証失敗時の動作を指定します。[任意の場所から接続する] は、リモートデスクトップゲートウェイと呼ばれるサーバー経由でリモートデスクトップ接続を行うための設定です。

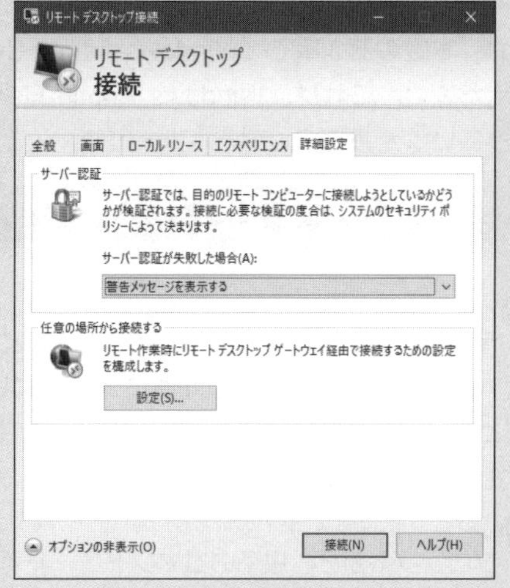

7 サーバーマネージャーで他のサーバーを管理するには

Windows Server 2012から導入されたサーバー管理ソフト「サーバーマネージャー」には、現在のコンピューターだけでなく、ネットワークで接続された他のサーバーを管理する機能も搭載されています。管理できるのはWindows Server 2008以降のWindows Server系OSで、特に同じサーバーマネージャーを搭載しているWindows Server 2012以降のOSでは、ローカルサーバーを管理するのと同じ使い勝手でリモートサーバーを管理できます。

Active Directoryを使用していないネットワークでリモートサーバーの管理機能を使用するには、管理対象となるサーバーを設定可能とするため、対象のサーバーを「信頼できるホスト(Trusted Hosts)」として登録する必要があります。

ここではこの手順について説明します。本節の説明では、管理する側のサーバーとして「SERVER2019」、管理される側のサーバーとして「SERVER2019B」という名前のコンピューターを使用します。OSはいずれもWindows Server 2019ですが、Windows Server 2008以降であれば操作は同じです。

なお、本書の第3章で「Windows Admin Center」をセットアップしている場合には、本節の説明は実行しないでください。これは、Windows Admin Centerのセットアップの際、本節で行う操作と同様の動作を自動的に行っているためです。

サーバーマネージャーで他のサーバーを管理する

❶ 管理する側のサーバー(SERVER2019)に、Administratorとしてサインインして、スタートメニューからWindows Power Shell(管理者)を起動する。

❷ プロンプトから、以下のコマンドを、記号も含めてこの通りに入力する。

```
Set-Item wsman:¥localhost¥Client¥ ➡
TrustedHosts SERVER2019B ➡
-Concatenate -Force
```

- このコマンドでは、管理する側のコンピューターに対して「SERVER2019B」を信頼できるコンピューター(Trusted Hosts)として登録している。
- 「SERVER2019B」の部分は、管理対象とするサーバーのコンピューター名に置き換える。
- 複数のコンピューターを登録する場合は、コンピューター名の並びをカンマ「,」で区切って指定する。その際は、コンピューター名の並び全体を二重引用符「"」を囲むこと。

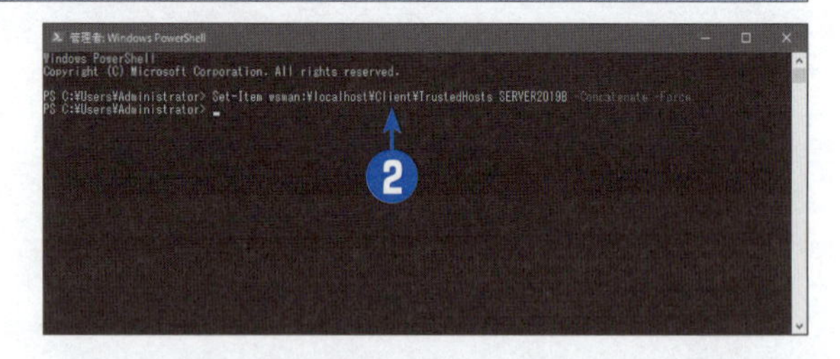

参照

パスワードが異なる場合には

→この章のコラム「リモートサーバー管理におけるユーザー認証について」

- 正常に実行されると、何もメッセージが表示されずそのままプロンプトに戻る。
- 本節の説明とは逆に、SERVER2019Bの側からSERVER2019を管理したい場合は、本節の操作をSERVER2019Bの上で行う。
- 管理する側のサーバーと管理される側のサーバーの管理者(Administrator)のパスワードは同じものを設定しておくこと。

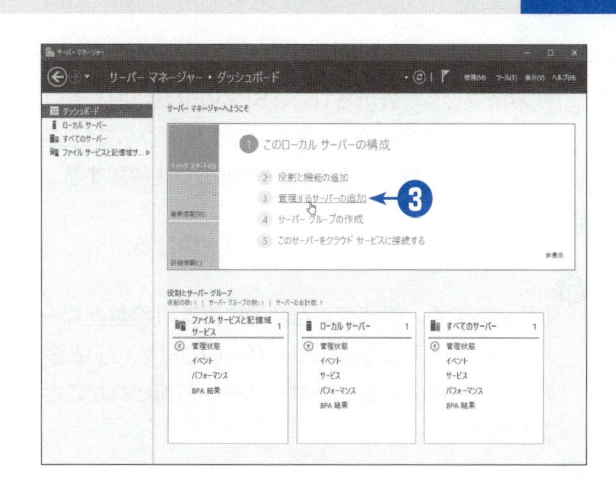

3

サーバーマネージャーの画面から、[ダッシュボード]－［③管理するサーバーの追加］をクリックする。

4

［サーバーの追加］ウィンドウが表示される。現在はまだActive Directoryをセットアップしていないため、ドメインに参加していない旨のメッセージが表示されるが、これは気にしなくてよい。追加するサーバーを指定するため［DNS］をクリックする。

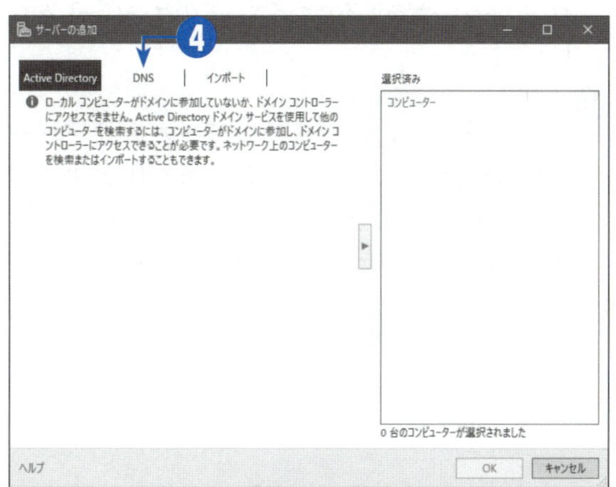

5

［検索］欄に、追加したいサーバーのコンピューター名（SERVER2019B）を入力して、虫眼鏡ボタンをクリックする。ホスト名からIPアドレスが検索され、下の一覧に表示される。

- コンピューター名で検索してうまくいかなかった場合は、対象サーバーのIPアドレスを入力して検索することもできる。
- 対象サーバーで、ネットワークの場所の種類が「パブリックネットワーク」になっている場合にはコンピューターを検出できない。対象サーバーで接続しているネットワークを［プライベートネットワーク］に変更しておくこと。

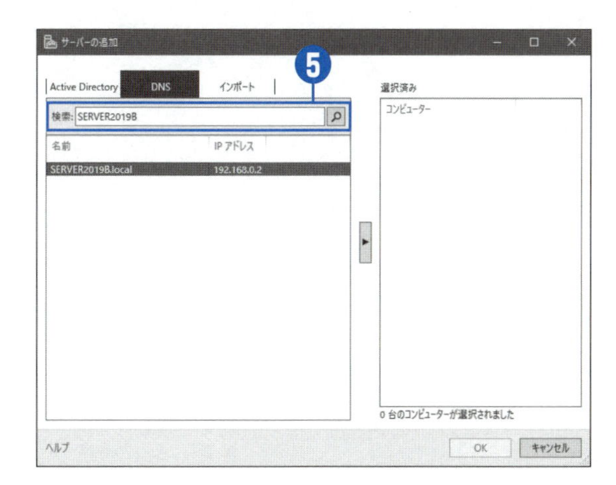

参照

ネットワークの場所については

→第8章のコラム「ネットワークの場所について」

6

検索結果として表示された「SERVER2019B」をダブルクリックするか、▶ボタンをクリックして、[選択済み] の一覧に「SERVER2019B」を追加する。

7

[OK] をクリックしてウィンドウを閉じる。

8

[ダッシュボード]画面に自動的に戻る。[役割とサーバーグループ] の下に「サーバーの合計数:2」と表示されていることから、サーバーが追加されたことがわかる。

9

サーバーの一覧を見るため [すべてのサーバー] をクリックする。

10

[サーバー] に、これまでのローカルサーバー(SERVER2019) に加えて、SERVER2019Bが追加されていることがわかる。[イベント] には SERVER2019Bのイベントが表示される。

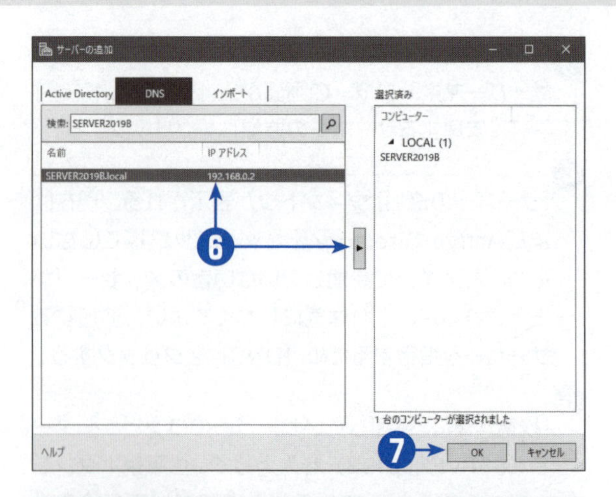

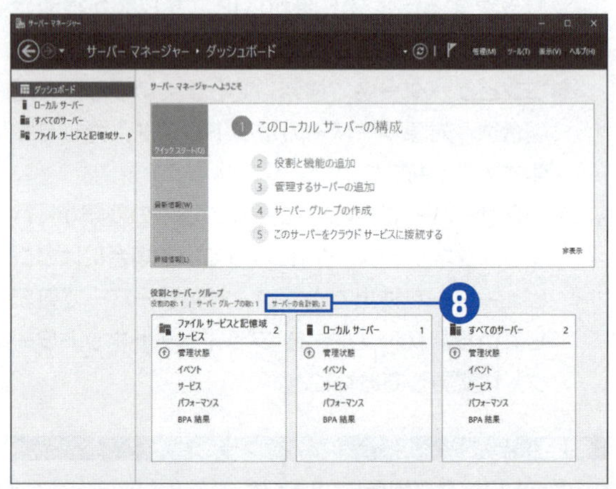

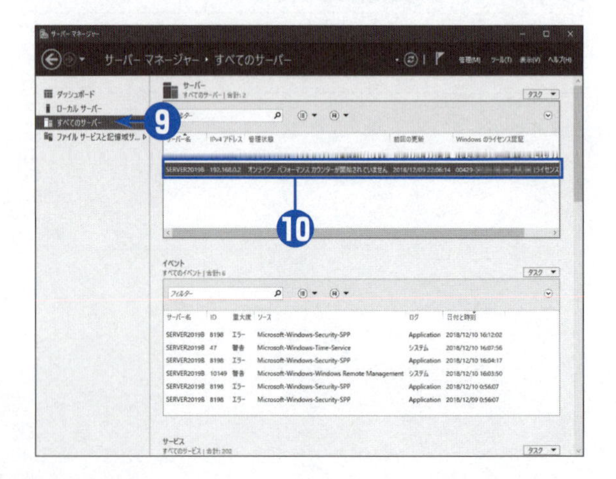

⓫

［ファイルサービスと記憶域サービス］－［ディスク］を選択したところ。ローカルサーバー上のディスクだけでなく、SERVER2019Bに接続されたディスクの状態についても表示することができる。ここでは説明しないが、仮想ディスク作成などの操作もローカルサーバーを操作するのと同様に行える。

⓬

サーバーに機能を追加する［役割と機能の追加ウィザード］でも、ステップの最初の「サーバーの選択」で、今追加したリモートサーバーの選択が行えるようになる。このように、リモートデスクトップを使用しなくてもサーバーの管理作業の大半が実行できる。

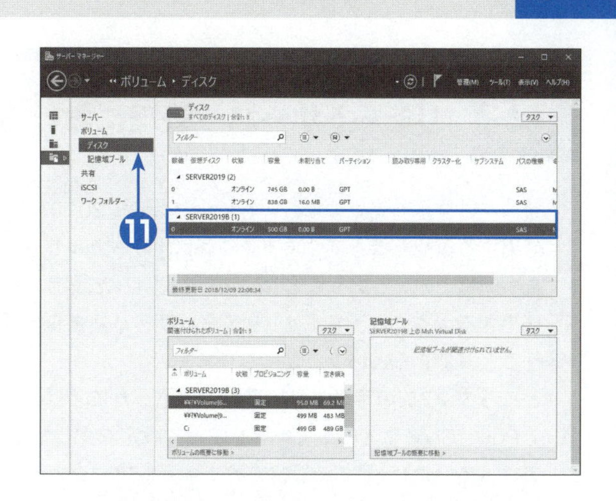

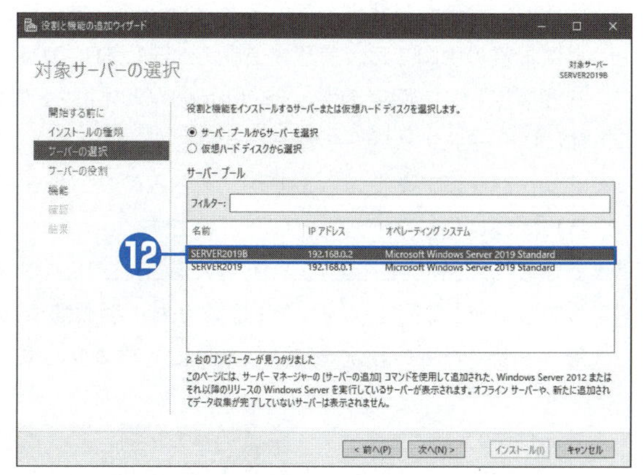

リモートサーバー管理におけるユーザー認証について

サーバーマネージャーは、Windows Server 2019において、サーバーが持つ主要な機能のほとんどを監視・運用する機能を持っています。これは、ローカルサーバーを管理する場合も、リモートサーバーを管理する場合も同様です。ということは、7節で説明した設定を行ってリモートサーバーをサーバーマネージャー上で管理できるようにさえすれば、リモートサーバーを直接操作できない状態であっても、必要な管理の大部分を行うことができるということになります。

ところで、7節の手順を見て不思議に思ったことはありませんか。7節の説明では、管理する側のサーバー上でPowerShellなどのコマンドを使って設定を実行しましたが、管理される側（リモートサーバー）の設定は一切行っていません。この設定だけでネットワークで接続された他のサーバーが管理できるようになるのであれば、他の管理者が管理しているサーバーでも勝手に管理できてしまうのではないか、と。

実は本書の手順では、管理する側のSERVER2019と管理される側のSERVER2019Bで、管理者が同じであると仮定して、両者のAdministratorのパスワードに同じものを設定してあります。サーバーマネージャーでは、リモートサーバーを管理する場合に、現在サインインしているユーザー名とパスワードを使用してリモートサーバーにアクセスしますが、どちらのコンピューターもAdministratorのパスワードが一致しているため、特に問題は生じなかったというわけです。

では仮に、SERVER2019とSERVER2019Bとで、Administratorのパスワードが異なっていた場合はどうなるでしょう。7節で説明した手順のうち、手順❶～❽までは問題なく終了します。ただし手順❾において、リモートサーバーの状況を確認した際に、パスワードが異なるためエラーが発生します。

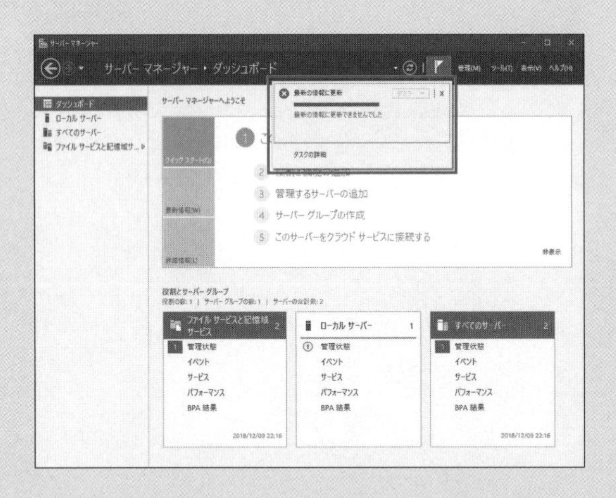

この状態になった場合は、エラーとなったサーバーの行を右クリックして、メニューから［管理に使用する資格情報］を選びます。

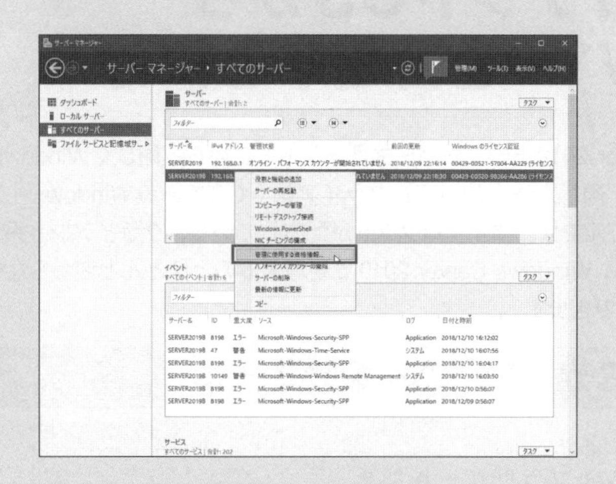

ユーザー名とパスワードを求めるダイアログが表示されるので、ここで管理される側のユーザー名とパスワードを入力します。管理される側のサーバー上のAdministratorとパスワードであることを明確に指定する必要があるため、この場合は、「SERVER2019B¥Administrator」のように「<サーバーのコンピューター名>¥Administrator」と指定します。

［このアカウントを記憶する］はオンにしておきます。

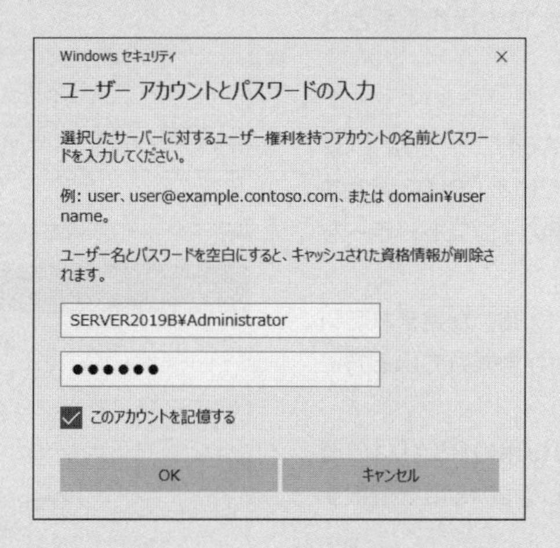

この操作により、リモート管理が正常に行えるようになりますが、管理される側のサーバーでAdministratorのパスワードを変更した場合などには、再度この設定作業を行う必要があるので注意してください。

8 クライアントOSからサーバーを管理するには

前節では、Windows Server 2019上のサーバーマネージャー上から、同じくWindows Server 2019の管理を行う方法を説明しましたが、同じ方法を使って、クライアントOSであるWindows 10 Proなどから、Windows Serverを管理することも可能です。マイクロソフトが配布している、クライアント系OS向けの「リモートサーバー管理ツール」を使えば、Windows Server 2019で管理するのとほとんど変わらない操作性で、クライアントOS側からサーバーを管理できます。

クライアントOSからサーバーを管理する

❶ クライアントOSでWebブラウザーを開き、Windows 10用のリモートサーバー管理ツール（RSAT）のURLを開き［ダウンロード］をクリックする。
https://www.microsoft.com/ja-JP/download/details.aspx?id=45520
●この節の画面は、Windows 10の操作画面となる。

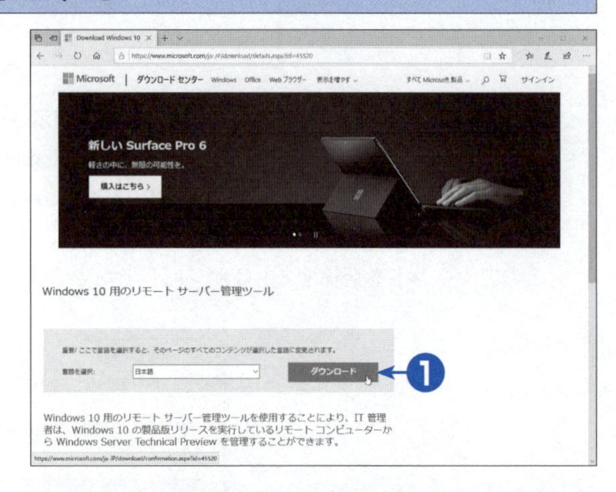

❷ Windows 10用のRSATには64ビット版と32ビット版があるので、使用しているCPUに適合する、Windows Server 2016用のインストーラーを選択する。
●32ビット版はファイル名に「x86」が含まれている方、64ビット版は「x64」が含まれている方になる。
●現状、Windows Server 2019用のRSATは公開されていないので、代用として2016用を選択する。

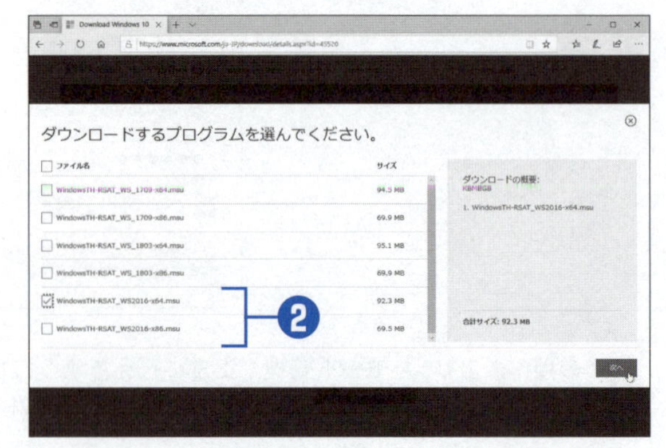

3

ダウンロードが開始されたら、[ファイルを開く] をクリックして、直接インストーラーを起動する。

●一度「保存」を選んだあと、エクスプローラーからダウンロードされたファイルを開いてもよい。

4

Windows Updateの更新プログラムが必要となるため、追加インストールする。[はい] を選択する。

5

ライセンス条項の確認が行われる。[同意します] を選択する。

6

インストールが開始される。終了したら、[閉じる] をクリックする

●PCの状態によっては、ここで再起動が求められる場合もある。その時は再起動する。

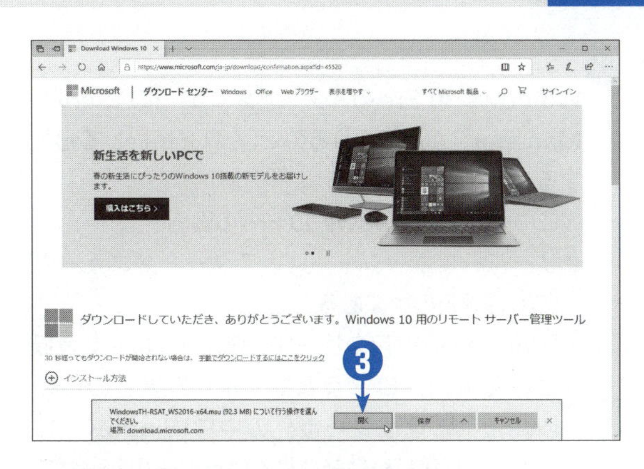

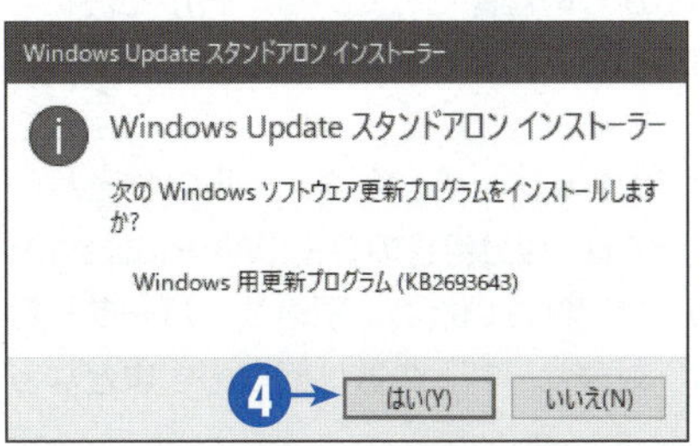

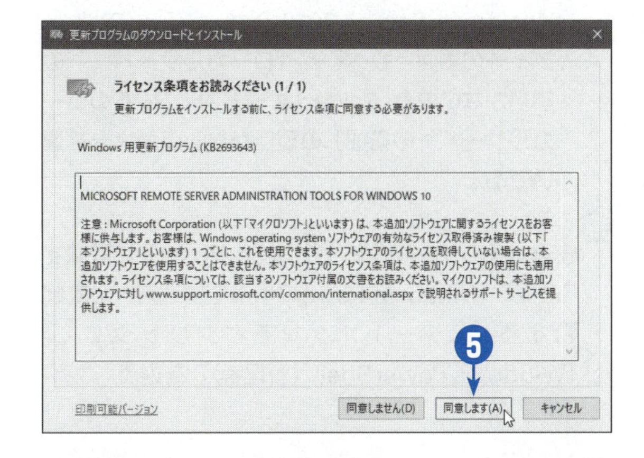

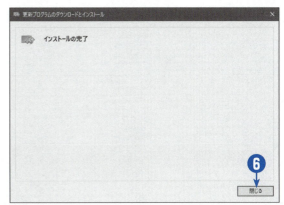

7

Windows 10 Proのスタートメニューに［Server Manager］が追加されるので、これを選択して起動する。

- この画面はWindows 10 Proの画面。
- サーバーマネージャーは、スタートメニューの「S」の項目の中にある。
- 「Windows 10用のサーバー管理ツール」で登録される他のプログラムは「W」の項目の中の「Windows管理ツール」の中にWindows 10 Proにあらかじめ登録されているツールと併せて収められている。

8

Windows 10用のサーバー管理ツールのサーバーマネージャーでは、自分自身のOS（Windows 10）を管理するわけではないため、別途サーバーを登録しなければ、対象サーバーの数はゼロのままとなっている。

- Windows Server 2019のサーバーマネージャーの画面と較べると、「ローカルサーバー」の項目がないのと、ダッシュボード内に「①このローカルサーバーの構成」の項目がない点が大きな違いである。

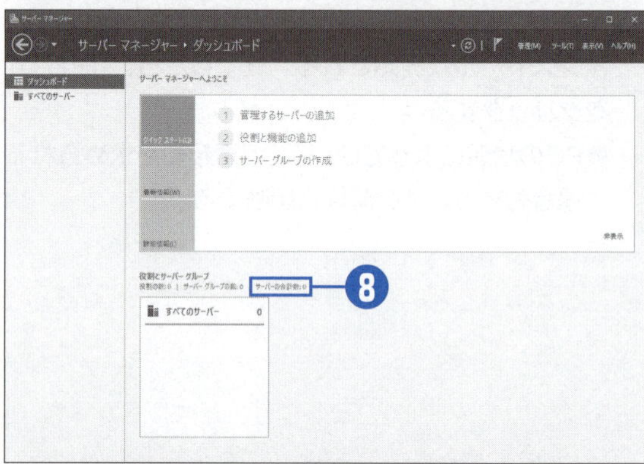

9

管理対象のサーバーを「Trusted Hosts」に登録するため、Windows PowerShellを管理者として起動する。スタートボタンを右クリックして、［Windows PowerShell（管理者）］を選ぶ。

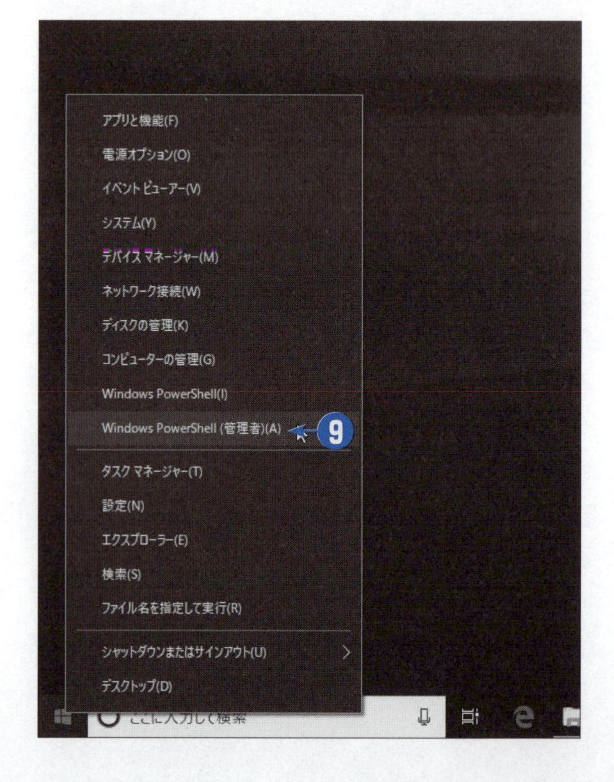

⑩

ユーザーアカウント制御の確認画面が表示されるので、[はい] を選択する。

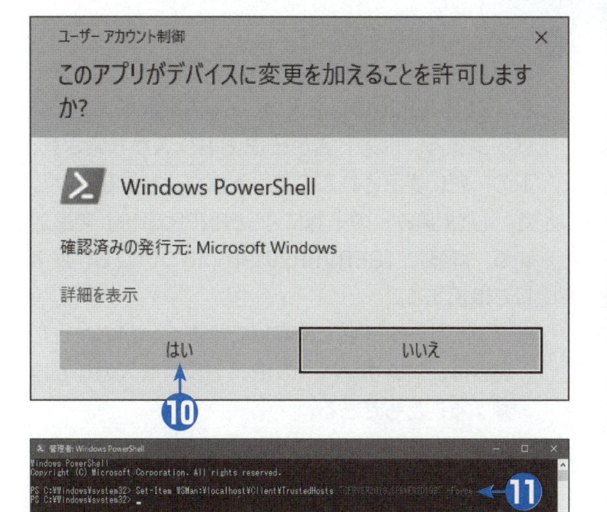

⑪

Windows PowerShellのプロンプトから以下のコマンドを記号も含めてこの通りに入力する。

```
Set-Item wsman:¥localhost¥ ➲
Client¥TrustedHosts ➲
"SERVER2019,SERVER2019B" -Force
```

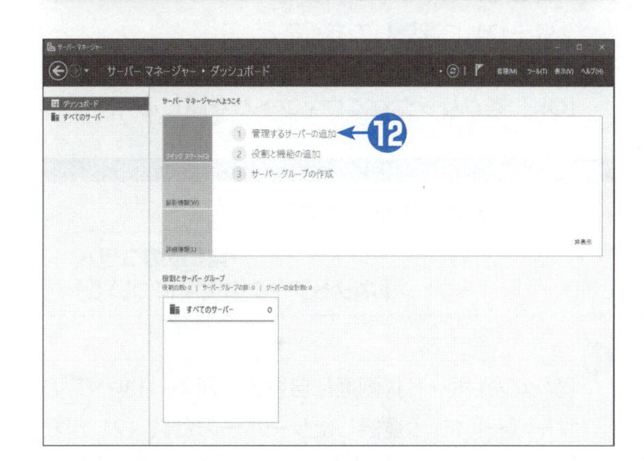

●大文字と小文字は区別する必要はない。
●このコマンドでは、管理する側のコンピューターに対して「SERVER2019」と「SERVER2019B」を信頼できるコンピューター（Trusted Hosts）として登録している。
●今回のネットワークでは2台のサーバーがあるので、2台とも管理対象として登録する。
●「SERVER2019」や「SERVER2019B」の部分は、管理対象とするサーバーのコンピューター名に置き換える。
●正常に実行されると、何もメッセージが表示されずそのままプロンプトに戻る。

⑫

サーバーマネージャーの画面から、[ダッシュボード] ー [①管理するサーバーの追加] をクリックする。
●これ以降の操作は、Windows Server 2019でリモートサーバーを管理対象に追加する場合とまったく同じ操作となる。

⑬

[サーバーの追加] ダイアログが表示される。現在はまだActive Directoryをセットアップしていないため、ドメインに参加していない旨のメッセージが表示されるが、これは気にしなくてよい。追加するサーバーを指定するため [DNS] をクリックする。

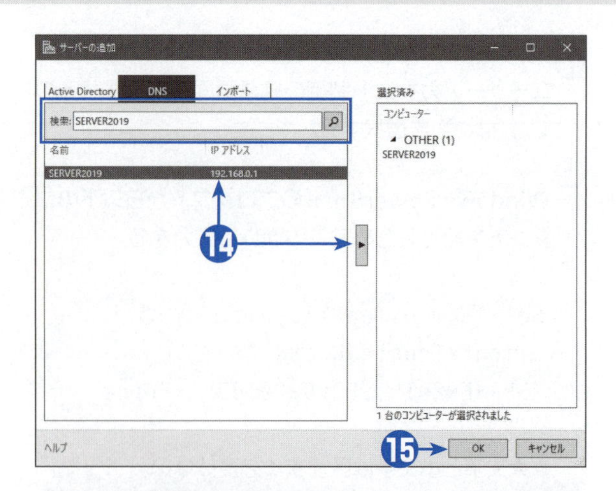

14

［検索］欄に、追加したいサーバーのコンピューター名（SERVER2019）を入力して、虫眼鏡ボタンをクリックする。ホスト名からIPアドレスが検索され、下の一覧に表示されるので、▶ボタンをクリックして、［選択済み］の一覧に「SERVER2019」を追加する。同様に［SERVER2019B］についても、検索して追加する。

- コンピューター名で検索してうまくいかなかった場合は、対象サーバーのIPアドレスを入力して検索することもできる。
- 対象サーバーで、ネットワークの場所の種類が「パブリックネットワーク」になっている場合にはコンピューターを検出できない。対象サーバーで接続しているネットワークを「プライベートネットワーク」に変更しておくこと。

15

［OK］をクリックしてウィンドウを閉じる。

参照

ネットワークの場所について

→第8章のコラム「ネットワークの場所について」

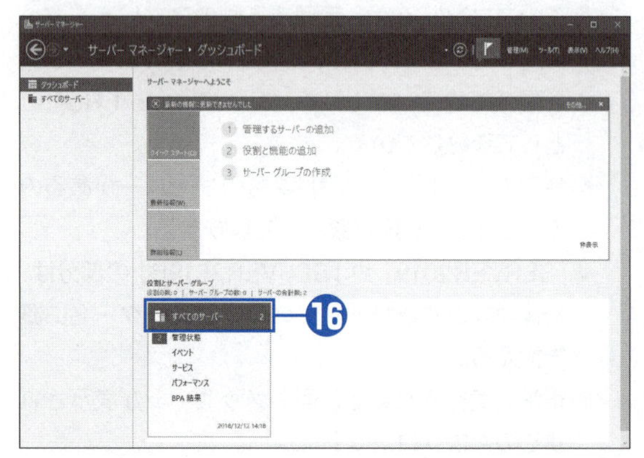

16

［ダッシュボード］画面に自動的に戻る。［すべてのサーバー］に、今登録したサーバーの台数（2）が表示されているが、赤表示でエラーとなっていることがわかる。

- Windows 10 Proにサインインしているユーザー名とパスワードが管理対象のWindows Serverで管理者として登録されていない場合は、管理アクセスができないためこのようにエラーが発生する。
- ユーザー名とパスワードが管理対象サーバーに登録されていて、かつ、管理者権限を持つ場合に限りエラーは発生しないが、そのような設定はセキュリティ上勧められない。

⑰

［すべてのサーバー］をクリックし、エラーとなっているサーバーの行を右クリックして、メニューから［管理に使用する資格情報］を選ぶ。

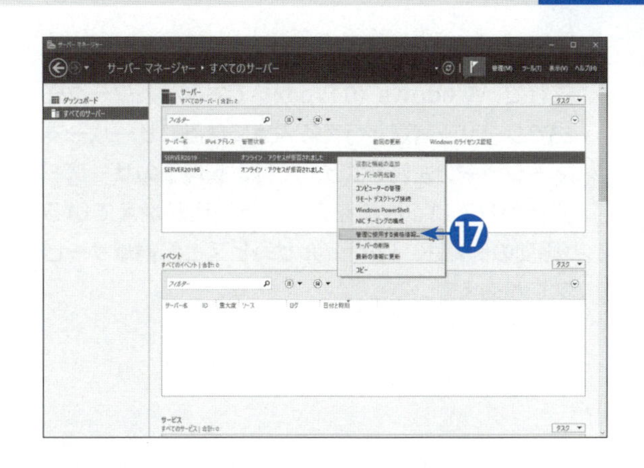

⑱

ユーザー名とパスワードを求めるダイアログが表示されるので、ここで管理される側のユーザー名とパスワードを入力する。サーバー上のAdministratorとパスワードを指定する必要があるが、この場合は、「SERVER2019¥Administrator」のように「<サーバー名>¥Administrator」と指定する。［このアカウントを記憶する］はオンにしておく。［OK］をクリックする。

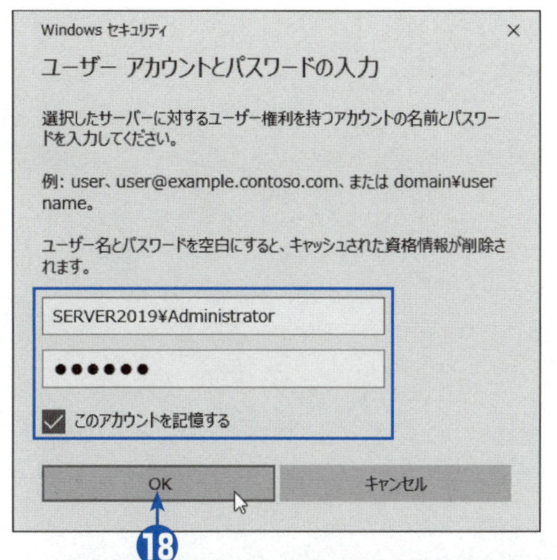

⑲

2台のサーバーそれぞれに管理者アカウントをセットしたら、［ダッシュボード］をクリックして、ダッシュボードに戻る。エラー表示の赤色が消えていることがわかる。

●エラーが消えていない場合は、再読み込みボタンをクリックする。また、エラーログ（旗のアイコン）の赤表示については、これを右クリックすれば、メニューからログを消去できる。

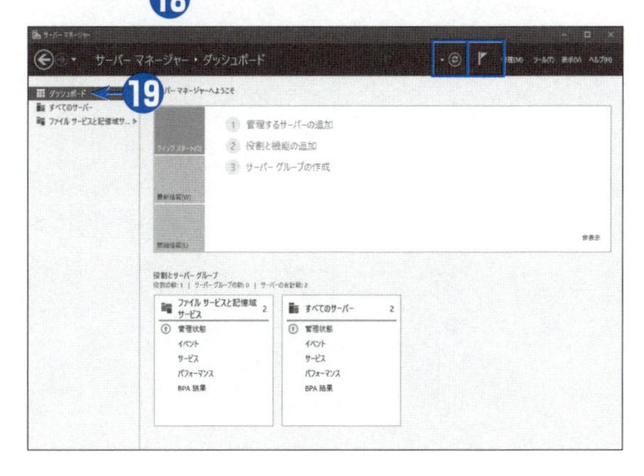

⑳

これで、Windows 10 Proからでもネットワーク経由でサーバー管理が行えるようになる。サーバーマネージャーの左側メニューには、管理下のサーバーで使われている機能を管理する項目が増えている（画面の例では、［ファイルサービスと記憶域サービス］が増えている）。

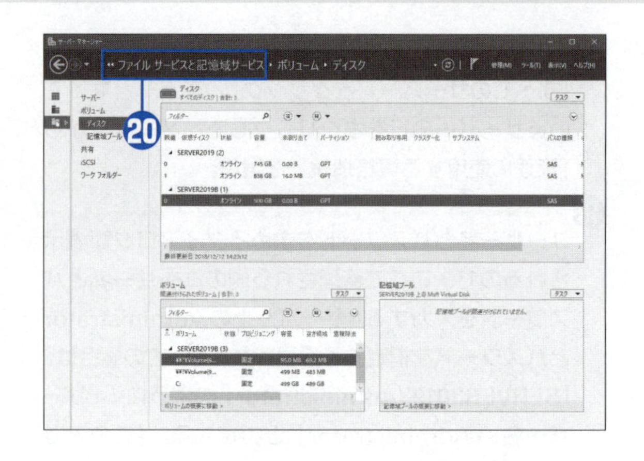

インターネットサービスの設定

第10章

近年、インターネット技術は、IT分野は当然のこととして私たちの生活をとりまくさまざまな分野に応用が進んでおり、その重要性もますます高まっています。最近では、インターネット技術のより進んだ使い方として、インターネット上に蓄積されたデータやデータ処理能力を用いてグローバルなサービスを行う「クラウド技術」の利用も広がっています。

Windows Server 2019は、オンプレミスサーバーとしての機能はもちろんのこと、「クラウドプラットフォーム」としての機能も重要視されており、インターネット関連の機能やセキュリティ機能も強化されています。

Windows Server 2019においてインターネット関連の機能を提供するIIS（Internet Information Services）10の設定、管理方法について解説します。

インターネットとイントラネット

インターネットは、企業内、学校内、家庭内などで使われるような小規模なネットワークとは違い、世界中のコンピューターが接続される、非常に巨大なネットワークです。当初は研究用として開発されたものですが、現在では企業・個人に関わりなく広く使われており、もはや生活に欠かせない存在となっていることは説明するまでもありません。
インターネットという言葉を聞くと、ついWebブラウザーや電子メールといった「アプリケーション」を想像してしまいます。しかしインターネットとは、そうした特定のアプリケーション（機能）を指すのではなく、そうした機能を実現するための基盤となるネットワーク基盤そのものを指しています。

企業内の情報共有に役立つイントラネット

こうしたインターネットの対比としてよく使われるのが「イントラネット」です。イントラネットは主に企業内のネットワークを指す言葉として使われていますが、単なる「社内ネットワーク」とは違い、インターネットで使われる主要技術を積極的に社内ネットワークに応用したネットワークであることが特徴です。
社内ネットワークと言うと、従来は外部とは接続されない完全に閉じたネットワークを意味することがほとんどでした。利用されるアプリケーションも、ワードプロセッサや表計算ソフトなどの一部の汎用アプリケーションを除けば、その会社の業務に合わせた専用設計で、他社業務には転用できないような作りであることがほとんどです。
これに対してイントラネットは、利用者が社内の人に限られるという点では共通ですが、利用される通信プロトコルや主なアプリケーションとして、インターネット上で使われているものと同じものを使用する場合が多い点が特徴です。たとえばWebブラウザーや電子メールソフト、あるいはそうしたアプリケーションを使うためのソフトウェア基盤などは、世の中で一般的に使われるものをほぼそのまま流用します。
もちろん、その会社特有の業務に対しては専用のアプリケーションを設計する必要はありますが、その設計についても、インターネット上で広く使われている技術を採用することで、短時間でアプリケーションを開発することを可能とし、使い勝手も向上させます。結果、専用アプリケーションの設計にかかるコストを抑え、業務をより効率的に進めることが可能となるわけです。このように、社内ネットワークに対してインターネット上の汎用技術を応用したネットワークが、いわゆる「イントラネット」と呼ばれるネットワークです。
顧客情報や商品の在庫状況、プロジェクトの進捗管理など、企業内部での情報の共有のためにネットワークが大きな役割を果たすことは言うまでもありません。それらの目的のためにアプリケーションを開発することも、その開発が一度だけで済むのであれば、その会社専用として設計・開発するのも良いでしょう。しかし現代のビジネス環境は急激に変化することも多く、業務用のアプリケーションもそうした変化を取り入れるために、短期間での機能追加や変更を求められることが普通です。用途や機能が固定化されがちな専用設計のアプリケーションではなく、世界の標準を取り入れ、迅速かつ柔軟に変化を取り入れることができることこそがイントラネットのメリットです。

Windows Server 2019とイントラネット

このようにイントラネットとは、社内ネットワークという限定された環境下において、インターネットで使われる汎用の技術やアプリケーションを動作させるネットワークです。ユーザー側の動作プラットフォームとしてはWebブラウザーをベースとする例が多いため、利用者から見ると、インターネット上のサーバーを利用するのも、イントラネット上のサーバーを利用するのもそれほど大きな違いがあるわけではありません。
一方でサーバーを管理する立場から言えば、基本的なサーバー構築技術は共通ですが、両者のあきらかな違いとして、利用者層が違う、という点が挙げられます。インターネットの場合、世界中の不特定多数の人や環境からアクセスされることが前提であるため、利用者の中にはデータを不正に盗もうとする、サーバーを破壊する、などの悪意を持った利用者も当然含まれます。これに対して、基本的には外部に公開されないイントラネットでは、(完全に無視することはできませんが) 不正アクセスが行われる危険性は、インターネットに較べるとそれほど高くはありません。
もちろん、だからといってセキュリティ面での対策をおろそかにしてよいわけではありません。不正アクセスの可能性は常に念頭に置くべきですし、インターネットサーバーであろうと、イントラネットサーバーであろうとできる限り高いセキュリティを確保するのがサーバー運用の基本です。
Windows Server 2019では、これまでのWindows Serverと同様、ネットワークからの直接的な攻撃を防止するWindows Defenderファイアウォール機能を搭載しています。またWindows Server 2019では、悪意を持ったソフトウェア (マルウェア) に対する対策も強化され、ネットワーク内のセキュリティを総合的に管理できる「Windows Defender ATP (Advanced Threat Protection)」も新たに搭載されました。これらの新機能を駆使した上で、まずはイントラネット上のサーバーとしてWindows Server 2019を運用し、管理手法に慣れておくことが大切です。

Internet Information Services 10とは

Internet Information Services（IIS）とは、Windows Serverに標準搭載されている、Webサーバーの名称です。Windows Server 2019に搭載されているIISのバージョンは10.0で、これはWindows Server 2016で搭載されていたものと同じバージョンとなります。このため設定方法や機能はWindows Server 2016のものとまったく同じであり、Windows Server 2016でIISを管理していた場合には、新たに覚えなければならない事柄はありません。IIS 10は、以前のバージョンであったIIS 8.5に対して以下のような機能が強化されています。

- ・新プロトコルHTTP/2に対応
- ・Windows Server 2016/2019のNano Server上での動作をサポート
- ・IIS管理用のPowerShellコマンドレットをサポート
- ・ホストヘッダのワイルドカードをサポート
- ・TLS（Transport Layer Security）において新たな暗号化方式をサポート

これらの強化機能のうち重要となるのが、「Nano Server」上での動作をサポートした点です。
Windows Server 2016から利用可能となったNano Server機能は、GUIによる設定を一切廃し、非常に少ないディスク容量でサーバー機能を実現できるWindows Server 2019の最小インストールオプションです。数100MB程度という、きわめて小さなディスク容量で、ファイルサーバー機能やWebサーバー機能などを運用できるのが特徴です。
Nano Server機能は、ライセンス上の制約により、Windows Serverの「ソフトウェアアシュアランス」契約をしている場合に、Windows ServerコンテナーかHyper-Vコンテナー内のOSイメージとして利用することができます。このような利用上の制限はあるものの、Hyper-VでOSをインストールし、さらにIISをインストールする通常のWebサーバー構築を行うのに比べてはるかに小さな容量でWebサーバーを構築できる、大きなメリットを持つ機能です。さらにNano Server上では、Webサーバーとしては不要となる余分なサービス類も動作しないため、セキュリティ強化にも役立ちます。
IIS 10.0は、Nano Server上で使用した場合でもWebアプリを作成するのに役立つASP.Net/.NET Coreの動作をサポートしているため、通常インストールのWindows Server上でIISを利用するのと比べても機能面で遜色はありませんし、ネットワーク経由でPowerShellから設定が行えるようになったことで、Nano Server上での設定作業にも支障はありません。
ただこうした強化点を除けば、本書で紹介するようなGUIによる設定作業においては従来のIIS 8.5とIIS 10.0との違いはほとんどありません。前バージョンにおけるIISの管理・運用経験があれば、その知識はそのままIIS 10.0に役立てることができます。

1 Webサーバー機能を使用できるようにするには

Windows Server 2019は、標準の状態ではWebサーバー機能（IIS）は有効になっていません。そこで、初めにWebサーバー機能を追加インストールして有効にします。Windows Server 2019で特定の機能を有効／無効にするには、サーバーマネージャーを使用します。

Webサーバー機能を使用できるようにする

❶ 管理者でサインインし、サーバーマネージャーのトップ画面から［② 役割と機能の追加］をクリックする。

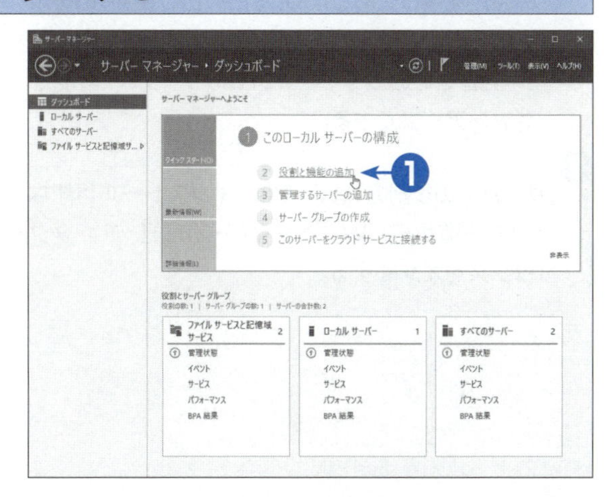

❷ ［役割と機能の追加ウィザード］が開く。［次へ］をクリックする。

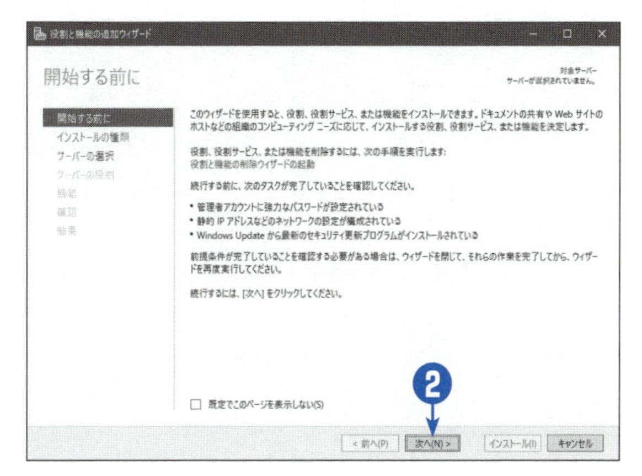

3

［インストールの種類の選択］では、［役割ベースまたは機能ベースのインストール］を選択して［次へ］をクリックする。

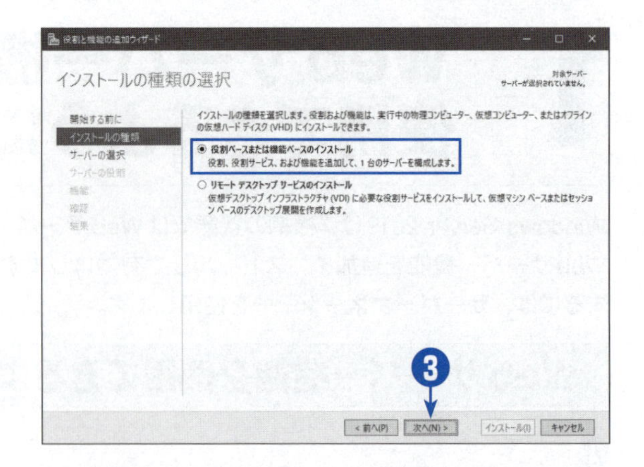

4

［対象サーバーの選択］では、自サーバーの名前（SERVER2019）を選択して［次へ］をクリックする。

●ここでは、前章で設定した「他サーバーの管理」の設定を残してあるため、SERVER2019Bの表示もある。ここでそちらを選択すれば、ネットワーク経由でそのサーバーにWebサーバー機能をセットアップできる。

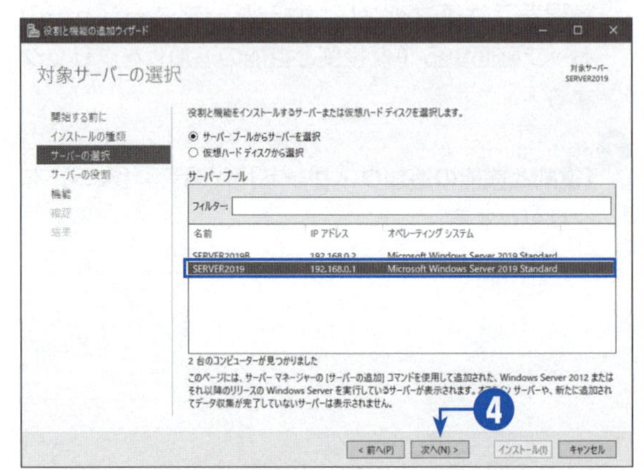

5

［サーバーの役割の選択］では、インストール可能な役割の一覧から［Webサーバー（IIS）］チェックボックスをオンにする。

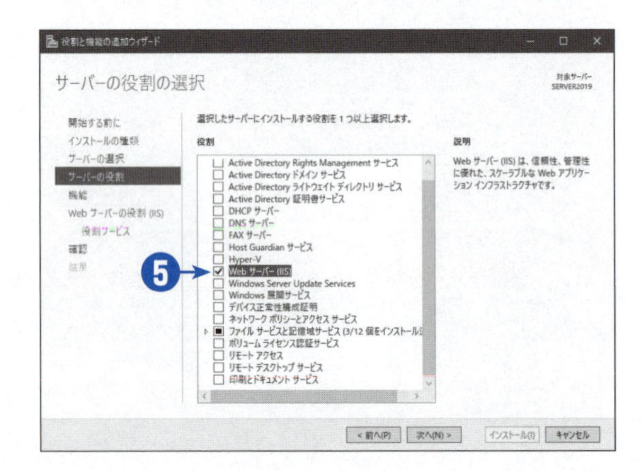

6

手順5でチェックボックスをオンにしようとすると、IIS 10.0を動作させるのに必要な他の機能のインストールを求められる。この画面では特に何も変更せず［機能の追加］をクリックする。手順5の画面に戻るので、［次へ］をクリックする。

●［管理ツールを含める（存在する場合）］チェックボックスは標準でオンになっているが、これはオンのままにする。

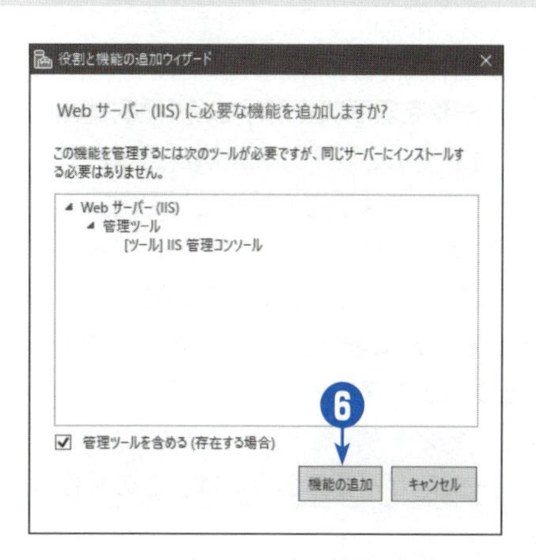

7

［機能の選択］画面では、何も変更せずそのまま［次へ］をクリックする。

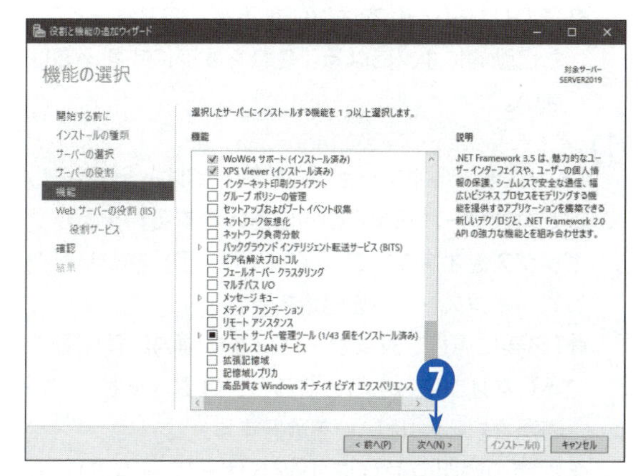

8

［Webサーバーの役割（IIS）］に移行する。最初の画面では、IISにどのような役割をさせるかによって役割の追加インストールが必要となる旨の説明が表示される。内容を確認したら［次へ］をクリックする。

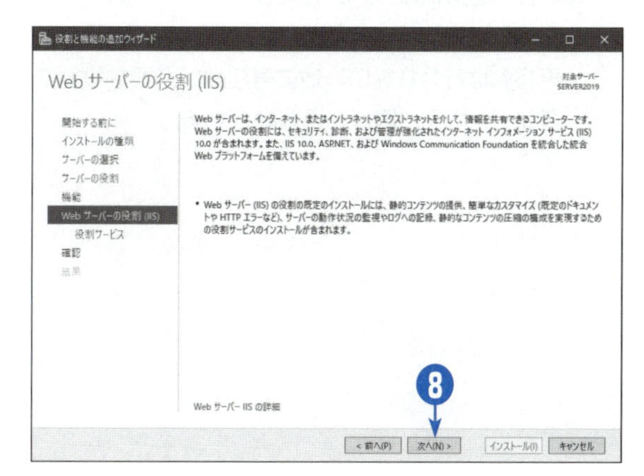

9

単純なWebページを表示するだけなら［役割サービスの選択］ではすでに必要十分な役割が選択されている。そのためここでは追加のサービスを選択する必要はないが、本書では、FTP（ファイル転送プロトコル）も追加で使うことにしているので、一覧をスクロールして下方に表示されている［FTPサーバー］チェックボックスをオンにして［次へ］をクリックする。

- FTPサーバー機能が不要の場合には、この操作は行わない。
- ［FTPサーバー］をオンにすると、［FTPサービス］も自動的にオンになる。これをオフにする必要はない。

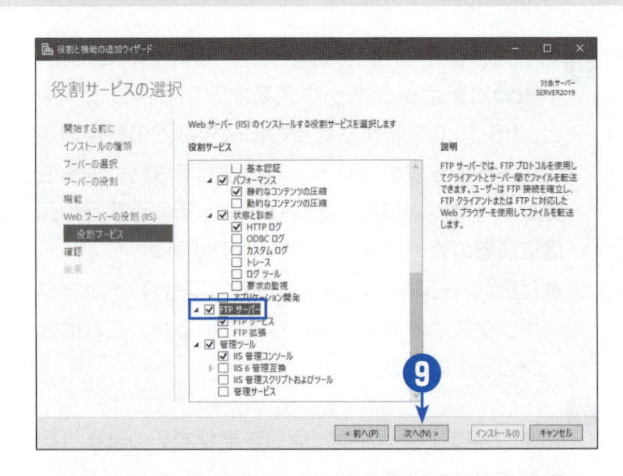

10

［インストールオプションの確認］では、［必要に応じて対象サーバーを自動的に再起動する］チェックボックスをオンにして、［インストール］をクリックして、インストールを開始する。

- ［必要に応じて対象サーバーを自動的に再起動する］をオンにしようとすると、確認メッセージが表示される。［はい］を選択する。
- 本節の説明の通りに［Webサーバー（IIS）］と［FTPサーバー］を追加するだけの場合、実際には再起動は行われない。他に再起動が必要な役割を追加した場合に限り、再起動される。

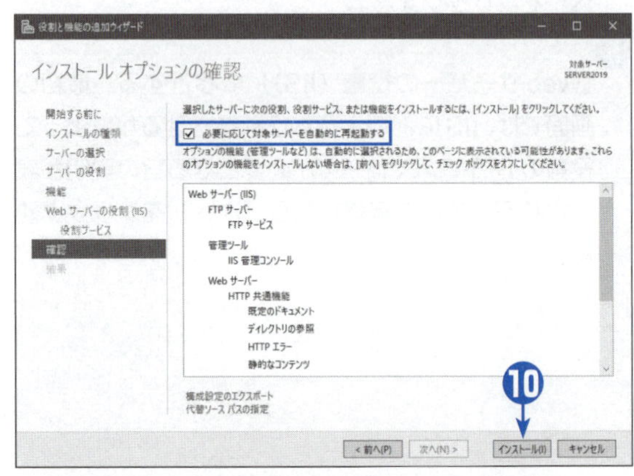

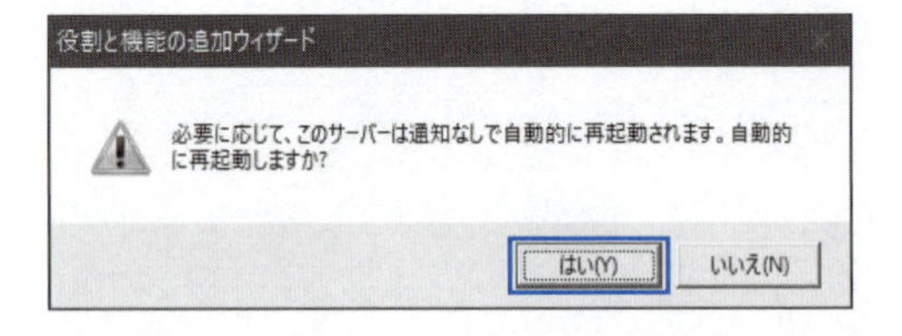

⓫

IISのセットアップが開始される。

●インストールの終了を待たずにこのウィンドウを閉じてしまってもインストールは継続されるが、できるだけ最後まで確認するようにする。

⓬

IISが正常にセットアップされたら、［閉じる］をクリックする。

⓭

サーバーマネージャーのダッシュボード画面の左側のメニューと［役割とサーバーグループ］に［IIS］が追加されていることがわかる。

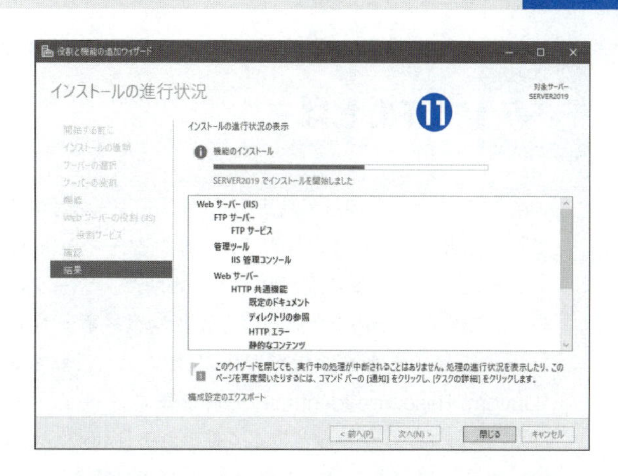

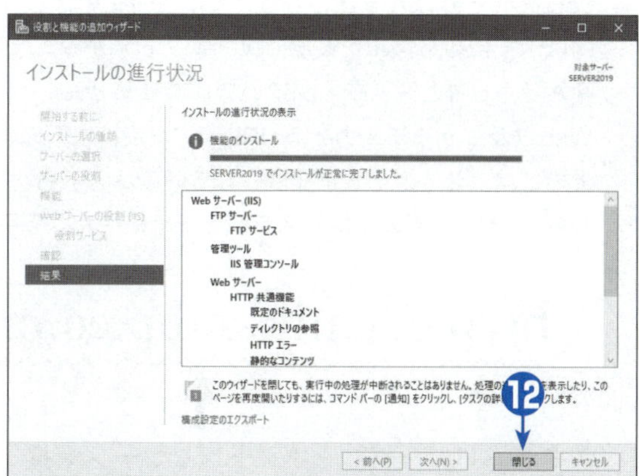

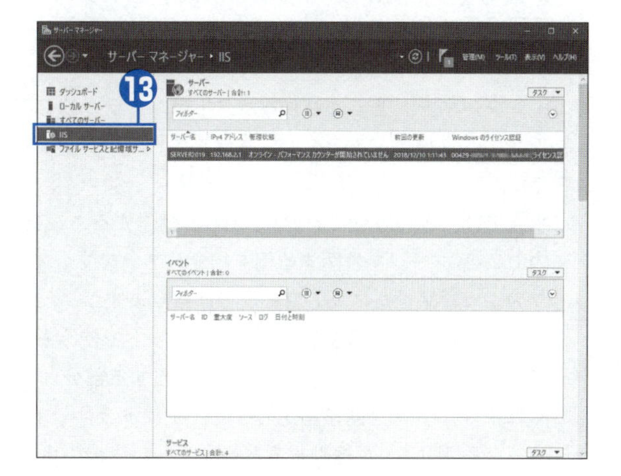

URLとは

Webブラウザーを使って特定のWebページを表示する場合、どのページを表示するのかをブラウザーに対して教えてあげなければいけません。インターネット上にはさまざまな文書や画像、プログラムなどが公開されているため、これらが置かれている場所や、データの名前などがわからなければ、それを表示したりダウンロードできないためです。こうしたインターネット上のさまざまな情報は「リソース」と呼ばれています。リソースにはさまざまな種類がありますが、これらの場所や名前を統一的に表す表現方法のことを、URI（Uniform Resource Identifier）と呼びます。

また、Webブラウザーなどでよく使われる「http://www.xxxx.co.jp/」といった表現は、URL（Uniform Resource Locator）と呼ばれることもあります。URLとはURIの一種で、データの名前やデータの置き場所をより具体的に示す情報を含んだ表現形式です。ですから、こうした「http://www.xxxx.co.jp/」のような形式は、URLと呼んでもURIと呼んでも間違いではありません。

Webブラウザーに入力するURLは、一般に以下のような形式で表現されます。このように、インターネット上のリソースは、それが提供されているホスト名、そのホスト名の中におけるリソースの位置（パスとファイル名）、そしてそのリソースを得るために使われる手段（プロトコル）によって表現されます。

http://ec.nikkeibp.co.jp/summary/newlst001.html

スキーム(リソースを取り込むための手段(プロトコル))

ホスト（リソースを提供するホストマシンの名前またはアドレス）

リソースの名前（パス）

インターネット上で使われるホスト名は、データにアクセスする段階でIPアドレスに変換されて、実際にはIPアドレスによってアクセスされます。この変換を行うのが、すでに解説したDNS（Domain Name System）です。

本書では、Windows Server 2019が動作するコンピューターをイントラネットに接続して、イントラネット内でWebページを公開する例を紹介しています。すでに説明したように、イントラネットは、社内ネットワークのような閉じたネットワークではありますが、インターネットで使われるプロトコルをそのまま利用しており、URLの指定方法などはインターネットで使うものと同様に指定できます。

イントラネットの場合、ホスト名に相当する部分は、イントラネット内におけるホスト名を指定するか、もしくはIPアドレスを直接指定します。イントラネットでのホスト名を使う場合、そのネットワーク内にネームサーバー（DNS）が稼動しており、サーバー機のホスト名が正しく登録されていることが必要です。ただし、サーバーコンピューターとクライアントコンピューターとが同一のネットワーク（ネットワークアドレスが共通のネットワーク）に存在しており、クライアントからサーバーのコンピューターが検索可能な状態にあるときに限り（本書の手順で、ファイル共有やプリンター共有機能が有効にされており、正しく動作していれば、同一ネットワーク上でコンピューターが検索可能となります）、DNSがなくてもホスト名で他のコンピューターにアクセスできます。

2 Webサーバーの動作を確認するには

Webサーバー（IIS 10.0）のインストールが正常に終了したら、クライアントコンピューターからWebブラウザーを使ってWebサーバーが正しく動作しているかどうかを確認します。

IIS 10.0の動作を確認する

1

クライアントコンピューター上のタスクバーからWebブラウザーのアイコンをクリックして、Webブラウザー（Edgeブラウザー）を起動する。

- この操作はWindows 10 Proが動作するクライアントコンピューター上で行う。
- Windows 10 Proのタスクバーからブラウザーを起動した場合、Internet ExplorerではなくEdgeブラウザーが起動するが、この操作ではどちらのブラウザーでもかまわない。本書ではEdgeを使用する。

2

アドレス入力欄にhttp://server2019/と入力して[Enter]キーを押す。

- 「server2019」の部分は、サーバーコンピューターのサーバー名を入力する。
- 大文字/小文字を区別する必要はない。

3

この画面が表示されれば、IIS 10.0は正常に動作している。

- この画像は、IIS 10.0に標準で用意されている既定のトップページ。

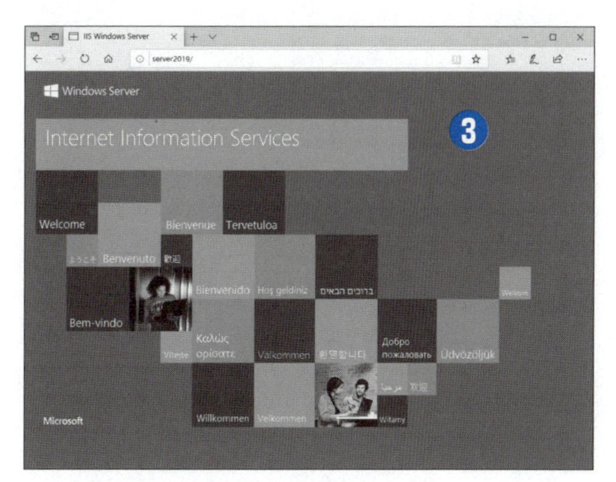

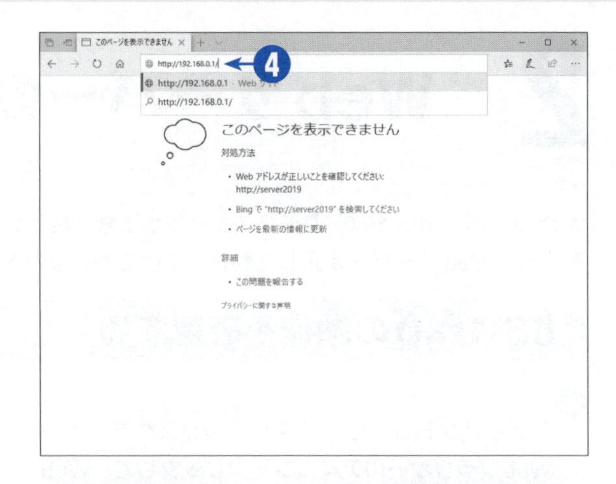

4

クライアントコンピューターとサーバーコンピューターが同一のネットワーク上にない場合は、コンピューター名が見つからずエラーとなることがある。この場合は、アドレスバーに**http://192.168.0.1/**と入力して、IPアドレスでのアクセスを試みる。

- 表示できなかった場合のエラー表示は、Webブラウザーの種類によって異なる。
- 「192.168.0.1」の部分は、サーバーコンピューターの実際のIPアドレスに置き換える。

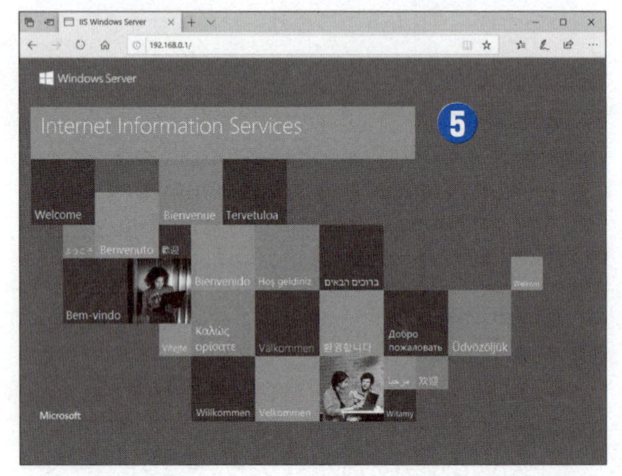

5

IPアドレス指定で表示できれば、IIS 10.0は正常に動作している。

- コンピューター名で見つかる場合であっても、IPアドレス指定で接続することができる。

IIS 10.0を利用したWebサーバーの仕組み

この章のコラム「URLとは」で説明したように、インターネット上のリソースは、ホストマシンの名前とリソースのパスによって特定することができます。この「パス」という言葉は、Windows上でも、ファイルの位置や名前を示すのに使われています。たとえば「C:¥windows¥win.ini」というパスは、C:¥Windowsフォルダーに存在するwin.iniというファイルを示します。ではURLで言う「パス」と、Windowsで言う「パス」とは同じものなのでしょうか。

結論から言えば、両者の「パス」は異なります。もちろんパスの区切り文字が「¥」と「/」とで異なるというのもありますが、それよりもさらに大きな違いは、パスが指し示しているディスク内のフォルダーの位置です。Windowsで言う「パス」は、Windows上で使われるすべてのファイルやフォルダーを指し示す必要があります。一方、URLで言う「パス」は他のコンピューターからアクセスされるだけに、すべてのファイルが見えてしまっては困る場合もあります。ディスク中のファイルにはシステムで使われる非常に大切なファイルや、パスワードなどの個人情報を記録したファイルも含まれているため、パスを指定するだけでそれらすべてが見えてしまうようでは非常に困った事態となってしまいます。つまりIISには、たとえパス指定されても表示できないファイルやフォルダーが存在することが求められます。

Webサイト

この機能を実現するために用意されたのが「Webサイト」と呼ばれる考え方です。IIS 10.0は、ファイルやフォルダーの内容を公開する際、Windowsが管理するフルパスとは別に、IISだけが管理する「仮想的なボリューム」を作ります。たとえばURLで指定したファイルのパスが、最上位ディレクトリを示す「/」であった場合、IISは実際にはWindowsのシステムドライブの最上位である「C:¥」ではなく、あらかじめ指定したフォルダーのパスであると自動的に読み替えます。たとえばURLで「/」が指定された場合、これを自動的に「C:¥inetpub¥wwwroot」という物理フォルダーのパスであると解釈するのです。

この仕組みがあれば、Webブラウザーがどんなパスを指定してきたとしても、外部からはC:¥やC:¥Windowsなどの大切なフォルダーを表示することはできなくなります。なぜならURLでは、サイトのトップディレクトリである「/」よりも上位のディレクトリを指定する手段はないからです。この例で言えば、URLで指定できるのは「C:¥inetpub¥wwwroot」よりも下位のフォルダーだけとなります。

URL指定によってIISが表示できる一連のファイルやフォルダー群のことを「Webサイト」と呼びます。Webサイトには、パスが「/」で指定された場合に表示される最上位のフォルダーを1つだけ定義する必要がありますが、このフォルダーのことを、Webサイトの「ホームディレクトリ」と呼びます。

IIS 10.0では、Webサイトを複数作成することができます。このうちIIS 10.0をインストールした際に自動的に作成されるのが「既定のWebサイト」です。この既定のWebサイトでは「C:¥inetpub¥wwwroot」フォルダーがホームディレクトリとして使われます。IIS 10.0の動作確認において「http://SERVER2019/」と指定しただけでIIS 10.0の画像が表示されましたが、これは、C:¥inetpub¥wwwrootフォルダーに、この表示を行うためのHTMLファイルである「default.htm」が存在するために、画像が正しく表示されているのです。

なおホームディレクトリの設定は、管理者により自由に変更することができます。たとえば既定のWebサイトのホームディレクトリを「C:¥」にすれば、URLでルートフォルダー「/」が指定された場合にC:¥を表示するようになります。しかし、このような設定は、URLでパスを指定するだけでC:ドライブのすべての内容が読み出せるようになる危険性を持っているため、決して行ってはいけません。

インターネットとセキュリティ

本書ではIIS 10.0をイントラネットのサーバーとして使用する例を解説していますが、Windows Server 2019をインターネットに接続してIIS 10.0を動かすと、イントラネットではなくインターネット上でWebコンテンツを公開できるようになります。これはすなわち、そのコンピューターがインターネットに接続された世界中のコンピューターからアクセス可能になることを意味しています。
ここで注意しなければいけないのが、そうした数多くのアクセスは、常に善意のアクセスだけではないという点です。Webサーバーが公開しているファイルを勝手に書き換えたり、公開している以外のファイルを盗んだり、最悪の場合にはコンピューターに侵入して勝手に操作したりといった攻撃を受けることも十分に考えられます。
万が一こうした被害を受けた場合、自分が被害を受けるのはもちろん、他のコンピューターに悪影響を与えることもあります。たとえば「コンピューターウイルス」は、ネットワーク上の他のコンピューターに感染するため、あるコンピューターが攻撃されウイルス感染してしまうと、そこからさらに別のコンピューターへと伝染しようとします。自分が被害を受けると同時に、今度は自分のコンピューターが「ウイルスのばらまき元」になってしまうというわけです。こうした最悪の結果を防ぐため、インターネットに接続するコンピューターは、セキュリティを強化する必要があります。
Windows Server 2019は、クラウドプラットフォームとしての機能、とりわけインターネット上でWebサイトを公開することを視野に入れたOSですから、通常のクライアント向けWindowsに比べればセキュリティは強化されています。多くの機能が標準では動作せず、利用するものだけを管理者が1つ1つ指示していく、といった構成になっているのも、こうしたセキュリティ強化の一環です。クライアントOSと同様、ファイアウォール機能によって外部からの攻撃を避ける機能や、ソフトウェアアップデートにより欠陥が見つかったソフトウェアを自動的に修正する機能、コンピューターに被害をおよぼすファイルをリアルタイムで検出して隔離する機能なども搭載しています。
しかし、いくら普通のWindowsよりもセキュリティに配慮されているからといって、それを管理するユーザーが何もせずに安心していてもよいというわけではありません。より安全に運用するために、管理者は常にセキュリティに注意を払い、コンピューターを安全に運用する必要があるのです。

Windows Defenderファイアウォールとは

外部からの攻撃に対して安全性を高める強力な機能が、Windows Server 2019に搭載されている「Windows Defenderファイアウォール」です。通常であれば外部からの接続を受け入れるように作られているネットワークに対し、Windows Defenderファイアウォールは、接続方法や接続相手などさまざまな条件を監視し、許されていない接続については受け入れないことでセキュリティを守ります。これとは逆に、コンピューター内部のプログラムが勝手に外部と通信することを妨げる機能もあります。

コンピューターのセキュリティ機能と言えば、コンピューターウイルスを検出・排除する「ウイルス対策ソフト」が思い浮かぶ人も多いでしょう。こうしたソフトはもちろんセキュリティ対策として有用ですが、メールや各種ファイルをコンピューターの上で直接開くことの多いクライアントOSと違い、ネットワーク経由でアクセスされることの多いサーバーでは、まず「外部から不当に侵入されない」ことが大切です。このためのソフトが、ネットワークの侵入口をふさぐ機能を持つ「Windows Defenderファイアウォール」なのです。

Windows Defenderファイアウォールの設定は複雑で、正しく設定するには、ネットワークに関する詳細な知識が必要となります。Windows Server 2019ではWindows Defenderファイアウォールは標準で有効となっていますが、詳しい知識がないままこれらの設定を変更すると、ネットワークに接続できなくなったり、本来であれば拒否すべき危険な通信を受け入れてしまったりすることもあります。

これらを防ぐため、Windows Server 2019では、各種機能を設定する段階でファイアウォールの設定を自動的に行う機能が搭載されています。このため、通常の運用を行う限りはたとえ管理者でもファイアウォールの設定を変更する必要に迫られることはほとんどありません。

ファイアウォールの設定の問題でネットワーク通信がうまく行えないような場合、Windows Defenderファイアウォールを手動でオフにすれば、通信が行えるようになることもあります。しかし、よくわからないままWindows Defenderファイアウォールをオフにする行為は、ネットワークからの侵入を防ぐことができなくなり非常に危険です。ですから、Windows Defenderファイアウォールを手動でオフにする行為は決して行わないようにしてください。

Windows Defenderファイアウォールの手動設定は複雑なので、
ネットワークの知識がないと設定は難しい

3 自分で作成したWebページを公開するには

前節で確認したようにIIS 10.0のセットアップが完了していれば、そのコンピューター上では「既定のWebサイト」が公開され、システム標準のWebページが表示できる状態になっています。ここでは、システム標準のWebページではなく、テスト用として自分で作成した簡単なWebページの公開を試してみます。Webページを表示するHTMLファイルを作成する方法については本書の範囲外なので、他の解説書などを参照してください。

自分で作成したWebページを公開する

❶

Webページとしてサーバーで公開するHTMLファイルを用意する。

- 例ではメモ帳を使ってHTMLファイルを作成しているが、HTMLファイルを作成できるアプリケーションであれば何を使ってもかまわない。たとえばMicrosoft Wordなどのワープロソフトがあれば、保存時にHTML形式で保存することでHTMLファイルが用意できる。
- 保存時の文字コードは、HTMLファイルに指定した文字コードと一致させておくこと。

❷

ファイルを作成したら、サーバー上のC:¥inetpub¥wwwrootフォルダーに、「default.htm」という名前で保存する。このとき文字コードは「UTF-8」にする。

- [C:¥inetpub¥wwwroot]フォルダーは、「Default Web Site（既定のWebサイト）」のホームディレクトリとして設定されているフォルダー。ここにファイルを保存すると、外部からWebページとしてアクセスできる。
- このフォルダー内のファイルは「default.htm」「default.asp」「index.htm」「index.html」「iisstart.htm」の順で検索される。
- 前節で表示されたIISの既定のトップページは「iisstart.htm」という名前で保存されている。「default.htm」はこれよりも優先度が高いため、Webブラウザーでファイル名を直接指定しない限り［default.htm］が表示される。

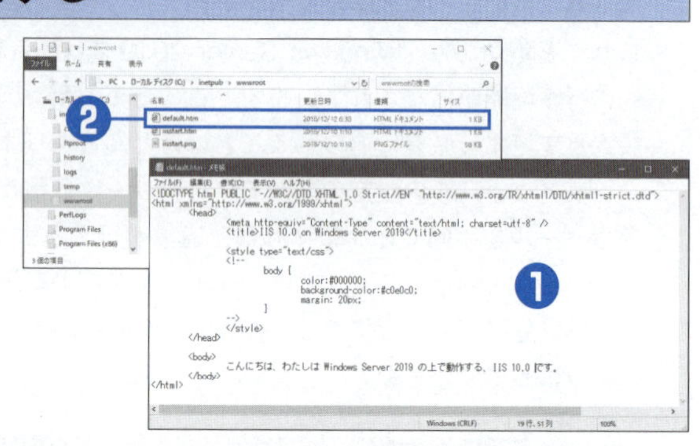

参照

ファイル名の拡張子を表示するには

→第7章のコラム
「登録されたファイルの拡張子を表示するには」

3

クライアントコンピューターでWebブラウザーを起動し、アドレスバーにhttp://server2019/と入力してデフォルトのWebページを表示させる。
●Webブラウザーの種類は問わない。

4

前節で表示したデフォルトのWebページの代わりに、手順❶で保存したHTMLファイルの内容が表示される。

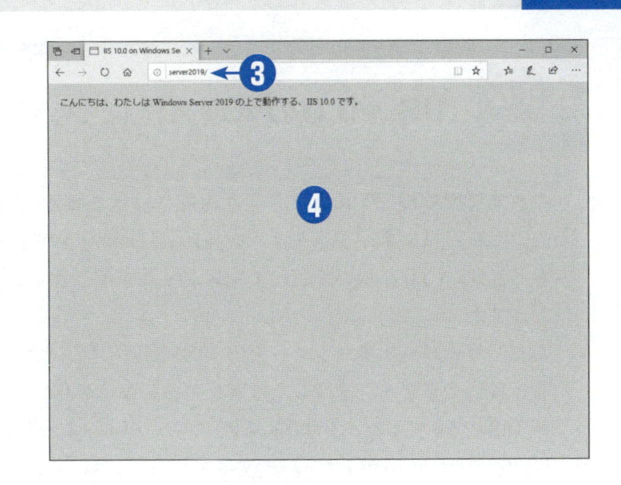

IIS 10.0の管理方法について

これまでサーバー上のさまざまな機能や設定を管理する場合には、サーバーマネージャーを使用してきました。サーバーマネージャーは、Windows Server 2019を管理するうえでほとんどの機能を網羅しており、もちろんIIS 10.0についても、インストールすることでサーバーマネージャー画面に［IIS］の選択項目が表示されます。

ただしサーバーマネージャー上の［IIS］画面では、イベントの一覧表示などが行えるだけで、実際のIISの設定などは行えません。そうした設定を行うには、専用の管理ツール「インターネットインフォメーションサービス（IIS）マネージャー」（以降、「IISマネージャー」と表記）を使用します。

IISインストール後のサーバーマネージャーには、［ツール］メニューに［インターネットインフォメーションサービス（IIS）マネージャー］も追加されます。これを選択することで、IISマネージャーを起動することができます。

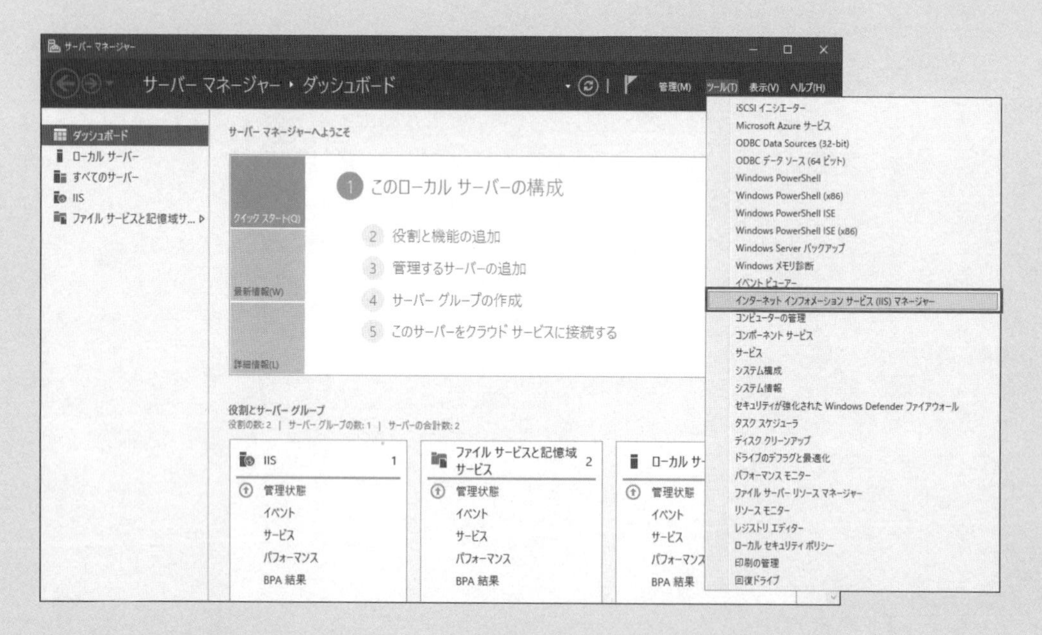

Windows Server 2019を実際にWebサーバーとして運用する場合は、サーバーマネージャーでイベントを確認するよりもIISマネージャーを使用する方がはるかに多くなります。ですから、サーバーマネージャーのメニューからIISマネージャーを起動するよりは、IISマネージャーのアイコンをタスクバーに「ピン留め」しておいた方がずっと便利です。

サーバーマネージャーで自サーバー以外の他のコンピューターを管理する設定にした場合には、IIS画面に他のサーバーで動作しているIISの一覧も表示されます。実はここで他のサーバーを右クリックすると表示されるメニューにも［インターネットインフォメーションサービス（IIS）マネージャー］の項目が表示されるのですが、このように表示されると、あたかも他のサーバーで動作しているIISマネージャーが表示できるように思えてしまいます。ところが、この操作を行っても、実際に表示されるのは自サーバーのIISマネージャー画面で、他のサーバー用のIISマネージャーが表示されるわけではありません。

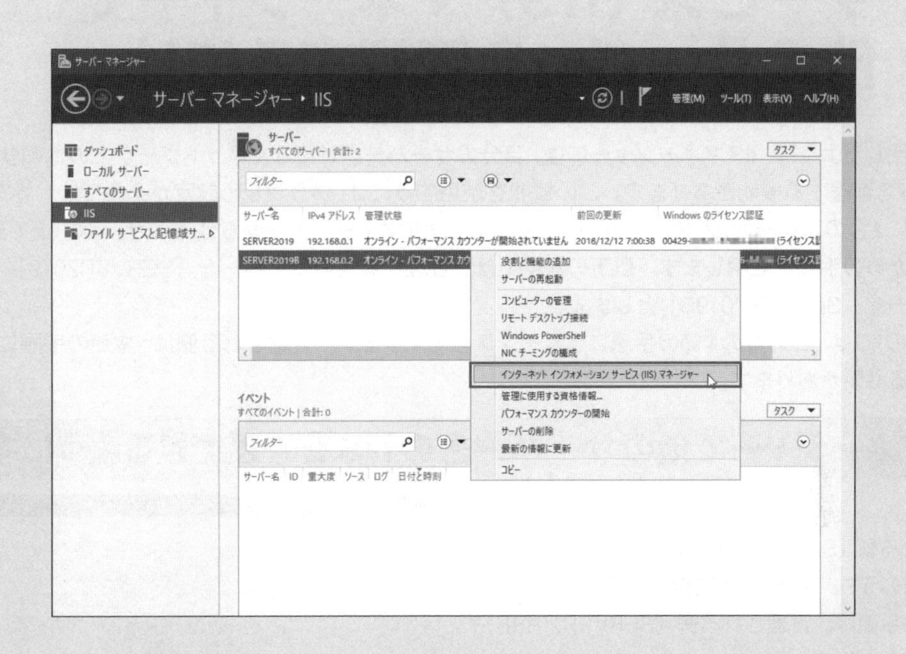

なんとも期待外れな動作なのですが、これはあまり気にする必要はありません。実はIISマネージャーは、それ自身が「他のサーバー上のIISを登録して遠隔管理する」機能を持っています。

この機能を使用すれば、サーバーマネージャーから他のサーバーの管理/設定が行えるのと同様、管理する側のIISマネージャーを立ち上げるだけで、別のサーバーのIISの管理/設定が行えるようになります。次節ではその手順を解説します。

4 インターネットインフォメーションサービス（IIS）マネージャーで他のサーバーを管理するには

コラムで説明したように、IISマネージャーには、自分のサーバーだけでなくネットワーク上の他のサーバー上で動作するIISを管理する機能があります。この機能を使用するには、あらかじめ設定が必要です。本節では、ネットワーク内に2台のIISを動作させ、一方のサーバー上のIISマネージャーから他方のサーバー上で動作するIISを管理するための手順を説明します。以下の説明では、管理する側のサーバーを「SERVER2019」、管理される側のサーバーを「SERVER2019B」とします。
管理する側のIISは、この章の1節の手順によりインストールします。管理される側は、本節の手順に従ってインストールする必要があります。

IISマネージャーで他のサーバー上のIISを管理できるようにする

❶ 管理される側（SERVER2019B）上で、この章の1節の手順のうち、手順❶～❽を実行する。
- 以下の手順は、管理される側（SERVER2019B）の画面となる。
- ただし手順❹では、インストール先のサーバーとして管理される側（SERVER2019B）を指定する。

❷ ［管理サービス］をオンにする。
- FTPサーバーを含めるかどうかは任意でよい。画面例ではFTPサーバーは含めていない。
- 1節の手順と異なるのは、この手順❷と次の手順❸のみとなる。

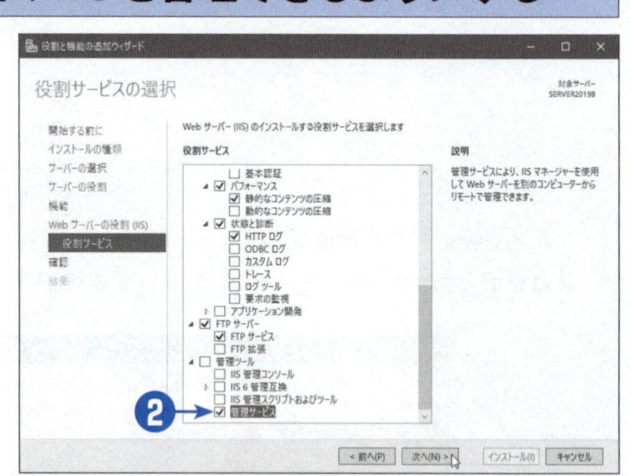

❸ ［管理サービス］をオンにすると、［.Net Framework 4.7 Features］も追加インストールするよう指示される。この画面では［機能の追加］をクリックする。

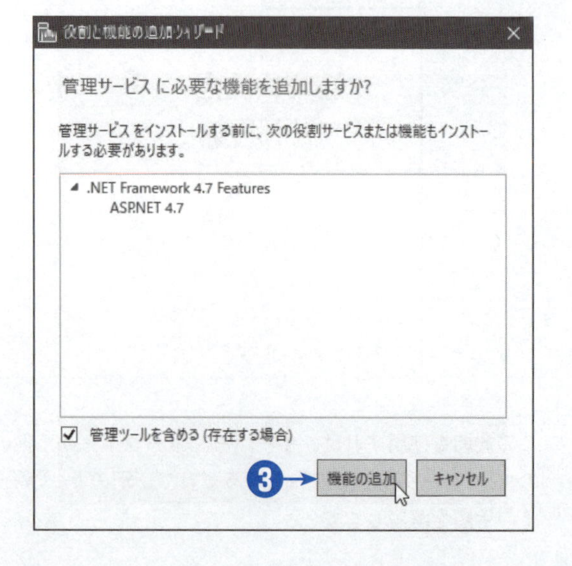

❹ 1節の手順❿以降と同様の手順を実行する。

5

サーバーマネージャーから[ツール]－[インターネットインフォメーションサービス（IIS）マネージャー]を選択して、IISマネージャーを起動する。

6

左側ペインのツリービューからサーバー名（SERVER2019B）のノードをクリックして選択し、次に中央ペインから［管理サービス］をダブルクリックする。

7

［管理サービス］の画面が開くので、［リモート接続を有効にする］をオンにする。次に右側ペインから［適用］をクリックする。

- 右側ペインに「変更内容は正常に保存されました」と表示される。

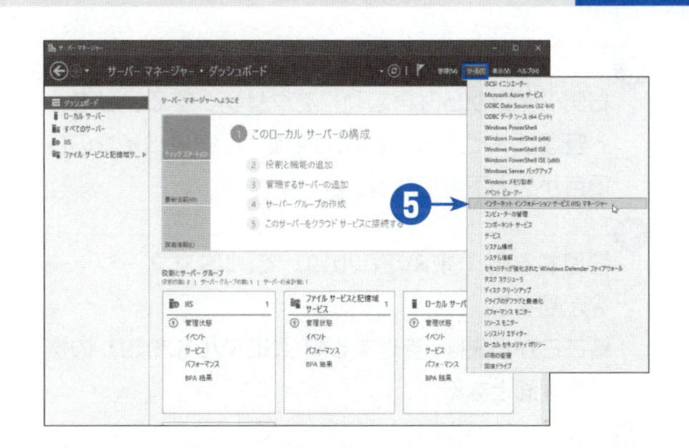

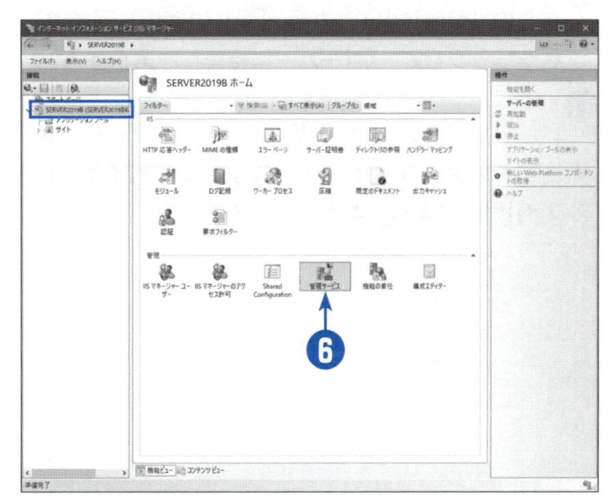

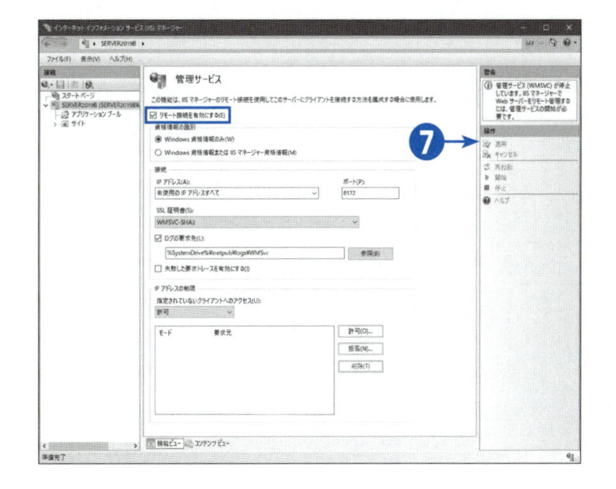

8
右側ペインから［再起動］をクリックする。リモート管理サービスWMSVCが起動し、中央ペインの各項目が入力不可になる。

9
管理する側（SERVER2019）で、IISマネージャーを起動する。
●ここから先は、管理する側（SERVER2019）の操作画面となる。

10
右側の［接続］ペインから、［新しい接続］アイコンをクリックして、［サーバーに接続］を選択する。

11
［サーバーに接続］画面が開くので、［サーバー名］に管理対象となるサーバー名**SERVER2019B**を入力する。［次へ］をクリックする。

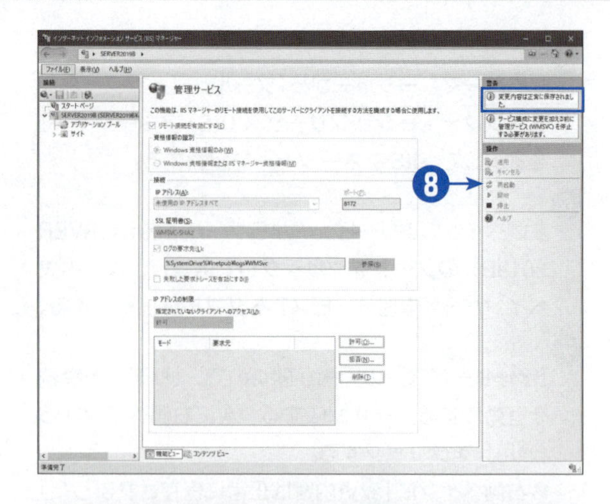

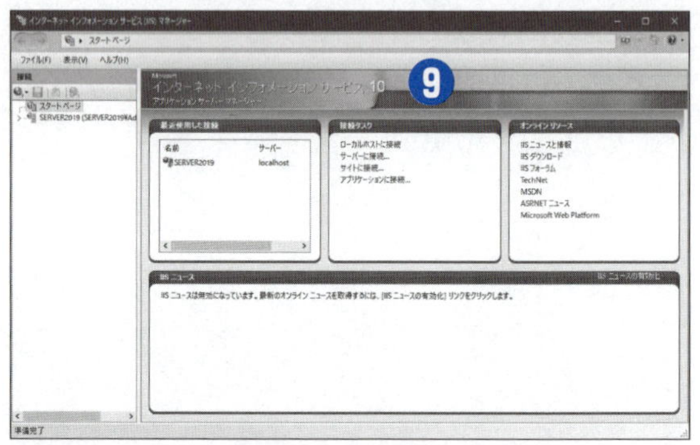

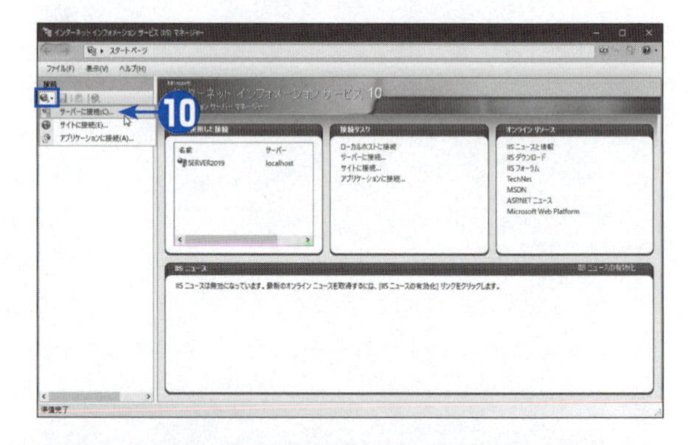

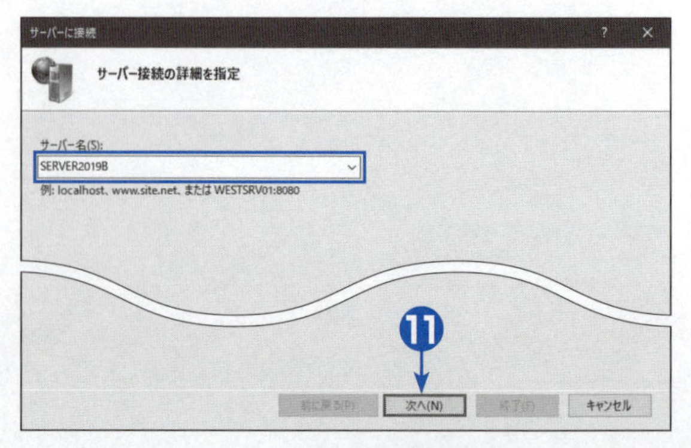

⑫
管理対象となるサーバー上で有効な管理者のユーザー名（Administrator）とパスワードを入力する。［次へ］をクリックする。
●パスワードは、管理対象のサーバー上のものを使用する。

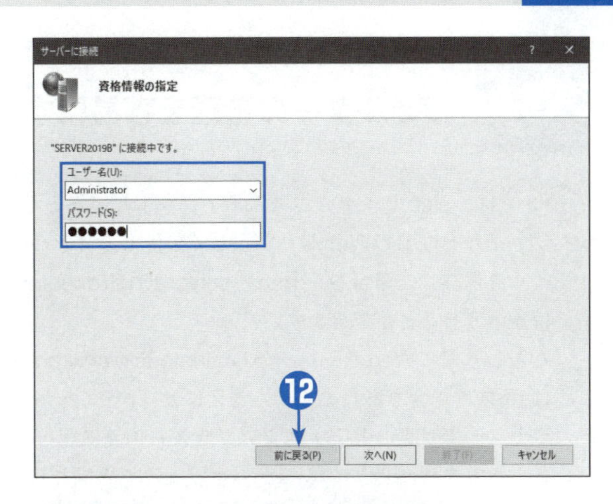

⑬
自己署名の証明書を使う設定にしてあるため、証明書が確認できないエラーが表示されるが、これは無視してよい。［接続］をクリックする。
●この画面には、時間制限があるので［接続］ボタンクリックまでに時間がかかるとタイムアウトエラーになる。その場合には、もう一度⑫の手順から繰り返す。

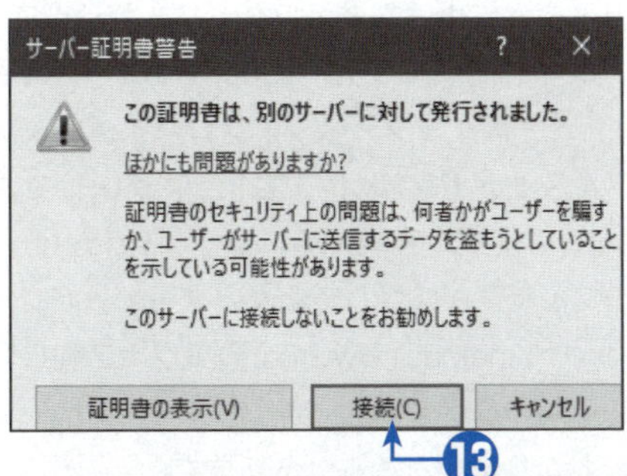

⑭
以上で設定は完了となる。［終了］をクリックする。

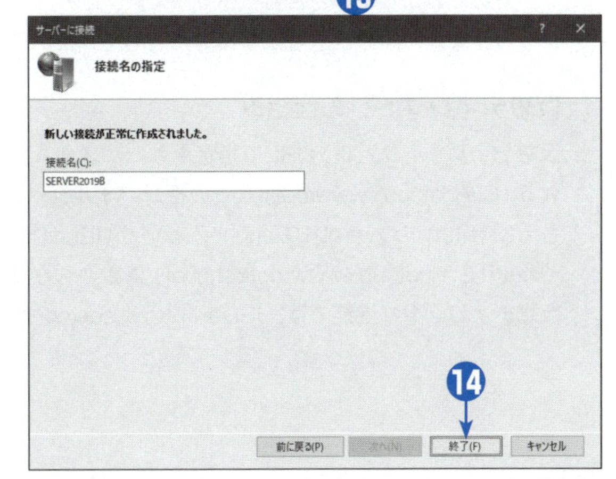

⑮
IISマネージャーの画面に戻る。右側ペインに今までのサーバー（SERVER2019）に加えて、新たに管理対象としたサーバー（SERVER2019B）が表示されていることがわかる。
●SERVER2019Bへの接続はIISマネージャーに記憶されるがパスワードは保存されない。そのため、次回以降もツリーにSERVER2019Bは表示されるが、管理者のパスワードは毎回入力が必要になる。

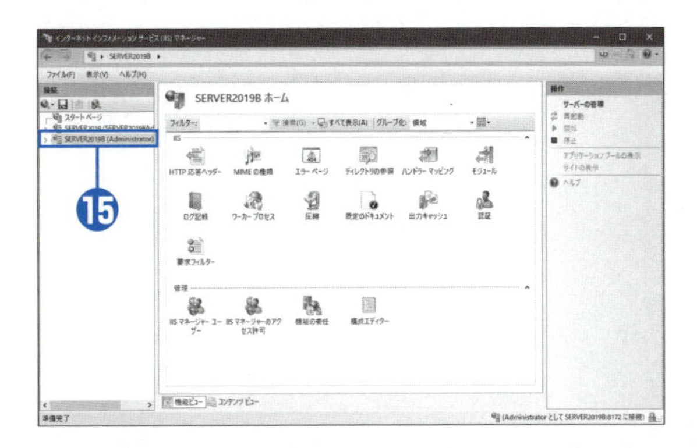

フォルダーの管理を容易にする、仮想ディレクトリ機能

IISでは、WebサイトのホームディレクトリであるC:¥inetpub¥wwwrootフォルダー以下に保存されたHTMLファイルを標準のWebページとして公開します。このフォルダー内にさらにフォルダーを作成し、HTMLファイルを保存した場合も、「http://server2019/directory/default.htm」のようにURLでディレクトリを指定すれば表示することができます。

ただし、常にWebサーバーのC:¥inetpub¥wwwrootの下にHTMLファイルを置かなくてはならないというのは、不便な場合もあります。たとえばサーバーのディスク割り当ての問題が挙げられます。Webサーバーのアクセス頻度が高いとディスクアクセスも頻繁になってきますが、このような場合、Webサーバーのホームディレクトリを Windowsのシステムボリュームと同じC:ドライブに置くのはあまり得策ではありません。可能なら別のボリュームにホームディレクトリを割り当てたいところです。

コンピューターを使うユーザーが何人もいて、それぞれのユーザーが独自にホームページを公開したい場合もあります。たとえばインターネットプロバイダーが契約者向けに提供しているホームページの公開サービスでは「http://ホストアドレス/個人名」というURLでユーザーごとのホームページを公開できるようになっています。IISでこの構成を実現するには、C:¥inetpub¥wwwrootフォルダーの下に各ユーザーのフォルダーを作成し、そのフォルダーに対して個々のユーザーがファイルを配置するようにしなければいけないのですが、この方法では、C:¥inetpub¥wwwrootのアクセス権の設定が煩雑になりがちです。ユーザーにとっても、自分のホームページ用のファイルを、自分のホームディレクトリとはまったく違うフォルダーに配置しなければならないため、わかり辛いところがあります。

こうした管理の煩雑さを解決する方法として、IISでは「仮想ディレクトリ」という機能を提供しています。

仮想ディレクトリの仕組み

仮想ディレクトリとは、URLで指定されたパスから実際のディスク中のフォルダーを検索する際に、通常使われる「C:¥inetpub¥wwwroot」からの相対フォルダーに代わって、まったく別の場所に割り当てる機能です。たとえば「http://server2019/shohei」というURLが指定されたとき、通常であればこのURLで表示されるファイルは「C:¥inetpub¥wwwroot¥shohei」に置かれなければいけません。

仮想ディレクトリ機能では、URLが「http://server2019/shohei」としてアクセスされた場合に、本来なら「C:¥

inetpub¥wwwroot¥shohei」となるはずの実体フォルダーを、管理者が別途指定した他のフォルダーに転送します。C:¥inetpub¥wwwrootの下に「shohei」というフォルダーを直接作成するのではなく、ここがアクセスされた際には自動的にD:¥users¥shoheiなど、まったく別のフォルダーに転送するのです。これにより、各ユーザーは自分のホームディレクトリの下にHTMLファイルを配置するだけで、本来は一般ユーザーがアクセスできないはずの、C:¥inetpub¥wwwrootの下に自分のファイルを配置したのと同じ効果を得られるわけです。

仮想ディレクトリのこうした動作は、Webサイトがディスク中で任意の「ホームディレクトリ」を設定できるという考え方とよく似ています。相違点は、WebサイトのホームディレクトリがWebサイトごとに設定されるのに対して、Webサイト内にいくつでも、任意の個数が設定可能であるという点です。

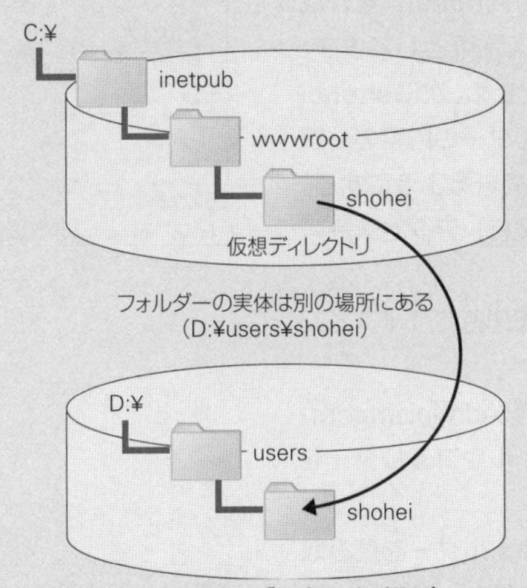

仮想ディレクトリの考え方。[C:¥inetpub¥wwwroot] 内に仮想ディレクトリshoheiを作って、その実体は [D:¥users¥shohei] にあると指定すると、http://server2019/shoheiというURLにより、D:¥users¥shoheiのファイルを表示できるようになる

5 仮想ディレクトリを作成するには

ここでは、IISの特徴の1つである仮想ディレクトリを作成します。IISが稼動しているサーバーコンピューターのD:ドライブ上に「users¥shohei」フォルダーを作成し、そのフォルダーのディレクトリパスに「shohei」というエイリアス（別名）を割り当てます。クライアントが「http://server2019/shohei/」というURLでHTMLファイルの表示を要求すると、「D:¥users¥shohei」フォルダーの既定のHTMLファイルが参照されます。

仮想ディレクトリを作成する

❶

管理者でサインインして、ユーザーshohei用のホームディレクトリ、[D:¥users¥shohei] を作成する。このフォルダーのアクセス許可としてまず、上位からのアクセス許可の継承を止め、次にshoheiだけが [読み取りと実行] [フォルダーの内容の一覧表示] [読み取り] [書き込み] をできるようにする。Usersに対しては [読み取りと実行] アクセス許可のみを残す。

- この画面は、SERVER2019に管理者でサインインした画面となる。
- この設定により、shoheiと管理者（Administrators）だけがこのフォルダーにファイルやフォルダーを作成できるようになる。
- 他のユーザーは、ファイルやフォルダーを読み取ることはできるが、変更はできない。

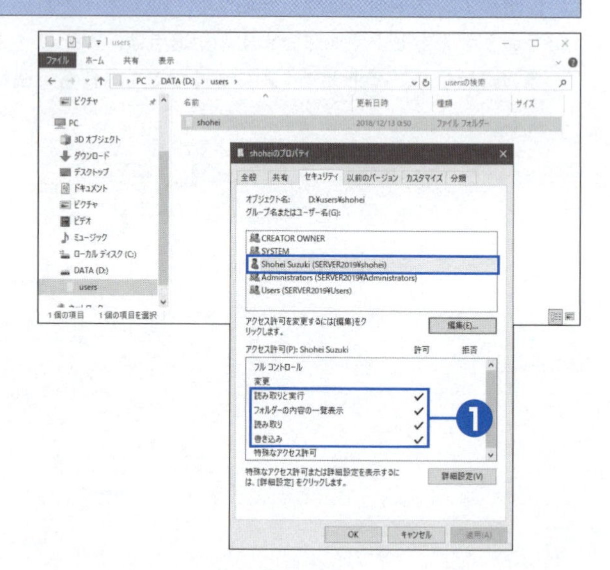

参照

アクセス許可の継承を止めるには

→第7章の3

❷

shoheiでサインインして、D:¥users¥shoheiに、ファイルdefault.htmを作成する。

- この画面は、SERVER2019にshoheiでサインインした画面となる。
- ファイル共有機能により、クライアントコンピューターから（shoheiのIDで）フォルダーを共有して、クライアントコンピューターからファイルを作成することもできる。

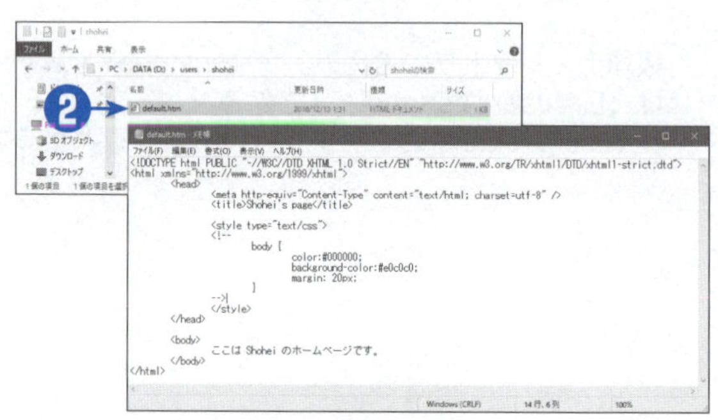

3

クライアントコンピューターでWebブラウザーを起動して、「http://server2019/shohei」を開く。

- この画面はクライアントコンピューターからEdgeブラウザーでURLを開いた画面となる。
- クライアントコンピューターにサインインするユーザーIDは問わない。
- この時点ではまだ仮想ディレクトリを作成していないため、アクセスしてもエラーになる。

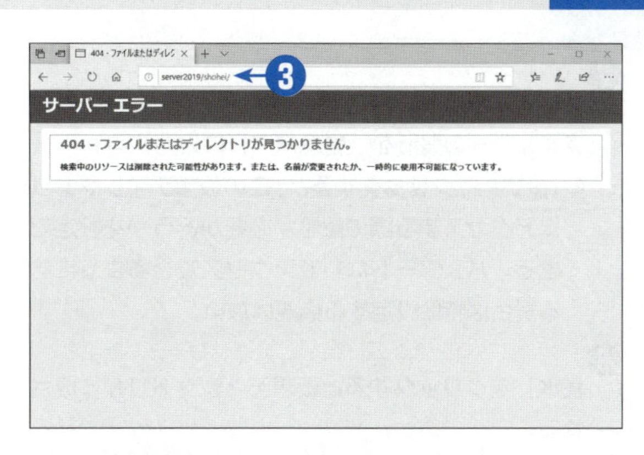

参照

IISマネージャーの起動方法については

→この章のコラム「IIS 10.0の管理方法について」

4

サーバーに管理者としてログインしてIISマネージャーを開き、左側のペインで［SERVER2019］－［サイト］の順に展開して［Default Web Site］を選択する。

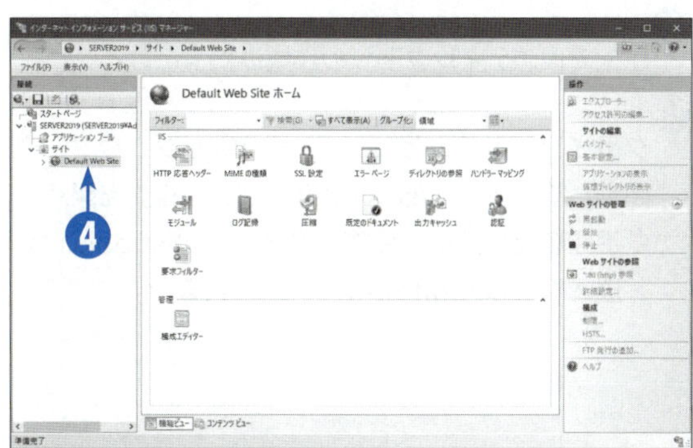

5

中央のペインの下にある［コンテンツビュー］をクリックすると、中央のペインがWebサイトのファイルビューに変化する。

- コンテンツビューでは、現在のWebサイト内のファイルやフォルダーをエクスプローラー風に表示できる。

6

右側ペインから［仮想ディレクトリの追加］を選択する。

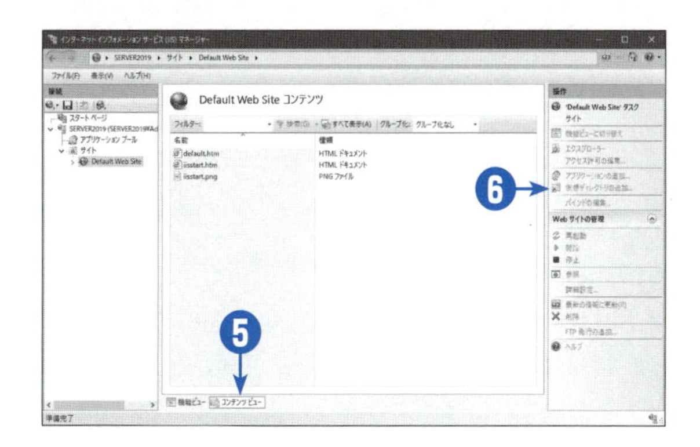

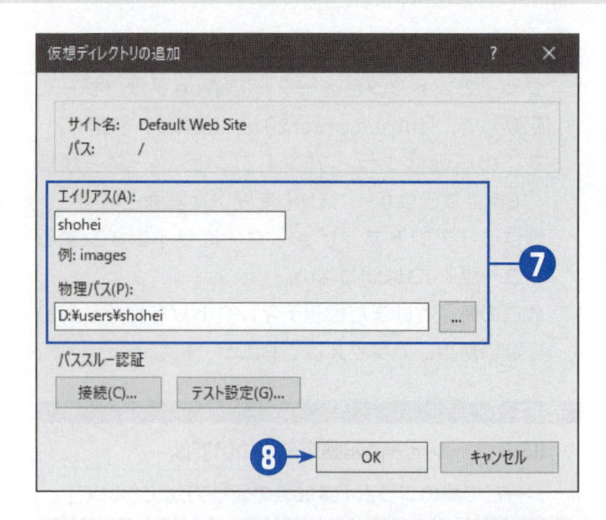

❼
仮想ディレクトリの名前を［エイリアス］に、実体フォルダーの場所を［物理パス］に入力する。

●［接続］をクリックすると、この仮想ディレクトリにアクセスする際に認証が必要かどうかを設定できる。パスワードなしでアクセスできるようにする場合は特に設定する必要はない。

❽
［OK］をクリックすると仮想ディレクトリが作成される。

❾
以上で仮想ディレクトリの作成は終了となる。

❿
クライアントコンピューターでWebブラウザーを起動して、「http://server2019/shohei/」を開く。

●手順❸とは違い、今度はD:¥users¥shoheiに作成されたdefault.htmが表示される。

特定の人だけが見られるWebページを公開するには

インターネットで公開されているWebページが、ユーザー名やパスワードを指定しなくても誰でも見られるように、イントラネット内でも、Webサーバーで公開されたファイルは、通常の設定であればネットワーク上の誰でも表示できるようになっています。
ですが、インターネット上のWebページに「ログイン」が必要なページがあるのと同様、イントラネット内でも、特定のファイルやフォルダーに対して、限られた人しか見られないようにするための「アクセス許可」を設定したくなる場合は多いでしょう。こうしたニーズに対応して、IISでも、ファイルやフォルダーに対して「パスワード」を設定することができます。IIS 10.0ではこの機能のことを「ユーザー認証（または単に認証）」と呼びますが、この機能を使えば、イントラネット上で、特定の部署やグループだけに限定して表示できるページを設定することが可能になります。
一方でWindows Serverには、個別のファイルやフォルダーに対して、特定のユーザーやグループがアクセス可能かどうかを設定する「アクセス許可」の機能があります。このアクセス許可と、IISが持つユーザー認証機能との間にはどのような関係があるのでしょうか。
IISはクライアントPCからWebブラウザーを使ってアクセスされた際、URLによって指定されたパスやファイル名を、実際のディスク内ファイル名やフォルダー名に変換した上で、対象となったファイルを読み取り、その結果をクライアントであるWebブラウザーに対して送り返します。ここで、ディスク中のファイルを読み取る際には、Windows Serverのアクセス許可が必要になります。
Windows Serverでのアクセス許可は、対象となるファイルやフォルダーに対して「誰が」「どのような操作を」行うかによって、許可/不許可が決定されます。このうち、操作については明らかで、単純なWeb表示であれば「読み取り」アクセスとなります。
一方「誰が」読み取りアクセスをするかについては、やや複雑です。というのは、通常の（ログインを必要としない）Webアクセスの場合は、アクセス前にあらかじめユーザー名やパスワードを入力したりはしませんから、IISは、アクセスしてきたユーザーが誰かを判定することはできません。そこで必要となるのが、IISにおける「ユーザー認証」機能というわけです。
IIS 10.0で利用できる認証方式にはさまざまなものがあります。以下にその代表的なものについて紹介します。

●匿名認証

ユーザー名やパスワードを入力しなくても、誰でもコンテンツにアクセスできる、一般のWeb表示に使われる認証方法を「匿名認証」と呼びます。これは要するに「誰でもアクセスできる」という認証方式ですが、Windows Server上でファイルにアクセスするためには、何らかのユーザー名は必須となります。そこでIISでは、「匿名認証用」としてあらかじめIIS用に定義されたユーザー名を用いてアクセスします。
匿名認証では、IIS 10.0は、「IUSR」というユーザー名で対象ファイルにアクセスします。より厳密に言えばこの「IUSR」は、「ビルトインセキュリティプリンシパル」と呼ばれる、Windowsシステムにおける特殊な存在の1つで、概念的には、システムにあらかじめ定義されたユーザー名と考えてよいでしょう（ただし厳密に言えばユーザーではないため、[コンピューターの管理] ー [ローカルユーザーとグループ] には表示されません）。
いずれにしろ、表示対象となるHTMLファイルやフォルダーは、このIUSRからアクセス可能になっていなければいけません。IUSRから読み取りアクセスできないファイルは、匿名アクセスでは正しく表示できません。

●基本認証

一般のWebサーバーで使われる単純なユーザー認証です。コンテンツにアクセスされると、Webブラウザーは「ユーザー名」と「パスワード」の入力ボックスを表示します。ここに入力されたユーザー名とパスワードが、暗号化しないかまたは非常に弱い暗号化のみでサーバーに送られ、ログイン情報として使われます。この情報を受け取ったIISは、そのユーザー名とパスワードを、Windows Server 2019に登録されたローカルユーザーのサインイン情報として使用することで、そのユーザー名を使って対象ファイルをアクセスします。

ファイルへのアクセスはそのユーザー名を用いて行われるため、対象ファイルは、そのユーザー名から読み取り許可が有効になっていることが必要です。

●Windows認証

アクセスに使用したクライアントコンピューター上におけるサインイン情報を、NTLMまたはKerberosプロトコルを使用してサーバーに伝達し、これをそのまま対象ファイルにアクセスする際のユーザー名として使用する認証方法です。インターネット環境ではユーザー情報の要求や暗号化ができないため、イントラネットでのみ使用できる認証方法です。

この認証を使用するには、Active Directoryを使用しているか、またはクライアントコンピューターにサインインした際のユーザー名とパスワードが、サーバー上でも同じユーザー名とパスワードで登録されていることが必要です。表示対象となるファイルは、そのユーザー名から読み取り可能であることが必要とされます。

●ダイジェスト認証

ダイジェスト認証は、基本認証と似ていますが、WebブラウザーからWebサーバーに送信するユーザー名とパスワードを暗号化して送る点が異なっています。この認証方法を使用するには、Webサーバーはもちろんのこと、Webブラウザーもこの認証方法に対応している必要があります。Windowsに依存していない認証方式のため、Windows以外の他のOSでも利用できるほか、インターネット上でも安全にユーザー名とパスワードを送信できます。

IIS 10.0ではこれらの認証方式のほか、「クライアント証明書のマッピング認証」、「IISクライアント証明書のマッピング認証」、「URL承認」などの認証方法を使用できます。

これらの認証方法は「匿名認証」を除き、IISを既定の設定でセットアップした場合にはインストールされません。認証が必要なページを作成する場合、使用する認証方式ごとに必要な機能を選択してインストールする必要があります。

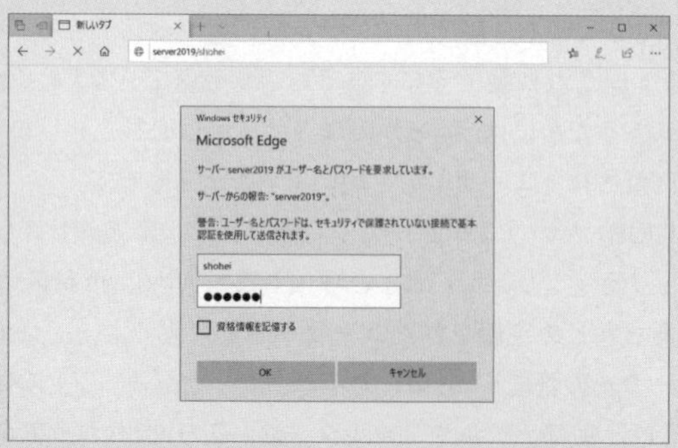

匿名認証以外の認証が設定されたページを表示しようとすると、ユーザー名とパスワードの入力が求められる

6 Webでのフォルダー公開にパスワード認証を設定するには

認証付きのファイル公開の例として、最も簡単な「基本認証」の例を見てみましょう。基本認証の場合、利用できるユーザー名はホストマシンの上に作られたローカルユーザーアカウントか、サーバーマシンが属するドメインのユーザーアカウントです。パスワードは暗号化が行われないクリアテキストの状態で送信されます。サーバーとクライアントの間の経路で盗聴される危険がある場合には、よりセキュリティの高い認証方法を使用してください。

Webでのフォルダー公開にパスワード認証を設定する

❶

標準の状態では［基本認証］機能はセットアップされていないので、この機能を追加する。この章の1節の手順❶～❹を実行する。

- ここまでの手順は、すでに説明した他の［役割と機能の追加］時の操作手順と全く同じであるため、画面を省略する。

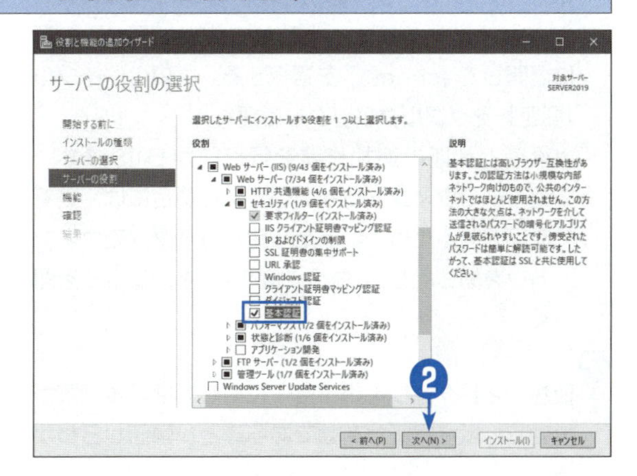

❷

［役割］の一覧で［Webサーバー（IIS）（9/43個をインストール済み）］－［Webサーバー（7/34個をインストール済み）］－［セキュリティ（1/9個をインストール済み）］の順に展開し、［基本認証］チェックボックスをオンにして［次へ］をクリックする。

- インストール済み個数の表示は、それまでのセットアップ状況により異なる。

❸

［機能の選択］では何も変更せずに、［次へ］をクリックする。

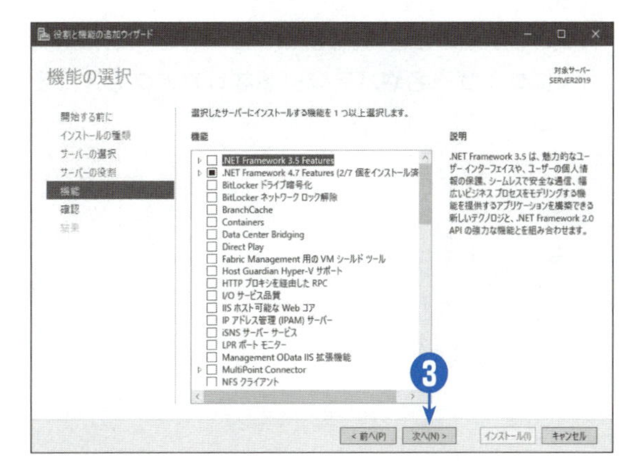

4

［インストール］をクリックして、インストールを開始する。

●基本認証の追加だけであれば再起動は必要ないので、［必要に応じてサーバーを自動的に再起動する］のチェックボックスはオンにしなくても問題ない。

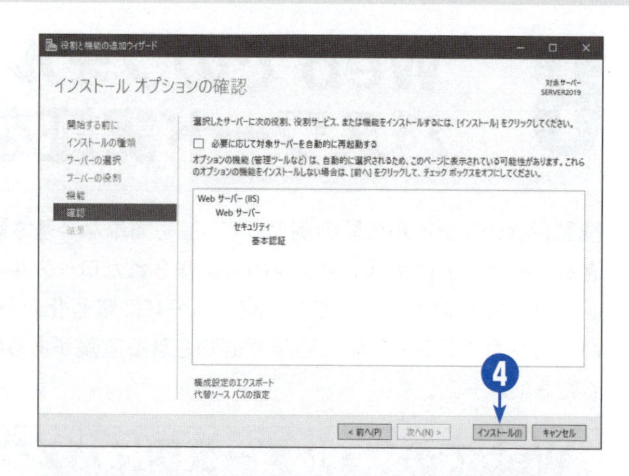

5

インストールが完了したのを確認したら、［閉じる］をクリックする。

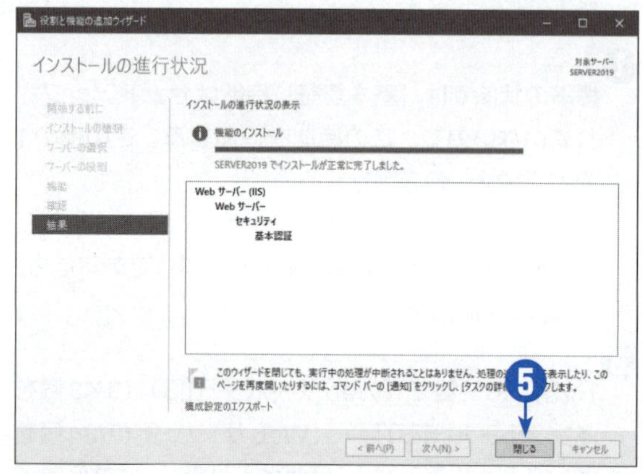

6

IISマネージャーを開き、左側のペインで［SERVER 2019］－［サイト］－［Default Web Site］の順に展開して［shohei］を選択する。中央のペインの［認証］をダブルクリックして開く。

●役割と機能の追加作業を行う前からIISマネージャーのウィンドウを開いていた場合には、更新を反映するため、いったん閉じるボタンでウィンドウを閉じたあと、もう一度IISマネージャーを開く。

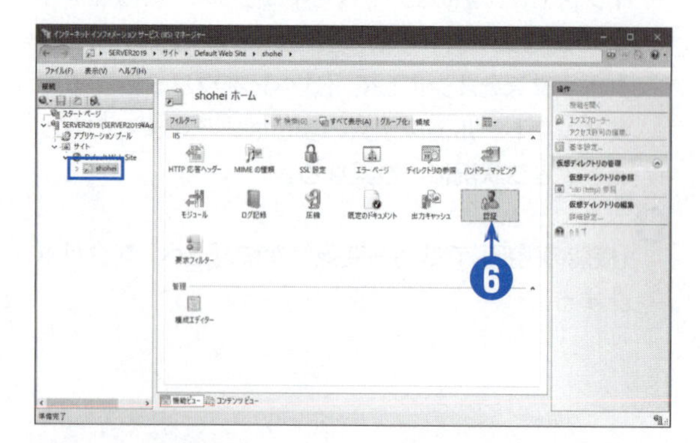

7

仮想ディレクトリ「shohei」に対しては基本認証が無効で、匿名認証が有効であることが画面からわかる。

●この状態のときは、仮想ディレクトリ「shohei」にユーザー名やパスワードなしでアクセスできる。

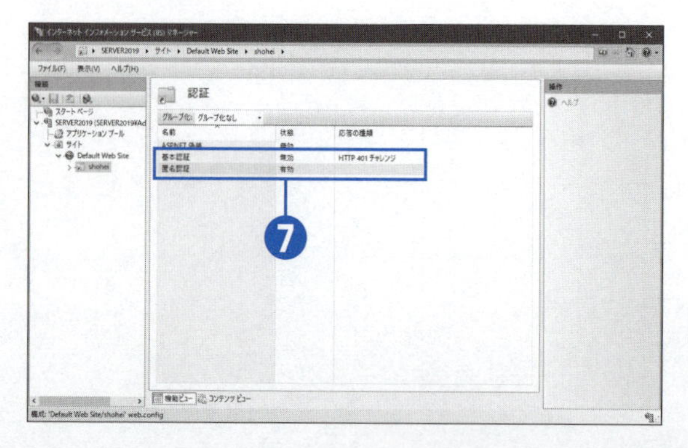

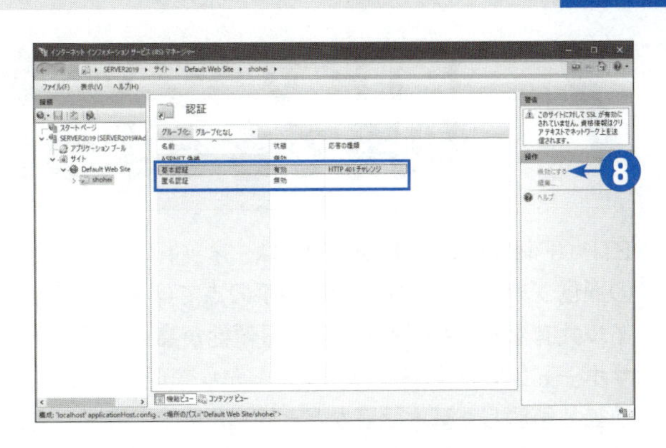

8

有効/無効を変更するには、中央ペインで認証項目を選択して、右側のペインで［有効にする］または［無効にする］をクリックする。この手順で基本認証を有効にして、匿名認証は無効に変更する。

- 基本認証を有効にしても、匿名認証を無効にしなければ、匿名アクセスが可能なままになるので、ユーザー名は求められない。
- この設定を行った直後から、仮想ディレクトリ「shohei」のアクセスにはユーザー名とパスワードが必要となる。
- 画面右上の警告欄に「このサイトについてSSLが有効にされていません。資格情報はクリアテキストでネットワーク上を送信されます。」という警告が表示されるが、これはWebブラウザーからパスワードを送信する際に暗号化されないことの警告である。イントラネット内での運用が前提なので、この警告は無視してかまわない。

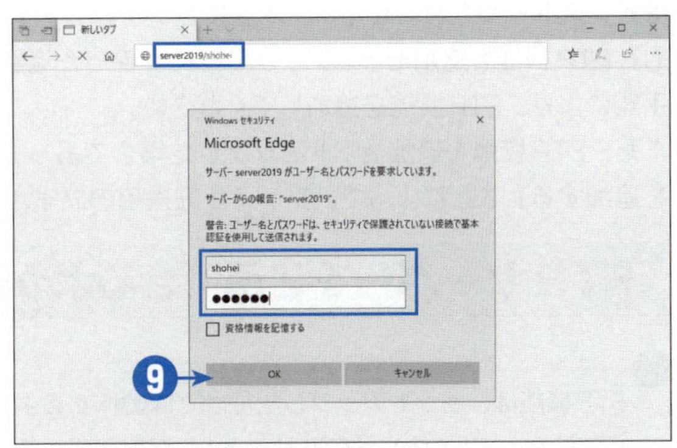

9

クライアントコンピューターから「http://server2019/shohei/」にアクセスする。先ほどまでアクセスできていたページが、ユーザー名とパスワードを求められるようになる。ユーザー名とパスワードを入力して［OK］をクリックする。

- ここで入力するユーザー名とパスワードは、サーバーコンピューター上で有効なユーザー名とパスワードである必要がある。

10

正しく入力すれば、Webページが表示される。

- 入力したユーザー名とパスワードが正しい場合でも、D:¥users¥shohei¥default.htmファイルに対する読み取りアクセス許可がなければ表示できない。
- 本書の例では、このフォルダーへのアクセス許可としてUsersが［読み取り可］になっているため、手順9で入力したユーザーIDがharunaであっても表示はできる（パスワードが正しい場合）。
- 前節の手順1で、Usersのアクセス許可を削除してれば、shohei以外のユーザーIDを入力しても表示できなくなる。

参照

他の人がアクセスできないようにするには
→第7章の2

7 FTPサーバーを利用できるようにするには

FTP（File Transfer Protocol）は、ネットワーク経由でファイルを転送することに特化した、ファイル転送専用の通信プロトコルです。使い勝手の点では劣る場合もありますが、汎用のHTTPプロトコルや、Windowsのファイル共有などに較べると、より信頼性が高く高速な転送が行えるのが特長です。IIS 10.0では、このFTP機能もサポートしておりIISマネージャーから管理できます。
前節で解説した基本認証などと同様、FTP機能も、単にIIS 10.0だけを指定してセットアップしただけでは機能はインストールされませんが、本書においてはこの章の1節で、FTP機能も併せてセットアップ済みです。
もしFTP機能を追加セットアップしていなかった場合は、前節で「基本認証」を追加セットアップしたのと同じ手順により、FTP機能を追加してください。
また、FTP機能を追加セットアップした場合であっても、FTP機能はそのままでは動作しません。「FTPサイトを追加する」ことによって、ファイル転送用のフォルダーを指定することが必要です。

FTPサーバーを利用できるようにする

❶ FTP機能は、セットアップしただけでは動作するようにはなっていない。「FTPサイト」を新規作成する必要がある。IISマネージャーを開いて左側のペインで［SERVER2019］－［サイト］を選択し、右側ペインの［FTPサイトの追加］をクリックする。
- Webサイトは IIS をセットアップすれば標準で作成されるが、FTPサイトは自分で作成する必要がある。

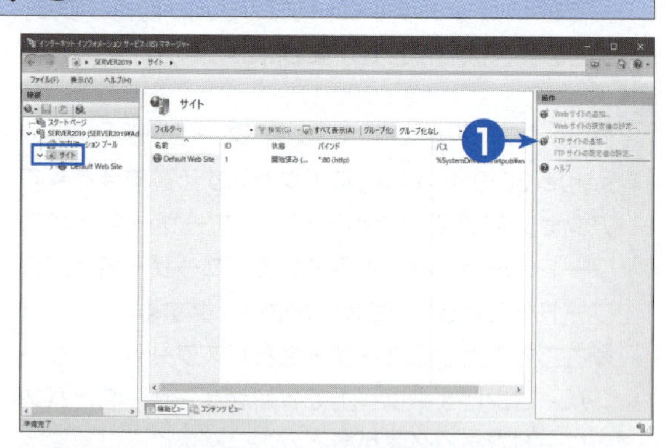

❷ ［FTPサイト名］にDefault FTP Site、［コンテンツディレクトリ］にC:¥inetpub¥ftprootと入力し、［次へ］をクリックする。
- FTPサイト名は自由に決めてかまわない。
- FTPサイトは自動作成されないが、コンテンツディレクトリである［C:¥inetpub¥ftproot］はIISのセットアップ時に自動で作成されている。別のパスを指定してもよいが、その場合には、あらかじめフォルダーを作成しておくこと。

FTP サイトの追加
サイト情報
FTP サイト名(F):
Default FTP Site
コンテンツ ディレクトリ
物理パス(H):
C:¥inetpub¥ftproot
❷
前に戻る(P) 次へ(N) 終了(F) キャンセル

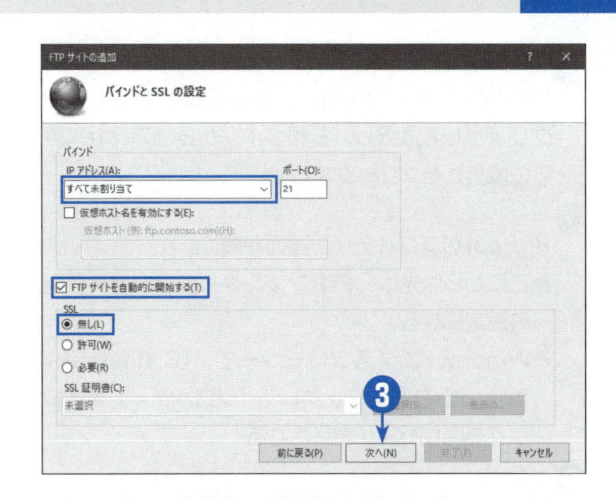

3

［バインド］の［IPアドレス］は［すべて未割り当て］のままでよい。［FTPサイトを自動的に開始する］は選択状態のままにし、［SSL］は［無し］を選択して［次へ］をクリックする。

- ネットワークのポート数が2つ以上ある場合などのように、コンピューターが複数のIPアドレスを持っている場合には、FTPサーバーが動作するIPアドレスをここで選択することができる。ただし通常の場合は、［すべて未割り当て］で問題ない。
- ［仮想ホスト名を有効にする］をオンにすると、現在のコンピューター名とは別の名前でFTPサーバーを運用することもできる。
- SSLを利用すると、ユーザー名やパスワード、転送するファイル等の通信を暗号化した状態で行える。セキュリティは高まるが、これを使うには「SSL証明書」と呼ばれるデータファイルが必要になる。

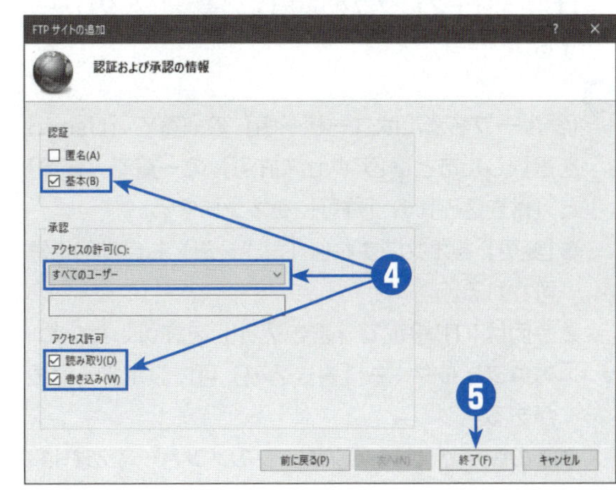

4

認証方式とアクセス許可の情報を指定する。［認証］では［基本］を選択し、［承認］では［アクセスの許可］として［すべてのユーザー］、［アクセス許可］として［読み取り］と［書き込み］の双方を選択する。

- ［認証］で［匿名］を選択した場合は、ユーザー名とパスワードを入力しない、「アノニマスFTP（匿名FTP）」と呼ばれるログイン方法が使える。これは、FTP接続する際に要求されるユーザー名に「anonymous」を入力することで、パスワードに何を指定してもログインできる仕組み。
- ［アクセスの許可］では、FTPを利用できるユーザーを制限することができる。また［アクセス許可］では［読み取り］と［書き込み］それぞれ個別にアクセス許可を設定できる。
- ［読み取り］はFTPサーバーからクライアントへのファイル転送、［書き込み］はクライアントコンピューターからFTPサーバーへのアップロードを意味する。

5

［終了］をクリックすると、FTP機能の設定は終了となる。IISマネージャーに戻ると［Default FTP Site］が追加されていることがわかる。

6

IISマネージャーの画面で、[Default FTP Site] をクリックして選択し、右側ペインから [アクセス許可の編集] をクリックする。

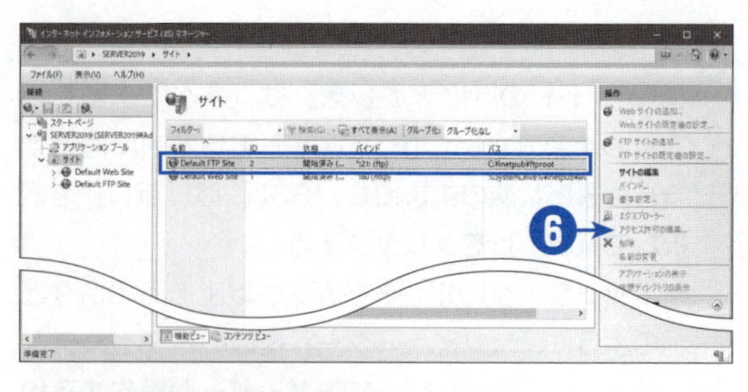

7

[ftprootのプロパティ] 画面が開く。

- ここからは先は、FTPフォルダーのアクセス許可の設定になる。
- Windowsエクスプローラーで、[C:¥inetpub¥ftproot] を右クリックして [プロパティ] を選択しても同じ画面が表示される。

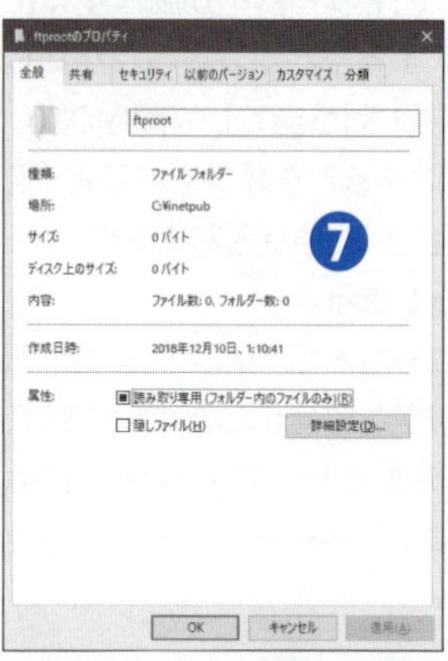

8

[セキュリティ] タブを選択し、[編集] をクリックする。

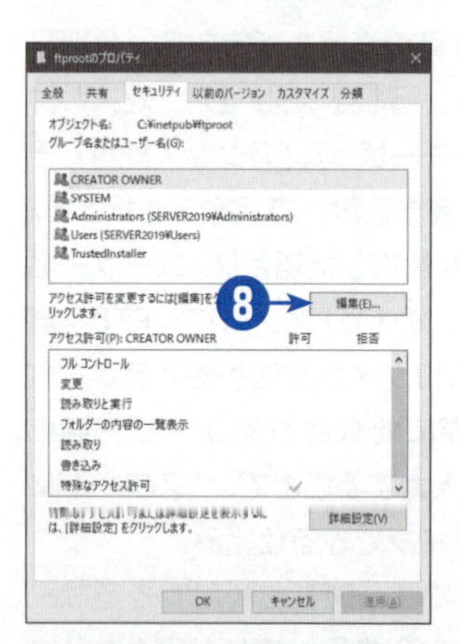

9

[グループ名またはユーザー名] の一覧で [Users] を選択したあと、[アクセス許可] の一覧で [変更] と [書き込み] の [許可] をオンにする。

- [変更] をオンにすれば [書き込み] も自動的に許可される。
- 今回はFTP設定で「書き込み」を許可したため、対象フォルダーも「書き込み」可に設定する必要がある。
- この設定で、Usersグループのメンバーであれば、ファイルをアップロードできるようになる。

10

[OK] を必要なだけクリックしてすべてのウィンドウを閉じる。

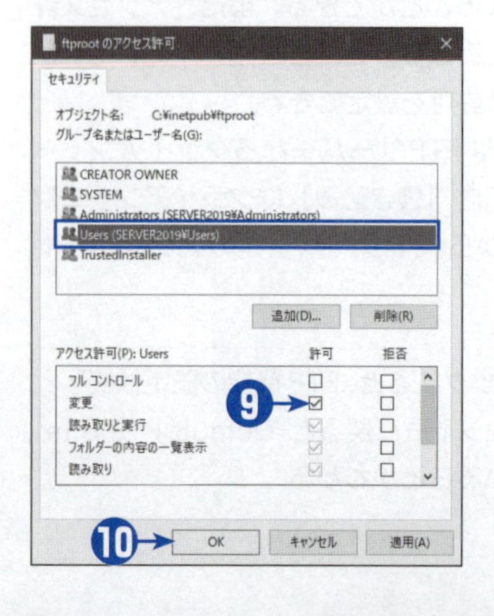

FTPとWindows Defenderファイアウォール

FTPはHTTPと比べて確実なファイル転送手段として現在でもよく使われる機能ですが、古い時期に設計されたプロトコルであるためか、他のプロトコルに比べると接続の手順やファイル転送の仕組みが複雑で、「ファイアウォール」の設定が難しくなっています。実際、FTPを正しく動作させるための設定を手動で行おうとすると、TCP/IPについての深い知識を持っていてもてこずる場合が多いようです。その一方、最近のOSは、サーバー用/クライアント用を問わず、ネットワークセキュリティを強化する傾向にあり、ネットワークファイアウォール機能は標準的に使われるようになっています。

Windows Serverにおいては、Windows Server 2008/2008 R2の世代までは、現在の姿とほぼ同等のWindowsファイアウォール機能を搭載していましたが、一方で、役割や機能の追加ウィザードは今よりも機能が貧弱で、FTP機能を利用する際にファイアウォールを自動的に設定する機能は存在しませんでした。このためFTP機能を使う場合は、管理者が手動でFTP用のファイアウォール設定を行う必要がありました。

Windows Server 2012以降では、古いバージョンの管理ツールを使う必要があったFTP機能が、IISマネージャーに統合されています。同時にFTP機能についても、役割と機能の追加ウィザードでFTPをセットアップするだけで、難しかったファイアウォールの設定も自動的に行われます。このため、FTP使用にあたっての管理の負担もずっと軽減されています。

一方、クライアントOSからFTPを利用する際には、FTPクライアントと呼ばれる機能が必要となります。このFTPクライアントについては、非常に初期のWindowsから「FTP.exe」というコマンドラインプログラムが付属していたため、クライアントとしてFTPを使用する際にも困ることはありませんでした。

またInternet Explorerを含むほとんどのWebブラウザーには、FTPクライアント機能が搭載されています。このため、GUIを使ってFTPを利用したい場合にも困ることはありません。さらにWindows 2000以降では、Windowsエクスプローラー自体にもFTPクライアント機能が内蔵されています。Webブラウザーの FTP機能の場合、多くがサーバーからファイルを取得するダウンロード機能しかありませんが、Windowsエクスプローラーならば、サーバーにファイルを送信する「アップロード機能」も使えます。

FTPサーバーの場合と同じく、FTPクライアントを使用する場合にもクライアントPCでファイアウォールを設定する必要がありますが、これについても、現在のクライアントOSでは自動で設定されるため、すぐにでもFTPを使い始めることが可能です。

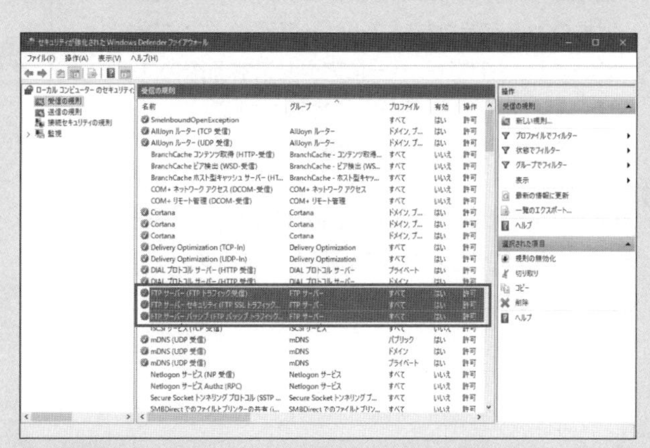

FTP機能をインストールするだけで、ファイアウォール設定も自動的に行われる

8 クライアントコンピューターから FTPサーバーを利用するには

FTPサーバーの設定が終了したので、クライアントコンピューターからFTPサーバーにアクセスできるかどうか確認します。クライアントOSであるWindows 10 Proでは、FTPサーバーにアクセスする方法として、コマンドラインプログラム（FTP.exe）や、Webブラウザー（Internet ExplorerやEdgeブラウザー）、Windowsエクスプローラーなどいくつかの方法がありますが、ここでは、GUIを使ってファイルのダウンロード/アップロードどちらも行える、Windowsエクスプローラーを使用する方法を紹介します。

WindowsエクスプローラーでFTPサーバーにアクセスする

❶

クライアントコンピューター（Windows 10 Pro）上で、Windowsエクスプローラーを開く。

- 前節では、FTPサーバーを基本認証のみ有効な状態で設定してあるため「アノニマスFTP」は使用できない。このため、FTPを利用するにはサーバー上に登録済みのユーザー名とパスワードが必要である。
- ただし、クライアントコンピューターにサインインする際のユーザー名やパスワードは、サーバー上のものと同じである必要はない。サーバー上にアカウントを持たないユーザー名でサインインしていても、FTPサーバーにアクセスする際のユーザー名としてサーバー上に登録されているユーザー名を使えば、FTPを使用できる。

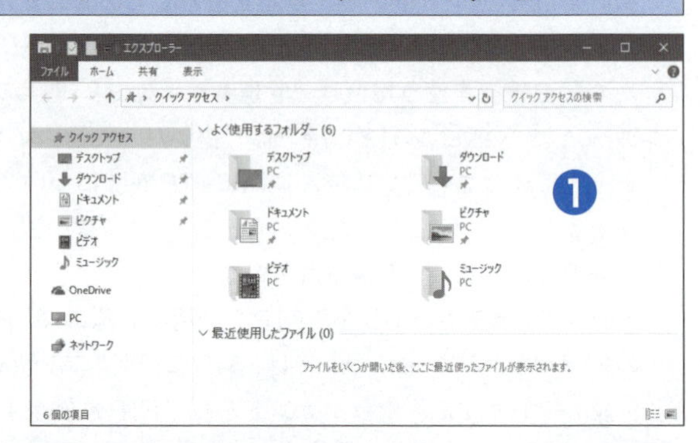

❷

Windowsエクスプローラーのアドレス欄に**ftp://server2019/**と入力して[Enter]キーを押す。

- 「server2019」の部分は、実際のサーバー名を入力する。

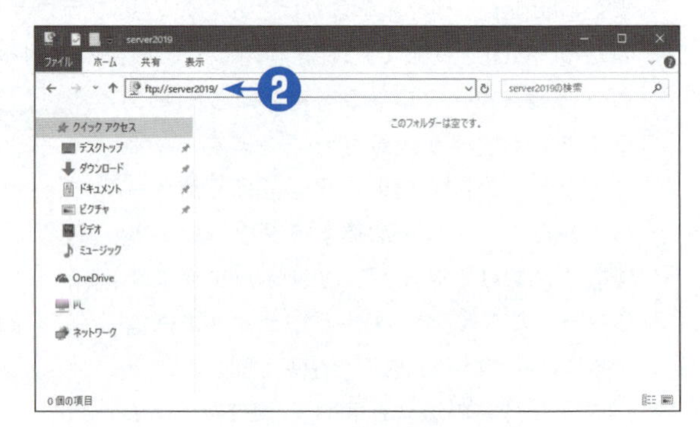

3

アクセスするためのユーザー名とパスワードが求められる。ここではサーバー上に作成したアカウント名「shohei」と、「shohei」のパスワードを入力して、［ログオン］をクリックする。

- FTPサーバーで「アノニマスFTP（匿名FTP）」を許可している場合は、この画面は表示されず、直接次のステップに進むことができる。
- 前節の手順では、サーバー側にファイルを何も置いていないため、ファイルは表示されない。

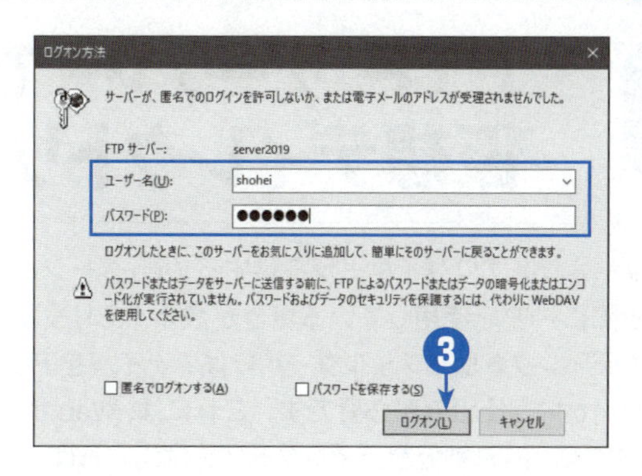

4

クライアントコンピューター上のファイルで、ファイル名に日本語文字を含まないもの（なんでもよい）をこのフォルダーウィンドウにコピーする。

- FTPサーバーで書き込みを許可に設定してあるため、ファイルのコピーが行える。
- ただし日本語文字（全角文字や半角カタカナ文字）を含むファイルはアップロードできない。

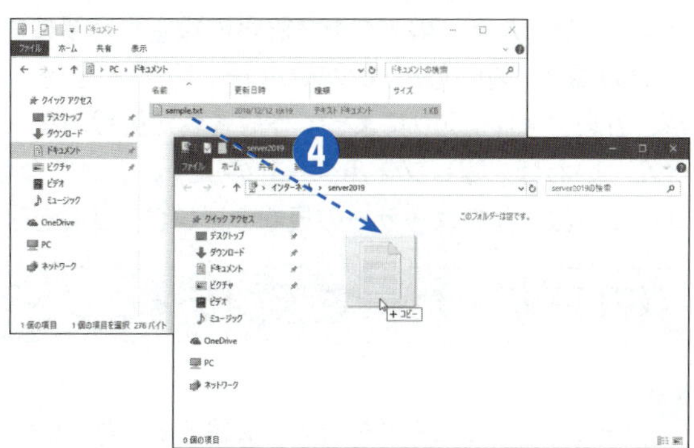

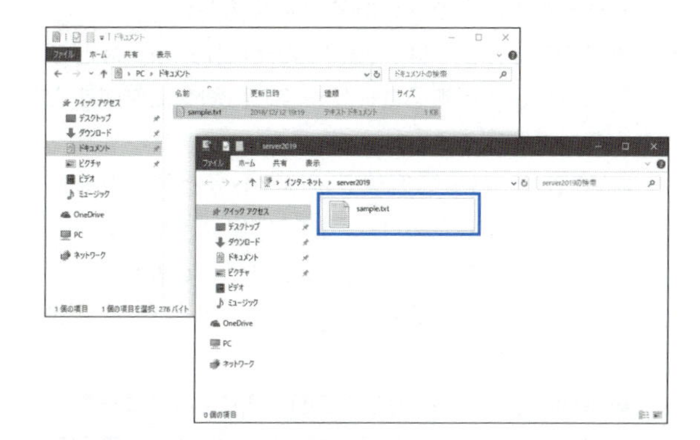

5

サーバーコンピューター上で、C:¥inetpub¥ftproot フォルダーの内容を確認する。クライアント側でコピーしたファイルが表示されているのがわかる。

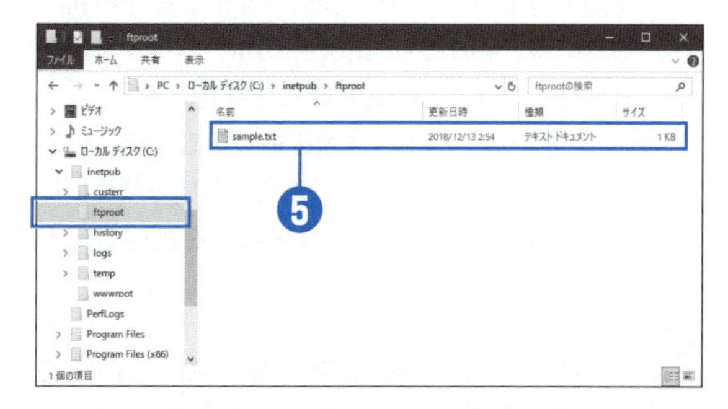

9 FTPサーバーで仮想ディレクトリを使用するには

インターネットプロバイダーが提供するWebページの公開サービスでは、Webページをサーバーにアップロードする際にFTPを使用している場合が数多くあります。このような構成のサーバーでは、各ユーザーは自身のホームディレクトリ（フォルダー）にはファイルをアップロードでき、かつ、他のユーザーのフォルダーは表示できないという仕組みが必要です。これには、Webサーバーの場合と同じく「仮想ディレクトリ」を使用するのが便利です。FTPで仮想ディレクトリを作成すれば、ファイルを置く場所はC:¥inetpub¥ftprootに限定する必要はなく、フォルダーのアクセス許可の設定も容易になります。

FTPの場合、Windowsエクスプローラーなどを使ってフォルダー内の子フォルダーを表示することができますが、仮想ディレクトリによって作成された仮想的なフォルダーは、この機能によって一覧表示することができません。いわば「隠しフォルダー」のような扱いになりますが、この機能のため、FTPサーバーにログインしたユーザーは、他のユーザーの仮想ディレクトリ名を確認することもできず、セキュリティ上も安全です。

FTPサーバーで仮想ディレクトリを使用する

❶ サーバーコンピューター上で、仮想ディレクトリの実体となる、元のフォルダーを用意する。

- このフォルダーは、［D:¥users¥shohei］などのように、使用するユーザーごとに別々に作成するのが便利である。
- Webサーバーの仮想ディレクトリと同じフォルダーを指定しておけば、FTPでファイルをアップロードするだけで、Webブラウザーで表示されるホームページを更新できるよう、サーバーを構成できる。
- 本節の例では、この章の5節で作成した、ユーザーshohei用のホームページのフォルダーを再利用している。そのため、shoheiのホームページ用のHTMLファイルがそのまま残されている。
- 5節の例では、Usersは読み取り可の設定にしているが、他のユーザーからの読み取りを禁止したい場合にはUsersのアクセス許可を削除しておく。

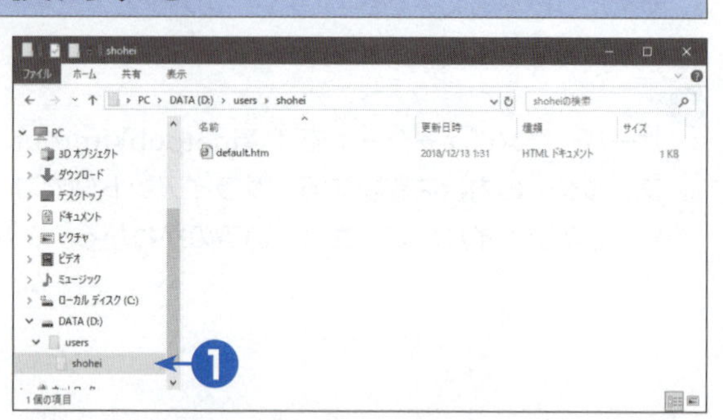

❷ IISマネージャーを開き、左側のペインで［SERVER2019］－［サイト］の順に展開して［Default FTP Site］を選択し、右側ペインの［仮想ディレクトリの表示］をクリックする。

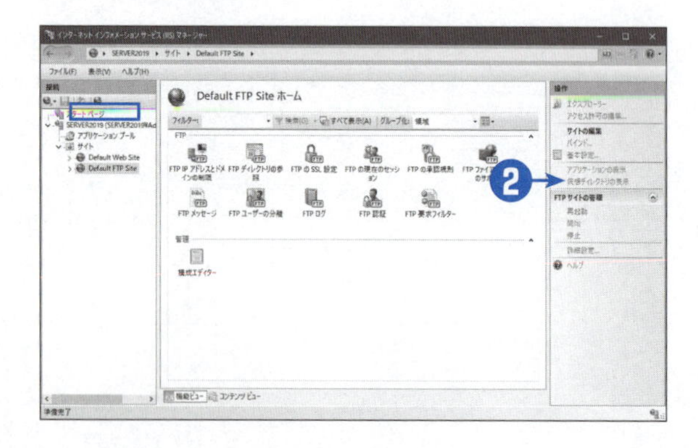

3

画面が現在の仮想ディレクトリ一覧に切り替わる。右側ペインから［仮想ディレクトリの追加］を選択する。

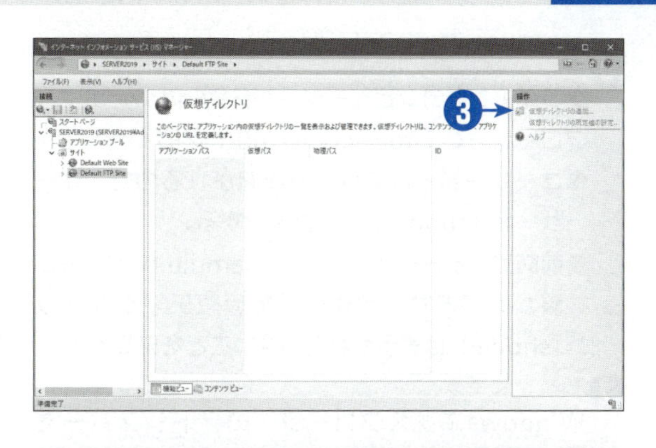

4

［エイリアス］に仮想ディレクトリの名前を、［物理パス］に実体フォルダーの場所を入力する。［接続］ボタンは、Webブラウザーで仮想ディレクトリにアクセスした際に認証が必要かどうかを設定する。

●パスワードなしでアクセスできるようにする場合は特に設定を行う必要はない。

●対象フォルダーのアクセス許可を適切に設定（そのユーザー以外からの読み取り/書き込みができない状態）してあれば、仮に仮想ディレクトリの名前を他のユーザーに知られても、他のユーザーからはアクセスできない。そのため、ここであえて認証を追加する必要はない。

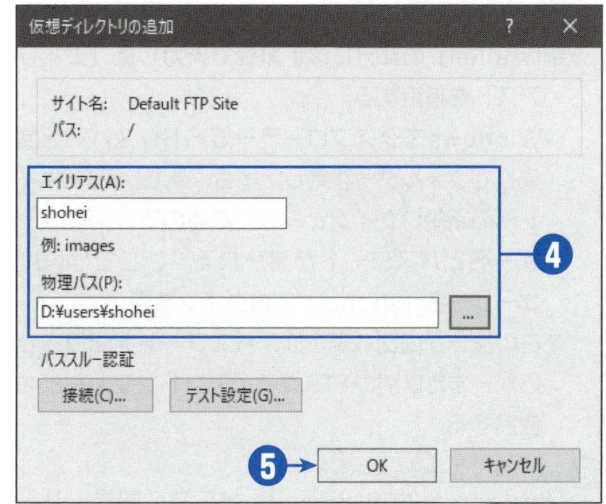

5

［OK］をクリックすると仮想ディレクトリが作成される。IISマネージャーの画面に、今作成した仮想ディレクトリが表示される。

●以上で仮想ディレクトリの作成手順は終了である。

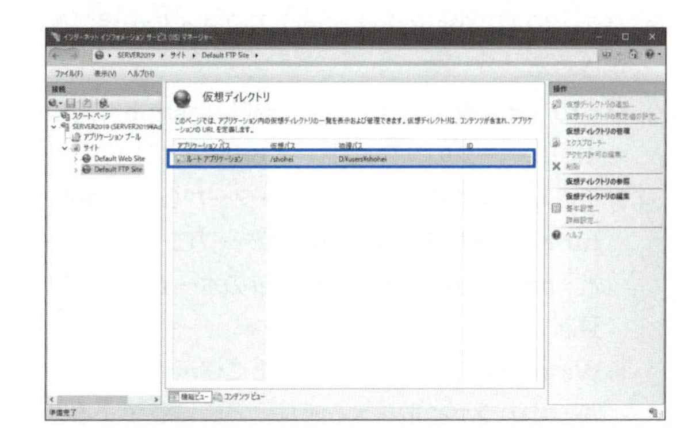

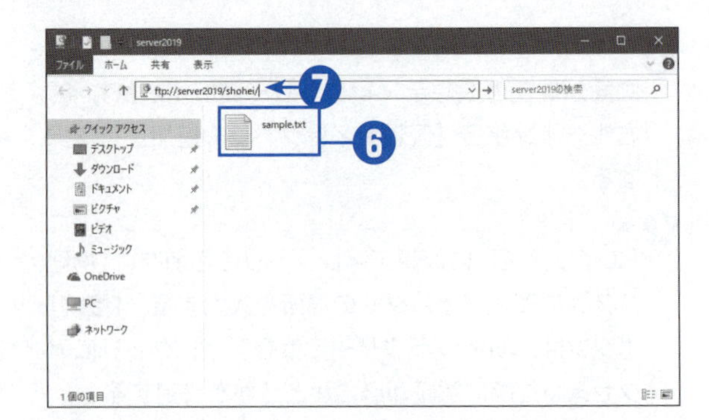

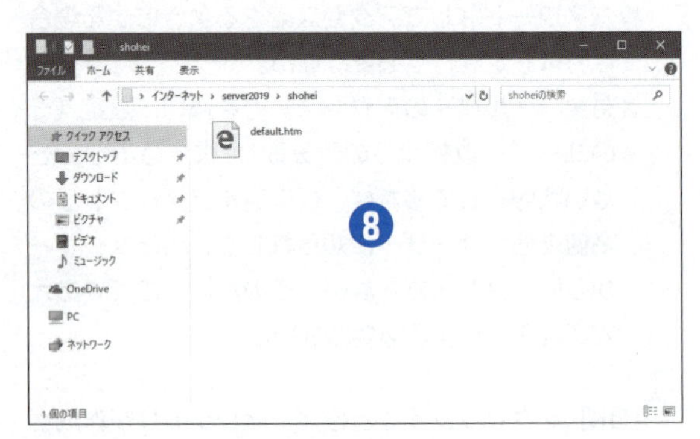

6

クライアントコンピューターからWindowsエクスプローラーで「ftp://server2019/」を開く。

- ユーザー名とパスワードが聞かれるので、ユーザー名「shohei」でログインする。
- 前節でコピーしたファイル（sample.txt）のみが置かれており、今作成した仮想ディレクトリ［shohei］は表示されていないことを確認する。

7

Windowsエクスプローラーのアドレスバーを「ftp://server2019/shohei/」に変更する。

- 「shohei」の部分には手順4で入力した［エイリアス］を指定する。
- Windowsエクスプローラーでアドレスバーを編集してフォルダー移動した場合、新しいFTPサイトへの新規ログインとみなされるので、再びユーザー名とパスワードが聞かれる。ここでは再度ユーザー名「shohei」でログインする。
- この操作が面倒な場合は、パスワードを記憶させるか、または別のFTPクライアントソフトなどを使用する。

8

「ftp://server2019/shohei/」が正常に開き、サーバー上の「D:¥users¥shohei」のファイル一覧が表示される。

- このフォルダーには、5節で作成したshohei用のホームページのHTMLファイルが残っている。
- ここでクライアントコンピューターから、default.htmファイルを上書き更新（アップロード）すると、http://server2019/shoheiのホームページを更新できる。
- Windowsエクスプローラー上に表示されているが、このファイルをメモ帳などで直接編集することはできない。いったんファイルをクライアントコンピューターにコピー（ダウンロード）してから編集する必要がある。

第11章 Hyper-Vとコンテナーの利用

Windows Server 2019には、1つのコンピューター上であたかも複数のコンピューターが動作しているかのような環境を作り出す「仮想化機能」として、Hyper-V機能とコンテナー機能の2つの機能が搭載されています。

この章では、Hyper-V機能については、インストールして機能を使えるようにする手順、仮想マシンに対してWindows OSをインストール、利用可能になるまでを解説します。コンテナー機能については、その概要と簡単な使用例の1つを紹介します。

Windows Server 2019における仮想化機能は強力で、その全貌を紹介することは難しいのですが、基本的な機能や動作を理解するだけでも、その有用性が実感できるはずです。

Hyper-Vとは

最新のコンピューターが持つ強力なハードウェア性能を生かして、1台のコンピューターの中にあたかも複数の仮想的なコンピューターが存在するかのような動作をさせ、個々の仮想コンピューター内で別々のOSを動作させる、あるいは個別の処理を実行するのがハードウェアレベルの仮想化、あるいはマシンレベルの仮想化と呼ばれる機能です。
Hyper-Vのような仮想環境を使ううえでは、これまでのようなハードウェアとOSとが一対一に結び付く環境では使われていなかった新たな用語が多数使われています。以下にそれらの用語のいくつかを紹介します。

●仮想マシン

ハードウェアレベルの仮想環境において、実際に存在するコンピューターハードウェアの中に、ソフトウェア的に（仮想的に）作成されるコンピューターのことを「仮想マシン」と呼びます。通常、1台のコンピューターの中には複数の仮想マシンを作成することが可能で、それらはあたかも、複数のコンピューターが同時に存在するかのように並行して動作することができます。

●ハイパーバイザー

コンピューター内部において、仮想マシンを作成し、動作させるためのソフトウェアのことを「ハイパーバイザー」と呼びます。Windows Server 2019の場合には、Hyper-Vがそれにあたります。ハイパーバイザーにはHyper-V以外にもいくつもの製品が存在しますが、それらの中には、ハイパーバイザー自体が基本的なOSとして動作する場合もありますし、Hyper-Vのように、OSは別にありハイパーバイザーはもっぱら仮想マシンを動作させるだけの専用のソフトウェアである場合もあります。
Hyper-Vの中にも、Windows Server 2019の1つの機能として動作するもののほか、Hyper-Vとそれをサポートするいくつかの機能を組み合わせて、Hyper-V単体で動作するようにした仮想マシンの実行環境である「Hyper-V Server」と呼ばれるものもあります。このHyper-V Serverは、無償で利用することができます。

●ホストOSとゲストOS

通常、仮想マシン内では、物理的に存在するコンピューターと全く同じソフトウェアを動作させることができます。たとえば物理マシン上でWindows Server 2019を動作させ、その中でHyper-Vにより仮想マシンを動作させた場合には、仮想マシン中でもWindows Server 2019を動作させることが可能です（もちろん、別の種類のOSを動作させることもできます）。
どちらも同じ「OS」を動作させた場合に、両者を区別する目的で、物理マシン上で「親」として動作してハイパーバイザーを稼働させる側のOSのことを「ホストOS」と呼びます。また仮想マシン内で動作するOSのことを「ゲストOS」と呼びます。またマイクロソフトにおいては、物理マシン上で実行されるホストOSのことを「物理インスタンス」、仮想マシン上で実行されるOSのことを「仮想インスタンス」あるいは「OSE」と呼ぶこともあります。

●ソフトウェア定義

仮想環境内で動作する仮想マシンには、ハイパーバイザーから仮想的なディスク領域を割り当てることができ、仮想OSからはあたかもそれが物理的に存在するディスク装置のように見えます。また仮想環境内で動作する複数の仮想マシン同士は、ハイパーバイザーによって定義された仮想的なネットワークによって相互に接続し、通信することができます。

これらの仮想ストレージや仮想ネットワークは、いずれもハイパーバイザーによって仮想的に定義されたハードウェアであって、現実にその定義の通りのハードウェアが存在するわけではありません。このように、現実のハードウェアをソフトウェア的に定義して、これをあたかも実際のハードウェアのように利用することを、「ソフトウェア定義されたハードウェア」と呼びます。たとえばストレージであればソフトウェア定義ストレージ（SDS）であり、ネットワークであればソフトウェア定義ネットワーク（SDN）と呼びます。

●コンバージドインフラストラクチャ（CI）

システム基盤（インフラストラクチャ）の構築は従来、コンピューティング（処理能力）、ストレージ（ディスク装置）、ネットワーク等、さまざまな要素を重視した専用のハードウェアを組み合わせて構築されていました。しかしそれらの構築には専門知識が必要であり、またコストも高いものになっていました。

そこで、これら各要素を組み合わせて1つのハードウェア装置として組み合わせた状態で提供される装置が「コンバージドインフラストラクチャ（高集積型インフラストラクチャ）」と呼ばれるハードウェアです。

●ハイパーコンバージドインフラストラクチャ（HCI）

CIが主にハードウェア装置の組み合わせであるのに対しHCIは、既存のコンピューター装置上でソフトウェアにより実現されるCIと呼ぶことができます。仮想環境を利用して、仮想コンピューティング、ソフトウェア定義のネットワーク、ソフトウェア定義のストレージを組み合わせることで、インフラストラクチャを構築します。

HCIによるインフラストラクチャの構築は、すべての要素が1台のコンピューター内に収められることから、コンピューターの設置場所の削減、消費電力の削減、資産管理コストの削減等、さまざまなメリットを生み出します。異なる仮想マシン同士では、別々のOSを実行することもできるため、1台のコンピューター内でバージョンの異なるWindows Serverを同時に実行することや、LinuxなどWindows以外の他のOSを実行することも可能です。

またソフトウェア定義であることから、ニーズに応じて各サーバーに割り当てるハードウェア資源の増減が容易に行えます。新たなサーバー機能を使いたい場合や現在のサーバーで処理能力が不足する場合に、ホストコンピューターの性能が許す限りにおいて、サーバーの追加やメモリ/ディスクの増減が行えます。

Hyper-VとWindows Server 2019のライセンス

Windows Server 2019では、DatacenterとStandardエディションでHyper-Vによる仮想環境が利用できます。仮想環境を使わない場合には、通常は1台のコンピューター上では同時に1つのOSしか稼働しません。しかし仮想環境を使えば、1台のコンピューター上で同時に複数のOSを稼働させることが可能となります。このため仮想環境を使う場合には、使用するエディションによって以下のようなライセンスの数え方をします。このライセンスの数え方は、Windows Server 2016より導入されたもので、場合によってはやや複雑な場合もあります。ライセンス違反とならないよう、ライセンスのカウント方法をしっかり理解することが必要です。

基本はCPUのコアの数

第1章で解説した通りWindows Server 2019は、動作するコンピューターが持つCPUの「コア」の数によって必要とするライセンス数が決定されます。詳細については第1章の表に示す通りですが、どれほど小規模なコンピューターであっても、最低16コア分のライセンスが必要となる点には注意してください。これはHyper-Vを使うか使わないかに関わらず共通です。以降、本書においてはこれを「1セット分のライセンス」と呼びます。

物理OSEと仮想OSEは合計数をカウントする

物理コンピューター上で実行されるWindows Server 2019は、それ単体で1個のOSE(物理OSE)としてカウントします。この物理OSE上でHyper-Vを使って仮想マシンを作成してWindows Server 2019をインストールした場合には、その仮想マシンの中のOSE(仮想OSE)も1個とカウントします。つまりこのコンピューターでは2個のOSEが稼働しているとカウントされます。作成する仮想マシンが2つの場合は、このコンピューター上では物理OSEが1個、仮想OSEが2個で合計3個のOSEが稼働しているとカウントします。

Hyper-Vコンテナーは、仮想OSEとしてカウントする

Windows Server 2019のもう1つの仮想化機能である「コンテナー」機能には、他のコンテナーとOSコアを共有する「Windows Serverコンテナー」と、他のコンテナーと共有しない「Hyper-Vコンテナー」の2種類がありますが、このうちWindows ServerをOSとして使用しているコンテナーイメージを「Hyper-Vコンテナー」として運用する場合には、これも1つの仮想OSEとしてカウントします。Windows ServerコンテナーはホストOSの一部として動作するため、これをOSEとしてカウントする必要はありません。

Windows Server以外のOSはカウントしない

Hyper-Vの仮想マシンには、LinuxなどWindows Server以外のOSをインストールすることができます。この場合、その仮想OSEはWindows Serverのライセンス計算にはカウントしません。Hyper-Vコンテナーを使用する場合でも、コンテナーイメージで使われているOSがLinuxの場合、これもOSEのカウントに含める必要はありません。

Standardエディションでは1セット分のライセンスでOSEは2個まで

以上の考え方に従ってOSEの総数を決定しますが、Standardエディションの場合、1セット分のライセンスで利用可能なOSEの数は最大2個までです。2つを超えるOSEを稼働させる場合には、OSEが2つ増えるごとに1セット分のライセンスが追加で必要になります。

物理OSEは必ず1個は必要ですから、仮にライセンスが1セット分しかない場合は、利用できる仮想OSEの数は1個までとなります。仮想マシンを2つ3つと作って合計のOSE個数が3～4個になる場合は、2セット分のライセンスが、OSEの個数が5～6個となる場合は3セット分のライセンスが必要になります。
なおDatacenterエディションにはOSE個数の制限はなく、同一のコンピューター上であれば任意の数のOSEを作成できます。

物理OSEをHyper-Vのホスト専用とした場合はカウント不要

これまでOSEの数は物理OSEと仮想OSEの合計数であると説明してきました。ですが、実際にコンピューター上でHyper-V機能を利用するには物理OSEは必ず1個必要です。ここで、必須となる物理OSEがHyper-Vのホスト専用である場合に限り、このOSはOSEのカウント数に含める必要はありません。つまりホストOSであるWindows Server 2019に対し、役割と機能の追加でHyper-Vのホスト機能だけをインストールし、他の役割をインストールしていない場合は、1セットのStandardライセンスで2個の仮想OSEを使うことができます。
Active DirectoryやWebサーバーなどWindows Serverにはさまざまな機能がありますが、こうした役割を物理OSEに割り当てていない場合には、1セット分のライセンスで2台のWindows Server仮想マシンを使えることになります。

クライアントアクセスライセンスも必要

以上が、Windows Server 2019でHyper-Vを利用する際のライセンスの考え方です。ただしWindows Serverを実際に運用するには、このほかに最低でも「クライアントアクセスライセンス（CAL)」と呼ばれるライセンスも必要になります。
CALは、Windows Serverにアクセスするクライアント機器1台につき1個、またはWindows Serverを利用するユーザー1人あたり1個必要です。前者を「デバイスCAL」、後者を「ユーザーCAL」と呼びますが、共用パソコンや交代勤務などでクライアント機器の数よりもユーザー数の方が多い場合はデバイスCALを、SOHOなどで機器の数よりもユーザー数の方が少ない場合はユーザーCALを利用するのが有利です。両者のCALは混在して使用することもできます。またWindows Serverが複数ある場合でも、同じネットワーク上であれば、機器やユーザーに割り当てる数は1機器/1ユーザーあたり1個でかまいません。

機能によっては別途ライセンスが必要な場合もある

以上が、Windows Serverを使用する場合に最低限必要となるライセンスです。ただし、利用する機能によっては別途ライセンスが必要となる場合もあります。たとえばWindows Serverの機能のうち、ターミナルサービスを利用する場合には、利用するクライアントの数に応じてターミナルサービス専用のライセンスが必要です。またWindows ServerをWebサーバーとして利用して、これをインターネットに公開する場合に、ユーザーIDやパスワードなどを使ってユーザー識別をする場合には、CALまたはエクスターナルコネクタライセンスと呼ばれる専用のライセンスが必要となります。
Windows Serverのライセンスの考え方は、特にHyper-Vによる仮想化の登場後は複雑になり、わかり難いものとなっています。Windows Serverを管理する場合には、ライセンス違反とならないよう、購入するライセンス数には十分に注意してください。

Windows Server 2019で強化されたHyper-Vの機能

Hyper-Vの機能はバージョンを重ねる都度、強化されてきています。特に、2世代前のWindows Server 2012 R2から2016へのバージョンアップの際には、クラウド用のプラットフォームとしてHyper-V機能にも大幅な機能追加が行われています。
一方、Windows Server 2016から今回の2019へのバージョンアップでは、追加された機能は前回ほど多くはありません。前回のバージョンアップが大型のものであった反動もあるのでしょう。
Windows Server 2019で追加/強化されたHyper-V関連の機能には、以下のようなものがあります。

●シールドされた仮想マシン

「シールドされた仮想マシン」機能は、Hyper-V上で実行される仮想マシンを、ホストOSや他の仮想マシン内のプログラムから保護（シールド）すると共に、仮想マシンのデータを「信頼されたホスト」以外で実行できないようにするHyper-V用のセキュリティ機能で、Windows Server 2016で新たに導入されました。
この機能により構成された仮想環境は、利用する仮想ディスクが「BitLocker」により暗号化され、許可されたゲストOS以外からはアクセス不能とすることができます。ホストOSとゲストOSの仲立ちをするゲストサービスを経由してのファイルコピーも禁止できるほか、Hyper-Vマネージャーから仮想OSの操作を行う「仮想マシン接続」についても暗号化され、許可された管理者以外からの利用を禁止できます。
Windows Server 2016における「シールドされた仮想マシン」機能は、仮想マシン内のOSもWindows Server 2016である必要がありましたが、Windows Server 2019では、Linuxを仮想OSとする場合にもこの機能が利用できるようになりました。これにより、Linuxを仮想マシンとする場合によりセキュアな運用が行えます。
なおこの機能は、Datacenterエディションでのみ使用できます。

●ソフトウェア定義ネットワークの強化

Hyper-Vにおいて仮想マシン同士や仮想マシンと外部を接続する仮想ネットワークは、ソフトウェアによって構成や機能を容易に変化させられることから「ソフトウェア定義ネットワーク（SDN）」と呼ばれます。
Windows Server 2019では、このSDNに対してクラウドサーバーを構築するために有用な機能が新たに追加されました。
「暗号化ネットワーク」機能では、仮想マシン同士を接続する（仮想の）通信に対して、これまでは行えなかった通信パケットの暗号化機能を新たに追加します。これにより、同一の仮想ネットワークに接続された他の仮想マシンから通信内容を盗み見る「スニッフィング」等を防止することが可能となります。
「ファイアウォール」認証機能は、仮想ネットワークを流れるトラフィックに対してフィルタリングやロギングが行えるようになり、ゲストOSが持つファイアウォール機能とは別に、独立した仮想的なファイアウォールが構築できるようになりました。
「仮想ネットワークピアリング」機能は、別々に作られた2つの独立した仮想ネットワーク同士を接続、これらをあたかも同一のネットワークで接続されているように扱う機能です。
「ネットワーク送信量記録」機能は、仮想ネットワークを通して外部の物理ネットワークに送信されるデータ量を計測する機能で、クラウドサービスなどを提供する際に、データ転送量に応じて課金する用途などに利用できる機能です。

1　Hyper-Vをセットアップするには

これまで説明したさまざまなサーバー機能と同様、Windows Server 2019をセットアップしただけでは、Hyper-Vは使用できません。Hyper-Vを使用するためにはまず、サーバーマネージャーを利用してHyper-Vの役割の追加を行う必要があります。
ここではHyper-Vのセットアップ手順について紹介します。

Hyper-Vをセットアップする

❶ 管理者でサインインし、サーバーマネージャーのダッシュボード画面から［②役割と機能の追加］をクリックする。

❷ ［役割と機能の追加ウィザード］が開く。［次へ］をクリックする。

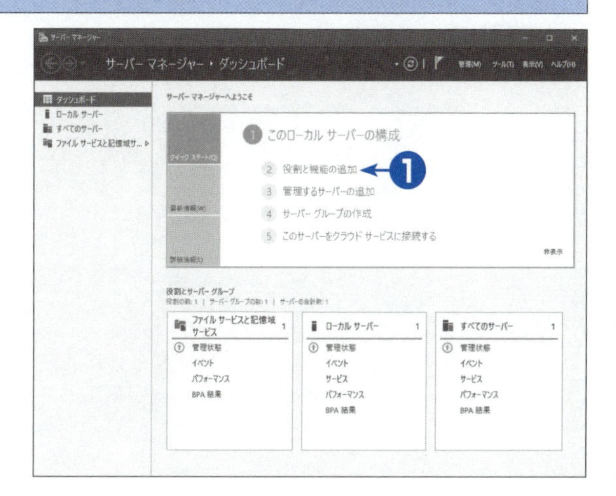

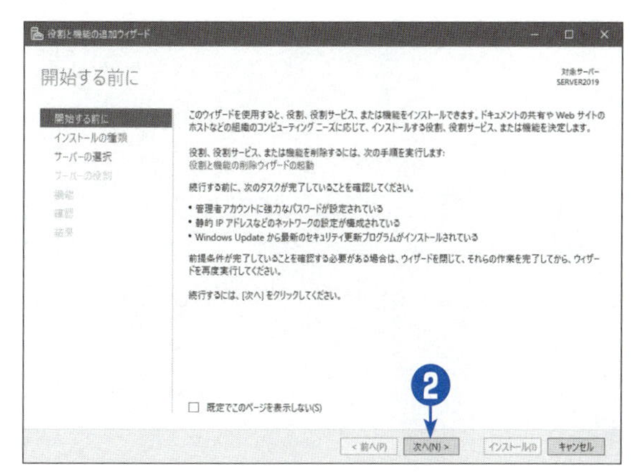

❸ ［インストールの種類の選択］では、［役割ベースまたは機能ベースのインストール］を選択して［次へ］をクリックする。

❹ ［対象サーバーの選択］では、自サーバーの名前（SERVER2019）を選択して［次へ］をクリックする。

❺ ［サーバーの役割の選択］では、インストール可能な役割の中から［Hyper-V］チェックボックスをオンにする。

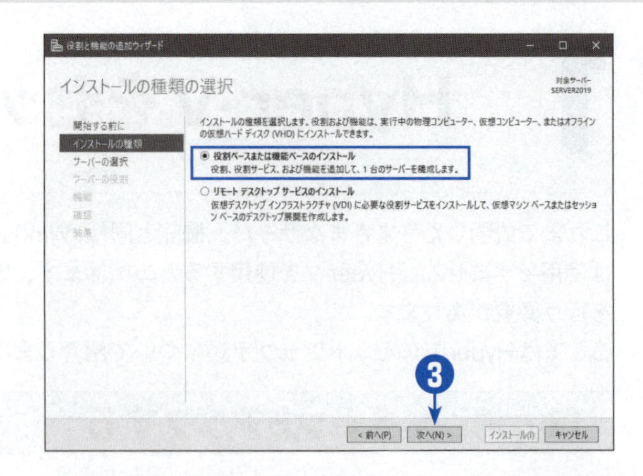

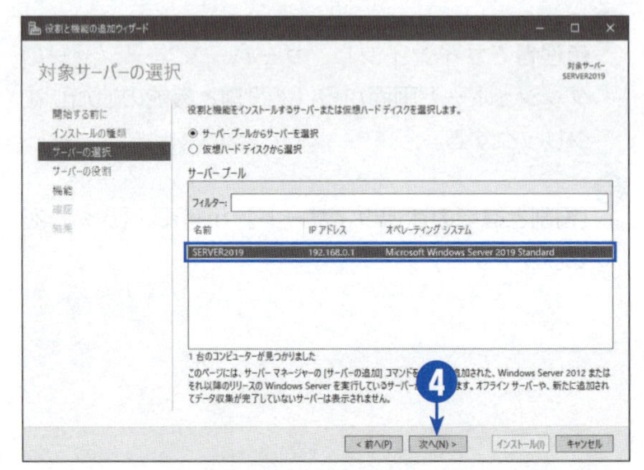

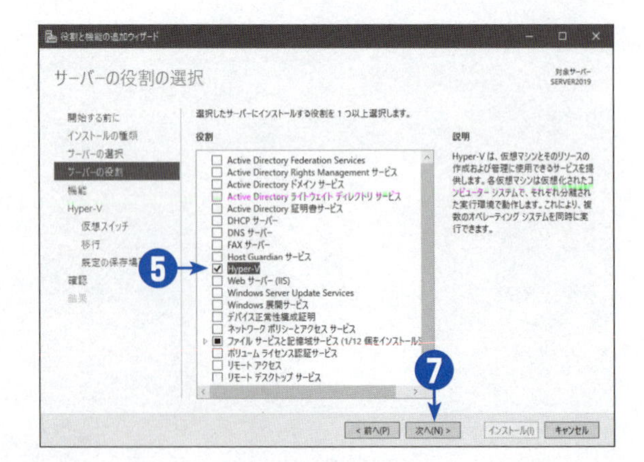

6
自動的に追加される機能の一覧が表示されるので、［機能の追加］を選択する。

7
元の画面に戻るので、［次へ］をクリックする。

8
［機能の選択］では、特に変更する項目はないので、このまま［次へ］をクリックする。

9
ウィザードは［Hyper-V］の設定へと移行する。ここからはHyper-Vを動作させるのに必要となる「役割サービス」を選択する。［次へ］をクリックする。

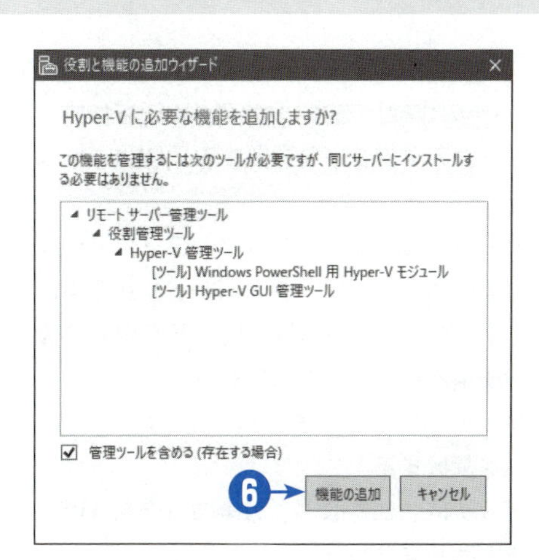

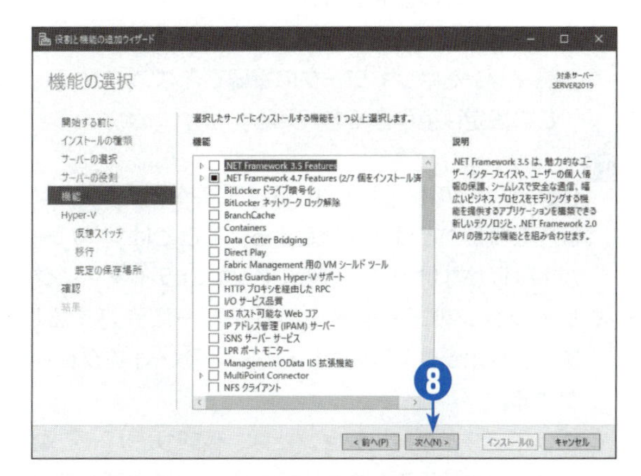

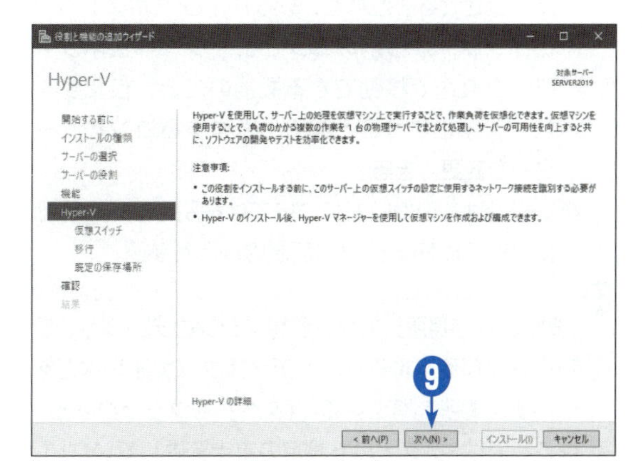

⑩

［仮想スイッチの作成］では、仮想スイッチを作成するネットワークアダプターを選択する。［次へ］をクリックする。

- コンピューターに2つ以上のネットワークアダプター（あるいはネットワークのポート）があるときには、1つをサーバーの管理用、それ以外を仮想スイッチ用とするのが理想である。
- 1つしかネットワークアダプターがない場合には、それを選択する。
- 仮想スイッチについては、この後のコラム「仮想スイッチとは」を参照。
- 仮想スイッチは最低でも1つ作成しなければ、仮想マシンをネットワークに接続できない。ただし、この設定は後からでも行える。

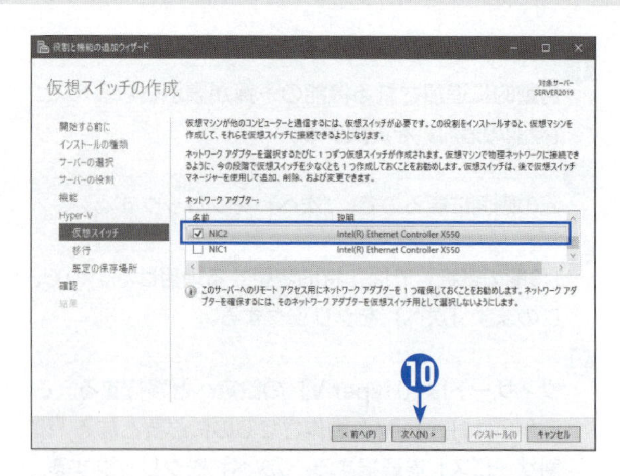

⑪

［仮想マシンの移行］では、ライブマイグレーション機能を使うかどうかを指定する。ここではサーバーが1台しかないので、［仮想マシンのライブマイグレーションの送受信をこのサーバーに許可する］チェックボックスはオンにしない。［次へ］をクリックする。

- ライブマイグレーションとは、仮想サーバーを動作停止させることなく、あるHyper-Vホストコンピューターから別のコンピューターへとネットワーク経由で移動できる機能のこと。仮想サーバーを停止することなく、動作するコンピューターを変更できる。
- 本書ではこの使い方については解説しない。詳細についてはHyper-Vの解説書などを参照。

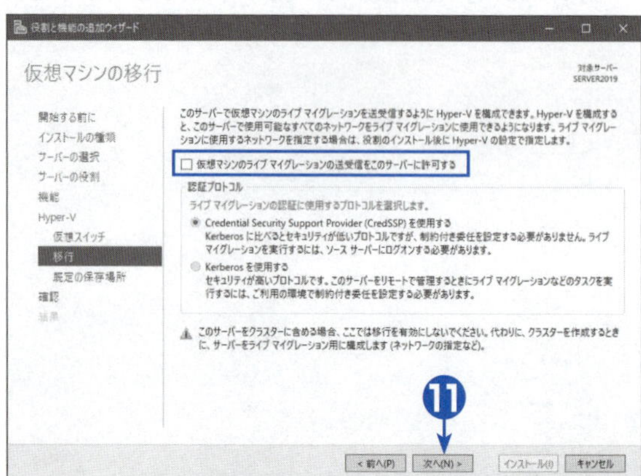

⑫

［既定の保存場所］では、仮想マシンのデータや、仮想マシンが使用するハードディスクファイルなどを保存する場所を指定する。［次へ］をクリックする。

- ここでは、デフォルト設定のまま変更していない。
- 仮想ハードディスクはサイズが大きくなり、またアクセス速度も求められるので、容量に余裕があり高速なボリュームを選択する。
- Windows Server 2019では、仮想ディスクをReFSでフォーマットされたディスク上に配置した場合のパフォーマンスも向上している。
- 既定の場所の指定なので、仮想マシンを作成する際に別の場所を選ぶことも可能。

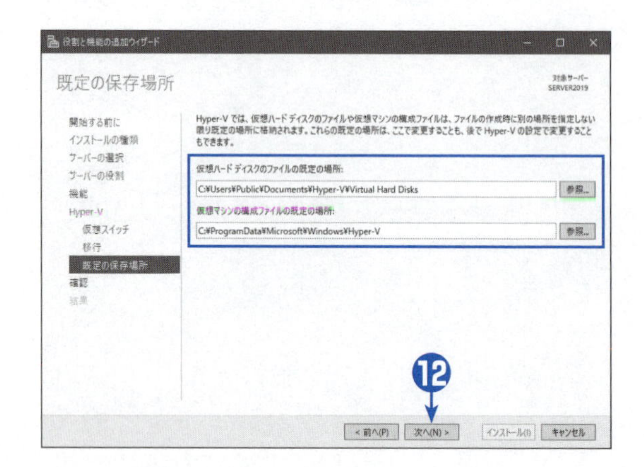

⓭

［インストールオプションの確認］では、［必要に応じて対象サーバーを自動的に再起動する］チェックボックスをオンにする。確認画面が表示されたら［はい］をクリックして閉じる。［インストール］をクリックする。

●Hyper-Vのセットアップでは、サーバーの再起動が必須となるため、これをオンにしておけば、インストール終了後に自動的にコンピューターは再起動される。

●他に開いているアプリケーションやファイルがあるときには、ここで閉じておく。

⓮

インストールが開始される。

●インストールの終了を待たずにこのウィンドウを閉じてもインストールは継続されるが、特に理由がなければ、終了するまでウィンドウを閉じないでおく。

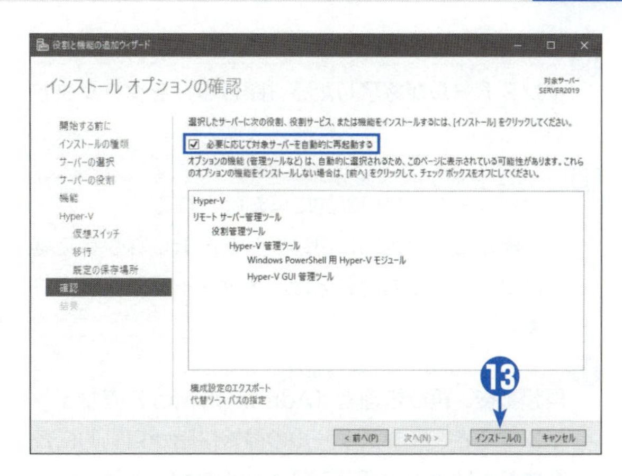

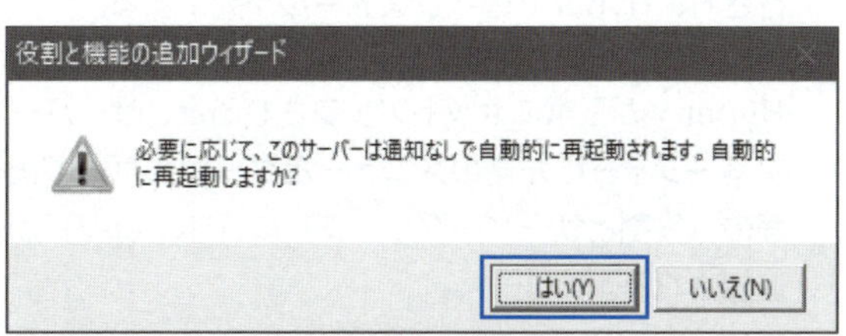

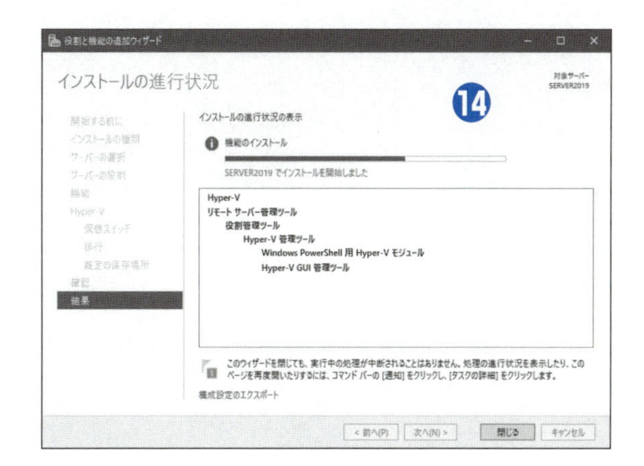

⑮
インストールが終了したら［閉じる］をクリックする。

⑯
コンピューターが自動的に再起動される。
●手順⑬で「自動的に再起動」を選択しなかった場合は、ここで再起動を促すメッセージが表示される。

⑰
再起動後、再び管理者（Administrator）でサインインすると、インストールの最終段階が自動的に続行され、Hyper-Vのインストールが完了する。

⑱
Hyper-Vが正常にセットアップされると、サーバーマネージャーの左側のメニューとダッシュボード画面の［役割とサーバーグループ］に［Hyper-V］が追加される。

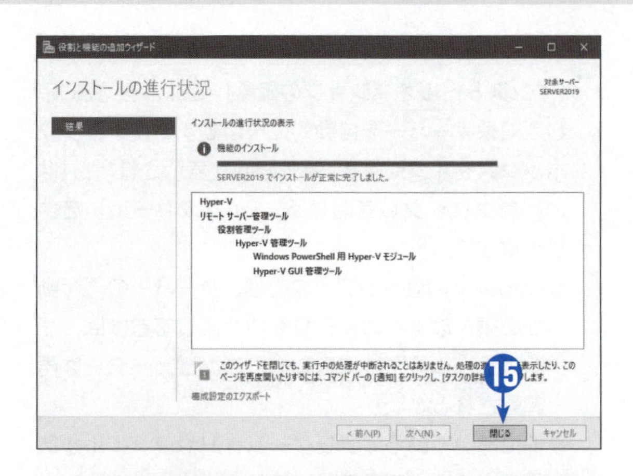

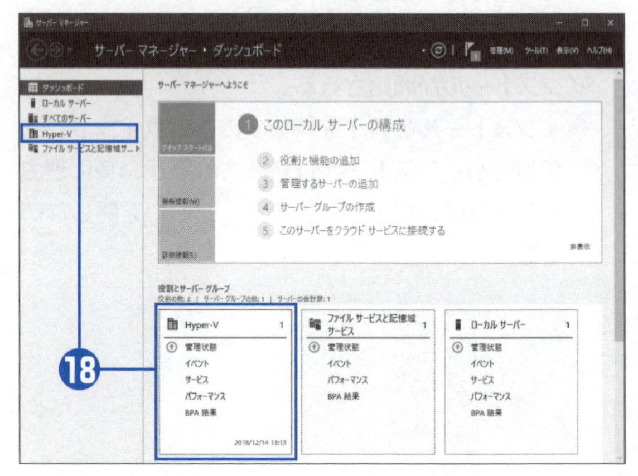

仮想スイッチとは

Hyper-Vで作成された仮想マシン内でサーバーを動作させる場合、個々の仮想マシンには、自分以外のコンピューターと通信するためのネットワーク機能が必要となります。仮想マシンはソフトウェアで実現される機能であるため、実際にはホスト側コンピューターに搭載されたネットワークアダプターを使用するわけですが、仮想マシンの内部からは、そのネットワークアダプターがあたかも「自分のPCに接続されている」ように見える必要があります。この、仮想的に存在するように見えるネットワークアダプターを「仮想ネットワークアダプター」と呼びます。

ホスト側のネットワークアダプターと仮想マシン内の仮想ネットワークアダプターは、なんらかの方法で両者を関連付けする必要があります。サーバー用のコンピューターのように、複数のネットワークポートを持っていることが多いハードウェアでは、どのポートがどの仮想マシンに結合されているのかを知る必要があるからです。

また、1つのコンピューター内で2つ以上の複数の仮想マシンが動作している場合を考えてみてください。この場合、それぞれの仮想マシンどうしがネットワーク通信できる仕組みも必要になります。同じコンピューター内での通信ですから、実際には外部に接続される物理的なネットワークポートは必要ないのですが、個々の仮想マシン内のOSから見ると、他の仮想マシンとの間のデータのやり取りには、やはりネットワーク通信を行う必要があるためです。

こうした目的のため、Hyper-Vでは「仮想スイッチ」と呼ばれる機能を提供しています。ここで言う「スイッチ」とは、ネットワークで言う「ハブ」、あるいは「スイッチングハブ」の別名のことを指します。つまり仮想スイッチとは、言い換えると「仮想ハブ」と考えてよいでしょう。

仮想スイッチは、物理的なスイッチングハブと同様、コンピューター内でネットワークアダプターどうしを結

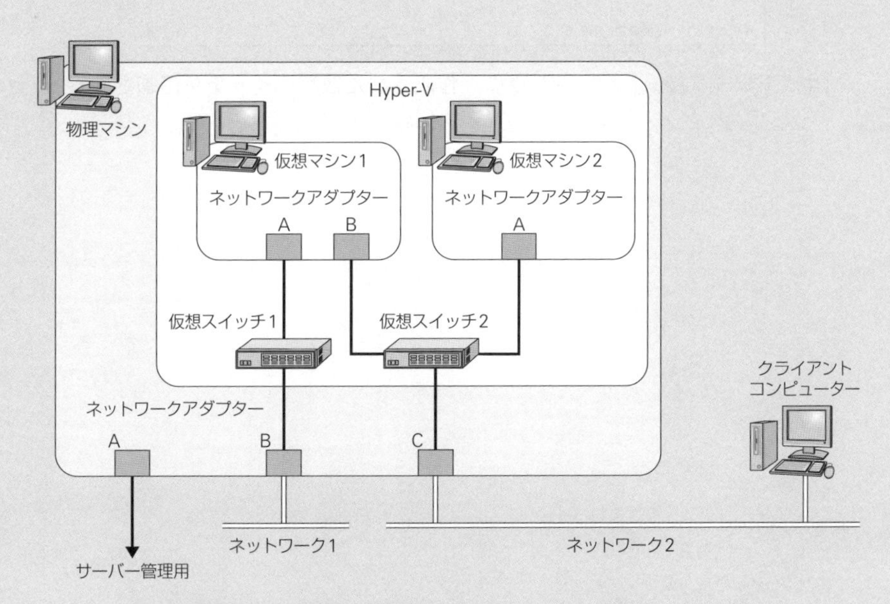

仮想スイッチは、仮想マシンどうしや、仮想マシンと
ホストマシンのネットワークアダプターを結び付ける

び付ける働きをします。ここで結び付けられるネットワークアダプターは、仮想マシン内に作られる仮想ネットワークアダプターのことを指していて、これらどうしを結び付けることで、仮想マシンどうしのネットワーク通信を可能とします。さらに、仮想スイッチは、仮想ネットワークアダプターとホスト側コンピューターが持つ物理ネットワークアダプターとを結び付ける機能も持ちます。仮想マシン内の仮想ネットワークアダプターとホストコンピューターの物理ネットワークアダプターを結び付けることで、仮想マシンから物理的に存在するネットワークに接続できるというわけです。

Hyper-Vにおける仮想スイッチは、ホストコンピューターのネットワークアダプターのポートごとに1つ作成されます。ただし、すべてのポートに自動的に仮想スイッチが作成されるわけではなく、どのポートに仮想スイッチを作成するかは、管理者が指定します。このようにすることで、管理者はHyper-V内の仮想マシンが、どのネットワークポートを使用するかを制御することができます。

作成された仮想スイッチは、ホストOS側の「ネットワーク接続」に、「vEtnernet」という名前で表示されるため、仮想スイッチがいくつ作成されているかは、この画面から確認できます。

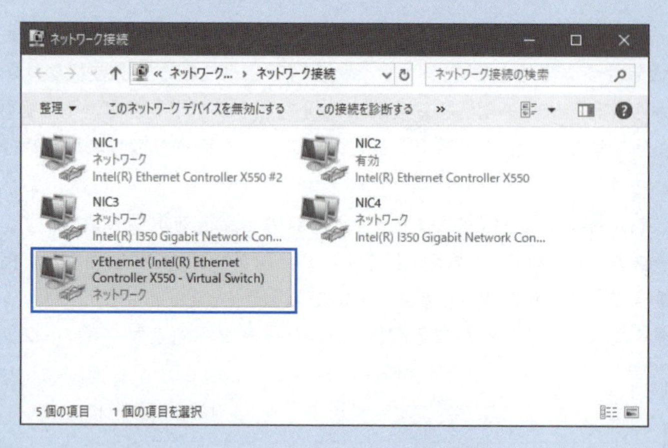

［ネットワーク接続］ウィンドウに、作成された仮想スイッチが追加される

コンピューターに2つ以上のポートがある場合

サーバー用として設計されているコンピューターでは、大半の製品が、2つ以上のネットワークポートを持っています。こうした複数のネットワークポートは、どのように使い分ければよいのでしょうか。

サーバーコンピューターが複数のネットワークに同時に接続されている場合、たとえば「社外向け」と「社内向け」のネットワークが存在し、それらの両方にサーバーが接続されている場合には、ネットワークポートは必然的に複数必要となります。社内ネットワークではActive Directoryやファイルの共有などの高度なネットワーク利用を行い、もう一方のネットワークではWebサービスやFTPサービスといった、インターネット関連のサービスだけを提供する、といった使い分けは、1つのネットワークポートしかない場合には設定が難しいものですが、別々のポートであれば比較的容易に設定が行えます。

SAN（Storage Area Network）と呼ばれるストレージ装置接続用のネットワークを使用する場合も同様です。iSCSIと呼ばれるネットワーク経由でのディスク利用など、できるだけ高速の通信で、かつセキュリティ上の都合などから、他のネットワークと分離したい場合などにも、複数ポートは有効です。

Hyper-Vを使用する場合に考えられるのが、ホストコンピューターで使用するポートと、仮想マシンで使用するポートを分離する方法です。サーバーをネットワークで管理することの必要性は、サーバーのリモート管理の章で説明しましたが、ネットワーク管理を行うためには、ネットワークが確実に利用できることが必要です。たとえば仮想マシン内で動作するアプリケーションやサーバーに異常が発生し、ネットワーク負荷が極端に高くなり仮想マシンをシャットダウンしたいような場合を考えてください。ホスト側のネットワークポートと仮想マシン側のネットワークポートが同じポートを利用していると、ホストOSをリモート管理できない可能性が生じます。ポートを共用している仮想マシンの通信により、ネットワークの帯域が使い尽くされてしまうためです。

このような場合でも、ホストOS側のポートと仮想マシン側のポートを分離しておけば、ホストOS側を操作して仮想マシンをシャットダウンすることが可能ですし、また、サーバーを直接操作できる場合であれば、仮想マシン用で使用しているネットワークケーブルを取り外すことで対処する、といった方法をとることも可能です。

コンピューターにネットワークポートが1つしかない場合でも、Hyper-Vでは、ホストOSのネットワークポートと、仮想マシン用のネットワーク（仮想スイッチ）のポートを共用させることは可能です。ただしすでに説明したように、管理用としてホストOSのネットワークポートを独立させる方が、より安定した運用が望めます。コンピューターに複数のネットワークポートがある場合には、積極的に利用することを検討してください。

2 仮想マシンを作成するには

Hyper-Vのセットアップが終了したら、いよいよ仮想マシンを作成します。仮想マシンの作成は、「コンピューターを購入するときに、ハードウェアスペックを選ぶ」という行為に非常によく似ています。具体的にはメモリの容量、ハードディスクの台数と容量、ネットワークアダプターの数などを指定します。これらのスペックは、その仮想マシン内で動かしたいソフトの種類によって決定します。

仮想マシンを作成する

❶ サーバーマネージャーから［ツール］－［Hyper-Vマネージャー］を選択する。

●Hyper-Vマネージャーが起動したら、タスクバーのアイコンを右クリックして［タスクバーにピン止めする］を選んでおくと、次回からHyper-Vマネージャーをワンクリックで起動できる。

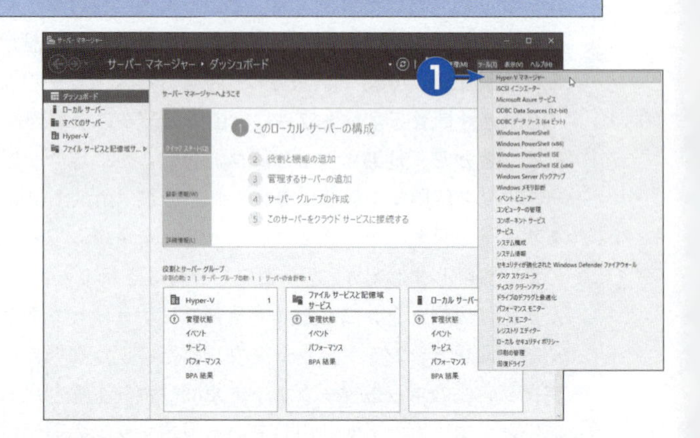

❷ Hyper-Vマネージャーの左側ペインから、自サーバーである［SERVER2019］を選択する。中央ペインには、作成済みの仮想マシン一覧が表示されるが、現在はまだ未作成なので1つも表示されない。

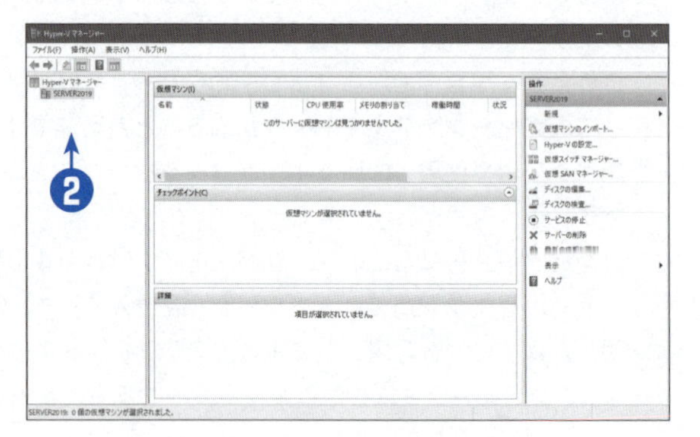

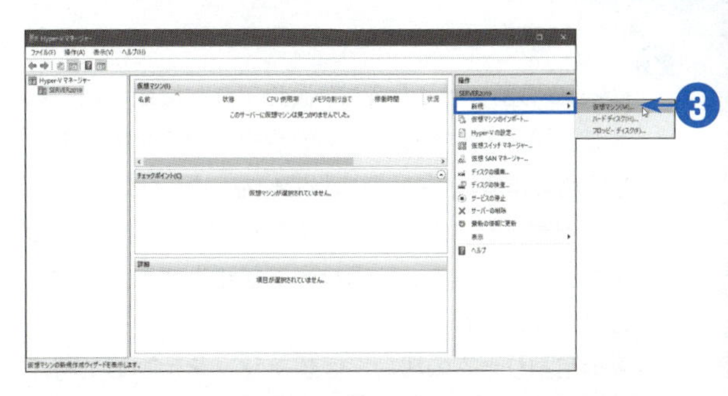

❸

右側のペインから［新規］－［仮想マシン］を選択する。

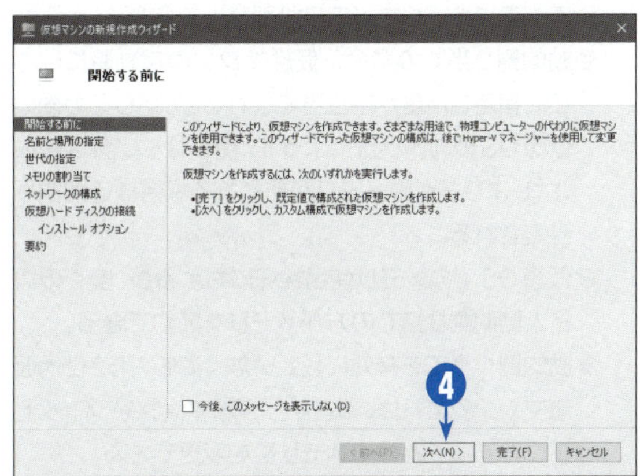

❹

［仮想マシンの新規作成ウィザード］が起動する。［次へ］をクリックする。

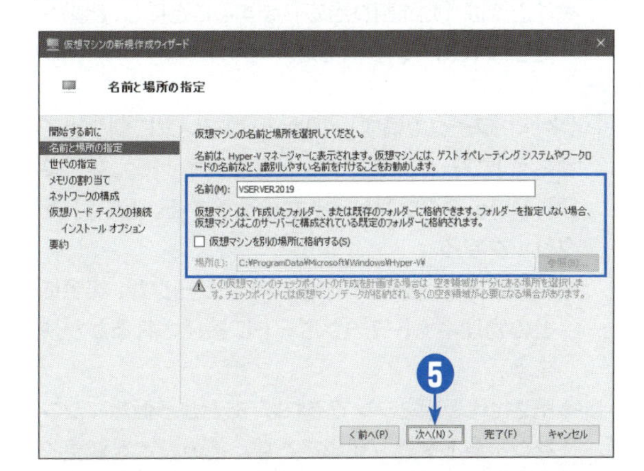

❺

［名前と場所の指定］では、仮想マシンの名前と保存場所を指定する。仮想マシンの名前は自由に決めてよい。［次へ］をクリックする。

- ここでは「VSERVER2019」という名前を指定した。
- 保存場所はHyper-Vのセットアップ時に指定した内容がデフォルトで設定されている。通常はこのままでかまわない。
- 保存場所を変更したい場合には、［仮想マシンを別の場所に格納する］チェックボックスをオンにする。

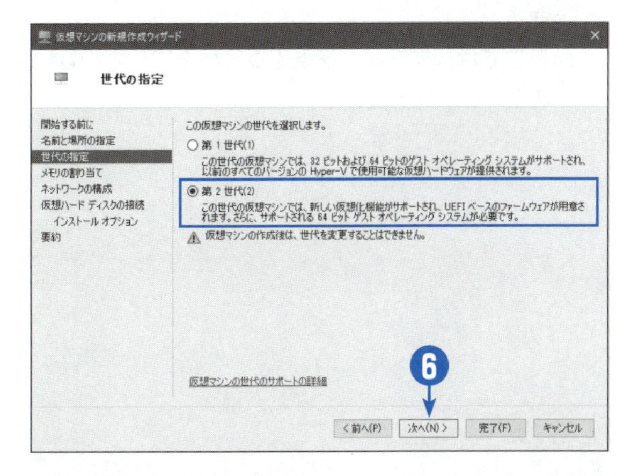

❻

作成する仮想マシンの世代を選択する。仮想マシン内で利用したいOSがWindows Server 2012以降のWindows Serverか、Windows 8以降の64ビット版、第2世代仮想マシンに対応したLinuxである場合は［第2世代］を、それ以外の場合は［第1世代］を選択する。［次へ］をクリックする。

- 今回はWindows Server 2019をインストールするので、［第2世代］を選択した。
- ここに挙げたOS以外のOSは、第2世代の仮想マシンでは正常に動作しない。
- Linux系のOSで使用できるものについては、この後のコラム「仮想マシンの世代とは」を参照。
- 作成後に世代を変更することはできない。

❼

［メモリの割り当て］では、仮想マシンに割り当てるメモリ量を指定する。［この仮想マシンに動的メモリを使用します。］をオンにしていない場合は、メモリ量は固定で割り当てられ、オンにすると仮想OSのメモリ使用量によって割り当てが変化する。［次へ］をクリックする。

- 固定割り当ての場合、仮想マシンを起動した時点でここに指定したメモリが割り当てられる。
- 動的割り当ての場合、仮想マシンの起動時にはここで指定した量が割り当てられる。ただしその後の仮想OSの動作状況によって、使われない分は解放され、より多くのメモリが使われる場合は追加割り当てされる。
- 仮想OSでのメモリ使用状況にもよるが、多くの場合、動的割り当ての方がメモリを節約できる。
- 動的割り当てを有効にしていなくても、第2世代仮想マシンであれば、あとから仮想マシンをシャットダウンすることなくメモリ量を変更できる。
- ここでは「動的割り当て」をすることにし、起動メモリは1GBを割り当てた。

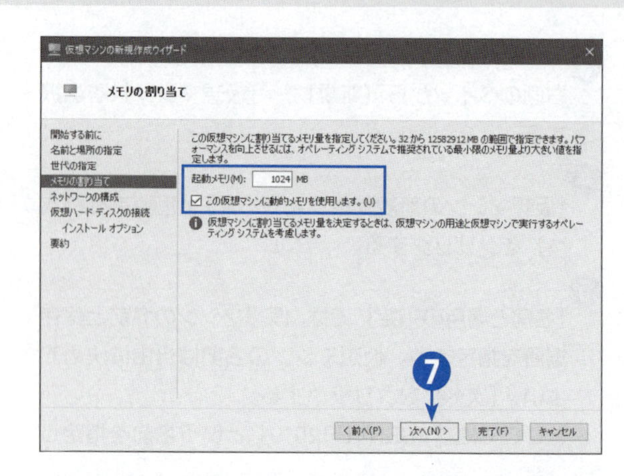

❽

［ネットワークの構成］では、仮想マシンに割り当てるネットワークアダプター（仮想スイッチ）を［接続］ドロップダウンリストから選択する。［次へ］をクリックする。

- この選択で、仮想マシンのネットワークが、実際にどの物理ネットワークポートに接続されるかが決まる。
- 第2世代仮想マシンであれば、あとから仮想マシンをシャットダウンすることなくこの設定を変更できる。
- ここでは仮想スイッチを1つしか作成していないので、これを選択した。

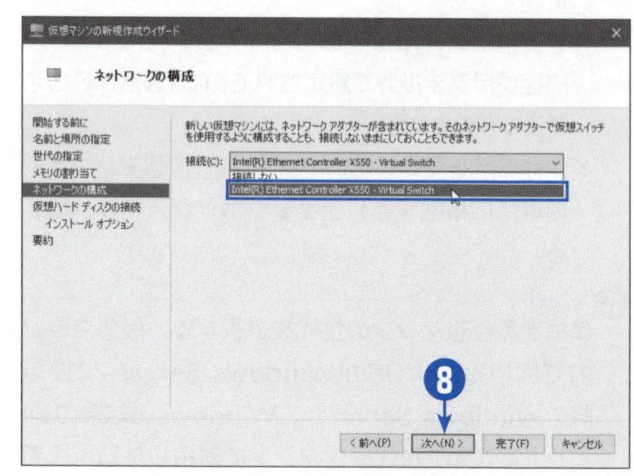

9

［仮想ハードディスクの接続］では、仮想マシンが使用するハードディスクのサイズをGB単位で指定する。Hyper-Vでは通常、容量可変（実際に使用した時点で容量を確保する）タイプの仮想ハードディスクを使用する。ここでは仮想ハードディスクの実体となるファイル名と最大容量（これ以上拡張できない最大の容量）を指定する。［次へ］をクリックする。

- ここでは特に変更せず、既定のままとしている。
- 作成済みの既存の仮想ハードディスクを使用することもできる。
- あとで仮想ハードディスクファイルを指定することもできる。

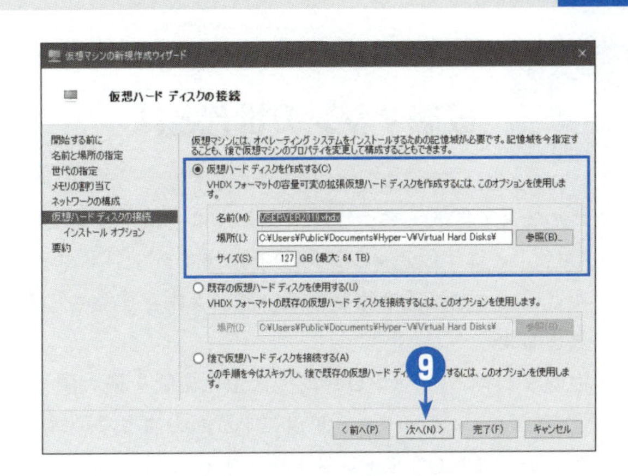

10

［インストールオプション］では、仮想マシンに、どのメディアからOSをインストールするかを指定する。［ブートイメージファイルからオペレーティングシステムをインストールする］を選択して、［イメージファイル（iso）］欄に、Windows Server 2019のセットアップディスクのisoファイルを指定する。［次へ］をクリックする。

- この指定を行うと、仮想マシンを起動するだけで自動的にインストーラーが開始されようになる。
- この設定を行わない場合は、あとから仮想DVDドライブを追加することができる。
- このほか、ネットワーク内のインストールサーバーからのインストールなども行える。

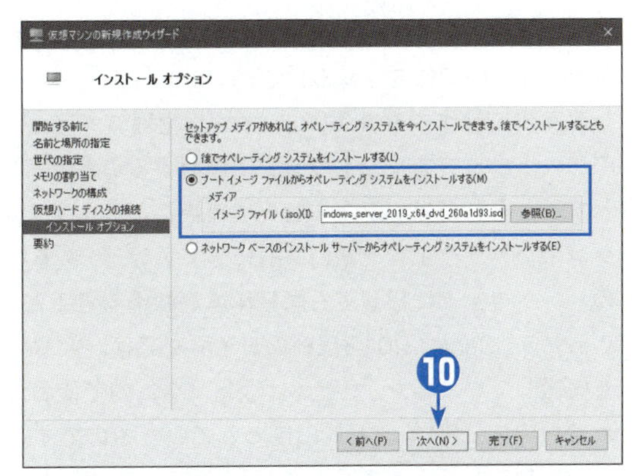

11

［仮想マシンの新規作成ウィザードの完了］で設定内容を確認し、［完了］をクリックすると、仮想マシンが作成される。

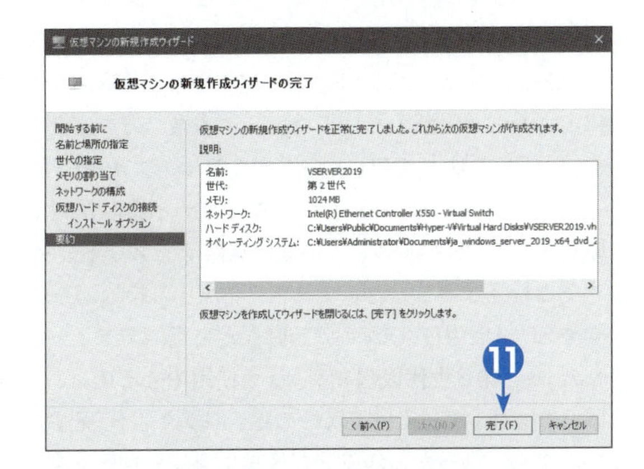

12

Hyper-Vマネージャーの画面を表示すると、今作成した「VSERVER2019」が仮想マシンの一覧に表示されていることがわかる。

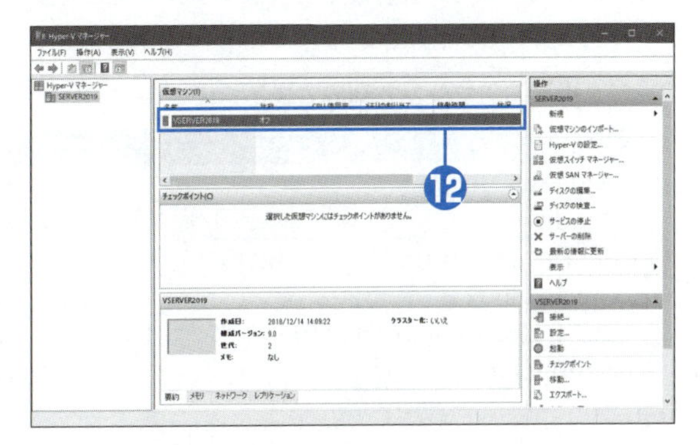

仮想マシンの世代とは

Hyper-Vで作成できる仮想マシンには、第1世代と第2世代という2つの種類があります。この仮想マシンの「世代」とは、仮想マシンの中で動作するソフトウェア（仮想OS）から見て、コンピューターのハードウェアがどのような機器を搭載しているかを指定するものです。この考え方はWindows Server 2012 R2から導入されました。

仮想マシンとは、CPUが持つ仮想化機能を最大限利用して、特定のコンピューターの中に、あたかも独立した1台のコンピューターが存在するかのような環境を作り出したものです。その仮想コンピューターに対してゲストとなるOSをインストールすることで、1台のコンピューターの中で複数のOS環境を作成したり、別々の役割を持つOSを複数動作させたりといった環境を実現します。

Hyper-Vの中で作成される仮想的コンピューター、すなわち「仮想マシン」のハードウェアは、その仮想マシンが実際に動作するコンピューター（物理コンピューター）と同じではありません。仮想マシンは、ある特定のハードウェアをソフトウェアで模倣することで実現されるため、いくつものハードウェア環境を用意しようとするとそれだけソフトウェアは複雑になります。またハードウェアが異なるコンピューター上でも、仮想マシンのハードウェアを常に共通にしておけば、あるハードウェアの上で使われていた仮想マシンをそのまま別のハードウェアに移しても同じ環境が利用できるというメリットが生まれます。

Windows Server 2012以前のHyper-Vでは、仮想マシンのハードウェアとして、かなり古めのハードウェアを模倣していました。たとえば仮想マシン内で使われているCPUチップセットはインテル社の440BXと呼ばれるもので、20年ほど前に使われていたものです。もちろん、この仮想マシンはUSBなどを持たず、COMポートやプリンターポートなど「レガシインターフェイス」と呼ばれる古いハードウェアを持つもので、最新のOSならではの機能を利用するにはやや力不足が感じられるものでした。

Windows Server 2012 R2から導入された「第2世代」は、こうした古いハードウェアを捨て去り、最新のOSにふさわしい最新のハードウェアを模倣したタイプの仮想マシンです。たとえば、コンピューターの基本設定を行うBIOSは「UEFI」と呼ばれる新しいタイプのもので、Windowsや一部のLinuxが対応する「UEFIセキュアブート」と呼ばれる新しいセキュリティ機能が利用できます。第2世代仮想マシンではネットワーク機能が強化され、OSが起動していない状態でもネットワークが利用できるようになっているため、従来の仮想マシンでは行えなかった、ネットワークからの起動（PXEブート）も行えます。このほか、SCSI仮想ハードディスクやSCSI仮想DVDからの起動なども可能です。

ただし、「第2世代仮想マシン」を使用できるのは、ゲストOSとして次の表に示すOSを使用している場合に限られます。これ以外のOSの場合は第1世代仮想マシンを使用することが必要となるので、注意してください。また、いったん作成した仮想マシンの世代を変更することはできません。

第2世代仮想マシンで利用できるOS

OS名	対応バージョン
Windows Server	2012、2012 R2、2016、2019
Windows	8、8.1、10（いずれも64ビット版のみ）
RedHat Enterprise Linux/CentOS	7.xシリーズ以降
Oracle Linux	7.xシリーズ以降
SUSE Linux Enterprise Server	12以降
Ubuntu Linux	14.04以降

なお、仮想マシンにはここに挙げた「世代」の違いのほか、どのバージョンのHyper-Vで作成されたかを示す「構成バージョン」の違いもあります。これは、仮想マシンのデータを格納するデータである「構成データ」のバージョンを示すもので、Windows Server 2019の構成バージョンは9.0です。Windows Server 2012 R2のHyper-Vでは5.0でしたから、構成データについてもバージョンアップされていることがわかります。

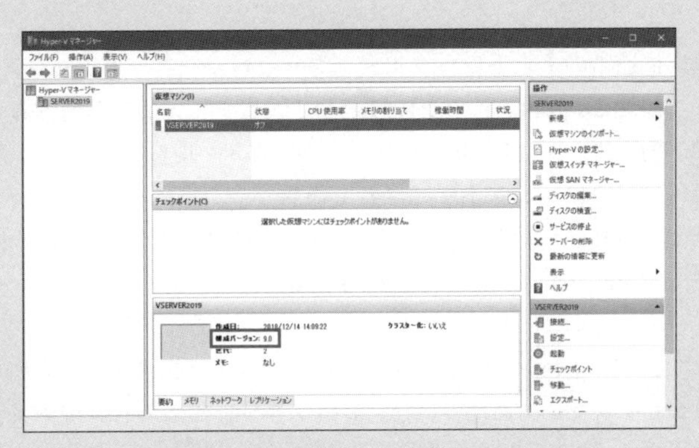

Windows Server 2019のHyper-Vでは
仮想マシンの構成バージョンは9.0になった

構成バージョンの違いは、Windows Server 2019で導入された新たなHyper-Vの機能を利用できるかどうかに影響します。過去のバージョンのHyper-Vで作成された構成データでは、Windows Server 2019の新機能は当然ですが、利用できません。ただし、過去のバージョンのHyper-VのデータをWindows Server 2019上へインポートする際には、構成データのバージョンアップを行うことができるので、このこと自体はそれほど心配する必要はないでしょう。逆に、Windows Server 2019で作成した仮想マシンをより古いバージョンのHyper-Vへインポートすることはできないので、注意してください。

コラム　仮想マシンの詳細設定画面について

[仮想マシンの新規作成ウィザード] で設定される内容は、仮想マシンを動作させるために最低限必要な基本的な設定に限られています。より詳細な内容については、Hyper-Vマネージャーの画面からでないと変更できません。ここではこの設定について説明します。

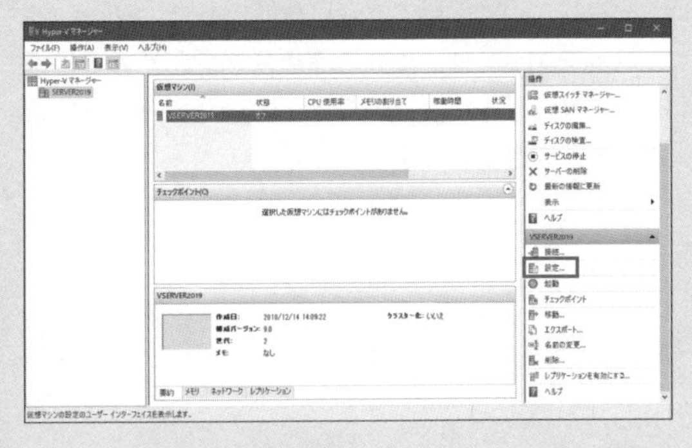

仮想マシンの詳細設定画面は、Hyper-Vマネージャーの左側のペインで管理したいサーバーを選択し、中央のペインで仮想マシンを選択して、右側のペインから [設定] を選択すると表示できます。なお仮想マシンで設定できる項目は、第1世代と第2世代では内容が異なります。

ハードウェアの追加

仮想マシンに新たなハードウェアを追加する際に選択します。SCSIコントローラー、ネットワークアダプター、ファイバーチャネルアダプター、RemoteFX 3Dビデオアダプターなどを追加できます。第1世代仮想マシンと第2世代仮想マシンで画面は共通ですが、世代によって追加できる仮想ハードウェアの種類と、個々の機能は異なります。

ネットワークアダプターには通常のネットワークアダプターとレガシネットワークアダプターがあり、それぞれ使える機能が違います。前者は、仮想スイッチに接続して仮想マシン間での通信など高度な機能が利用できる代わりに、ゲストOSに専用ソフト「統合サービス」をインストールしなければ利用できません。

「統合サービス」とは、ゲストOSにインストールされて仮想マシン上のOSとホストOS上の通信の仲立ちをするほか、仮想マシンが効率的に動作できるよう数々のサービスを提供するソフトウェアです。Windows Serverやクライアント向けWindows、一部のLinuxやFreeBSDなどのOS向けにマイクロソフトによって提供されていますが、対応していないOSも存在します。

Windows Server 2019では、仮想マシン動作中でもネットワークアダプターの追加が可能です。そのためこの画面でも、ネットワークアダプターの追加だけは、仮想マシン動作中でも選択できます。ただしこの機能は第2世代仮想マシンだけの機能です。

通常のネットワークアダプターに対し、レガシネットワークアダプターは物理ハードウェアをそのままエミュレーションしているため、統合サービスが提供されていないOSでも利用できます（すべてのOSでの動作を保証しているわけではありません）。またレガシネットワークアダプターは、第1世代仮想マシンでのみ利用でき、第2世代仮想マシンには対応していません。

SCSIコントローラーは第1世代、第2世代共に利用できますが、コンピューターの起動用に利用できるのは第2世代のみで、第1世代ではSCSIコントローラー上のハードドライブからコンピューターを起動することはできません。

RemoteFX 3Dビデオアダプターについては、Windows Server 2016に比べてサポートが縮小されている機能です。もともとこの機能は、サーバーに対して専用のグラフィックボードを用意したうえで、別途リモートデスクトップサービスをインストールしないと使用できない機能でした。Windows Server 2019では、それら諸条件を揃えてもこの機能が有効にはならないようで、今後サポートが廃止される可能性もあります。

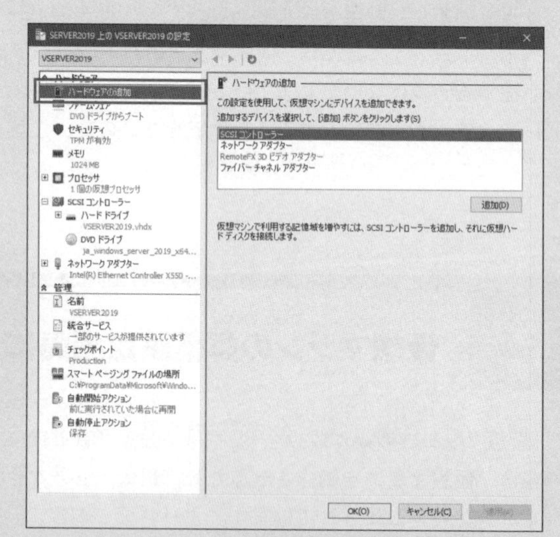

第2世代仮想マシンの場合

BIOS/ファームウェア

第1世代仮想マシンでは、BIOS設定が可能です。第2世代仮想マシンではBIOS設定の代わりに「ファームウェア」の設定が用意されています。変更可能なのはいずれも起動時のブートデバイスの順序付けのみです。使用できるブートデバイスの種類は第1世代と第2世代で異なっており、前者ではCD、IDE、レガシネットワークアダプター、フロッピーが選択できます。第2世代では、UEFIブートファイル(.efi)からのブートが可能になっています。

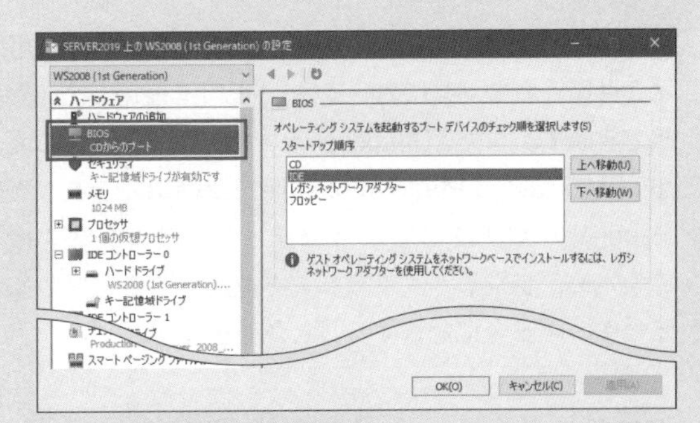

第1世代仮想マシンの場合

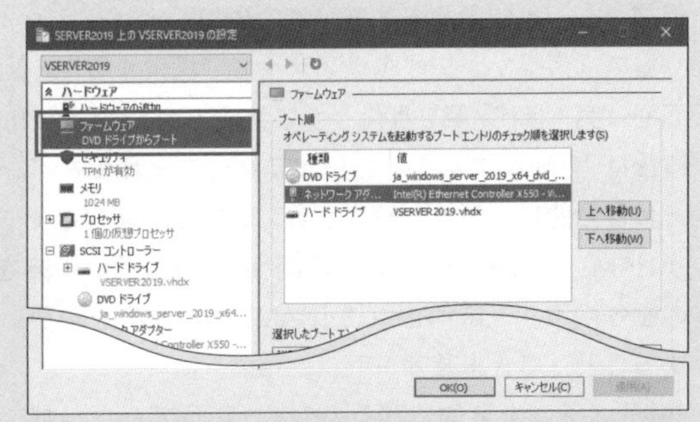

第2世代仮想マシンの場合

セキュリティ

Windows Server 2019では、信頼されたホスト上でのみ仮想マシンを実行可能とするセキュリティ機能が搭載されています。すべての機能を利用するには、Windows Server 2019 Datacenterエディションで第2世代の仮想マシンを使用することが必須の「シールドされた仮想マシン」機能が必要になりますが、一部の機能については第1世代の仮想マシンや、StandardエディションのWindows Server 2019でも使用できます。

第1世代の仮想マシンでは「キー記憶域ドライブ」と呼ばれる、セキュリティ用の暗号化キーを記憶するだけの仮想的なドライブ機能が使用できます。このキーは、Windows Vistaで新たに搭載された「BitLockerドライブ暗号化」などで、暗号化キーを保存するための記憶装置として使用できます。第1世代の仮想マシンではUSBをサポートしていないため、これまではBitLockerドライブ暗号化の際に必要となるUSBキーが使えなかったのですが、「キー記憶域ドライブ」の導入により、BitLockerに

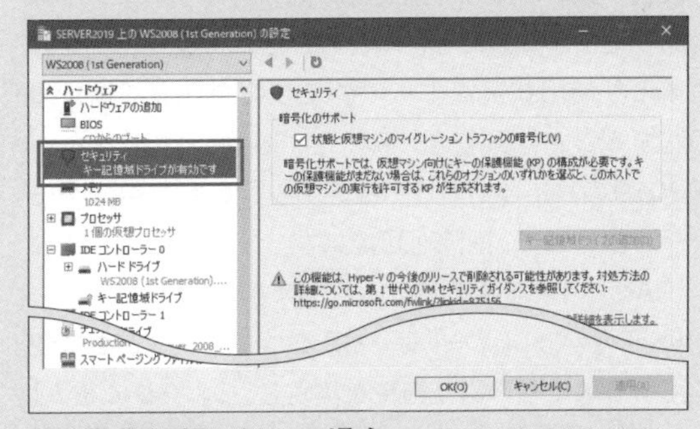

第1世代仮想マシンの場合

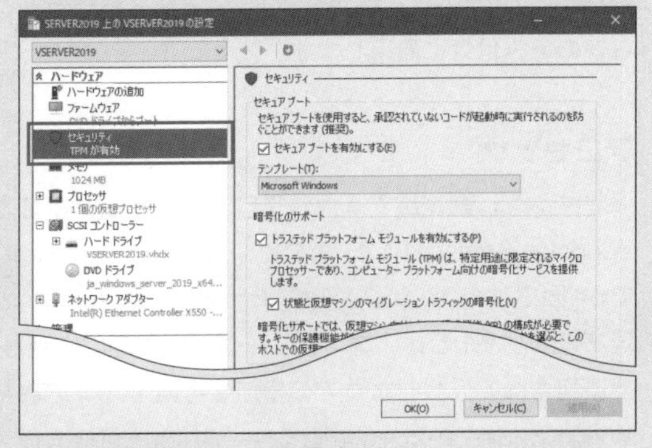

第2世代仮想マシンの場合

よるドライブの暗号化と暗号化キーの安全な保存が可能となりました。
第2世代仮想マシンにおいては、UEFIを使用した「セキュアブート」を使用するかどうかを、この画面から選択できます。また、BitLocker暗号化のサポート用などで使用できるセキュリティチップ「TPM」を模した「仮想TPM(Trusted Platform Module)」が使用できます。TPMには通常専用のハードウェアチップが必要ですが、Hyper-Vの仮想TPMではTPMチップの機能をソフトウェアにより実現しています。
このため、特別なハードウェアを追加することなしに、仮想マシン内でBitLockerドライブ暗号化に使用する暗号キーを安全に記憶することができます。

メモリ

仮想マシンが使用するメモリ量の詳細設定が行えます。[RAM] は、仮想マシン起動時に割り当てられるメモリ量で、仮想マシン作成ウィザードで指定する [起動メモリ] と同じです。
画面は第1世代/第2世代ともに共通です。[動的メモリを有効にする] を選択すると、仮想マシンを起動した直後は [RAM] で指定した値が割り当てられますが、その後OSが動作することにより、メモリを使わないときは自動的にメモリが解放され、メモリを必要とするときは自動的に追加でメモリが割り当てられます。[最小RAM] / [最大RAM] はその割り当ての上限/下限を指定します。動的メモリが有効な状態では、仮想マシンの動作中や、一時停止中に [RAM] の設定値を変更することはできません。
[動的メモリを有効にする] をオンにしていない状態では、メモリ容量は [RAM] 欄で指定した容量が仮想マシンに対して固定的に割り当てられます。動的メモリを有効にした場合のように、仮想マシンのメモリ使用状況によってメモリの割り当て量が増減することはありません。ただしWindows Server 2019のHyper-Vでは、仮想マシンの動作中にメモリの割り当て/削除が可能になっているため、この [RAM] の値を変更することができます。
[メモリバッファー] は、OSがバッファーとして使用するメモリの割り当てを指定し、[メモリの重み] は複数の仮想マシンが動的メモリで動作している際に、どの仮想マシンに優先的にメモリを割り当てるかの重み付けに使用します。

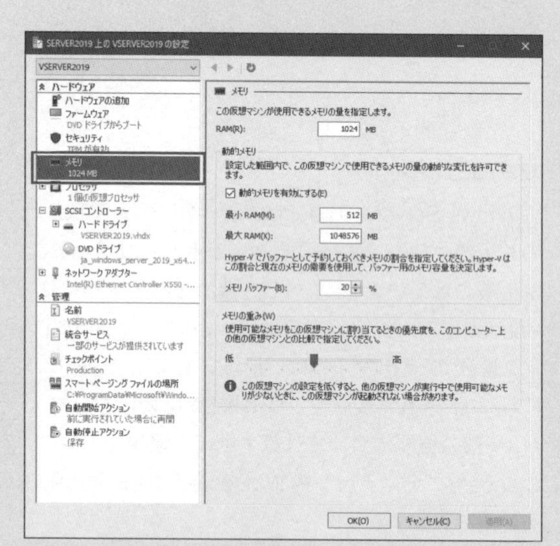

第2世代仮想マシンの場合

プロセッサ

仮想マシンに割り当てる仮想プロセッサの数を指定します。画面は第1世代/第2世代ともに共通です。
Windows Server 2012 R2までは、仮想マシンに割り当て可能な仮想プロセッサの数は仮想マシンあたり最大で64個でした。さらにこの数は、サーバーに搭載された論理プロセッサの個数を超えることができません(「論理プロセッサ」とは、コンピューターが実際に搭載しているプロセッサのコア数に、ハイパースレッディングで追加される仮想的なコアの増加を考慮したコア数を言います)。
Windows Server 2016以降では、割り当て可能な最大数が変更されており、第2世代の仮想マシンで最大240

まで割り当てが可能になりました。また、コンピューターに搭載された論理プロセッサの数に関わらず、自由な数を設定可能です。第1世代仮想マシンでは最大64という制限は拡張されていませんが、サーバーの論理プロセッサの数より多くの仮想プロセッサを指定できる点が変化しています。

仮想プロセッサ数は、基本的には多くの数を割り当てるほど仮想マシンの性能が向上します。ただし、実際に利用できる論理プロセッサの数を超える場合はこの限りではありません。たとえば、ホストコンピューターが8コア2プロセッサで、ハイパースレッディングをサポートしている場合、論理プロセッサの個数は32個です。この場合は、仮想マシンに割り当てる仮想プロセッサの個数が32を超えると、それ以上の性能向上は期待できません（ただし割り当て自体は可能です）。

複数のCPUソケットを持つコンピューターの場合、同じメインメモリ内でもアドレスによってアクセス速度が異なる場合があります（自前のソケットに接続されたメモリへのアクセスは高速だが、異なるソケットに接続されたメモリはアクセス速度が遅い）。こうした構成を「NUMA（Nun-Uniform Memory Architecture）」と呼びますが、プロセッサのオプション設定では、こうしたNUMA構成を考慮したメモリ割り当てを指定することもできます。

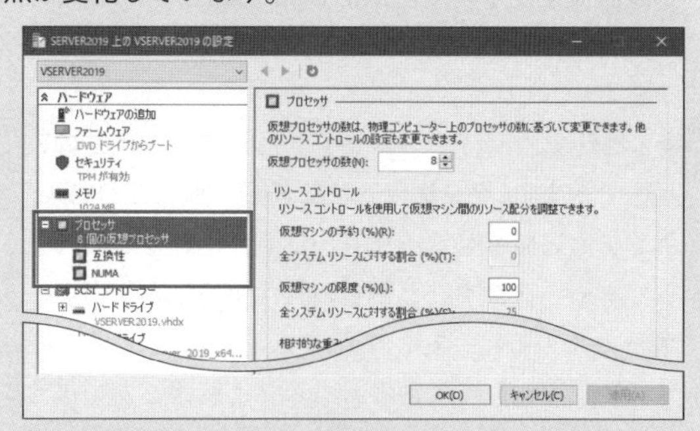

第2世代仮想マシンの場合

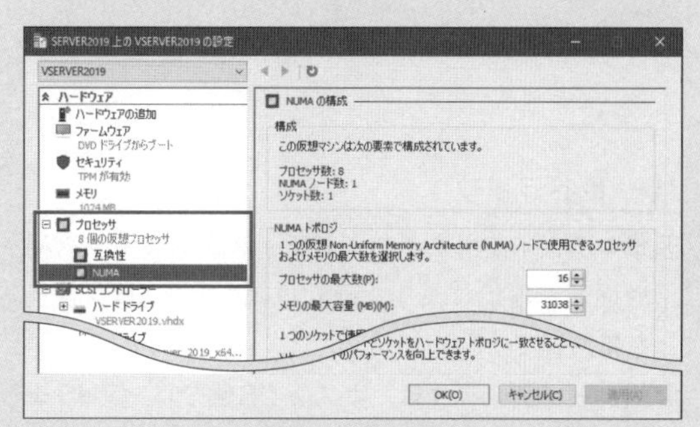

NUMA構成を考慮したメモリ割り当て方法を指定できる

IDEコントローラー

仮想マシンが持つIDEコントローラーに接続される機器を追加できます。ハードドライブまたはDVDドライブを接続できます。ハードドライブとしては、仮想マシンからハードディスクとして認識される仮想ディスクファイル（VHD/VHDXファイル）か、（ホスト側コンピューターに取り付けられた）物理ハードディスクのいずれかを指定できます。

IDEコントローラーにはこのほか「キー記憶域デバイス」も接続されますが、これについては［セキュリティ］の項目から設定します。

なおIDEコントローラーの設定は第1世代仮想マシンでのみ利用できます。

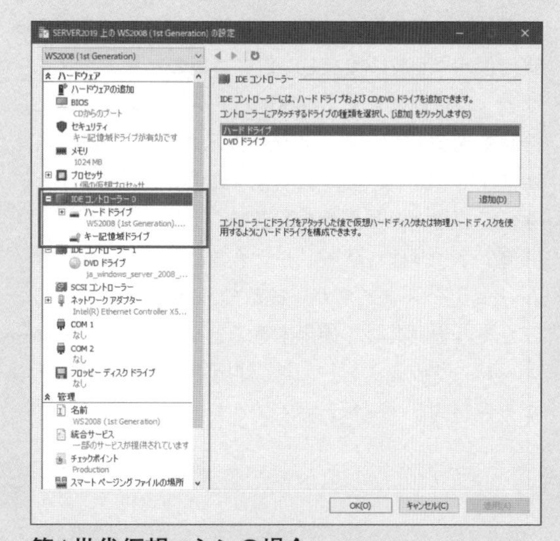

第1世代仮想マシンの場合

SCSIコントローラー

仮想マシンが持つSCSIコントローラーに接続される機器を変更します。画面は第1世代/第2世代ともに共通ですが、追加できるデバイスの種類は異なります。

第1世代では、ハードドライブと共有ドライブのみ追加できます。第2世代ではこれらに加えてDVDドライブも追加可能であり、DVDドライブからの起動もサポートします。どちらの世代でも1コントローラーあたり64台までのデバイスを接続できるため、仮想マシンに大量のディスクを接続したい場合に便利です。

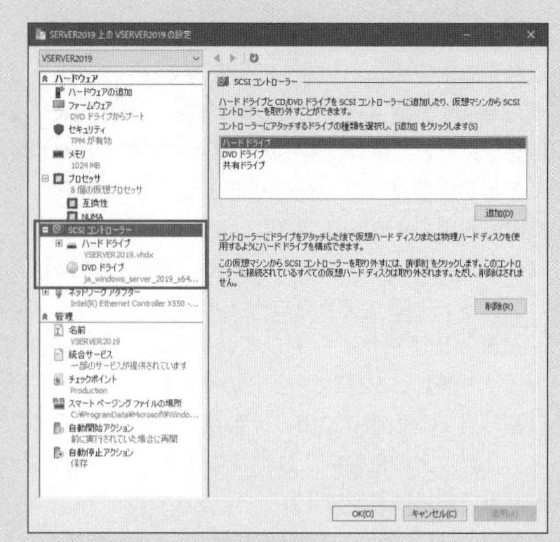

第2世代仮想マシンの場合

ハードドライブ

仮想マシンで使用するハードディスクドライブの種類や場所を指定します。画面は第1世代/第2世代ともに共通です。

仮想ハードディスクは、ホストOS側では、VHDまたはVHDX拡張子を持つファイルとして扱われるデータで、仮想マシン側から見ると物理ハードディスクのように扱えるデータです。また、ホスト側で使用していない場合に限り、物理ハードディスクを直接仮想マシンに接続し、自分専用のハードディスクとして使用できます。物理ハードディスクの欄に接続を希望したいディスクが表示されない場合は、ホストOS側で対象のディスクが「オフライン」となっていないかどうかを確認してください。

共有ドライブは、ハードドライブと同じく仮想的なハードディスクですが、複数の仮想マシンで同じファイルを共有して使用することができ「フェールオーバークラスター」構成で使用できるのが特徴となる仮想的なハードディスクです。

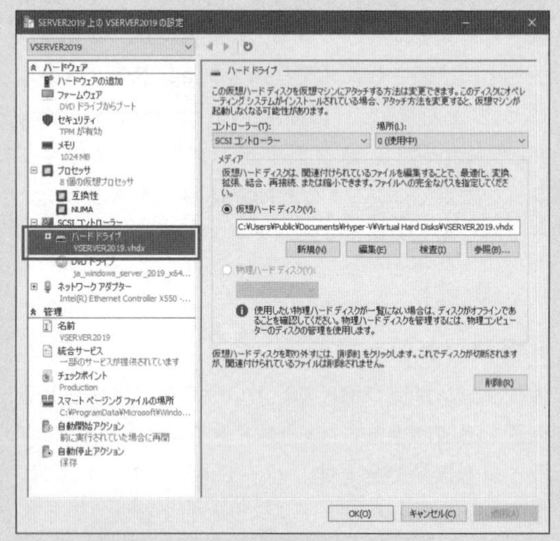

第2世代仮想マシンの場合

DVDドライブ

第2世代仮想マシンの場合

仮想マシンで使用するDVD/CDドライブの種類や場所を指定します。DVD/CDドライブはホストコンピューターのドライブをそのまま仮想マシンで利用できるようにするほか、ISOファイルと呼ばれる、DVDやCDをファイル化したデータを使って、仮想マシンにそのDVDやCDをセットしたDVD/CDドライブが存在するかのように見せかけることが可能です。

Windows Server 2019には、既存のDVD/CDを読み取りISOファイル化する機能は搭載されていませんが、こうした機能を持つ市販ソフトやフリーソフトを使ってDVD/CDメディアをISOファイルとして保存しておけば、物理的にメディアを交換することなく、仮想マシン内で複数のメディアを使い分けることが可能となります。

この画面は第1世代/第2世代ともに共通ですが、追加できる仮想ストレージコントローラーが異なります。第1世代仮想マシンの場合にはIDEコントローラーに、第2世代仮想マシンの場合にはSCSIコントローラーに追加できます。

ネットワークアダプター

第2世代仮想マシンの場合

仮想マシン内のネットワークアダプターと仮想スイッチの関連付けは、この画面から変更できます。仮想スイッチは、ホストコンピューターのネットワークポートと1対1で対応していますから、ここで関連付けを変更することで、仮想マシンのネットワークが、物理コンピューターのどのネットワークポートに接続されるかを制御することが可能です。またネットワークの速度を制限する「帯域幅管理」もここから指定できます。

ネットワークアダプターの設定画面は、第1世代、第2世代仮想マシンともに共通です。ただし、仮想マシン動作中のネットワークアダプターの追加/削除は第2世代仮想マシンのみの機能であるため、本画面から行えるネットワークアダプターの削除は、仮想マシン動作中は第2世代仮想マシンでのみ有効になります。

ネットワークアダプターのオプション設定では、アダプターが持つハードウェアアクセラレーションを使用するかどうかを細かく設定できます。特に、通信プロトコルの一部の処理をハードウェアに操作させる「タスクオフロード」の機能や「シングルルートI/O仮想化（SR-IOV）」機能の設定は、仮想マシンのネットワーク性能に大きく影響するため、仮想マシンのネットワークが不安定な場合や性能が思わしくない場合には、この設定を見直すことなどが必要となります。

COMポート

仮想マシン内のCOMポート（RS232Cポート）の使い方を指定します。Hyper-Vの仕様では、仮想マシンのCOMポートは物理マシンのCOMポートへ直接接続できるわけではなく、ホストOSの名前付きパイプに接続されます。このため仮想マシンのCOMポートを実際に物理マシンのCOMポートと同様に使うためには、ホストOS側に、名前付きパイプと物理COMポートとの間でデータを転送する何らかのプログラムが必要となります。
COMポートは第1世代仮想マシンでのみ設定できます。

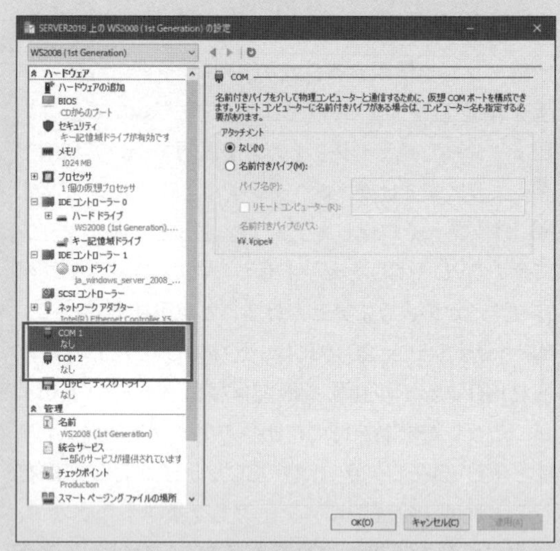

第1世代仮想マシンの場合

フロッピーディスクドライブ

仮想マシン内のフロッピーディスクドライブと対応付けられる仮想フロッピーディスクファイルを指定します。Hyper-Vの仕様では、仮想マシンのフロッピーディスクを物理マシンのフロッピーディスクドライブへ直接接続することはできません。
フロッピーディスクは第1世代仮想マシンでのみ設定できます。

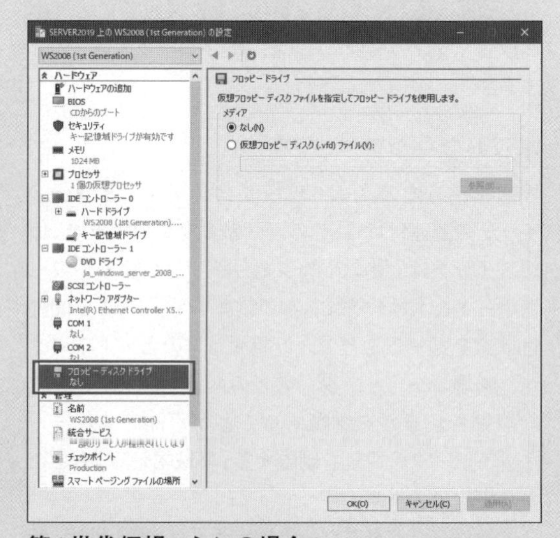

第1世代仮想マシンの場合

3 仮想マシンにWindows Server 2019をインストールするには

仮想マシンの作成ができたら、その仮想マシン上にOSをインストールします。通常、OSはDVD-ROMやUSBフラッシュメモリ、あるいはネットワークからのダウンロードにより提供されますが、仮想マシンにOSをインストールする場合、こうしたインストールメディアを仮想マシンに「装着」することで、インストールを開始できるようになります。

インストールメディアがDVDメディアの場合は、そのDVDをホストコンピューターのDVDドライブに装着し、仮想マシン側からは、そのDVDドライブを直接仮想マシンに接続します。オンライン購入やライセンス購入の場合は、インストールメディアをインターネットからダウンロードしますが、この場合は「ISOファイル形式」でダウンロードすることで、そのファイルを、仮想マシン中の「仮想DVDドライブ」から読み込むことができます。

ここでは「ISOファイル」を使う方法により、仮想マシンにWindows Server 2019をインストールします。Windows Server 2019は第2世代仮想マシンに対応しますから、仮想マシンは第2世代で作成しておきます。

仮想マシンにOSをインストールする

❶
サーバーマネージャーの［ツール］－［Hyper-Vマネージャー］を選択する。
●Hyper-Vマネージャーをタスクバーに「ピン止め」しておくと便利である。

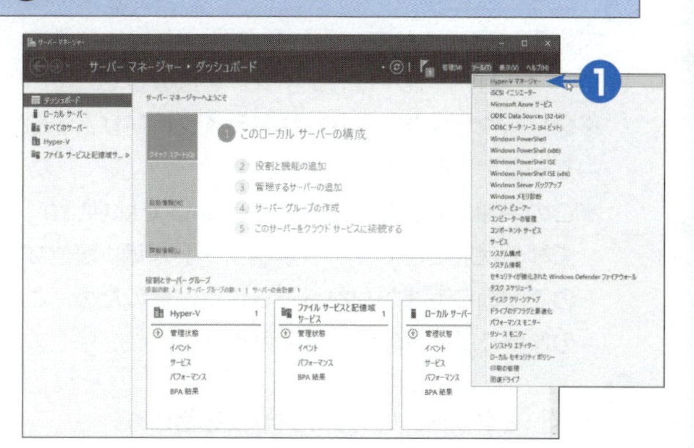

参照
Hyper-Vマネージャーを「ピン止め」するには
→この章の2

❷
Hyper-Vマネージャーの左側のペインで［SERVER2019］を選択し、中央のペインから前節で作成した仮想マシン［VSERVER2019］を選択する。
●前節の手順❿で説明したように、すでにWindows Server 2019のISOイメージファイルを指定済みの場合には、手順❸～❼は不要。手順❽に進む。

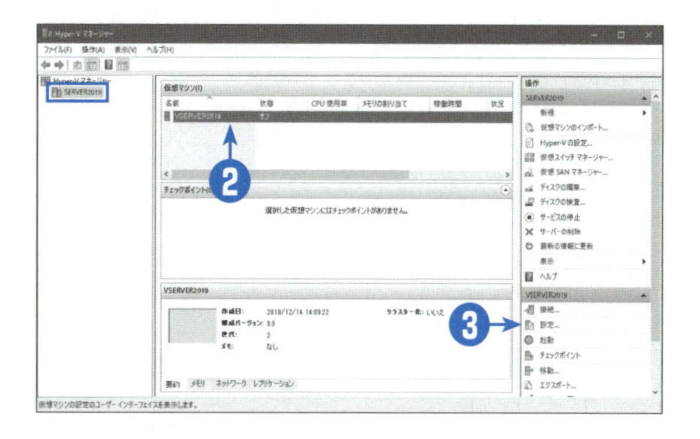

❸
右側のペインから［設定］を選択する。［SERVER2019上のVSERVER2019の設定］画面が表示される。

4

左側に表示されているハードウェア一覧から［SCSIコントローラー］を選択し、右側の画面で［DVDドライブ］を選択して［追加］をクリックする。

●第2世代仮想マシンでは、仮想マシン作成時にブート用のISOファイルを指定しなかった場合には、DVDドライブは自動追加されない。そのためここでSCSIコントローラー用のDVDドライブを追加する。

●すでに［SCSIコントローラー］に［DVDドライブ］が存在する場合には、それを選択するだけでよい。

5

［メディア］で［イメージファイル］を選択し、Windows Server 2019のインストールディスクのイメージファイル（ISOファイル）のファイル名を指定して［適用］をクリックする。

6

左側の［ファームウェア］をクリックし、右側の［ブート順］で［DVDドライブ］を選択して［上へ移動］をクリックし、［DVDドライブ］がリストの中で一番上に来るようにする。

●この手順は必ずしも必要というわけではないが、標準の状態だとネットワークブートが第1順位なので起動に時間がかかってしまう。そのため、この操作でブートの順序を変更する。

7

［OK］をクリックしてウィンドウを閉じる。

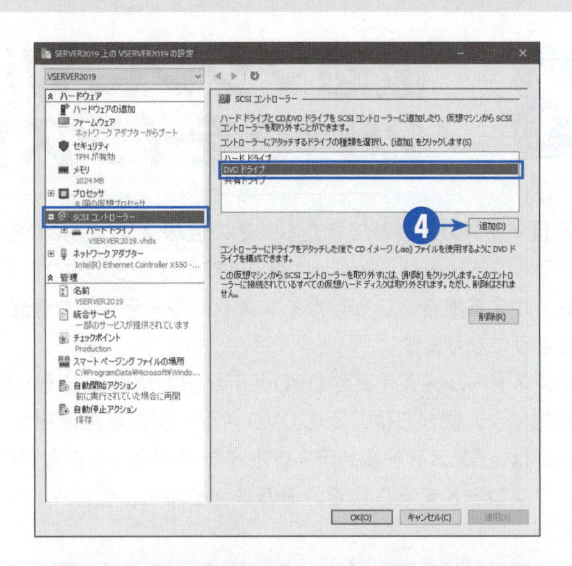

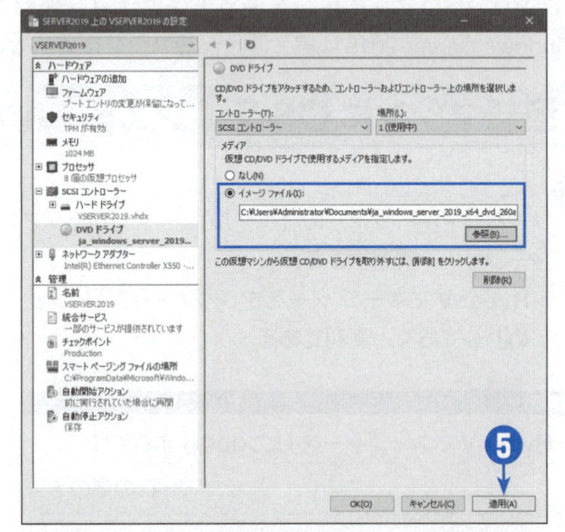

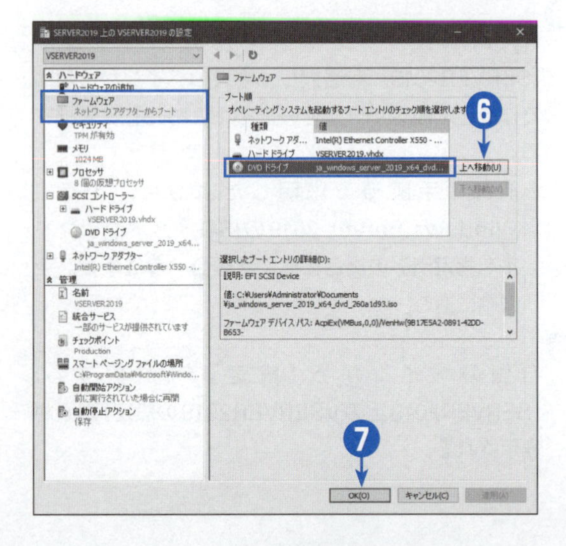

8

Hyper-Vマネージャーの中央のペインで仮想マシン［VSERVER2019］を選択して、右側ペインから［接続］をクリックする。

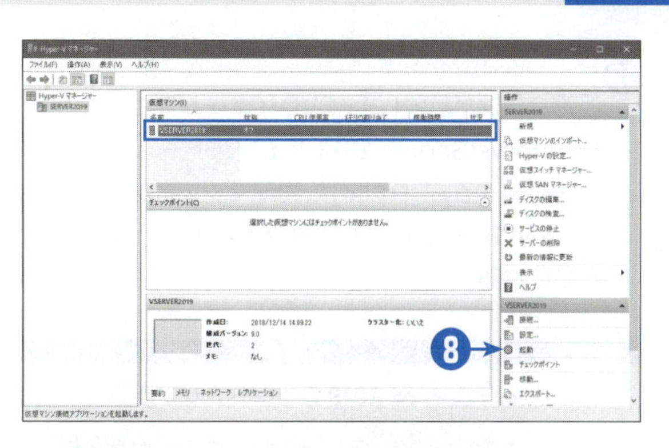

9

仮想マシン接続ウィンドウが新しくオープンして、仮想マシンはオフになっている旨が表示される。

- このウィンドウが、仮想マシンの「ディスプレイ」に相当する。

10

仮想マシン接続ウィンドウのツールバーから［起動］をクリックする。

- 接続ウィンドウ中央に表示されている［起動］をクリックしてもよい。
- この操作が仮想マシンの「電源オン」に相当する。

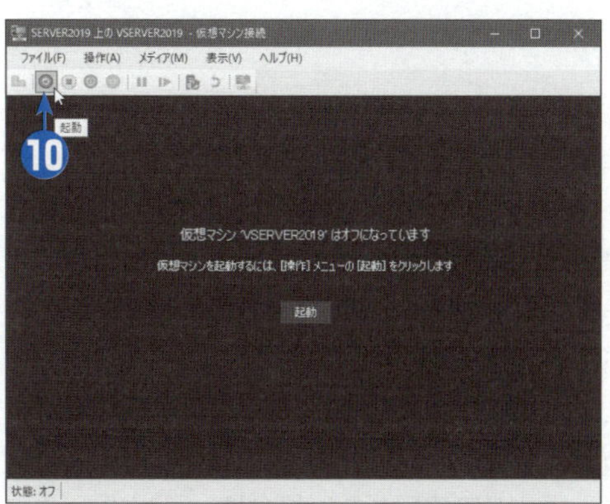

11

「Press any key to boot from CD or DVD...」のメッセージが表示されている間にキーボードから任意のキーを入力する。

- キー入力せずに放置すると、ブート順位が2番目以降のブート装置（ネットワークおよびハードディスク）などからブートしようとして最終的には図のような失敗画面となる。
- この画面が表示された場合は、仮想マシン接続ウィンドウのツールバーから［リセット］（左から7番目のアイコン）をクリックすれば再び手順⑩の画面に戻る。
- ［リセット］は、この画面の表示を待たずに、PXEブートを試行している最中にクリックしてもよい。

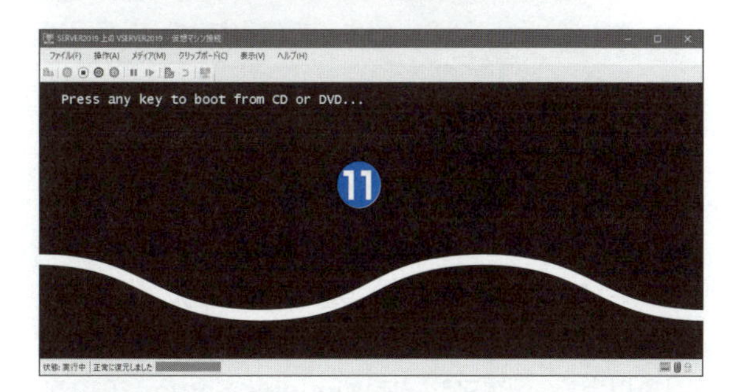

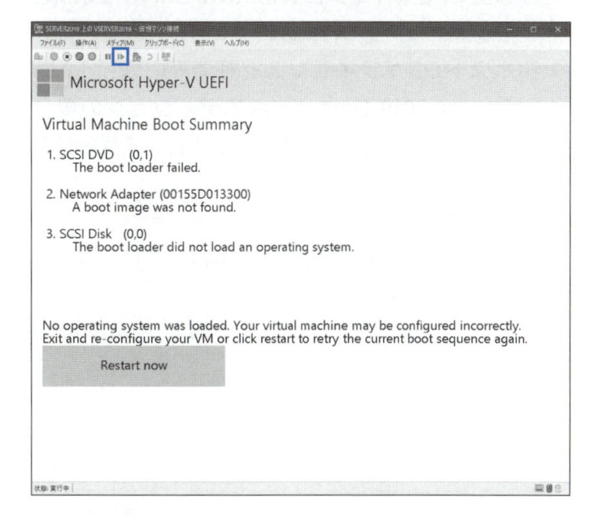

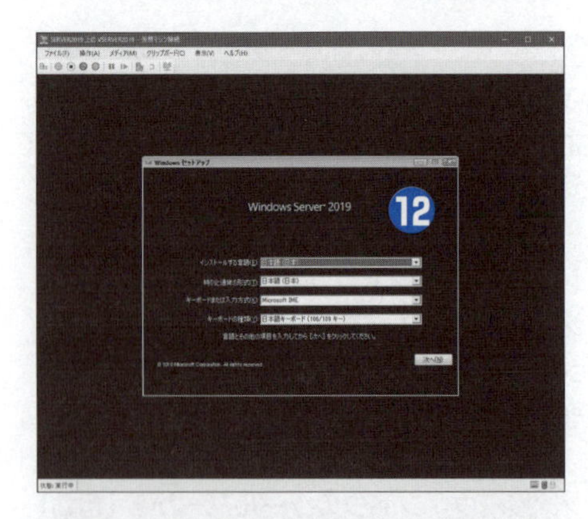

12

仮想マシンが起動して、DVDイメージファイルからWindows Server 2019のインストールプログラムが起動する。これ以降は、物理マシンにWindows Server 2019をセットアップする手順とまったく同じになる。

参照

Windows Server 2019のセットアップ手順

→**第2章**

13

Windows Server 2019にサインインするには、ツールバーの［Ctrl＋Alt＋Del］をクリックする。

- サインインには Ctrl ＋ Alt ＋ Del キーの入力が必要だが、Hyper-Vの［仮想マシン接続］画面でこれを入力しても、ホストOSへの入力と見なされてしまう。ゲストOSに対して「Ctrl＋Alt＋Del」を入力する場合は、ツールバーのボタンを使用する。
- キーボードを使用したい場合は、Ctrl ＋ Alt ＋ End キーを、Ctrl ＋ Alt ＋ Del キーの代わりとして使用できる。

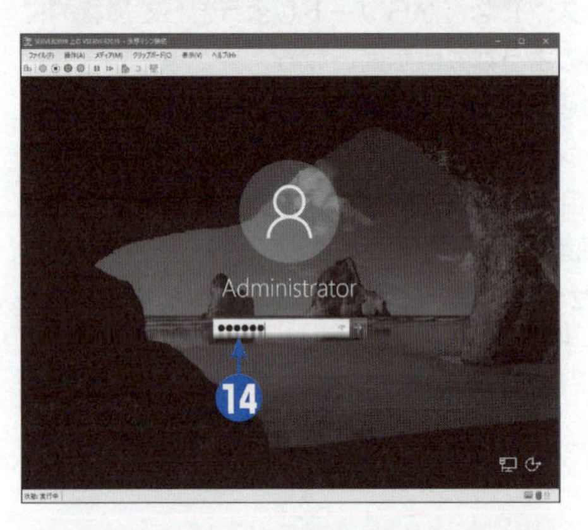

14

Administratorのパスワードを聞かれるので、セットアップ時に指定したパスワードを入力する。

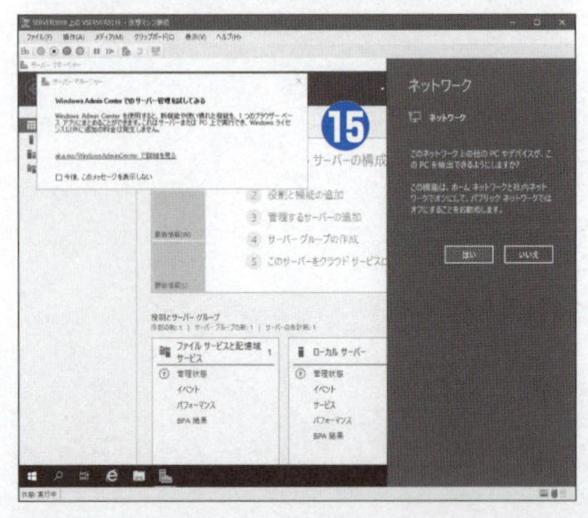

15

サーバーマネージャーが起動し、Windows Server 2019が正常にインストールされたことがわかる。

- 以上で、仮想マシンにWindows Server 2019をセットアップする作業は終了である。
- ホストOSがライセンス認証済みのWindows Server 2019 Datacenterエディションの場合は、この時点でゲストOSのライセンス認証が完了している。
- 仮想マシン接続ウィンドウを［×］をクリックして閉じても、仮想マシン自体はバックグラウンドで実行され続ける。

仮想マシンの管理と統合サービスについて

Hyper-Vによって作成された仮想マシン内で動作するOSは、基本的には実ハードウェア上にインストールしたOSとまったく同じ手法で管理することができます。仮想マシン内で動作するOSからすれば、実行されている環境が仮想マシンであるか、実ハードウェアであるかは区別することができないのですから、これはある意味当然と言えるでしょう。

ただし仮想マシンを管理する立場から見ると、仮想マシンならではの注意点もあります。その中でも最も重要なものが、ゲストOSではなく、ホストOSをシャットダウンする際の作業です。ホストOSがシャットダウンや再起動される場合、当然のことですが、仮想マシンも動作できなくなります。ゲストOSから見ると、これは「ハードウェアが理由もなく突然停止する」のに近い状態と言えます。通常の停電とは異なり、ハードウェアが故障するわけではありませんから、次回仮想マシンが起動する際には停止する直前の状態は復元されるのですが、たとえばファイル入出力や他のコンピューターとの通信がいきなり停止するわけですから、全く問題が発生しないとも言い切れません。

こうした事態を防ぐのが、仮想マシンにインストールされる「統合サービス」です。

統合サービスは、仮想マシンの内部で、仮想ネットワークアダプターに代表される各種の仮想ハードウェアが正常に動作するよう手助けする動きをします。それと同時に、仮想OSとホストOSとの通信を行いつつ、仮想OSの状態をホストOSに伝え、逆にホストOSから仮想OSへと通知を行う機能も持ちます。

ホストOSをシャットダウンする際には、Hyper-Vは、仮想OSに対して統合サービス経由でこれからOSがシャットダウンされることを通知します。この通知を受けた仮想OSは、たとえばディスクキャッシュをフラッシュしたり、通信中であれば、必要に応じてその通信を切断したり、場合によっては、ホストOSのシャットダウンに先駆けて、自らをシャットダウンしたりできます。

このほか統合サービスでは、ホストOS側でディスクのバックアップ操作が行われる場合に、仮想OS内でディスクのスナップショットを取得することで、SQL Serverなどのデータベースの破損を防止し、より正確なバックアップを取得する役割なども果たします。

Windows Server 2019における統合サービスではこのほか、Windows Server 2019のライセンス認証機能などのサポートも行っています。ホスト側の物理OSEがライセンス認証済みのWindows Server 2019のDatacenterエディションである場合には、ゲストOSとしてインストールされるWindows Server 2019(Standard/Datacenter)は、物理OSE側のライセンス認証を継承できるようになっていて、認証を行うことなく利用できます。また、Datacenterならではのソフトウェア定義ネットワークや記憶域スペースダイレクト(Storage Space Direct)のソフトウェア定義ストレージ機能なども利用できます。

このように、仮想OS側にインストールされる「統合サービス」は、仮想環境の運用にとって非常に大切な役割を果たします。Windows Server 2019では、仮想OSに対する統合サービスのインストールは従来のような仮想CD-ROMからのインストールではなく、Windows Update経由で行われます。またHyper-Vに対応した一部のLinuxでも、統合サービス機能自体がカーネルに組み込まれるなどして、手動でのインストールは不要になってきています。

その結果として、管理者が統合サービスの存在を意識する機会は以前に比べて大幅に減少しています。しかしながら、Hyper-V環境を正常に運用するために、統合サービスが重要な役割を果たしていることは意識しておいてください。

4 入れ子になったHyper-Vを使用するには

Hyper-Vで動作する仮想マシンにゲストOSEとしてWindows Server 2019をインストールした場合、ゲストであるWindows Serverでは通常、Hyper-Vのハイパーバイザー機能を動作させせることはできません。Hyper-Vを動作させるには、プロセッサが持つ仮想環境支援命令が必要になるのですが、仮想マシンの中ではこの命令は使用できなくなるためです。ただしWindows Server 2016のHyper-Vからは、設定により、仮想マシン内部でさらにHyper-Vのハイパーバイザー機能を使用する「入れ子になったHyper-V（Nested Hyper-V)」が使用できるようになりました。つまり、親→子→孫の関係が実現できるわけです。

ライセンス面から考えると、仮想マシンを入れ子にしたからといって、ライセンスのカウント方法は変わりません。親となる物理OSEはもちろん、子となった仮想OSEも孫となった仮想OSEもいずれも仮想環境1ライセンス分なので、ライセンス上のメリットはありません。ですが、たとえば大規模クラウドサービスで顧客に対してHyper-Vの利用環境そのものをサービスとして提供する場合や、ソフトウェア開発などで、仮想環境そのもののテストを行うような場合には、実に便利な機能です。

なおハイパーバイザーを動作させる仮想マシンでは、Hyper-Vの機能の1つである動的メモリや仮想マシンの動作中にメモリ量を変更する機能などは使用できません。仮想マシン作成の際は、メモリは固定割り当てとして、十分な量のメモリを割り当ててください。

入れ子になったHyper-Vを使う

❶ 仮想環境のWindows Server 2019に管理者としてサインインする。

● 最初に、仮想環境のWindows ServerにはHyper-Vがセットアップできないことを確認する。

❷ この章の1節の手順❶～❺を実行すると、エラーが表示される。

● 手順❹の［対象サーバーの選択］では、仮想環境なのでサーバー名は「VSERVER2019」となる。

● 通常の状態では、仮想マシンにHyper-Vをセットアップできない。

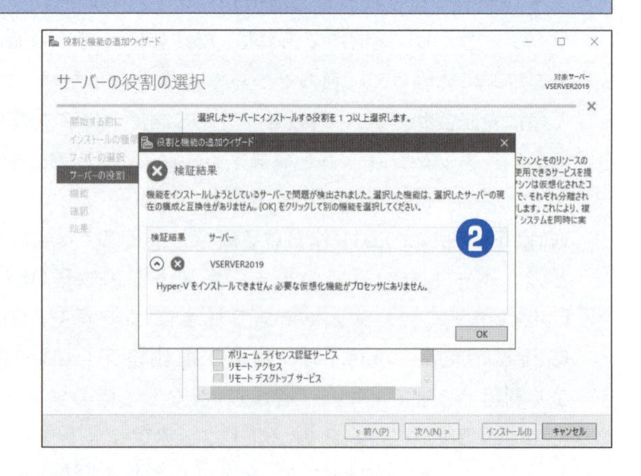

3

仮想マシンをシャットダウンする。

- 入れ子になったHyper-Vを利用可能にする設定は、仮想マシンの停止中にしか行えない。

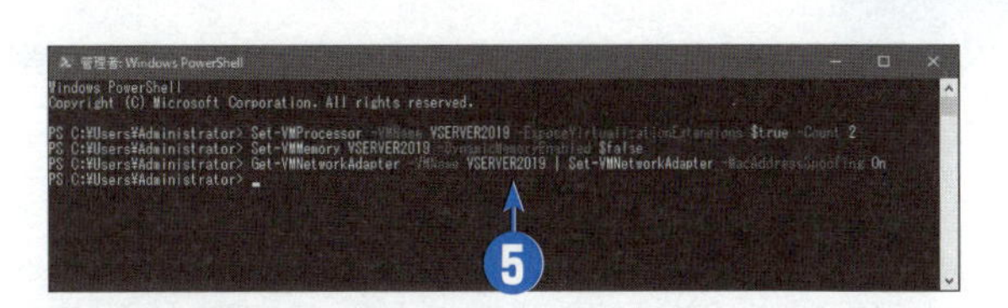

4

ホスト側OSで、Windows PowerShell（管理者）を起動する。

- 入れ子になったHyper-Vを利用可能にするには、PowerShellコマンドレットを使用する必要がある。

5

PowerShellから以下のコマンドレットを入力する。

```
Set-VMProcessor -VMName VSERVER2019 ➡
-ExposeVirtualizationExtensions ➡
$true -Count 2

Set-VMMemory VSERVER2019 ➡
-DynamicMemoryEnabled $false

Get-VMNetworkAdapter -VMName ➡
VSERVER2019 | Set-VMNetworkAdapter ➡
-MacAddressSpoofing On
```

- これらのコマンドレットは1行入力するごとにPowerShellのプロンプトに戻る。
- 「VSERVER2019」の部分は、仮想マシンの名前を指定する（仮想OSのホスト名ではない点に注意。ここでは仮想マシンの作成時に手順**5**で指定した仮想マシンの名前を指定する）。

6

仮想マシンを起動し、管理者でサインインする。

7

仮想マシンにHyper-Vをセットアップする。

- セットアップが正常に終了する。
- わかりづらい画面だが、入れ子になった仮想マシンの中にさらにWindows Server 2019をセットアップするとこのような状態になる。

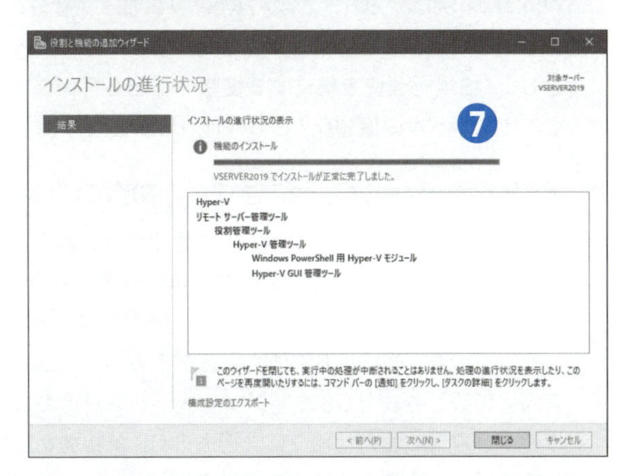

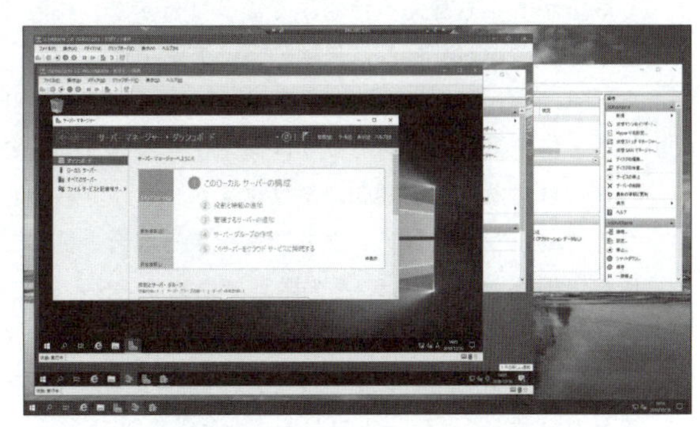

参照
コンピューターをシャットダウンするには
→第2章の11

参照
仮想マシンの起動については
→この章の3

参照
Hyper-Vをセットアップするには
→この章の1

コラム

コンテナーとは

Windows Server 2019では、Hyper-Vに加えて「コンテナー」と呼ばれる仮想化機能が搭載されています。コンテナーとは、ある特定のアプリケーションやシステムを実現するために、ホストOS上の他のソフトとは独立したOS実行環境を構成する機能のことを言います。Hyper-Vのようなハードウェアレベルの仮想化に対して、「OSレベルの仮想化」とも呼ばれる機能です。

アプリケーションごとに独立した複数のコンピューターを作り上げるHyper-V

Hyper-Vのようなハードウェアの仮想化では、既存のOS上に、ソフトウェアから見るとあたかも完全に独立したコンピューターが存在するかのような環境を作り上げ、その中で、ホストOSとは別のOSやアプリケーションを動作させます。仮想マシンの中で動作するソフトウェアにとっては、自らが動作する環境が仮想マシンの中なのか、それとも物理的に存在するコンピューターなのかを見分ける必要がなく、独立したハードウェア向けに設計されたOSやアプリケーションがそのまま動作します。

このような仮想化の仕組みは、過去のOSが特別な変更を加えることなくそのまま動作するという意味においては理想的とも言える仕組みではありますが、一方で、コンピューターの処理能力やメモリ容量、ディスク容量などの観点から見れば無駄の多い方法です。

まず、ハードウェアレベルの仮想マシンは、この仕組みを実現するだけで強力なプロセッサの処理能力を必要とします。最近のプロセッサは仮想化を実現するための専用機能が充実しており、仮想マシンを実現するための処理は少なくなる傾向にありますが、それでもなお、仮想マシン上で動作するソフトウェアは同じ性能を持つプロセッサ上でダイレクトに実行する場合と比べて数パーセント程度は性能低下すると言われています。

さらに仮想マシンでは、その内部でホストOSとは完全に独立した別のOSが動作することから、ホストOSの分と併せてコンピューター2台分に相当するメモリやハードディスク容量を必要とします。

コンピューター内でソフトウェアが動作する際に必要となるメモリ容量や、ディスクの記憶容量などの資源のことを総称して「フットプリント」という呼び方をします。仮想化を使用せずに直接OSを実行する場合に必要となるフットプリントを1とすると、ホストOSをセットアップしてHyper-Vを動作させ、さらに仮想マシンの中でまたOSを実行するわけですから、実環境のおおよそ2倍のフットプリントが必要となります。

仮想マシンを2台3台と増やして行った場合、1台のコンピューターの中で必要とされるリソースは物理環境でOSを動作する場合に対して（仮想マシンの台数＋1）倍です。つまり、仮想環境を使っても、ハードウェアコストは結局のところサーバー数の分だけかかるのではないか、という意見もあながち外れとは言えません。

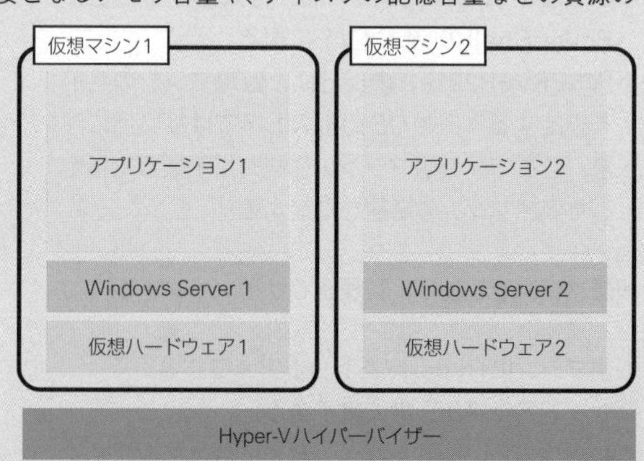

仮想マシンは独立したコンピューターなので、その中にもOSが丸々必要になる

OSは共通化するがアプリケーションごとに複数の独立した「環境」を作るコンテナー

こうした、各種ハードウェアリソースを多く必要としがちなHyper-Vに対して、コンテナー方式では別のアプローチで仮想化機能を実現します。この方法では、Hyper-Vのような仮想的なハードウェアをソフトウェアで実現するようなことは行いません。にもかかわらず、あたかも独立したコンピューターが複数存在するかのような環境を提供します。

通常のOSでは、OSの上で動作する複数のアプリケーションに対して、アプリケーションごとに独立していない共通の環境を提供します。たとえばディスクであれば、どのアプリケーションからも同じディスクが見える、そういった環境がマルチタスクOSの各タスクに与えられるわけです。一方でコンテナー方式では、ベースとなるOSを用意するのは同じですが、その上で動作する複数のアプリケーションに対しては、共通ではなく、むしろアプリケーションごとにそれぞれ独立した環境を提供します。

コンテナー方式では、「名前空間の分離」という手法を使ってコンテナー内に含まれるアプリケーションどうしを論理的に分離します。あるコンテナー内で動作するプログラムは、他のコンテナーに含まれるプログラムのことを認識できません。ディスクや、ネットワークポートといったハードウェアリソースについても同様です。同じOSの上で動作しながらそれぞれが相手のことを認識できない、そうした環境が、コンテナーによる仮想化環境です。

この状態では、アプリケーションは、自らが動作するOS環境を「独占して使用している」ように見えます。しかしホストOSから見るとまったく違っていて、ホストOSからは、アプリケーションを内包した独立したOS環境である「コンテナー」が複数動作しているように見えているだけです。これは通常のマルチタスクとほとんど変わりません。それにも関わらず、個々のアプリケーションはハードウェアの上でOSを占有して動作しているように見えるわけで、このような仮想化の方法を「OSレベルの仮想化」と呼びます。

コンテナー方式では、OS本体は他のコンテナーと共用されます。このため、ハードウェアレベルの仮想化と違ってそれほど多くのリソースは消費しません。OSの設定や、通常であればプログラム間で共有される「共有ライブラリ」がコンテナーごとに複数になりはしますが、OSを複数動作させることに比べれば大きな問題ではありません。アプリケーションから見るとハードウェアレベルの仮想化と大差ない環境でも、より少ないハードウェアリソースで、手軽に仮想化を実現できる、新たな手法がコンテナー方式なのです。

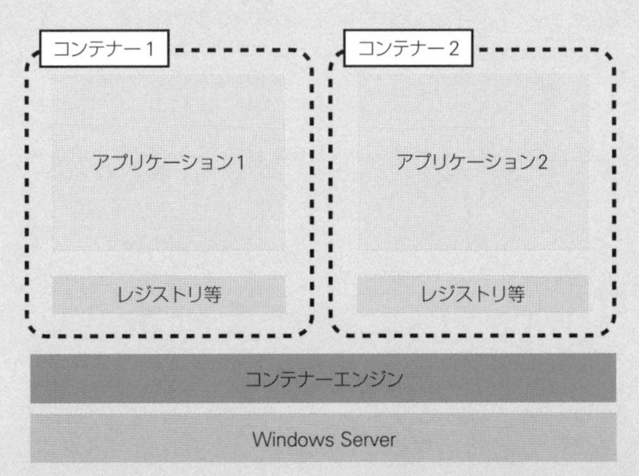

コンテナーは、アプリケーションごとに独立した「環境」を作り上げる。
互いに見えないだけで、アプリケーションどうしは同じOSを共有する

コンテナーによる仮想化のメリット

すでに説明したように、コンテナー方式の最大のメリットは、ハードウェアの仮想化に比べて必要とされるハードウェアリソースが少なくて済む点にあります。また、仮想的なコンピューターを動作させる必要がないため、オーバーヘッドも小さくて済むという利点もあります。

さらにコンテナー方式の場合、個々の仮想化インスタンスの起動が高速になるというメリットもあります。仮想マシンを用いた仮想化では、インスタンスを1つ起動する際には、まず仮想マシンを起動し、その中でOSをブートし、そのOS内でアプリケーションを起動するというステップを必要とします。ハードウェア性能にもよりますが、仮想マシン内でのOSの起動は通常のハードウェア上でOSを起動するのと同等程度の時間がかかることも多く、手軽とは言いがたいところがあります。

対してコンテナー方式の仮想環境の場合、起動するにあたって、他のアプリケーションとはメモリやファイルシステムなどで、他と独立した名前空間を持つ環境を用意してやるだけで、仮想OS環境が実現されます。すでに起動されているOS上で新たにアプリケーションを立ち上げるのに必要な時間と大きな差はなく、スピーディな利用が可能です。またコンテナーの使用を終了する場合も同様で、OSのシャットダウンの手間を踏まなければ終了できない仮想マシン方式と違い、単純にアプリケーションを終了させ、コンテナーとして確保した名前空間を解放するだけで済みます。

コンテナー方式の仮想化は、「デプロイ」が行いやすいのもメリットです。デプロイとは、OS本体やOSの設定、レジストリ設定、アプリケーション本体とその設定など「特定のアプリケーション実行環境」をひとかたまりにしたデータをそのまま他のコンピューターに転送し、転送先ではそのデプロイを展開するだけで、アプリケーションを実行できるようにする操作を言います。

Hyper-Vのような仮想マシンでも、ソフトウェアのデプロイは可能です。Hyper-Vの仮想マシンの構成ファイルと、その仮想マシンで使われる仮想ハードディスクファイルを1セットとして、他のHyper-V環境へコピーすれば良いからです。Hyper-Vマネージャーの画面で、仮想マシンのエクスポートおよびインポート機能が用意されているのは、こうした「デプロイ」作業を行うためのものです。

Hyper-Vのように仮想マシンやOS本体を含むハードディスク全体をデプロイする方式と比較すると、コンテナー方式によるデプロイはずっと簡単です。コンテナーのデプロイは、デプロイされるファイルの中にOS本体を含める必要はなく、アプリケーション本体やレジストリ設定などOS本体の設定情報だけで済むからです。そのため、デプロイイメージのサイズはずっと小さく済みますし、OS本体をデプロイという形で移動する必要はありませんから、OSのライセンスの問題や、OSのライセンス認証にまつわる問題も回避できます。
こうしたデプロイの行いやすさのため、コンテナーを使った仮想化では、すでに設定済みのデプロイイメージをインターネット上に蓄積して、利用者はそれをダウンロードして自分のサーバー上に展開する、という使い方をすることが可能になります。たとえばWindows Server 2019でWebサーバーを構築したい場合に、本書で説明した手順のようにいちからIIS 10.0をセットアップするのではなく、すでに設定済みのIISのデプロイイメージをダウンロードして、それを展開するだけ、という使い方です。この方法を使えば、わずか1分程度でWebサーバーを立ち上げる、といったことも可能になります。

コンテナーによる仮想化のデメリット

一方、コンテナー方式には欠点もあります。ホストOSとは独立して、全く異なるOSを実行できる仮想マシン方式と違い、コンテナー方式ではホストOSを共用することから、ホストOSとは異なるOSを仮想OS環境として使用することはできません。Hyper-Vのように、Windowsホスト上でLinuxやバージョンの異なる他のWindowsを使用することはできません。それどころか、OSの詳細なバージョン（Windows Updateなどで更新されるパッチのレベルなど）も合わせる必要があり、仮想OSの動作に制約が加わることもありえます。
ホストOSと仮想OS、あるいは仮想OS間の独立性が仮想マシン方式と比較すると高くないという欠点もあります。たとえばコンテナー方式では、ある特定のコンテナーが何らかの原因で異常を来した際に、他のコンテナーにまで影響がおよぶ可能性が、仮想マシンに比べるとずっと高くなります。また原理的にはコンテナー間では、データの盗用などは行えないということになってはいますが、システムの障害などで、あるコンテナー内のデータが他のコンテナーによって覗き見される事態や、あるコンテナーがソフトウェアのバグにより暴走してしまった場合などは、他のコンテナーのデータを破壊してしまう可能性も否定できません。
このように、コンテナーによるOSレベルの仮想化は、メリットとデメリットをよく理解した上で使用することが必要です。

Windows Serverコンテナーとは Hyper-Vコンテナーとは

Windows Server 2019のコンテナーには、Windows ServerコンテナーとHyper-Vコンテナー、2つの方式が用意されています。ここでは、両者の違いについて説明します。

Windows Serverコンテナーとは

そもそもコンテナーによる仮想化は、Windows ServerではなくLinux上で開発された仮想化技術です。しかし、OSの名前空間やプロセス空間の分離だけでも仮想化が実現できるというコンテナーの仕組みはメリットも多いため、Windows Server 2016から導入され、Windows Server 2019でも使われています。

コンテナー技術を利用してホストOS上で仮想のOSを実現するためのソフトウェアを「コンテナーエンジン」と呼びます。Linux上ではこうしたコンテナーエンジンにはいくつかのソフトウェアが存在しますが、その中でも広く使われているのが米国Docker社により開発された「Docker」と呼ばれるエンジンです。

Windows Serverコンテナーは、このLinuxのDockerで実現しているのとほぼ同じ仕組みをWindows Serverに適用したものです。マイクロソフトとDocker社の協力により開発されたもので、Windows上でもDockerエンジンが動作します。ただしこれはあくまで「Windows用のDocker」であって、Linux用のDockerと互換性があるわけではありませんし、Windows上でLinuxのOS本体や、Linux用のアプリケーションが動作するというものではありません。

前のコラムで説明したように、コンテナーにより仮想OSを実現する仕組みは、軽量というメリットはあるものの、Hyper-Vのような仮想マシンを使用する方式とは違って仮想環境間の独立性が低い点が欠点とされます。

たとえばクラウドサービスで仮想OSのプラットフォームを顧客に提供する場合のように、仮想環境内で実行されるアプリケーションがホストOSの管理者の管理下にないような場合には、この仮想化方式は向いていません。というのは、たとえばコンテナーによって実行される仮想OS内で、OSの脆弱性を悪用して管理者権限を奪取するタイプのアプリケーションを実行されると、最悪の場合は、他のコンテナーのデータを盗用されたり、ホストOSの管理権限を盗用されたり、といった可能性が否定できません。

このようにWindows Serverコンテナーは、コンテナー間の分離レベルが比較的低くても問題ない環境で使用するのが安全です。分離レベルが低くても問題ない環境とは、すべてのコンテナーの管理者がホストOSの管理者と共通の管理者である場合など、悪意を持つ利用者が存在しない環境と考えるとよいでしょう。

なおWindows Serverコンテナーは、ホストOSから見ると単にプロセスが増加しているだけにすぎません。そのためWindows Serverコンテナーは、Windows Server 2019のライセンスのうち仮想OS環境（OSE）のライセンス数にはカウントされません。Windows Server 2019 Standardで使用する場合でも、仮想マシンの個数が最大2つまでという制限には影響しません。

Hyper-Vコンテナーとは

Windows Server 2019におけるもう1つのコンテナー技術が、Hyper-Vコンテナーと呼ばれる仕組みです。これは、ホストOSとコンテナーやコンテナーどうし、互いに独立性が低くセキュリティ上の問題を生じる可能性があるという欠点を解消するための仕組みで、Hyper-Vによるハードウェアレベルの仮想化技術と、コンテナーによるソフトウェアデプロイの容易さを両立させることのできる仕組みです。

Hyper-Vコンテナーでは、コンテナーどうしの独立性を高めるために、Hyper-Vを用いたハードウェアレベルの仮想化を使用します。コンテナー方式のメリットである、ホストOSをすべてのコンテナーで共用するという方式は取らず、それぞれのコンテナーは、Hyper-Vによって作成された互いに独立したOSの上で動作します。

これは実質的にはHyper-Vによって仮想マシンを作成して、その上で個別のアプリケーションが動作しているのと同じことであり、極論すれば「ハードウェアレベルの仮想化」を行っているにすぎません。
ただし通常のHyper-Vとは異なる点が2つあります。1つは、個々の仮想マシン上でDockerのコンテナーエンジンが動作していることから、Windows用としてデプロイされたコンテナーをそのまま動作させることができる点です。Windows ServerコンテナーとHyper-Vコンテナーとは、デプロイイメージは同じものが使用できるため、Dockerを使ってWindows Server用コンテナーを容易にセットアップして使用できます。セキュリティを重視する場合はコンテナーどうしの独立性が高いHyper-Vコンテナー、そうでない場合はWindows Serverコンテナーという使い分けが行えます。
2つ目は、個々のコンテナー（仮想マシン）の中で動作するWindows Serverに、Nano Serverカーネルを使用できる点です。ハードウェアレベルの仮想化では、OSのフットプリントに相当するリソースを仮想マシンの数だけ必要とするのが欠点ですが、わずか500MB足らずで動作するNano Serverを使用することで、この欠点を緩和できるわけです。
なおHyper-Vコンテナーを使用する場合、ホスト側OSにはHyper-Vを役割として追加することが必要です。またHyper-Vコンテナーは、Windows Server 2019のライセンスにおける仮想OS環境（OSE）にカウントされます。このため、Windows Server 2019 Standardにおける仮想マシンの個数制限にはHyper-Vコンテナーの数も含めなければならない点に注意してください。

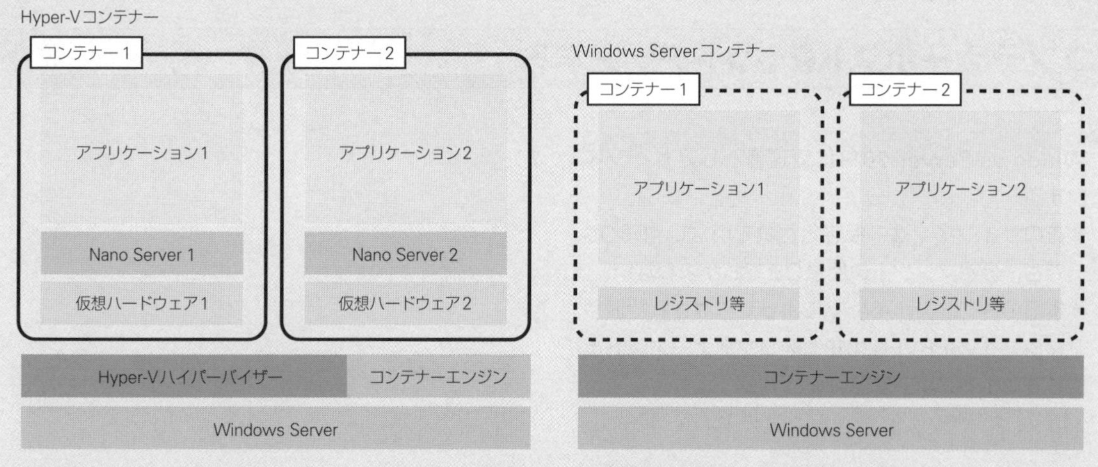

Hyper-Vコンテナーは、Hyper-Vによるハードウェアの仮想化で作成した個々の仮想マシン内でコンテナーエンジンを使用するため、コンテナーごとの独立性が高い

Windows Server 2019では、Hyper-V機能において、仮想ネットワークの暗号化などいくつかの機能強化が行われています。上に説明したようにHyper-Vコンテナーは、Hyper-Vの技術とコンテナー技術を組み合わせたものなので、Hyper-Vでのネットワークの改善点はそのままHyper-Vコンテナーにも適用されます。
またWindows Server 2019では、同じコンテナーホスト上でWindows ServerをOSとするコンテナーとLinuxをOSとするコンテナーを同時に実行することが可能になっています。

5 コンテナーホストをセットアップするには

コンテナーによるOSレベルの仮想化を使用するためには、コンテナーホストのセットアップを行う必要があります。コンテナーホストのセットアップでは、コンテナーエンジンである「Docker」をWindows Server 2019にセットアップする必要があります。ここではこのDockerのセットアップについて説明します。Dockerのセットアップは、Windows Server 2019の機能追加のようにサーバーマネージャーから行うことはできず、Windows PowerShellからコマンドを実行する必要があります。

なおWindows Serverコンテナーだけを使用する場合には、Windows Serverを通常通りの手順でセットアップしておくだけで、Dockerを利用することが可能です。サーバーマネージャーは使用しないので、Windows Serverのセットアップで、デスクトップエクスペリエンス有りでセットアップする必要はありません（デスクトップエクスペリエンス有りでセットアップしてもかまいません）。

Hyper-Vコンテナーを利用する場合には、Dockerのインストールとは別に、Hyper-Vをセットアップする必要があります。Hyper-Vのセットアップについては、この章の1節を参照してください。Hyper-Vを必要とする以外のDockerのセットアップ方法は、Windows ServerコンテナーでもHyper-Vコンテナーでも共通です。

Dockerは仮想化機能を実現するコンテナーエンジンですが、プロセッサが持つ仮想化機能を使用するわけではないので、Docker自体は仮想マシン上にも問題なくインストールできます。ただしHyper-Vコンテナーを使用する場合にはHyper-Vのセットアップが必須となるため、仮想マシン上にインストールするには「入れ子になったHyper-V」の利用を可能にしておく必要があります。

コンテナーホストをセットアップする

❶

Windows Server 2019に管理者としてサインインする。

- このサインインは、仮想化されていない物理OSでも、仮想マシン上の仮想OSでもかまわない。
- 本節の例では、Hyper-Vによって作成された仮想マシン「VSERVER2019」をコンテナーホストとしてセットアップする。

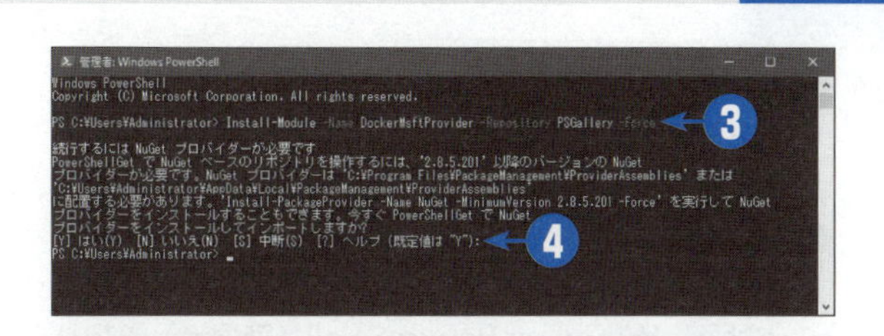

2

Windows PowerShell（管理者）を起動する。

- Dockerのセットアップは、Windows PowerShellから実行する。

3

Dockerをセットアップする前に「OneGet」と呼ばれるPowerShellのモジュールをセットアップする必要がある。以下のコマンドレットを入力する。

```
Install-Module -Name ➲
DockerMsftProvider -Repository ➲
PSGallery -Force
```

- OneGetとは、Windows PowerShellにおいて「パッケージマネージャー」の機能を果たすソフトウェア。Windows PowerShellでは必要に応じてある機能を果たすパッケージを、ネットワークから自動的にインストールする機能を持っている。

4

コマンドレットを実行すると「NuGet」モジュールが必要というメッセージが表示されるので、そのまま Enter キーを押す。

- 本来は「はい（Y）」の入力が必要だが、デフォルトが「Y」なのでそのまま Enter キーを押すだけでよい。
- このコマンドレットが成功すると、特にメッセージは表示されずにそのままプロンプトに戻る。

5

続いてDockerパッケージをインストールする。以下のコマンドレットを入力する。

```
Install-Package -Name docker ➲
-ProviderName DockerMsftProvider
```

- このコマンドレットが成功すると、インストールされたパッケージ（Docker）が表示され、プロンプトに戻る。

6

信頼済みでないソースからの取得を許可するか、という質問がされるので「A」を入力する。

- 今度の手順ではデフォルトがいいえ（N）なので、明示的にすべて続行（A）またははい（Y）を入力する必要がある。

7

Dockerのセットアップ後は、OSの再起動が必要なので、ここでいったん再起動する。

8

再起動したら、最初に「docker」のサービスを立ち上げる。Windows Power Shell（管理者）を起動し、コマンドラインから以下のコマンドレットを入力する。

```
Start-Service docker
```

●このコマンドが成功すると、特にメッセージが表示されずにそのままプロンプトに戻る。

9

コンテナーの基本OSイメージをセットアップする。以下のコマンドレットを入力する。

```
docker pull microsoft/➲
windowsservercore

docker pull microsoft/nanoserver
```

●基本イメージとは、コンテナーが使用する大元のOSのイメージファイルで、すべてのコンテナーの「ひな形」とも言えるファイル。ここでは、Windows Server Coreと、Nano Serverの基本イメージをダウンロードしている。

●Server Coreで約4.6GB程度、Nano Serverで約350MBのダウンロードを行うため、このコマンドは非常に時間がかかる。ダウンロード中は図のような進行状況を示す画面が表示されるので、完全に終了するまで待つ。Server Coreの場合、数10分～1時間程度、Nano Serverは数分程度の時間を要する。

●Nano Serverについては半期リリースチャネル（SAC）ライセンスで提供されるものであるため、利用の際にはソフトウェアアシュアランス契約が必要になる。

10

以上でコンテナーホストのセットアップは終了となる。

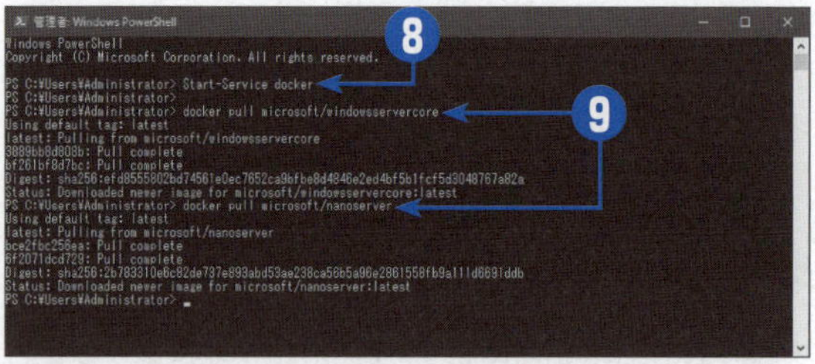

6 デプロイイメージを展開して使用するには

前節までの手順で、コンテナーの利用準備が整いました。この後は実際にコンテナーを作成し、実行する手順に入りますが、コンテナーを使った仮想OSの構築には、何もセットアップされていない「素の状態」のWindows Server 2019に対していちから役割や機能をセットアップして構築していく方法と、すでに構築済みのデプロイイメージをダウンロードする方法とがあります。
前節の手順において、すでに素の状態のWindows Server CoreのOSイメージはダウンロード済みであるため、この状態から仮想サーバーを構築することももちろん可能です。ただし、このOSイメージには「デスクトップエクスペリエンス」機能は搭載されていないため、サーバー機能の構築はすべてWindows PowerShellのコマンドレットベースで行う必要があります。その操作は難易度が高く、本書の説明範囲を超えてしまうため、ここでは、配布されているデプロイイメージを使用するところまでを解説します。

デプロイイメージを展開して使用するには

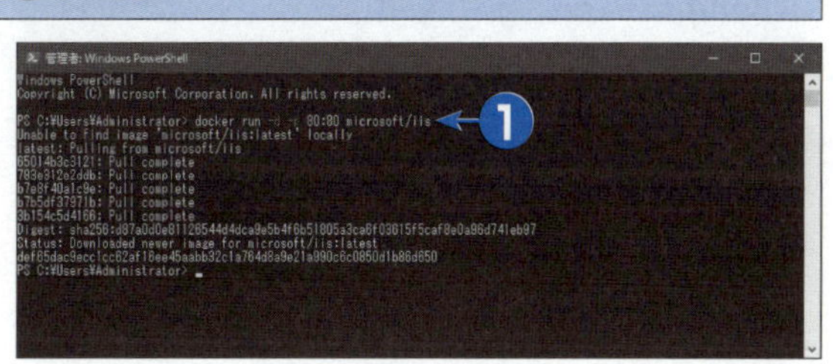

❶ ホストOSの管理者としてサインインし、Windows PowerShell（管理者）を起動する。
- 前節で説明した、コンテナーホストのセットアップが終了しているものとする。
- 本節の手順では、サンプルとして「Webサーバー」（IIS 10.0）のデプロイイメージを展開する。このため、ホストOS側は、IIS 10.0をセットアップしていない状態にしておくこと。

❷ PowerShellのコマンドラインから以下のコマンドレットを入力する。

```
docker run -d -p 80:80 micorosoft/iis
```

- このコマンドレットにより、Dockerのデプロイイメージ配布サイトから、IIS 10.0のデプロイイメージがダウンロードされ、展開される。
- オプション「-d」は、コンテナーがバックグラウンド実行されることを指定する。
- オプション「-p 80:80」は、コンテナーの通信ポート80を、ホストOS側の通信ポート80に接続することを示す。この指定により、コンテナー内で動作するIISの通信ポート（80番）が、そのままホストOS側で公開される。

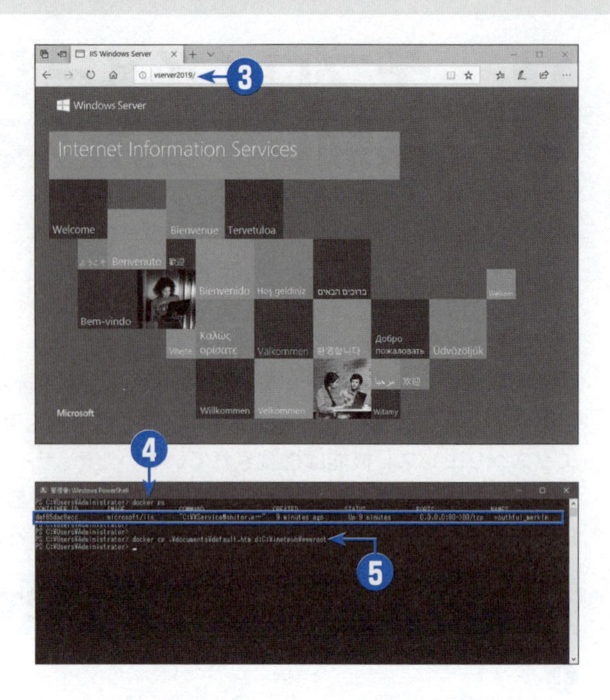

❸

IISのデプロイイメージの展開には、1～2分程度かかる。終了すると自動的にIISが起動し、Webサーバーとして利用できるようになるので、クライアントPCでWebブラウザーを起動し、「http://VSERVER2019/」を開く。IIS 10.0のトップ画面が表示される。

●仮想サーバー「VSERVER2019」にはまだIISをセットアップしていないので、この画面は、確実にコンテナー内のIISが表示していることがわかる。

❹

現在実行されているコンテナーの一覧を取得するために、以下のコマンドレットを実行する。

```
docker ps
```

●現在はコンテナーを1つしか実行していないため、表示も1行だけになる。

●表示された行の中で最初の項目（ここでは「def65dac9ecc」）が、コンテナーを区別するためのIDである。

●このコンテナーIDは、実行環境により変化するので、必ずしも本書の例と同じIDになるとは限らない。

❺

Webサーバー上で、自前のホームページを表示できるよう、コンテナーに対してファイルをコピーする。以下のコマンドレットを、PowerShellから実行する。

```
docker cp default.htm ➲
d:C:¥inetpub¥wwwroot
```

●このコマンドは、現在のフォルダーにあるdefault.htmファイルを、コンテナー内のC:¥inetpub¥wwwrootにコピーする。

●コピー先コンテナーを示す「d:」の部分は、手順❹で表示された、コンテナーIDを指定する。コンテナーIDは、他のコンテナーIDと重複しない範囲で、後ろの文字を省略できる。

●現在はまだコンテナーが1つだけなので、コンテナーIDは先頭1文字の指定で十分である。

❻

コピーができたら、クライアントPCから再度「http://VSERVER2019/」を表示する。表示内容が変化していることがわかる。

●IIS 10.0では、C:¥inetpub¥wwwroot¥default.htmファイルは、iisstart.htmファイルよりも優先されるためである。

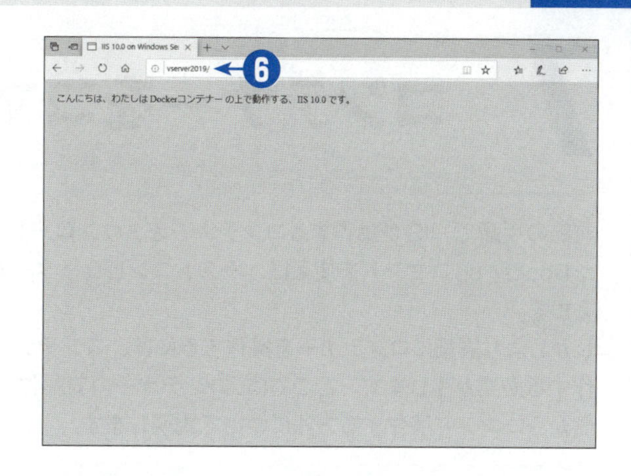

7 コンテナーをコマンド操作するには

前節の手順で、IISが動作するコンテナーをダウンロードし、展開して起動するところまでは確認できました。またDocker cpコマンドを使えば、ホストコンピューターとコンテナー内の仮想OSとの間でファイルコピーも行えます。
しかしより詳細にコンテナーを操作するには、コンテナー内でコマンドプロンプトやWindows PowerShellを操作する必要が生じます。ここでは、コンテナー内で動作しているWindows Server 2019をホストコンピューター側からコマンド操作する方法について説明します。

コンテナーをコマンド操作する

❶

ホストOSの管理者としてサインインし、Windows PowerShell（管理者）を起動する。以下のコマンドレットを実行して、コンテナーIDを取得する。

```
docker ps
```

- コンテナーIDは「def65dac9ecc」であることがわかる。
- 現時点ではコンテナーは1つしか作成していないので、「d」を指定すれば十分である。
- コンテナーIDは再作成しない限り変化しないため、一度コンテナーIDがわかれば、それ以降はずっと使い続けることができる。

❷

コンテナー「d」に接続するため、コンテナー内でWindows PowerShellを起動する。以下のコマンドレットを入力する。

```
docker exec -it d powershell
```

- このコマンドは、コンテナーIDがdのコンテナー内でPowerShellを起動することを指定している。
- 「-it」は、起動したコマンドを現在の（ホスト側の）ウィンドウで対話的に操作することを指定する。
- 「-it」を指定しないと、PowerShellが起動してもこのウィンドウから操作できない。

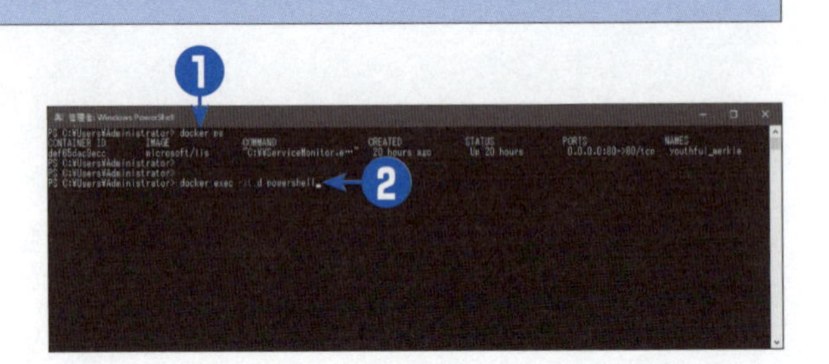

❸

コンテナー側のWindows PowerShellが起動し、コマンドの入力が可能になる。

- 画面の変化が少なくてわかりづらいが、現在のこの画面は、コンテナー内の仮想OSのPowerShellプロンプトである。
- この状態で、コマンドレット「Install-WindowsFeature」などを実行して、コンテナー内のOSに対して役割と機能を追加するなどの設定が行える。ただし本書ではこの先の設定については解説しない。

❹

コンテナー側のPowerShellを終了するには、コマンド「exit」を入力する。これにより、ホストOS側のPowerShellのプロンプトに戻る。

- 画面では、コンテナー側でコマンド「dir」を実行したあと、「exit」でホスト側に戻っている。プロンプトの変化に注目すると、そのことがわかる。

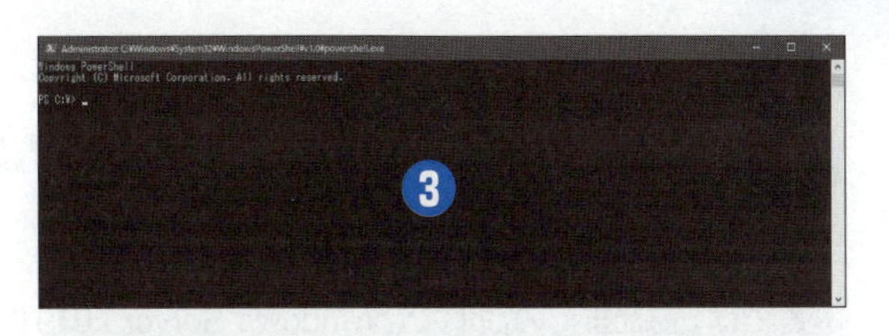

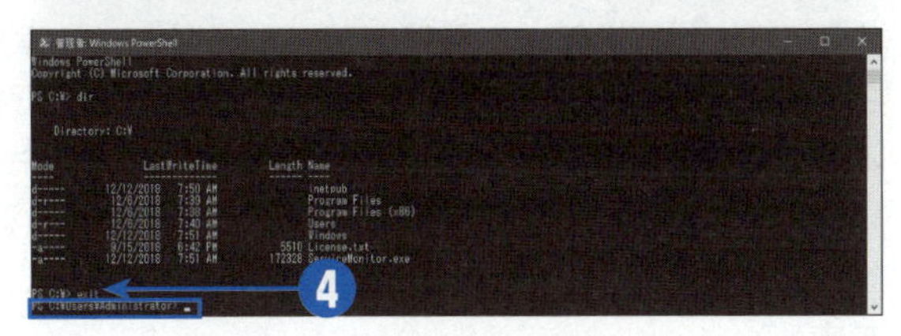

コンテナーの停止と削除を行うには

本書では、前節までの説明で、Windows Server 2019におけるコンテナー機能の説明を終了します。コンテナー内のOSに対して新たに機能を追加したり、より実用的に運用を行ったりする方法については、Windows PowerShellによってOSの設定を行う方法を記載した書籍等を参考にしてください。
この節では、前節までに作成したコンテナーの停止および削除の方法について解説します。コンテナーの削除は、ホストOSから見れば単にプロセスを終了している操作にすぎません。このため、通常のOS停止操作のようにシャットダウンを行う必要もありませんし、ホストOSを停止すれば、コンテナーの動作も自動的に停止します。
ただし作成したコンテナーは、ファイルの状態でコンピューター内に残っていますから、本節ではこれを削除する操作についても説明します。

コンテナーの停止と削除を行う

1
Windows PowerShellからコンテナーの実行を停止するには、以下のコマンドを入力する。

```
docker stop d
```

●「d」の部分はコンテナーIDを指定する。コンテナーIDを知る方法は前節の手順1を参照。

2
コンテナーを停止すると、そのコンテナーは「docker ps」コマンドでは表示されなくなる。停止したあとでコンテナーIDがわからなくなった場合には、以下のコマンドを実行する。

```
docker ps --all
```

●「--all」は、「-a」のように省略できる。
●停止しているコンテナーを起動するには、「docker start <コンテナーID>」と指定する。

3
コンテナーを削除するには、以下のコマンドを入力する。

```
docker rm d
```

●このコマンドによりコンテナーを削除すると、復活はできないので注意する。

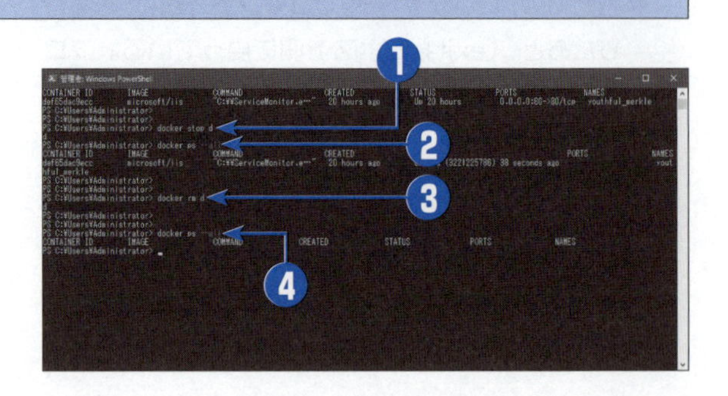

4
コンテナーが削除されると、「docker ps -a」コマンドでも表示されなくなる。

Active Directory のセットアップ

第12章

スタンドアロンのコンピューターでは、サインインに必要となるユーザーIDやパスワードをコンピューターごとに記憶しています。しかしこうした管理方法では複数のコンピューターがあり、誰がどのコンピューターを使うかわからない場合には管理が煩雑になってしまいます。

こうした問題を解決するには、ユーザーID、パスワード、プリンターやディスクといった共有資源など、さまざまな情報をネットワーク内で一括管理できる仕組みが必要です。Windowsネットワークの世界で、こうした情報管理を行うのが「Active Directory」です。この章では、Windows Server 2019が持つ強力なネットワークベースのID管理機能である、Active Directoryの導入方法について説明します。

ネットワーク単位の情報管理の必要性

コンピューターやネットワークを運用管理するには、ソフトウェア、ハードウェア、ネットワーク、OSなどさまざまな分野に関する深い知識が必要です。そういった知識を習得し続けることも大切な仕事ですが、管理者にはもうひとつ重要な仕事があります。いったん導入したコンピューターを常に正常に運用し続けるという「維持管理」の作業です。

企業や学校など、管理しなければならないネットワークの規模が大きくなってくると、知識だけではどうしようもない、大きな壁に当たることがあります。知識の高度さという「質」の問題ではない「量」の問題、言い換えれば、管理対象となるコンピューターの数の問題です。

たとえばネットワーク内に100台のコンピューターがあり、それらの設定を1人で変更することを考えてみます。管理者がすべてのコンピューターをひとつひとつ操作して設定変更するのは非常に大変な作業ですし、間違いも多くなりがちです。ネットワーク経由で遠隔のコンピューターを設定できたとしても、きちんと管理しなければ未設定か設定済みかさえもわからなくなってしまいます。ひとつひとつの設定は簡単でも、台数が増えれば難易度は一気に上がります。100台程度なら可能だったとしても、より多くの数を管理しなければならないとしたら、いつかは、1人の力では管理できなくなってしまいます。

管理者を増やして対策するという方法もあるでしょう。ですが、それはあくまで場当たり的な対策です。そうした方法を取らなくとも、すべてのコンピューターの設定を自動的に変更できる、あるいはすべてのコンピューターを設定しなくても済むなどの仕組みがあれば、管理者の負荷は大幅に下がります。

こうした、ネットワーク全体の情報管理作業を効率化するために考えられたのが「Active Directory」と呼ばれる、ネットワークベースの情報管理システムです。Active Directoryは、ユーザーID、パスワード、コンピューターの設定などを、ネットワーク全体で一括して使用できる情報管理システムです。サーバー上にデータを登録するだけで、ネットワーク全体で使用できるユーザーID、パスワードを作ることができ、また共有ディスクやプリンターといった資源の管理も、個々のコンピューターを操作するのではなく、すべて中央のサーバーを操作するだけで行えます。管理下にある個々のコンピューターの設定変更、アプリケーション管理、セキュリティ管理などといったことも、サーバー側から一括で行えます。

Active Directoryの機能は非常に多岐にわたるため、それらをすべて説明するのは、本書のボリュームでは困難です。そのため本書では、Active Directory機能のセットアップとほんの一部の機能を紹介するに留めます。Active Directoryの機能の詳細については、専門の参考書等を参考にしてください。

Active Directoryの機能

Active Directoryは、Windows Server 2000において新たに取り入れられたネットワーク情報管理システムです。それ以前のWindows Serverでは「NTドメイン」と呼ばれるシステムが使われていましたが、TCP/IPをはじめとしたインターネットで広く使われる技術を積極的に取り入れることでより汎用性を高め、機能面でもさまざまな点で強化されています。

Active Directoryの基本的な機能は、コンピューター名、コンピューターのアドレス、ユーザーID、パスワードといったネットワーク内で使用するさまざまなIDを、サーバー上で登録するだけで一括管理できる、情報管理機能です。これまで本書で説明したようなさまざまなネットワーク機能は、利用する際に、クライアント側とサーバー側の双方で設定作業を行うことが必要でした。たとえばファイル共有の際のユーザー名やパスワードも、クライアント側/サーバー側にそれぞれ同じものを登録することを前提としていました。

しかし「どのコンピューターにも同じIDとパスワードを登録する」という作業は、コンピューターの台数が多いネットワークでは非現実的です。多くのコンピューターがそれぞれ相互にアクセスし合う場合、すべてのコンピューターに同じユーザーIDやパスワードを登録する必要が発生しますが、これを1人の管理者が行い、ずっと運用を続けていくのは不可能と言ってもよいでしょう。

Active Directoryの機能を使えば、サーバー側でアカウントを登録しさえすれば、そのアカウントはネットワーク内のすべてのコンピューターで有効になります。「Directory」という言葉を日本語に訳すと、「人名簿」や「住所録」、あるいは「電話帳」という意味になりますが、ネットワーク内における「名簿」機能が、Active Directoryによって実現されるわけです。

Active Directoryでは、ネットワーク内で情報が管理されるコンピューターの範囲を「ドメイン」と呼びます。コンピューターは、ただ単にネットワークに接続しさえすればドメインに組み込まれるというわけではなく、必ず、そのドメインに「参加する」という手続きが必要になります。ドメイン内で情報を集中管理するサーバーのことを「ドメインコントローラー」と呼びます。Active Directoryのドメインコントローラーになれるのは、Windows 2000 Server以降のサーバー系のWindowsでなければなりません。

また同じサーバー系OSであっても、Active Directoryの機能は代を追うごとに強化されています。どのOSがコントローラーになるかによって、そのサーバーが管理するドメインで利用できる機能も異なります。このため、これから新規にドメインを構築するのであれば、できるだけ最新のOSであるWindows Server 2019をサーバーとするのが有利です。

Active Directoryが提供する5つの機能

Active Directoryでは、大きく分けて5つの機能が提供されます。これらの5つの機能は、過去数世代にわたってWindows Serverで提供されていた数多くの機能を統合、整理してわかりやすくグループ分けしたもので、必要な機能に応じて個別にセットアップ、使用することが可能です。

● Active Directory Rights Management サービス (AD RMS)

ワープロ、メール、業務アプリケーションなどのRights Management対応アプリケーションに対し、情報保護に用いる権利情報の提供、承認、管理などを行うサービス。特定のデータファイルに対して暗号化を施しておき、それらに対してアクセス可/不可といったユーザー権利情報をネットワーク内で集中管理することで、特定の部署/グループのみにアクセスできる情報を作成する、といったことが行えます。

●Active Directory ドメインサービス（AD DS）

Windowsネットワーク内において、ユーザーアカウントや共有資源といったネットワーク上で使用されるすべてのオブジェクトデータベースの参照と管理を行います。Active Directoryにおける最も基本的なディレクトリサービスを提供します。

●Active Directory フェデレーションサービス（AD FS）

同一ネットワーク内で複数の認証システムが使用されており、それぞれ異なるユーザーIDを持つような環境に対して、それらを統合的に管理し、単一のIDに統合する「シングルサインオン」サービスを提供します。このAD FSは別のコラムで説明する、機器登録サービスでも使われます。

●Active Directory ライトウェイトディレクトリサービス（AD LDS）

AD DSと同じくネットワーク内の基本的なディレクトリサービスを提供します。ただしスタンドアロンとして動作可能であり、動作にあたっては、Active Directoryのドメイン構築を必要としません。Active Directoryに対応したアプリケーションに対してディレクトリ情報を提供する「アプリケーションベース」のディレクトリサーバーとなります。他のサービスと違い、ドメインコントローラー上以外でも動作できます。

●Active Directory 証明書サービス（AD CS）

証明機関（CA）により発行されるデジタル証明書を使用する各種アプリケーションやサービスに対して、ネットワークベースでの証明書発行や管理を行います。ネットワーク内で使われる証明書対応アプリケーション（Webサーバーや電子メールソフト、スマートカードなど）に対して、ネットワークベース内で統一された証明書発行が行えます。

Active Directoryをセットアップする前に

Active Directoryを動作させるには、必要なコンピューターの台数を確認します。
Active Directoryにはドメインコントローラーと呼ばれる、すべての情報を管理するコンピューターが最低1台必要です。1つのドメインに2つ以上のドメインコントローラーを置くこともできます。2台以上の場合、2台目以降のコントローラーを「追加ドメインコントローラー」と呼びます。
追加ドメインコントローラーであっても、すべての問い合わせに対応できる点では、1台目のコントローラーと何ら変わりはありません。追加ドメインコントローラーがあれば、問い合わせに対して複数のドメインコントローラーで対応できるので、1台あたりのコントローラーの負荷が減少するというメリットがあります。バックアップとしての機能も果たしますので、最低2台のドメインコントローラーを用意してください。

●DNSサーバーのセットアップは必須

Active Directoryが動作するには、ドメインコントローラーのほかにDNSサーバーと呼ばれるネットワーク上の「名前解決サーバー」が必要です。ドメインコントローラーは、ネットワーク内のさまざまなオブジェクトの利用の可否はコントロールできますが、Active Directoryの設定情報を記憶するための「データベース」としての機能は持っていません。
DNSサーバーはこの情報を保管する「データベース」としての役割を果たします。ドメインコントローラーは、Active Directoryの設定情報をDNSサーバーから読み出し、また変更された情報はDNSサーバーへ書き込みます。このためDNSが動作していなければ、Active Directoryも動作できません。
DNSサーバーの役割は、Windows Server 2019にもセットアップできます。Active Directoryのドメインコントローラーの役割と、DNSサーバーの役割は、同一のコンピューター上で動作させても、別々のコンピューターで動作させてもかまいません。Linuxなど、Windows Server以外のOSでもDNSサーバー機能を持つOSは数多くありますが、Active Directoryが必要とする機能をサポートさえしていれば、DNSサーバーが動作するマシンのOSは問いません。
ただしActive Directoryは、DNSサーバーが持つ機能のうち、DDNS（Dynamic DNS）という拡張されたDNSの使い方をするため、この機能を利用できるDNSサーバーを用いることが必要です。DNSサーバーは同一ネットワーク内に複数動作することもできますから、安定した動作を行うためには、これまで使用していたDNSサーバーを無理に利用する必要はなく、Windows Server 2019で新たに動作させるようにするのが安全です。

事前準備は綿密に

Active Directoryは非常に大きなシステムで、セットアップにも時間がかかりますし、また、セットアップが終了したあとで大幅に設定を変更することは困難です。そのため、Active Directoryをセットアップする際には、Active Directoryをどのように利用するかという事前計画を綿密に立てておく必要があります。
Active Directoryのドメインコントローラーを作成するには、はじめにWindows Server 2019を、他の役割や機能をインストールしない「クリーンインストール」の状態で用意します。すでにActive Directoryがセットアップされており、いずれかのドメインに参加しているようなサーバーを再利用することは避けるべきです。
また、Windows Server 2019であっても、WebサーバーやHyper-Vサーバーなど、他の役割や機能をセットアップし、利用しているようなコンピューターに対して新たにActive Directory機能を追加することは避けてください。ネットワークを構築するのであれば、できるだけOSから再インストールすることをお勧めします。
Active Directoryのサーバーは、いったん運用を始めてしまうと、おいそれと停止したりテスト用にさまざまな設定を試したりといったことができなくなります。安定した運用のためには、ドメインコントローラーを実PCで動作させるか、Hyper-Vを用いた仮想サーバーの上で動作させるかも検討の必要があります。実PCの場合、ハードウェアの故障が発生すると、数日単位でコンピューターを停止せざるを得ない状態になりますが、仮想サーバーであれば、バックアップさえとってあれば、別のハードウェア上ですぐにでも動作を継続することができるからです。
Windows Server 2008 R2以前は、Active Directoryドメインコントローラーは仮想PC上での動作は行うことができませんでしたが、Windows Server 2012以降のActive Directoryでは仮想マシン上での運用についての対策も行われています。

Windows Server 2019でのActive Directory

Active Directory機能は、初めてWindows Serverに搭載されて以来、Windows Serverのバージョンアップと共に機能強化が行われてきました。しかしWindows Server 2019のActive Directoryでは、前バージョンにあたるWindows Server 2016と比較して、明確に新機能として追加された機能はありません。このため、設定方法や運用方法などについては、基本的にWindows Server 2016と同じです。
そのさらに前、Windows Server 2012 R2とWindows Server 2016との間では、いくつかの新しい機能が追加されているため、以下にそれらの変更点を紹介します。

Azure ADとの統合

社内に専用のサーバーを配置する「オンプレミスサーバー」に対して、インターネット上に配置されたサーバーを用いる「クラウドサーバー」の利用はここ数年のトレンドです。Windows Serverにおいても、そうしたクラウドサーバーのホストとしての役割を重視しつつあるのは本書でもすでに解説した通りですが、そうしたクラウドサーバーの利用は、Active Directoryサービスの分野にまでおよびつつあります。
Windows Server 2019のActive Directoryサービスは、オンプレミスサーバーにおける広範なディレクトリサービスをサポートするための機能ですが、マイクロソフトではこのオンプレミスのActive Directoryサービスとは別に、クラウド上でのActive Directoryサービスとして、Azure Active Directory（Azure AD）を開始しました。このAzure ADサービスは、クラウドサービスであるOffice 365や、SalesForce.com、Dropbox、Concurなどを容易に使用できるシングルサインオン（SSO）機能、多要素認証によるユーザー認証、パスワード管理、デバイス管理、アクセス権の管理などを統合して利用できる機能を提供します。
Windows Server 2019のActive Directoryサービスでは、このAzure ADサービスとの統合が行われています。この機能を使用すると、オンプレミスのActive DirectoryのIDと、Azure ADで管理されるIDを連携することが可能となり、社内で使用するIDをそのままクラウドサービスで利用することや、Azure ADのユーザー認証基盤を用いて、社内のサーバーにリモートアクセスするといったことが行えるようになります。

他のユーザー認証システムのユーザーIDサポート

従来のActive Directoryフェデレーションサービス（AD FS）において、システムを利用するユーザーを確認する「ユーザー認証」は、Active Directoryを用いて認証するものに限られていました。一方、Windows Server 2019では、Active Directoryによる認証はもとより、それ以外の他の認証システム、具体的にはLDAP（Light Weight Directory Access Protocol）や、SQL Serverに格納されたIDなどを用いたユーザー認証が可能となります。これにより、他システムとのIDの共通化が可能となり、利便性が向上します。

OAuth 2.0、OpenID Connectのサポート

Active Directoryフェデレーションサービス（AD FS）において、ユーザーID連携のプロトコルとして、従来のWS-Federation標準およびSAML標準に加えて、インターネット上で広く使用されているOAuth 2.0およびOpenID Connectをサポートしています。この機能により、インターネット上のサービスと、社内Active Directoryとの間のシングルサインオンや、OAuth 2.0/OpenID Connectをサポートする社内他システムとActive DirectoryとのSSOが可能になるなど、各種サービス間の連携が向上します。

特権アクセス管理

従来のActive Directoryサービスでは、ユーザーに与えられる権利、特に管理者権限は永続的なもので、特定ユーザーやグループに付与された特権は、管理者が手動で特権を変更しない限りはずっと使い続けることが可能な設定となっていました。これは、悪意を持ったユーザーがいったん特権を付与されたアカウントを得てしまうと、それ以降は、そのアカウントが無効化されるまでは、特権を得たままとなることを意味します。

Windows Server 2019では、マイクロソフトにより提供されるMicrosoft Identity Manager（MIM）と組み合わせて使用することで、ユーザーに与える特権を、ユーザー要求に応じて必要なときにのみ与え、さらにその特権に対しては時限管理を行えます。

この機能を使うと、ユーザーは、ある特定の特権が必要なときにシステムに対して要求することで特権をアクティブ化することができます。その特権には使用可能期間を設定することができ、期間が経過すれば自動的に特権は無効となります。これにより、より安全にネットワーク内での特権管理を行うことができます。

デバイス登録サービスのGUI化

Active Directoryでは、ネットワークに参加してActive Directoryの機能を使用するためには、クライアント機器をドメインに「参加」させることが必要です。しかし最近では、スマートフォンやタブレット機器といった個人所有の情報機器の性能が向上したことで業務への利用も十分に可能となりました。こうした機器に対して、ドメインへの参加ではなく、Active Directoryのフェデレーションサービス（AD FS）の機能を用いて、機器を登録して一時的にネットワークを利用可能とする機能が「ワークプレースジョイン」です。この機能は、Windows Server 2012 R2から新たに搭載されました。

Windows Server 2019では、この機器登録を行うための機器登録サービスを、AD FSのGUIから設定できます。Windows Server 2012 R2ではWindows PowerShellのコマンドレットを操作しなければ設定できなかった機能ですが、GUIで行えるようになったことで、より容易に機器登録作業が行えます。

1 Active Directoryサービスをセットアップするには

Active Directoryには大きく5つのサービスが存在することはコラムで解説しましたが、本書ではこれらの機能のうち最も基本的な機能であるActive Directoryドメインサービス（AD DS）についてのみセットアップします。AD DSは、Active Directoryサービスの中でも最も基本となるサービスで、主にユーザーアカウントや共有資源といったネットワーク上で使用されるすべてのオブジェクトデータベースの参照と管理を行います。AD DSを使用するためにはDNSサーバーの設定も必要ですが、本節では、このDNSサーバーについても同じサーバー上で動作させることを前提とします。これまで使用していた設定とは異なる設定となるため、注意してください。
なお本節でActive Directoryサービスをセットアップするサーバーは、前節までで説明したWebサーバー機能や、Hyper-Vサーバー機能、ファイルサーバー機能、プリントサーバー機能等はまったく使用しない、OSをクリーンインストールしただけの「まっさら」な状態から開始します。

Active Directoryドメインサービスをセットアップする

❶ 管理者でサインインし、サーバーマネージャーのダッシュボード画面から［②役割と機能の追加］をクリックする。

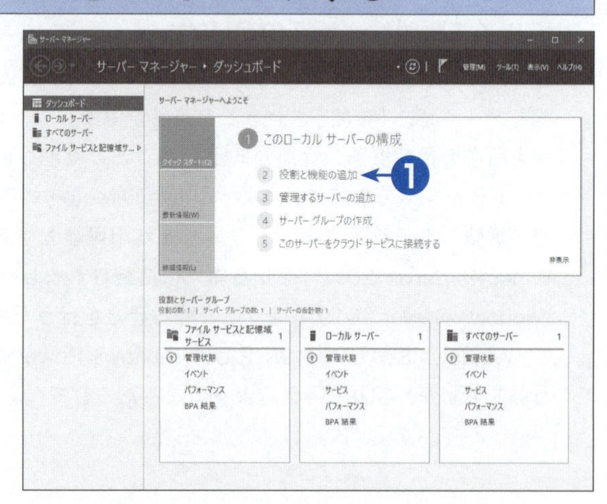

❷ ［役割と機能の追加ウィザード］が開く。［次へ］をクリックする。

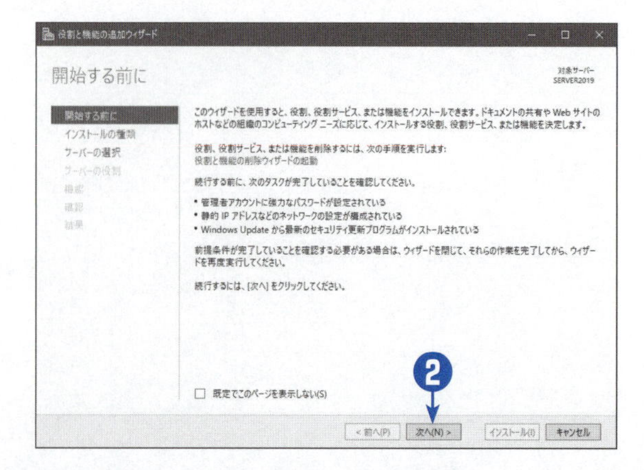

❸ ［インストールの種類の選択］では、［役割ベースまたは機能ベースのインストール］を選択して［次へ］をクリックする。

❹ ［対象サーバーの選択］では、自サーバーの名前（SERVER2019）を選択して［次へ］をクリックする。

❺ ［サーバーの役割の選択］では、インストール可能な役割の一覧から［Active Directoryドメインサービス］チェックボックスをオンにする。

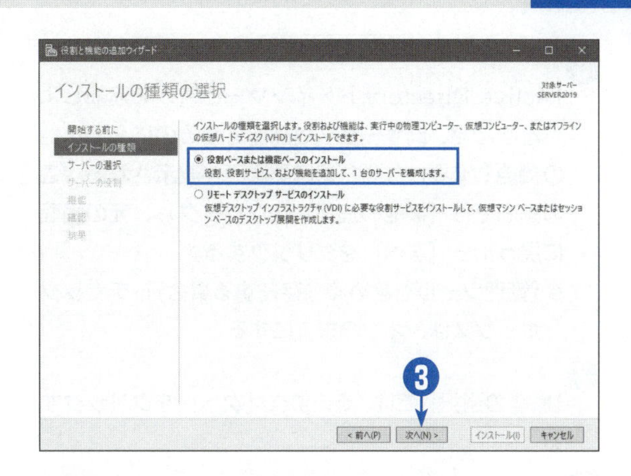

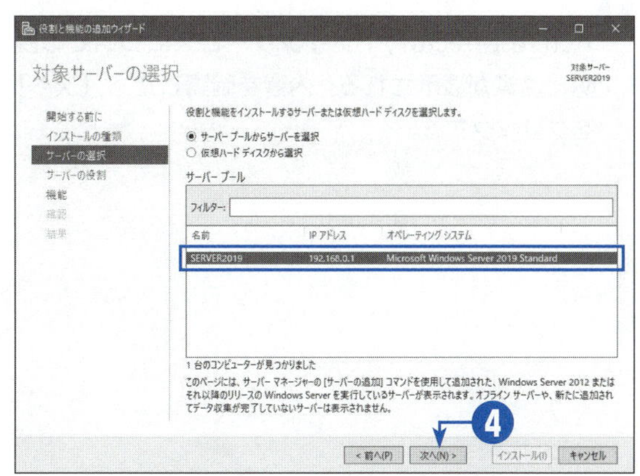

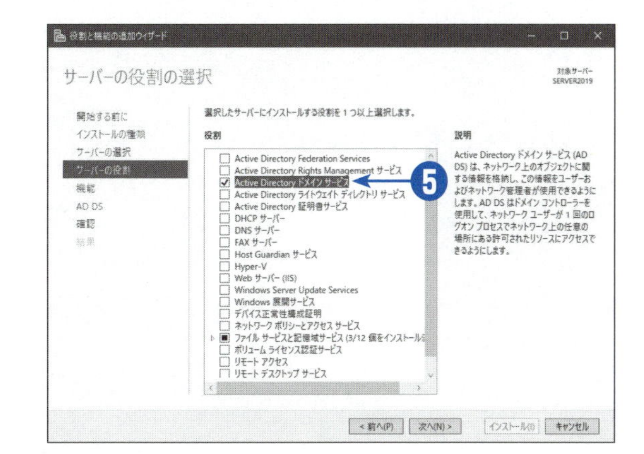

6

［Active Directoryドメインサービス］を追加しようとすると、同サービスを動作させるのに必要な他の機能も必要となるため確認画面が表示される。この画面では［機能の追加］をクリックし、元の画面に戻ったら［次へ］をクリックする。

- ［管理ツールを含める（存在する場合）］チェックボックスは、オンのままにする。

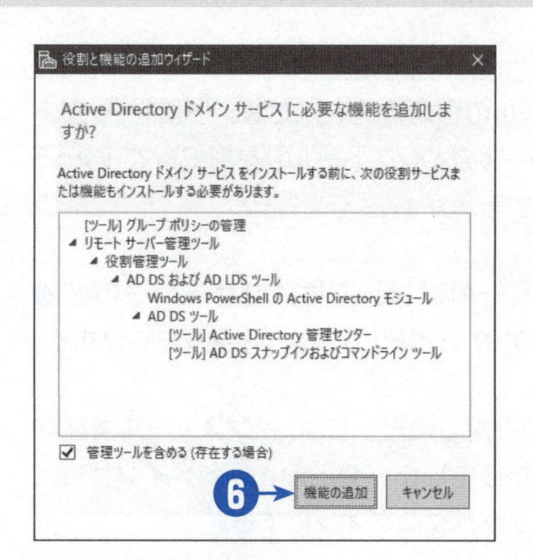

7

［機能の選択］では、そのまま［次へ］をクリックする。

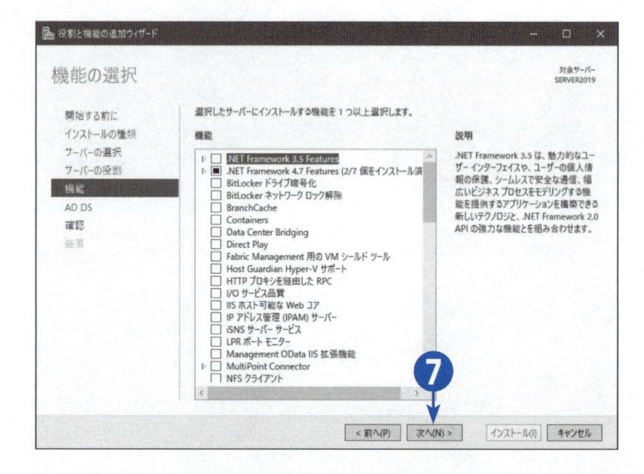

8

Active Directoryドメインサービスについての説明と注意が表示される。内容を確認したら［次へ］をクリックする。

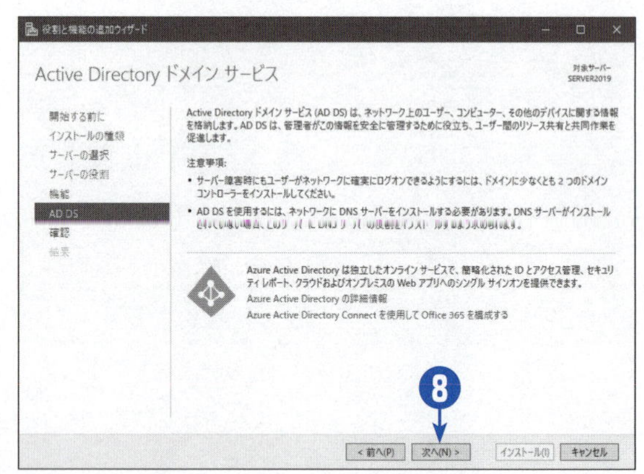

❾

インストールされる役割と機能の一覧が表示されるので、確認したら［インストール］をクリックする。

●今回の内容をセットアップするだけであれば再起動は行われないため、[必要に応じて対象サーバーを自動的に再起動する］チェックボックスをオンにする必要はない。

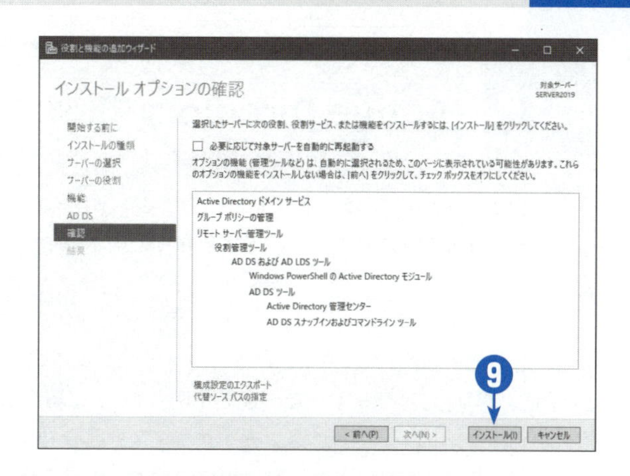

❿

インストールが開始される。

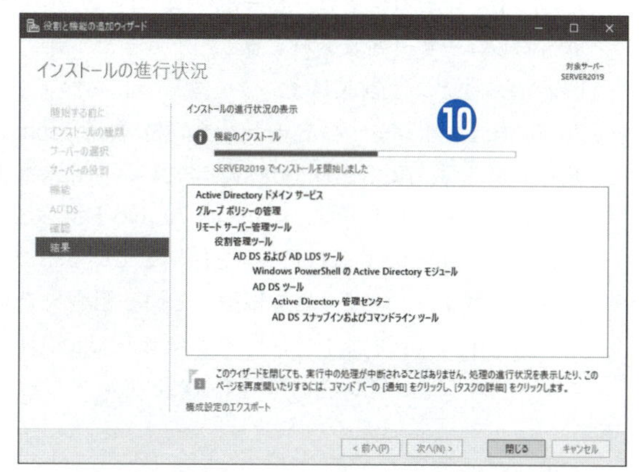

⓫

インストールが終了する。

●Active Directoryサービスのインストール自体はこれで完了である。

●ただしこの後、ドメインコントローラーをセットアップしなければActive Directoryドメインサービスは使用できない。

●セットアップ結果内の［このサーバーをドメインコントローラーに昇格する］をクリックすると、引き続きドメインコントローラーのセットアップが行える（次節を参照）。

●ここで［閉じる］を選択しても、あとからドメインコントローラーのセットアップは行える。

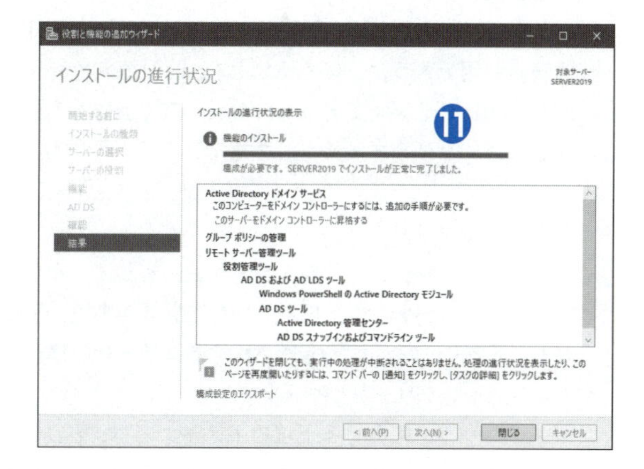

Active Directoryで使われる用語について

Active Directoryでは、ネットワークやネットワークに参加するコンピューターの集合について、いくつかの特殊な用語を使います。ここではそれらの用語について簡単に説明しましょう。

●ドメイン

Active Directoryのうち1台以上のドメインコントローラーによって管理されるネットワークの範囲のことを「ドメイン」と呼びます。この範囲（ドメイン）に属するコンピューターすべては、そのドメインを管理するドメインコントローラーが持つデータベースを共有します。たとえば同じドメインに属するコンピューターどうしは、ドメインコントローラーが持つ「ユーザー名データベース」を共有するため、どのコンピューターからでも同じユーザー名を参照することができます。

「ドメイン」という言葉はインターネットにおいても、組織の名称やサイトの名称を意味する単語として使われています。インターネットドメイン名は、mycompany.co.jpなどのようにピリオド「.」で区切って階層構造を表しますが、Active Directoryにおいても「sales_div.mycompany.co.jp」などのように、階層構造をピリオドで区切って表示します。これは、Active Directoryがインターネットのドメイン名と同様、DNS（Domain Name System）によってデータを保持しているためです。

インターネットドメイン名を取得している組織内でActive Directoryを使用する場合、インターネットのドメイン名とイントラネットで使用するActive Directoryのドメイン名とを同じものにして運用することも可能ですが、異なるドメイン名で運用することももちろん可能です。また両者を無理に合わせる必要もありません。

●信頼関係

あるドメインに対して、別の独立したドメインを指定して、そのドメインが持つデータベースの内容を互いに信頼し利用できるようにすることを、他のドメインを「信頼する」もしくは「信頼関係を持つ」と呼びます。信頼関係を持つドメインどうしでは、一方で登録した情報を、他方のドメインに登録しなくてもそのまま利用できるようになります。ただし本書ではこうした信頼関係の構築については解説しません。

●ドメインツリー

Active Directoryでは、あるドメインに対して、そのデータベースを継承したより下位のドメインである「サブドメイン」と呼ばれるドメインを作成できます。下位のドメインと上位のドメインとは信頼関係により結合され、下方向に向かって枝分かれするツリー状の構造を構築できます。こうしたドメインどうしの関係のことを「ドメインツリー」と呼びます。

ドメインツリーにおける下位のドメインでは、そのドメイン名についても上位のドメインの名前を継承したものとなります。たとえば上位のドメイン名が「mycompany.co.jp」であったとき、この下位のドメインは「sales_div.mycompany.co.jp」「market_div.mycompany.co.jp」といった名前になります。

ただしドメインの名前が階層構造になっているからといって、常にドメインツリーになっているとは限りません。ドメインツリーは、新たにドメインを作成する場合に、すでに存在する他のドメインを指定して、ドメイン名をそのドメインの「サブドメイン」となるよう作成することで作られます（このとき、この信頼関係による情報の継承が行われる）。単にドメインにピリオドを含めた名前を付けたからといって、自動的にドメインツリーとなるわけではありません。

●フォレスト

ドメインツリーを形成しない2つの独立したドメインツリーのルートドメインどうしが信頼関係を結んでいる場合にも、両者のドメインツリーに属するコンピューター間ではデータベースの共有が行えます。このとき、同じデータベースを共有するドメインツリーの集合のことを「フォレスト」と呼びます。たとえば「mycompany.co.jp」と「othercompany.co.jp」とは上下関係のないドメインどうしなのでドメインツリーではありませんが、両者が信頼関係を結んだ場合には、これらは同一の「フォレスト」となります。

新規にドメインを作成する場合には、そのドメインは新規ドメイン、新規ツリー、新規フォレストとして作成されます。ただしドメイン作成時に既存のフォレスト名を指定し、そのフォレストに参加する形でドメインを作成する（このとき、フォレストのルートドメインとの信頼関係が作られる）ことで、フォレスト内の別ツリーとしてドメインが作成されます。すでに作られたドメインどうしを統合してひとつのフォレストにする、といった操作は行えません。

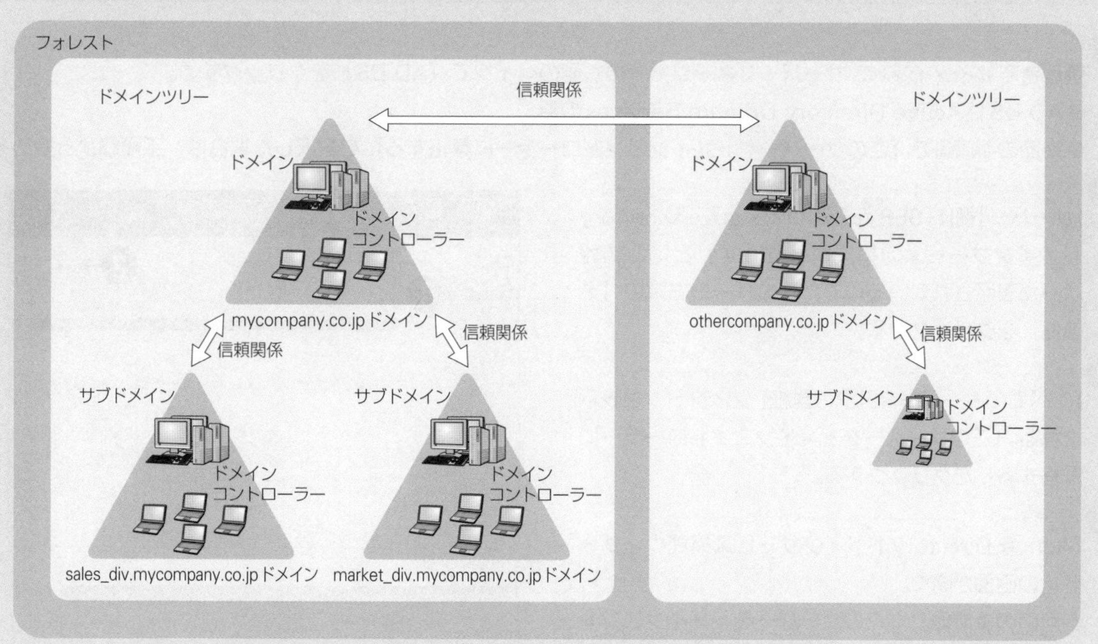

ドメイン、ドメインツリー、フォレストのイメージ図

2 ドメインコントローラーを構成するには

Active Directoryドメインサーバーのセットアップが終わったら、次にドメインコントローラーを構成します。本書ではActive Directoryの構成として、ドメインは新規に作成し、サブドメインはなしという最も単純な構成のドメインを構成します。

ドメインコントローラーの構成は、前節の手順⓫の画面で［このサーバーをドメインコントローラーに昇格する］をクリックすることで行えます。またこのウィンドウを閉じてしまっても、サーバーマネージャーの画面から［Active Directoryドメインサービス構成ウィザード］を起動すれば、同じ作業が行えます。

ドメインコントローラーを構成する

❶ 管理者でサインインし、サーバーマネージャーの左側のペインで［AD DS］をクリックする。

●AD DSはActive Directory Domain Servicesの略。

●前節の手順⓫で［このサーバーをドメインコントローラーに昇格する］を選択した場合は、手順❹から始める。

❷ ［サーバー］欄に「SERVER2019でActive Directoryドメインサービスの構成が必要です」という情報バーが表示されているので、このバーの右端の［その他］をクリックする。

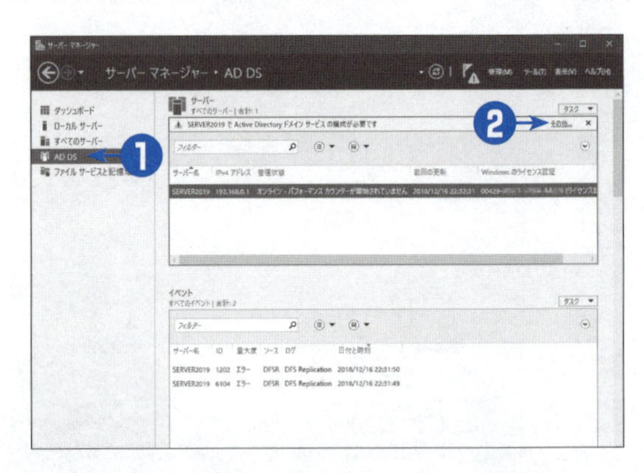

❸ ［すべてのサーバータスクの詳細］ウィンドウが表示される。［このサーバーをドメインコントローラーに昇格する］をクリックする。

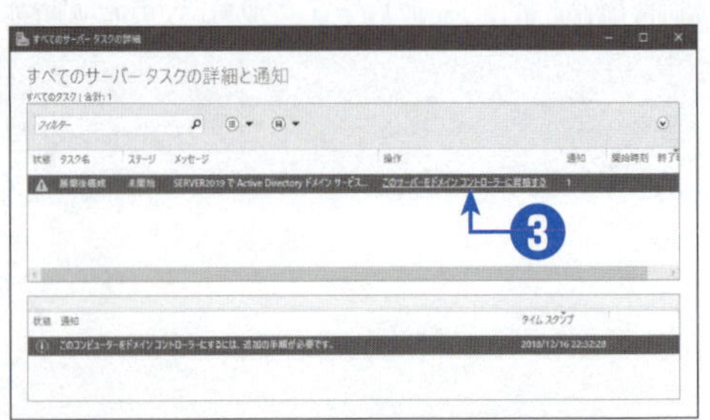

❹ ［Active Directoryドメインサービス構成ウィザード］の画面が開く。

●前節の手順⓫で［このサーバーをドメインコントローラーに昇格する］を選択した場合は、この画面が表示される。

❺ 作成するドメインの種類を選択する。新規フォレスト/新規ドメインの作成の場合、［新しいフォレストを追加する］を選択する。［ルートドメイン名］には、これから作成するドメイン名を指定する。［次へ］をクリックする。

●この画面では、配置操作の3つの選択肢でどれを選ぶかによって、入力項目が変化する。

●本書の例では、ドメイン名をmynetwork.mycompany.localと指定した。

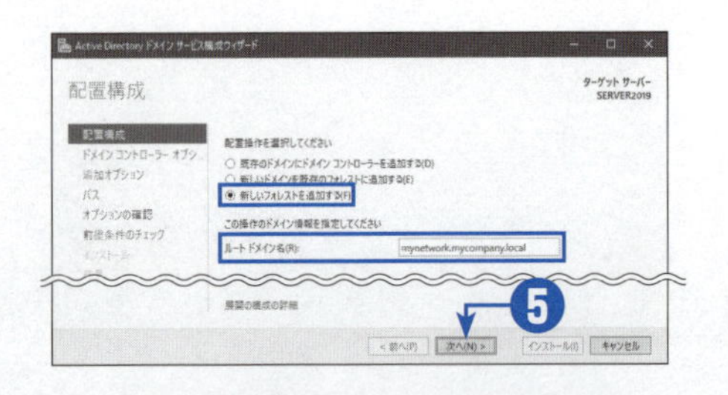

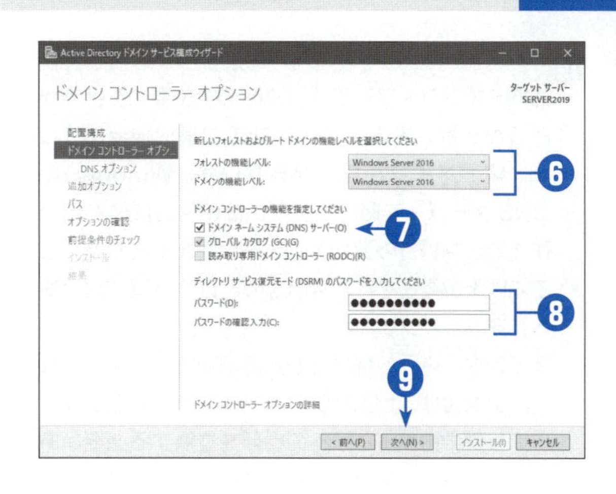

❻

［ドメインコントローラーオプション］では、フォレストとドメインの機能レベルを指定する。機能レベルとは、これから作成するActive Directoryドメインが、Windows Server 2008/2008R2/2012/2012 R2/2016のうち、どのバージョンの機能レベルをサポートするかを示す。

- Windows Server 2019のActive Directoryでは新たな機能レベルは追加されていないため、この選択肢に「Windows Server 2019」は表示されない。Windows Server 2016が最も高い機能レベルとなる。
- この画面では、手順❺で指定したドメイン名でActive Directoryが動作していないかを確認した後に、画面入力が可能になる。そのため、画面の設定が行えるようになるまでに数十秒程度の時間がかかる。
- 機能レベルは、同じフォレストや同じドメインに属するすべてのドメインコントローラーの中で最も低い機能のドメインコントローラーに合わせる必要がある。Windows Server 2012 R2以前のドメインコントローラーを使う必要がある場合には、その機能レベルに合わせて指定する。
- 今回は、過去のバージョンのWindows Serverと併用する予定はないので、［Windows Server 2019］の機能レベルを選択した。
- クライアントPCで使用するOSのバージョンは、この選択には影響しない。

❼

「ドメインコントローラーの機能」では、［ドメインネームシステム（DNS）サーバー］チェックボックスをオンにする。

- 今回はこのサーバーにDNSサーバーの役割もさせるので、［ドメインネームシステム（DNS）サーバー］をオンにする。
- ［グローバルカタログ（GC）］は最初のドメインコントローラーでは必須となるため、オフにすることはできない。
- ［読み取り専用ドメインコントローラー（RODC）］は、既存のコントローラーからドメイン情報を複製するタイプのコントローラーであるため、最初のドメインコントローラーでは選択できない。

❽

ディレクトリサービス復元モード（DSRM）のパスワードを指定する。このパスワードは、コンピューターのAdministratorパスワードとは別に指定する。

- ディレクトリサービス復元モード（DSRM）のパスワードとは、Active Directoryドメインサービスが停止状態にあるときにドメインコントローラーにサインインできるパスワードのこと。
- このパスワードは、悪用するとディレクトリサービスのデータを破壊できる非常に重要なパスワードなので、十分に複雑なものを入力しないと拒絶される。
- 英大文字、小文字、数字、記号などを組み合わせた上で、一定以上の長さを備えたものを指定する。

❾

これらをすべて指定したら［次へ］をクリックする。

⑩

[DNSオプション] では、DNSの上位委任を行うかどうかを指定する。現在のDNSの構成検査が行われ、親ドメインが見つからないか、WindowsのDNSサーバーで運営されていない場合には委任が作成できない旨の警告メッセージが表示される。ここでは上位委任を行わないものとして、そのまま [次へ] をクリックする。

- インターネット経由でも名前解決できるようにしたい場合は、上位のDNSサーバーに、現在セットアップ中のサーバーへの参照を登録する必要がある。インターネットに直結されていないサーバーでは名前解決は行わないので、無視して [次へ] を選択する。

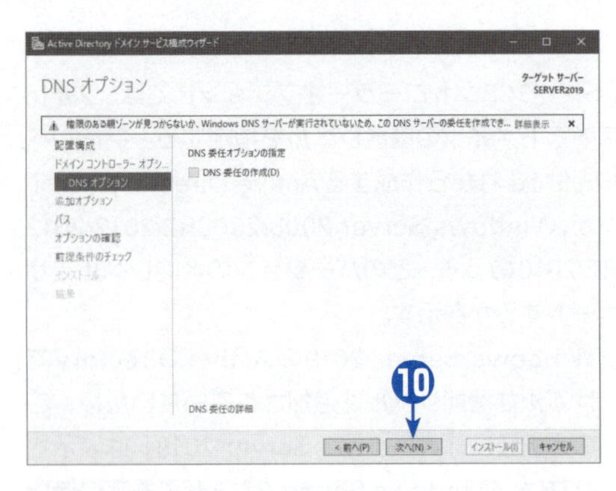

⑪

ドメインのNetBIOS名は必要に応じて変更できるが、ここでは特に変更せず [次へ] をクリックする。

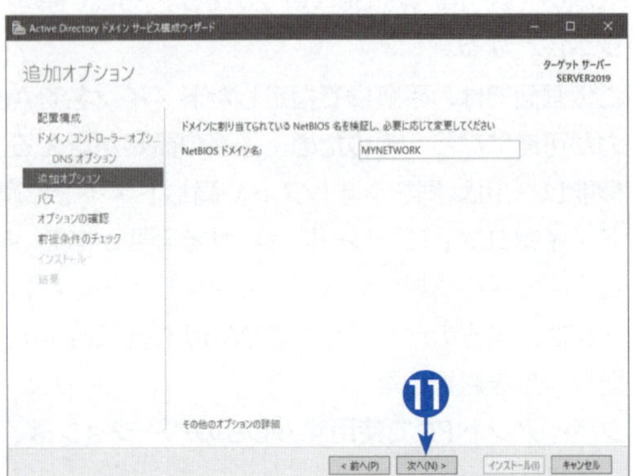

⑫

データベースを保管するフォルダーなどを設定する。通常は変更する必要がない。[次へ] をクリックする。

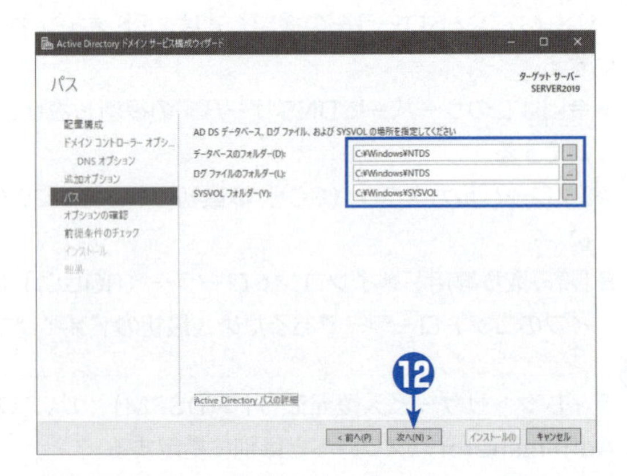

⑬

これまで指定したActive Directoryの設定パラメーターが表示される。確認したら[次へ]をクリックする。

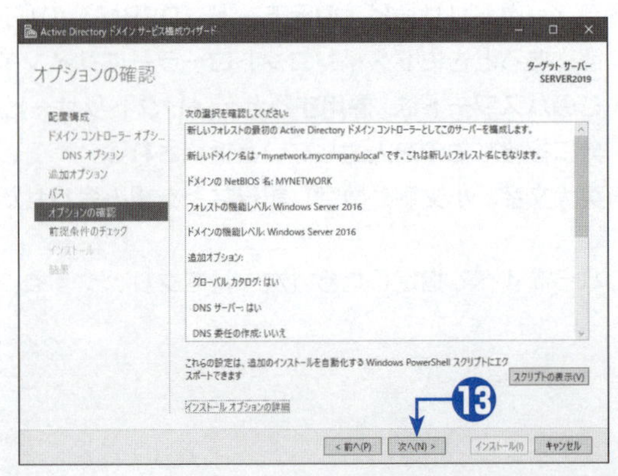

⑭

指定したパラメーターでActive Directoryを設定することが可能かどうかの検証が行われる。この操作には数分かかる。「すべての前提条件のチェックに合格しました」と表示されれば設定に問題はないので、［インストール］をクリックする。

- 管理者が注意を要する項目については、設定に問題がない場合でも、黄色い三角の［！］アイコンが表示される。

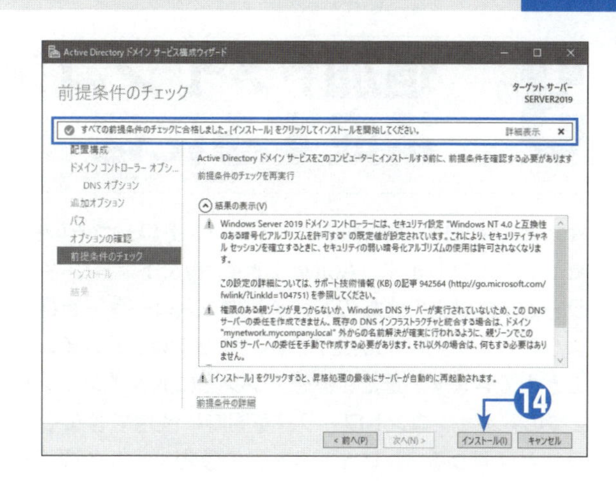

⑮

現在のサーバーをドメインコントローラーへと昇格する作業が開始される。

- コンピューターの性能にもよるが、5～10分程度かかる。

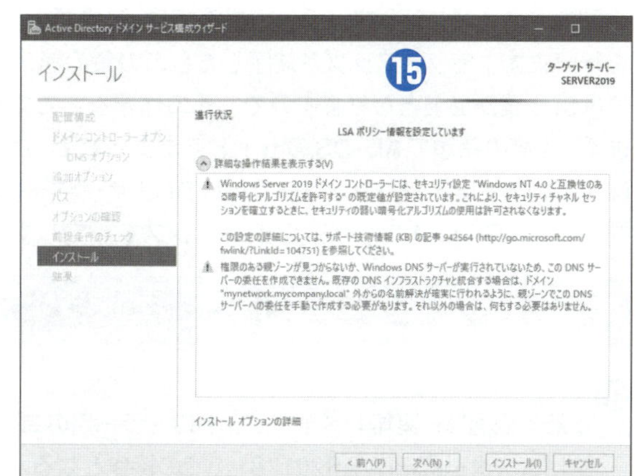

⑯

ドメインコントローラーへの昇格作業が終了すると、自動的にサーバーが再起動される。サインイン画面が表示されたら、管理者アカウントでサインインする。

- 再起動後も昇格作業の残り作業が実行されるため、次回サインインまでには多少時間がかかる。
- ドメインコントローラーでは、これまでのローカル管理者のアカウント（Administrator）は使えなくなり「<ドメイン名>¥Administrator」となる。
- Administratorのパスワードは、ドメインコントローラーに昇格する前のローカル管理者のパスワードがそのまま使える。
- コンピューターのコンソールや仮想マシン接続からサインインする場合は標準で「MYNETWORK¥Administrator」が選択されているが、リモートデスクトップでサインインする場合は、リモートデスクトップが前回のローカルユーザーのサインイン名を覚えてしまっている場合がある。この場合、いったん［他のユーザー］を選択してから、［ユーザー名］に「MYNETWORK¥Administrator」を手動で指定する必要がある。

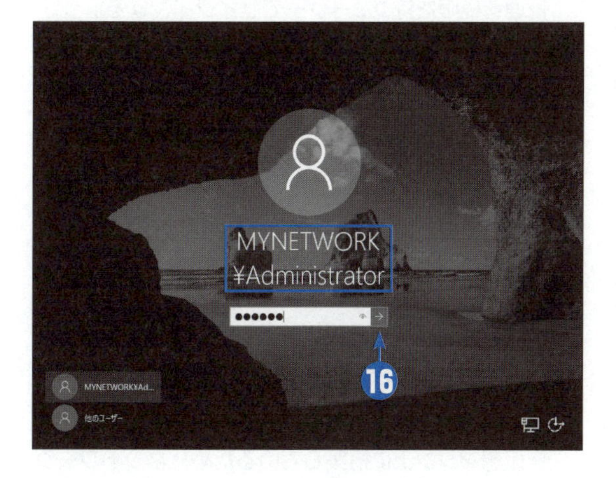

3 追加ドメインコントローラーを構成するには

Active Directoryの最初のドメインコントローラーの構成が終わったら、次に、追加のドメインコントローラーをセットアップします。Active Directoryでドメインネットワークを構成する際には、最初のドメインコントローラーと1台以上の追加のドメインコントローラーを構成し、最低でも2台のドメインコントローラーで運用するようにします。Windows Server 2019では、ドメインコントローラーをHyper-Vによる仮想マシン上に構築することもできます。ただし仮想マシン上にドメインコントローラーを構築する場合は、コンピューターの故障時に2つのドメインコントローラーが同時に使用できなくなることを防ぐため、できるだけ最初のドメインコントローラーとは異なるコンピューター上の仮想マシンで運用してください。

追加のドメインコントローラーの構築では、この章の第1節での手順と同じ手順で最初にAD DSのセットアップを行います。セットアップが終了したらこの章の第2節と同じ手順でドメインサーバーを構成しますが、その前の準備作業が必要となりますので、その作業をここで解説します。

まず、1節の手順でAD DSのセットアップが終わったら、この節の手順❶から実行してください。本書の例では、最初のドメインコントローラーはDNSサーバーも兼ねていますから、DNSサーバーのIPアドレスには、最初のドメインコントローラーのIPアドレスを設定します。

追加ドメインコントローラーを構成する

❶

本節の画面は、追加ドメインコントローラー用のコンピューター（SERVER2012B）上での操作となる。管理者権限を持つユーザーでサインインする。

❷

サーバーマネージャーの［ローカルサーバー］画面で、現在使用しているネットワーク接続のIPアドレス部分をクリックして［ネットワーク接続］を選択する。

●この作業の前に、この章の1節の「AD DSのセットアップ」を行っておく。

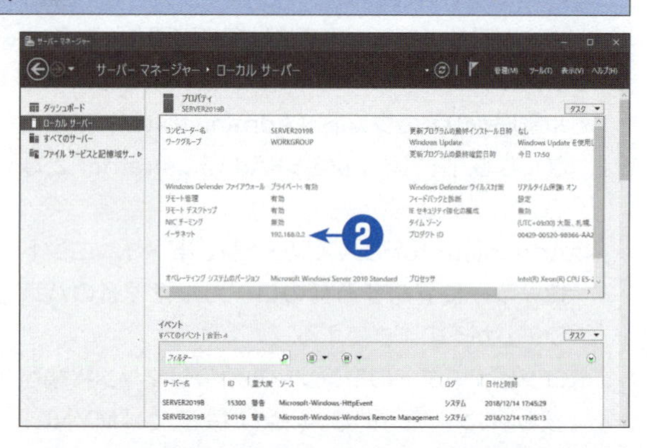

❸

現在接続しているネットワークアダプターのアイコンを右クリックして［プロパティ］を選択する。

●本書の例では、追加のドメインコントローラーを仮想マシン上に構築しているため、ネットワークアダプターは「Hyper-V Network Adapter」となる。

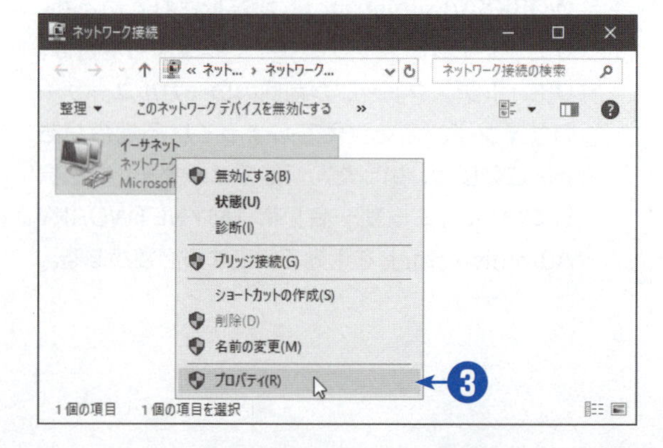

❹
ネットワークアダプターのプロパティ画面が表示されるので、[インターネットプロトコルバージョン4（TCP/IPv4）を選択して、[プロパティ] をクリックする。

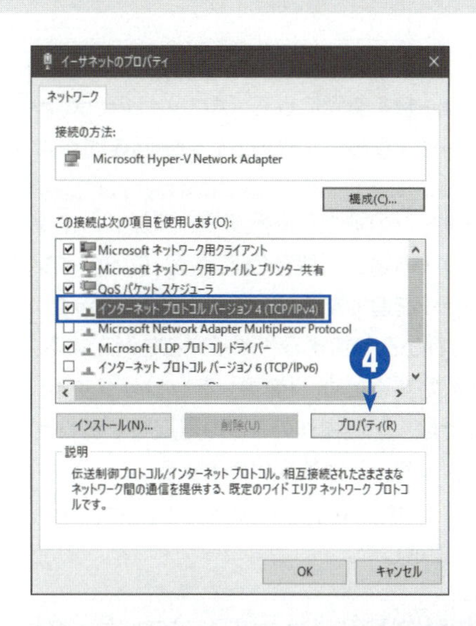

❺
優先DNSサーバー欄に、作成した最初のドメインコントローラー（SERVER2019）のIPアドレスを設定する。

●本書の例ではSERVER2019のアドレスは192.168.0.1となるが、使用するネットワークによって設定すべき値は異なる。

❻
[詳細設定] をクリックする。

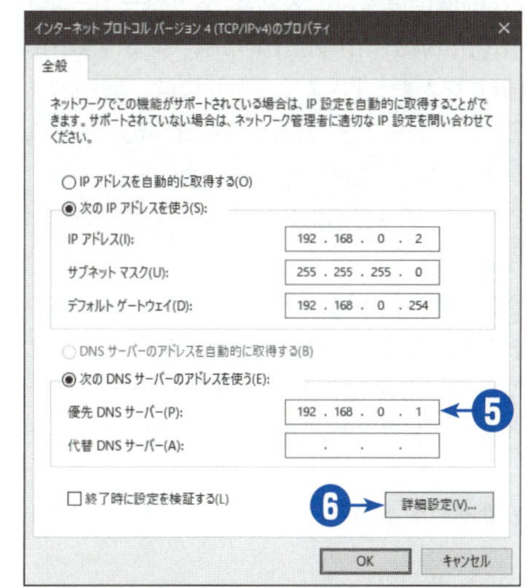

❼
[TCP/IP詳細設定] で、[DNS] タブを選択して [この接続のアドレスをDNSに登録する] がオンになっていることを確認する。

●標準の状態ではチェックされているはずだが、これまでの設定でチェックを外していた場合には、チェックし直す。

❽
設定できたら、[OK] を3回クリックして手順❹のウィンドウまでをすべて閉じる。

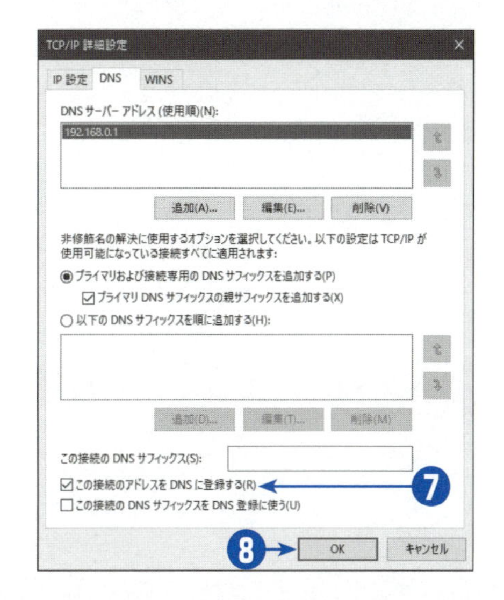

❾

前節の手順❶～❸を参考にして、[Active Directory ドメインサービス構成ウィザード] の画面を開く。

❿

作成するドメインの種類を選択する。追加ドメインコントローラーの場合、[既存のドメインにドメインコントローラーを追加する] を選択する。[ドメイン名] には、これから参加するドメイン名を指定する。資格情報を入力するため、[変更] をクリックする。

- この画面では、配置操作の3つの選択肢でどれを選ぶかによって、入力項目が変化する。
- 本書の例では、「mynetwork.mycompany.local」と指定した。

⓫

[配置操作の資格情報] を入力する。[ユーザー名] には「mynetwork.mycompany.local¥Administrator」を入力、[パスワード] には、最初のドメインコントローラーのAdministratorのパスワードを入力する。[OK] をクリックする。

- 画像ではユーザー名の部分がすべて見えていないので注意する。
- ここでのアカウントは、ドメインの管理者のアカウントを指定しなければいけない。最初のドメインコントローラーのAdministratorのアカウントとパスワードであればその条件を満たす。

⓬

手順❿の画面に戻るので、[次へ] をクリックする。

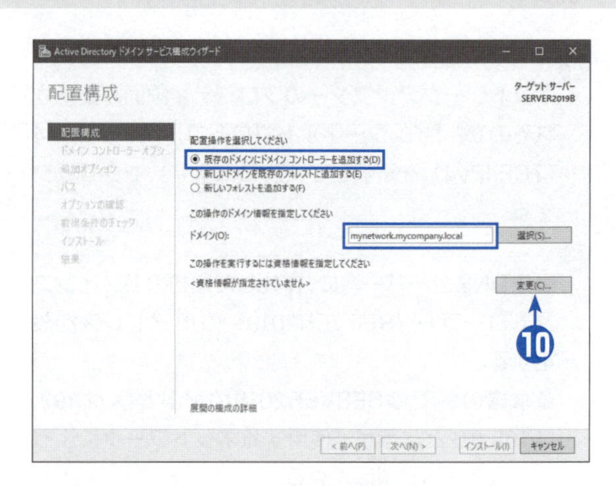

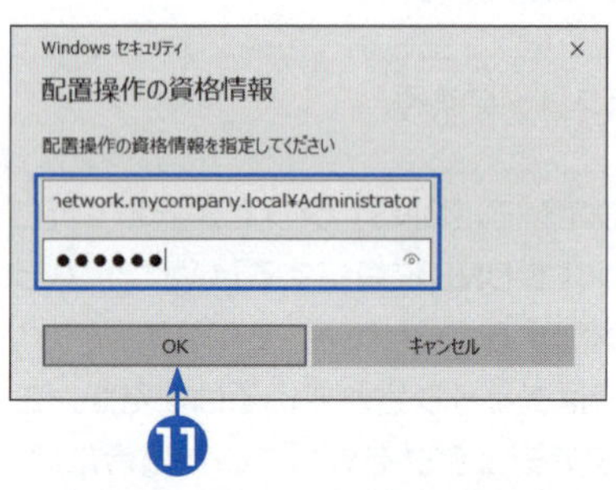

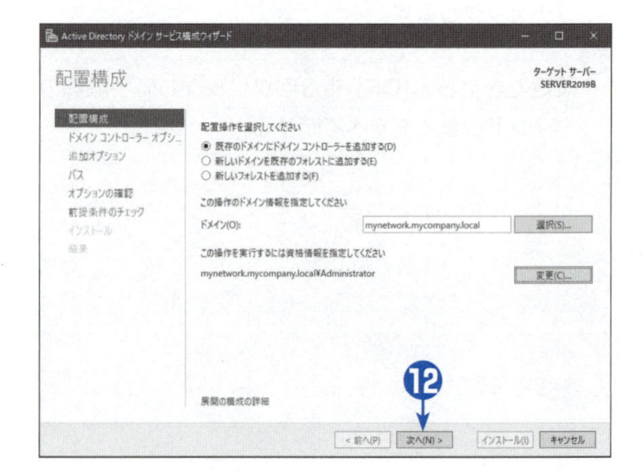

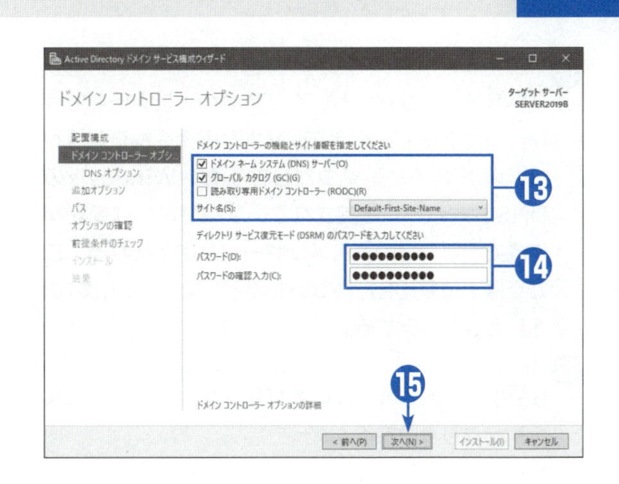

13

［ドメインコントローラーオプション］画面では、このドメインコントローラーで実行する機能を選択する。2台目のドメインコントローラーの場合は特に選択を変更する必要はない。

- ［ドメインネームシステム（DNS）サーバー］は ネットワーク中に2台あれば十分だが、今回は2台目のサーバーであるためチェックボックスはオンのままで問題ない。
- ［グローバルカタログ（GC)］は基本的にすべてのドメインコントローラーで動作させるのがよい。
- ［読み取り専用ドメインコントローラー(RODC)］は、既存のドメインコントローラーからドメイン情報を複製するのみのドメインコントローラーであり、2台目のコントローラーは最初のコントローラーが停止したときのバックアップも兼ねるので、オンにするべきではない。
- ［サイト名］は最初のドメインコントローラーと合わせなければいけないため、デフォルトのままとする。

14

ディレクトリサービス復元モード（DSRM）のパスワードを指定する。このパスワードは、コンピューターのAdministratorパスワードとは別に指定する。

- ディレクトリサービス復元モード（DSRM）のパスワードとは、Active Directoryドメインサービスが停止状態にあるときにドメインコントローラーにサインインできるパスワード。
- 最初のドメインコントローラーのDSRMパスワードと同じでかまわないが、必ずしも同一である必要はない。
- このパスワードは、悪用するとディレクトリサービスのデータを破壊できる非常に重要なパスワードなので、十分に複雑なものを入力しないと拒絶される。
- 英大文字、小文字、数字、記号などを組み合わせた上で、一定以上の長さを備えたものを指定する。

15

これらをすべて指定したら［次へ］をクリックする。

⑯ [DNSオプション] として、DNSの上位委任を行うかどうかを指定する。現在のDNSの構成検査が行われ、親ドメインが見つからないか、WindowsのDNSサーバーで運営されていない場合には委任が作成できない旨の警告メッセージが表示される。ここでは上位委任を行わないものとして、そのまま [次へ] をクリックする。

⑰ [追加オプション] では、特に変更せずそのまま [次へ] をクリックする。

●この画面ではデータベースのコピー元のドメインコントローラーを指定できる。本書の例ではネットワーク内で2台目のドメインコントローラーとなるため、コピー元のドメインコントローラーは1台しかないので、いずれにしろコピー元は最初のドメインコントローラーになる。

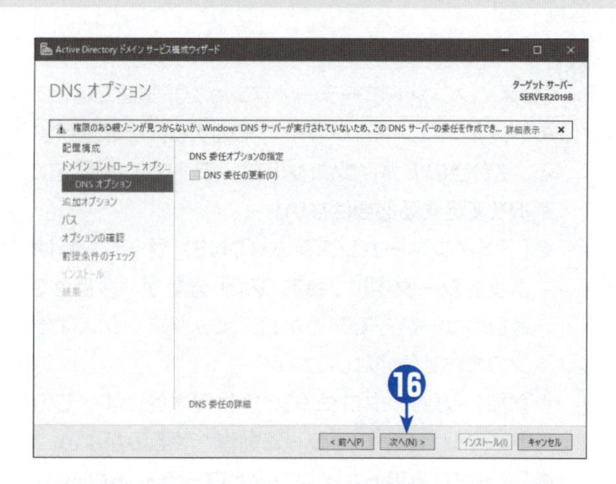

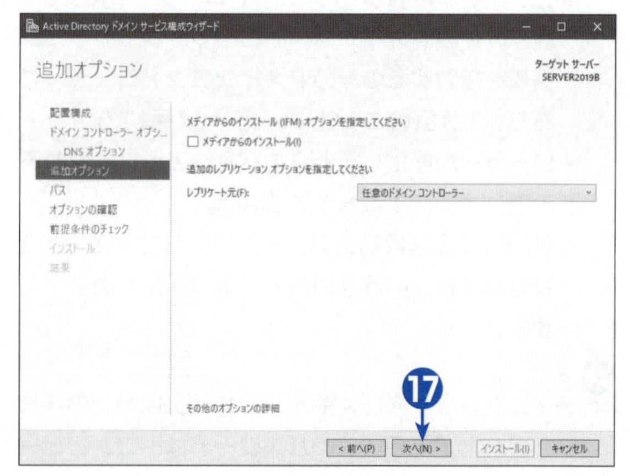

⑱

データベースを保管するフォルダーなどを設定する。通常は変更する必要がない。[次へ] をクリックする。

⑲

これまで指定したActive Directoryの設定パラメーターが表示される。確認したら[次へ]をクリックする。

⑳

指定したパラメーターでActive Directoryを設定することが可能かどうかの検証が行われる。この操作には数分かかる。「すべての前提条件のチェックに合格しました」と表示されれば設定に問題はないので、[インストール] をクリックする。

●管理者が注意を要する項目については、設定に問題がない場合でも、黄色い三角の [！] アイコンが表示される。

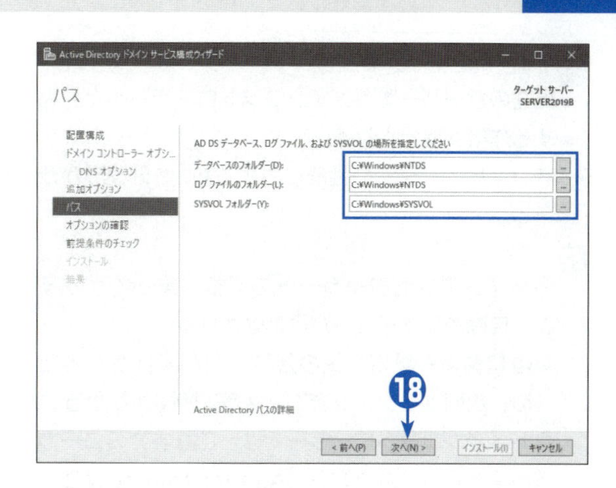

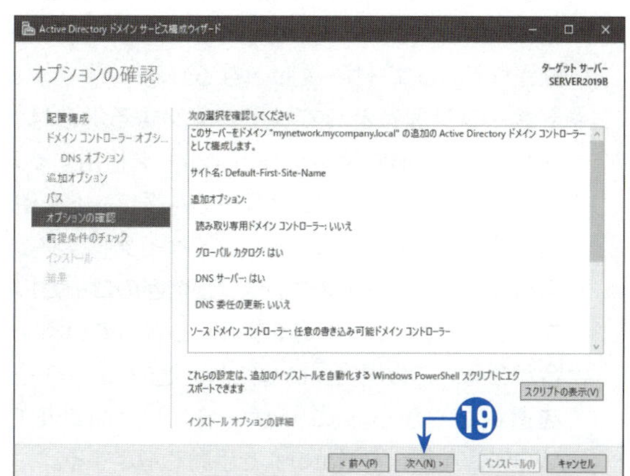

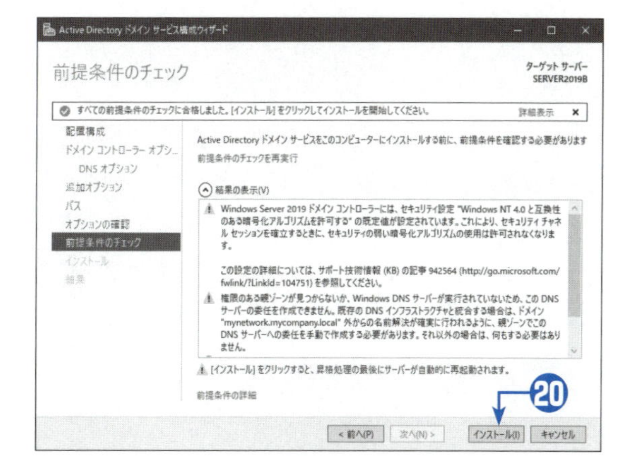

21

現在のサーバーをドメインコントローラーへと昇格する作業が開始される。

●コンピューターの性能にもよるが、5分程度かかる。

22

ドメインコントローラーへの昇格作業が終了すると、自動的にサーバーが再起動される。

●再起動後も昇格作業の残り作業が実行されるため、次回サインインまでには多少時間がかかる。

●ドメインコントローラーでは、これまでのローカル管理者のアカウント（Administrator）は使えなくなり、サインインできるのはドメイン内に登録されているユーザーだけとなる。

●ドメイン管理者としてサインインする場合は、「MYNETWORK¥Administrator」を使用する。パスワードも、ドメイン管理者のパスワードを使用する。リモートデスクトップでサインインする場合は、リモートデスクトップが前回のローカルユーザーのサインイン名を覚えてしまっている場合がある。この場合、いったん［他のユーザー］を選択してから、［ユーザー名］に「MYNETWORK¥Administrator」を手動で指定する。

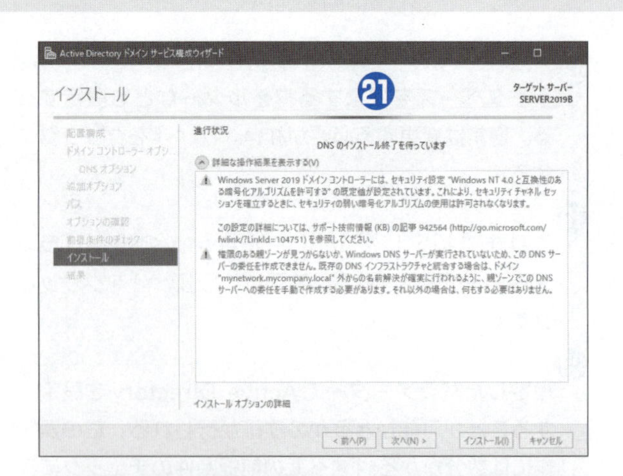

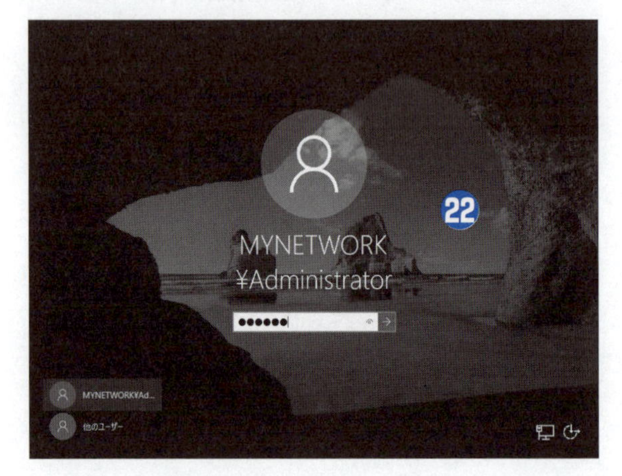

4 ドメインユーザーを登録するには

ドメインコントローラーの構成が完了したら、次はドメインユーザーの登録に入ります。これまで、サーバー上でのユーザーの追加は［コンピューターの管理］の［ローカルユーザーとグループ］で行っていましたが、「ローカル」という言葉からもわかるように、このユーザー登録はコンピューター内でのみ有効でした。Active Directoryのドメインコントローラーになった状態では、もうローカルユーザーの登録は行えなくなり、［コンピューターの管理］画面には、この選択項目は表示されなくなります。

Active Directoryにおけるユーザー登録は、［Active Directoryユーザーとコンピューター］ツールから行います。このツールは、Active Directoryをセットアップした際、スタートメニューに登録されていますので、スタートメニューの［Windows管理ツール］－［Active Directoryユーザーとコンピューター］から選ぶか、または、サーバーマネージャーの［ツール］メニューから呼び出します。

［Active Directoryユーザーとコンピューター］から登録されるユーザーは、サーバー上だけでなく、ドメインに参加するすべてのコンピューター上で有効になります。最初のドメインコントローラーをセットアップしたサーバーにActive Directoryのセットアップより前に登録されていたローカルユーザーは、Active Directoryがセットアップされた時点で、自動的にドメインユーザーに「昇格」しています。このため新たに登録し直す必要はありません。

またドメインユーザーの登録は「最初のドメインコントローラー」と「追加のドメインコントローラー」のどちらで行ってもかまいません。

ドメインユーザーを登録する

❶ サーバーマネージャーの［ツール］メニューから［Active Directoryユーザーとコンピューター］を選択する。

●スタートメニューから［Windows管理ツール］－［Active Directoryユーザーとコンピューター］を選択してもよい。

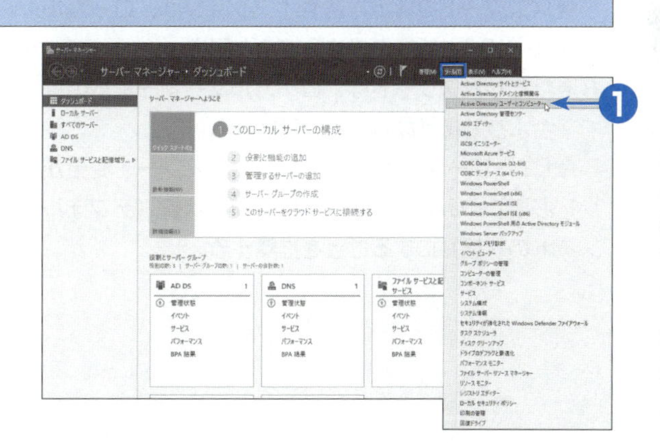

❷ ［Active Directoryユーザーとコンピューター］が起動する。左側のペインで［Active Directoryユーザーとコンピューター］－［mynetwork.mycompany.local］（自分のドメイン名）の順に展開して［Users］をクリックする。

●ローカルコンピューターの時点で作成していた［shohei］と［haruna］などは、すでにドメインユーザーとして存在していることがわかる。

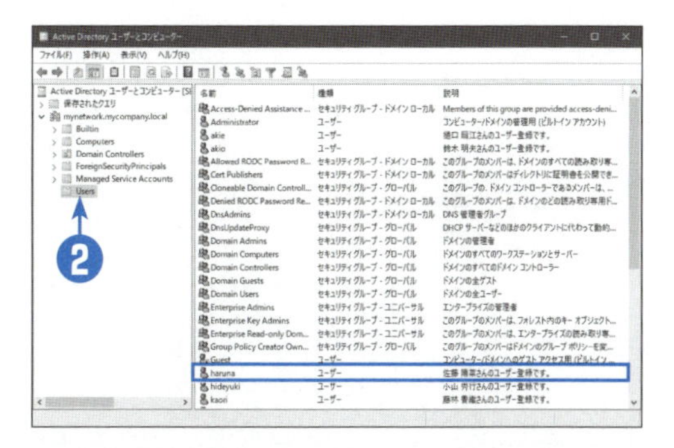

3

[操作] メニューから [新規作成] － [ユーザー] を選択する。

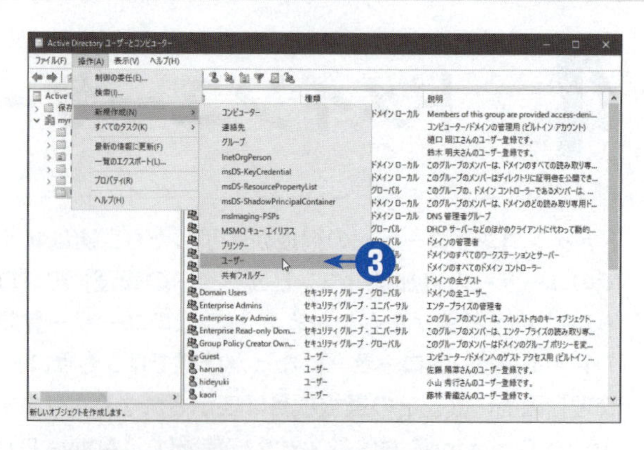

4

[新しいオブジェクト－ユーザー] ダイアログボックスが表示される。[ユーザーログオン名] に作成するユーザー IDを入力し、[姓] [名] [イニシャル] [フルネーム] は必要に応じてデータを入力する。[次へ] をクリックする。

- [ユーザーログオン名] ボックスが2つあるのは、Windows 2000以降のActive Directoryベースのログオンユーザー名（ユーザー名＠ドメイン名）と、Windows 2000より前のNTドメインのログオンユーザー名（ドメイン名¥ユーザー名）とを別々に指定できるためである。通常は2つとも同じものを入力すればよい。
- 日本風に「姓 名」で表記するのがよければ、[姓] [名] にそれぞれ入力し、英語名風に「名 姓」で表記するのがよければ、[姓] [名] は使わず [フルネーム] だけに入力するのがよい。

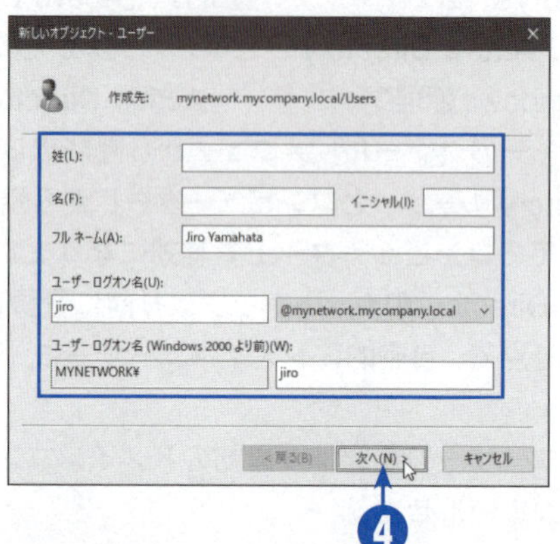

5

パスワードを指定して、[次へ] をクリックする。

- パスワードの指定方法やオプションは、ローカルユーザーを新規作成する場合と同様。
- ただしパスワードは、ローカルユーザー登録の場合よりも複雑なものが必要となる。
- [ユーザーは次回ログオン時にパスワード変更が必要] のみオンにし、他はオフの状態（デフォルトの状態）にすることを推奨する。

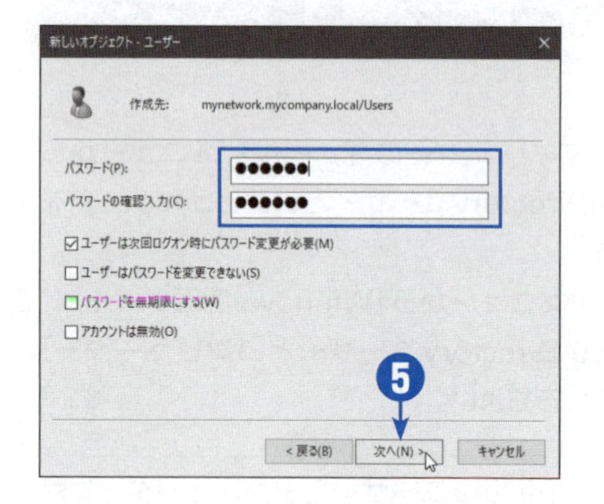

❻

以上でドメインユーザーの登録が終了する。[完了]をクリックするとユーザーが作成される。

- 手順❺で指定したパスワードの複雑さが不足する場合は、ここでエラーが表示される。この場合は[OK]をクリックした後、[戻る]をクリックしてパスワードをより複雑なものに指定し直す。
- 「複雑さ」を上げるには、パスワードの文字数を長くし、大文字/小文字/数字/記号等を混在させる必要がある。

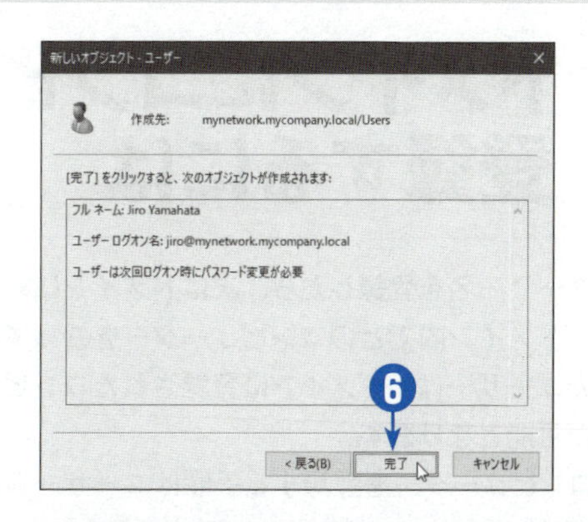

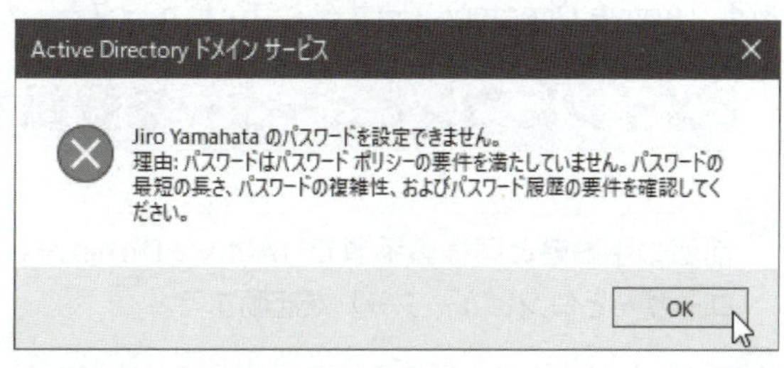

❼

作成されたユーザーは、[Active Directoryユーザーとコンピューター]画面に表示される。

- ローカルユーザーの登録と違い、ユーザー登録ダイアログはユーザーを1人登録するごとに閉じる。

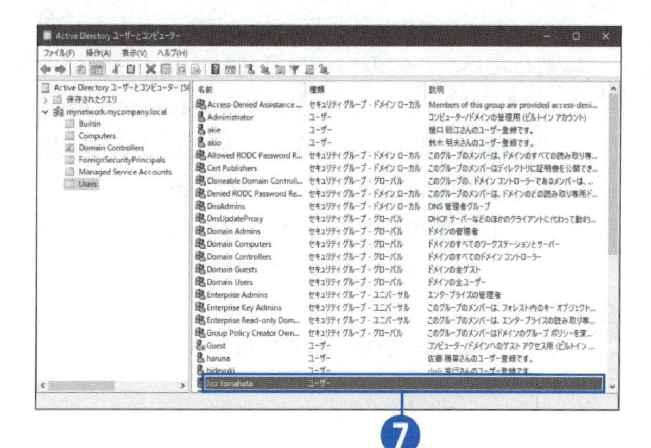

5 ドメインにコンピューターを登録するには

ドメインにユーザー名を登録したら、次はドメインに対してコンピューターを登録します。これにより、登録したユーザーがドメイン内でどのコンピューターを使ってネットワークを操作できるのかが決まります。ドメインに登録されたユーザーは、ドメインに登録されたコンピューターであれば、基本的にはどのコンピューターからもログインが可能となります。
ドメインにコンピューターを登録する手順はユーザー登録の手順とほとんど違いはなく、先ほどと同様の画面である［Active Directoryユーザーとコンピューター］から行います。

ドメインにコンピューターを登録する

❶

前節の手順❶と同様の手順で［Active Directoryユーザーとコンピューター］を起動する。

❷

［Active Directoryユーザーとコンピューター］が起動したら、左側のペインで［Active Directoryユーザーとコンピューター］－［mynetwork.mycompany.local］（自分のドメイン名）の順に展開して［Computers］をクリックする。

●ドメインを作成したばかりの状態では、コンピューターは1台も登録されていない。

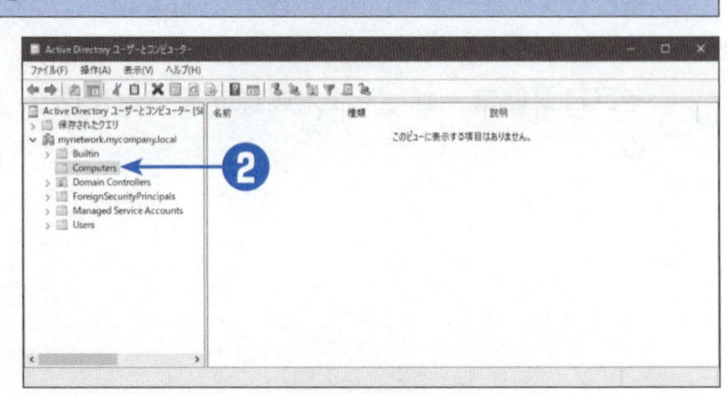

❸

［操作］メニューから［新規作成］－［コンピューター］を選択する。

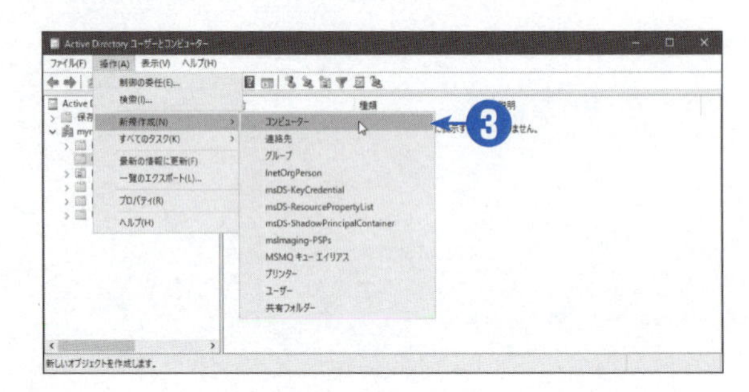

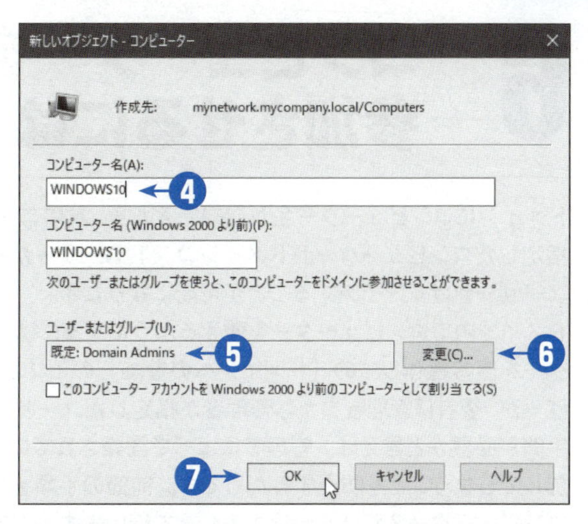

4

［新しいオブジェクト－コンピューター］ダイアログボックスが表示される。［コンピューター名］にドメインに登録するコンピューター名を入力する。

●ここではコンピューター名として「WINDOWS 10」を指定した。

●［コンピューター名（Windows 2000より前）］にはWindows NTドメインで認識できる古い名前を指定するが、通常は［コンピューター名］の値と同じでよい（自動的に入力される）。

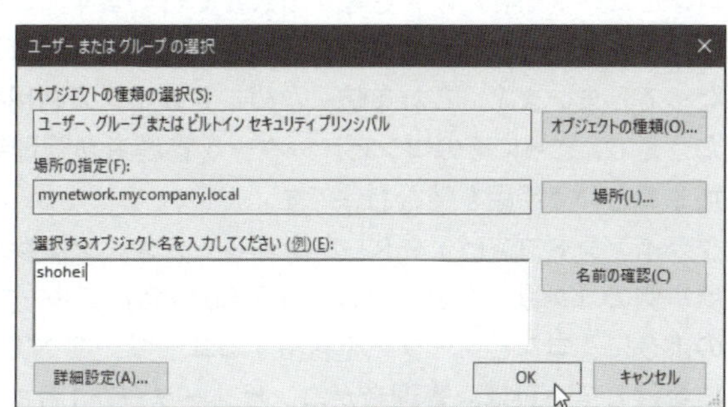

5

［ユーザーまたはグループ］には、ドメインにコンピューターを参加させる権限を持つユーザー名またはグループ名を入力する。通常の用途であれば特に変更する必要はない。

●ここでは、これからネットワークに参加しようとするユーザー名ではなく、コンピューターをネットワークに参加させることができる権限を持つユーザー名を指定する。

●ここで管理者以外のユーザーやグループを指定してしまうと、本来はネットワークに参加してはいけないコンピューターを勝手にネットワークに参加させることが可能になるため、誰でも自由に指定してよいわけではない。必ず信頼のおける管理者または管理者グループを指定する。

●ここで指定する「ユーザー名」や「グループ名」は、サーバー上に登録済みのドメインユーザー名またはドメイングループ名である必要がある。これから参加するコンピューターのローカルユーザー名ではない。

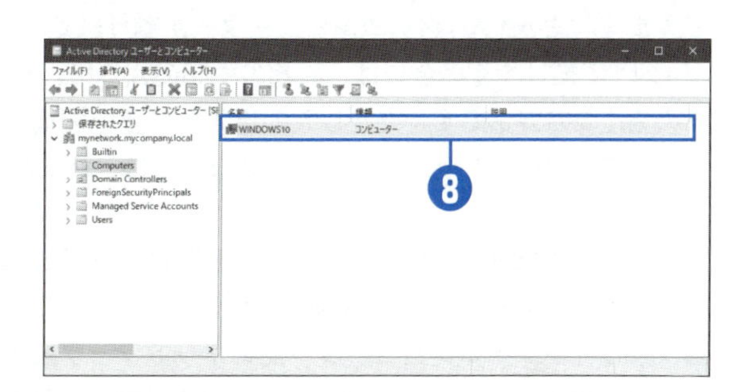

6

参加権限を与えるユーザー名を変更するには［変更］をクリックする。［ユーザーまたはグループの選択］ダイアログボックスが表示されたら、ユーザーまたはグループを選択して［OK］をクリックする。

●この画面の使い方は、［ローカルユーザーとグループ］画面でのユーザー検索画面と同様。

7

手順❺の画面に戻るので［OK］をクリックする。

●［このコンピューターアカウントをWindows 2000より前のコンピューターとして割り当てる］チェックボックスは、オフのままにする。

8

［Computers］の一覧に、今追加したコンピューターが登録される。これにより、このコンピューターをドメインに参加させることが可能になる。

●ネットワーク内に他にもドメインに参加させたいコンピューターがある場合には、手順❸～❼の操作を繰り返す。

6 コンピューターをドメインに参加させるには

ドメインにコンピューター名が登録できたら、次にコンピューターをドメインに「参加」させます。これにより、指定したコンピューターがドメインコントローラーから認識され、そのコンピューターから、3節で登録されたユーザーがサインインすることが可能になります。

ドメイン内でコンピューターを使えるようにするには、前節で行った「ドメインへの登録」と、対象コンピューターを直接操作しての「ドメインへの参加」の2つの作業が必要で、前者はドメインの管理者権限を持つユーザーが、後者は管理者または管理者が指定したユーザーが操作することが必要になります。なぜこのような二度手間が必要かと言えば、管理者によって認識されていないクライアントコンピューターが、勝手にドメインに参加してしまうことを防止するためです。前節の手順を見てわかるように、ドメインへのコンピューターの登録は、コンピューター名だけを登録することで行います。この手順だけでドメインが利用可能になってしまうのであれば、悪意を持った利用者は自分のコンピューターのコンピューター名を変更するだけで、ドメインが利用可能になってしまいます。これを防ぐため、ドメインの利用を行うには、コントローラーにコンピューター名を登録したうえで、さらにそのコンピューターを管理者か管理者が信頼したユーザーが直接操作することでドメインに参加するという手順を踏むわけです。

クライアントコンピューターを操作してドメインに参加させる権限を持つユーザーは、初期状態ではコントローラー側のユーザー登録で「Domain Admins」グループに登録されているユーザーとなります。社内利用の場合のように、コンピューターを利用するユーザーすべてが信用できる場合には、すべての社員をDomain Adminsに登録しておけば、管理者がコンピューターを1台1台操作してドメインに参加させるという手間は省くことができます。また1人1台のコンピューターが割り当てられていて、コンピューター名とそれを利用するユーザー名が1対1で結びつく場合には、前節の手順のように、ドメインに参加できるユーザー名をピンポイントで指定するのも1つの方法です。ただし人の出入りの多い職場や無線LANを使用している環境など、外部の人が比較的ネットワークにアクセスしやすい職場などでは、わずかとはいえ危険性が高まる可能性もあるため、安易な設定は避けてください。

ドメインに参加するには、クライアント側のコンピューターからDNSによってサーバーのIPアドレスが参照できる必要があります。本書の例のように、ドメインコントローラーにDNSサーバー機能も実行させている場合には、クライアントコンピューター側のネットワーク設定で、DNSサーバーのIPアドレス設定をドメインコントローラーのIPアドレスに指定し直しておく必要があります。

コンピューターをドメインに参加させる

❶

以下の操作はクライアントコンピューター上で行う。クライアントコンピューターには、クライアントコンピューター側の（ローカルの）管理者権限を持つユーザーでサインインしておく。

- この節の画面は、Windows 10にユーザーshoheiでサインインした画面となる。
- ユーザーshoheiは、クライアントコンピューターWINDOWS10の管理者ユーザーである必要がある。

❷

スタートメニューを右クリックして、［ネットワーク接続］を選択する。

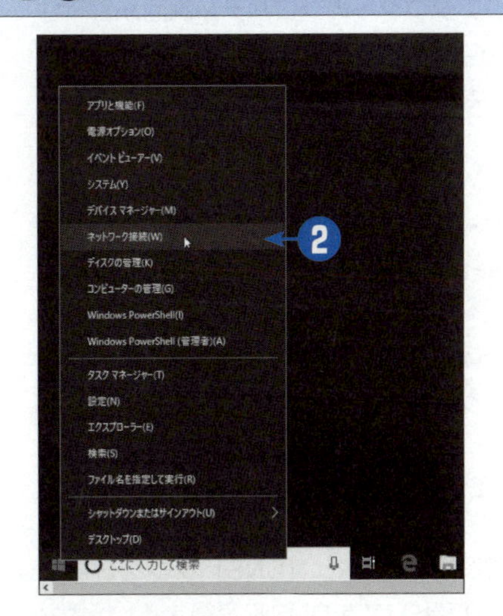

❸

［ネットワークの状態］画面が開くので、［アダプターのオプションを変更する］をクリックする。

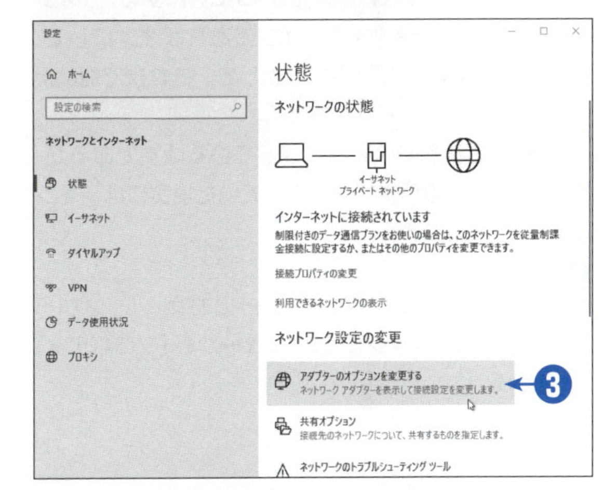

❹

現在接続しているネットワークアダプターのアイコンを右クリックして［プロパティ］を選択する。

- 本書の例では、クライアントコンピューターを仮想マシン上に構築しているため、ネットワークアダプターは「Hyper-V Network Adapter」となるが、通常、ここにはネットワークアダプターの名称が表示される。

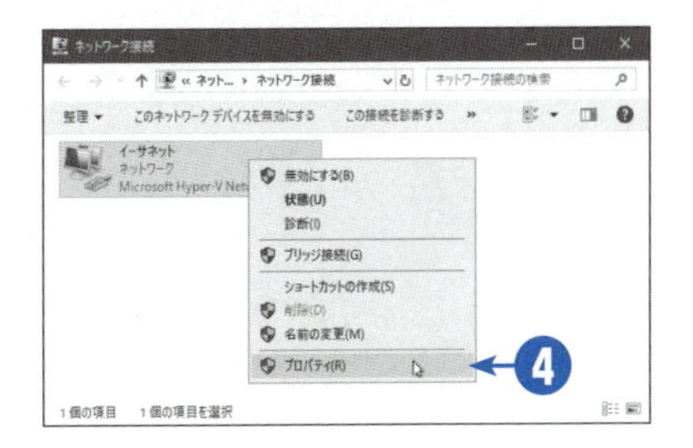

5

ネットワークアダプターのプロパティ画面が表示されるので、[インターネットプロトコルバージョン4（TCP/IPv4）を選択して、[プロパティ] をクリックする。

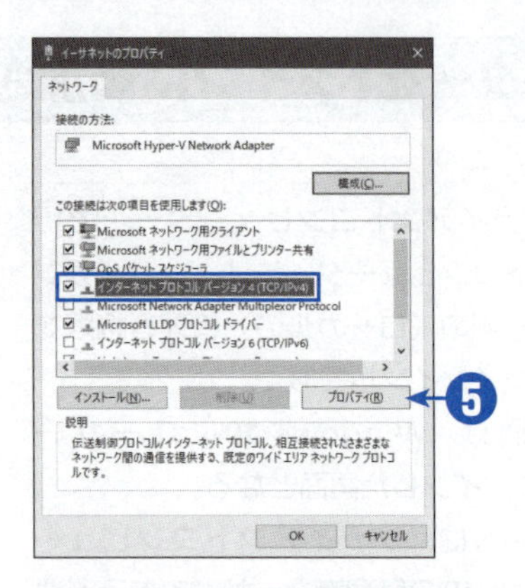

6

[優先DNSサーバー] に、作成したドメインコントローラー（SERVER2019）のIPアドレスを設定する。

●本書の例では「192.168.0.1」であるが、使用するネットワークによって設定すべき値は異なる。

7

[詳細設定] をクリックする。

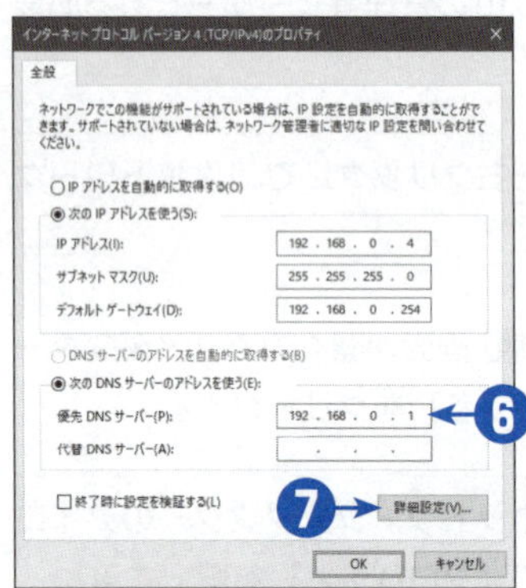

8

[TCP/IP詳細設定] 画面で、[DNS] タブを選択して [この接続のアドレスをDNSに登録する] がオンであることを確認する。オフであればオンにして、[OK] を必要なだけクリックして、これまで開いたすべてのウィンドウを閉じる。

●標準の状態ではオンになっているはずであるが、いずれかの理由でオフにしていた場合には、オンにし直しておく。

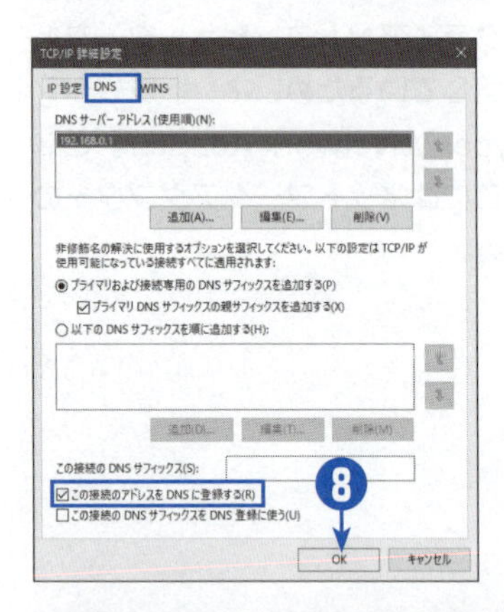

9

Windowsエクスプローラーの左側ペインから [PC] を右クリックして、メニューから [プロパティ] を選ぶ。

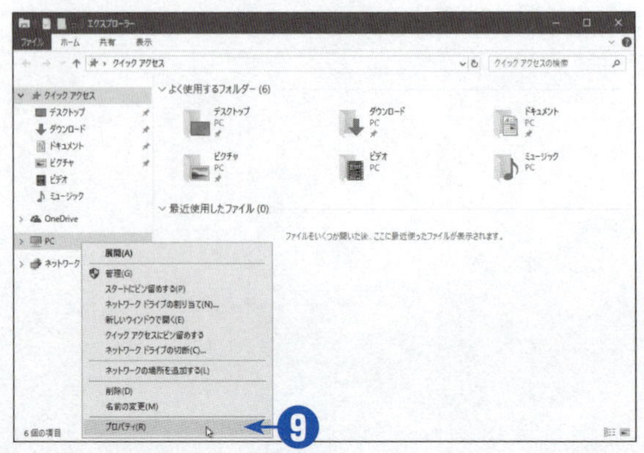

⑩
［システム］画面が表示されるので、［コンピューター名］の右側にある［設定の変更］をクリックする

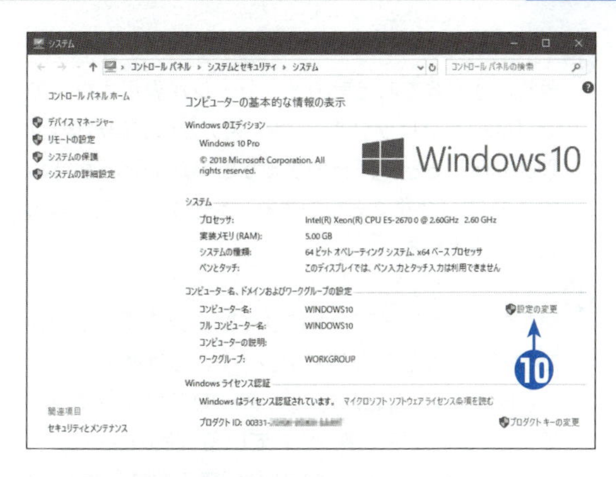

⑪
［システムのプロパティ］画面が表示されるので、［変更］をクリックする

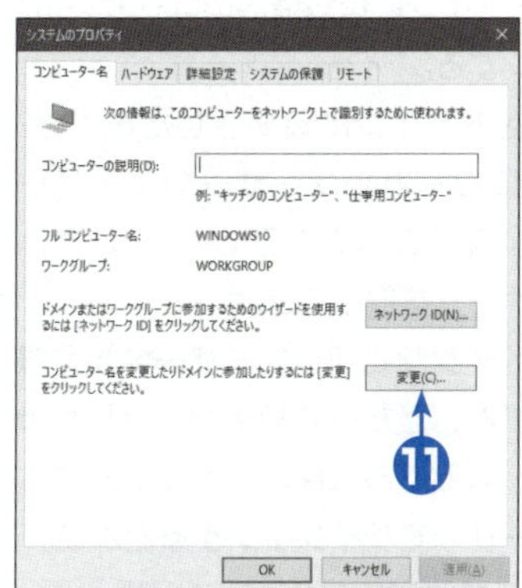

⑫
［コンピューター名/ドメインの変更］画面が表示されるので、［ドメイン］を選択してドメイン名を入力し、［OK］をクリックする。

- ここでは、ドメイン名として**MYNETWORK**を入力する（大文字/小文字は問わない）。

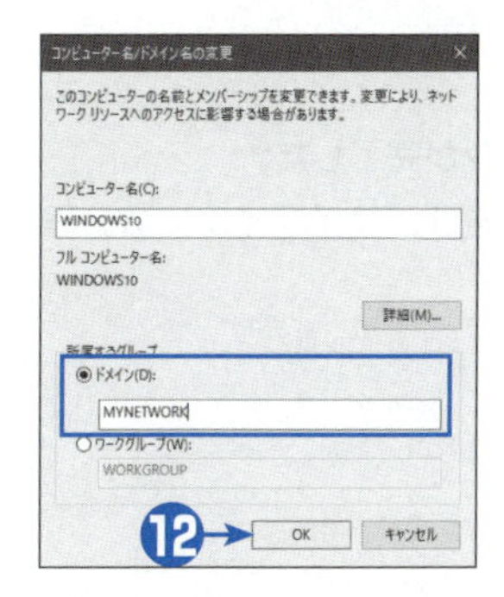

⑬
ドメインまたはワークグループへの参加権限があるかどうかを確認するための確認ダイアログが表示される。ここでは前節の手順❺で指定したグループに属するユーザーか手順❻で指定したユーザーのユーザー名とパスワードを入力する。

- 本書の例では、Domain Adminsにユーザーは追加登録していないが、Administratorは標準でDomain Adminsのメンバーとして登録されている。また、前節の手順❻でユーザーを指定した場合には、Administratorではなく、そこで指定したユーザーを使用する。

⑭
［MYNETWORKへようこそ］と、ドメインへの参加が成功した旨のメッセージが表示される。［OK］をクリックする。

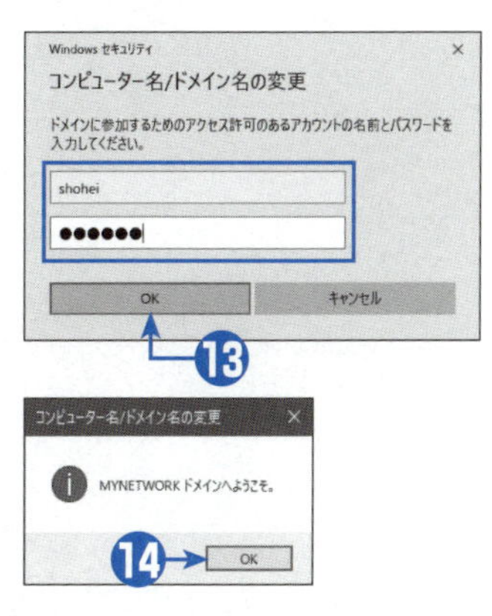

⑮

再起動が必要である旨のメッセージが表示されるので、[OK]をクリックする。[システムのプロパティ]画面も閉じると、再起動するかどうかの確認が行われるので、[今すぐ再起動する]を選択すると、再起動が開始される。

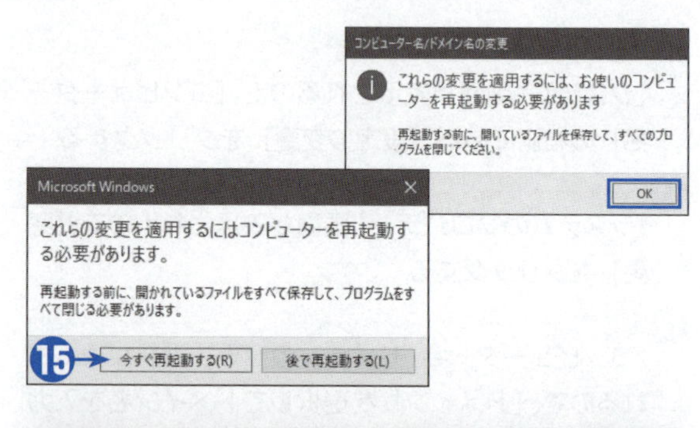

⑯

再起動後、クライアントにサインインする。手順❶でサインインしたクライアントPCの管理者ではなく、ドメインに登録したユーザーIDでサインインするため、画面左下に表示されている[他のユーザー]をクリックして、ドメインに登録済みのユーザーIDを使ってサインインする。

- コンピューターをドメインに参加させた後でも、コンピューターにローカルユーザーのユーザーIDでサインインすることはできるため、ここでは必ず[他のユーザー]を選ぶこと。
- ローカル側とドメイン側で同じユーザー名が登録されている状態だと、どちらでサインインしたのかわかりづらい。可能であれば、ドメイン側にしか存在しないユーザーでサインインするとよい。
- この例では、4節で登録したドメインユーザーjiroでサインインしている。

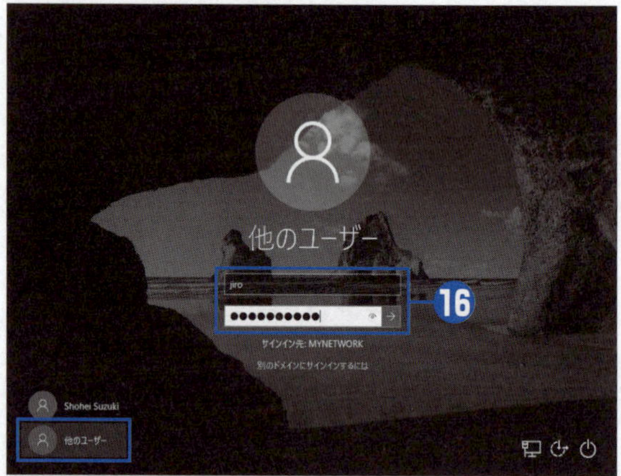

⑰

ユーザーjiroでサインインが完了した。

- ドメインに参加した直後は、サインインに数分程度時間がかかる。

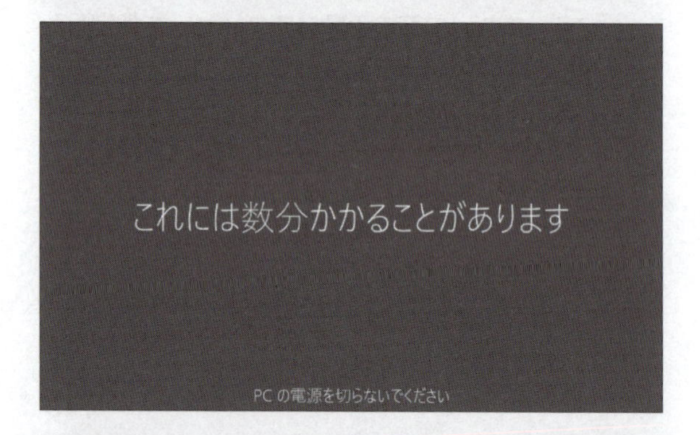

7 ドメインでフォルダーを共有するには

Active Directoryが導入できたら、共有フォルダーや共有プリンターもActive Directoryによって管理できるようになります。Active Directoryでの共有の管理は、ネットワーク内で公開されるすべての共有をドメインコントローラーで管理できるようになり、また「共有を公開する側」「利用する側」でアカウントをそれぞれ登録する必要がなくなるなど、従来のワークグループ内での共有と比べてもメリットが多く、便利になっています。ここでは、サーバー上の「D:¥TEST」をネットワーク内に共有する方法について説明します。
なお本書では説明の都合上、ドメインコントローラーでファイル共有を公開しています。しかし、実際の運用ではドメインコントローラーをファイルサーバーとして使用せずに、他のサーバーを使用してください。

ドメインでフォルダーを共有する

❶

共有を公開するサーバー上で、サーバーマネージャーから［ファイルサービスと記憶域サービス］－［共有］を選択する。

- ［ファイルサービスと記憶域サービス］－［共有］は、［ファイルサーバーリソースマネージャー］をインストールすると表示されるようになる。
- ただしドメインコントローラーでは、［ファイルサーバーリソースマネージャー］をインストールしなくても表示される。

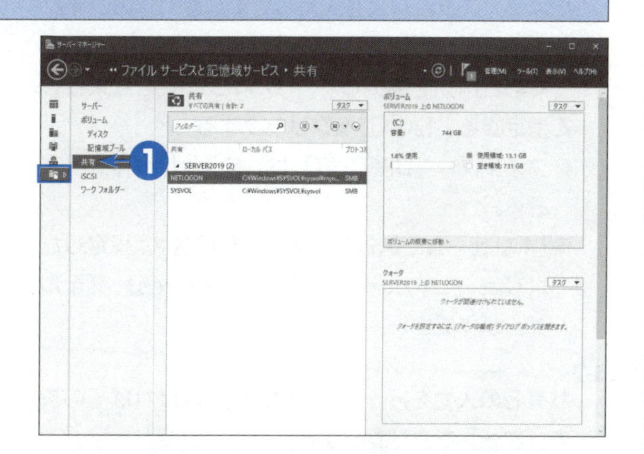

参照

ファイルサーバーリソースマネージャーの
インストール

→第8章の1

❷

［共有］グループの右上にある［タスク］をクリックして、メニューから［新しい共有］を選択する。

- すでに［NETLOGON］と［SYSVOL］という2つの共有が存在するが、これはドメインコントローラーの管理用の共有となる。ドメインコントローラーではない通常のサーバーには存在しない。

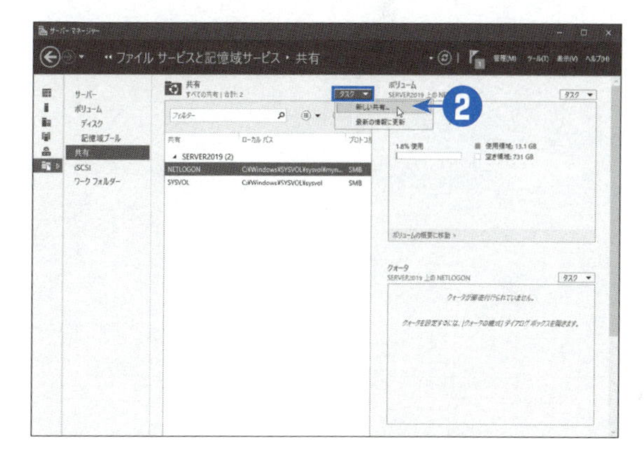

3

［新しい共有ウィザード］の画面が開く。［ファイル共有プロファイル］で、［SMB共有－簡易］を選択する。［次へ］をクリックする。

- ［SMB共有－高度］を選択した場合は、クォータ設定なども行える。［簡易］を選択した場合でも、後から「高度」相当の設定が追加できるため、最初は「簡易」を選んでもかまわない。
- ［SMB共有－高度］は、ドメインコントローラーであっても［ファイルサーバーリソースマネージャー］をインストールしなければ選択できない。

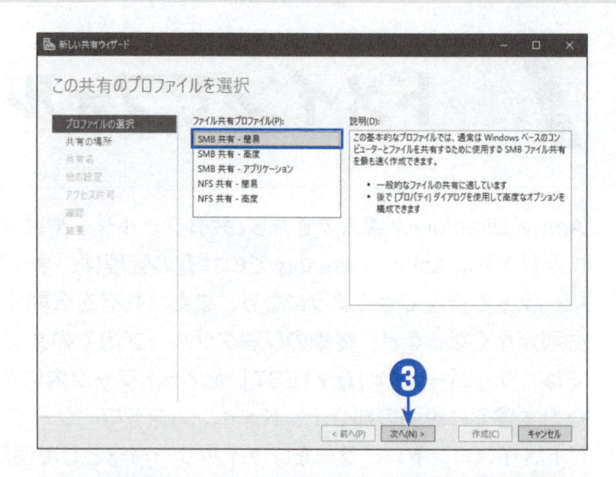

4

共有フォルダーを選択する。［ボリュームで選択］または［カスタムパスを入力してください］のいずれかを選択できる。ここでは［カスタムパスを入力してください］を選択して、「D:¥TEST」をパスとして指定する。［次へ］をクリックする。

- フォルダー［D:¥TEST］は、あらかじめ作成しておく。
- ［ボリュームで選択］を選択した場合は、指定したボリュームのルート直下に［¥Shares］フォルダーが作成され、そこが共有される。

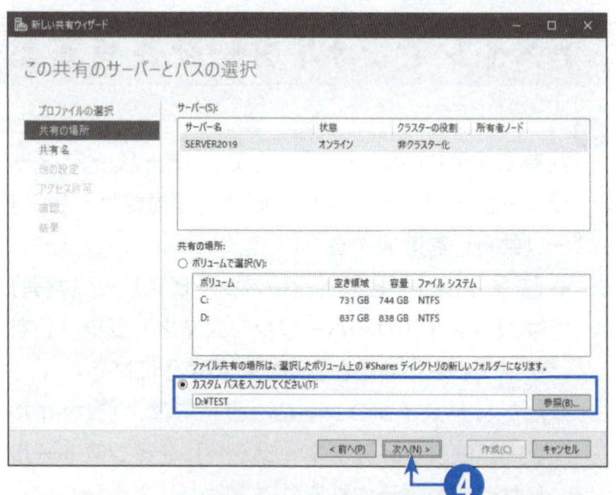

5

共有名の入力を行う。変更の必要がなければそのまま［次へ］をクリックする。

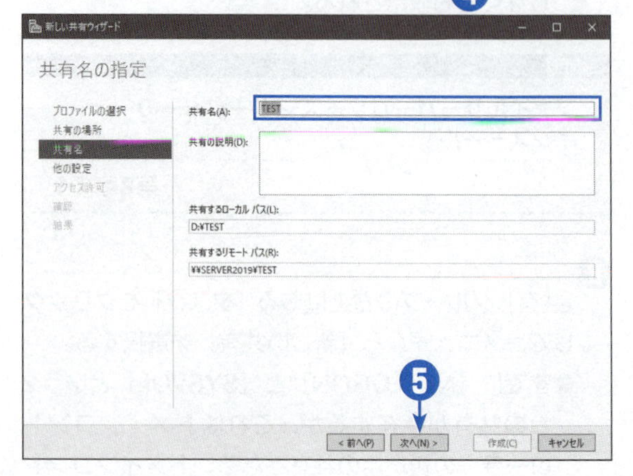

6

共有設定を変更する。［共有のキャッシュを許可する］のみオンになっているが、ここでは［アクセス許可に基づいた列挙を有効にする］もオンにする。［次へ］をクリックする。

- ［アクセス許可～］をオンにすると、共有を利用するユーザーがアクセス許可を持たないフォルダーは、フォルダー自体が非表示になる。このため、共有を利用する側の画面がシンプルになるメリットがある。
- ［アクセス許可～］がオフだと、従来の共有と同様、アクセス許可のないフォルダーも表示されるので、フォルダーを開こうとすると「アクセス許可がない」エラーが表示されるようになる。
- ［共有のキャッシュ～］をオンにしておくと、クライアントがネットワークから切り離されている場合でも、共有したフォルダーやファイルの内容がキャッシュされ、アクセス可能になる。これらは、オンラインになった際に自動的に同期される。

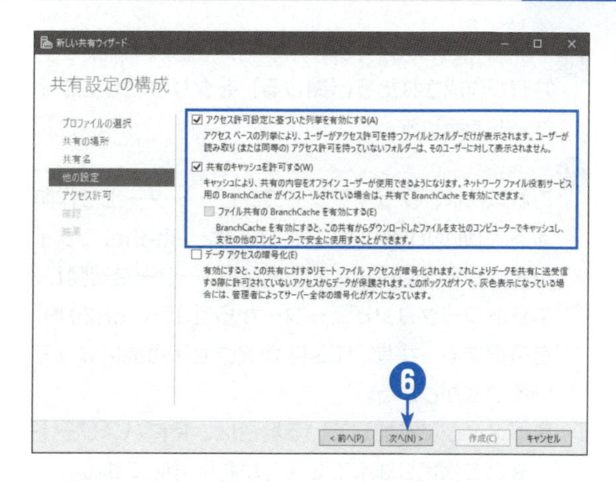

7

共有のアクセス許可を設定する。共有対象としたフォルダーのアクセス許可などから自動的に設定されるので、通常は設定を変更する必要はない。［次へ］をクリックする。

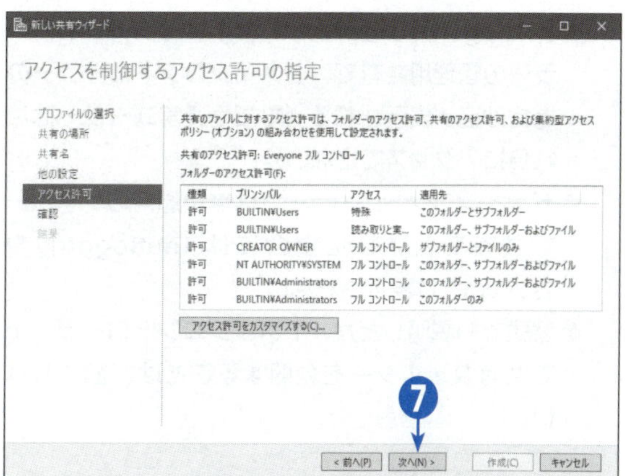

8

内容を確認して、［作成］をクリックする。

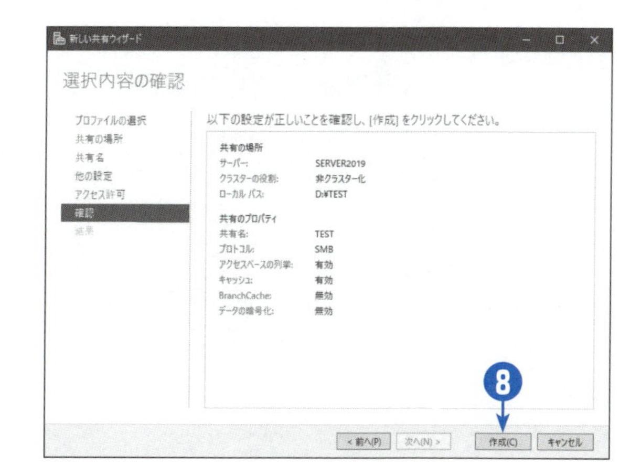

9

共有が作成されたら、[閉じる] をクリックしてウィザードを閉じる。

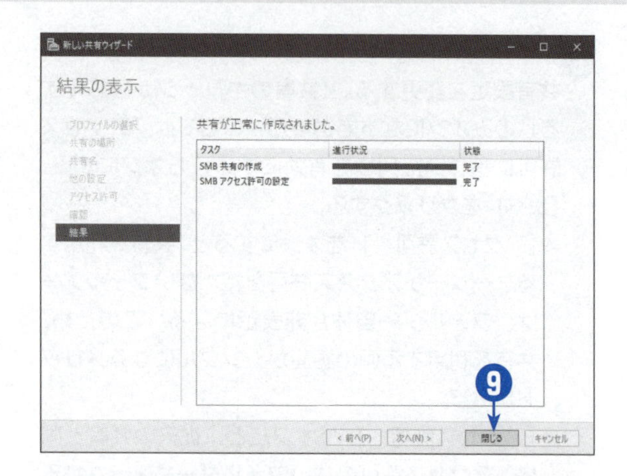

10

これ以降は、クライアントコンピューター上で作業する。[WINDOWS10] にユーザー shoheiでサインインする。Windowsエクスプローラーを起動し、ネットワークコンピューターから [SERVER2019] を選択する。共有 [TEST] がアクセス可能になっていることがわかる。

- ドメインに参加している場合は、特にパスワードなどを指定しなくても共有が利用可能になる。
- [netlogon] と [sysvol] はドメインコントローラーの管理用共有で、ドメインコントローラーの場合は必ず表示される（ただし通常ユーザーはこれらにアクセスできない）。
- ドメインコントローラーではない通常のサーバーで共有を公開した場合には [netlogon] や [sysvol] は表示されない。
- 冒頭でも説明したが、ドメインコントローラー上で共有フォルダーを公開することはお勧めしない。

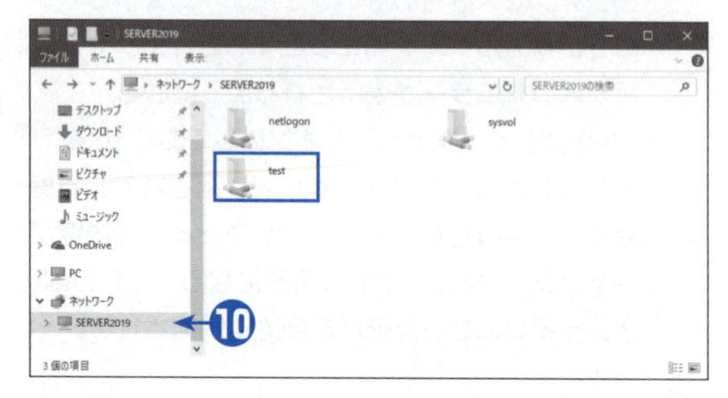

8 ドメインでプリンターを共有するには

Active Directoryでは、プリンターの共有も行えます。Active Directory環境下でプリンター共有を行うには、Windows Server 2019の役割と機能で［印刷とドキュメントサービス］をインストールする必要があります。最近のプリンターは、多くがネットワークサーバー機能を持っていて、Windows Serverを用いて共有しなくてもネットワーク内で共有利用が可能ですが、Windows Severによる共有を使用すれば、だれがどの程度印刷を行ったかなどを記録することが可能になるほか、アクセス許可の管理も行えるなど、より高度な管理が可能となります。

なお、ファイル共有と同じく、本書の例ではドメインコントローラーであるSERVER2019をプリンターサーバーとして使用していますが、ドメインコントローラーの負荷を上げないためにも、実際の運用では独立した他のサーバーをプリンターサーバーとして使用することをお勧めします。

ドメインでプリンターを共有する

❶ サーバーマネージャーから［②役割と機能の追加］をクリックして、［役割と機能の追加ウィザード］を起動する。これまでの手順と同様、［サーバーの役割の選択］まで画面を進める。

❷ ［役割］で［印刷とドキュメントサービス］をオンにする。

❸ 必要な機能が自動的に選択されるので、［機能の追加］をクリックする。

❹ 元の画面に戻るので、［次へ］をクリックする。

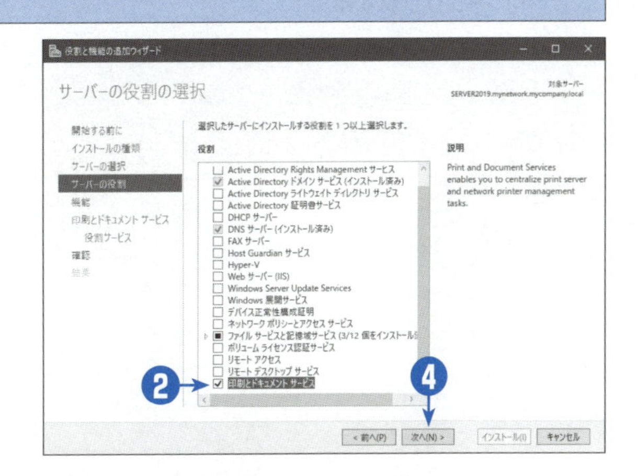

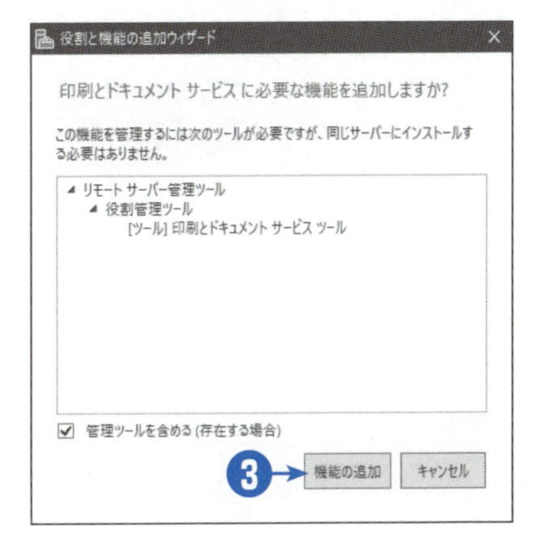

5

［機能の選択］では、何も変更せずそのまま［次へ］をクリックする。

6

［注意事項］が表示される。読んだら［次へ］をクリックする。

- ［印刷とドキュメントサービス］でのプリンタードライバーは［タイプ4］が推奨されている。
- ただし、ドライバーが［タイプ3］か［タイプ4］かはプリンター機種により異なる。
- ［タイプ3］は［タイプ4］に比べて機能上の制約が加わる場合もある。詳細については画面を参照のこと。

7

［役割サービスの選択］では、何も変更せずそのまま［次へ］をクリックする。

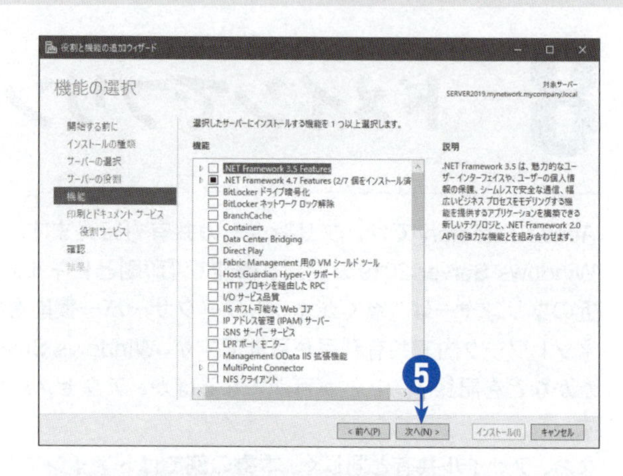

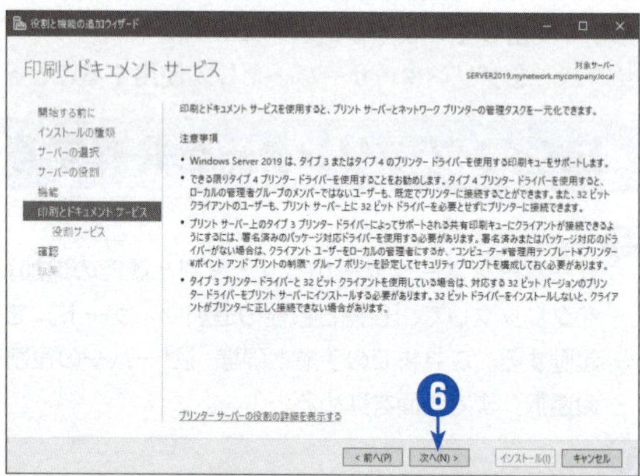

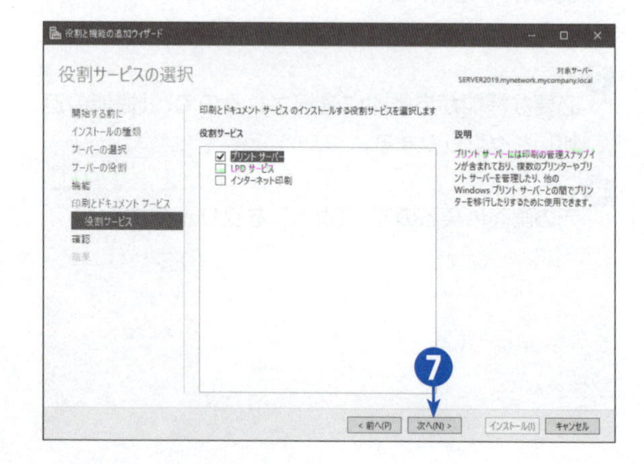

8

［インストール］をクリックする。

●このインストールでは再起動は必要ないので、［必要に応じて対象サーバーを自動的に再起動する］はオンにする必要はない。

9

インストールが完了すると、サーバーマネージャーの画面に［印刷サービス］が追加される。

●［印刷サービス］は、実際には印刷サービスの状態やイベント表示が行われるだけで、設定は、別途［印刷の管理］プログラムから行う。

10

共有を行うには、サーバーマネージャーから［ツール］－［印刷の管理］を選択する。

11

［印刷の管理］画面が開く。左側ペインから［印刷の管理］－［プリントサーバー］－［SERVER2019］－［プリンター］を選択する。中央ペインにプリンター一覧が表示される。

●この一覧で、プリンタードライバーがタイプ3かタイプ4かが判別できる。

●ここでのプリンターは、このサーバーをドメインコントローラーにアップグレードする前からインストールされていたものを使っている。

●プリンターのインストールを行っていない場合は、先にインストールしておく。

12

共有したいプリンターを右クリックして、メニューから［共有の管理］を選択する。

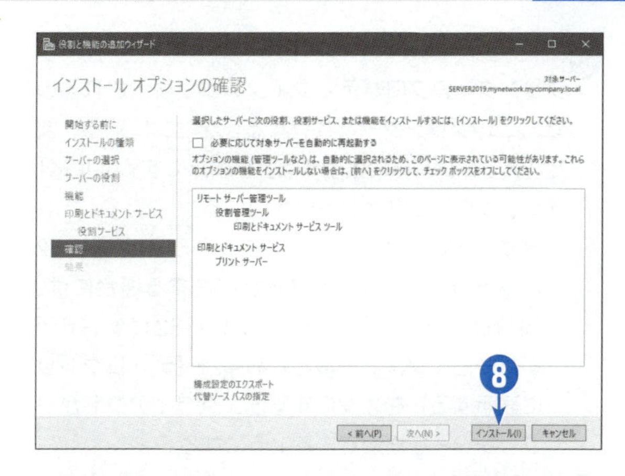

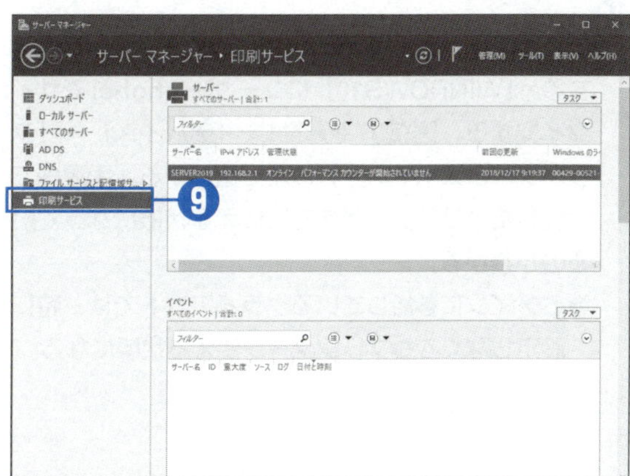

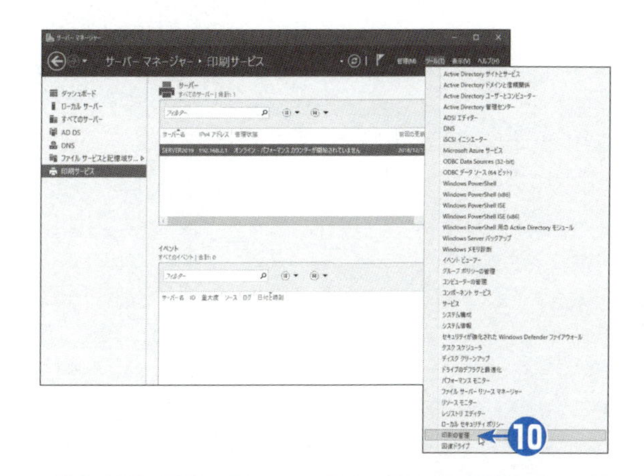

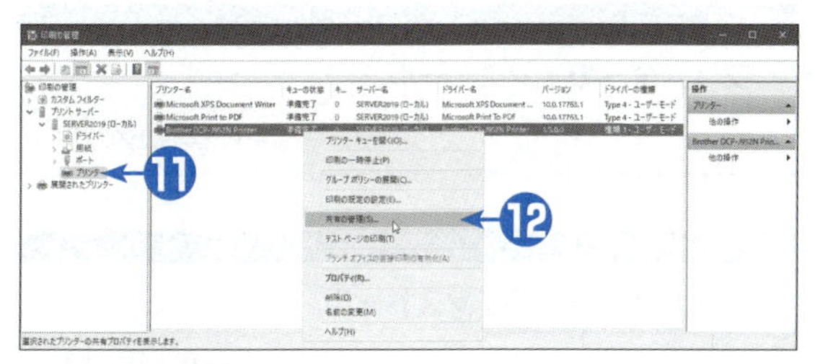

⑬

プリンターのプロパティウィンドウが表示されるので、[このプリンターを共有する] をオンにする。また [ディレクトリに表示する] もオンにする。[OK] をクリックしてウィンドウを閉じる。

- タイプ3のプリンターで、ネットワーク内に32ビットOSのクライアントが存在する場合には、[追加ドライバー] をクリックして32ビットドライバーもインストールしておく。・[ディレクトリに表示する] をオンにすると、クライアントからプリンターを検索できるようになる。

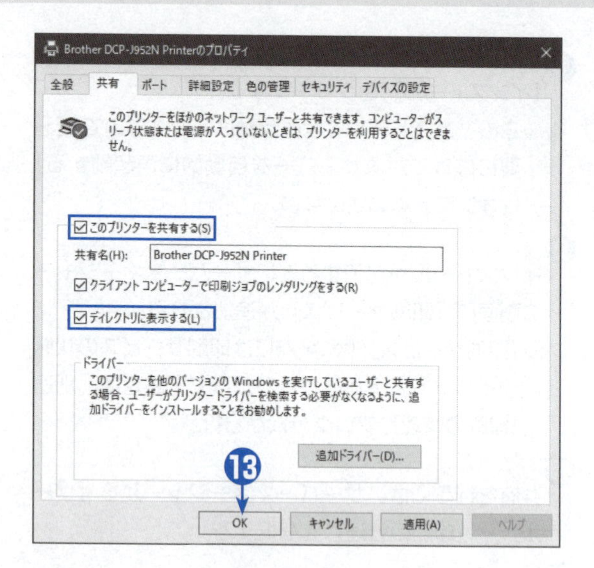

⑭

これ以降は、クライアントコンピューター上で作業する。[WINDOWS10] にユーザーshoheiでサインインする。[設定] を起動し、[デバイス] ー [プリンターとスキャナー] の順で選択する。手順⑩で公開したプリンターがすでに使える状態になっているのがわかる。

- ドメインに参加しているクライアントでは、特に設定しなくてもプリンターが使える状態になる。

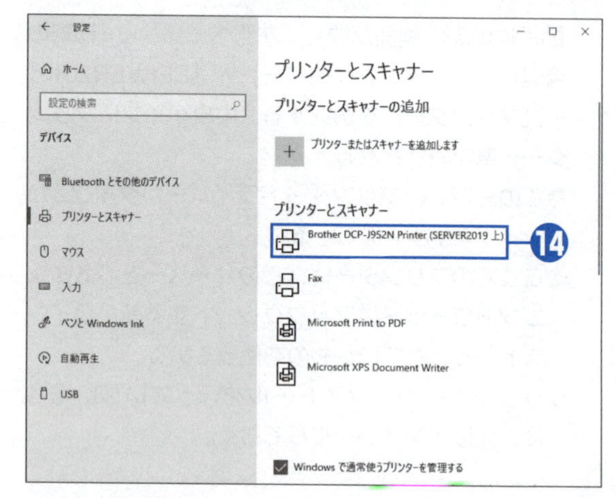

参照

プリンターのインストール

→第6章の2

参照

追加ドライバーのインストール

→第6章の3

数字

A

B

C

D

E

F

G

H

I

さ

た

な

は

ま

や

ら

わ

●著者紹介

天野 司（あまの つかさ）

Windows環境における各種ソフトウェア、ハードウェアに関する入門書を多数執筆。著書に『Windowsはなぜ動くのか』『ひとり情シスに贈るWindows Server 2008/2008 R2からのサーバー移行ガイド』（以上、日経BP）など。

●本書についてのお問い合わせ方法、訂正情報、重要なお知らせについては、下記Webページを開き、書名もしくはISBNで検索してください。ISBNで検索する際は-（ハイフン）を抜いて入力してください。なお、本書の範囲を超えるご質問にはお答えできませんので、あらかじめご了承ください。

https://bookplus.nikkei.com/catalog/

●ソフトウェアの機能や操作方法に関するご質問は、ソフトウェア発売元または提供元の製品サポート窓口へお問い合わせください。

ひと目でわかるWindows Server 2019

2019年 2 月19日　初版第1刷発行
2024年 5 月17日　初版第5刷発行

著　　者　天野 司
発 行 者　村上 広樹
編　　集　柳沢 周治
発　　行　株式会社日経BP
　　　　　東京都港区虎ノ門4-3-12　〒105-8308
発　　売　株式会社日経BPマーケティング
　　　　　東京都港区虎ノ門4-3-12　〒105-8308
装　　丁　コミュニケーションアーツ株式会社
DTP制作　株式会社シンクス
印刷・製本　図書印刷株式会社

ISBN978-4-8222-5387-5　　Printed in Japan